面向21世纪课程教材
Textbook Series for 21st Century

近代化学基础（第四版）
——无机化学与化学分析分册

四川大学化学工程学院　编
鲁厚芳　何菁萍　赵强　等修

高等教育出版社·北京

内容提要

本书为面向21世纪课程教材，共分两册。本册为无机化学与化学分析分册，内容分两部分呈现：纸质教材和数字资源。两部分内容相辅相成、互为补充。

纸质教材共14章，内容包括：原子结构和元素周期系，分子结构和晶体结构，配位化合物的结构，化学反应的基本原理，酸碱反应，沉淀反应，配位反应，氧化还原反应及电化学基础，化学分析，元素及单质概述，主族元素的二元化合物，主族元素的氧化物、氢氧化物、含氧酸及含氧酸盐，过渡元素（一），过渡元素（二）。每章后设有思考题和习题。

数字资源包括：动画演示、问题的解答或解题思路、化学家及其主要贡献介绍、相关前沿知识或研究新成果介绍、习题选解等。

本书可作为高等院校化工、制药、材料、轻纺、食品、环境工程、生物工程等专业的化学基础课程教材，也可供其他相关专业选用。

图书在版编目（CIP）数据

近代化学基础. 无机化学与化学分析分册 / 四川大学化学工程学院编. --4版. --北京：高等教育出版社，2022.3

ISBN 978-7-04-057307-7

Ⅰ.①近… Ⅱ.①四… Ⅲ.①无机化学-高等学校-教材②化学分析-高等学校-教材 Ⅳ.①O6

中国版本图书馆CIP数据核字（2021）第232141号

JINDAI HUAXUE JICHU
WUJI HUAXUE YU HUAXUE FENXI FENCE

策划编辑 翟 怡　　责任编辑 翟 怡　　封面设计 王 鹏　　版式设计 杨 树
插图绘制 于 博　　责任校对 刘丽娴　　责任印制 高 峰

出版发行 高等教育出版社
社　　址 北京市西城区德外大街4号
邮政编码 100120
印　　刷 北京市密东印刷有限公司
开　　本 787mm×1092mm 1/16
印　　张 33.25
字　　数 630千字
插　　页 1
购书热线 010-58581118
咨询电话 400-810-0598
网　　址 http://www.hep.edu.cn
　　　　 http://www.hep.com.cn
网上订购 http://www.hepmall.com.cn
　　　　 http://www.hepmall.com
　　　　 http://www.hepmall.cn
版　　次 2002年7月第1版
　　　　 2022年3月第4版
印　　次 2022年8月第2次印刷
定　　价 69.00元

物 料 号 57307-00

第四版前言

工科化学教育是化工类及相关专业工程人才培养中素质教育和业务教育相结合的一个环节，是专业人才整体培养目标方案中的一个重要组成部分，工科化学教育应该培养学生初步具有科学的方法、获取和综合运用知识的能力及创新能力。工科基础化学教学的改革应顺应新时代化学发展的趋势和特点，紧跟现代科学技术发展的步伐。

近几十年来化学发展迅速，领域不断扩大，并与其他领域相互渗透，产生了一些前沿的新学科，如材料化学、信息化学、能源化学、环境化学、绿色化学、化学生物学等。化学已成为高科技发展的强大支柱，“化学作为中心学科”的地位逐渐得到认同。此外，化学已经从实验科学转变为实验和理论并重的科学。由于各种先进的测试手段日趋完善，物质性能与结构间的关系更加明确，出现了许多崭新的制备方法，分子设计的思想已贯穿整个学科中。

在这种形势下，针对当前工科基础化学存在的教学内容陈旧，“四大化学”独立设课造成的部分内容重复，课堂学时多，学生学习被动，能力培养特别是创新能力培养重视不够等问题，我们对工科基础化学课程体系进行整体优化，以建立合理的知识结构，达到加强基础、培养能力、突出创新、提高质量的改革要求。

从20世纪80年代中期起，我们曾先后对无机化学和物理化学、无机化学和分析化学教学进行综合改革，取得了许多有益的经验。在参加国家教委“面向21世纪工科化学教学内容及课程体系改革研究”的课题，特别是承担了工科化学课程教学基地建设任务后，我们加快了改革的步伐，在研究了一些国内外教材及教学计划的基础上，吸取以前的教改经验，比较不同的方案，根据化工类人才必备的基础知识和学生的数理基础，把四门基础化学课程重新整合，按整个化学学科将知识引入、延伸，加强介绍学科的发展、交叉、渗透和前沿，减少学时，提高起点，使课程内容更新、更丰富。新组成的工科基础化学课程体系如下：

(1) 近代化学基础（第1,2,3学期开设）；(2) 物理化学（第3,4学期开设）；(3) 仪器分析（第4学期开设）；(4) 单独开设化学实验课。

“近代化学基础”是按一级学科开设的通识课，是工科大化工类各专业学生的必修课，将为后续课程打下坚实的基础。

本书共分无机化学与化学分析、基础有机化学两个分册。无机化学与化学分析分册主要内容为：

(1) 物质结构基础：原子、分子、晶体及配位化合物的结构，化合物的结构表征。

(2) 化学热力学及动力学初步。

(3) 溶液中的化学反应，以平衡理论处理酸碱反应、沉淀反应、配位反应及氧化还原反应。

(4) 滴定分析原理及其应用。

(5) 重要元素及其无机化合物：存在、制备、性质、应用及相关理论介绍。

基础有机化学分册主要内容为：

(1) 有机化合物的组成、结构分析、结构与性质的关系。

(2) 有机化合物的重要化学反应及反应历程、反应规律。

(3〕电子效应、空间效应、溶剂效应、共振论等理论的初步介绍。

(4) 有机化合物的制备及重要应用。

本教材特点如下：

(1) 从化学学科出发，将原"四大化学"中的主要内容组合在一起，精心选择避免重复，力争教材内容先进、科学、系统，真正融为一体，理论深度掌握适当，使大一学生能够接受，有利于对化学性质的深入讨论；使元素化学、溶液平衡、基础有机等教学，改变过去描述性过多的格局，有利于课程质量的提高；内容满足原有关课程的教学基本要求，总学时比原"四大化学"分设明显减少。

(2) 在溶液平衡与滴定分析的内容处理上，打破原有框架，将原无机化学中溶液平衡理论与分析化学中有关平衡体系中的一些计算融合在一起，将各类滴定方法原理等共性知识集中讨论，内容大量精简，这样既减少了学时，又有利于培养学生概括、思维能力，教改实践表明这样处理是可行的，符合当前教学发展要求。

(3) 尽量将学科间的交叉、渗透、前沿反映在教材中，如化学与材料科学、化学与生命科学、绿色化学等，拓宽学生视野，使课程内容整体水平得到提升。

(4) 本书为新形态教材，除了纸质内容还配有教学拓展数字资源，包括动画演示、问题的解答或解题思路、化学家及其主要贡献介绍、学科发展前沿知识或新成果介绍、化合物的典型应用案例介绍、例题或习题的微视频讲解、习题选解等。

参加无机化学与化学分析分册修订的有赵强（第一、二、三章）、张涛（第四章）、谭光群（第五、六章）、章洁（第七、九章）、龙沁（第八章）、赖雪飞（第十、十一、十二章）、何菁萍（第十三、十四章），最后由鲁厚芳、何菁萍、赵强统稿及定稿。参加基础有机化学分册修订的有王倩（第十五、十九章）、李赛（第十六、十八章）、陈彦逍（第十七、二十一章）、李万舜（第二十二、二十三章）、张鑫（第二十、二十四章）、高峻（第二十五、二十七、二十八、二十九、三十章）、王春玲（第二十六章），最后由高峻、李赛、陈彦逍统稿及定稿。

本书无机化学与化学分析分册、基础有机化学分册分别承蒙四川大学周向葛教授、西南科技大学王兴明教授审阅，提出了宝贵的修改意见。修订过程得到四川大学卫永祉教授、谢川教授的支持与帮助，他们为本书提出了宝贵的修订建议。同时，本书还得到高等教育出版社领导和编辑的大力支持和悉心指导。另外，在本书前三版编写、使用过程中，来自国内十余所高校的同行专家提出了宝贵的建议，第二版的修订还承蒙山东大学、贵州大学、西南石油大学、四川理工学院有关老师的参与，在此一并致以衷心的感谢！

由于编者的水平所限，不当和错误之处在所难免，恳请读者批评指正。

编者

2021 年 5 月

目录

元素周期表

第一章

原子结构和元素周期系

物质的性质取决于物质的基本组成和微观结构。人类经历了几千年的漫长历史才认识到原子是组成物质的基本粒子。近两个世纪以来，经过众多科学家的工作积累和贡献，人们逐渐认识到原子内部结构的复杂性，建立了原子结构的近代理论。

1803 年，英国物理学家、化学家道尔顿(Dalton J)创立了原子论，明确提出了原子概念和原子量的测定。化学家不断发现新元素并日益精确地测定原子量，促进了对元素分类法和元素性质规律性的探索。1869 年门捷列夫([俄]Mendeleev I)元素周期表的问世，开创了化学科学全面、系统发展的新时期。科学家发现并证实了电中性的原子中存在带负电荷的电子后，英国物理学家卢瑟福(Rutherford E)和他的学生们经过反复的实验观测和严格的理论推导，建立了原子结构的"行星模型"，提出原子是由带正电荷的原子核和一定数目绕核运动的电子组成。卢瑟福的含核原子模型为近代原子结构理论的研究奠定了基础。1913 年，年轻的丹麦物理学家玻尔(Bohr N)在卢瑟福含核原子模型的基础上，应用普朗克([德]Planck M)量子论和爱因斯坦([德]Einstein A)的光子学说建立了玻尔原子模型，成功地解释了氢原子光谱，提出了原子内部电子的分层结构，推动了化学科学的进一步发展。玻尔在对微观粒子运动规律的认识上没有摆脱经典力学的束缚，有很大的局限性。科学家用量子力学①理论研究和描述原子的内部结构，建立了原子的量子力学模型。

相关科学家简介

原子模型

本章着重介绍原子结构的一些近代概念，原子核外电子的排布与元素周期表及元素性质变化的关系。为学习分子结构和晶体结构提供必要的基础。

① 量子力学是描述微观粒子运动规律的科学。

1.1 微观粒子运动的特殊性

微观粒子指那些质量极轻,体积极小,其运动规律不服从宏观物体经典力学运动规律的粒子。原子和原子核外运动的电子都是微观粒子。在通常情况下,化学反应不涉及原子核的变化,只是原子核外电子的运动状态发生了改变。因此,在化学领域中对原子结构的研究主要在于原子的电子层结构及核外电子的运动状态两个方面。

1.1.1 微观粒子运动的能量量子化

1. 原子光谱

光谱研究是探索原子内部奥秘的有力工具。早在 19 世纪末,人们已积累了原子光谱的许多资料,发现每一种元素都能发射自身的特征光谱,这表明原子发射的特征光谱与原子结构有着内在的联系,也启发人们从光谱现象中去探索电子在原子核外空间的运动规律。

不同频率的光通过棱镜时有不同的折射率。当复色光射入棱镜时,由于各种单色光偏折程度不同,透过棱镜后,便会各自分散而形成光谱。例如,太阳光或白炽灯发出的白光,经过棱镜投射到屏幕上,可得到按红、橙、黄、绿、青、蓝、紫次序连续分布的彩色光谱。这种光谱中,各单色光之间没有明显的界线,是带状的,因此叫带状光谱,它又是连续的,所以也叫连续光谱。

化学元素在高温火焰、电场作用下,气态原子受激发而发光,可得到各种不同波长的谱线。实验表明,任何单原子气体在激发态时发射的光谱都是不连续的线状光谱。从谱线的颜色和位置可以得到发射光的波长(λ)和频率(ν)。如果将装有高纯度、低压氢气的放电管所发射出的光通过棱镜,在屏幕上,肉眼可见四条不连续的谱线 H_α,H_β,H_γ,H_δ,其频率分别为 $4.57\times10^{14}\ s^{-1}$(红)、$6.17\times10^{14}\ s^{-1}$(青)、$6.91\times10^{14}\ s^{-1}$(蓝紫)和 $7.13\times10^{14}\ s^{-1}$(紫)。这四条可见光区的谱线与近紫外区的若干条谱线,在氢光谱中组成一个光谱系,称为巴尔末线系。后来氢原子光谱的其他若干线系在红外区和紫外区也相继被发现。瑞典物理学家里德伯(Rydberg J R)将氢原子各光谱线归纳成一个经验公式:

$$\frac{1}{\lambda}=R\left(\frac{1}{n_1^2}-\frac{1}{n_2^2}\right) \tag{1-1}$$

式(1-1)称为里德伯方程。式中 λ 是谱线的波长;n 都是正整数,且 $n_2>n_1$,n_1 相同的谱线属于同一线系;R 是里德伯常量,其值见附录Ⅱ。

2. 能量量子化

1900 年,德国物理学家普朗克提出了量子论,其中心思想是:物质不能连续吸收或发射辐射能,只能不连续地吸收或发射能量。这就是说,物质吸收或发射的能量,只能按一个基本定量一份份地吸收或发射,或者按此基本定量的整数倍来吸收和发射,这就叫能量量子化。这一份份不连续数量的能量最小单位称为光量子,简称为光子。光子的能量(E_0)大小与辐射光的频率 ν 成正比:

$$E_0 = h\nu \qquad (1-2)$$

式中 h 为普朗克常量,其值为 6.626×10^{-34} J·s。

3. 玻尔原子模型

根据普朗克量子论和卢瑟福含核原子模型,玻尔提出了原子轨道的能级概念。

(1) 原子核外电子只能在一些特定的轨道上运动,每一轨道都有一定的能量,称为能级。轨道半径越大,能级越高,电子处在该轨道上的能量也就越大。所谓特定轨道指必须符合量子化条件导出的轨道,这些轨道称为稳定轨道,电子在某个稳定轨道上运动时,没有能量的吸收和发射。在通常情况下,电子尽可能处于离核最近、能量最低的轨道上,此时原子处于"基态"。当原子受激发时,吸收外界能量,电子激发到离核较远、能量较高的轨道上,此时原子处于"激发态"。

(2) 电子从能级低的轨道跳到能级高的轨道或从能级高的轨道跳回到能级低的轨道都称为跃迁。电子在两轨道之间跃迁就会吸收或发射频率 $\nu = \Delta E/h$ 的光子。ΔE 为两轨道的能级差。电子在两轨道之间跃迁时吸收或发射光子的能量为

$$E_0 = h\nu = |\Delta E| = |E_{末} - E_{始}|$$

里德伯方程中的 n_1, n_2,就是玻尔理论中不同轨道的能级。对于氢原子在可见光区的四条谱线(巴尔末系),即当 $n_2=3,4,5,6$ 时,电子从高能级轨道跳回第二能级轨道时发射的光谱。氢原子能级和氢原子光谱产生示意图见图 1-1。

氢原子核外各稳定轨道的允许能量可由下式求出:

$$E_n = \frac{-2.179\times10^{-18}}{n^2}\ \text{J}^{①} \qquad (1-3)$$

式中负号表示吸引;n 是能级的编号,n 越大,轨道离核越远,能级越高。从 n_2 至 n_1 各轨道所对应的能量见图 1-1。

[例 1.1] 计算氢原子中电子从 $n=3$ 轨道跃迁到 $n=2$ 轨道时,发射光的频率和波长是多少?

解: $n=2$ 时,$E_2 = \dfrac{-2.179\times10^{-18}\ \text{J}}{2^2} = -5.448\times10^{-19}$ J

① 2.179×10^{-18} J 是氢原子的电离能。这里指单个电子的电离能,也可记为 13.6 eV,或换算为 1.312×10^3 kJ·mol^{-1}。

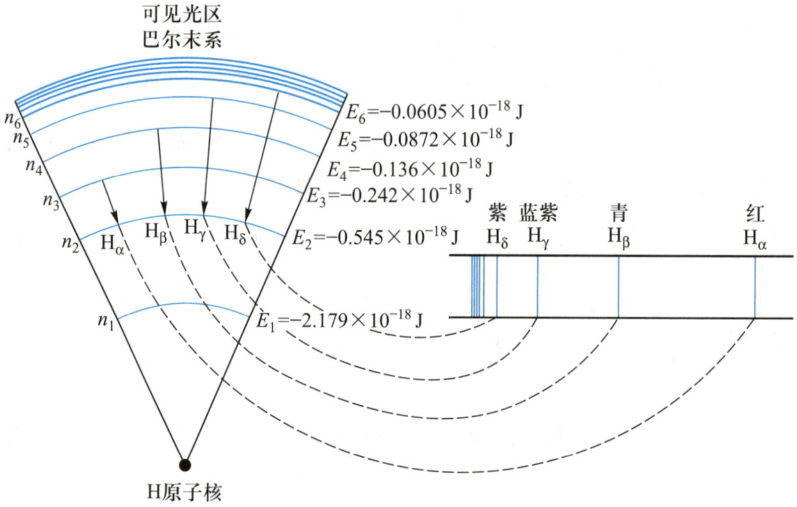

图 1-1 氢原子能级和氢原子光谱产生示意图

氢原子能级及光谱

$$n=3\text{ 时},E_3=\frac{-2.179\times10^{-18}\ \text{J}}{3^2}=-2.421\times10^{-19}\ \text{J}$$

$$\nu=\frac{E_3-E_2}{h}=\frac{[-2.421\times10^{-19}-(-5.448\times10^{-19})]\ \text{J}}{6.626\times10^{-34}\ \text{J}\cdot\text{s}}=4.568\times10^{14}\ \text{s}^{-1}$$

$$\lambda=\frac{c}{\nu}=\frac{3\times10^8\ \text{m}\cdot\text{s}^{-1}}{4.568\times10^{14}\ \text{s}^{-1}}=6.567\times10^{-7}\ \text{m}=656.7\ \text{nm}\quad(\text{光速 } c=3\times10^8\ \text{m}\cdot\text{s}^{-1})$$

玻尔理论对巴尔末所发现的规律和里德伯方程作了理论说明，成功地解释了氢原子光谱的不连续性，明确地指出了原子轨道能级的量子化特性；但它不能解释多电子原子光谱，甚至不能解释氢原子光谱的精细结构，没有认识到电子运动的另一特性——波粒二象性，而把电子在核外的运动当作宏观物体在固定轨道上运动来处理，因此不能全面反映微观粒子的运动规律。

1.1.2 微观粒子运动的波粒二象性

光电效应

光的干涉和衍射现象表明光具有波动性，光电效应说明光具有粒子性，爱因斯坦在他的光子论中指出，光不仅具有能量 E，而且还具有动量 p，对一个光子而言，其能量 E 和动量 p 分别为

$$E=h\nu$$

$$p=h/\lambda$$

式中 h 为普朗克常量，λ 是与动量为 p 的粒子相联系的波长。上述两个式了中，左端代表光的粒子性，右端代表光的波动性。这样，爱因斯坦通过普朗克常量把光的波粒二象性统一起来。

1924 年法国物理学家德布罗意(de Broglie L)在光的波粒二象性的启发下，提

德布罗意简介

出一切微观粒子都具有波粒二象性的大胆设想。德布罗意认为电子及所有实物粒子①都应该与光相似，既具有粒子性，又具有波动性。每一个运动粒子都有波与之相联系。一个质量为 m、运动速度为 v 的粒子，其动量 p 为

$$p = mv$$

与动量 p 相联系的波长为

$$\lambda = \frac{h}{p} = \frac{h}{mv} \tag{1-4}$$

式(1-4)称为德布罗意关系式。式中 λ 代表的波称为物质波，也叫德布罗意波，粒子的动量越大，相应的波长就越短，通常电子的德布罗意波波长的数量级(约 10^{-10} m)与 X 射线的波长相近。用已知能量的电子在晶体上的衍射实验证明了物质波的存在。电子衍射实验如图 1-2 所示。当电子束通过晶体时，在屏幕上产生明暗交替的衍射环。这说明电子射线同 X 射线一样有衍射现象，证明了德布罗意假设的正确性，即证明了电子具有波动性。后来对 Ne 原子和 H_2 分子的研究，证明了这些分子、原子也按德布罗意的假定产生衍射，从而进一步揭示了物质波的普遍性。

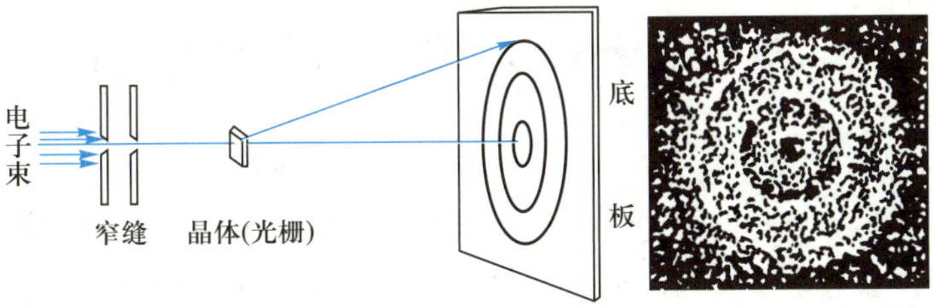

图 1-2　电子衍射实验示意图和电子衍射图

1.1.3　微观粒子运动的统计规律

海森伯简介

用经典力学来描述宏观物体的运动，可以准确地测定或计算出它们在某一时刻的位置和速率，掌握它们运动的方向和轨迹。电子是微观粒子，具有波粒二象性，质量极轻(9.1×10^{-28} g)，体积极小，在原子核外空间运动。它不遵循经典力学的规律，没有固定轨道，只能用统计规律来描述。德国物理学家海森伯(Heisenberg W)指出：对微观粒子，不能同时准确测出它在某一瞬间的运动速率(或动量)和位置。他对微观粒子运动的位置和动量的测不准量提出了量子力学的一个重要关系式：

$$\Delta x \cdot \Delta p_x \geqslant h \tag{1-5}$$

① 实物粒子是静止质量不为零的粒子。

式中 $\Delta p_x = m\Delta v_x$ 是动量偏差，Δx 是位置偏差。

式(1-5)表明，在动量 p_x 和位置坐标 x 这一对力学量中，一个量的偏差越小，另一个量的偏差就越大，如 $\Delta x \to 0$，则 $\Delta p_x \to \infty$，即位置十分确定时，则动量没有确定值，反之亦然，这就是海森伯不确定原理。

不确定原理阐述了微观粒子本性所决定的物理量之间的相互关系，它反映了物质波的一种重要性质。物质波是一种具有统计性的概率波，它是大量粒子运动或一个粒子的千万次运动行为所表现出来的统计性结果。它的统计规律可用概率密度表示，概率密度的强度反映了粒子出现概率的大小。对核外运动的电子来说：

概率——在空间某一范围内电子出现的机会；

概率密度——空间某一点附近的微体积元内电子出现的概率。

从图 1-2 可以看出，衍射强度大的地方电子出现的概率大，则电子波强。因此，原子中核外电子的运动没有经典力学中那样的固定轨道，但具有按概率分布的统计规律。

1.2 单电子体系核外电子运动的近代描述

由于微观粒子运动的特殊性，不能用经典力学的运动定律来描述它。量子力学原子模型能较好地反映核外电子层的结构、电子运动状态和规律，还能解释化学键的形成。

1.2.1 波函数和原子轨道

薛定谔简介

1926 年，奥地利物理学家薛定谔(Schrödinger E)在德布罗意物质波理论的基础上建立了描述微观粒子运动的波动方程，称为薛定谔方程。该方程的一般数学表达式为

$$\frac{\partial^2\psi}{\partial x^2}+\frac{\partial^2\psi}{\partial y^2}+\frac{\partial^2\psi}{\partial z^2}+\frac{8\pi^2 m}{h^2}(E-V)\psi=0 \qquad (1-6)$$

这是一个二阶偏微分方程。对于氢原子和类氢离子即单电子体系而言，具有质量 m，总能量 E 和势能 V(核对电子的吸引能)的电子，其三维空间波具有一定的振幅 ψ，ψ 是该点坐标(x,y,z)的函数，称为波函数。换言之，薛定谔方程中的 ψ 是一种数学函数式，表达为 $\psi=f(x,y,z)$。

在薛定谔方程中，体现了电子的粒子性和波动性，前者是 m，E，V，后者是波函数 ψ，所以它能正确反映粒子的运动状态。

解薛定谔方程的目的是求波函数 ψ 及与这个 ψ 相对应的能量 E。为求解方便,常把直角坐标转变成球极坐标,使 $\psi=f(r,\theta,\varphi)$,见图 1-3。这两套坐标的关系是

$$z=r\cos\theta$$

$$y=r\sin\theta\sin\varphi$$

$$x=r\sin\theta\cos\varphi$$

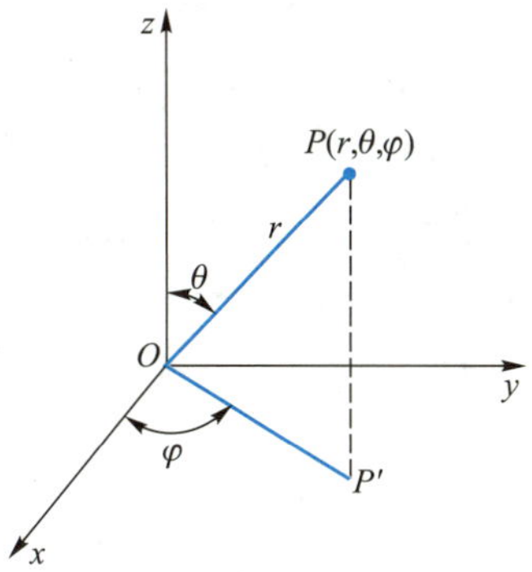

图 1-3 球极坐标与直角坐标的关系

ψ 本来是 x,y,z 的函数,上述坐标变换以后,就成了自变量 r,θ,φ 的函数,再经过数学上的变数分离法的处理后,$\psi(r,\theta,\varphi)$ 函数式为

$$\psi(r,\theta,\varphi)=R(r)\cdot Y(\theta,\varphi) \qquad (1-7)$$

式中 $R(r)$ 称为径向波函数,$Y(\theta,\varphi)$ 称为角度波函数。解薛定谔方程可以得到一系列波函数 ψ_i 和相应的一系列能量值 E_i。这些解依赖一套量子化的参数 n,l,m,统称为量子数。$R(r)$ 方程受 n,l 值限定,$Y(\theta,\varphi)$ 方程受 l,m 值限定,只有 n,l,m 值的允许组合得到的 $\psi(n,l,m)$ 才是合理的,才能代表体系中电子运动的一个稳定状态。关于量子数的物理意义及取值限定见本书 1.2.5 节。

在量子力学中,把原子中单电子波函数 $\psi(n,l,m)$ 称为原子轨道函数,通俗称为原子轨道。它不同于经典力学中宏观物体的运动轨道,也不是玻尔原子模型中的固定轨道,而是指电子的一种空间运动状态,或者说是电子在核外运动的某个空间范围。同时,我们可用 2p,3d 或者 p_x,d_{xy} 等来表示具有某些共性的一类轨道。

对占据玻尔轨道(见图 1-1)的电子来说,对应于薛定谔方程解的能量 E 和由玻尔理论求得的能量值是一致的。

1.2.2 概率密度和电子云

正如光子密度与波的振幅的平方成正比一样,在原子核外某处空间电子出现的概率密度(ρ)也和电子波在该处的振幅(ψ)绝对值的平方成正比,即 $\rho\propto|\psi|^2$。但研究电子在核外各处出现概率密度的整体分布时,有实际意义的只是它在空间各处的相对密度,而不是其绝对值本身。所以,可不考虑 ρ 与 $|\psi|^2$ 之间的比例常数,而直接用 $|\psi|^2$ 表示核外电子出现的概率密度。

为了形象地表示电子在核外空间出现的概率分布情况,可用小黑点的疏密程度来表示电子在核外空间各处的概率密度 $|\psi|^2$。黑点密的地方就表示电子在那里出现的概率密度大,黑点稀疏的地方就表示电子在那里出现的概率密度小。这种图形称为电子云图(打点子图),即概率密度图。电子云是电子在核外空间各处出

现概率密度大小的形象化描述，不同原子轨道的电子云图像也就有所不同。

s 电子云是球形对称的，图 1-4 是 1s 电子云的图形。由图可见，1s 电子云在原子核附近出现的概率密度最大。离核越远，概率密度越小。

图 1-5 是 2s($n=2$，$l=0$)电子云图，2s 电子云有两个概率密度大的区域，一个离核较近，一个离核较远，在这两个密集区之间有一个概率密度很小(接近零)的区域，称为节面。对 ns 电子，则有 n 个概率密度大的区域，同时也有($n-1$)个节面。

2s 电子云示意图

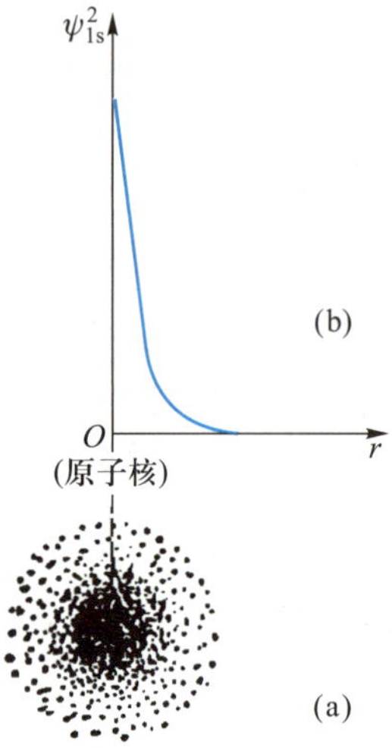

图 1-4　1s 电子云剖面图(a)和 ψ^2-r 图(b)

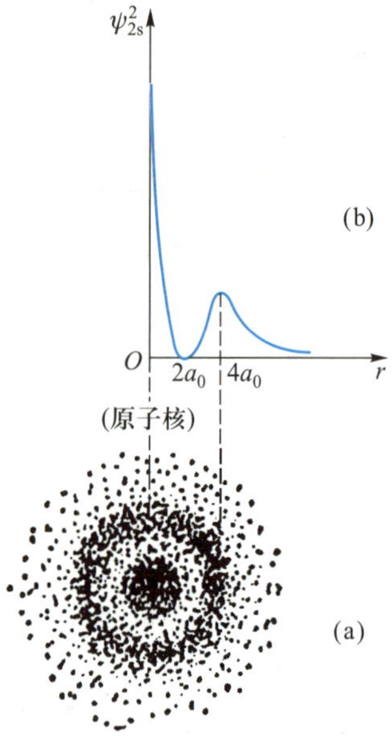

图 1-5　2s 电子云剖面图(a)和 ψ^2-r 图(b)

电子出现的概率除了可以用概率密度图形象地表示外，也可以用电子云的等密度面图和界面图来表示。等密度面图中数字为曲面上概率密度的相对大小，见图 1-6。电子云的界面指电子出现概率占 90% 以上这样一个区域的界面，界面以外电子出现的概率很小，仅占 10%。显然 s 电子云的界面是一个球面，如图 1-7 所示。

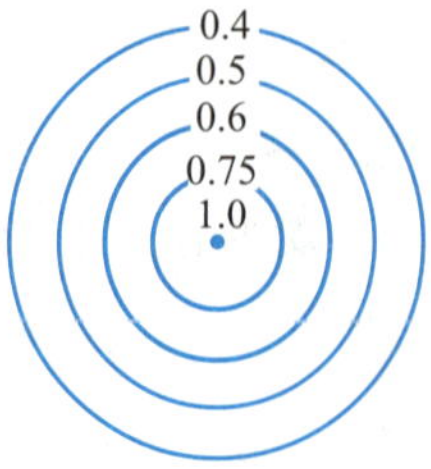

图 1-6　1s 电子云的等密度面图

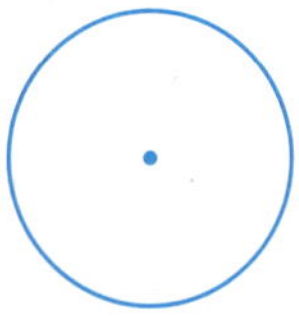

图 1-7　s 电子云的界面图

1.2.3 原子轨道及电子云的角度分布图

由于角度波函数 Y 仅取决于方位角 θ 和 φ，而与离核的距离 r 无关，故可用 $Y(\theta,\varphi)$ 或 $Y^2(\theta,\varphi)$ 随 θ,φ 变化的情况作图，所得图像称为原子轨道（或电子云）的角度分布图，作图方法是从薛定谔方程解中找到某一轨道的角度波函数。例如：

$$Y_{2p_z}=\sqrt{\frac{3}{4\pi}}\cos\theta=A\cos\theta$$

令 A 为一个长度单位。取 θ 从 0°到 180°之间的一些典型角度算出 Y_{2p_z} 及 $Y_{2p_z}^2$ 的值列在表 1-1 中。

Y_{2p_z} 轨道角度分布示意图

表 1-1　Y_{2p_z} 及 $Y_{2p_z}^2$ 随 θ 的变化

θ	$Y_{2p_z}=\cos\theta$	$Y_{2p_z}^2=\cos^2\theta$
0°	1.0	1.0
15°	0.97	0.94
30°	0.87	0.76
45°	0.71	0.50
60°	0.50	0.25
90°	0	0
120°	-0.50	0.25
135°	-0.71	0.50
150°	-0.87	0.76
165°	-0.97	0.94
180°	-1.0	1.0

由表 1-1 可见，在 0°和 180°的方向上，Y_{2p_z} 的绝对值最大；在 90°的方向上 $Y_{2p_z}=0$。

由表 1-1 的数据作图，在图 1-3 的球极坐标上，从极点出发引出相当于各 θ 角的射线，在各射线上分别截取相当于 Y 或 Y^2 数值的线段，连接这些线段的端点，便得到曲线。将曲线绕 z 轴旋转 360°，在空间所得曲面就是图 1-8 所示 p_z 轨道的角度分布图及图 1-9 所示的 p_z 电子云的角度分布图（界面图）。同理可作出 p_x，p_y 及 d 轨道的角度分布图。图中从极点到曲面上截距的大小，标志着此方向上角度波函数值（或电子云的概率密度值）的大小。

图 1-10 及图 1-11 中分别画出了 s，p，d 原子轨道及 s，p，d 电子云的角度分布图，由图可见：原子轨道的角度分布图与电子云的角度分布图形状相似，它们的区

别是:(1) 由于 $|Y| \leqslant 1$,所以 $Y^2 \leqslant |Y|$,因此电子云的角度分布图比原子轨道的角度分布图“瘦”些;(2) 原子轨道角度部分的正负号代表 Y 值的正负,并不代表电荷,而且这些图像只代表波函数(或电子云)的角度部分,不能代表全波函数 ψ,因为 $\psi = R(r) \cdot Y(\theta, \varphi)$。

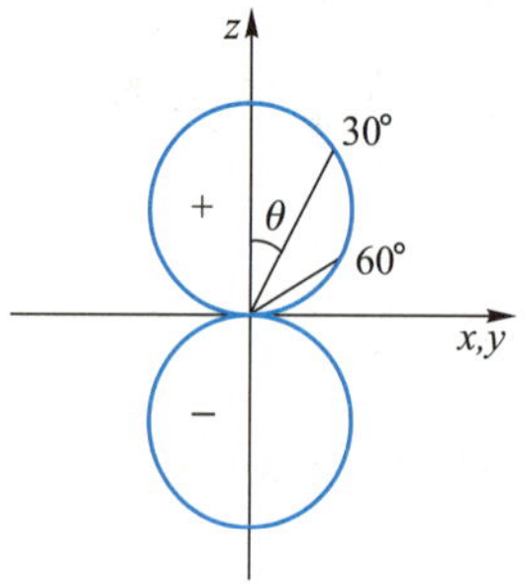

图 1-8 p_z 轨道的角度分布图

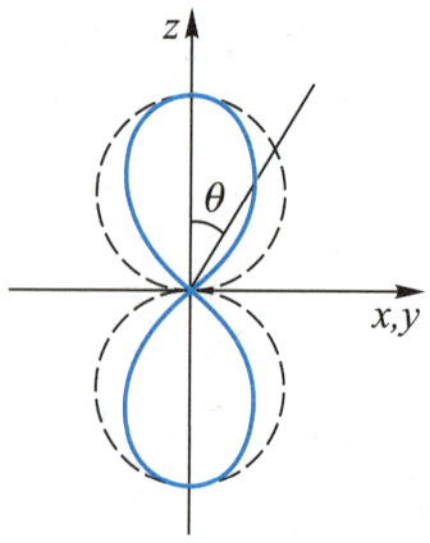

图 1-9 p_z 电子云的角度分布图

s,p,d 原子轨道角度分布示意图

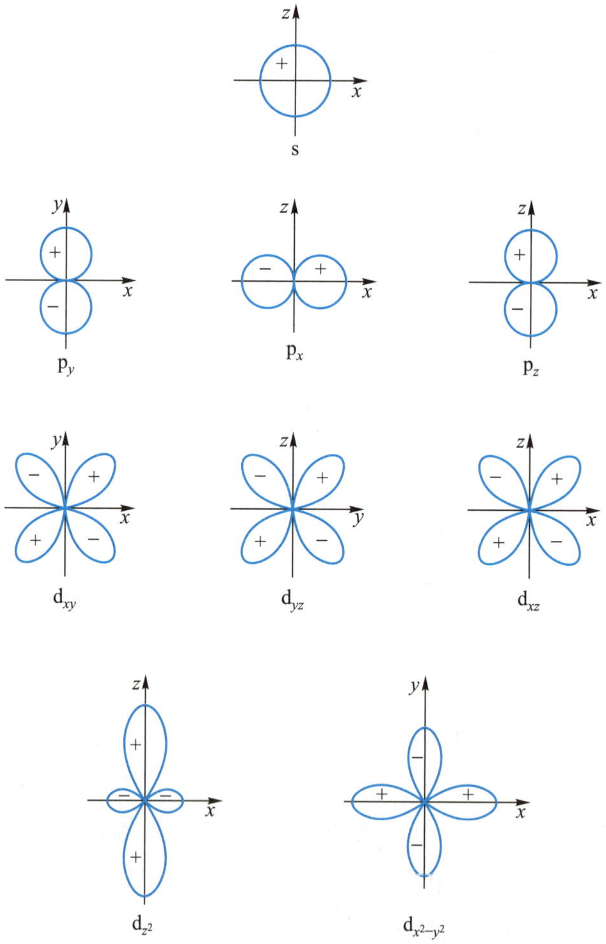

图 1-10 s,p,d 原子轨道的角度分布图

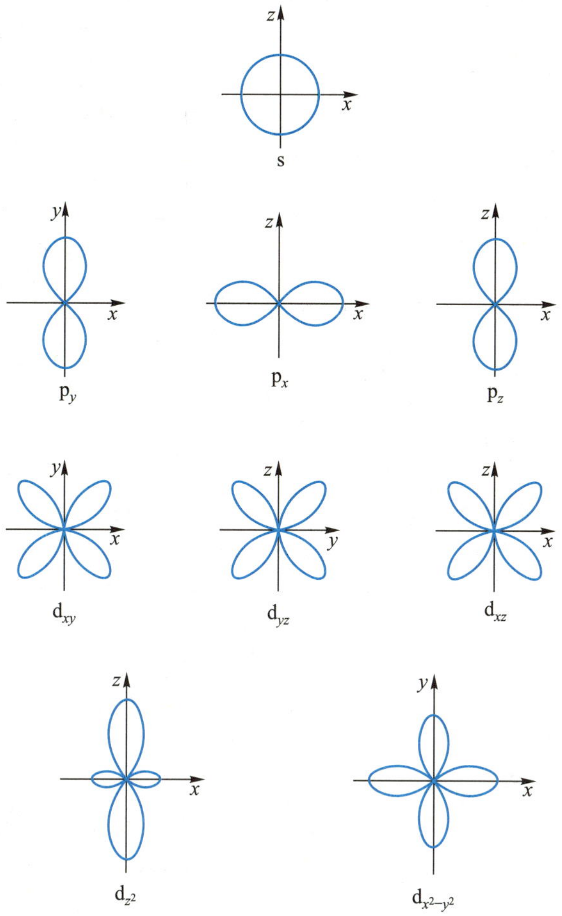

图 1-11 s,p,d 电子云的角度分布图

1.2.4 原子轨道及电子云的径向部分

1. 原子轨道的径向部分

原子轨道的径向部分也称径向波函数 $R(r)$。$R(r)$ 对 r 作图,表示任何角度方向上 $R(r)$ 随 r 的变化情况。解薛定谔方程可以得到波函数径向部分的函数式。根据函数式作图,即可得到径向波函数图。图 1-12 是氢原子 1s 及 2s 的径向波函数图。波函数 ψ 的图形需要将 $R(r)$ 与 $Y(\theta,\varphi)$ 结合起来考虑。

2. 电子云的径向部分

电子云的径向部分用径向密度函数 $R^2(r)$ 表示。以 $R^2(r)$ 对 r 作图,表示任何角度方向上 $R^2(r)$ 随 r 的变化情况。图 1-13 为氢原子 1s 及 2s 电子云径向密度函数图。电子云的图像是 $R^2(r)$ 与 $Y^2(\theta,\varphi)$ 综合作用的结果。

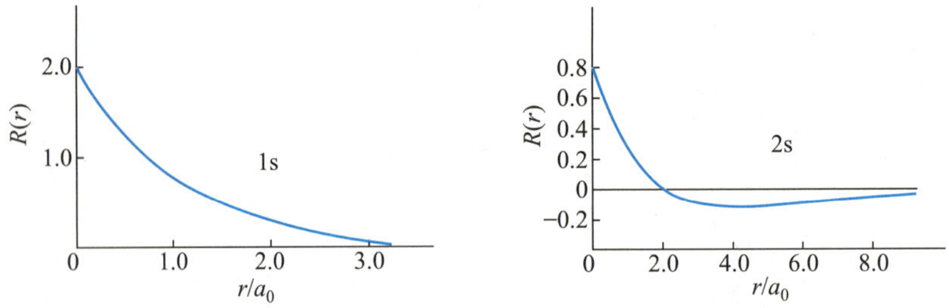

图 1-12 氢原子的径向波函数图($a_0=52.9$ pm)

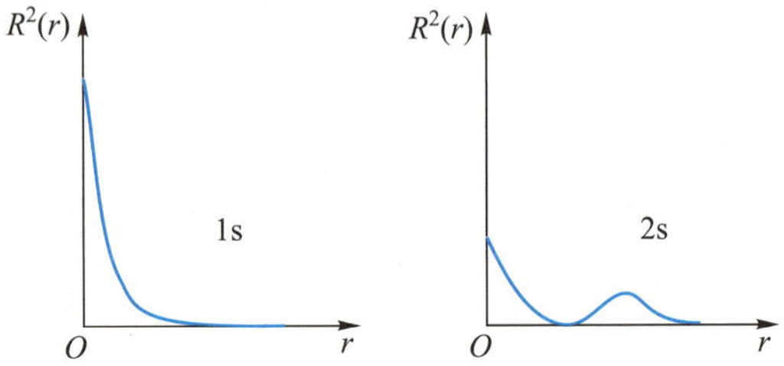

图 1-13 氢原子电子云径向密度函数图

1.2.5 四个量子数

对原子核外三维空间运动的电子，用三个量子数表征的波函数 $\psi(n,l,m)$ 就可以描述电子的轨道运动状态。电子除轨道运动外，还做自旋运动，其自旋角动量由 m_s 量子数决定。因此，要完整地描述一个核外电子运动状态需要四个量子数 n,l,m,m_s。这四个量子数的物理意义和取值关系如下。

1. 主量子数 n

主量子数是决定轨道能量高低的主要因素。n 的取值为正整数：1,2,3,…,n。n 越大，电子离核越远，能量越高。主量子数与电子层符号的对应关系为

主量子数 n	1	2	3	4	5	6	7	…
电子层符号	K	L	M	N	O	P	Q	…

氢原子核外只有一个电子，不存在电子之间的相互作用，能量只取决于主量子数 n。

2. 角量子数 l

角量子数决定原子轨道或电子云的形状，与电子运动的轨道角动量有关。l 值可取 0 和小于 n 的正整数，即 0,1,2,3,…,$(n-1)$。在多电子原子中，它和主量子数一起决定电子轨道运动的能量。若两个电子的 n 与 l 相同，则表示这两个电子所处轨道半径及形状相同，具有的能量也相同。l 的每一个值代表轨道的一种形状，一个主层中 l 有多少个值就表示该层中有多少个形状不同的亚层。例如：

$n=1, l=0$。l 只有一个值，有一个亚层（s 亚层）。

$n=2, l=0,1$。l 有两个值，有两个亚层（s 亚层和 p 亚层）。

……

$n=n, l=0,1,\cdots,(n-1)$。l 有 n 个值，有 n 个亚层。

l 的值与亚层符号及轨道形状的对应关系如下：

l	0	1	2	3	4	…
亚层符号	s	p	d	f	g	…
轨道形状	球形	哑铃形	花瓣形……			

3. 磁量子数 m

磁量子数决定原子轨道在空间不同伸展方向。m 值可取 $0,\pm1,\pm2,\pm3,\cdots,\pm l$。例如，$l=1$，表示 p 亚层轨道在空间有三个伸展方向，即有三条不同方向的轨道，用 $m=0,+1,-1$ 代表。

l, m 的取值与轨道名称的对应关系见表 1-2。三个量子数 n, l, m 之间的联系和限制关系归纳于表 1-3 中。

表 1-2　l, m 取值与轨道名称的对应关系

l	m	轨道名称	轨道符号	亚层中轨道数
0	0	s	ψ_s	1
1	0 ±1	p_z p_x, p_y	ψ_{p_z} ψ_{p_x}, ψ_{p_y}	3
2	0 ±1 ±2	d_{z^2} d_{xz}, d_{yz} $d_{xy}, d_{x^2-y^2}$	$\psi_{d_{z^2}}$ $\psi_{d_{xz}}, \psi_{d_{yz}}$ $\psi_{d_{xy}}, \psi_{d_{x^2-y^2}}$	5
3	0 ±1 ±2 ±3	f（略）	ψ_f（略）	7

当 $n=1$ 时，$l=0, m=0$，三个量子数的组合方式只有一种，即 $(1,0,0)$，这种组合方式下的波函数表示为 $\psi(1,0,0)$，即 $n=1$，有 1^2 种组合方式。当 $n=2$ 时，三个量子数的组合方式有四种，$(2,0,0)$，$(2,1,0)$，$(2,1,1)$，$(2,1,-1)$，即有 2^2 种组合方式，其波函数分别表示为 $\psi(2,0,0)$，$\psi(2,1,0)$，$\psi(2,1,1)$，$\psi(2,1,-1)$。因为每一种组合方式确定一个 ψ，而每一个波函数 ψ 代表一个轨道，故在第 n 个主层上，有 n^2 个轨道。

表 1-3 表征原子轨道的三个量子数

主量子数 n（主层）	角量子数 l（亚层）	亚层符号	亚层层数	磁量子数 m（原子轨道）	亚层中的轨道数	主层中的轨道数
1 或 K	0	1s	1	0	1	1
2 或 L	0	2s	2	0	1	4
	1	2p		-1,0,+1	3	
3 或 M	0	3s	3	0	1	9
	1	3p		-1,0,+1	3	
	2	3d		-2,-1,0,+1,+2	5	
4 或 N	0	4s	4	0	1	16
	1	4p		-1,0,+1	3	
	2	4d		-2,-1,0,+1,+2	5	
	3	4f		-3,-2,-1,0,+1,+2,+3	7	

4. 自旋量子数 m_s

自旋量子数决定电子运动的自旋方向。电子自旋只有顺时针和逆时针两个方向，m_s 的取值为+1/2 和-1/2，如图 1-14 所示。

m_s：	$+\frac{1}{2}$	$-\frac{1}{2}$
自旋方向：	顺时针	逆时针
箭头示意：	↑	↓

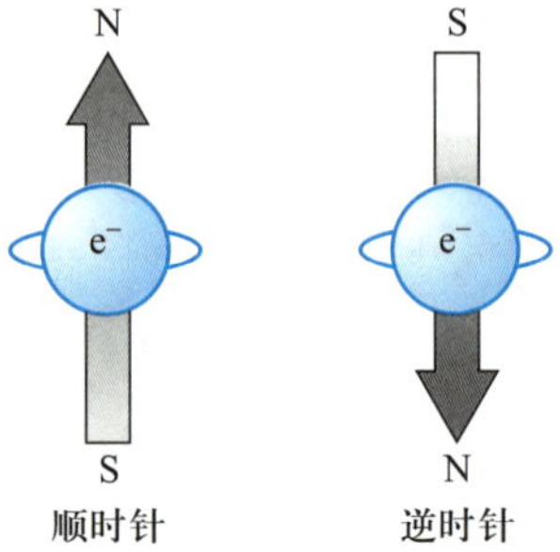

图 1-14 电子自旋示意图

综上所述，原子轨道是指由三个量子数 n,l,m 确定的电子运动区域，而电子的运动状态则要由 n,l,m,m_s 四个量子数来描述。

泡利简介

奥地利科学家泡利（Pauli W）根据光谱实验和元素周期表指出：在同一原子中，不可能有四个量子数完全相同的两个电子。这个结论称为泡利不相容原理。它表明，某一电子层中的电子数是有一定限度的。

例如，在离核最近的 K 层上，电子的四个量子数必须是 $n=1,l=0,m=0,m_s=+1/2$ 或 $-1/2$。因此，K 层上最大限度只能容纳 2 个电子，因为如果再多容纳一个电子，则其中必然有两个电子的四个量子数完全相同而违背泡利不相容原理。

同理，同一个轨道上只能容纳 2 个电子。第 n 个主层上有 n^2 个轨道，所以，最多可容纳 $2n^2$ 个电子，这称为电子层最大容量原理。

1.3 多电子原子结构和周期表

除氢原子外，其他元素的原子，核外都不是一个电子，这些原子统称为多电子原子。对于多电子原子来说，电子在核外运动应遵守什么规律？原子的电子层结构和元素周期表有什么关系？这是本节要解决的两个主要问题。

1.3.1 多电子原子轨道能级图

1. 鲍林近似能级图

鲍林简介

美国化学家鲍林（Pauling L）根据光谱实验结果总结出多电子原子中各轨道能级高低的近似情况并用图示方法表示出来（见图 1-15）。图中每个小圆圈代表一个原子轨道，能量相近的轨道组成一能级组框在方格内，共七个能级组。

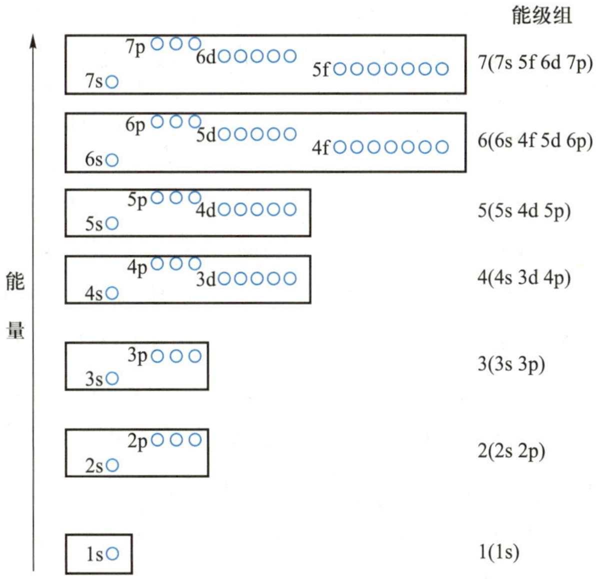

图 1 15 鲍林近似能级图

每个能级组中有 1～4 个亚层。例如，$n=4$ 的能级组中有 4s，3d，4p 三个亚层，这些亚层上分别有 1，5，3 个轨道，对于 n 相同，l 也相同的轨道，能量相等，称为简并轨道或等价轨道。例如，3d 亚层上有 5 个等价轨道。

随着主量子数 n 的增大，主层能级升高，即 K<L<M<N<…，在同一主层中各亚层的能级顺序依 l 值的增大，能量升高，所以，同一原子同一主层中各亚层能级的相对高低为

$$ns<np<nd<nf$$

同一主层中各亚层能级产生差别的现象称为能级分裂。

第四能级组开始产生能级交错现象，即 n 小的主层中某些亚层的能级反而高于 n 大的主层中某些亚层的能级。例如：

$$E_{4s}<E_{3d}<E_{4p}$$

$$E_{5s}<E_{4d}<E_{5p}$$

$$E_{6s}<E_{4f}<E_{5d}<E_{6p}$$

为了确定 n,l 同时改变时，能级的相对高低和能级组的划分，我国化学家徐光宪教授总结归纳出了 $(n+0.7l)$ 的近似规律，即对于原子的外层电子来说，$(n+0.7l)$ 的值越大，则能级越高。把 $(n+0.7l)$ 值的第一位数字相同的各能级合并为一组，称为能级组，并按第一位数字称为第几能级组。例如，对于 4s，3d，4p 电子的 $(n+0.7l)$ 值分别是 4.0，4.4，4.7，所以能级由低到高的顺序为 $E_{4s}<E_{3d}<E_{4p}$，第一位数字都为 4，所以 4s，3d，4p 称为第四能级组。

2. 屏蔽效应和钻穿效应

多电子原子轨道的能级为什么会产生分裂和交错呢？

（1）屏蔽效应　对氢原子来说，核外只有一个电子，这个电子除受核电荷作用外，不受别的电子作用，电子运动的能量只与主量子数有关：

$$E=-\frac{Z^2}{n^2}\times 2.179\times 10^{-18}\ \text{J}=-\frac{2.179\times 10^{-18}}{n^2}\ \text{J}$$

除氢原子，其他元素的原子都不止有一个电子，因此，在多电子原子中，既要考虑核对各个电子吸引，也要考虑电子之间相互排斥。例如，Li 原子是由带三个正电荷的核和三个电子构成的，其中每个电子都既受核的吸引，又受其他两个电子的排斥，如果要准确确定其余两个电子对所选定的任一电子的影响是很困难的。因此，采用一种叫作中心势场模型的近似方法来处理。中心势场模型理论认为：每一个电子都在核和其余电子所构成的平均势场中运动，其余电子对这个选定电子有排斥作用，并把这种排斥作用看作相当于有 σ 个电子电荷是从原子中心产生的。这样，核对这个电子的吸引因其余电子的排斥而被减弱，犹如核电荷数减少了 σ 个，由原来的核电荷数 Z 减小为 $(Z-\sigma)$。令 $Z-\sigma=Z^*$，Z^* 称为有效核电荷数，σ 称为屏蔽常数，相当于抵消了的正电荷数，它的数值与其余电子的多少及这些电子所处的轨道有关，也同选定电子所在的轨道有关。

这种因电子之间的相互排斥而使核对外层电子的吸引被减弱的作用称为屏蔽效应（或屏蔽作用）。

考虑了屏蔽效应以后，在多电子原子中，每个电子允许的能量就应该为

$$E=-2.179\times 10^{-18}\frac{(Z-\sigma)^2}{n^2}\ \text{J}=-2.179\times 10^{-18}\frac{(Z^*)^2}{n^2}\ \text{J} \qquad (1-8)$$

一般来说，内层电子对外层电子的屏蔽效应较大，外层电子对较内层电子可以

近似看作不产生屏蔽效应。

对同一原子来说，离核越近的主层上的电子被其他电子屏蔽的程度越小，它对外层电子的屏蔽效应越大，因此，各电子层屏蔽效应大小的顺序为

$$K>L>M>N>\cdots$$

电子被屏蔽程度越大（σ 越大），受核场的引力被减弱得越多，故势能越高。因此，各电子主层能级的由低到高的顺序为

$$K<L<M<N<\cdots$$

对不同的被屏蔽电子而言，当主量子数 n 相同，角量子数 l 不同时，随着 l 值的增大，其余电子对它的屏蔽效应也增大，即 σ 值增大。σ 值增大，能量随之升高，从而出现 $E_{ns}<E_{np}<E_{nd}<E_{nf}$。

（2）钻穿效应　外层电子具有钻到内部空间而更靠近核的现象称为电子的钻穿（或穿透）。电子钻穿的结果，降低了其余电子对它的屏蔽效应，受到的有效核电荷的作用增强，从而使轨道能量降低。这种现象称为电子的钻穿效应。

同一主层不同亚层电子的钻穿情况，可以粗略地从径向分布图来说明。在 $n=3$ 时，不同 l 值电子云的径向分布图见图 1-16。图中电子云的径向分布函数 $D(r)=r^2R^2(r)$，$D(r)$ 是在半径为 r 的球面上的薄球壳内电子出现的概率，称为壳层概率。在同一主层（n 相同）中，ns 电子云比 np 电子云多一个近核峰，np 电子云又比 nd 电子云多一个近核峰。峰离核越近，表明该电子在越靠近核的区域有部分出现的机会。或者说 ns 电子云比 np 电子云钻穿能力强，np 电子云比 nd 电子云钻穿能力强。总之，l 值越小的电子钻穿能力越强；离核越近，平均受核场力的吸引力越强，能量降低越多。l 值大的电子则相反，在核附近出现的概率小，能量降低较少。因此，同一主层不同亚层电子能量由低到高的顺序是

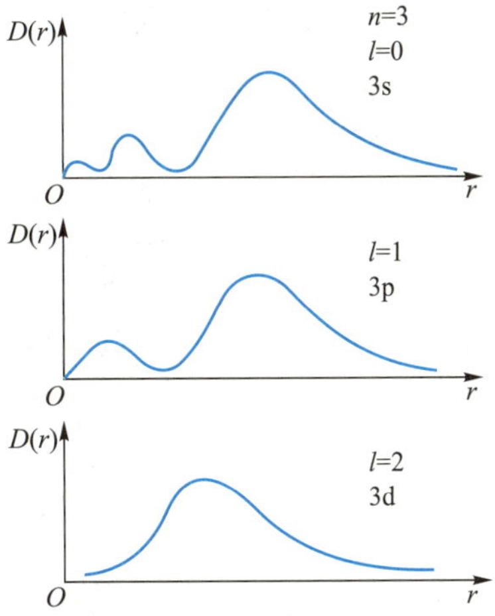

图 1-16　$n=3$，电子云的径向分布图

$$E_{ns}<E_{np}<E_{nd}<E_{nf}$$

可见钻穿效应实际上就是讨论 s，p，d，f 电子云的径向分布不同所引起的能量效应。

钻穿效应不仅能解释 n 相同、l 不同时，轨道能量的高低顺序（即解释能级分裂），而且可以解释 n 和 l 都不同时，有的轨道发生的能级交错现象。如图 1-17 所示，如果把 4s 和 3d 电子云的径向分布进行比较，就可以看出图中 4s 最大峰虽然比 3d 离核远，但它有三个小峰钻到 3d 峰内而靠近核，4s 电子云钻穿能力强，致使其能量低于 3d，出现 $E_{4s}<E_{3d}$ 的能级交错现象。可见 4s 与 3d 相比，4s 轨道的主量子数虽比 3d 大 1，但其副量子数比 3d 小 2，副量子数减小，钻穿效应增大对轨道能量的降低作用，超过了主量子数增加对轨道能量的升高作用。

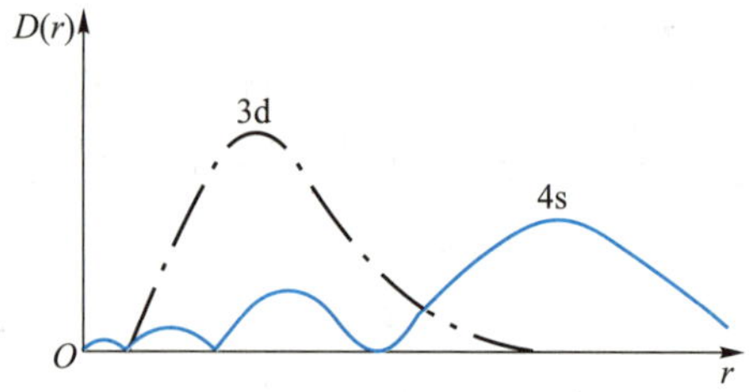

图 1-17 4s,3d 电子云的径向分布图

鲍林的近似能级图只能反映同一原子中原子轨道能级的相对高低,不能比较不同元素原子轨道能级的相对高低。电子的轨道能量与元素的原子序数(Z)有关,Z 越大核电荷数越多,核对电子的引力越强,电子离核越近,轨道能量降得越低,电子的钻穿效应随核电荷的增大而减弱。多电子原子轨道能量相对高低与原子序数的关系可用科顿(Cotton F A)能级图表示。

3. 科顿能级图

科顿能级图是根据理论计算出多电子原子中各轨道的能量后再以原子轨道能量对原子序数作图得到的一种计算能级图。

从图 1-18 可以看出:

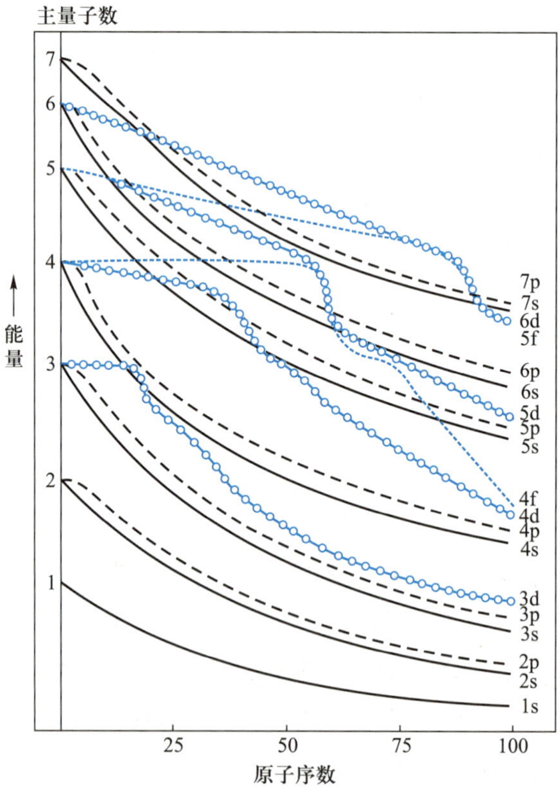

图 1-18 科顿能级图

(引自 J J Lagowski.Modern Inorganic Chemistry,P595)

(1) 原子序数为 1 的氢原子，每个电子层内(主量子数相同)的各不同亚层(l 值不同的轨道)能量都是相同的，对氢原子而言：$E_{ns}=E_{np}=E_{nd}=E_{nf}$，这表示氢原子内，主量子数相同的轨道都是等价轨道，见图 1-19。

(2) 原子序数增加时，原子轨道能量逐渐下降。由于下降幅度不同，所以产生能级交错。

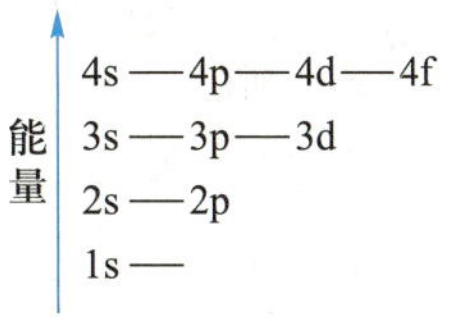

图 1-19　氢原子轨道能级

科顿能级图的优点是非常简明清晰地反映了原子轨道能量和原子序数的关系，同时也反映了氢原子轨道的简并性及过渡元素失电子的先后顺序，但它不能解释电子依次填充的顺序。所以，在讨论电子排布时，仍采用鲍林近似能级图。

1.3.2　核外电子排布

1. 原子核外电子排布的一般规律

基态原子核外电子排布应符合以下三项原则。

(1) 泡利不相容原理　在同一原子中，每个轨道上最多只能容纳自旋方向相反的两个电子。

(2) 能量最低原理　在不违背泡利不相容原理的条件下，电子在原子轨道上的排布应使整个原子体系能量处于最低。原子所处的最低能量状态是原子的基态。

(3) 洪德规则　德国物理学家洪德(Hund F)根据大量光谱实验数据总结出以下规则。

① 在等价轨道上，电子将尽可能以自旋平行的方式分占不同轨道。例如，$^{12}_{6}C$，按能量最低原理，碳原子的电子排布应为 $1s^22s^22p^2$。核外有两个 p 电子，但 2p 亚层有三个等价轨道：$2p_x$，$2p_y$，$2p_z$，按洪德规则，这两个电子是分占两个不同的 2p 轨道，并且自旋平行。即以 [↑][↑][ ] 方式排布，而不是以 [↑↓][ ][ ] 方式排布。因为当轨道中已占有一个电子，另一个电子要继续填入和前一个电子成对时，就必须克服它们之间的相互排斥作用，从而使整个体系能量升高。所以，电子成单填入等价轨道有利于体系的能量降低而处于稳定态。

② 在等价轨道上全充满(p^6，d^{10}，f^{14})、半充满(p^3，d^5，f^7)和全空(p^0，d^0，f^0)的情况下，原子体系能量最低，这种原子结构是比较稳定的。

2. 基态原子核外电子排布

根据鲍林近似能级图及核外电子排布的规律，多电子原子中电子进入轨道的能级顺序是

$$1s<2s<2p<3s<3p<4s<3d<4p<5s<4d<5p<6s<4f<5d<6p<7s<5f<6d<7p<\cdots$$

按此能级顺序，根据核外电子排布的三项原则，电子由最低能量的 1s 轨道依次填入，每个轨道最多只能填入 2 个电子。当该元素的电子填到最后能级组时，应注意洪特规则②。

［例 1.2］ 已知$_{24}$Cr，写出其核外电子排布。

按能量最低原理排布为 $1s^22s^22p^63s^23p^64s^23d^4$，但 d^4 接近半满，按洪特规则②，半满时稳定。所以应取 $4s^13d^5$ 的结构，且按洪特规则①，5 个 d 电子应分占五个轨道并且自旋平行。

按主量子数由小到大整理后得：$1s^22s^22p^63s^23p^63d^54s^1$。通常把内层已达稀有气体的电子层结构写成“原子实”。Cr 的原子实为［Ar］，Cr 的电子排布式简写为［Ar］$3d^54s^1$。

［例 1.3］ 用原子实表示$_{29}$Cu 的核外电子排布。

$_{29}$Cu：$1s^22s^22p^63s^23p^6$，剩下 11 个电子，应按 $3d^{10}4s^1$ 排布。所以，$_{29}$Cu 的电子排布式可简写为［Ar］$3d^{10}4s^1$。

同第四周期元素的电子填充一样，第五周期各元素的原子，电子依次填入 5s，4d，5p 能级组的轨道中。第六周期元素原子中的电子填入 6s，4f，5d，6p 能级组，第七周期元素原子中的电子填入 7s，5f，6d，7p 能级组。

第六、七周期元素的电子填充方式，实际上与第四、五周期元素的电子填充方式大致相仿，只不过在 57 号元素镧之后开始了 4f 填充，在 90 号元素钍之后开始了 5f 填充。

根据上述核外电子排布规则并结合实验测定的结果，将 118 种元素原子的电子层结构列于表 1-4 中。

表 1-4 原子的电子层结构

周期	原子序数	元素符号	电子层						
			K	L	M	N	O	P	Q
			1s	2s 2p	3s 3p 3d	4s 4p 4d 4f	5s 5p 5d 5f	6s 6p 6d	7s 7p
1	1	H	1						
	2	He	2						
2	3	Li	2	1					
	4	Be	2	2					
	5	B	2	2 1					
	6	C	2	2 2					
	7	N	2	2 3					
	8	O	2	2 4					
	9	F	2	2 5					
	10	Ne	2	2 6					
3	11	Na	2	2 6	1				
	12	Mg	2	2 6	2				
	13	Al	2	2 6	2 1				
	14	Si	2	2 6	2 2				
	15	P	2	2 6	2 3				
	16	S	2	2 6	2 4				
	17	Cl	2	2 6	2 5				
	18	Ar	2	2 6	2 6				

续表

周期	原子序数	元素符号	电子层																		
			K	L		M			N				O				P			Q	
			1s	2s	2p	3s	3p	3d	4s	4p	4d	4f	5s	5p	5d	5f	6s	6p	6d	7s	7p
4	19	K	2	2	6	2	6		1												
	20	Ca	2	2	6	2	6		2												
	21	Sc	2	2	6	2	6	1	2												
	22	Ti	2	2	6	2	6	2	2												
	23	V	2	2	6	2	6	3	2												
	24	Cr	2	2	6	2	6	5	1												
	25	Mn	2	2	6	2	6	5	2												
	26	Fe	2	2	6	2	6	6	2												
	27	Co	2	2	6	2	6	7	2												
	28	Ni	2	2	6	2	6	8	2												
	29	Cu	2	2	6	2	6	10	1												
	30	Zn	2	2	6	2	6	10	2												
	31	Ga	2	2	6	2	6	10	2	1											
	32	Ge	2	2	6	2	6	10	2	2											
	33	As	2	2	6	2	6	10	2	3											
	34	Se	2	2	6	2	6	10	2	4											
	35	Br	2	2	6	2	6	10	2	5											
	36	Kr	2	2	6	2	6	10	2	6											
5	37	Rb	2	2	6	2	6	10	2	6			1								
	38	Sr	2	2	6	2	6	10	2	6			2								
	39	Y	2	2	6	2	6	10	2	6	1		2								
	40	Zr	2	2	6	2	6	10	2	6	2		2								
	41	Nb	2	2	6	2	6	10	2	6	4		1								
	42	Mo	2	2	6	2	6	10	2	6	5		1								
	43	Tc	2	2	6	2	6	10	2	6	5		2								
	44	Ru	2	2	6	2	6	10	2	6	7		1								
	45	Rh	2	2	6	2	6	10	2	6	8		1								
	46	Pd	2	2	6	2	6	10	2	6	10										
	47	Ag	2	2	6	2	6	10	2	6	10		1								
	48	Cd	2	2	6	2	6	10	2	6	10		2								
	49	In	2	2	6	2	6	10	2	6	10		2	1							
	50	Sn	2	2	6	2	6	10	2	6	10		2	2							
	51	Sb	2	2	6	2	6	10	2	6	10		2	3							
	52	Te	2	2	6	2	6	10	2	6	10		2	4							
	53	I	2	2	6	2	6	10	2	6	10		2	5							
	54	Xe	2	2	6	2	6	10	2	6	10		2	6							

续表

周期	原子序数	元素符号	电子层																		
			K	L		M			N				O				P			Q	
			1s	2s	2p	3s	3p	3d	4s	4p	4d	4f	5s	5p	5d	5f	6s	6p	6d	7s	7p
	55	Cs	2	2	6	2	6	10	2	6	10		2	6			1				
	56	Ba	2	2	6	2	6	10	2	6	10		2	6			2				
	57	La	2	2	6	2	6	10	2	6	10		2	6	1		2				
	58	Ce	2	2	6	2	6	10	2	6	10	1	2	6	1		2				
	59	Pr	2	2	6	2	6	10	2	6	10	3	2	6			2				
	60	Nd	2	2	6	2	6	10	2	6	10	4	2	6			2				
	61	Pm	2	2	6	2	6	10	2	6	10	5	2	6			2				
	62	Sm	2	2	6	2	6	10	2	6	10	6	2	6			2				
	63	Eu	2	2	6	2	6	10	2	6	10	7	2	6			2				
	64	Gd	2	2	6	2	6	10	2	6	10	7	2	6	1		2				
	65	Tb	2	2	6	2	6	10	2	6	10	9	2	6			2				
	66	Dy	2	2	6	2	6	10	2	6	10	10	2	6			2				
	68	Ho	2	2	6	2	6	10	2	6	10	11	2	6			2				
	68	Er	2	2	6	2	6	10	2	6	10	12	2	6			2				
	69	Tm	2	2	6	2	6	10	2	6	10	13	2	6			2				
	70	Yb	2	2	6	2	6	10	2	6	10	14	2	6			2				
6	71	Lu	2	2	6	2	6	10	2	6	10	14	2	6	1		2				
	72	Hf	2	2	6	2	6	10	2	6	10	14	2	6	2		2				
	73	Ta	2	2	6	2	6	10	2	6	10	14	2	6	3		2				
	74	W	2	2	6	2	6	10	2	6	10	14	2	6	4		2				
	75	Re	2	2	6	2	6	10	2	6	10	14	2	6	5		2				
	76	Os	2	2	6	2	6	10	2	6	10	14	2	6	6		2				
	77	Ir	2	2	6	2	6	10	2	6	10	14	2	6	7		2				
	78	Pt	2	2	6	2	6	10	2	6	10	14	2	6	9		1				
	79	Au	2	2	6	2	6	10	2	6	10	14	2	6	10		1				
	80	Hg	2	2	6	2	6	10	2	6	10	14	2	6	10		2				
	81	Tl	2	2	6	2	6	10	2	6	10	14	2	6	10		2	1			
	82	Pb	2	2	6	2	6	10	2	6	10	14	2	6	10		2	2			
	83	Bi	2	2	6	2	6	10	2	6	10	14	2	6	10		2	3			
	84	Po	2	2	6	2	6	10	2	6	10	14	2	6	10		2	4			
	85	At	2	2	6	2	6	10	2	6	10	14	2	6	10		2	5			
	86	Rn	2	2	6	2	6	10	2	6	10	14	2	6	10		2	6			

续表

周期	原子序数	元素符号	电子层																		
			K	L		M			N				O				P			Q	
			1s	2s	2p	3s	3p	3d	4s	4p	4d	4f	5s	5p	5d	5f	6s	6p	6d	7s	7p
7	87	Fr	2	2	6	2	6	10	2	6	10	14	2	6	10		2	6		1	
	88	Ra	2	2	6	2	6	10	2	6	10	14	2	6	10		2	6		2	
	89	Ac	2	2	6	2	6	10	2	6	10	14	2	6	10		2	6	1	2	
	90	Th	2	2	6	2	6	10	2	6	10	14	2	6	10		2	6	2	2	
	91	Pa	2	2	6	2	6	10	2	6	10	14	2	6	10	2	2	6	1	2	
	92	U	2	2	6	2	6	10	2	6	10	14	2	6	10	3	2	6	1	2	
	93	Np	2	2	6	2	6	10	2	6	10	14	2	6	10	4	2	6	1	2	
	94	Pu	2	2	6	2	6	10	2	6	10	14	2	6	10	6	2	6		2	
	95	Am	2	2	6	2	6	10	2	6	10	14	2	6	10	7	2	6		2	
	96	Cm	2	2	6	2	6	10	2	6	10	14	2	6	10	7	2	6	1	2	
	97	Bk	2	2	6	2	6	10	2	6	10	14	2	6	10	9	2	6		2	
	98	Cf	2	2	6	2	6	10	2	6	10	14	2	6	10	10	2	6		2	
	99	Es	2	2	6	2	6	10	2	6	10	14	2	6	10	11	2	6		2	
	100	Fm	2	2	6	2	6	10	2	6	10	14	2	6	10	12	2	6		2	
	101	Md	2	2	6	2	6	10	2	6	10	14	2	6	10	13	2	6		2	
	102	No	2	2	6	2	6	10	2	6	10	14	2	6	10	14	2	6		2	
	103	Lr	2	2	6	2	6	10	2	6	10	14	2	6	10	14	2	6	1	2	
	104	Rf	2	2	6	2	6	10	2	6	10	14	2	6	10	14	2	6	2	2	
	105	Db	2	2	6	2	6	10	2	6	10	14	2	6	10	14	2	6	3	2	
	106	Sg	2	2	6	2	6	10	2	6	10	14	2	6	10	14	2	6	4	2	
	107	Bh	2	2	6	2	6	10	2	6	10	14	2	6	10	14	2	6	5	2	
	108	Hs	2	2	6	2	6	10	2	6	10	14	2	6	10	14	2	6	6	2	
	109	Mt	2	2	6	2	6	10	2	6	10	14	2	6	10	14	2	6	7	2	
	110	Ds	2	2	6	2	6	10	2	6	10	14	2	6	10	14	2	6	8	2	
	111	Rg	2	2	6	2	6	10	2	6	10	14	2	6	10	14	2	6	9	2	
	112	Cn	2	2	6	2	6	10	2	6	10	14	2	6	10	14	2	6	10	2	
	113	Nh	2	2	6	2	6	10	2	6	10	14	2	6	10	14	2	6	10	2	1
	114	Fl	2	2	6	2	6	10	2	6	10	14	2	6	10	14	2	6	10	2	2
	115	Mc	2	2	6	2	6	10	2	6	10	14	2	6	10	14	2	6	10	2	3
	116	Lv	2	2	6	2	6	10	2	6	10	14	2	6	10	14	2	6	10	2	4
	117	Ts	2	2	6	2	6	10	2	6	10	14	2	6	10	14	2	6	10	2	5
	118	Og	2	2	6	2	6	10	2	6	10	14	2	6	10	14	2	6	10	2	6

注:表中单框线内为过渡元素(副族元素),双框线内为内过渡元素(镧系元素和锕系元素)。

我国科学技术名词审定委员会根据国际纯粹与应用化学联合会(IUPAC)2004 年的通知,于 2006 年 1 月讨论、通过,并推荐使用 104—112 号元素的符号和中文名称。2012 年 5 月,经 IUPAC 认定,114 号元素和 116 号元素获正式命名,分别为 Flerovium(元素符号 Fl)和 Livermorium(元素符号 Lv)。2015 年 12 月,IUPAC 确认了第 113 号、115 号、117 号和 118 号元素的发现,并于 2016 年 11 月正式发布了其英文名称和元素符号。

需要说明的是：在应用核外电子排布的一般规律及鲍林近似能级图填充电子时，得出的元素周期系各元素的电子层结构，大多与光谱实验结果一致，但有少数例外。对于这种情况，首先应该尊重事实，切勿拿事实去适应原理。

例外情况

基态原子的价电子层（简称价层）指价电子所在的主层和亚层。原子的价电子构型指价电子层中电子的分布。但价电子层中的电子并不全是价电子。例如，$_{29}Cu$ 的价电子构型是 $3d^{10}4s^1$，其中 10 个 d 电子并不全是价电子。若按原子实书写核外电子排布式时，原子实以外的部分是该元素原子的最高能级组而不是价电子构型。例如，$_{35}Br$ 的价电子构型是 $4s^24p^5$，按原子实写电子排布式为 [Ar]$3d^{10}4s^24p^5$，[Ar] 以外的 $3d^{10}4s^24p^5$ 是最高能级组中的电子分布。

3. 简单基态阳离子的电子排布

在鲍林能级顺序中，基态原子轨道能量 $E_{4s}<E_{3d}$，如 $_{26}Fe$ 原子的电子排布式为 [Ar]$3d^64s^2$，当 Fe 原子失去价电子变成阳离子时，电子排布为 Fe^{2+}：[Ar]$3d^64s^0$，Fe^{3+}：[Ar]$3d^54s^0$，而不是 [Ar]$3d^44s^2$，[Ar]$3d^34s^2$。

当电中性的原子失去电子变成简单阳离子后，电子数目减少而核电荷数不变，从而导致有效核电荷数增大，钻穿效应的影响相对减弱，角量子数 l 对轨道能量的影响也相对减少。根据徐光宪教授总结的规律，离子中外层电子的能级取决于 $(n+0.4l)$ 值的大小。Fe^{2+}，Fe^{3+} 离子外层电子轨道能量应是 $E_{4s}(4)>E_{3d}(3.8)$。所以当 Fe 原子失去两个电子后，外层电子排布为 $3d^64s^0$，再失去一个电子则为 $3d^54s^0$ 因此，原子失电子变成简单阳离子时总是先失去最外层电子。

一般来说，在原子的最高能级组中同时有 ns，np，$(n-1)$d 和 $(n-2)$f 电子，按 $(n+0.4l)$ 规则，失电子的先后次序是：np 先于 ns，ns 先于 $(n-1)$d，$(n-1)$d 先于 $(n-2)$f。例如，$_{33}As$ 的最外能级组是 $4s^23d^{10}4p^3$，电离时先失去 3 个 4p 电子成 As^{3+}，再失去 2 个 4s 电子成 As^{5+}，只有在极大能量的激发下才能再失去 3d 电子。

根据离子的外层电子排布，简单基态阳离子的电子构型可分为 5 种，见表 1-5。

表 1-5 简单基态阳离子的电子构型

离子的电子构型	离子的外层电子结构	离子的外层电子数	实例
$2e^-$ 型	$1s^2$	2	Li^+，Be^{2+}
$8e^-$ 型	ns^2np^6	8	Na^+，Mg^{2+}，Al^{3+}，Sc^{3+}，Ti^{4+}
$(9\sim17)e^-$ 型	$ns^2np^6nd^{1\sim9}$	9～17	Cr^{3+}，Mn^{2+}，Fe^{2+}，Fe^{3+}，Cu^{2+}
$18e^-$ 型	$ns^2np^6nd^{10}$	18	Ag^+，Cu^+，Zn^{2+}，Cd^{2+}，Hg^{2+}
$(18+2)e^-$ 型	$(n-1)s^2(n-1)p^6$ $(n-1)d^{10}ns^2$	18+2	Sn^{2+}，Pb^{2+}，Sb^{3+}，Bi^{3+}

1.3.3 原子的电子层结构与元素周期表

20 世纪 30 年代,随着量子力学的发展和对各元素原子核外电子排布的了解,人们认识到元素在元素周期表中的位置取决于核电荷数和核外电子特别是外层电子排布,元素周期表的形式也逐渐完善,目前常用的元素周期表见本书末的长式元素周期表。元素在元素周期表的排列分布与原子结构的关系分述如下。

1. 原子的外层电子结构和元素的分区

元素周期表中的元素可根据原子的外层电子结构特征划分为图 1-20 所示的 5 个区。

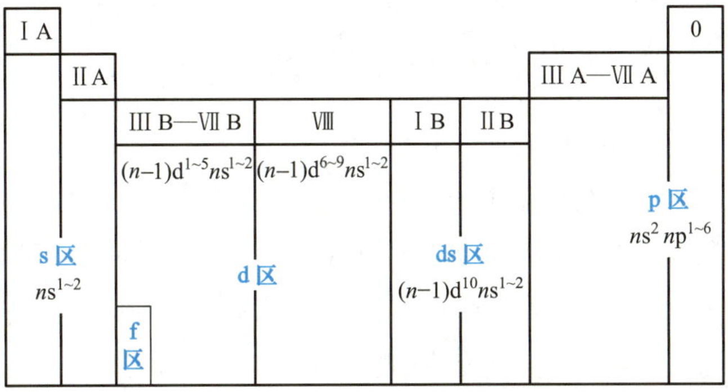

图 1-20 周期表中元素的分区

s 区元素:最外层只有 1~2 个 s 电子,次外层无 d 电子,价电子构型为 $ns^{1\sim2}$,包括Ⅰ A,Ⅱ A 族的所有元素。

p 区元素:最外层除有 2 个 s 电子外,还有 1~6 个 p 电子(He 无 p 电子),价电子构型为 $ns^2np^{1\sim6}$,包括Ⅲ A—Ⅶ A 族和 0 族。

d 区元素:最外层有 1~2 个 s 电子,次外层有 1~9 个 d 电子,价电子构型为 $(n-1)d^{1\sim9}ns^{1\sim2}$(钯例外),这个区包括Ⅲ B—Ⅶ B 族和Ⅷ族,其中Ⅷ族包括三个竖列。

ds 区元素:最外层有 1~2 个 s 电子,次外层 d 电子全满,价电子构型为 $(n-1)d^{10}ns^{1\sim2}$,包括Ⅰ B,Ⅱ B 族元素。

f 区元素:最外层有两个 s 电子,次外层 s 电子和 p 电子已全满,d 电子 0~2 个,倒数第三层有 1~14 个 f 电子(个别例外),价电子构型为 $(n-2)f^{0\sim14}(n-1)d^{0\sim2}ns^2$,这个区包括镧系元素和锕系元素。

2. 核外电子排布和元素周期表的关系

元素周期表有 7 个横行,表示 7 个周期;18 个纵行。从左到右,各主副族元素的排列顺序已在元素的分区示意图中反映出来了。周期的划分和轨道能级组的关系见表 1-6。通常把元素周期表的各副族元素和Ⅷ族元素叫过渡元素。除 0 族外，元素周期表共有三大部分：① 主族元素，在表的左右两端；② 过渡元素，在表的中部；③ 镧系和锕系元素，在表的底部。

表 1-6 周期的划分和轨道能级组的关系

周期数	原子序数	元素数目	最高能级组		最大电子容量
1	1～2	2	1s	第一能级组	2
2	3～10	8	2s,2p	第二能级组	8
3	11～18	8	3s,3p	第三能级组	8
4	19～36	18	4s,3d,4p	第四能级组	18
5	37～54	18	5s,4d,5p	第五能级组	18
6	55～86	32	6s,4f,5d,6p	第六能级组	32
7	87～118	32	7s,5f,6d,7p	第七能级组	32

（1）元素的电子层数＝能级组中最高主量子数＝周期数（钯除外）。

（2）主族元素原子的价层电子数＝该元素在元素周期表中的族数。

族数	ⅠA	ⅡA	ⅢA	ⅣA	ⅤA	ⅥA	ⅦA
价电子构型	ns^1	ns^2	ns^2np^1	ns^2np^2	ns^2np^3	ns^2np^4	ns^2np^5

当主族元素失去全部价电子后，表现出该元素的最高氧化态。

（3）副族元素（除镧系和锕系外）

族数	ⅢB	ⅣB	…	ⅦB
价电子构型	$(n-1)d^1ns^2$	$(n-1)d^2ns^2$	…	$(n-1)d^5ns^2$

族数	Ⅷ	ⅠB	ⅡB
价电子构型	$(n-1)d^{6\sim10}ns^{0\sim2}$	$(n-1)d^{10}ns^1$	$(n-1)d^{10}ns^2$

ⅢB—ⅦB 族可失去 ns 和 $(n-1)d$ 轨道上的全部电子，所以最高正价数等于族数。

Ⅷ族可失去最外层的 s 电子和次外层的部分 d 电子，所以最高正价数低于族数（8），只有 Ru 和 Os 可表现+8 价。

ⅠB 族可失去 ns 电子和部分 $(n-1)d$ 电子，所以ⅠB 的族数小于最高正价数；ⅡB 族只失去 ns 电子。

镧系和锕系是内过渡元素，它们的最外层和次外层电子数基本相同，只有倒数第三层有明显差别，由于 $(n-2)f$ 层深藏在原子内部，对化学性质的影响已不显著，所以，镧系的 15 种元素和锕系的 15 种元素都具有极相似的化学性质，在元素周期表中位于一格。

根据上述原子的外层电子结构和元素周期表的关系可见，当已知某元素的价电子构型时，可以确定该元素在元素周期表中的位置，即确定它的周期数、族数，是主族还是副族,以及它所表现的价态。反之,当已知某元素在元素周期表中的位置时,可以推出它的原子序数或确定其核外电子排布。

[例 1.4] 某元素位于第五周期ⅥA 族,指出它的原子序数及各电子层中电子排布情况。

解:根据题意知该元素最高能级组是 $5s^2 4d^{10} 5p^4$,即最后填入 5p 电子,又因为 $E_{4d}<E_{5p}$,所以先出现 $4d^{10}$ 然后出现 $5p^4$。即第四主层 d 轨道已填满,第五主层的电子数为 6,所以各层电子数为

K	L	M	N	O
2	8	18	18	6

$Z=52$,该元素为 Te。

从核外电子排布和元素周期表的关系可以看出:元素性质的周期性变化正是由于原子核外电子周期性地重复着相似的电子排布。这就是周期律的实质。

1.4 原子结构与元素性质变化的周期性

随着元素原子序数增加,元素有效核电荷数呈现周期性变化,原子的电子层结构呈现周期性变化,致使原子的某些相关性质,如原子半径、电离能、电子亲和能和电负性等,也呈周期性变化。

1.4.1 有效核电荷数的周期性

元素的原子序数增加时,有效核电荷数呈周期性变化。这是由于屏蔽常数的大小与电子层结构有关,电子层结构呈周期性变化,屏蔽常数亦呈周期性变化。

在短周期中,从左到右元素原子的电子依次填充到最外层,即加到同一电子层中,由于同层电子屏蔽效应小,因此,有效核电荷数显著增加。在长周期中,从第三个元素开始,电子加到次外层,增加的电子进入次外层所产生的屏蔽效应比电子进入最外层要大些,因而有效核电荷数增加不多,当次外层填满 18 个电子时,由于 18 电子层屏蔽效应较大,因此,有效核电荷数略有下降;但在长周期的后半部,电子又填充到最外层,因而有效核电荷数又显著增大,见图 1-21。

同一族中由上到下,虽然元素的核电荷数增加较多,但相邻两元素之间依次增加了一个电子内层,屏蔽效应也较大,使得有效核电荷数增加不显著。

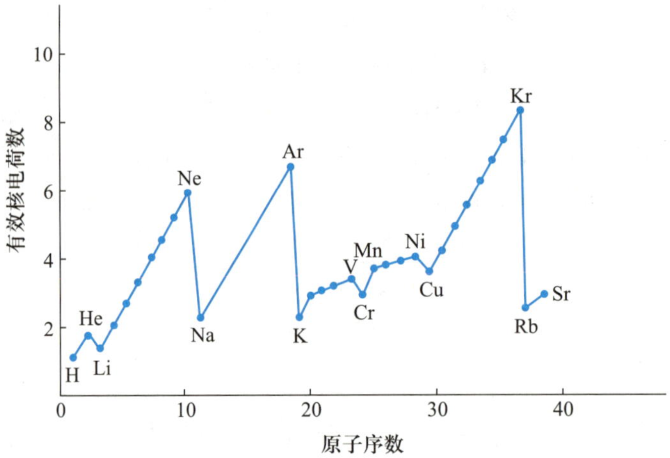

图 1-21 有效核电荷数的周期性变化

1.4.2 原子半径

一般认为,原子半径是原子核到最外层电子的平均距离,但由于电子云没有明确的界限,所以原子核到最外层电子的距离难以确定。对任何原子半径的测定都是假定原子呈球形,原子间以球面相切。根据这个假定和原子的不同存在形式,原子半径可以分为共价单键半径、金属半径和范德华(van der Waals)半径。

同种元素的两个原子以共价单键结合时,其核间距的一半,叫该原子的共价单键半径,简称共价半径。金属单质的晶体中,两个相邻金属原子核间距的一半,称为该金属原子的金属半径。在分子晶体中,分子间是以范德华力结合的。例如,稀有气体的晶体中相邻分子核间距的一半,称为该原子的范德华半径。

表 1-7 给出了各元素的原子共价半径数据。

原子半径(r)的变化规律:

(1) 同一元素 r(负离子)>r(原子)>r(正离子)。

(2) 同一周期 随原子序数的增加原子半径逐渐减小,但长周期中部各元素的原子半径随核电荷数增加减小较慢,到 Ⅰ B, Ⅱ B 族时[具有$(n-1)d^{10}ns^{1\sim2}$结构],原子半径略为增大,然后又逐渐减小。这是由于在长周期过渡元素的原子中,有效核电荷数增加不多,核对外层电子的引力也增加较少,因而原子半径减小较慢。到了长周期的后半部,即自 Ⅰ B 族开始,由于次外层已充满 18 个电子,新增加的电子要加在最外层,半径又略为增大。当电子继续填入最外层时,由于有效核电荷数的增加,原子半径又逐渐减小。

(3) 同一主族 一般是随原子序数的增加,半径增大(即由上至下 r 增大),但副族的变化不明显,特别是镧系以后的各元素,由于镧系收缩的影响,第六周期原子半径比同族第五周期的原子半径增加不多,有的甚至减小。例如:

表 1-7 原子共价半径 单位:pm

ⅠA	ⅡA	ⅢB	ⅣB	ⅤB	ⅥB	ⅦB	Ⅷ			ⅠB	ⅡB	ⅢA	ⅣA	ⅤA	ⅥA	ⅦA	0
H																	He
32																	37
Li	Be											B	C	N	O	F	Ne
130	99											84	75	71	64	60	62
Na	Mg											Al	Si	P	S	Cl	Ar
160	140											124	114	109	104	100	101
K	Ca	Sc	Ti	V	Cr	Mn	Fe	Co	Ni	Cu	Zn	Ga	Ge	As	Se	Br	Kr
200	174	159	148	144	130	129	124	118	117	122	120	123	120	120	118	117	116
Rb	Sr	Y	Zr	Nb	Mo	Tc	Ru	Rh	Pd	Ag	Cd	In	Sn	Sb	Te	I	Xe
215	190	176	164	156	146	138	136	134	130	136	140	142	140	140	137	136	136
Cs	Ba		Hf	Ta	W	Re	Os	Ir	Pt	Au	Hg	Tl	Pb	Bi	Po	At	Rn
238	206		164	158	150	141	136	132	130	130	132	144	145	150	142	148	146

镧系元素

La	Ce	Pr	Nd	Pm	Sm	Eu	Gd	Tb	Dy	Ho	Er	Tm	Yb	Lu
194	184	190	188	186	185	183	182	181	180	179	177	177	178	174

数据摘自:CRC Handbook of Chemistry and Physics.94th ed.Internet Version 2014.

第五周期元素	Pd	Ag	Cd
半径/pm	130	136	140
第六周期元素	Pt	Au	Hg
半径/pm	130	130	132

(4) 镧系收缩 镧系元素从左到右,原子半径大体也是逐渐减小的,只是幅度更小,这是由于新增加的电子填入外数第三层上,对外层电子的屏蔽效应更大,外层电子所受到的有效核电荷数增加的影响更小,因此半径减小更慢。镧系元素整个系列的原子半径缩小的现象称为镧系收缩。

镧系后的第六周期元素与同族第五周期元素半径很接近的原因,一是因为镧系收缩使后面元素的半径相应收缩,二是由于镧以后的 14 种镧系元素在元素周期表中都同处在镧的位置,这样就造成后面原子序数大、半径小的元素在元素周期表中的位置往前移,使得镧以后的第六周期元素原子半径与第五周期同族元素的原子半径非常接近,因此性质也非常相似,在自然界中常共生在一起,并且难以分离。

1.4.3 电离能

基态气体原子失去电子成为带一个正电荷的气态阳离子所需要的能量,称为该原子的第一电离能,由+1 价阳离子失去电子成为+2 价气态阳离子所需的能量叫第二电离能。电离能用符号 I 表示,常用单位为 $kJ\cdot mol^{-1}$ 或 eV(电子伏特,1eV = 96.48 $kJ\cdot mol^{-1}$)。

电离能是衡量某原子是否容易失去电子成为阳离子的标准。电离能越小,表示该元素的原子越易失去电子,金属性越强。另外,从一个元素多级电离的变化,可以预测该元素化合时表现的氧化数。例如,Mg 的 $I_1=738\ kJ\cdot mol^{-1}$,$I_2=1\ 451\ kJ\cdot mol^{-1}$,$I_3=7\ 733\ kJ\cdot mol^{-1}$,$I_2\approx 2I_1$,而 $I_3\approx 10I_1$,因此,可以预见 Mg 化合时表现+2价。表 1-8 列出了元素的第一电离能数据。

电离能的变化规律:

(1) 同一元素 $I_1<I_2<I_3<\cdots$。

(2) 同一主族 随原子序数的增大,电子层数也相应增多,核电荷数和原子半径都在增加,原子半径增大起主导作用。所以,同一主族内,I 随核电荷数增大而减小。但因镧以后的第六周期元素的原子半径与同族第五周期元素的原子半径非常接近,而核电荷数却增加很多(较第五周期同族元素增加 32 个核电荷),所以第六周期镧以后的各元素电离能反比第五周期同族大。

副族元素的电离能变化幅度小,且不规则。

(3) 同一周期 从左到右电离能变化的总趋势是增大的,但受外电子层结构的影响有曲折起伏。

1.4.4 电子亲和能

气态原子获得一个电子成为带一个单位负电荷的气态阴离子时,所放出的能量叫原子的电子亲和能(即第一电子亲和能),一般用符号 A 表示。

元素的电子亲和能绝对值越大,表示该元素的原子越易获得电子,非金属性也就越强。表 1-9 列出了一些元素原子的电子亲和能。表中数据为 $-A$ 值。从表 1-9 中的数据可以看出,从 Cl 到 I,电子亲和能依次减小,说明从 Cl 到 I,原子获得电子的能力减弱,非金属性降低。但 F 的电子亲和能比 Cl 小,这是由于 F 原子半径比 Cl 小得多,因而其电子云密度比 Cl 显著大,对结合进来的电子排斥作用大,所以电子亲和能反比 Cl 小,同理 N 和 O 的电子亲和能分别比 P,S 的小。

当负一价气态阴离子进一步获得一个电子,成为负二价气态阴离子时所吸收的能量称为元素的第二电子亲和能。氧的第二电子亲和能为 $780\ kJ\cdot mol^{-1}$。因为负离子和电子之间存在着斥力,所以在加合第二个电子时需要吸收能量。

由于各元素的电子亲和能数据不全,同时测定比较困难,准确性也较差,因此规律不太明显。但一般来说,电子亲和能随原子半径的减小而增大,即在同一周期中是按从左到右的方向增大,在同一族中是按由上到下的方向减小。

表 1-8 元素的第一电离能

单位：10^2 kJ · mol^{-1}

ⅠA	ⅡA	ⅢB	ⅣB	ⅤB	ⅥB	ⅦB	Ⅷ			ⅠB	ⅡB	ⅢA	ⅣA	ⅤA	ⅥA	ⅦA	0
H																	He
13.1204																	23.7232
Li	Be											B	C	N	O	F	Ne
5.2022	8.9950											8.0063	10.8645	14.0232	13.1394	16.8104	20.8065
Na	Mg											Al	Si	P	S	Cl	Ar
4.9585	7.3774											5.7754	7.8652	10.1181	9.9958	12.5118	15.2057
K	Ca	Sc	Ti	V	Cr	Mn	Fe	Co	Ni	Cu	Zn	Ga	Ge	As	Se	Br	Kr
4.1881	5.8983	6.3309	6.5881	6.5091	6.5287	7.1727	7.6246	7.6040	7.3713	7.4548	9.0640	5.7884	7.6217	9.4445	9.4096	11.3985	13.5075
Rb	Sr	Y	Zr	Nb	Mo	Tc	Ru	Rh	Pd	Ag	Cd	In	Sn	Sb	Te	I	Xe
4.0303	5.4947	5.9988	6.4007	6.5213	6.8431	7.0241	7.1018	7.1967	8.0439	7.3099	8.6777	5.5830	7.0858	8.3058	8.6929	10.0839	11.7034
Cs	Ba		Hf	Ta	W	Re	Os	Ir	Pt	Au	Hg	Tl	Pb	Bi	Po	At	Rn
3.7570	5.0285		6.5852	7.2842	7.5876	7.5582	8.1416	8.6518	8.6439	8.9012	10.0706	5.8935	7.1560	7.0294	8.1182		10.3707
镧系元素																	
La	Ce	Pr	Nd	Pm	Sm	Eu	Gd	Tb	Dy	Ho	Er	Tm	Yb	Lu			
5.3809	5.3440	5.2806	5.3308	5.3858	5.4453	5.4711	5.9336	5.6577	5.7301	5.8098	5.8930	5.9669	6.0344	5.4259			

数据摘自：CRC Handbook of Chemistry and Physics.94th ed.Internet Version 2014.

表 1-9 元素的电子亲和能

单位：$kJ \cdot mol^{-1}$

ⅠA	ⅡA	ⅢB	ⅣB	ⅤB	ⅥB	ⅦB	Ⅷ			ⅠB	ⅡB	ⅢA	ⅣA	ⅤA	ⅥA	ⅦA	0
H																	He
72.7685																	NS
Li	Be											B	C	N	O	F	Ne
59.6325	NS											26.9891	121.7756	NS	140.9755	328.1638	NS
Na	Mg											Al	Si	P	S	Cl	Ar
52.8667	NS											41.7616	134.0679	72.0364	200.4094	348.5738	NS
K	Ca	Sc	Ti	V	Cr	Mn	Fe	Co	Ni	Cu	Zn	Ga	Ge	As	Se	Br	Kr
48.3843	2.3687	18.1392	7.6223	50.6546	64.2590	NS	14.5692	63.8731	111.5367	119.1590	NS	41.4886	118.9382	77.5739	194.9643	324.5358	NS
Rb	Sr	Y	Zr	Nb	Mo	Tc	Ru	Rh	Pd	Ag	Cd	In	Sn	Sb	Te	I	Xe
46.8840	4.6313	29.6209	41.1026	88.3803	72.1708	53.0667	101.3092	109.7034	54.2439	125.6235	NS	28.9455	107.2978	100.9233	190.1600	295.1512	NS
Cs	Ba		Hf	Ta	W	Re	Os	Ir	Pt	Au	Hg	Tl	Pb	Bi	Po	At	Rn
45.5048	13.9537		1.3508	31.0682	78.7568	14.4727	106.1335	150.8832	205.3201	222.7482	NS	36.3748	35.1205	90.9238	183.3215	270.1580	NS
镧系元素																	
La	Ce	Pr	Nd	Pm	Sm	Eu	Gd	Tb	Dy	Ho	Er	Tm	Yb	Lu			
45.3479	62.7152	92.8186	>184.8653			83.3630		>112.4050	>0			99.2831	−1.9297	32.8049			

1. 数据摘自：CRC Handbook of Chemistry and Physics.94th ed.Internet Version 2014.

2. NS 表示不稳定。

1.4.5 元素的电负性

元素的电离能和电子亲和能分别只从一个方面反映某原子失去和得到电子的能力。但在原子间相互化合时，必须把该原子失去电子的难易和结合电子的难易统一起来考虑，因此，鲍林提出电负性的概念来衡量原子在分子中吸引成键电子的能力，并指定氟的电负性作为定量标度，再应用键能数据，对比求出其他元素的电负性。因此，电负性是个相对比较值。

按照电负性表示原子在分子中吸引成键电子的能力这一概念，电负性应与电离能和电子亲和能有关，因此，密立根（Muliken R S）建议用第一电离能和电子亲和能来求元素的电负性（χ）：

$$\chi=\frac{1}{2}(I_1+A)$$

因电子亲和能的数据不完全，所以应用受到限制。

电负性有多种标度，数据各有不同，但在元素周期系中电负性变化规律是一致的。表 1-10 中列出了元素的鲍林电负性数据。

表 1-10 元素的鲍林电负性数据

ⅠA	ⅡA	ⅢB	ⅣB	ⅤB	ⅥB	ⅦB	Ⅷ			ⅠB	ⅡB	ⅢA	ⅣA	ⅤA	ⅥA	ⅦA	0
H																	He
2.20																	
Li	Be											B	C	N	O	F	Ne
0.98	1.57											2.04	2.55	3.04	3.44	3.98	
Na	Mg											Al	Si	P	S	Cl	Ar
0.93	1.31											1.61	1.90	2.19	2.58	3.16	
K	Ca	Sc	Ti	V	Cr	Mn	Fe	Co	Ni	Cu	Zn	Ga	Ge	As	Se	Br	Kr
0.82	1.00	1.36	1.54	1.63	1.66	1.55	1.83	1.88	1.91	1.90	1.65	1.81	2.01	2.18	2.55	2.96	
Rb	Sr	Y	Zr	Nb	Mo	Tc	Ru	Rh	Pd	Ag	Cd	In	Sn	Sb	Te	I	Xe
0.82	0.95	1.22	1.33	1.6	2.16	2.10	2.2	2.28	2.20	1.93	1.69	1.78	1.96	2.05	2.1	2.66	2.60
Cs	Ba	La	Hf	Ta	W	Re	Os	Ir	Pt	Au	Hg	Tl	Pb	Bi	Po	At	Rn
0.79	0.89	1.10	1.3	1.5	1.7	1.9	2.2	2.2	2.2	2.4	1.9	1.8	1.8	1.9	2.0	2.2	

数据摘自：CRC Handbook of Chemistry and Physics.94th ed.Internet Version 2014.

从这些数据可以看出元素的电负性的周期性变化：同一周期从左到右，电负性递增；同一主族，从上到下，电负性递减；副族元素的电负性没有明显递变规律。

应用元素电负性一般只能定性说明问题：元素的电负性越大，表示该元素的非金属性越强，金属性越弱；元素的电负性越小，表示该元素的非金属性越弱，金属性越强。一般金属元素电负性小于 2，非金属元素电负性大于 2。此外，判断化学键的极性也以成键元素的电负性值为依据。

还应指出，对于同一元素的不同氧化态有不同的电负性值。例如，Fe^{2+} 和 Fe^{3+} 的电负性分别为 1.83 和 1.96，Cu^{+} 和 Cu^{2+} 的电负性分别为 1.9 和 2.0。电负性还与该原子在成键时采用的杂化轨道类型有关，杂化轨道中 s 成分越多，电子云越靠近原子核，电负性就越大。例如，C 原子成键时采用 sp^3，sp^2，sp 杂化轨道时，其电负性依次是 2.48，2.75 和 3.29。

由于某元素的电负性可因周围与其成键原子的诱导作用改变，维蒂西斯（Witmshurst）等把电负性概念推广到化学基团，提出了基团电负性。特定组合的基团有其特定的电负性值。例如，$—CH_3$ 是 2.30，—OH 是 3.42，—COOH 是 3.36，$—NH_2$ 是 2.78。

本章小结

本章用量子论的观点对原子结构进行了描述。微观粒子运动具有特殊性，即量子化、波粒二象性、统计性等特点。在量子力学中用波函数描述核外电子运动状态。求波函数的合理解而引入的三个量子数（n, l, m）确定了原子轨道，也确定了原子轨道能量高低、原子轨道形状及在空间的伸展方向，n, l, m, m_s 四个量子数可描述电子的运动状态。鲍林近似能级图表明了多电子原子轨道能级之间的近似关系，用屏蔽效应和钻穿效应可解释能级分裂和能级交错，多数原子核外电子排布符合泡利不相容原理、能量最低原理和洪特规则。元素在元素周期表中的位置取决于核电荷数和核外电子特别是外层电子排布，元素周期表可分为 s，p，d，ds，f 五个分区，以及 7 个横行（周期）、18 个纵列（族）。随着元素原子序数增加，原子的电子层结构呈现周期性变化，有效核电荷、原子半径、电离能、电子亲和能及电负性等变化也呈现对应的周期性。

思考题

1. 氢光谱为什么是线状光谱？谱线的波长或频率与能级间的能量差有什么关系？

2. 举例说明原子的基态、激发态和电离态，并指出这三类状态的原子能量高低次序。

3. 微观粒子的运动具有哪些特点？电子的波动性是通过什么实验得到证实的？

4. 量子力学的轨道与玻尔轨道有什么区别和联系？

5. 描述原子中电子运动状态的四个量子数的物理意义各是什么？它们的可

能取值是什么？

6. 原子轨道角度分布图和电子云角度分布图有什么相似和区别？

7. 屏蔽效应是怎样产生的？屏蔽常数的物理意义是什么？

8. H 原子核外的电子从基态跃迁到 3d 和 4s 时，哪一种跃迁需要的能量高？为什么？

9. n 相同，l 不同的电子云钻穿效应大小的次序如何？

10. 元素周期系中元素电离能的变化规律如何？联系原子结构说明之。

11. 试从原子结构阐明下列有关长式周期表的结构问题。

(1) 主族元素被副族元素分割为两个区域；

(2) 从第四周期起才出现副族元素；

(3) 镧系元素出现在第六周期；

(4) 每周期的第一个副族元素是ⅢB 族而不是ⅠB 族；

(5) 每周期的元素数目是一定的。

12. 试根据原子结构理论分析：

(1) 原子核外出现第一个 5g 电子的元素原子序数是多少？

(2) 第 114 号元素属于哪一周期？哪一族？

思考题 12 解析

习　题

1. 用里德伯公式计算氢原子电离时需要吸收多少能量，满足这个能量值的波长是多少？

2. 假若氢原子核外有一系列轨道的能量分别为

(1) -5.45×10^{-19} J　　(2) -2.42×10^{-19} J　　(3) -1×10^{-19} J

(4) 0 J　　(5) $+5.45\times10^{-19}$ J

问：哪些轨道是合理的？这些合理轨道分别是第几能级？

3. 若电子的质量为 9.1×10^{-28} g，运动速率为 3×10^{7} cm·s^{-1}，求其波长。

4. 当氢原子的一个电子从第二能级跃迁到第一能级时，发射出光子的波长是 121.6 nm；当电子从第三能级跃迁到第二能级时，发射出光子的波长是 656.3 nm。试回答：

(1) 哪一种光子的能量大？说明理由。

(2) 求氢原子中电子的第三和第二能级的能量差及第二和第一能级的能量差。说明原子中的能量是否连续。

5. 波长为 242 nm 的辐射能恰好足够使钠原子最外层的一个电子完全转移。试计算钠的电离能。

6. 设有一个电子在3d轨道中的一个轨道上，这个电子的量子数 n, l, m 可能有哪些取值？用波函数表示出这些取值所限定的轨道。

7. 下列各组量子数哪些是不合理的，为什么？

(1) $n=2, l=1, m=0$　　(2) $n=2, l=2, m=-1$

(3) $n=3, l=0, m=0$　　(4) $n=4, l=1, m=1$

(5) $n=2, l=0, m=-1$　　(6) $n=4, l=3, m=4$

8. 在用量子数表示核外电子运动状态时，写出下列各组中所缺少的量子数。

(1) $n=?, l=2, m=0, m_s=-1/2$　　(2) $n=2, l=?, m=-1, m_s=-1/2$

(3) $n=4, l=?, m=0, m_s=?$　　(4) $n=3, l=1, m=?, m_s=-1/2$

9. 试指出下列符号所表示的意义。

(1) s　(2) 2s　(3) $2s^1$

10. 试解释下列名词。

(1) 能量量子化　　(2) 原子轨道　　(3) 概率密度

(4) 能级交错　　(5) 镧系收缩　　(6) 屏蔽效应

11. 写出基态原子的外层具有下列电子构型的所有元素名称与符号。

(1) ns^2np^3　　(2) $(n-1)d^{6\sim8}ns^2$　　(3) $(n-1)d^{10}ns^1$

12. 写出${}_{48}Cd$的电子排布式，并画出Cd原子最外两层电子的原子轨道角度分布图。

13. 不看元素周期表，用原子实表示下列微观粒子的电子构型。

(1) Mg　(2) Se　(3) Cu　(4) La^{3+}　(5) Xe　(6) Pb^{2+}　(7) Mn^{2+}

14. 凭你对元素周期表的了解填写下表的空格。

原子序数	电子分布式	价电子构型	周期	族	区
49					
	$1s^22s^22p^6$				
		$4d^55s^1$			
			6	ⅡB	

15. 某元素原子X的最外层只有一个电子，其X^{3+}的最高能级三个电子的主量子数 n 为3，角量子数 l 为2，写出元素符号及其所在的周期和族。

16. 已知甲、乙、丙、丁四种元素，其中甲为第四周期元素，与元素丁能形成原子比为1∶1的化合物。乙为第四周期d区元素，其最高正化合价为+7。丙与乙同周期，并具有相同的最高正化合价，丁为所有元素中电负性最大的元素。

(1) 填写下表；

(2) 推测四种元素电负性高低顺序。

元素	价电子构型	周期	族	金属或非金属
甲				
乙				
丙				
丁				

17. 试解释下列事实。

(1) 从矿物中分离 V 与 Nb 容易，而分离 Nb 与 Ta 难。

(2) K 的第一电离能小于 Ca，而第二电离能则大于 Ca。

(3) 为什么在已知元素中大部分是金属元素？

(4) 为什么同一周期元素从左到右第一电离能有曲折变化？

18. 写出简单离子的五种离子构型，各举一例说明其结构特征。

习题 17 解析

第二章

分子结构和晶体结构

在自然界中，大部分的物质并不是以单原子的形式存在的，而是以原子之间相互结合成分子或晶体的形式存在的，物质的性质不仅与组成的原子的结构有关，还与物质的分子结构或晶体结构有关。物质的分子结构包括分子的组成、分子的空间构型和化学键。分子的组成即构成分子的原子种类和数目；分子的空间构型即分子的几何形状，包括分子内部原子的连接次序、空间排布、键角、键长及分子大小等；化学键即分子或晶体中原子、离子之间的强烈相互作用。化学键可大致分为电价键（主要形式为离子键）、共价键和金属键三种基本类型。此外，在分子之间还普遍存在着较弱的分子间力，有时分子间或分子内还存在着氢键。这些分子内或分子间的相互作用对物质性质产生重要影响。

本章在原子结构的基础上介绍分子结构的基本概念，分子的形成过程及有关化学键的理论，包括离子键、共价键、金属键等。介绍晶体的结构特征及其对物质性质的影响，并简略介绍分子间力和氢键及其对物质物理性质的影响。

2.1 离子键和离子晶体

1916 年柯塞尔（Kossel W）提出了离子键的概念，来说明离子晶体的形成和性质。

2.1.1 离子键的形成和特征

当活泼的金属原子和活泼的非金属原子在一定条件下相遇时，由于原子双方电负性相差较大而发生电子转移，形成具有较稳定的电子层结构的正、负离子。

正、负离子通过静电引力结合在一起，这种由异电荷离子的吸引所产生的化学结合作用称为离子键。当正、负离子间靠库仑引力充分接近的同时，离子的外层电子云间，以及核和核间将产生排斥而使离子间保持一定的距离。从图 2-1所示 NaCl 的势能曲线来看：当离子间的距离 R 较大时，电子云间及核间的排斥作用小，离子间以吸引力为主，势能随 R 减小而降低；当 $R<R_0$（R_0 为离子间的平衡距离），以电子云之间的排斥力为主，势能随 R 的减小而升高；当吸引力和排斥力平衡时，势能最低，正、负离子处在平衡位置振动，便形成离子键。

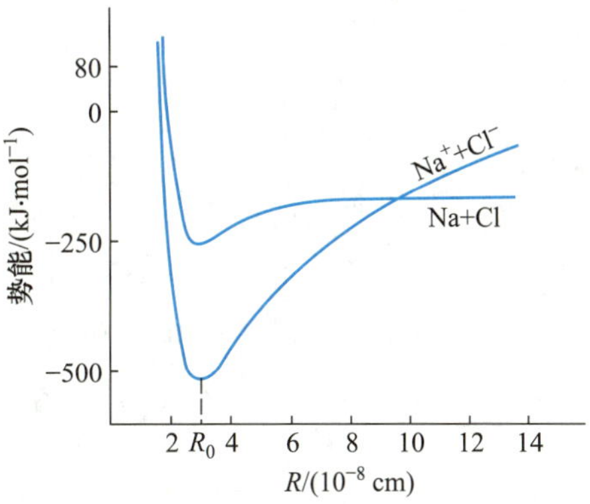

图 2-1 NaCl 的势能曲线

NaCl 的形成过程可简单表示如下：

$$n\mathrm{Na}(3s^1)\xrightarrow{-ne^-}n\mathrm{Na}^+(2s^22p^6)\searrow$$
$$\qquad\qquad n\mathrm{Na}^+\mathrm{Cl}^-$$
$$n\mathrm{Cl}(3s^23p^5)\xrightarrow{+ne^-}n\mathrm{Cl}^-(3s^23p^6)\nearrow$$

离子键可存在于气体分子中，更大量存在于晶体中。例如，高温下的 Na^+Cl^- 蒸气分子就是由一个 Na^+ 和一个 Cl^- 组成的典型离子型分子，而常温下食盐是典型的离子晶体。离子晶体就是通常所说的离子化合物。

由于离子可以近似地看成一个弥漫着电子云的圆球，离子电荷分布是球形对称的，任何一个离子均能从任何方向吸引带相反电荷的离子，只要空间条件允许将尽可能多地吸引异号离子，因此离子键无方向性和饱和性。当正、负离子间的结合在三维空间继续延伸下去时，就成为巨大的离子型晶体。

离子性与电负性的关系

离子键的离子性与成键元素的电负性有关，形成离子键的条件是成键原子的电负性差值较大。一般来说，元素的电负性差越大，电子转移越完全，键的离子性也越大。但近代实验表明，即使电负性最小的铯和电负性最大的氟形成的典型的离子化合物 CsF 中，键的离子性也只有 92%，仍有 8% 的共价性。当两个原子电负性差值为 1.7 时，单键约具有 50% 的离子性。离子性大于 50%，可认为是离子键。因此，1.7 是个重要的参考数据，若两个原子电负性差大于 1.7 时，一般可判断它们之间形成离子键。但电负性差大于 1.7 的两原子形成的键是否一定是离子键，还要看所成的键是否具有离子键的特征。例如，HF 中两元素电负性差等于 1.78，大于 1.7，但 HF 键具有饱和性和方向性，即它具有共价键的特征，所以它是共价键。

2.1.2 离子晶体

晶系的分类

1. 晶体的特征

晶体是以多面体出现的固体，其外表特征是具有整齐的几何外形。例如，食盐晶体具有立方体外形，明矾晶体具有八面体外形，如图 2-2 所示。从晶体的整齐外形可以反映出构成晶体的粒子在空间具有规则的分布。所以，晶体就是物质内部结构中的粒子（原子、分子或离子）在三维空间规则地排列成具有一定几何形状的固体。

晶体的特点是微观粒子的排列具有周期性，这种性质用点阵来描述。如果把晶体中有规则排列的粒子抽象成一些几何点，称为点阵点（或结点），一组无限的点阵点就组成了点阵。将点阵点用直线连接起来就得到晶格（crystal lattice），如图 2-3 所示。晶格中粒子占据的位置叫晶格结点；与某一中心粒子直接成键的、最邻近的、带异号电荷的粒子数叫配位数；能表现出晶体一切特征的最小单位叫晶胞（unit cell），一切特征指晶体的组成和形状。所以晶胞是晶体的基本重复单位，知道晶胞的组成和形状（指粒子的种类及位置分布）就知道晶体的空间结构。

液晶

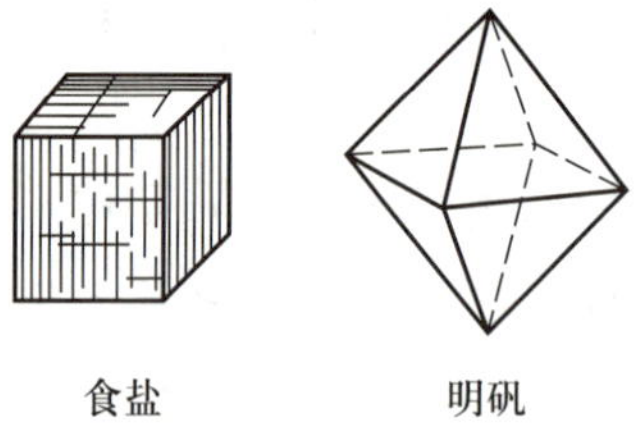

图 2-2 晶体的形状

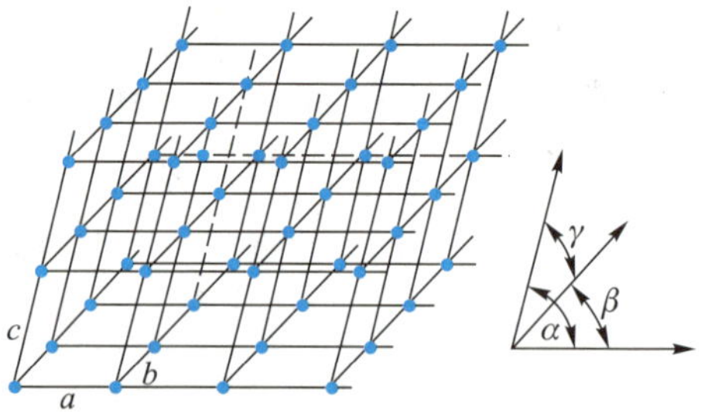

图 2-3 晶格

晶体的特征是：① 有固定的几何形状；② 有固定的熔点；③ 各向异性（anisotropy）[各向异性是指由于晶体各个方向排列的质点距离不同，而带来晶体在各个方向上的性质不同。如云母的解理性（晶体容易沿着某一平面剥离的现象）就是各向异性的表现]；④ 晶体能产生清晰的 X 射线衍射图。

2. 三种 AB 型离子晶体的晶格

离子晶体的晶格结点上交替地排列着正离子和负离子，正、负离子间靠离子键结合。在离子晶体中，正、负离子按一定的配位数在空间排列着，因此晶体中并不存在单个分子，如氯化钠晶体中并不存在 NaCl 分子。

由于正、负离子间的静电作用力较强，所以离子晶体一般具有较高的熔点及沸点。由库仑定律可知，离子所带的电荷越高，离子半径越小，静电作用力也就越大，离子晶体的熔点及沸点也就越高。所以 MgO，CaO 及 Al_2O_3 等常用作高温材料。

离子晶体一般硬度较大,但是比较脆,延展性差。这是由于晶体受到冲击力时,各层离子发生错动,使吸引力大大减弱,斥力增大,因而容易破碎。

离子晶体在熔融状态或在水溶液中都是电的良导体,但在固态时晶格结点上的离子只能振动,因而不导电。很多离子晶体可溶于水,这是正、负离子受到极性 H_2O 分子的作用而形成水合离子的缘故。

离子晶体中正、负离子在空间的排列情况是多种多样的。常见的 AB 型离子晶体的结构类型有三种:NaCl 型,CsCl 型及立方 ZnS 型,如图 2-4 所示。表 2-1 列出了这三种结构的特点。

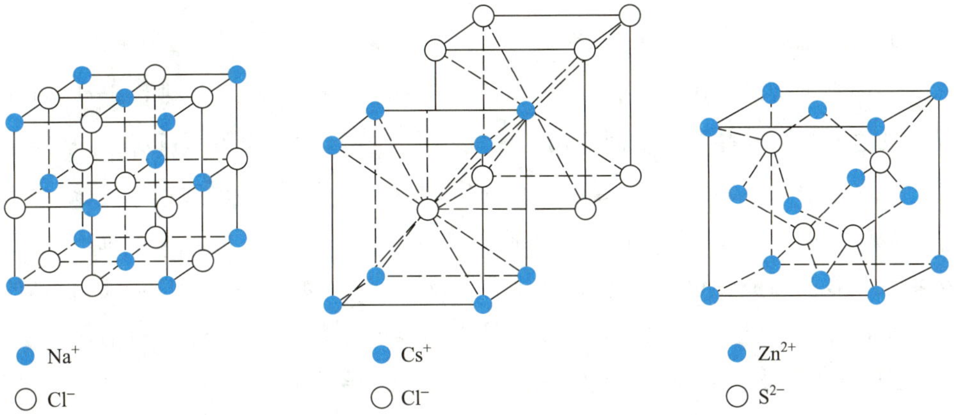

(a) NaCl 型　(b) CsCl 型　(c) 立方ZnS 型

图 2-4　AB 型离子晶体的三种结构类型

表 2-1　AB 型离子晶体结构的特点

结构类型	晶系	晶格类型	配位数	举例
NaCl 型	立方	面心立方	6	NaH, KH, RbH, CsH, NaCl, KCl, LiF, AgF, NaBr, MgO, CaS, CaO, SrO, BaO, MgS, BaS
CsCl 型	立方	简单立方	8	CsCl, CsBr, CsI, TlCl, TlBr, NH_4Cl, NH_4Br, NH_4I
立方 ZnS 型	立方	面心立方	4	BeS, ZnS, CuF, CuCl, AgI, BeSe, BeTe, BN, AlP

3. 晶格中离子的配位数和半径比规则

表 2-2 列出了 AB 型离子晶体离子半径比和配位数及晶体构型的关系。从表中可见,正、负离子结合成晶体时可形成不同的空间构型,因为形成离子晶体时,只有正、负离子靠得越近,体系的能量越低,晶体才越稳定。但靠近的程度受正、负离子的半径大小,电荷多少及电子构型的限制,从而形成一定构型、一定配位数的离子晶格。配位数的多少主要取决于正、负离子的半径比。但有些晶体的配位数同

表 2-2 所示的关系不一致。例如，RbCl，$r_+/r_- = 0.81$，配位数应为 8，但实际上配位数却为 6，为 NaCl 型（与离子极化作用有关，见 2.9.3）。

表 2-2 AB 型离子晶体离子半径比和配位数及晶体构型的关系

r_+/r_-	配位数	晶体构型	三种晶体的 r_+/r_-
0.225～0.414	4	立方 ZnS 型	$\frac{74}{184}=0.40$
>0.414～0.732	6	NaCl 型	$\frac{95}{181}=0.52$
>0.732～1	8	CsCl 型	$\frac{169}{181}=0.93$

4. 晶格能

不同类型的晶体由于组成和构型不同，其熔点、沸点、硬度及热稳定性不同。晶体的这些性质与晶格粒子间作用力的大小有关。这种作用力，可以用晶格能来衡量。对于离子晶体，晶格能定义为：在标准状态下，从相互远离的正、负气态离子结合成 1 mol 离子晶体时所释放出的能量，用 U 表示。由于实验上的困难，一般无法直接测量晶格能，但是可以用德国化学家玻恩（Born M）和哈伯（Haber F）设计的热化学循环，利用标准热化学数据计算晶格能。这种方法称为玻恩-哈伯循环法。下面用 NaCl 晶体形成为例来说明如何应用玻恩-哈伯循环法计算晶格能。NaCl 晶体形成的总反应为

$$Na(s) + \frac{1}{2}Cl_2(g) \longrightarrow NaCl(s)$$

该反应的玻恩-哈伯循环可设计如下：

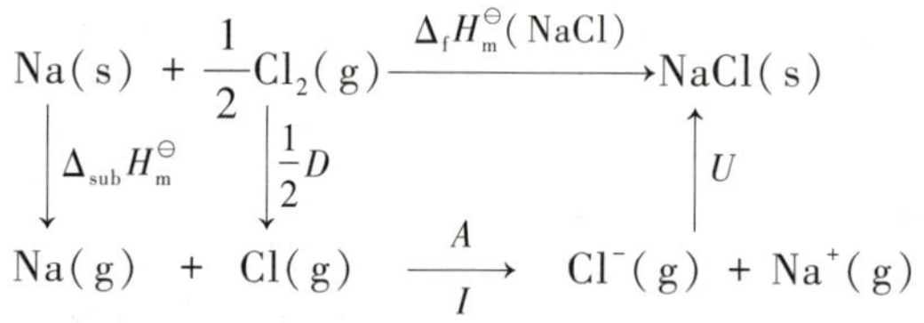

循环式中 $\Delta_{sub}H_m^\ominus$ 为标准升华热，D 为解离能，I 为电离能，A 为电子亲和能。总过程的能量变化等于各分步能量变化之和：

$$\Delta_f H_m^\ominus = \Delta_{sub} H_m^\ominus + \frac{1}{2}D + I + A + U$$

$$U = \Delta_f H_m^\ominus - \left(\Delta_{sub} H_m^\ominus + \frac{1}{2}D + I + A\right)$$

由有关化学数据表查得上式右边各值：

$$U = -410.9\ kJ\cdot mol^{-1} - (108.8 + 119.6 + 495.8 - 348.6)\ kJ\cdot mol^{-1}$$
$$= -786.5\ kJ\cdot mol^{-1}$$

用玻恩-哈伯循环法不仅可计算晶格能，也可以计算键能、电离能、电子亲和

能等。

根据晶格能的大小可以预言和解释晶体的熔点、硬度及稳定性诸性质。一般来说，晶格能的绝对值越大，晶体的熔点、硬度及热稳定性越高，见表2-3。从静电引力考虑，离子电荷越多，离子半径越小，配位数越高，其晶格能的绝对值越大。

硬度

表2-3 晶格能与晶体的物理性质

晶体	晶格能/($kJ\cdot mol^{-1}$)	熔点/℃	硬度
MgO	-3 889	2 800	6.5
CaO	-3 513	2 590	4.5
SrO	-3 310	2 460	3.8
BaO	-3 152	1 920	3.3

2.2 共价键理论（Ⅰ）：价键理论

应用离子键理论能很好地说明离子化合物的形成和特点。但对两个相同的原子或电负性相差不大的原子之间的成键问题，离子键理论无法解释。为了解释这类分子（如 H_2，H_2O 等）的形成，早在1916年路易斯（Lewis G N）就提出了原子价理论。该理论认为分子中每个原子都应具有稳定的稀有气体原子的电子层结构，非金属原子之间可借共用电子对来满足这种结构。分子中原子间通过电子的共用而形成的化学键，称为共价键。

路易斯简介

为了解释在有些分子内，中心原子外层电子数少于或多于8（如 BF_3 或 PCl_5）仍能稳定存在的事实及共价键的特性和单电子键（如 H_2^+）的形成，1927年海特勒（Heitler）和伦敦（London F）首先用量子力学处理 H_2 分子结构，初步揭示了共价键的本质，从而在此基础上建立了近代共价键理论。不同的假定产生不同的物理模型：一种认为成键电子只能在以化学键相连的两原子间的区域内运动；另一种认为成键电子可以在整个分子区域内运动。前者发展为价键（VB）理论（又叫电子配对理论）；后者发展为分子轨道（MO）理论。

2.2.1 键参数

用来表征化学键性质的物理量叫键参数。对共价型分子来讲，键参数通常指键能、键长、键角、键级及键的极性等。由于这些物理量是确定分子构型的重要参数，因此又称为分子结构参数。

1. 键解离能与键能

在100 kPa和298 K的标准条件下，1 mol气态分子AB解离成气态原子A和

B 的反应吸收的能量 $\Delta_r H_m^{\ominus}$ 称为 AB 的解离能，用符号 D 表示。

例如，H—H 键的解离能就是下面反应的反应热（焓变）：

$$H_2(g) \longrightarrow 2H(g) \qquad \Delta_r H_m^{\ominus}=439.0\ kJ\cdot mol^{-1}$$

表示为 $D_{H-H}=439.0\ kJ\cdot mol^{-1}$。$D$ 为正值，表明断裂 1 mol H—H 键时，外界必须提供 439.0 kJ 的热量。在多原子分子中，某一化学键的解离能可定义为：断裂气态多原子分子中某特定化学键，形成气态原子和原子团（即自由基）或生成两种气态原子团的反应热。例如，H_2O 中虽然两个单键相同，但由于它解离的顺序不同，解离能也不同：

$$H_2O(g) \longrightarrow H(g)+OH(g) \qquad D_{H-OH}=499\ kJ\cdot mol^{-1}$$

$$OH(g) \longrightarrow H(g)+O(g) \qquad D_{H-O}=429\ kJ\cdot mol^{-1}$$

H_2O 分子中，两个 O—H 键的解离能的平均值为

$$D_{平均}=\frac{1}{2}\times(499+429)\ kJ\cdot mol^{-1}=464\ kJ\cdot mol^{-1}$$

所谓键能，通常是指在标准状态下 1 mol 气态分子拆开成气态原子时，断裂每个键所需能量的平均值。键能用符号 E 表示。对双原子分子来说，键能 E 等于解离能 D。对多原子分子来说，键能和解离能是不同的。H_2O 中 $E_{H-O}=D_{平均}$，所以在多原子分子中，键能仅是分子中某特定化学键的近似解离能，但用它可以衡量化学键的强弱。

2. 键长

分子中两个成键原子核间的平均距离叫键长或键距。键长和键能都是共价键的重要性质，可用 X 射线、分子光谱实验或热化学方法测知。表 2-4 列出一些共价键的键长和键能数据。由表可见，双键的键能比单键大，但不等于单键键能的两倍；而双键或三键的键长则比单键的短。进一步分析各种化学键的键长发现，单键的键长等于两成键原子共价单键半径之和。

表 2-4 一些共价键的键长和键能数据

键	键长/pm	键能/($kJ\cdot mol^{-1}$)	键	键长/pm	键能/($kJ\cdot mol^{-1}$)
H—H	74	436	I—I	267	150
C—C	154	347	S—S	205	264
C═C	134	611	C—H	109	414
C≡C	120	837	C—N	147	305
N—N	145	159	C—O	143	360
N═N	125	418	C═O	121	736
N≡N	110	946	C—Cl	177	326
O—O	148	142	N—H	102	389
Cl—Cl	199	244	O—H	96	464
Br—Br	228	192	S—H	136	368

3. 键角

在多原子分子中，中心原子若同时和两个以上的原子键合，从中心原子的原子核到与它键合的原子核的连线叫键轴，每相邻两键轴的夹角叫键角。例如，水分子中两个 O—H 键的夹角为 104°45′（见图 2-5），这就决定了它是 V 字形结构，其键角表示为 ∠HOH。

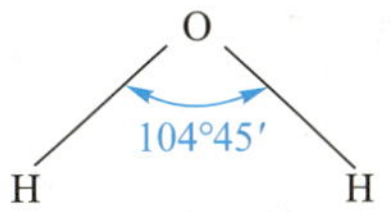

图 2-5　H_2O 的键角

键角主要用 X 射线衍射法测定。一般来说，如果已经知道了一个分子中的键长和键角的数据，那么这个分子的几何构型也就确定了。例如，对于 NH_3 分子，已知三个 ∠HNH = 107°18′，N—H 键键长都是101.9 pm，就可以判断 NH_3 是三角锥形的极性分子，N 处于锥顶。

2.2.2　共价键的形成和类型

1. 共价键的形成

如果 A，B 两个原子各有一个自旋方向相反的电子，那么这两个单电子可以配对形成共价键，这对电子为 A，B 两个原子共有。相反，自旋方向相同的两个电子不可能配对形成共价键。如果 A，B 各有两个或三个未成对电子，则可两两配对形成共价双键或三键。

例如，两个 H 原子所处的状态分别为 $n=1$，$l=0$，$m=0$，$m_s=+1/2$及$-1/2$，则这两个 H 原子可以配对成键；如果两个 H 原子的 m_s 同为+1/2（或-1/2），则不能配对成键。

这种情况可以从理论上求得的氢原子的能量与核间距的关系曲线图得到证明，如图 2-6 所示。图中 E_S 曲线是电子自旋方向相反的两原子的能量随距离 R 的变化。由图可见能量曲线 E_S 在 $R=74$ pm 处有一最低点，它比两个各自孤立的氢原子的总能量还要低，说明两个 H 原子接近到这种程度时可形成稳定分子，即形成了化学键。H_2 的这种状态叫 H_2 分子的基态，图 2-7(a) 是 H_2 基态电子云图。当电子自旋方向相同时，H_2 的能量曲线 E_A 没有最低点，即它的能量始终比两个孤立的氢原子的能量高，说明它们不会形成稳定的 H_2 分子。这种情况称为 H_2 的推斥态。图 2-7(b) 是推斥态的电子云图。

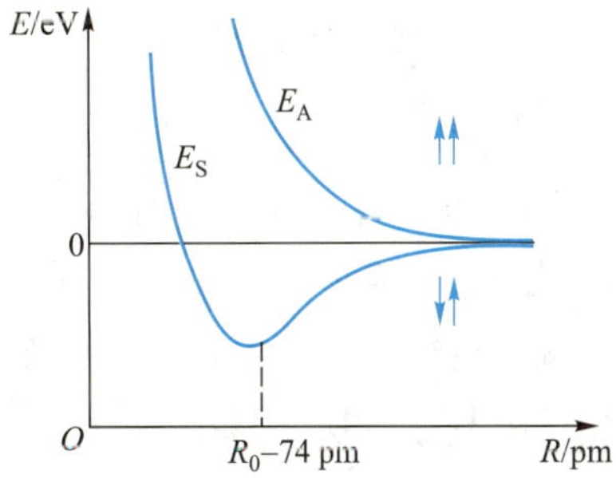

图 2-6　氢原子的能量与核间距的关系曲线

由此可见，当两个 H 原子中电子的自旋方向相反时，可以发生原子轨道重叠，从而在两核间出现一个电子云密度大的区域，这个电子云密度大的区域相当于一个负电桥将两原子核连

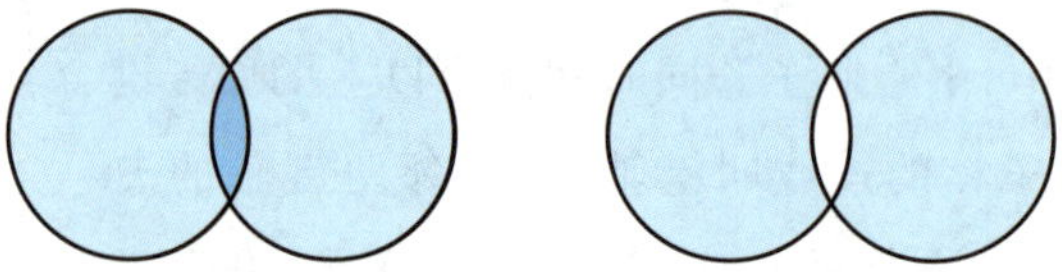

图 2-7 氢分子的两种电子云图

接起来形成了牢固的共价键；当两原子中电子的自旋方向相同时，不能发生轨道重叠，在核间出现电子云空白区（概率密度为 0），所以不能成键。

根据上面所述，价键理论的两个基本要点为

（1）原子 A 和 B 各有自旋相反的成单电子时，可形成稳定的化学键；如果原子 A 和 B 各有两个或三个未成对电子时，则能两两配对形成共价双键或三键。

（2）成键电子的原子轨道重叠越多，电子云密度越大，所形成的键也越牢固。因此在形成共价键时，两原子总是尽可能沿着原子轨道重叠最大的方向结合，这就是最大重叠原理。

2. 共价键的类型

（1）键型　根据最大重叠原理，两原子结合成键时，总是尽可能沿着轨道重叠最大的方向成键。如果在空间互相垂直的三个 p 轨道都同时重叠成键时，不可能三个 p 轨道按同一个方式达到最大重叠，因此根据原子轨道重叠部分所具有的对称性把共价键分为 σ 键和 π 键。

① σ 键　若原子轨道重叠部分对键轴（两原子核间连线）具有圆柱形对称性，这样形成的键称为 σ 键。

例如，对 s-s 轨道重叠、s-p_x 轨道重叠及 p_x-p_x 轨道重叠来说，这三种重叠都是沿着轨道延伸的轴向方向（即键轴方向）以“头碰头”的方式发生轨道重叠，如图 2-8(a)所示，这种重叠称为 σ 重叠。其特点是重叠部分绕键轴（x 轴）无论旋转任何角度，形状和符号都不会改变，即对键轴具有圆柱形对称性。这种由 σ 重叠形成的键叫 σ 键。σ 键的特点是重叠程度大、键强、稳定。

② π 键　原子轨道重叠部分对键轴所在的某一特定的平面具有反对称性，这样形成的键称为 π 键。例如，N_2 分子中两个 N 原子各有三个单电子可以形成共价三键，当 p_x-p_x 轨道发生 σ 重叠的同时，p_z 轨道与 p_z 轨道及 p_y 轨道与 p_y 轨道只能沿键轴方向靠拢，以“肩并肩”的方式同号重叠，如图 2-9 所示。其中 p_z-p_z 轨道重叠部分对称地分布在包含键轴的 xy 平面的上下方，形状相同，符号相反，即对 xy 平面具有反对称性，如图 2-8(b)所示。

以“肩并肩”的方式重叠称为 π 重叠，形成的键叫 π 键。N_2 分子中有一个 σ 键，两个 π 键。π 键的特点是：轨道重叠程度较小，成键电子能量较高，易活动，是

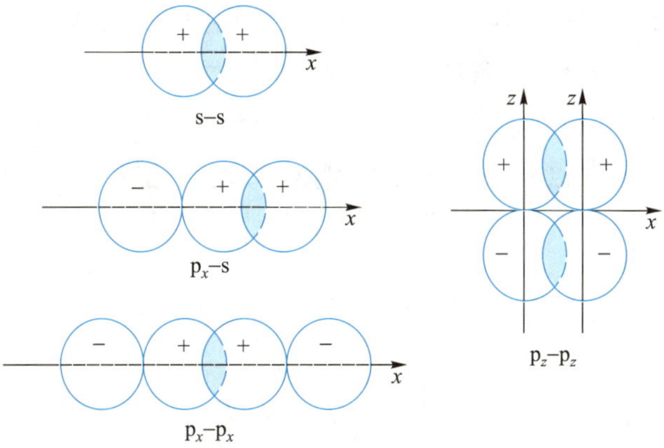

(a) σ 键　　(b) π 键

图 2-8　σ 键和 π 键示意图

α 键和 π 键的形成示意图

化学反应的积极参与者。因此，π 电子的运动状态和能量是结构化学中研究的重要内容之一。

（2）共价键的特点　共价键的特点是具有饱和性和方向性。共价键的形成条件之一是成键原子必须有自旋方向相反的单电子，由于一个单电子只能与另一个单电子配对成键，而一个原子中的单电子数目是一定的，所以，形成共价键的数目也是一定的，这就是共价键的饱和性。例如，H 原子 1s 轨道上的电子同另一个 H 原子的 1s 轨道上的电子配对成键后，根据泡利不相容原理，H 原子就不能再同第三个 H 原子结合，因为如果再同第三个 H 原子结合，其中必有两个电子的自旋方向相同而违背泡利不相容原理。

由于原子轨道（除 s 轨道外）在空间有一定的取向，因此，在形成共价键时，除 s–s 轨道之间可在任何方向都达到最大重叠外，p，d 轨道都只有沿一定方向才能达到最大重叠。例如，硫原子的最外层电子排布为 $3s^2 3p_z^2 3p_x^1 3p_y^1$。当形成 H_2S 时，两个 H 原子的 1s 轨道只能分别沿 x 轴和 y 轴方向同硫原子的 p_x，p_y 轨道重叠才能达到最大重叠。如图 2-10 所示。重叠结果，在 H_2S 分子中两个 S—H 键的夹角应为 90°，而实验值为 92°，这一微小的差别可能是由于两个氢原子核之间及 S—H 键的电子云之间的排斥力所造成的。

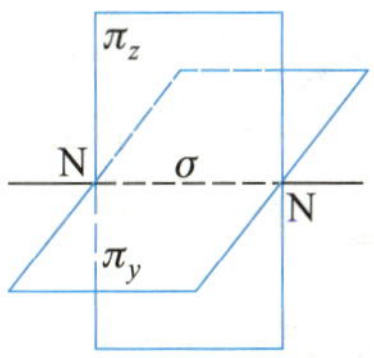

图 2-9　N_2 分子中轨道重叠示意图

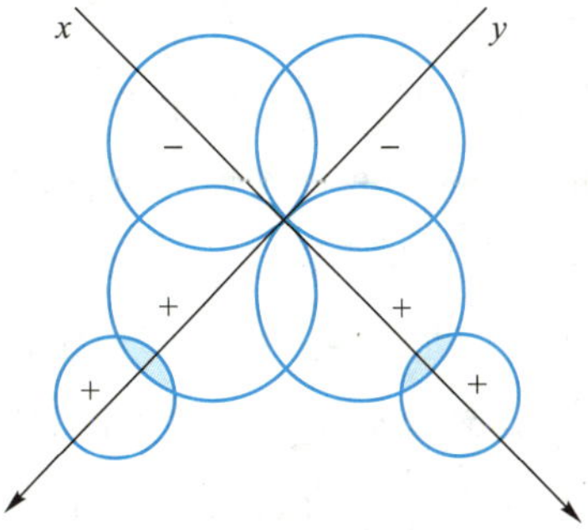

图 2-10　H_2S 分子的形成示意图

由此可见，共价键的方向性是指一个原子与周围原子形成共价键时，原子之间只能按一定的方向结合才能满足最大重叠条件。

(3) 配位键　共用电子对由一个成键原子单方面提供，这种共价键称为配位共价键，简称配位键。以 CO 分子为例说明配位键的形成。

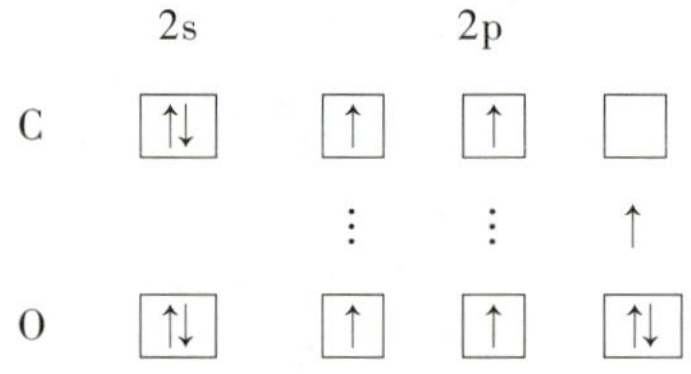

如上所示，C 原子和 O 原子各有两个未成对的单电子，它们两两配对形成一个 σ 键，一个 π 键，但由于 O 原子的 2p 轨道有自身配对的电子（称为孤电子对），而 C 原子有一个空 2p 轨道，O 原子将自身的孤电子对投入 C 原子的空轨道而形成一个 π 配位键，其结构式表示如下：

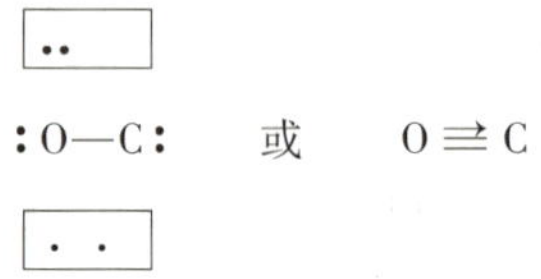

长方框内的电子对在 O 原子一方，表示这 π 配位键的共用电子对是由 O 原子单方面提供的。

2.3　分子的几何构型

由于形成分子的原子轨道具有一定的角度分布，在形成分子时必然按照一定的方向排列，从而形成特定的几何构型。杂化轨道理论从原子轨道的重组解决相关问题，而价层电子对互斥理论从电子对的排斥作用上判断分子空间构型。

2.3.1　杂化轨道理论

杂化

价键理论用简明的“电子配对”概念阐明了共价键的本质，并成功地解释了共价键的方向性、饱和性等特点，但在解释分子的空间构型方面常常遇到一些困难。例如，近代实验测得 CH_4 分子的构型是以 C 为中心、4 个 H 原子占据 4 个顶点的正四面体形，其中 4 个 C—H 键的强度相等，键长都是 154 pm，键角都为 109°28′。如果根据价键理论推断，C 原子中的 1 个 2s 电子激发到 2p 轨道形成 4 个单电子，其成键情况应为 C 原子的 1 个 2s 轨道与 3 个 2p 轨道分别各与 1 个 H 原子形成 4 个共价单键，但因 2s 与 2p 不是等价轨道，因此，CH_4 分子中的 4 个

C—H 键应有所不同。由价键理论所得的这一推论与实验所得 4 个 C—H 键完全相同的事实相矛盾，这说明价键理论在解释分子的空间构型方面有局限性。为了解释多原子分子的空间构型，鲍林于 1931 年在价键理论的基础上，提出了杂化轨道理论。

杂化轨道理论认为：同一原子内，能量相近、形状不同的各原子轨道（s，p，d，f）在成键时混合起来，重新分配能量和空间方向，组成一系列新的原子轨道的形式称为杂化。这种新的原子轨道称为杂化轨道，杂化轨道的形状一头大，一头小（见图 2-11），成键时用大的一头重叠，使成键能力增强。杂化仅是数学上函数的变换，而不是物理上的具体过程。

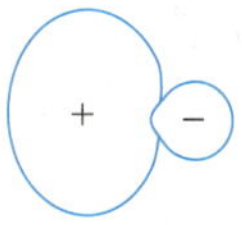

图 2-11 杂化轨道形状

n 个能量不同的原子轨道组合（或杂化）以后，形成 n 个能量相等、成分相同、在空间有一定分布方向的杂化轨道（等性杂化）。

1. 杂化轨道类型和分子空间构型的关系

不同类型的原子轨道杂化可组成不同类型的杂化轨道。中心原子的杂化轨道类型不同，分子的空间构型也就不同。杂化轨道的类型通常有以下几种。

（1）sp 杂化轨道　由一个 ns 轨道和一个 np 轨道形成两个 sp 杂化轨道，其特点是每个 sp 杂化轨道含$\frac{1}{2}$s 成分和$\frac{1}{2}$p 成分。为满足成键以后化学键之间的排斥力最小，所以杂化后两轨道在同一直线上（如图 2-12 所示）。

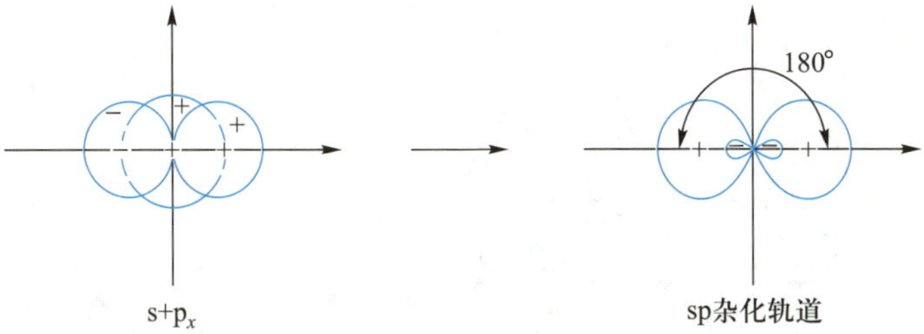

图 2-12 一个 s 轨道和一个 p 轨道形成两个 sp 杂化轨道

例如，$BeCl_2$ 中的 Be 原子就是采用 sp 杂化成键。其成键过程如图 2-13 所示。

因为两个 sp 杂化轨道在一条直线上，两个 Cl 原子的 p 轨道只能以“头碰头”的方式与 sp 杂化轨道成键才能满足最大重叠，所以 $BeCl_2$ 分子中三个原子在同一直线上，即 $BeCl_2$ 分子是直线形，键角为 180°（见图 2-13）。

乙炔分子中的碳原子也是采取 sp 杂化。每一个碳原子都以一个 sp 杂化轨道与氢原子的 1s 轨道相互重叠形成一个 C—H 键，两个碳原子又各以一个杂化轨道互相重叠，形成 C—C 键，这些都是 σ 键。两个碳原子尚各余两个 p 轨道（未参加杂化的轨道），它们的对称轴都与 sp 杂化轨道的对称轴互相垂直（如图 2-14所示），这两个 p 轨道可以在各自侧面重叠形成两个 π 键。在乙炔分子中，碳碳三键

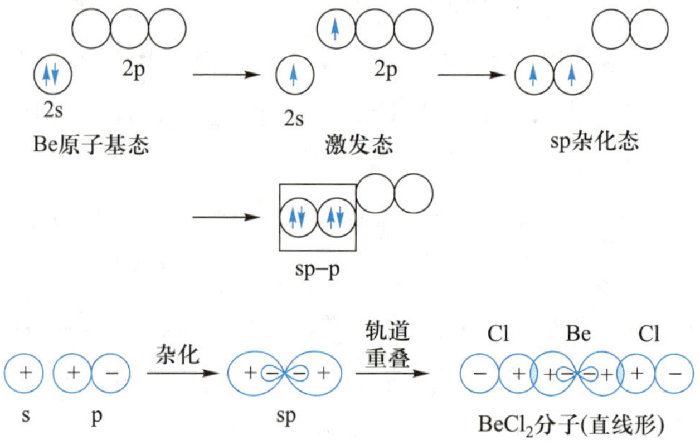

图 2-13 $BeCl_2$ 分子的成键过程

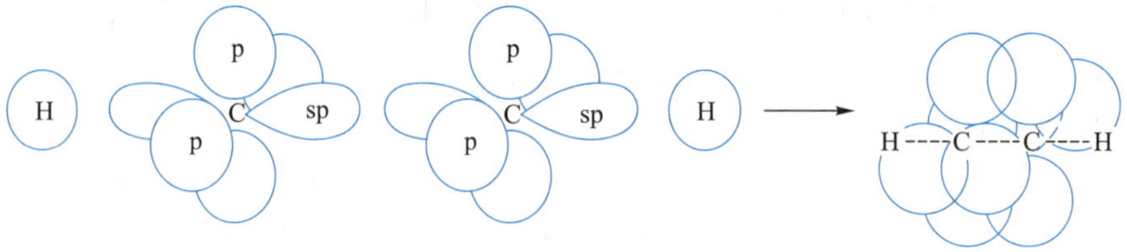

图 2-14 乙炔分子中的 σ 键和 π 键形成示意图

中有一个是 σ 键，两个是 π 键，实际上三键中四个 π 电子的电子云是混合在一起的，它们围绕着连接两个碳原子核的键轴呈圆柱形分布（见图 2-15）。实验也证明，乙炔分子是直线形分子，四个原子在同一条直线上，键角为 180°。

以乙炔为例说明 sp 杂化

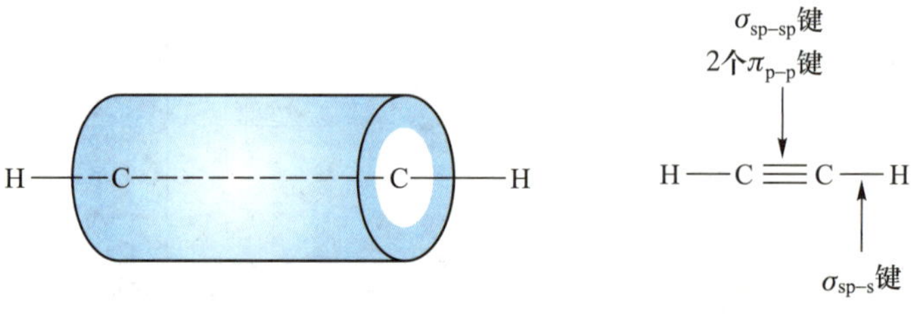

(a) 乙炔的π电子云　(b) 乙炔中的σ键和π键

图 2-15 乙炔分子中的化学键

（2）sp^2 杂化轨道　由一个 ns 轨道和两个 np 轨道组成三个 sp^2 杂化轨道，每个 sp^2 杂化轨道含 $\frac{1}{3}$s 成分和 $\frac{2}{3}$p 成分。杂化轨道间夹角为 120°，如图 2-16(a) 所示。例如，BF_3 中，B 原子的三个杂化轨道伸向三角形的三个顶点，如图 2-16(b) 所示。三个 F 原子的 p 轨道与 B 原子的三个 sp^2 杂化轨道重叠是按最大重叠原理仍沿着轨道伸展的轴方向成键，所以 BF_3 为平面正三角形，B 原子处于三角形的中心，键角为 120°。

在乙烯分子中，碳原子也采取 sp^2 杂化，每一个碳原子各以两个 sp^2 杂化轨道

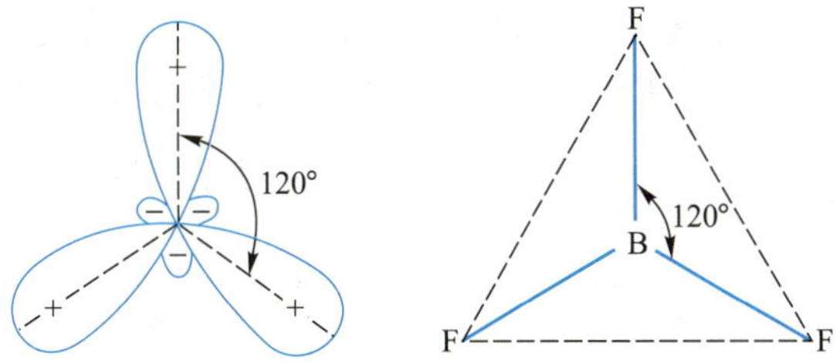

(a) sp^2杂化轨道示意图　　(b) BF_3分子构型示意图

图 2-16　sp^2 杂化轨道及 BF_3 分子构型示意图

和氢原子的 1s 轨道互相重叠生成四个 C—H 键，它们又各以另一个 sp^2 杂化轨道互相重叠形成一个 C—C 单键。这些都是 σ 键。两个碳原子未参加杂化的 p 轨道，其对称轴相互平行，而且与每个碳原子的三个杂化轨道的平面垂直，它们“肩并肩”地重叠起来形成一个 π 键，图 2-17 为乙烯分子成键示意图。乙烯分子中的碳碳双键，一个是 σ 键，另一个是 π 键。乙烯是平面形的分子，键角为 120°，π 电子云分布在平面的上下方，如图 2-18 所示。

以乙烯为例说明 sp^2 杂化

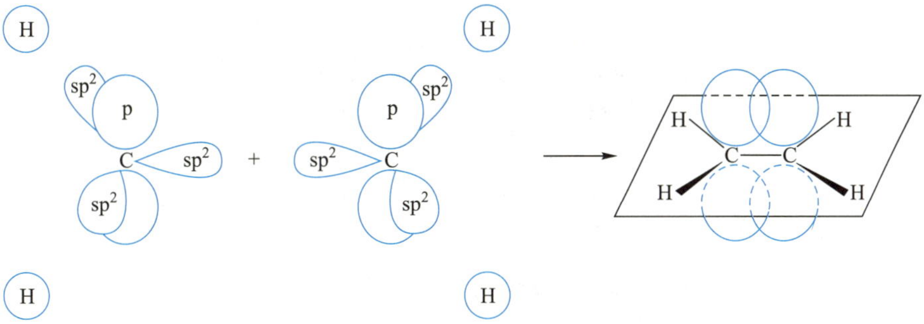

图 2-17　乙烯分子成键示意图

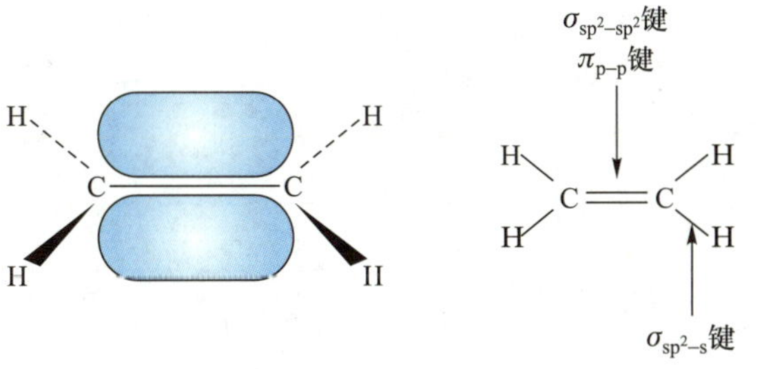

(a) 乙烯分子中的π电子云　　(b) 乙烯分子中的σ键和π键

图 2-18　乙烯分子中的化学键

（3）sp^3 杂化轨道　由一个 ns 轨道和三个 np 轨道组成四个 sp^3 杂化轨道，其特点是每个 sp^3 杂化轨道都含有$\frac{1}{4}$s 成分和$\frac{3}{4}$p 成分，四个轨道伸向四面体的四个顶点，键角为 109°28′，如图 2-19 所示。

CH_4 分子的杂化成键过程可设想为在形成 CH_4 分子时，C 原子的 2s 电子被激发到 2p 轨道上，同时 2s 轨道与三个 2p 轨道杂化形成四个能量相等的杂化轨道，所以四个等性的 sp^3 杂化轨道与 H 形成的四个 σ 键是等同的。如图 2-20 所示。

以甲烷为例说明 sp^3 杂化

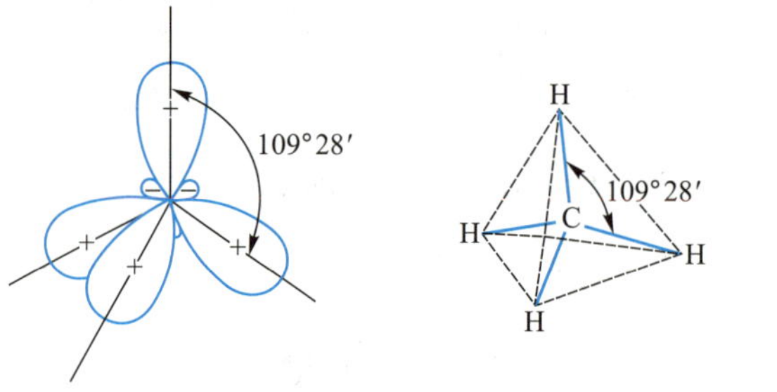

(a) sp^3杂化轨道示意图　　(b) CH_4分子空间构型示意图

图 2-19　sp^3 杂化轨道及 CH_4 分子空间构型示意图

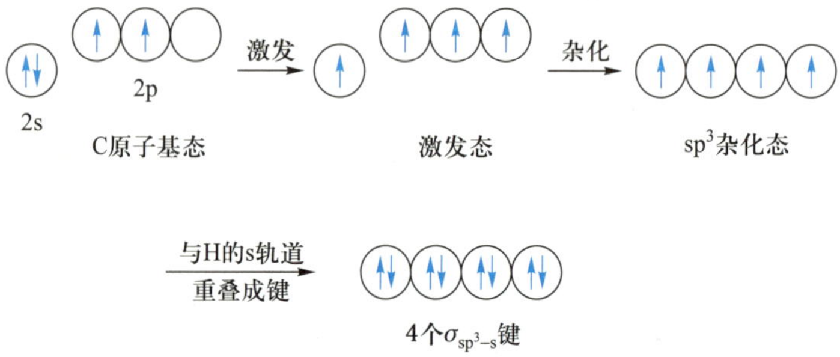

图 2-20　CH_4 分子杂化成键过程示意图

除 CH_4 以外，其他烷烃、SiH_4 分子及 NH_4^+ 等的中心原子都是以 sp^3 杂化成键。杂化轨道类型、分子的空间构型及轨道成键能力的关系见表 2-5。

表 2-5　杂化轨道类型、分子的空间构型及轨道成键能力的关系

杂化轨道类型	sp	sp^2	sp^3	dsp^2	sp^3d	sp^3d^2
用于杂化的原子轨道数目	2	3	4	4	5	6
杂化轨道的数目	2	3	4	4	5	6
杂化轨道间的夹角	180°	120°	109°28′	90°，180°	120°，90°，180°	90°，180°
空间构型	直线形	平面三角形	四面体形	平面正方形	三角双锥形	八面体形
实例	$BeCl_2$ CO_2 $HgCl_2$	BF_3 BCl_3 NO_3^- CO_3^{2-}	CH_4 CCl_4 SO_4^{2-} ClO_4^- PO_4^{3-}	$PtCl_4^{2-}$ $[Ni(CN)_4]^{2-}$	PCl_5	SF_6 SiF_6^{2-}

2. 不等性杂化

有些分子中的化学键，表面看来与 CH_4 分子的成键似乎毫无共同之处。例如，NH_3 分子的成键似乎与 BF_3 分子类似，中心原子也采取 sp^2 杂化方式成键，键角也应为 120°，但实测结果 N—H 键的键角却为 107°18′。H_2O 分子的成键似乎与 $BeCl_2$ 分子类似，O 原子似应采取 sp 杂化的方式成键，键角也应为 180°，但实测结果 O—H 键的键角却为 104°45′。人们经过深入研究认为，在 NH_3 分子和 H_2O 分子中，中心原子也像 CH_4 中的 C 一样，是采取 sp^3 杂化的方式成键，但这种 sp^3 杂化是不等性的。

NH_3 和 H_2O 都可以用 sp^3 不等性杂化来解释它们的分子构型。NH_3 分子中 N 的价电子构型为 $2s^22p^3$，杂化以后形成 4 个 sp^3 杂化轨道，在 N 的 sp^3 杂化轨道中，有 1 个 sp^3 杂化轨道为孤电子对所占据而不能成键，容纳孤电子对的杂化轨道中所含 s 成分大于 1/4，其余 3 个 sp^3 杂化轨道中含 s 成分小于 1/4，所以，4 个轨道是不等性的，为单电子占据的 3 个轨道与 3 个原子成键，NH_3 分子杂化成键过程见图 2-21。

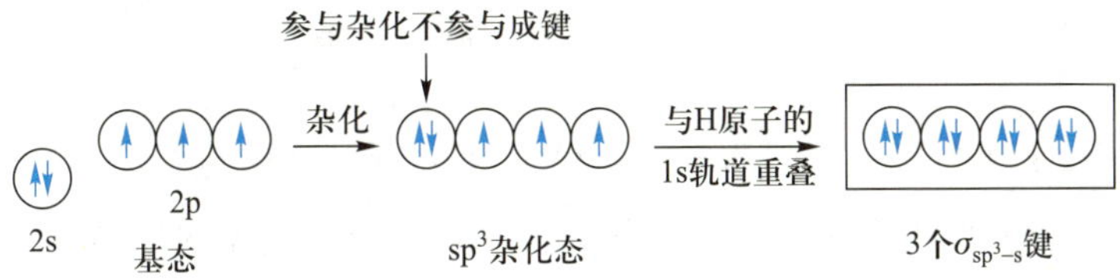

图 2-21 NH_3 分子杂化成键过程示意图

由于 N 是 sp^3 不等性杂化，4 个杂化轨道虽指向四面体的 4 个顶点，但有一顶点因轨道内是孤电子对而无配位原子靠近成键，所以，在 NH_3 的四面体中有一顶点为 N 原子所占据，形成底面为正三角形的三角锥形，如图 2-22 所示。又由于孤电子对靠近 N 原子，被孤电子对占据的轨道上，电子对的电子云较松散，压迫其他 3 个键电子对的电子云，使 NH_3 中 N—H 键之间的夹角为107°18′，而不是 109°28′。

同样，H_2O 分子中有两个 sp^3 杂化轨道为孤电子对所占据，对成键电子对的电子云的压迫更大，因而使 O—H 键的夹角更小，为 104°45′。H_2O 分子的空间构型为 V 形，如图 2-23 所示。

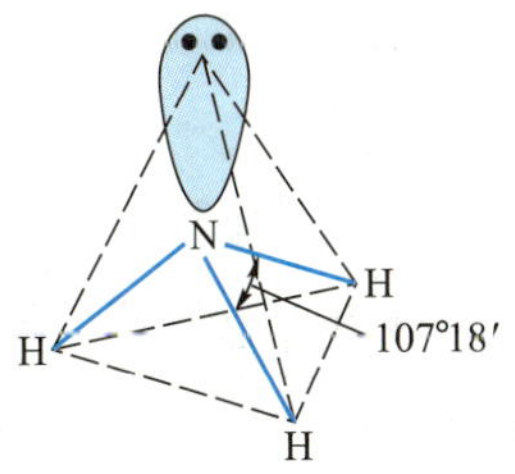

图 2-22 NH_3 分子的空间构型

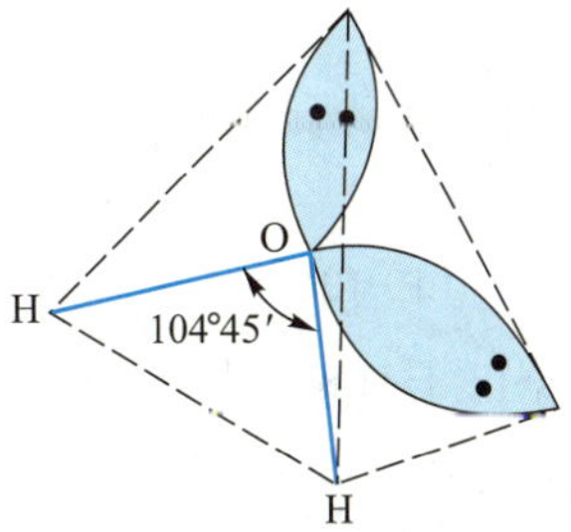

图 2-23 H_2O 分子的空间构型

从上述可见，凡是中心原子的杂化轨道中有孤电子对占据，则必定是不等性杂化，而且孤电子对所处的杂化轨道中，s 轨道的成分总比其他杂化轨道中的 s 成分大。

2.3.2 价层电子对互斥理论

20 世纪 60 年代初，吉勒斯匹（Gillespie R J）和尼霍姆（Nyholm R S）在总结前人见解的基础上，提出了判断分子或原子团的几何构型的简单规则，称为价层电子对互斥理论，简称 VSEPR（valence shell electron pair repulsion）法。应用这个理论时，不需要用原子轨道的概念而是通过价电子的排布来判断分子的几何构型。

1. VSEPR 法的要点

（1）共价分子或原子团的几何构型，主要取决于中心原子价电子层中电子对（包括成键电子对和孤电子对）的排斥情况。分子的几何构型总是采取电子对相互排斥最小（或电子对相距最远）的那种结构，因为分子内原子间排斥力越小，分子势能越低，越稳定。

例如，BeH_2 分子的点电子式可写成：$H\overset{\times}{\cdot}Be\overset{\times}{\cdot}H$，在 Be 的价电子层中，有两对键电子对，这两对电子对倾向于彼此远离，斥力小，这两对电子对只有处于中心原子 Be 的两侧，才能使斥力为最小，H 原子是通过两对电子对和 Be 原子结合的，因此 BeH_2 构型应为直线形，即 H—Be—H。

对于具有双键或三键的分子也可同样处理，即把双键和三键的一组（4 个或 6 个）电子，当作一对电子来处理。例如，氰$(CN)_2$分子，其成键情况为

$$:N\vdots\vdots C:C\vdots\vdots N:$$

即把 N≡C 之间的三键作为一个电子对来看待。

（2）电子对间相互排斥力的大小，主要取决于电子对间的夹角或成键情况。斥力大小的一般规律如下。

① 电子对之间的夹角越小，排斥力越大，各种不同夹角斥力的大小的顺序为 30°>60°>90°>120°>180°。

② 孤电子对-孤电子对>孤电子对-成键电子对>成键电子对-成键电子对，简写为

LP-LP>LP-BP>BP-BP （LP：孤电子对；BP：成键电子对）

根据电子对相互排斥最小的原则，分子的几何构型与电子数目和类型有关，这种关系列在表 2-6 中。

表 2-6 中心原子 A 价层电子对的排列方式与分子构型

A 的电子对数	成键电子对数	孤电子对数	价层电子对的理想几何构型	中心原子 A 的价层电子对的排列方式	分子的几何构型实例
2	2	0	直线形	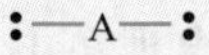	BeH_2 $HgCl_2$(直线形) CO_2
3	3	0	平面正三角形	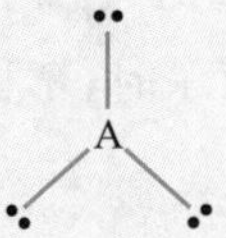	BF_3 (平面三角形) BCl_3
	2	1	三角形	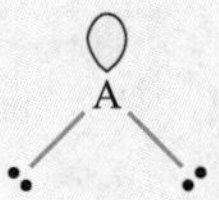	$SnBr_2$ (V 形) $PbCl_2$
4	4	0	四面体形	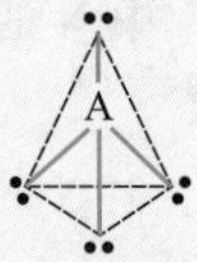	CH_4 (四面体形) CCl_4
	3	1	四面体形	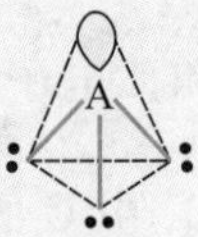	NH_3(三角锥形)
	2	2	四面体形	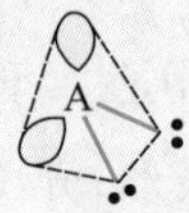	H_2O(V 形)
5	5	0	三角双锥形	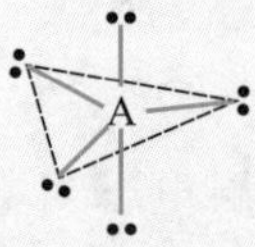	PCl_5(三角双锥形)
	3	2	三角双锥形	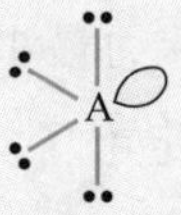	ClF_3(T 形)
6	6	0	八面体形	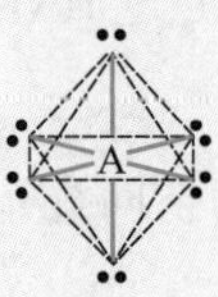	SF_6(八面体形)
	5	1	八面体形	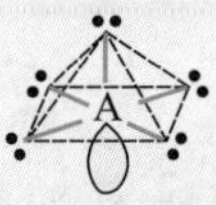	IF_5(四角锥形)
	4	2	八面体形	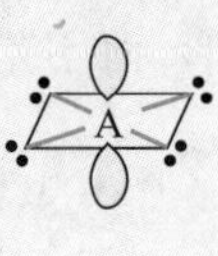	ICl_4^- (平面正方形) XeF_4

VSEPR 法分析结构注意事项

2. 应用 VSEPR 法判断简单分子构型的一般原则

(1) 确定中心原子价层的电子对数，方法为

① 电子对数$=\dfrac{1}{2}\left(\text{中心原子的价电子数}+\text{配位原子提供的价电子数}\pm\begin{matrix}\text{负离子所带电荷数}\\ \text{正离子所带电荷数}\end{matrix}\right)$，当出现单电子时，单电子算作一对，如 $9/2=5$。

② 作为配体，H 提供 1 个电子，卤素原子提供 1 个电子。

③ 氧族原子作配位原子时，不提供电子，但氧族原子作中心原子时，价电子数为 6。

例如：

$$NO_3^- \text{ 中 N 的电子对数}=\frac{1}{2}\times(5+1)=3$$

$$NO_2^+ \text{ 中 N 的电子对数}=\frac{1}{2}\times(5-1)=2$$

$$NH_4^+ \text{ 中 N 的电子对数}=\frac{1}{2}\times(5+4-1)=4$$

(2) 确定成键电子对和孤电子对的数目，并以此确定中心原子价电子构型和分子的空间构型。例如，CO_2 中 C 的价层电子对数$=\dfrac{4}{2}=2$，CO_2 中有两个配位原子（O 原子）通过 2 对电子与中心原子 C 连接，所以 CO_2 中无孤电子对，即 CO_2 的中心原子的价电子构型为直线形，分子也为直线形，即

$$O—C—O$$

又如，NH_3 中 N 的价层电子对数$=\dfrac{5+3}{2}=4$，4 对电子在空间分布为四面体形（此时电子对间离得最远，斥力最小），NH_3 分子中，只有 3 个配位原子，所以有 3 对成键电子，1 对孤电子。确定电子对性质的目的，是了解电子对间的排斥力大小，由于 LP-BP > BP-BP，所以，$\angle HNH<109°28'$（此角为正四面体的键角），实测为 $107°18'$。

NH_3 分子内，电子对的空间排布为

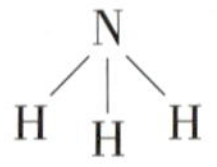

将配位原子（H）写在键电子对的位置上，从而确定出 NH_3 的空间构型是一个底为等边三角形的三角锥形，而不是四面体形。

2.4 共价键理论（Ⅱ）：分子轨道理论

价键理论（包括杂化轨道理论）能很好地说明共价键的本质和特性，但它把成键后的电子运动定域在两成键原子间，把共价键的形成归因于成键原子的价电子配位，因而有一定的局限性，如它不能解释 O_2 分子的顺磁性①，不能解释 H_2^+，He_2^+，O_2^{2+} 的形成等。1931 年穆利肯（Mulliken R S）提出了分子轨道（MO）理论，这是分子的离域电子模型。MO 理论可以弥补价键理论的不足。

分子轨道理论的发展及分类

2.4.1 分子轨道理论的要点

（1）分子轨道中电子的运动应遍及整个分子范围，每个电子的运动状态都可以用一个状态函数 ψ 来描述，这个 ψ 叫分子轨道波函数。$|\psi|^2$ 为分子中电子在空间各处出现的概率密度或电子云。

（2）分子轨道由能量相近的不同原子轨道线性组合而成，原子轨道组合成分子轨道时，轨道数目不变，但轨道能级要变。当两个能级相近的原子轨道组合成分子轨道时，能级低于原子轨道的称为成键分子轨道，高于原子轨道的称为反键分子轨道。图 2-24(a) 和图 2-24(b) 分别表示两个原子的 s 轨道组成的分子轨道及分子轨道较之原子轨道的能级变化。

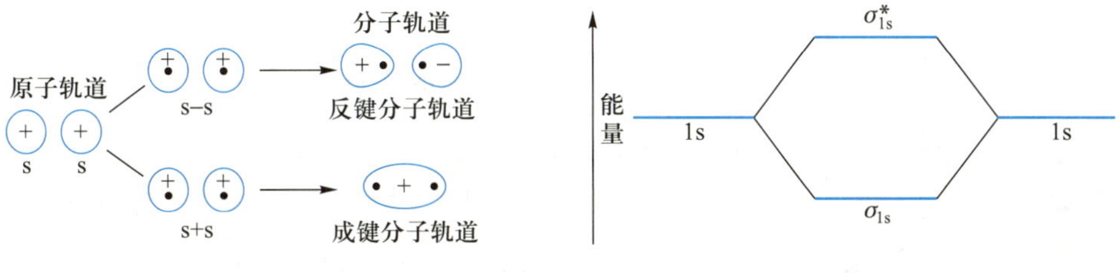

(a) s-s轨道重叠形成 σ_s 分子轨道示意图　　(b) s原子轨道形成 σ_s 分子轨道能量变化示意图

图 2-24　s-s 轨道重叠形成 σ_s 分子轨道及能量变化示意图

（3）由原子轨道组合成分子轨道时，必须满足能级高低相近、轨道最大重叠和对称性匹配三个条件，称为成键三原则。例如：

	H	Cl	Na
$I_1/(kJ\cdot mol^{-1})$	+1 318	+1 259	+502

① 物质的磁性与组成物质内部电子的自旋运动有关。若物质内部的电子均自旋相反而成对，电子自旋产生的磁效应彼此抵消，这种物质在外磁场中表现出反磁性。相反，物质内部有成单电子，电子自旋产生的磁效应不能抵消，这种物质在外磁场中表现出顺磁性。

H 和 Cl 两个原子的价轨道能量相差不大，按能量近似原则，可以有效组合成分子轨道。Na 原子和 Cl 原子的价轨道能量相差较大，不能有效组合成分子轨道。遇到这种情况，应用离子键理论来处理它们化学键的形成。

图 2-25 给出若干种满足对称条件，能有效组成分子轨道的情况。

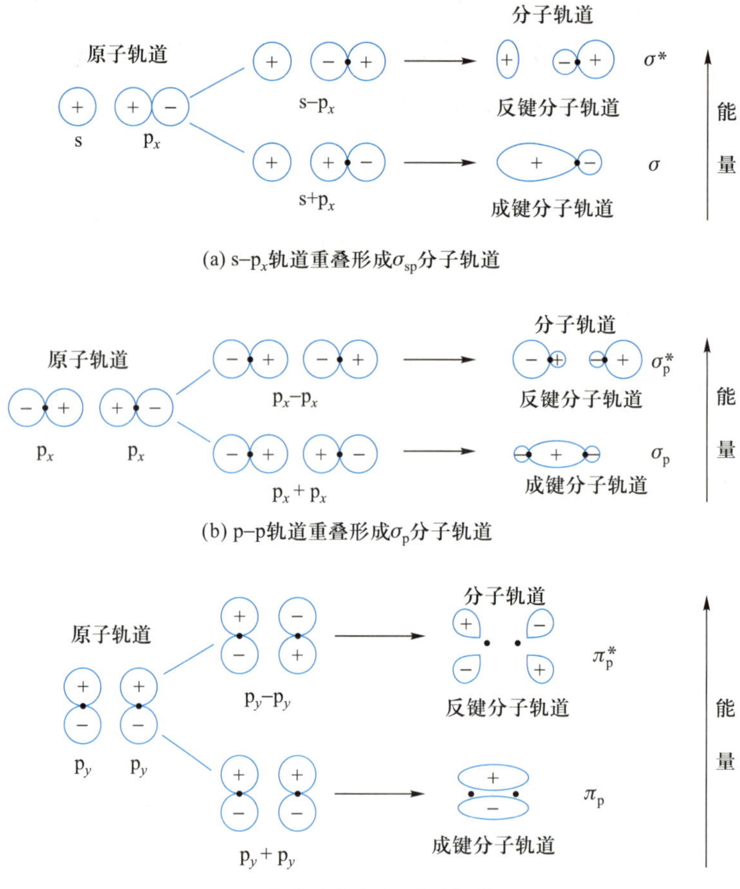

(a) s-p_x轨道重叠形成σ_{sp}分子轨道

(b) p-p轨道重叠形成σ_p分子轨道

(c) p-p轨道重叠形成π_p分子轨道

图 2-25　轨道重叠时的对称性条件

如果两原子轨道重叠时有一半是同号（正正或负负）重叠，使轨道能量降低，另一半是异号（正负）重叠，使轨道的能量升高，二者效果抵消则不能有效组成分子轨道，如图 2-26 所示。

根据对称性，可将分子轨道分类，如以 x 轴为键轴，s-s，s-p_x，p_x-p_x 等组成的分子轨道对键轴呈圆柱形对称，这种分子轨道称为 σ 轨道。p_y 和 p_z 轨道对包含键轴的 xz 和 xy 平面呈反对称。当p_y-p_y，p_z-p_z之间形成分子轨道时，仍保留这种对称性，这种分子轨道称为 π 轨道。

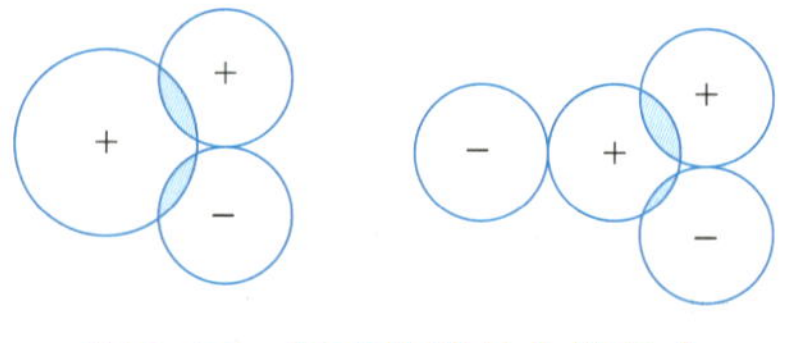

图 2-26　原子轨道的非键组合

（4）原子轨道用光谱符号 s，p，d，f 表示，分子轨道用对称符号 σ，π，δ，… 表示，填

入 σ 与 σ^* 轨道上的电子叫 σ 电子，构成的键叫 σ 键；填入 π 和 π^* 轨道上的电子叫 π 电子，构成的键叫 π 键。成键电子处在成键轨道上，将使体系的能量降低一定值，导致化学键的形成；成键电子若处在反键轨道上，将使体系能量升高一定值，不利于化学键的形成。

(5) 分子轨道中，填充电子的原则亦遵从① 能量最低原理；② 泡利不相容原理；③ 洪特规则。

按分子轨道的能量大小可以排出分子轨道的近似能级图。

2.4.2 分子轨道能级

第二周期同核双原子分子轨道能级图有两种情况，如图 2-27(a) 及 (b) 所示。图 2-27(a) 是 2s 和 2p 原子轨道能级相差较大的情况下组成的分子轨道能级图。这个图适用于第二周期的 O_2 和 F_2 两种分子，O 原子的 2s 与 2p 轨道的能级差 $\Delta E = 15.02$ eV，F 原子的 2s 和 2p 轨道的能级差 $\Delta E = 18.82$ eV，相差都大于 15 eV。

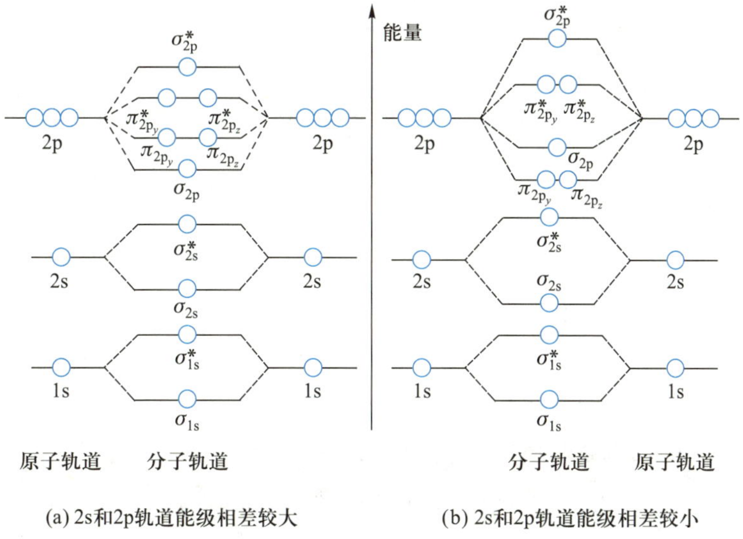

图 2-27　同核双原子分子轨道能级图

图 2-27(a) 中分子轨道能级由低到高的顺序排列为

$$\sigma_{1s}<\sigma^*_{1s}<\sigma_{2s}<\sigma^*_{2s}<\sigma_{2p}<\pi_{2p_y}=\pi_{2p_z}<\pi^*_{2p_y}=\pi^*_{2p_z}<\sigma^*_{2p}$$

图 2-27(b) 是 2s 和 2p 原子轨道能级相差较小的情况下组成的分子轨道能级图。N 和 N 以前的元素，2s 和 2p 轨道的 $\Delta E<11.59$ eV，第二周期 N 和 N 以前的元素组成的同核双原子分子，电子的排布按其能级图由低到高的顺序填入分子轨道。其能级顺序为

$$\sigma_{1s}<\sigma^*_{1s}<\sigma_{2s}<\sigma^*_{2s}<\pi_{2p_y}=\pi_{2p_z}<\sigma_{2p}<\pi^*_{2p_y}=\pi^*_{2p_z}<\sigma^*_{2p}$$

前者为 $\sigma_{2p}<\pi_{2p}$，后者为 $\pi_{2p}<\sigma_{2p}$。

为什么 N_2 和 O_2 的分子轨道能级顺序不一致呢？这是由于分子轨道的能量受组成该分子轨道的原子轨道的影响，而原子轨道的能量与原子的核电荷数（原子序数）有关，如 O 的 2p 轨道因受核的吸引较大，其能量较 N 的 2p 轨道能量低，而能量低的原子轨道组合的分子轨道能量也相应较低。由此可见，由不同原子的原子轨道所形成的同类型分子轨道的能量是不同的。从图 2-28 可以看出，随原子序数的增加，不同元素的同核双原子分子中，同一类型的分子轨道能量有所降低，如 F_2 的 σ_{2s}较 O_2 的 σ_{2s}低，O_2 的 σ_{2s}较 N_2 的 σ_{2s}低，等等。由于图 2-28 反映了同核双原子分子轨道能级随原子序数的变化关系，因此，以 O_2 和 N_2 为代表的两种分子轨道能级顺序也在图 2-28 中反映出来。

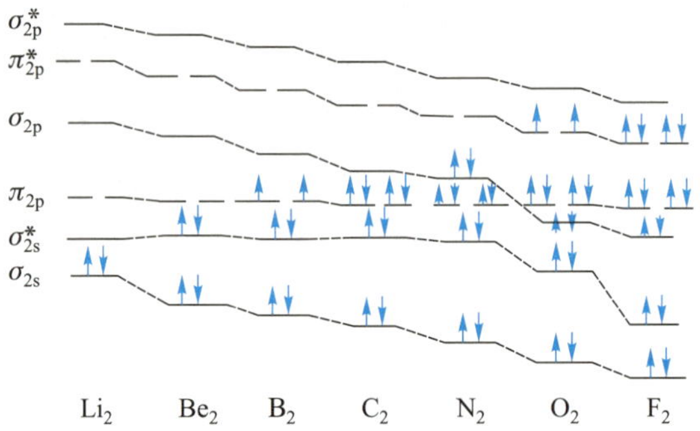

图 2-28 第二周期的同核双原子分子各轨道能量的变化

2.4.3 分子轨道理论应用

1. 解释某些物种的存在

［例 2.1］ 用分子轨道理论分析 H_2^+ 和 H_2 的形成。

解：H_2^+ 和 H_2 的价键结构式分别是 $(H\cdot H)^+$ 和 H∶H。

实验测得 H_2^+ 的解离能是 267.8 $kJ\cdot mol^{-1}$，H_2 的解离能是 435.1 $kJ\cdot mol^{-1}$，后者几乎是前者的两倍。用分子轨道理论，可以作如下的解释，如图 2-29 所示。

两个 H 原子的 1s 轨道构成两个分子轨道，按分子轨道的能级顺序 H_2^+ 中的一个电子占据能量最低的分子轨道 σ_{1s}，表示为

$$H(1s^1)+H^+(1s^0) \longrightarrow H_2^+(\sigma_{1s})^1$$

一个电子填入 σ_{1s}轨道后，体系的能量降低 β，如图 2-29(a) 所示。β 实际上就是 H_2^+ 的解离能，在 H_2 中，多增加了一个电子，按能量最低原理也填入 σ_{1s} 轨道，得 $(\sigma_{1s})^2$ 的排布，如图 2-29(b) 所示，表示为

$$2H(1s^1) \longrightarrow H_2(\sigma_{1s})^2$$

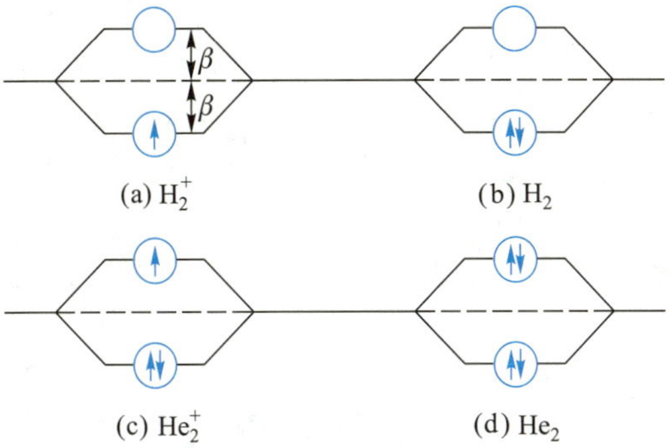

图 2-29 氢和氦的同核双原子分子轨道示意图

由于 σ_{1s} 成键轨道占据两个电子，故体系能量将降低 2β，考虑到同一分子轨道中两个电子的相互排斥，则 H_2 的键解离能略小于 2β。

[例 2.2] 用分子轨道理论分析 He_2^+ 和 He_2 的形成。

解：He_2^+ 中共有三个电子：

$$He(1s^2)+He^+(1s^1) \longrightarrow He_2^+[(\sigma_{1s})^2(\sigma_{1s}^*)^1]$$

有两个电子占据成键轨道，使体系总能量下降 2β，第三个电子占据反键轨道，使体系能量上升 β，净结果体系总能量下降 $2\beta-\beta=\beta$，如图 2-29(c)所示。所以，He_2^+ 能存在，但键能较弱。对 He_2 来说，是在 He_2^+ 体系中再加一个电子，即有两个电子填入反键 σ_{1s}^* 轨道，能量上升 2β，净结果体系能量没有下降，而与原来两个分离的 He 原子的总能量一样，如图 2-29(d)所示。所以 He 原子不能形成双原子分子。

2. 说明某些物种的稳定性

在上述所举的例子中，H_2^+ 是单电子键，H_2 是两电子键，He_2^+ 是三电子键。两电子键最强，单电子键和三电子键约相当于 1/2 两电子键，于是，在分子轨道理论中就引进了键级这个概念。

键级＝(外层成键电子数－外层反键电子数)/2

一般来说，键级越大，键越强。

对 H_2^+ 来说，键级＝(1－0)/2＝1/2。对 He_2^+ 来说，键级＝(2－1)/2＝1/2。所以它们都不太稳定。

3. 说明某些物种的顺、反磁性

[例 2.3] 分析 O_2 的结构。

解：$2O(1s^2 2s^2 2p^4) \longrightarrow O_2[(\sigma_{1s})^2(\sigma_{1s}^*)^2(\sigma_{2s})^2(\sigma_{2s}^*)^2(\sigma_{2p})^2(\pi_{2p_y})^2(\pi_{2p_z})^2(\pi_{2p_y}^*)^1(\pi_{2p_z}^*)^1]$

或 $O_2[KK(\sigma_{2s})^2(\sigma_{2s}^*)^2(\sigma_{2p})^2(\pi_{2p_y})^2(\pi_{2p_z})^2(\pi_{2p_y}^*)^1(\pi_{2p_z}^*)^1]$

键级＝(8－4)/2＝2，所以，O_2 分子稳定存在。

键型为一个 σ_{2p} 键，两个三电子 π 键：

$$\left.\begin{array}{l}(\pi_{2p_y})^2(\pi_{2p_y}^*)^1 \\ (\pi_{2p_z})^2(\pi_{2p_z}^*)^1\end{array}\right\} \text{两个三电子 } \pi \text{ 键相当于一个共价单键(} \pi \text{ 键)}$$

O_2 分子的结构式应表示为

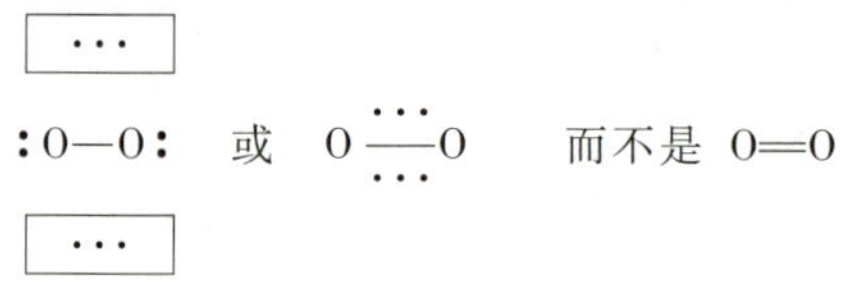

因为 O_2分子中存在两个三电子 π 键，所以有顺磁性。

2.5 原子晶体和混合型晶体

原子晶体的晶格结点上占据的是原子，外层电子数较多的原子组成的单质常属原子晶体，如 C，Si，Ge 等。此外，半径小、性质相似的元素组成的化合物也常形成原子晶体，ⅢA，ⅣA，ⅤA 族元素所组成的化合物（如 SiC，B_4C，SiO_2 等）均为原子晶体。

原子晶体的特点：原子间通过共价键相互结合，由于在各个方向上这种共价键是相同的，因此这种晶体中不存在独立的小分子，而把整个晶体看成一个大分子，晶体多大分子也就多大，所以没有确定的相对分子质量。原子晶体中共价键比较牢固，键的强度高，化学稳定性好。原子晶体具有熔、沸点高，硬度大，热胀系数小，不导电等特点，单质 Si 和 SiC 有条件地导电，是半导体。

较典型的原子晶体是金刚石，金刚石中 C 原子的 2s 电子激发到 2p 轨道上以 sp^3 杂化成键。所以一个碳原子周围有四个 C 和它相连，如图 2-30 所示。

晶体内部晶格粒子间包含有两种以上的键型时，称为混合型晶体。例如，具有链状结构和层状结构的晶体，链内和链间、层内和层间的作用力并不相同。

混合型晶体的典型例子是石墨晶体，如图 2-31 所示。石墨晶体具有层状结构。石墨层中的碳原子采用 sp^2 杂化轨道，以 σ 键与同一平面上的其他三个碳原

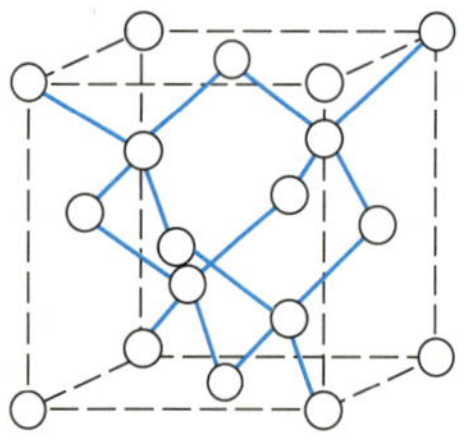

图 2-30 金刚石原子晶体结构

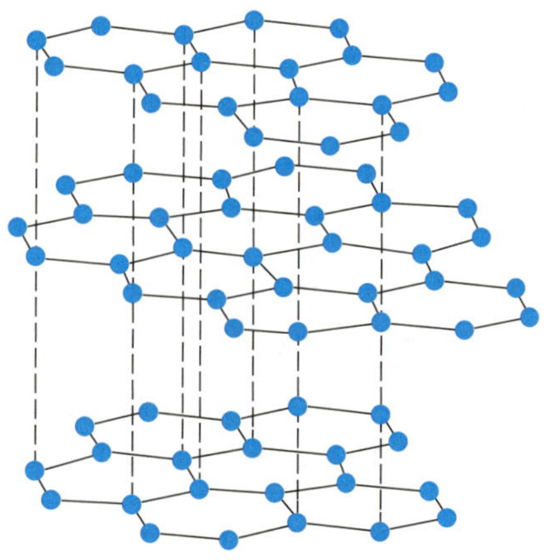

图 2-31 石墨的层状晶体结构

子相连，形成六元环形的蜂窝式层状结构，键角为 120°。未参与杂化的 2p 轨道垂直于三个 sp^2 杂化轨道所在的平面，并且彼此平行，满足形成 π 键的条件。所有这些平行的 2p 轨道彼此重叠形成 π 键，即大 π 键。由于大 π 键中的电子并不定域在两个原子之间，可以在同一层上自由运动，因此石墨晶体与金属类似，有光泽、良好的导电性。石墨晶体中层与层之间的力为范德华力（分子间力）。由于层间的作用力远比化学键弱，使得层与层之间易于滑动，故工业上常用它作为润滑剂。

属于混合型晶体的无机物质还有链状硅酸盐晶体（如石棉）、片状硅酸盐晶体（如云母）、层状晶体[如黑磷、碘化钙、碘化镁、碘化镉和氮化硼（BN，有白色石墨之称）]。

2.6 金属键和金属晶体

元素周期表中 100 多种元素约有 4/5 是金属元素。常态下，80 多种金属单质中除汞为液态外，其余均为金属晶体。金属具有特殊的金属光泽，具有高的导电性、导热性及延展性等，多数金属具有较高的密度、硬度、熔点和沸点。这些共同的性质表明金属具有类似的内部结构和相同的化学键类型。

2.6.1 金属键的自由电子理论

金属键的自由电子理论认为：金属原子的价电子比较容易电离而形成正离子，而每个正离子也容易捕获自由电子复合成原子。这些金属原子和离子紧密堆积在一起构成金属晶体。由于晶体中金属原子在不断变成离子，而金属离子又不断地变成原子，所以任何时候都有足够数量的自由电子成为整个金属的共用电子，如图 2-32 所示。这些自由电子也叫自由电子气，金属中电子的自由流动和金属的内聚力是来自于正离子和电子云之间的静电吸引。

根据这种理论可以定性地解释金属的某些物理性质。

（1）由于金属晶体具有紧密堆积结构，所以密度一般较大。

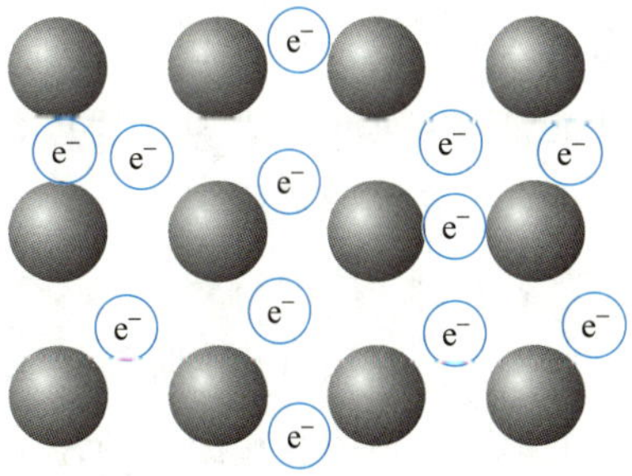

图 2-32 金属的自由电子气模型

（2）由于自由电子在外电场作用下做定向运动，所以有导电性。但由于晶格内的原子和离子在晶格结点上做一定幅度的振动，这种振动对电子的流动起着阻碍作用，加上正离子对电子的吸引,构成了金属特有的电阻,加热时由于振动加强,电子运动受的阻力加大,因而一般随温度的升高,金属电阻增大。

(3) 自由电子在热端和冷端之间运动,不断碰撞,将能量从热端带到冷端,所以金属有传热性。

(4) 自由电子吸收可见光的能量后,可由低能级跃迁到高能级,当电子回到低能级时,又以光的形式将能量放出,因而金属多具金属光泽。

(5) 因为金属具有紧密堆积结构,又由于自由电子与正离子的静电作用在整个晶体范围内的分布是均匀的,因此,金属的一部分在外力作用下相对于另一部分发生位移时,只要这种位移不至于使原子核间的平均距离有显著改变就不会破坏金属键。所以金属具有良好的延展性。

由上可见,金属键的自由电子理论能较好地解释金属的一些共性。但它对于导体、半导体和绝缘体在导电性方面的差别,却不能给予解释,因此在近代又根据量子力学建立起新的分子轨道理论。

2.6.2 金属的分子轨道理论

金属的分子轨道理论的基本要点如下:

(1) 在金属晶格中原子十分靠近,这些原子的价层轨道可以组成许多分子轨道。n 个原子轨道可组成 n 个分子轨道,其中有成键轨道、非键轨道和反键轨道。

例如,两个 Li 原子的 2s 原子轨道,组成一个成键轨道和一个反键轨道,价电子进入成键分子轨道。当有三个 Li 原子结合成 Li_3,三个 2s 原子轨道将组合成三个分子轨道——一个成键轨道,一个非键轨道,一个反键轨道。非键轨道的能量介于成键轨道和反键轨道之间,三个原子的三个价电子将进入成键分子轨道(两个电子)和非键分子轨道(一个电子)。四个 Li 原子中,四个原子轨道将生成四个分子轨道——两个成键轨道和两个反键轨道。四个电子将进入两个能量最低的分子轨道,它们都是成键轨道。见图 2-33(a),(b),(c)。

(2) 随着金属中原子数目的增多,许多轨道能级之间的间隔进一步缩小。对于极大数目的原子来说,轨道的能级彼此极为靠近,电子可以容易地从一个分子轨道进入另一个分子轨道,可以看作一种连续的能谱,又叫能带,如图 2-33(d)所示。此能带中有 n 个能级和 n 个电子,因此 Li_n 能带是半充满的。

(3) 按照组成能带的原子轨道及电子在能带中分布的不同,有满带、导带和禁带等多种能带之分。

满带　充满电子的低能量能带叫满带。由于能带内所含分子轨道数与参加组合的原子轨道数是相同的,同时每个分子轨道最多也只能容纳两个电子,所以参加组合的原子轨道如完全为电子所充满,则组合的分子轨道群(能带)也必然完全为

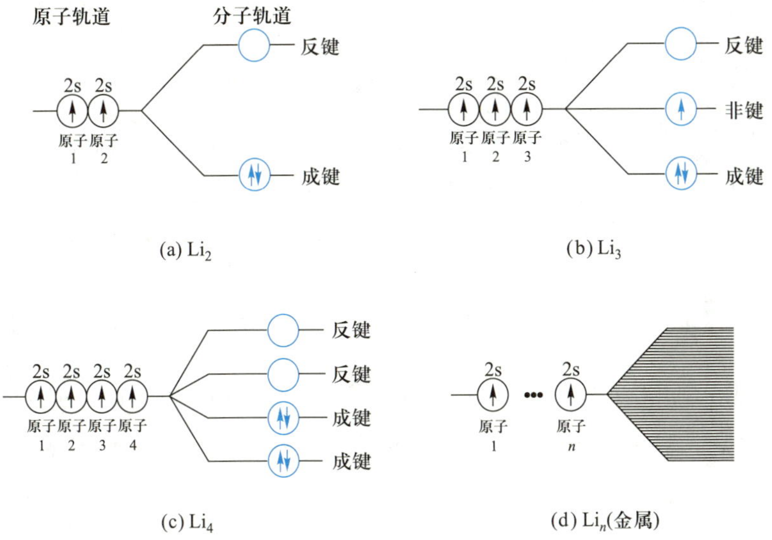

图 2-33 Li 金属晶格的分子轨道图

电子所充满，而成为满带。例如，金属 Li($1s^2 2s^1$)的 1s 能带，因为电子已全充满，所以是满带。

导带 参加组合的原子轨道如未充满电子，则形成的能带也是未充满的，还有空的分子轨道存在。在这种能带上的电子，只要吸收微小的能量就能跃迁到能带内能量稍高的空轨道上去。在电场作用下，这些电子可以定向运动，从而具有导电能力，故称之为导带。

禁带 正如原子中各个能级间有能量差一样，金属晶体中各能带之间也有能量差，从而使相邻能带之间一般都有空隙，叫带隙。在相邻原子轨道间隙之中，电子是不停留的。同样，在金属晶体能带的带隙之中，电子也不能停留。带隙是电子的禁区，所以又叫禁带。禁带实际上就是从满带顶到导带底之间的能量差(如图 2-34 所示)。如果禁带不太宽，电子获得能量后，可以从满带越过禁带而跃迁到导带上去；如果禁带太宽，这种跃迁就很困难，甚至不能实现。

(4) 金属中相邻能带有时可以重叠，尤其是金属原子的相邻分层原子轨道之间能级相近时，形成的能带会出现重叠现象。例如，金属镁($1s^2 2s^2 2p^6 3s^2$)晶体内 3p 能带中理应没有电子是空带，3s 能带会充满，这样镁几乎不具有导电性，但这显然是违反事实的。实验表明，由于镁原子的 3s 原子轨道与 3p 原子轨道能量差很小，使形成的 3s 能带与 3p 能带间发生重叠，如图 2-35 所示，即 3s 与 3p 间没有带隙，3s 能带上的电子很容易激发到空的 3p 能带上，镁原子的 3s 能带与 3p 能带间重叠结果产生了导带，使镁同样具有金属的一般物理性质。

金属晶体内原子的外层轨道所形成的能带重叠现象十分普遍，除 Mg 外，Na 及 Al 等金属的 3s 和 3p 能带都有重叠现象。过渡金属，如 Cu 的 3d 与 4s，4s 与 4p 能带也都是重叠的。

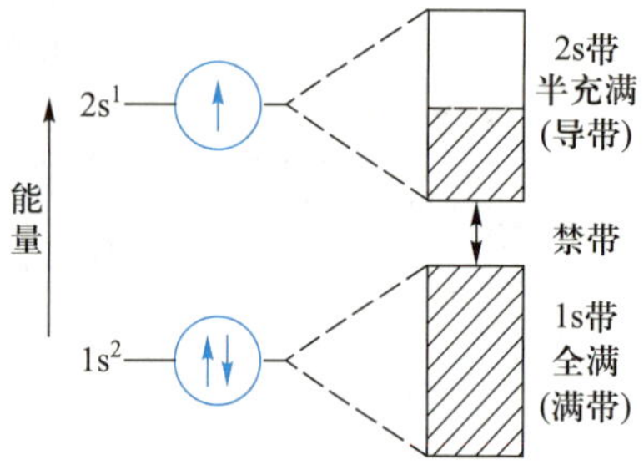

图 2-34 金属导体的能带模型

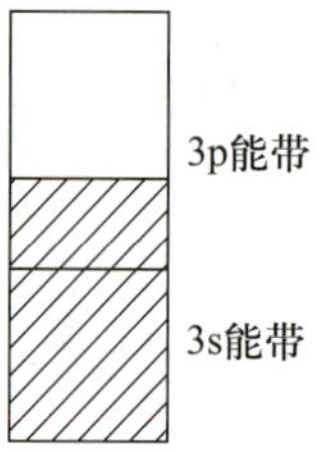

图 2-35 能带重叠示意图

根据分子轨道理论的观点，一般固体都有能带结构。固体的能带结构如图 2-36 所示。应用固体的能带理论可以解释金属导体、半导体和绝缘体的不同导电情况。

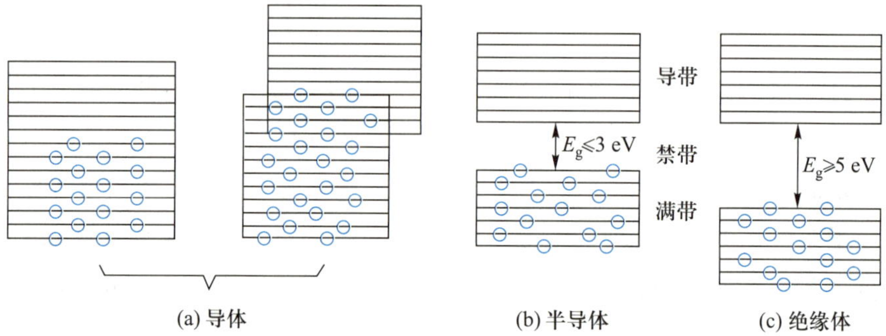

图 2-36 固体的能带结构

在外加电场的作用下，金属晶体内导带中的电子在能带内向较高能级跃迁并沿外电场的方向，通过晶格产生运动形成电流，所以金属能够导电。光照时，导带中的电子能够吸收光能跃迁到能量较高的能级上，当电子跃回时，把吸收的能量又发射出去，使金属具有金属光泽。局部加热时，电子运动和核的振动可以传热，使金属具有传热性。给金属晶体施加机械应力时，由于金属中电子是“离域”的（即不属于任何一个原子而属于整个金属整体），一个地方的金属键被破坏，在另一个地方又可以生成新的金属键。因此，机械加工根本不会破坏金属结构，而仅能改变金属的外形，即金属有延展性。能带理论也可以用来阐述其他晶体的导电性能。

非金属绝缘体由于电子都在满带上，而且禁带较宽（$E_g \geqslant 5$ eV），见图 2-36(c)，即使有外电场的作用，满带的电子也难以越过禁带而跃迁到导带上去，因而绝缘体不能导电。

还有一类物质（如锗、硅、硒等），在常温下导带上只有少量激发电子，因此，导电性能不好。它们的导电能力介于导体与绝缘体之间，称为半导体。半导体在升温时，由于禁带较窄（$E_g \leqslant 3$ eV），满带中的电子容易被激发，能够越过禁带跃迁到导带上去，从而起到增强导电能力的作用（这种作用远远超过固体热运动加剧使电阻增大的作用)。一般金属导体由于禁带宽,受热时电子不能越过禁带,反因金属原子和离子的振动加剧而阻碍电子的自由运动,所以升温时,导电能力减弱。

2.6.3 金属晶体

金属晶体中晶格结点上排列的粒子是金属原子或金属正离子,晶格结点间的作用力是金属键。

对金属单质而言,可以近似地把金属晶体看成金属原子组成的等径圆球的堆积(见图 2-37)。为了形成稳定的金属结构,金属原子将尽可能采取最紧密的堆积方式(简称密堆积),最有效地利用空间,从而使原子间的空隙尽可能小。所以金属一般密度较大。每个金属原子都被较多的金属原子包围着,配位数大。

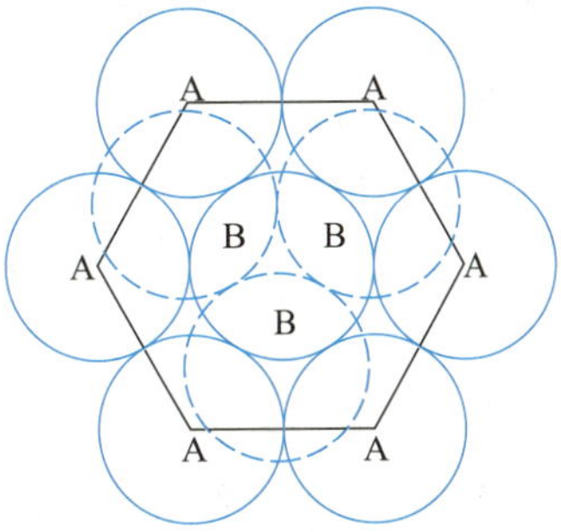

图 2-37 等径圆球的最紧密堆积示意图

金属晶格的密堆积结构有三种基本构型。

1. 体心立方密堆积

这种晶格的配位数为 8,空间利用率为 68.02%,如图 2-38(a)所示。空间利用率指金属原子的体积(除原子间空隙外)占整个晶体体积的百分数。属体心立方密堆积晶格的金属有 K,Rb,Cs,Li,Na,Co,Mo,W,Fe 等。

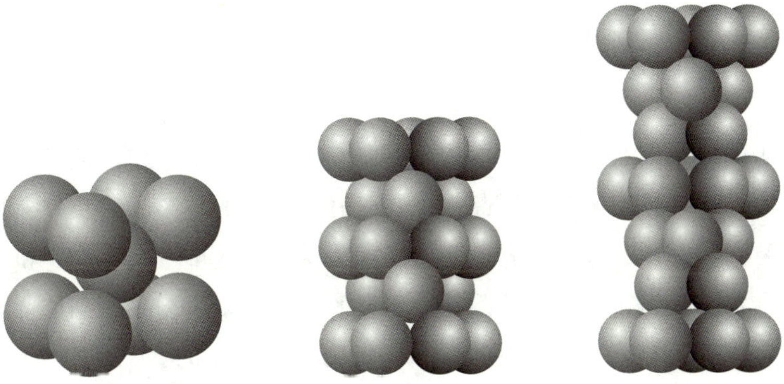
(a) 体心立方密堆积　(b) 六方密堆积　(c) 面心立方密堆积

图 2-38 金属晶格示意图

金属密堆积三维动图

2. 六方密堆积

这种晶格的配位数为 12,空间利用率为 74.02%,如图 2-38(b)所示。每个圆球 A 与同层内的六个圆球相切,同时每三个 A 球间的空隙上堆积第二层圆球 B。第三层的圆球正对第一层的 A 球(位置完全与 A 相同),第四层的圆球正对第二层的 B 球。属六方密堆积晶格的金属有 La,Y,Mg,Zr,Hf,Cd,Ti 等。

3. 面心立方密堆积

这种堆积第一、二层与六方密堆积相同，第三层如图 2-38(c)所示。这种堆积的配位数和空间利用率与六方密堆积结构相同。属面心立方密堆积晶格的金属有 Cr，Ca，Pb，Ag，Au，Cu，Ni 等。

2.7 晶体缺陷和非整比化合物

晶体缺陷对物质性质的影响

前面讨论的离子晶体、原子晶体和金属晶体，它们的粒子有规律地按一定的晶格结构定位在晶格结点上，是完善晶体。完善晶体是一种理想的结构，在实际晶体中难免有些粒子错位、缺位或溶入杂质，这就造成晶体缺陷。缺陷是属于结构变化的一部分。少量缺陷对固体的电导、机械强度、光学、磁学、热学等方面的性质及化学反应活性都有明显的影响。

晶体缺陷的类型因分类方法不同而不同。从几何角度出发，结构缺陷有点缺陷、线缺陷和面缺陷。从化学角度出发，缺陷可分为两类：整比缺陷——晶体不因存在这类缺陷而改变组成；非整比缺陷——晶体组成发生变化。非整比晶体常常可以形成不服从定组成定律的非整比化合物或以纯晶体结构为基础的固溶体。由晶体本身结构不完善产生的缺陷称为本征缺陷（又称固有缺陷）；因杂质粒子进入晶体引起的缺陷称为杂质缺陷。

2.7.1 整比缺陷（本征缺陷）

以离子晶体为例，整比缺陷可以分为两种类型：离子双离位缺陷和正离子单离位缺陷。离子双离位缺陷是由于晶格中同时有等数目的正离子和负离子脱离而出现成对的空穴，见图 2-39(a)，故又称为空穴缺陷，如 NaCl，CsCl，KCl 和 KBr 等易形成这类空穴。正离子单离位缺陷是由于有的正离子未占据其正确的晶格位置而进入间隙位置从而形成空穴，又称间充缺陷，见图 2-39(b)，如 ZnS，AgCl，AgBr 等易形成正离子单离位缺陷。由于这种空穴的存在，使该晶体有微小的导电性，这种导电性是由于晶体中离子的运动产生的，当一个离子从它的晶格结点位置上跑出去占领一个空穴就会产生新的空穴，临近的离子有可能跑去占领这个空穴，在这个离子原来的位置上又出现空穴……这样就造成了空穴在晶体内移动，而电荷在向空穴移动相反的方向传播，如果一个晶体有很高的空穴“浓度”，则其电导率就很高，这种晶体又称为固体电解质。

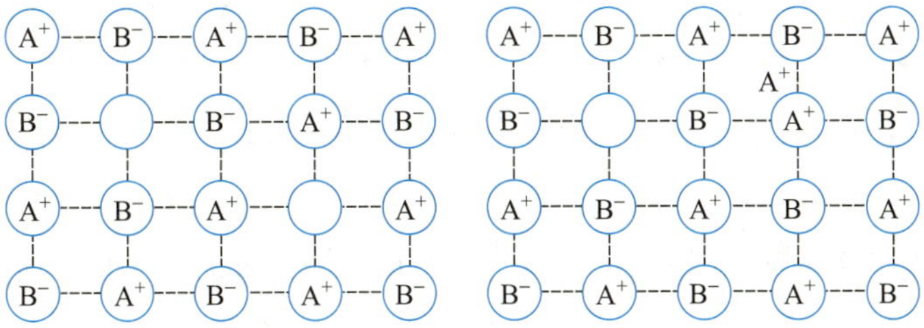

(a) 离子双离位缺陷　　(b) 正离子单离位缺陷

图 2-39　AB 型离子晶体的整比缺陷

2.7.2 非整比缺陷

非整比缺陷可由两种原因引起:一是某种离子过量或缺少,如图 2-40 所示;二是杂质离子的渗入或取代。例如,正离子过量缺陷的晶体内均含有自由电子,在电场作用下会发生电子迁移,而有一定的导电性,由于这类缺陷较少,导电能力小,故这些材料可作为半导体。又如,硅单晶中加入一些外层中有 5 个电子的原子如砷(掺杂),见图 2-41。砷比硅多 1 个未与硅成键的电子,只要有很小的能量它们就可变成自由电子,这种材料也可作为半导体。

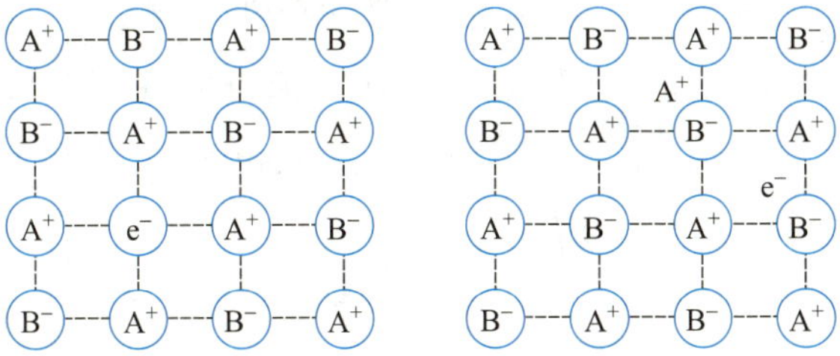

(a) 缺负离子，空穴由电子填入　　(b) 间充正离子

图 2-40　正离子过量缺陷

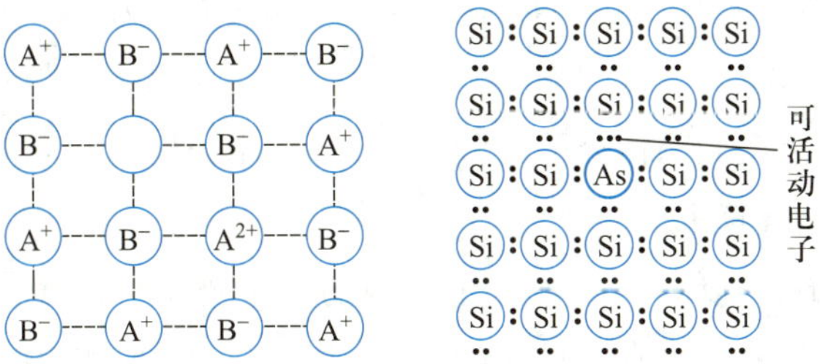

图 2-41　晶体杂质缺陷

2.8 分子间力和氢键

分子之间的相互作用称为分子间力，又叫范德华力。分子间力是一种较弱的相互作用力，其结合能一般为每摩尔几到几十千焦。分子间力是决定物质熔点、沸点、溶解度等物理性质的一个重要因素。

2.8.1 分子极性的量度——偶极矩

共价化合物分子中的化学键分为极性键和非极性键，分子也有极性分子和非极性分子的差别。例如，HCl 分子为极性分子，H_2 分子为非极性分子。

对于双原子分子，如 H_2，O_2，HCl 等，键有极性，分子就有极性，键无极性，分子也就没有极性。对多原子分子而言，要确定分子是否有极性，不但要知道键的极性，同时还要了解分子的结构是否对称。例如，在 CCl_4 分子中，四个 C—Cl 键都是极性共价键，但这个分子具有对称的四面体结构，四个键的极性互相抵消，因此 CCl_4 分子是非极性分子。在 $CHCl_3$ 分子中，四个键的极性不完全相同，结构也不对称，因此正、负电荷中心不能重合，键的极性不能完全抵消，所以 $CHCl_3$ 分子是极性分子。判断分子极性的强弱，用实验测得的偶极矩来度量。偶极矩是偶极长度 d 和极上电荷量 q（正电荷中心上或负电荷中心上的电荷量）的乘积，用公式表示为

$$\boldsymbol{\mu}=q\cdot d$$

$\boldsymbol{\mu}$ 是一个矢量，既有数量又有方向，它的方向规定从正电荷的一端指向负电荷的一端。

电荷的基本单位是电子，电子的电荷量等于 1.6×10^{-19} C，两极间的距离和分子直径有相同数量级，即 10^{-10} m，所以偶极矩大小的数量级为 10^{-30} C·m。表 2-7 列出了一些物质的偶极矩。

实际上，只能由实验测得分子的偶极矩，而不能分别测 q 和 d。q 和 d 只能在一些假设的基础上计算出来。

偶极矩的测定，可以提供有关分子结构的参考资料。例如，CO_2 分子中C—O键是有极性的，但实验测得 CO_2 分子的 $\boldsymbol{\mu}=0$，因此，可以推测 CO_2 分子必定是直线形的。又如，BF_3 分子中 B—F 键是有极性的，但实验表明 BF_3 分子的 $\boldsymbol{\mu}=0$，所以可以确定 BF_3 分子只能是正三角形，键的极性才能抵消而使分子无极性。NH_3 分子中，$\boldsymbol{\mu}\neq0$，所以 NH_3 分子是三角锥形而不是三角形。

表 2-7 一些物质的偶极矩 单位：10^{-30} C·m

分子式	偶极矩	分子式	偶极矩
H_2	0	SO_2	5.28
N_2	0	$CHCl_3$	3.63
CO_2	0	C_2H_5OH	5.61
CS_2	0	CH_3COOH	5.71
CH_4	0	HF	6.34
CCl_4	0	HCl	3.60
H_2S	3.63	HBr	2.67
H_2O	6.17	HI	1.40
NH_3	4.90	H_2O_2	7.03

2.8.2 分子间力的本质和类型

分子与分子间的作用力本质上是静电引力。分子中出现的偶极因分子的极性不同而不同。

在分子内，电子和原子核在不断地运动，因而正、负电荷的中心不断发生瞬间的相对位移，使分子内正、负电荷的中心不重合，而发生瞬时偶极。瞬时偶极因电子运动而不断变换方向。极性分子内部也会出现瞬时偶极。

极性分子本身正、负电荷中心不重合而具有的偶极称为固有偶极。极性分子或非极性分子在外电场作用下正、负电荷中心发生相对位移所产生的偶极为诱导偶极，其偶极矩用 $\Delta\boldsymbol{\mu}$ 表示。

因此，分子间的作用力可分为三种。

(1) 取向力　极性分子固有偶极之间的相吸和相斥达平衡时，体系能量最低，这时由定向极化产生的分子间相互作用力称为取向力。

(2) 诱导力　相邻分子的固有偶极 $\boldsymbol{\mu}$ 和诱导偶极 $\Delta\boldsymbol{\mu}$ 之间的作用力称为诱导力。它存在于极性分子与非极性分子之间，也存在于极性分子之间。

(3) 色散力　由瞬时偶极引起的分子之间的相互吸引力。这种力存在于极性分子之间、极性分子与非极性分子之间，以及非极性分子之间。

色散力与分子的变形性有关，变形性越大，色散力就越大。

取向力、诱导力和色散力都是分子间的引力，统称为分子间力。分子间力只有在分子充分接近时才有显著作用，当分子距离稍远时（如大于 500 pm 时），分子间力就迅速减弱。表 2-8 中列举了几种物质分子间力的数值。从这些数据可以看出，除了偶极矩很大的分子（如 H_2O），色散力始终是最主要的作用力，诱导力所占成分最小。

表 2-8 几种物质的分子间力

分子	偶极矩 / 10^{-30} C·m	取向力 / kJ·mol^{-1}	诱导力 / kJ·mol^{-1}	色散力 / kJ·mol^{-1}	作用力的总和 / kJ·mol^{-1}
Ar	0	0.000	0.000	8.50	8.50
CO	0.39	0.003	0.008	8.75	8.75
HI	1.40	0.025	0.113	25.87	26.00
HBr	2.67	0.69	0.502	21.94	23.11
HCl	3.60	3.31	1.00	16.83	21.14
NH_3	4.90	13.31	1.55	14.95	29.60
H_2O	6.17	36.39	1.93	9.00	47.32

数据摘自：周公度，段连运.结构化学基础.北京：北京大学出版社，2014.

2.8.3 氢键

卤素氢化物的分子间力及熔点、沸点的变化如下：

	HF	HCl	HBr	HI
	分子间力依色散力增大而增大 →			
熔点/K	190	158.4	184.5	214.1
沸点/K	292.5	188.9	197	238

熔点、沸点变化的总趋势是随分子间力的增大而升高。HF 分子间力弱，按理其熔点、沸点应低于 HCl 的熔点、沸点，但 HF 的熔点、沸点反而高，这是在 HF 分子间出现了氢键的缘故。

1. 氢键及其形成条件

HF 分子中，H 的电负性为 2.20，F 的电负性为 3.98，H 与 F 之间的电负性差大。当 H 原子与 F 原子形成共价键时，共用电子对强烈偏向 F 原子，H 原子几乎成为“裸核”，从而使 H 原子有多余的正电荷引力吸引另一 HF 分子中电负性大的 F 原子中任一孤电子对，这种力叫氢键。用“---”表示。HF 分子间氢键的形成如图 2-42 所示。由图可见一个 HF 分子中的 H 原子与另一个 HF 分子中的 F 原子以氢键相结合，形成分子间氢键。

氢键的形成条件为

（1）有与电负性较大的原子结合的 H 原子；

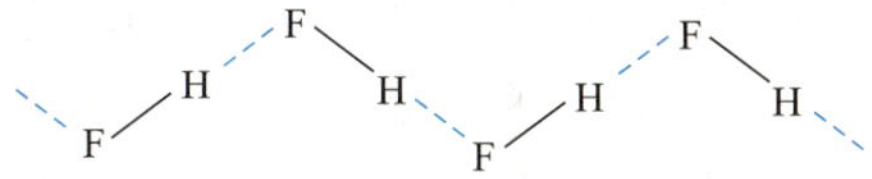

图 2-42 HF 分子间氢键形成示意图

(2) 有与 H 原子形成共价键的电负性大的 X 原子；

(3) 有与 H 原子形成氢键的电负性大、半径小、且有孤电子对的 Y 原子(Y 与 X 可以相同，也可以不同)。

F,O,N 等的电负性大、半径小、有孤电子对，可以形成氢键。Cl 电负性较大，但原子半径也较大，形成的氢键极弱。

氢键的强弱与 X 和 Y 原子的电负性及半径的大小有关，电负性大，半径小，则氢键强。

氢键是具有饱和性和方向性的范德华力，其组成可表示为 X—H- - - :Y。当氢键形成后，“半裸”的 H 就不能再与另一 :Y 形成第二个氢键，这是氢键的饱和性。对分子间氢键而言，X—H- - - :Y 应在一直线上，这样 X 与 Y 电子云之间斥力最小，氢键稳定，所以氢键具有方向性。

除分子间氢键，还有分子内氢键。硝酸分子中可能存在分子内氢键，使之形成多原子环结构。又如邻硝基苯酚中的羟基—OH 可以与硝基的氧原子生成分子内氢键，如图 2-43 所示。由于受环状结构中其他原子键角的限制，使分子内氢键 X—H- - - :Y 不能在同一直线上，一般键角在 150°左右。在苯酚羟基的邻位上有—COOH，$—NO_2$，—NO，$—CONH_2$，$—COCH_3$ 等取代基的化合物都能形成分子内氢键。

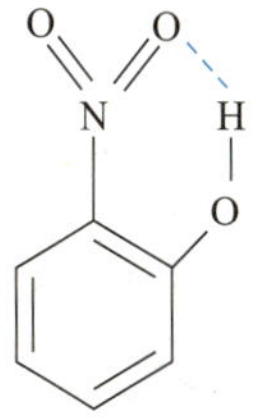

图 2-43 邻硝基苯酚中分子内氢键示意图

2. 氢键对物质性质的影响

(1) 对熔点、沸点的影响 氢键的存在使物质熔点、沸点升高，这是由于氢键的存在，使分子产生了较强的结合力，要使液体汽化和固体液化，必须增加额外的能量去破坏分子间的氢键。

(2) 对溶解度的影响 溶质分子与溶剂分子间形成氢键时，则溶质的溶解度增大，如乙醇(C_2H_5OH)与水形成氢键可以任意互溶。

(3) 对黏度的影响 一般来说，分子体积越大，分子间吸引的相互作用越强，液体黏度越大。分子间有氢键的液态物质，一般黏度较大。例如，甘油、磷酸、浓硫酸等多羟基化合物，由于分子间可形成较多氢键，通常为黏稠状液体。只存在分子内氢键的液态物质，由于分子内氢键的优先形成，若不能够再形成分子间氢键，则表现出较低的沸点和较强的挥发性，如浓硝酸。

(4) 对水的密度的影响 液体分子间如果形成氢键，有可能发生缔合现象。例如，常温下液态水中除了简单 H_2O 分子外，还有通过氢键联系在一起的复杂分子$(H_2O)_2$，$(H_2O)_3$，…，$(H_2O)_n$。这种由若干简单分子联系成复杂分子而又不会改变原物质化学性质的现象，称为分子的缔合。缔合而成的复杂分子称为缔合分子。分子缔合的结构会影响液体的密度。就 H_2O 分子的缔合而言，升高温度，有利于缔合水分子的解离；降低温度有利于水分子的缔合。温度降至 273 K 时全部水分子缔合成巨大的缔合分子——冰。水分子缔合形成规整结构，然而分子间距却增大了，从而引起密度下降。

氢键对生物体有十分重要的作用，许多生物分子的空间构型是由氢键来联系的。脱氧核糖核酸 DNA 是生物遗传的物质基础，DNA 分子的双螺旋结构和碱基配对规则由氢键来完成（见图 2-44）。此外，氢键是分子结构的第二层次——超分子结构——中的重要弱相互作用力，在合成新包合物（如笼形包合物或结晶包合物等）及对化合物性质的研究等方面都十分重要。

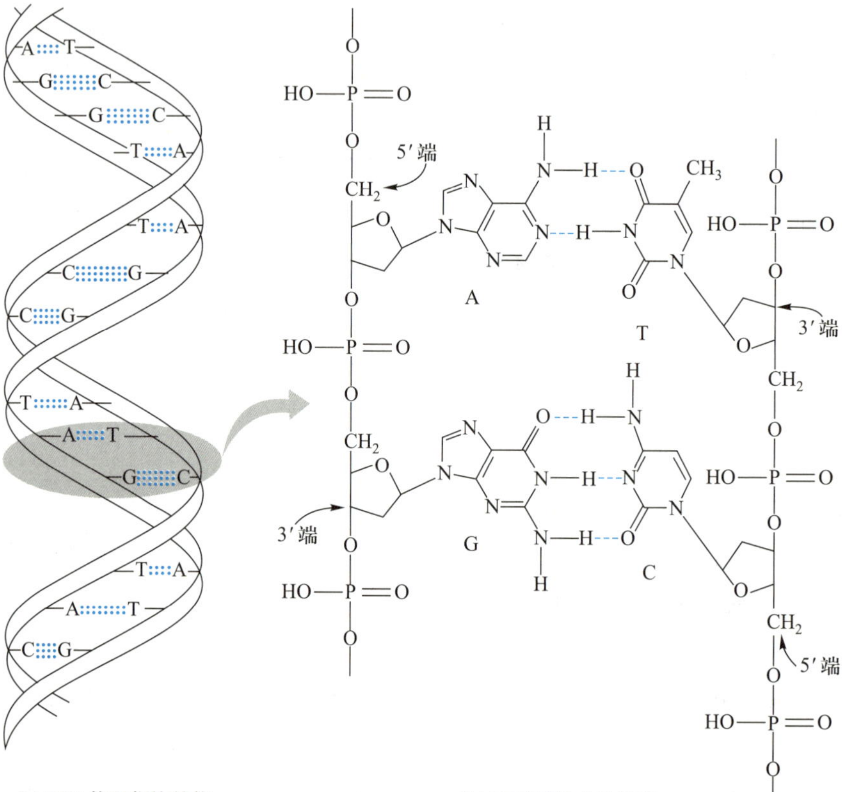

(a) DNA的双螺旋结构　　(b) 碱基互补中的氢键

图 2-44　DNA 的双螺旋结构及碱基互补中的氢键示意图

2.8.4　分子晶体和氢键型晶体

分子晶体中，极性分子或非极性分子占据着晶格结点位置，晶格结点上粒子（分子）间的作用力是分子间力。二氧化碳（干冰）是分子晶体，如图 2-45 所示。

干冰晶格结点上是 CO_2 分子，粒子（分子）间的作用力是分子间力，但分子内碳原子与氧原子之间是以共价键结合的。大多数共价型的非金属单质和化合物如卤素、氧、氢、卤化氢、氨等，在固态时均为分子晶体。稀有气体呈固态时，晶格结点上是稀有气体元素的原子，但它们不是原子晶体而是分子晶体，因为晶格上原子之间的作用力是分子间力（色散力），因而结点上的原子可称为单原子分子。有机化合物的晶体一般都是分子晶体，如固体烷烃、尿素等。

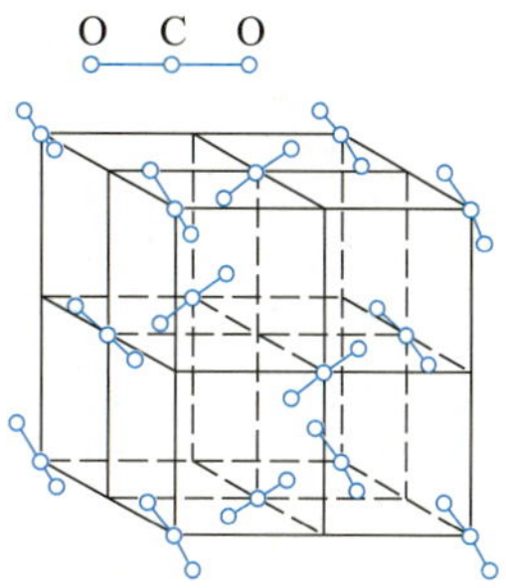

图 2-45 CO_2 分子晶体结构示意图

某些分子晶体中还存在氢键，又称氢键型晶体，如固态 HF，NH_3 和 H_2O。在冰的内部结构中每个水分子都被相邻的四个水分子形成的四面体所包围，同时每个水分子又都位于某个四面体的顶点。位于四面体中心的水分子通过四个氢键与四面体四个顶点的四个水分子相联系，其中两个氢键是由四面体中心的氧原子与两个相邻水分子中的氢原子形成的，另外两个氢键是由四面体中心水分子内的两个氢原子与两个相邻水分子中的氧原子形成的，如图 2-46 所示。这种四面体在空间延伸开来，就形成了冰的晶体，冰的晶体是典型的氢键型晶体。有机化合物间苯二酚也是氢键型晶体。

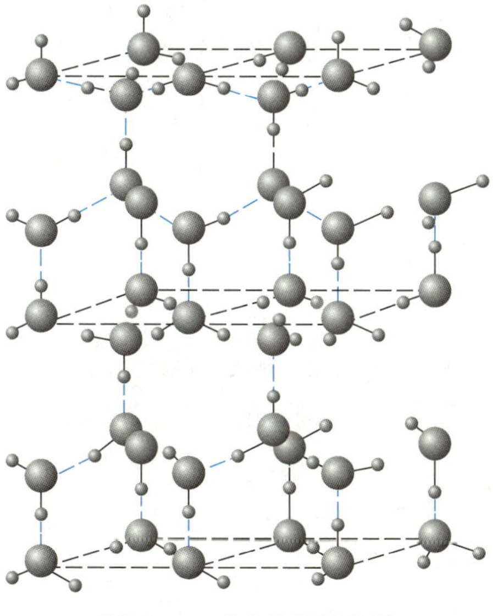
图 2-46 冰的结构示意图

由于分子晶体中晶格结点间作用力是分子间力，比化学键弱得多，所以分子晶体的熔点、沸点低，硬度小，固态及熔融态时不导电。

2.9 离子的极化作用

离子和分子一样,也有变形性。将分子极化的概念推广到离子体系,可以引出离子极化的概念。离子极化理论在无机化学中有多方面的应用。

2.9.1 离子的极化力和变形性

离子键是强极性键,正、负"离子对"本身就是一个偶极,但因为离子外层电子是圆球形分布的,单个离子却没有极性。单个离子在外电场的作用下,由于离子中的核和电子发生了相对位移,也会产生诱导偶极。离子在外电场作用下产生诱导偶极的过程称为离子极化。离子被极化的结果,使离子的外层电子云发生变形。离子的变形性大小用极化率来表示。

在离子晶体中,离子带有电荷,每个离子对另外的相邻离子来说都是外电场,因此,正、负离子间会发生相互极化,如图 2-47 所示。正离子吸引负离子的电子云,负离子排斥正离子的电子云。在相互极化过程中,正离子主要表现极化力,当正离子的电子构型为 18 电子的电子型和(18+2)电子的电子型时,正离子的极化率才比较显著。极化力(使其他离子变形的能力)的强弱主要取决于:

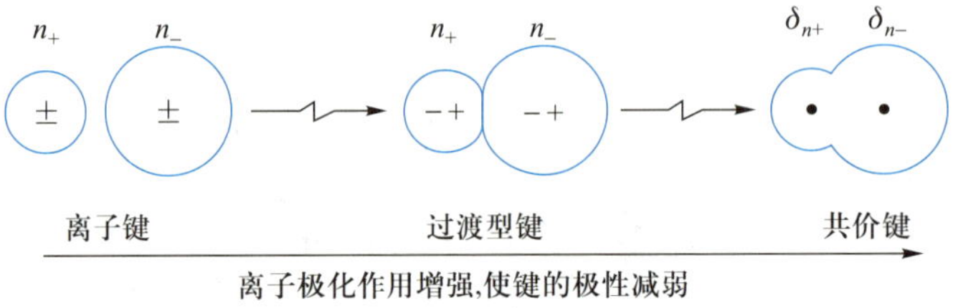

图 2-47 由离子键向共价键过渡

(1) 离子的大小。半径 r 越小,极化力越强。

(2) 离子电荷的多少。电荷越多,极化力越强。

(3) 当半径 r 相近,电荷相等时(如 Na^+ 和 Ag^+),则极化力主要取决于外层电子数的多少,即取决于离子的电子构型。不同电子构型的离子极化力强弱顺序是

(18+2)电子构型、18 电子构型>(9~17)电子构型>8 电子构型、2 电子构型

负离子主要表现变形性,变形性大小取决于:

(1) 离子半径。半径越大,极化率(变形性)越大。表 2-9 是由实验测得的一些常见离子的极化率,可以看出,负离子的极化率一般比正离子大。

表 2-9 离子的极化率 α 单位：$10^{-40}\ C\cdot m^2\cdot V^{-1}$

离子	极化率	离子	极化率	离子	极化率
Li^+	0.034	B^{3+}	0.003 3	F^-	1.16
Na^+	0.199	Al^{3+}	0.058	Cl^-	4.07
K^+	0.923	Si^{4+}	0.018 4	Br^-	5.31
Rb^+	1.56	Ti^{4+}	0.206	I^-	7.90
Cs^+	2.69	Ag^+	1.91	O^{2-}	4.32
Be^{2+}	0.009	Zn^{2+}	0.32	S^{2-}	11.3
Mg^{2+}	0.105	Cd^{2+}	1.21	Se^{2-}	11.7
Ca^{2+}	0.52	Hg^{2+}	1.39	OH^-	1.95
Sr^{2+}	0.96	Ce^{4+}	0.81	NO_3^-	4.47

（2）当半径相近时，取决于离子的外层电子构型，不同负离子的变形性顺序为

18 电子构型和(18+2)电子构型>(9~17)电子构型>8 电子构型>2 电子构型

一般来说，离子的极化力主要指正离子的极化力，变形性主要指负离子的变形性，但正离子也有一定的变形性，负离子也有一定的极化力，只不过正离子表现为极化力为主，负离子表现为变形性为主，而且负离子带电荷越多极化率越大。

2.9.2 离子极化作用对化学键性质的影响

正、负离子的相互极化，导致化学键性质变化的过程如图 2-47 所示。正、负离子相互极化的结果，使正离子和负离子之间发生了额外的吸引力，导致正、负离子核间距缩短，正、负离子外层电子云密度增大，键的极性减弱，因而使离子键过渡到共价键。随着键型的改变，晶体的性质也发生显著变化。例如，K^+与 Ag^+的电荷相同，但 Ag^+是 18 电子构型离子，K^+是 8 电子构型离子，Ag^+的极化力强于 K^+，而 Ag^+的极化率也较大。在 AgCl 中，Ag^+与 Cl^-相互极化的结果，是使键型过渡为部分共价键，离子键成分只占 25%。而在 KCl 中因 K^+与 Cl^-的相互极化较弱，不能使键型过渡为共价键为主。所以 AgCl 难溶于水，而 KCl 易溶于水。

2.9.3 离子极化作用对晶体结构的影响

离子晶格的类型和晶体的配位数及正、负离子的半径比有关，但是常常有许多离子晶体的离子半径比符合某一类型的晶体结构，而实际上却呈现出另一晶体结构，这也可以用离子极化来说明。

离子相互极化可以产生某一对称的变形。由于变形是对称的，每个离子被相邻离子极化作用所引起的偶极完全抵消，因而离子不显极性，但由于离子晶体中连续振荡，仍有瞬时偶极产生。如果相邻离子间的极化作用不大，相邻正、负离子间的引力也就不至于大到使已经变了形的离子不能回到它原来的位置，因此，晶体的结构就不会变形。但是，如果正离子的极化力大，负离子的极化力也大，正、负离子间的引力就增大，当引力大到一定限度时，就会引起晶体结构改变和配位数减小。例如，AgI 晶体中，$r_+/r_-=0.51$，半径比符合配位数为 6 的 NaCl 型结构，本应为 NaCl 型晶体，但实际上它却是 ZnS 型结构（配位数为 4），这就是由于离子极化作用引起的晶格类型的改变。总之，离子间相互作用的增强有利于晶体结构依如下顺序变化：CsCl 型（配位数为 8）→NaCl 型（配位数为 6）→ZnS 型（配位数为 4）。离子极化导致键型的过渡，这种过渡在同一周期元素的化合物的晶体类型变化中体现出来。例如，第三周期元素最高价态的氯化物：NaCl，$MgCl_2$，$AlCl_3$，$SiCl_4$，PCl_5，由于从 Na^+ 到 P^{5+} 半径递减，离子电荷增多，因而离子极化作用明显增强，导致化合物从 NaCl 的离子键向 PCl_5 典型的共价键过渡，晶体类型也由离子型（NaCl，$MgCl_2$）经混合型（$AlCl_3$ 层状结构）过渡到分子晶体（$SiCl_4$，PCl_5）。

离子极化理论在化学中有多方面的应用。除上述影响外，离子极化对无机固体的颜色、溶解度及稳定性等均有影响。表 2-10 列出了离子极化对卤化银结构和性质的影响。

表 2-10 离子极化对卤化银结构和性质的影响

卤化银	AgF	AgCl	AgBr	AgI
Ag 半径/pm	126	126	126	126
X 半径/pm	136	181	196	216
理论核间距/pm	262	307	322	342
实测核间距/pm	246	277	288	299
缩短值/pm	16	30	34	43
离子键的成分/%	67	25	18	9
键型	离子键	过渡型键	过渡型键	共价键
正、负离子半径比	0.926	0.696	0.643	0.583
预测晶体类型	CsCl 型	NaCl 型	NaCl 型	NaCl 型
实测晶体类型	NaCl 型	NaCl 型	NaCl 型	ZnS 型
颜色	白色	白色	浅黄色	黄色
溶解度/($mol\cdot L^{-1}$)	易溶于水	1.3×10^{-5}	7.1×10^{-7}	9.2×10^{-9}

离子极化理论对于认识无机化合物的某些性质变化规律无疑是很有用的，在元素化学的学习中，还将陆续介绍它的一些应用。但是由于离子极化理论是建立在离子键的基础上，使得其应用具有局限性。

本章小结

本章着重介绍了离子键、共价键、金属键和分子间力，包括氢键的形成与特征，以及各种晶体结构特征和性质。运用现代价键理论处理一般分子的成键及结构问题，用杂化轨道理论解释某些共价分子的形成和空间构型，用分子轨道理论讨论某些物种的存在、物种的稳定性和磁性；用能带理论解释导体、半导体和绝缘体的导电性差异。价层电子对互斥理论是讨论共价分子构型的简化工具。分子间力可分为色散力、诱导力和取向力，分子间力和氢键的作用对物质的物理性质有着很大的影响。离子的极化作用会导致化学键从离子键向共价键过渡，也会带来晶体类型的转变，从而对物质的某些性质，如颜色、溶解度、稳定性等产生影响。

思考题

1. 以 HCl 的形成为例，说明共价键的形成条件。共价键为什么有饱和性和方向性？

2. 凡是中心原子采取 sp^3 杂化轨道成键的分子，其几何构型都是正四面体，此话对吗？

3. SO_2 分子和 NO_2 分子都是极性的，而 CO_2 分子是非极性的，这一事实对于这些氧化物分子的空间构型有什么暗示？用价层电子对互斥理论判断它们的空间构型。

4. “色散力只存在于非极性分子之间，取向力只存在于极性分子之间”这种说法是否正确？为什么？

5. 离子电荷和离子半径对离子晶体的性质有何影响？

6. 应用玻恩-哈伯循环只能计算晶格能吗？为什么？

7. 键能和晶格能的区别是什么？

8. 具有共价键的物质是否一定是原子晶体？原子晶体一定是单质吗？分子晶体一定是化合物吗？

思考题 7 解析

9. 冰和固态氨晶体中，晶格粒子间的作用力有分子间力和氢键两种，为什么它们不叫混合型晶体？石墨层与层间的作用力是分子间力，为什么它是混合型晶体？

10. 能带与化学键的关系如何？用能带理论来说明金属晶体中的成键效应。

11. 解释现象或回答问题。

(1) CO_2 和 SiO_2 的物质性质相差甚远。

(2) NaCl 易溶于水，AgCl 难溶于水。

(3) 石墨和金刚石都是碳单质，为什么前者能导电而后者不能？完善的石墨晶体中空间各个方向都能导电吗？为什么？

(4) 为什么 NaCl、金刚石硬度大，容易敲碎，而金属铬、铁硬度也大，却不容易敲碎？

12. 非整比缺陷的晶体为什么可作为半导体材料？

习　题

1. 根据电负性差值判断下列化学键的类型。

Na—F　I—I　H—H　H—O　N—Cl　C—O　O—F　S—O

2. 根据电负性差值判断下列各对分子中键的极性大小。

(1) ZnO 和 ZnS　　(2) BCl_3 和 $InCl_3$　　(3) HI 和 HCl

(4) H_2S 和 H_2O　　(5) NH_3 和 NF_3　　(6) H_2O 和 OF_2

3. 举例说明：

(1) 由非极性键构成非极性分子

(2) 由极性键构成极性分子

(3) 由极性键构成非极性分子

4. 已知氯化钾和氯化钠属于同一晶格类型。已测得氯化钾晶体密度为 $2.004\ kg\cdot m^{-3}$，晶格中正、负离子的核间距为 313.8 pm，求阿伏加德罗常数。

5. 由下列数据计算 KBr 的晶格能。

KBr(s) 的标准生成热为 $-392\ kJ\cdot mol^{-1}$；

K(s) 的升华热为 $+90\ kJ\cdot mol^{-1}$；

$Br_2(g)$ 的解离能为 $+190\ kJ\cdot mol^{-1}$；

$Br_2(l)$ 的蒸发热为 $+31\ kJ\cdot mol^{-1}$；

K(g) 的电离能为 $+418\ kJ\cdot mol^{-1}$；

Br(g)的电子亲和能为$-323\ kJ\cdot mol^{-1}$。

6. 由下列数据计算氧原子获得两个电子形成氧离子O^{2-}的电子亲和能。

MgO(s)的标准生成热为$-600\ kJ\cdot mol^{-1}$;

MgO(s)的晶格能为$-3\ 860\ kJ\cdot mol^{-1}$;

Mg(g)生成Mg^{2+}(g)的电离能为$+2\ 170\ kJ\cdot mol^{-1}$;

O_2(g)的解离能为$+494\ kJ\cdot mol^{-1}$;

Mg(s)的升华热为$+150\ kJ\cdot mol^{-1}$。

7. 根据杂化轨道理论画出下列分子杂化成键过程图,并预测分子的空间构型。

BeH_2 BF_3 CH_4 NH_3 H_2O

8. PCl_3空间构型是三角锥形,键角略小于109°28′;$SiCl_4$是四面体形,键角为109°28′。用杂化轨道理论加以说明。

9. 用价层电子对互斥理论写出下列各分子的空间构型。

CCl_4 CS_2 BF_3 NH_3

10. 有X,Y,Z三种AB_n型分子,其价层电子对数为4,孤电子对数分别为0,1,2,判断:

X的空间构型________;实例________。

Y的空间构型________;实例________。

Z的空间构型________;实例________。

11. 试用分子轨道理论解释为什么N_2的解离能比N_2^+的解离能大,而O_2的解离能比O_2^+的解离能小。

12. 写出O_2^+,O_2,O_2^-,O_2^{2-}各分子或离子的分子轨道中的电子排布式,计算其键级,比较它们的稳定性的大小,并说明其磁性。

13. 判断下列各组物质的不同化合物之间力的类型。

(1) 苯和四氯化碳　　(2) 甲醇和水

(3) 氦和水　　(4) 溴化氢和氯化氢

14. 根据分子结构判断下列化合物中有无氢键存在,如果有氢键存在,是分子间氢键还是分子内氢键?

(1) NH_3　(2) C_2H_6　(3) CH_3OCH_3

15. 已知MgO,KBr,NaF都为NaCl型晶体,试推断它们的熔点的相对高低,并说明理由。

16. 比较下列各组物质熔点高低,并说明理由。

(1) Si,I_2　(2) HCl,HI

(3) W,Mg　(4) CaF_2,$BaCl_2$,$CaCl_2$,MgO

习题16(4)
解析

习题 17 解析

17. 试从离子极化的观点解释下列现象。

(1) $FeCl_2$ 熔点高于 $FeCl_3$ 的熔点；

(2) $ZnCl_2$ 的熔点、沸点低于 $CaCl_2$；

(3) $HgCl_2$ 为白色，溶解度较大；HgI_2 为黄色或红色，溶解度较小。

18. 比较下列两组化合物中，正离子极化能力的大小。

(1) $ZnCl_2$，$FeCl_2$，$CaCl_2$，KCl

(2) $SiCl_4$，$AlCl_3$，PCl_5，$MgCl_2$，NaCl

19. 设计一表，列出各类型晶体的结构特征及性能。

第三章

配位化合物的结构

随着科学技术的发展，人类在18世纪初就相继研制出许多用经典原子价理论不能解释的化合物。如1704年德国人迪士巴赫（Diesbach）为研制颜料而得到普鲁士蓝 $KFe[Fe(CN)_6]$；1789年法国化学家塔萨尔特（Tassaert B M）制出了橙黄色盐 $[Co(NH_3)_6]Cl_3$，随后又得到红色晶体 $[Co(NH_3)_5(H_2O)]Cl_3$ 等。为区别于一般简单化合物，将这些物质称为复杂化合物或络合物（complex compound）。由价键理论可知，这类化合物分子中都含有配位键，1979年中国化学会将其定名为配位化合物（coordination compound），简称配合物。

现已发现的配合物种类极多，应用极广。研究其组成、结构、性质、反应性能及应用的科学称为配位化学。迄今，配位化学已发展成现代化学领域中一门十分重要的学科，并渗透到自然科学的各个领域。在理论上，研究配合物的结构及生成机理，进一步丰富和发展了化学键理论。在生产与科学实践中，配位催化、湿法冶金、金属防腐、电镀、印染、制革、化纤等工业及半导体、原子能、火箭、生物固氮、抗癌药物、太阳能光解水制氢……许多高新技术方面配合物均有重要的应用和研究成果。

本章仅对配合物的基本知识和配合物的化学键理论作简单介绍。

3.1 配合物的基本概念

3.1.1 配合物的定义和组成

由中心离子（或原子）和围绕在它周围的一组负离子或分子以配位键相结合而成的配位个体均称为配合物。如果配位个体带有电荷，则称配离子，带正电荷的叫配阳离子，如 $[Cu(NH_3)_4]^{2+}$；带负电荷的叫配阴离子，如 $[Fe(CN)_6]^{3-}$。配位个体不带电荷则称配合物分子，如[$Ni(CO)_4$]和[$PtCl_2(NH_3)_2$]等。

配合物中，中心离子（或原子）与其周围配位的负离子或分子组成内配位层（内界），写于方括号内。方括号之外的部分为外界，它由一定数目带相反电荷的离子与整个内界相结合，使配合物呈中性。有的配合物无外界。

以[$Co(NH_3)_6$]Cl_3 为例，配合物组成表示如图 3-1所示。

1. 中心离子（或原子）

中心离子（或原子）又称配合物形成体。一般都是带正电荷的金属阳离子，但也有电中性的金属原子，如[$Ni(CO)_4$]及[$Cr(CO)_6$]中的 Ni，Cr 均为中性原子。在元素周期表中几乎所有的金属元素（特别是过渡金属离子）都可作配合物的中心离子。此外少数高氧化态的非金属元素也能作中心离子，如[SiF_6]$^{2-}$ 中的 Si（Ⅳ）。不同外层电子构型的中心离子形成配合物的能力不同，一般来说，具有 8 电子构型的离子，生成配合物的能力较弱，具有大于 8 而小于 18 的电子构型，即 d 轨道未完全充满的过渡金属离子或原子，生成配合物的能力最强。

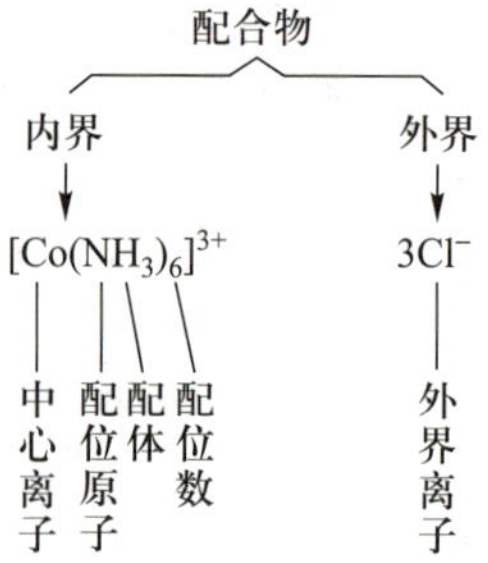

图 3-1 配合物组成

2. 配体和配位原子

与中心离子（或原子）直接配位的分子或离子称为配体。作配体的物质可以是非金属的单原子离子，也可以是非金属的多原子离子或分子。配体中直接与中心离子（或原子）成键的原子为配位原子。它们是电负性较大、能提供孤电子对的非金属原子，常见的有 C，N，P，O，S，F，Cl，Br，I 等。

3. 配位数

与中心离子（或原子）配位成键的配位原子总数称为该中心离子（或原子）的配位数。如均为单齿配体时，配位数即为配体总数。例如，[$Ag(NH_3)_2$]$^+$ 中 Ag^+ 的配位数为 2；[$Co(NH_3)_6$]$^{3+}$ 中 Co^{3+} 的配位数为 6。如为多齿配体，配位数不等于配体总数。例如，甘氨酸根（$H_2NCH_2COO^-$）为二齿配体，故在配合物[$Cu(H_2NCH_2COO)_2$]中，Cu^{2+} 配位数为 2×2＝4，配体数仅为配位数的一半。

3.1.2 配体的类型

配合物种类多主要是由于配体的种类多。

根据配体能提供的配位原子数和结构特征，配体主要可分为以下几类。

1. 单齿配体

只能提供一个配位原子与中心离子（或原子）成键的配体称为单齿配体。单齿配体与中心离子（或原子）形成简单配合物。常见单齿配体是一些简单离子或分子，如 X^-（卤素离子），OH^-，CN^-，CO，ROH，H_2O，H_2S，NH_3 等。有的配体含有两个可配位原子，但在形成简单配合物时只能起单齿配体的作用。如$(SCN)^-$，其结构为直线形，以 S 作配位原子时为硫氰根——SCN^-，以 N 作配位原子时为异硫氰根——NCS^-。又如$(NO_2)^-$，以 N 作配位原子时称为硝基——NO_2^-，以 O 作配位原子时为亚硝酸根——ONO^-。这类配体又称为两可配体。

2. 多齿配体

含有两个或两个以上配位原子的配体称为多齿配体。其齿数可以是 2，3，4，5，6。一些无机含氧酸根（如 CO_3^{2-}，PO_4^{3-}，SO_4^{2-} 等）和有机酸根（如 CH_3COO^-等）既可作单齿配体也可作二齿配体。多齿配体大多是有机分子，分子中有多个配位原子。它们可以同时与一个或多个金属离子（或原子）配位结合，生成单核、多核、链状、环状、单环、多环等多种复杂的特殊配合物。生物体中的许多大分子生物配体都是多齿配体，它们与金属离子（或原子）配位完成各种生物功能作用。同一多齿配体在不同的配合物中参与配位的齿数由该配合物的结构决定。

如同一配体中两个或两个以上的配位原子直接与同一金属离子（或原子）配位成环状结构的配体称为螯合配体。螯合配体是多齿配体中最重要且应用最广的。例如：

二齿配体：乙二胺（en）　$H_2\ddot{N}CH_2CH_2\ddot{N}H_2$

六齿配体：乙二胺四乙酸根（$EDTA^{4-}$）

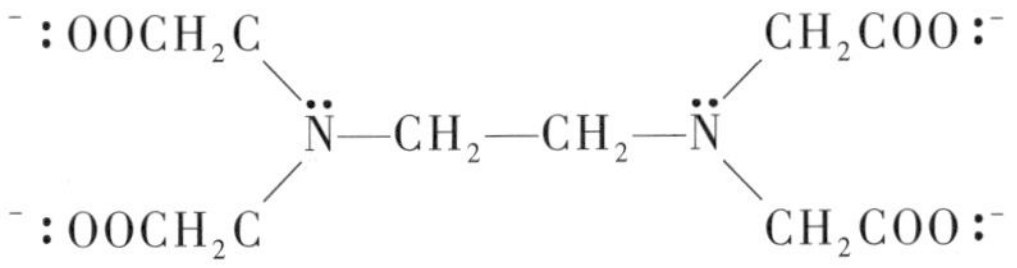

螯合配体与中心离子形成具有环状结构（螯环）的配位个体，即螯合物。五元和六元环结构具有特殊的稳定性。如二乙二胺合铜（Ⅱ）$[Cu(en)_2]^{2+}$结构如下：

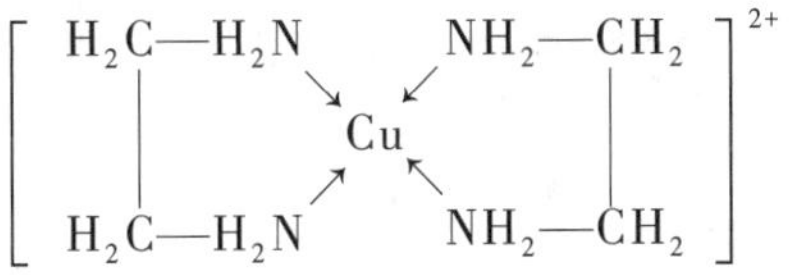

螯合配体一般都是有机分子（或离子），可用其英文缩写字母表示。某些无机含氧酸根（如 SO_4^{2-} 等）也能作螯合配体，但品种少且常因成环原子数少而不够稳定。

3. π 键配体

能提供 π 电子与中心离子（或原子）配位的配体称为 π 键配体，简称 π 配体，如乙烯（C_2H_4）、丁二烯（$CH_2=CH-CH=CH_2$）、苯（C_6H_6）、环戊二烯基（$C_5H_5^-$）等。由 π 配体形成的配合物称为 π 配合物。π 配合物通常出现在过渡金属配合物中。

3.1.3 配合物的命名

无机化学命名法

简单配合物的命名服从无机化合物命名的一般原则。若配阳离子外界是简单负离子时称为“某化某”，是酸根离子或配阴离子时称为“某酸某”。

命名内界时，配体名称在形成体之前，形成体后写出用罗马数字表示的氧化态。用中文倍数词头表示配体个数。内界有多种配体时，其顺序是：先阴离子后中性分子；先无机配体后有机配体；同类配体按配位原子元素符号的英文字母顺序排列；若配位原子相同，则原子数少的配体在前；若配位原子相同，配体中含原子数目也相同时，则按在结构式中与配位原子相连的非配位原子元素符号的英文字母顺序排列。不同配体之间用中圆点“·”隔开。在最后一个配体后加合字。例如：

$[Cu(NH_3)_4]SO_4$（配位盐）	硫酸四氨合铜（Ⅱ）
$H_2[PtCl_6]$（配位酸）	六氯合铂（Ⅳ）酸
$[Ag(NH_3)_2]OH$（配位碱）	氢氧化二氨合银（Ⅰ）
$[CoCl_2(NH_3)_3(H_2O)]Cl$（配位盐）	氯化二氯·三氨·水合钴（Ⅲ）
$[Cr(OH)_3(H_2O)(en)]$（配合物分子）	三羟基·水·乙二胺合铬（Ⅲ）

含有不饱和烃、芳香烃配体的配合物，在配体名称前加希腊字母“η”标记。例如：

$[Fe(C_5H_5)_2]$	双（η-环戊二烯基）合铁（Ⅱ）
$[PtCl_2(NH_3)(C_2H_4)]$	二氯·氨·（η-乙烯）合铂（Ⅱ）

3.2 配合物的价键理论

1931 年鲍林把杂化轨道理论应用到配合物中，提出配合物的价键理论，用来解释配合物的形成、结构和性质。

3.2.1 价键理论的基本要点

（1）配合物的中心离子（或原子）M 同配体 L 之间的结合，是由中心离子（或原子）提供与配位数相同数目的空轨道来接受配体提供的孤电子对，形成配位键。

例如，在$[Cu(NH_3)_4]^{2+}$中，Cu^{2+}有空轨道，$:NH_3$ 有孤电子对，故可形成配位键：

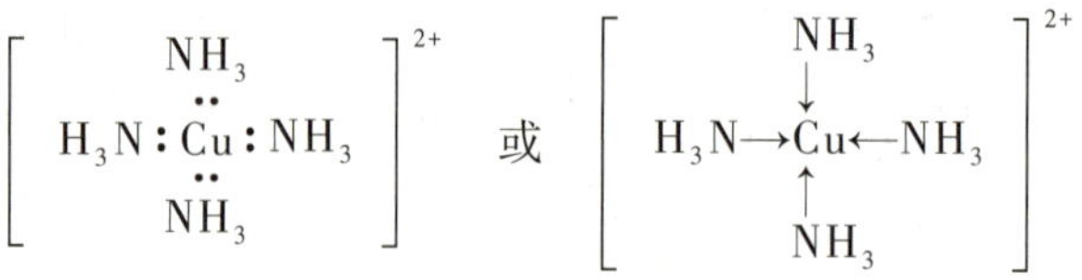

(2) 为了形成结构稳定的配合物,中心离子(或原子)采取杂化轨道与配体中配位原子形成 σ 配键,杂化轨道的类型与配位个体的配位键型和空间构型相对应。

3.2.2 外轨型配合物与内轨型配合物

根据中心离子(或原子)杂化轨道的类型不同,配位键型有外轨配键和内轨配键之分,相应的配合物分为外轨型和内轨型两种类型。

例如,$[FeF_6]^{3-}$是由 1 个 Fe^{3+}和 6 个 F^-结合而成的。Fe^{3+}的基态价电子轨道中电子排布式为

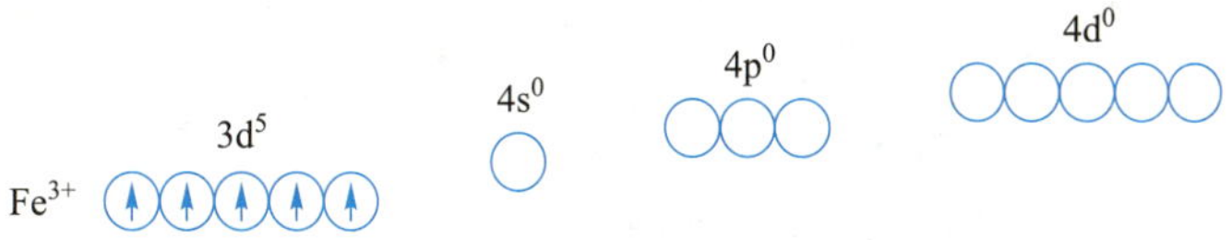

F^-的外层电子结构为 $2s^22p^6$。Fe^{3+}有空轨道,F^-有孤电子对,有形成配位键的必要条件。当它们相互作用时,Fe^{3+}外层的 1 个 4s 轨道、3 个 4p 轨道和 2 个 4d 轨道发生杂化,组成 6 个 sp^3d^2 杂化轨道,接受 6 个 F^-的孤电子对,形成 6 个 σ 配键。

$[FeF_6]^{3-}$的电子排布式表示为

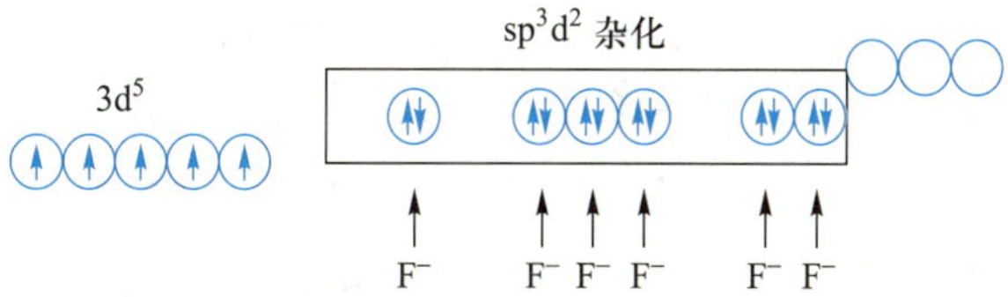

在$[FeF_6]^{3-}$中,成键时没有打乱 Fe^{3+}的外层电子排布,配体的孤电子对只是填入 Fe^{3+}的外层(ns,np,nd)杂化轨道中,这种配位键称为外轨配键,含有外轨配键的配合物称为外轨型配合物。

又如,$[Fe(CN)_6]^{3-}$是由 1 个 Fe^{3+}和 6 个 CN^-配位形成的。当 CN^-与 Fe^{3+}作用时,6 个 CN^-都将 C 上的 1 对孤电子对填入 Fe^{3+}的空轨道。但是,由于 CN^-中 C 的电负性较小,给出电子的能力较强,对 Fe^{3+}的价层电子结构有较强烈的影响,当 CN^-接近 Fe^{3+}时,d 电子发生重排,5 个电子挤入 3 个 d 轨道中,腾出 2 个 3d 空轨道。Fe^{3+}的 2 个 3d 轨道,1 个 4s 轨道,3 个 4p 轨道发生杂化,形成 6 个 d^2sp^3 杂化轨道,当 6 个 CN^-的 6 对孤电子对进入 Fe^{3+}的 6 个 d^2sp^3 杂化轨道时,形成 6 个 σ 配键,因此$[Fe(CN)_6]^{3-}$的电子排布式应为

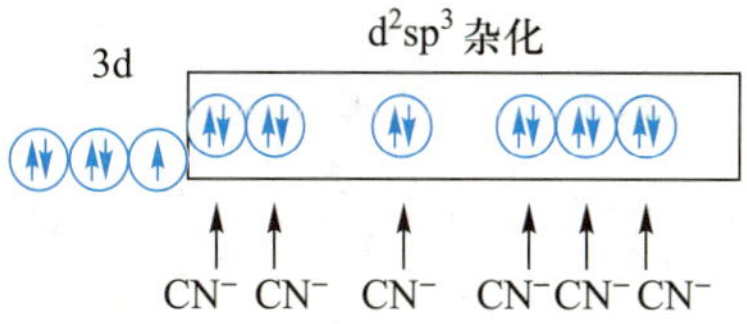

在$[Fe(CN)_6]^{3-}$中Fe^{3+}的5个d电子发生的重排，腾出2个空的3d轨道参与杂化，配体CN^-提供的孤电子对进入Fe^{3+}的内层$(n-1)$d轨道。这种有部分$(n-1)$d轨道参与杂化形成的配位键称为内轨配键，含有内轨配键的配合物称为内轨型配合物。

无论中心离子Fe^{3+}采取sp^3d^2杂化还是d^2sp^3杂化，其中每条杂化轨道都是以Fe^{3+}为中心，指向正八面体的6个顶点，配体位于以Fe^{3+}为中心的正八面体的6个顶点上，因此无论$[FeF_6]^{3-}$或$[Fe(CN)_6]^{3-}$，配离子的空间构型都是正八面体形。

在$[Ni(CN)_4]^{2-}$配离子中，Ni^{2+}的基态电子排布式为

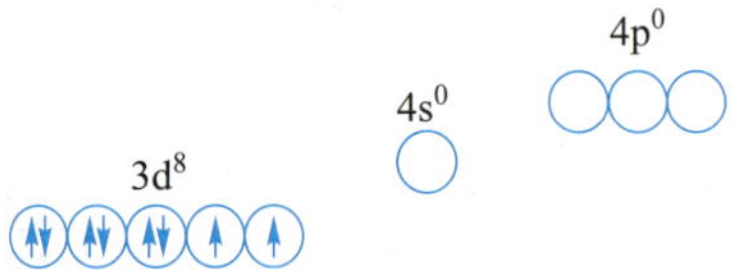

当Ni^{2+}与CN^-结合成$[Ni(CN)_4]^{2-}$时，3d轨道受CN^-影响，也腾出1个空轨道形成dsp^2杂化，所以，$[Ni(CN)_4]^{2-}$的电子排布式为

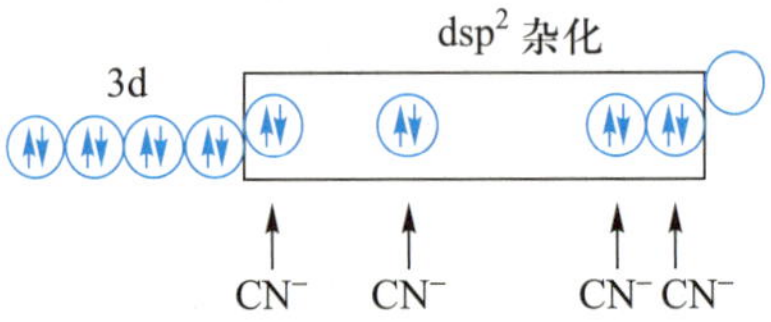

凡具有dsp^2杂化的离子，都具有平面正方形结构，这种配离子也是内轨型配离子。相反，在$[Ni(NH_3)_4]^{2+}$中，Ni^{2+}的外层电子没有发生重排，当NH_3与Ni^{2+}配位时，孤电子对只能进入外层1个4s轨道，3个4p轨道形成的sp^3杂化轨道中，形成了外轨型配合物。

$[Ni(NH_3)_4]^{2+}$的电子排布式为

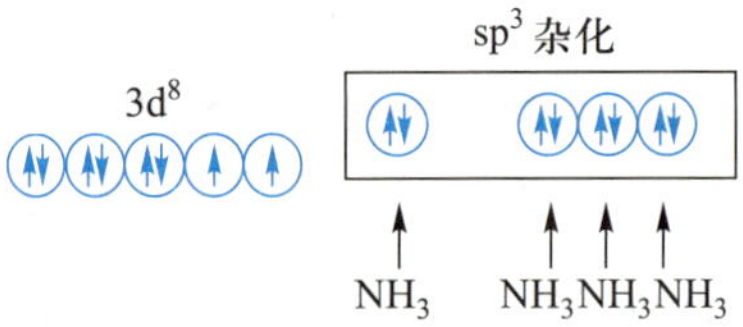

具有sp^3杂化的配离子空间构型为正四面体形。

配合物是外轨型还是内轨型，主要取决于中心离子的电子构型、离子所带的电荷和配位原子电负性大小。具有d^{10}（全充满）构型的离子，只能用外层轨道成键形成外轨型配合物；具有d^4～d^8构型的离子，既可形成内轨型配合物，也可形成外轨型配合物。

中心离子的电荷增多，对配位原子的孤电子对引力增强，有利于内层d轨道参与成键形成内轨型配合物。例如，$[Co(NH_3)_6]^{2+}$为外轨型，而$[Co(NH_3)_6]^{3+}$为内轨型。

电负性大的配位原子(如 F 或 O)与中心离子配合时,常形成外轨型配合物;反之,电负性小的配位原子(如 C 或 P)则常形成内轨型配合物。

内轨型配合物由于内层 d 轨道能量低,所以杂化后的轨道能量也低,形成的配离子较外轨型配离子稳定。

3.2.3 配合物的键型与磁性的关系

一种配离子是内轨型还是外轨型,一般是依据磁矩的测定来确定的。

磁矩的测定

物质磁性强弱,常用磁矩的大小来度量,用符号 $\boldsymbol{\mu}$ 表示,单位用玻尔磁子表示,符号为 B.M.。顺磁性物质的磁矩大于零,反磁性物质的磁矩等于零。任何物质的磁矩,均可借助于磁天平进行测定。由于物质磁矩的大小与未成对电子的多少有关,可根据物质内部已知的未成对电子数,按下式估算磁矩:

$$\boldsymbol{\mu} \approx \sqrt{n(n+2)}\ \text{B.M.}$$

式中 n 为未成对电子数。

表 3-1 列出了含 1~5 个未成对电子时,磁矩的估算值。

表 3-1 磁矩估算值

未成对电子数	1	2	3	4	5
$\boldsymbol{\mu}$/B.M.	1.73	2.83	3.87	4.90	5.92

以 Fe^{3+} 形成 $[FeF_6]^{3-}$ 和 $[Fe(CN_6)]^{3-}$ 两种配离子为例。实验测得 $[FeF_6]^{3-}$ 的磁矩为 5.8~5.98B.M.,从表 3-1 可知,在 $[FeF_6]^{3-}$ 中,Fe^{3+} 仍保留 5 个未成对电子,以 sp^3d^2 杂化轨道与配位原子 F 形成外轨型配键,$[FeF_6]^{3-}$ 属于外轨型配离子。$[Fe(CN)_6]^{3-}$ 的磁矩为 2.0~2.3B.M.,此数值接近于有 1 个未成对电子磁矩的估算值 1.73B.M.,因此,以 d^2sp^3 杂化轨道与配位原子 C 形成内轨型配键,$[Fe(CN)_6]^{3-}$ 属于内轨型配离子。

3.2.4 配合物的空间构型和立体异构

配合物的空间构型是指配体在中心离子(或原子)周围按一定空间位置排列而形成的立体几何形状。

由于现代测试技术的不断完善,可用多种实验手段确定配合物分子的空间构型。最常用的方法是 X 射线衍射法。该方法是使 X 射线通过配合物晶体发生衍射,用所得到的信息来确定配合物中心离子(或原子)与配位原子的相对位置、键角、键长等参数,从而得出配合物分子或离子的空间构型。从价键理论考虑,配合物的空间构型与中心离子的配位数和杂化轨道类型有关，见表 3-2。

表 3-2 杂化轨道类型与配合物空间构型

杂化轨道类型	配位数	空间构型	实例
sp	2	直线形 	$[Cu(NH_3)_2]^+$，$[Ag(NH_3)_2]^+$，$[CuCl_2]^-$，$[Ag(CN)_2]^-$
sp^2	3	平面等边三角形 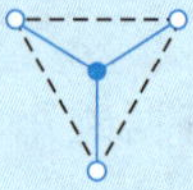	$[CuCl_3]^{2-}$，$[HgI_3]^-$
sp^3	4	正四面体形 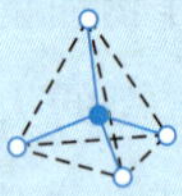	$[Zn(NH_3)_4]^{2+}$，$[Ni(NH_3)_4]^{2+}$，$[Ni(CO)_4]$，$[HgI_4]^{2-}$，$[CoCl_4]^{2-}$
dsp^2	4	正方形 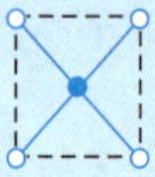	$[Ni(CN)_4]^{2-}$，$[PtCl_4]^{2-}$
dsp^3	5	三角双锥形 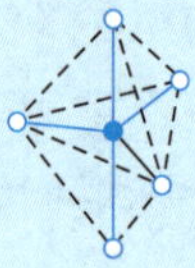	$[Fe(CO)_5]$，$[Co(CN)_5]^{2-}$
sp^3d^2 d^2sp^3	6 6	正八面体形 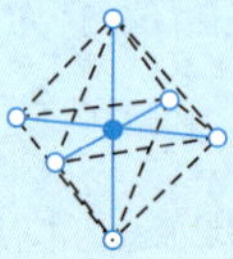	$[FeF_6]^{3-}$，$[Fe(H_2O)_6]^{3+}$，$[Co(NH_3)_6]^{2+}$，$[Fe(CN)_6]^{3-}$，$[Fe(CN)_6]^{4-}$，$[Co(NH_3)_6]^{3+}$，$[PtCl_6]^{2-}$

注：● 为形成体，○ 为配体。

配合物的化学式相同，不同配体在中心离子（或原子）周围空间排布位置不同而产生的异构现象称为立体异构。它包括几何异构和旋光异构。

1. 几何异构

几何异构主要出现在配位数为 4 的平面正方形和配位数为 6 的八面体形配合物中。一般有顺式和反式两种，顺式指相同配体处于邻位，反式指相同配体处于对位。例如，$[PtCl_2(NH_3)_2]$ 被证实有两种几何异构体存在：

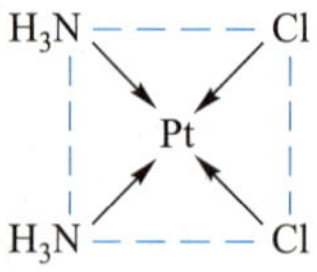

顺式

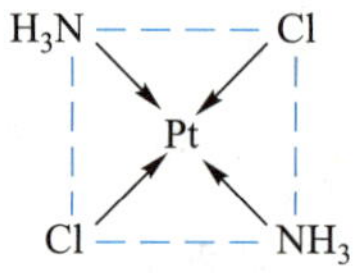

反式

又如，八面体形构型的$[CrCl_2(NH_3)_4]^+$配离子，有如下的顺反异构体：

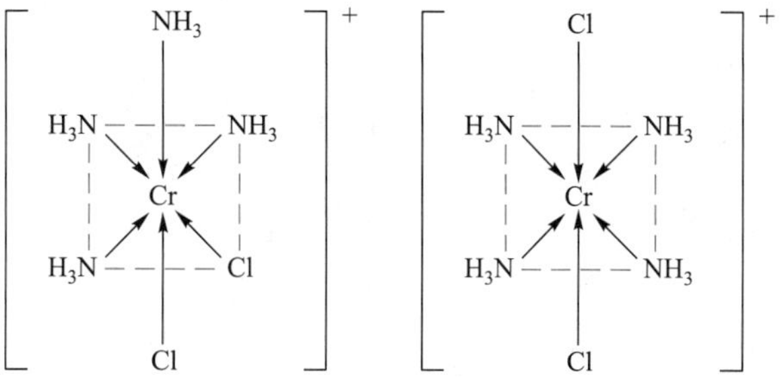

顺式(紫色)　　反式(绿色)

同一化学式的顺反异构体性质是有差异的。例如，$[PtCl_2(NH_3)_2]$的顺式异构体为黄棕色，偶极矩大于零，溶解度较小，常温下为 0.252 g/(100 g 水)；反式异构体为淡黄色，偶极矩为零，溶解度更小，常温下为 0.036 6 g/(100 g 水)。因配体位置不同，导致它们的化学反应性能也不同。医学上顺式$[PtCl_2(NH_3)_2]$具有抑制肿瘤的作用，可作抗癌药物。

配位数为 2(直线形)，3(平面三角形)，4(正四面体形)的配合物，没有几何异构。

2. 旋光异构

当配合物为手性分子①，与其镜像不能互相重合时，产生旋光异构现象。该配合物与其镜像分子为一对对映体，又称旋光异构体或光学异构体。

旋光异构体在六配位八面体形配合物中比较普遍，尤其是含有双齿配体的配合物。例如，$[CoCl_2(NH_3)_2(en)]^+$：

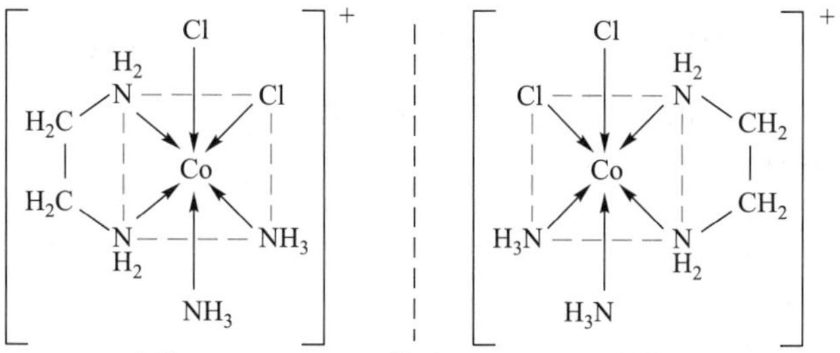

右旋　　镜面　　左旋

旋光异构通常和几何异构有关。例如，$[CoCl(NH_3)(en)_2]^{2+}$的顺式异构体有旋光活性而反式异构体则无旋光活性：

① 某物体与其镜像不同，则其被称为“手性的”，且其镜像是不能与原物体重合的，就如同左手和右手互为镜像而无法重合。可与其镜像重合的物体被称为“非手性的”。

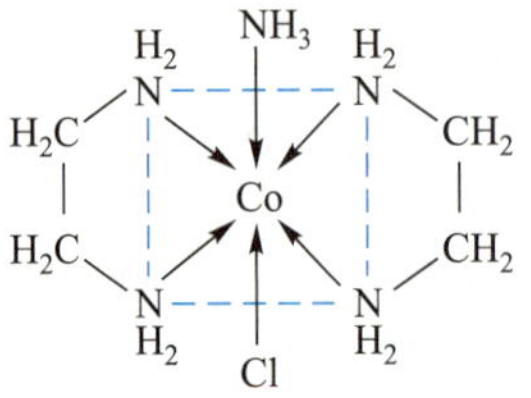

反式$[CoCl(NH_3)(en)_2]^{2+}$

无旋光活性

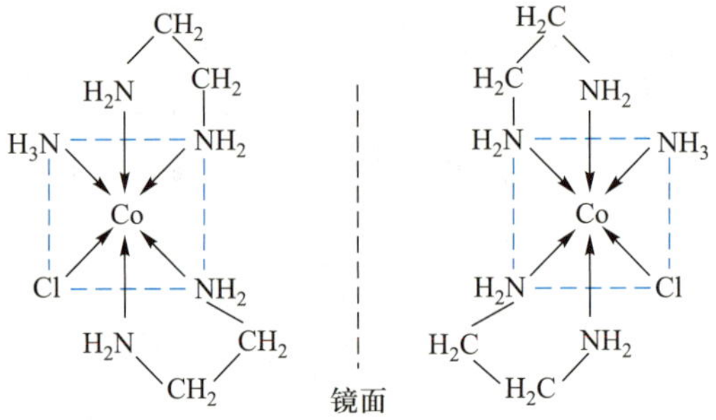

顺式$[CoCl(NH_3)(en)_2]^{2+}$

旋光异构体

旋光异构体在生物体内十分重要，许多生物配体如氨基酸（除甘氨酸外）等都具有光学活性。某些药物分子也需要有光学活性才能与体内的生物分子有效结合而发挥特定的药效。

价键理论成功地说明了中心离子与配体结合力的本质，配合物的配位数、空间构型、稳定性和磁性等。但该理论不能解释配合物吸收光谱，在说明配离子的稳定性时也未考虑能量效应，这些不足在晶体场理论中可较好地得到解决。

3.3 配合物的晶体场理论

晶体场理论（crystal field theory）是贝蒂（Bethe H）和范弗雷克（van Vleck J H）先后于1929年和1932年提出和发展起来的。晶体场理论虽与价键理论在同一时期提出，但一直到20世纪50年代才被充分重视。1952年由奥格尔（Orgel）补充成为比较完整的晶体场理论，并应用于研究配合物的化学键，对配合物磁性及光学性质（颜色产生的原因）给出了成功的解释。

3.3.1 晶体场理论的基本要点

晶体场理论是一种静电作用模型。其基本要点如下：

（1）配合物的中心离子与配体之间的化学键是纯静电相互作用。配体负电荷对中心离子产生的静电场称为晶体场。

（2）中心离子的价层电子构型和轨道能量因配体产生的晶体场的影响而发生变化，使价层中五个简并 d 轨道发生能级分裂，形成几组不同的轨道。

（3）d 轨道能级分裂导致 d 电子重新排布，优先占据低能级 d 轨道，使体系总能量下降，产生晶体场稳定化能（CFSE，crystal field stabilization energy）。在中心离子与配体间出现附加成键效应。

下面以八面体构型的配合物为例具体说明晶体场理论。

3.3.2 八面体场中中心离子 d 轨道的分裂

在自由过渡金属离子中，五个 d 轨道是简并的（能量相等）。假设将中心离子置于带负电荷的球形对称场中，由于负电场与 d 轨道中带负电荷的电子间的排斥作用，各 d 轨道的能量均同等程度升高，但五个 d 轨道仍然处于五重简并状态。当形成配合物时，由于晶体场是非球形对称的（如八面体场、四面体场、平面正方形场等，对称性比球形场差），五个 d 轨道受到配体的作用不同，因而发生能级分裂，分裂的形式取决于晶体场的对称性，即配合物的立体构型。

对于正八面体配合物，好似中心离子位于坐标原点，六个配体沿 x，y，z 三个坐标轴接近中心离子，如图 3-2 所示。它们之间的作用可以分为两种情况：

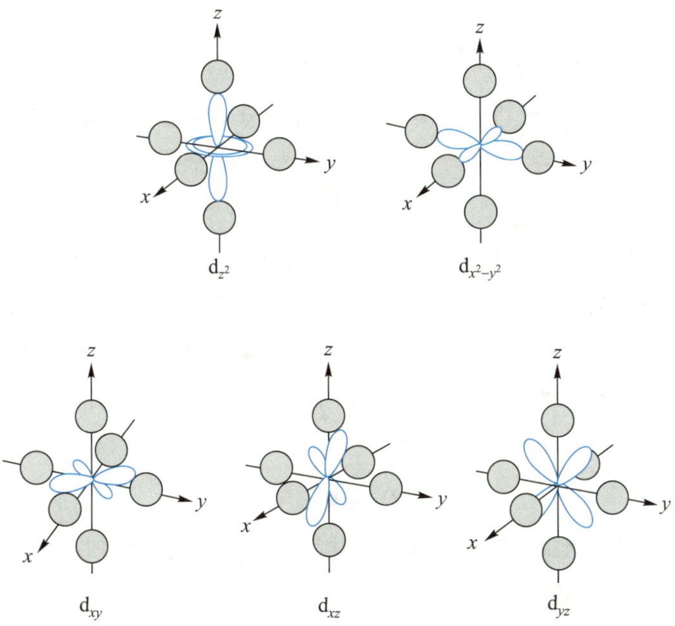

图 3-2 正八面体配合物中中心离子的 d 轨道和配体的相对位置示意图

（1）$d_{x^2-y^2}$，d_{z^2}轨道由于在坐标轴上正指向配体，因而受配体的排斥作用较大，能量较高。

（2）d_{xy}，d_{xz}，d_{yz}轨道由于未正指向配体，而是指向两坐标轴夹角的平分线上，受到配体的排斥作用较小，能量较低。

因此，在八面体晶体场中，由于配体静电场的作用，把原来能量相同的五个 d 轨道分裂为两组：一组是能量较高的 $d_{x^2-y^2}$和 d_{z^2}轨道，被称为 d_γ（或 e_g）轨道；另一组是能量较低的 d_{xy}，d_{yz}和 d_{xz}轨道，被称为 d_ε（或 t_{2g}）轨道（d_γ 和 d_ε 是晶体场理论所用符号，e_g 和 t_{2g}是分子轨道理论所用符号）。d_γ 为双重简并态，d_ε 为三重简并态。图 3-3 示出八面体场中中心离子 d 轨道的能级分裂。

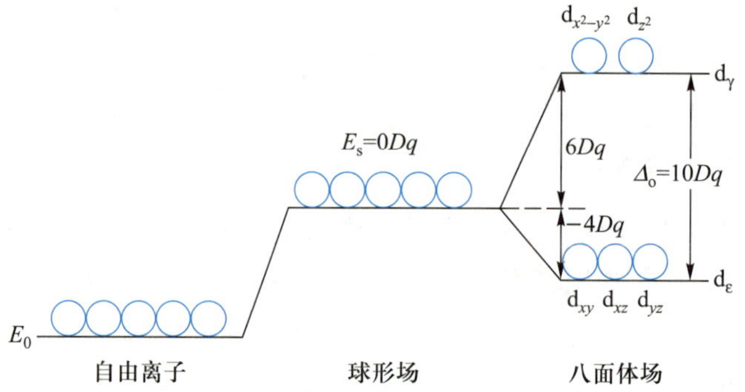

图 3-3 在八面体场中中心离子 d 轨道的能级分裂

3.3.3 分裂能及其影响因素

分裂能 Δ_o 是指在晶体场中 d 轨道分裂后的最高能量的 d 轨道与最低能量的 d 轨道之间的能量差。一般将八面体场中 d 轨道分裂后的两组轨道能量差 Δ_o 10 等分，用 $\Delta_o=10Dq$① 表示：

$$\Delta_o=E_{d_\gamma}-E_{d_\varepsilon}=10Dq \tag{3-1}$$

此外，按照量子力学的中心不变原则：原来简并的轨道，在外电场作用下，如果发生分裂，则分裂后所有轨道能量改变的代数和为零。因此，轨道能量的改变应选取零点为标准。假定和配体总电荷相同的一个球形场作用于 d 轨道上，其轨道的能量同等程度升高而不发生分裂，仍为简并态，令其能量 $E_s=0$。对正八面体场而言，存在下述关系：

$$2E_{d_\gamma}+3E_{d_\varepsilon}=0 \tag{3-2}$$

即 d_γ 双重简并态能量的升高值与 d_ε 三重简并态能量的降低值的代数和为零。

联立解式(3-1)和式(3-2)可得

$$E_{d_\gamma}=+6Dq$$

$$E_{d_\varepsilon}=-4Dq$$

可见八面体场中 d 轨道分裂的结果是：相对于球形场，d_γ 轨道能量比分裂前上升 $6Dq$，d_ε 轨道能量比分裂前下降 $4Dq$。一般使用的分裂能值，均由光谱实验数据获得。表 3-3 列出了实测的一些正八面体配合物的分裂能，单位常用 cm^{-1} 或 $kJ\cdot mol^{-1}$ 表示。

---

① Dq 是分裂能的一种参数，其值的大小由 Δ_o 值确定。

表 3-3 某些正八面体配合物的 Δ_o 值 单位:cm^{-1}

nd^e	M^{z+}	配体					
		$6Br^-$	$6Cl^-$	$6H_2O$	$6NH_3$	$6CN^-$	3en
$3d^1$	Ti^{3+}			20 300			
$3d^2$	V^{3+}			17 700			
$3d^3$	V^{2+}			12 600			
	Cr^{3+}		13 600	17 400	21 600	26 300	21 900
$4d^3$	Mo^{3+}		19 200	24 000			
$3d^4$	Cr^{2+}			13 900			
	Mn^{3+}			21 000			
$3d^5$	Mn^{2+}			7 800			9 100
	Fe^{3+}			13 700			
$3d^6$	Fe^{2+}			10 400		33 000	
	Co^{3+}			18 600	23 000	34 000	23 300
$4d^6$	Rh^{3+}	18 900	20 300	27 000	33 900		34 400
$5d^6$	Ir^{3+}	23 100	24 900				41 200
	Pt^{4+}	24 000	29 000				
$3d^7$	Co^{2+}			9 300	10 100		11 000
$3d^8$	Ni^{2+}	7 000	7 300	8 500	10 800		11 600
$3d^9$	Cu^{2+}			12 600	15 100	16 400	

影响分裂能的因素主要有中心离子的电荷、元素所在周期和配体的性质。对于相同立体构型的配合物,其变化规律大体如下。

(1) 中心离子电荷 同一过渡元素形成的配合物,当配体相同时,中心离子正电荷越高,分裂能越大。例如,表 3-3 中 M^{3+}(Mn^{3+},Co^{3+},Fe^{3+})为中心离子时比 M^{2+}(Mn^{2+},Co^{2+},Fe^{2+})为中心离子时形成的六水合物的 Δ_o 大。因为中心离子正电荷越高,对配体引力越大,导致中心离子与配位原子核间距减小,配体产生的晶体场对 d 电子的斥力越大。

(2) 元素所在周期 当相同配体、带相同正电荷的同族金属离子形成配合物时,分裂能随中心离子所在周期数的增加而增大。例如:

$$[Co(en)_3]^{3+} \qquad \Delta_o = 23\ 300\ cm^{-1}$$

$$[Rh(en)_3]^{3+} \qquad \Delta_o = 34\ 400\ cm^{-1}$$

$$[Ir(en)_3]^{3+} \qquad \Delta_o = 41\ 200\ cm^{-1}$$

随周期增加,同族电荷相同的中心离子半径增大,d 轨道伸展离核越远,越易受到配体负电场的排斥作用,因此,分裂能增大。

(3) 配体的性质 对于同一中心离子、不同配体的配合物,其分裂能随配体形成的晶体场的强弱不同而不同。晶体场的强度越大,分裂能越大。由光谱数据统计出,

当配合物构型相同时,各种配体对同一中心离子产生的分裂能由小到大的顺序如下:

$$I^- < Br^- < Cl^- < S^{2-} < SCN^- < NO_3^- < F^- < (NH_2)_2CO \approx OH^- \approx ONO^- \approx$$

$$HCOO^- < C_2O_4^{2-} < H_2O < NCS^- < EDTA < NH_3 < en < NO_2^- < CN^- \approx CO$$

这一顺序称为光谱化学序,即配体产生的晶体场从弱到强的顺序。光谱化学序具有半定量的指导作用,可以根据该顺序确定配体产生的晶体场的相对强弱,如 I^- 为弱场,CN^- 为强场,H_2O,NH_3 为中等强度的场。

(4) 配合物的构型　中心离子、配体都相同的,分裂能与构型的关系是:平面四方形>八面体形>四面体形。

3.3.4 高自旋和低自旋①配合物及磁性

在八面体场中,中心离子的 d 轨道分裂为高能量的 d_γ 和低能量的 d_ε 两组轨道,d 电子的分布遵守能量最低原理、泡利不相容原理和洪特规则,同时还要考虑分裂能和电子成对能的影响。当中心离子具有 1~3 个 d 电子(即 $d^{1\sim3}$ 构型的离子),如 $Ti^{3+}(3d^1)$,$V^{3+}(3d^2)$,$Cr^{3+}(3d^3)$时,这些电子应排在低能量的 d_ε 轨道上,而且自旋平行。其排布方式只有一种。对于 $d^{4\sim7}$ 构型的离子,d 电子可以有两种排布方法:一种是电子继续进入 d_ε 轨道,与先进入 d_ε 轨道的电子偶合成对,采取低自旋排布。这种排布需要克服电子之间排斥作用所消耗的能量,这种能量称为电子成对能,用符号 P 表示,常用单位为 cm^{-1} 或 $kJ\cdot mol^{-1}$。不同金属离子,电子成对能 P 不同。表 3-4 列出 $d^4 \sim d^7$ 电子构型离子的 P 值。

另一种是电子克服分裂能进入 d_γ 轨道,采取高自旋排布。如何确定在不同配体形成的晶体场作用下,d 电子的排布方式呢?这要由分裂能 Δ_o 和电子成对能 P 的相对大小来决定。

表 3-4　$d^4 \sim d^7$ 电子构型离子的 P 值　　单位:cm^{-1}

d^e	d^4		d^5		d^6		d^7
M^{z+}	Cr^{2+}	Mn^{3+}	Mn^{2+}	Fe^{3+}	Fe^{2+}	Co^{3+}	Co^{2+}
P	23 500	28 000	25 500	30 000	17 600	21 000	22 500

若 $\Delta_o>P$,d 电子跃迁进入 d_γ 轨道需要能量较高,因此,电子先成对充满 d_ε 轨道,然后再占据 d_γ 轨道,采取低自旋排布,形成低自旋配合物。

若 $\Delta_o<P$,电子成对需要能量较高,d 电子将尽量分占分裂后的各个轨道,然后再成对,采取高自旋排布,形成高自旋配合物。例如,Fe^{2+} 分别与 H_2O,CN^- 配位,形成八

① 高自旋是指尽量分占轨道而具有最多自旋平行的未成对电子状态;低自旋是指电子尽量先进入低能量轨道且自旋成对使未成对电子最少的状态。

面体形配离子$[Fe(H_2O)_6]^{2+}$及$[Fe(CN)_6]^{4-}$。相对而言，H_2O为弱场配体，Fe^{2+}的d轨道分裂能较小；CN^-为强场配体，Fe^{2+}的d轨道分裂能较大，而Fe^{2+}的电子成对能相同。从表3-3和表3-4得Δ_o和P值，通过比较便可确定它们各自的d电子排布。

	$[Fe(H_2O)_6]^{2+}$	$[Fe(CN)_6]^{4-}$
Δ_o/cm^{-1}	10 400	33 000
P/cm^{-1}	17 600	17 600

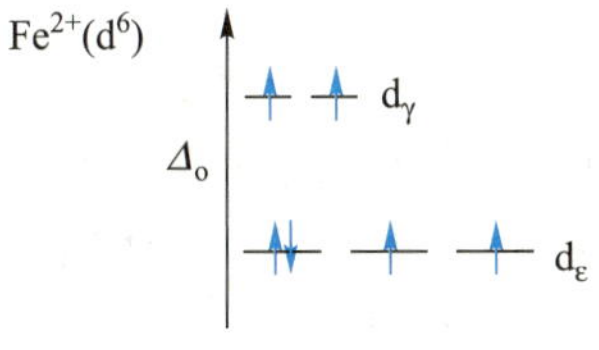

$d_\varepsilon^4d_\gamma^2$高自旋

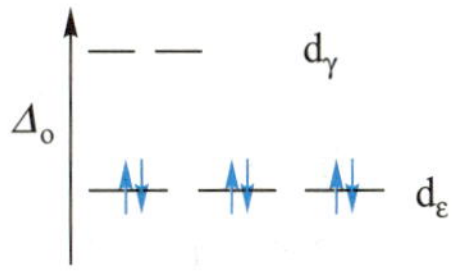

$d_\varepsilon^4d_\gamma^2$低自旋

$[Fe(H_2O)_6]^{2+}$及$[Fe(CN)_6]^{4-}$的磁矩实测值分别为5.10 B.M.和0 B.M.，对应的未成对电子数为4和0，证明与这种排布方式一致。d电子在分裂后的轨道中的排布状态，决定了对应配合物是低自旋还是高自旋配合物。低自旋配合物为Δ_o较大的强场排布，电子进入能级较低的d_ε轨道配对，能量较低，较稳定，未成对电子少，磁矩小；高自旋配合物为Δ_o较小的弱场排布，体系能量较高，较不稳定，未成对电子较多，磁矩大。

具有$d^{8\sim10}$构型的离子，不论配体场是强场还是弱场，其d电子排布都相同。

表3-5列出了在八面体弱场及强场中$d^1\sim d^{10}$构型的中心离子d电子在d_ε及d_γ轨道中的排布情况。由表看出，$d^{1\sim3}$，$d^{8\sim10}$构型的中心离子在弱场和强场中电子的排布相同；$d^{4\sim7}$构型的中心离子在弱场与强场中电子的排布不同。一般认为光谱化学序中的配体，以H_2O为界，位于H_2O之前的配体，视为弱场配体，而CN^-在已知配合物中均为强场配体。配体是强场还是弱场，可通过实测配合物的磁矩来判定。

表3-5 八面体场中d电子在d_ε及d_γ轨道中的排布

	弱场					未成对	强场					未成对
	d_ε			d_γ		电子数	d_ε			d_γ		电子数
d^1	↑					1	↑					1
d^2	↑	↑				2	↑	↑				2
d^3	↑	↑	↑			3	↑	↑	↑			3
d^4	↑	↑	↑	↑		4	↑↓	↑	↑			2
d^5	↑	↑	↑	↑	↑	5	↑↓	↑↓	↑			1
d^6	↑↓	↑	↑	↑	↑	4	↑↓	↑↓	↑↓			0
d^7	↑↓	↑↓	↑	↑	↑	3	↑↓	↑↓	↑↓	↑		1
d^8	↑↓	↑↓	↑↓	↑	↑	2	↑↓	↑↓	↑↓	↑	↑	2
d^9	↑↓	↑↓	↑↓	↑↓	↑	1	↑↓	↑↓	↑↓	↑↓	↑	1
d^{10}	↑↓	↑↓	↑↓	↑↓	↑↓	0	↑↓	↑↓	↑↓	↑↓	↑↓	0

3.3.5 晶体场稳定化能

配合物的中心离子在晶体场作用下，产生能级分裂，d 电子在分裂后的 d 轨道中重新排布，导致体系总能量下降，体系总能量的降低值就称为晶体场稳定化能，以 CFSE 表示。

对于八面体形配合物，已经知道 d_ε 和 d_γ 轨道的相对能量值为

$$E_{d_\varepsilon}=-4Dq$$

$$E_{d_\gamma}=6Dq$$

设进入 d_ε 轨道的电子数为 n_ε，进入 d_γ 轨道的电子数为 n_γ。$d^{1\sim3}$ 和 $d^{8\sim10}$ 构型的离子，在弱场和强场中的 d 电子排布是相同的，其稳定化能用下式计算：

$$\text{CFSE}=-4Dq\times n_\varepsilon+6Dq\times n_\gamma \qquad (3-3)$$

$d^{4\sim7}$ 构型的离子，在弱场和强场中的 d 电子排布情况不同。对于弱场高自旋配合物，其稳定化能仍按式(3-3)计算。但对强场低自旋配合物，由于电子先自旋相反配对进入 d_ε 轨道需要克服电子成对能 P，所以计算配合物稳定化能时，还需要考虑比在自由状态时多出电子对的成对能。因此稳定化能按下式计算：

$$\text{CFSE}=-4Dq\times n_\varepsilon+6Dq\times n_\gamma+aP \qquad (3-4)$$

式中 a 是比在自由状态时多出的电子对数。例如，d^6 构型 Fe^{2+} 形成的配合物 $[Fe(H_2O)_6]^{2+}$ 和 $[Fe(CN)_6]^{4-}$，它们的 d 电子排布分别为 $d_\varepsilon^4d_\gamma^2$ 和 $d_\varepsilon^6d_\gamma^0$。由式(3-3)和式(3-4)计算如下：

$[Fe(H_2O)_6]^{2+}$ CFSE $=-4Dq\times4+6Dq\times2=-4Dq$

$[Fe(CN)_6]^{4-}$ CFSE $=-4Dq\times6+6Dq\times0+2P=-24Dq+2P$

计算可知，后者总能量下降比前者多，表明 $[Fe(CN)_6]^{4-}$ 更稳定。表 3-6 列出了正八面体形配合物 $d^0\sim d^{10}$ 构型离子在弱场和强场中的稳定化能。

表 3-6 正八面体形配合物 $d^0\sim d^{10}$ 构型离子在弱场和强场中的稳定化能

d^n	弱场		强场	
	d 电子排布	CFSE	d 电子排布	CFSE
d^0	d^0	0	d^0	0
d^1	d_ε^1	$-4Dq$	d_ε^1	$-4Dq$
d^2	d_ε^2	$-8Dq$	d_ε^2	$-8Dq$
d^3	d_ε^3	$-12Dq$	d_ε^3	$-12Dq$
d^4	$d_\varepsilon^3d_\gamma^1$	$-6Dq$	d_ε^4	$-16Dq+P$
d^5	$d_\varepsilon^3d_\gamma^2$	0	d_ε^5	$-20Dq+2P$
d^6	$d_\varepsilon^4d_\gamma^2$	$-4Dq$	d_ε^6	$-24Dq+2P$
d^7	$d_\varepsilon^5d_\gamma^2$	$-8Dq$	$d_\varepsilon^6d_\gamma^1$	$-18Dq+P$
d^8	$d_\varepsilon^6d_\gamma^2$	$-12Dq$	$d_\varepsilon^6d_\gamma^2$	$-12Dq$
d^9	$d_\varepsilon^6d_\gamma^3$	$-6Dq$	$d_\varepsilon^6d_\gamma^3$	$-6Dq$
d^{10}	$d_\varepsilon^6d_\gamma^4$	0	$d_\varepsilon^6d_\gamma^4$	0

由表 3-6 可见，弱场中构型为 d^0，d^5，d^{10}的离子稳定化能为零最小，d^3，d^8 构型的离子稳定化能最大；强场中 d^0，d^{10}构型的离子稳定化能为零最小。

3.3.6 配合物的吸收光谱

晶体场理论在应用方面，除了能解释配合物的稳定性和磁性，还可解释d^1 ~ d^{10}构型的过渡金属离子形成的配合物所具有的颜色，以及配合物吸收光谱产生的原因等。

在表 3-7 中列出 Co^{3+}(d^6)为中心离子与不同配体形成的八面体形配合物所具有的特征颜色。产生这些颜色的原因，晶体场理论认为：由 d^1 ~ d^9 构型的中心离子形成的配合物，由于 d 轨道没有充满，轨道内的电子能吸收光能，在分裂后的轨道间发生跃迁，称为 d-d 跃迁。例如，八面体场中，d^9 构型电子的基态排布为 $d_\varepsilon^6 d_\gamma^3$，在吸收光能后可变成激发态排布 $d_\varepsilon^5 d_\gamma^4$。

$$d_\varepsilon^6\ d_\gamma^3(\text{基态}) \xrightarrow{E=h\nu} d_\varepsilon^5\ d_\gamma^4(\text{激发态})$$

表 3-7 Co^{3+}的八面体形配合物的颜色

配合物	$[Co(H_2O)_6]^{3+}$	$[Co(NH_3)_6]^{3+}$	$[Co(NO_2)_6]^{3-}$	$[Co(en)_3]^{3+}$
颜色	蓝	黄棕	橙黄	黄
配合物	$[Co(C_2O_4)_3]^{3-}$	$[Co(C_2O_4)(en)_2]^{+}$	$[Co(EDTA)]^{-}$	$[Co(CN)_6]^{3-}$
颜色	绿	紫红	紫	黄

一个原处于低能量的 d_ε 轨道的电子，进入高能量的 d_γ 轨道，必须吸收相当于分裂能 Δ_o 的光能。因此，存在如下关系：

$$E_{d_\gamma} - E_{d_\varepsilon} = \Delta_o = h\nu = hc/\lambda$$

式中 h 为普朗克常量，c 为光速，光能与波数成正比，$1\ cm^{-1} = 1.24\times10^{-4}\ eV = 1.19\times10^{-2}\ kJ\cdot mol^{-1}$。

根据研究结果，配合物吸收光的能量，一般在 10 000 ~ 30 000 cm^{-1}。这包括了可见光 14 286 ~ 25 000 cm^{-1}的全部。可见光由红、橙、黄、绿、蓝、靛、紫等色组成。配合物吸收可见光的一部分，让未吸收的部分透过，呈现透过光的颜色。

以$[Ti(H_2O)_6]^{3+}$配离子在水溶液中显紫色为例，Ti^{3+}为 d^1 构型离子，形成八面体形水合配离子时，处于基态的 d_ε 轨道中的一个 d 电子，在可见光环境中吸收光能而被激发，发生 d-d 跃迁。

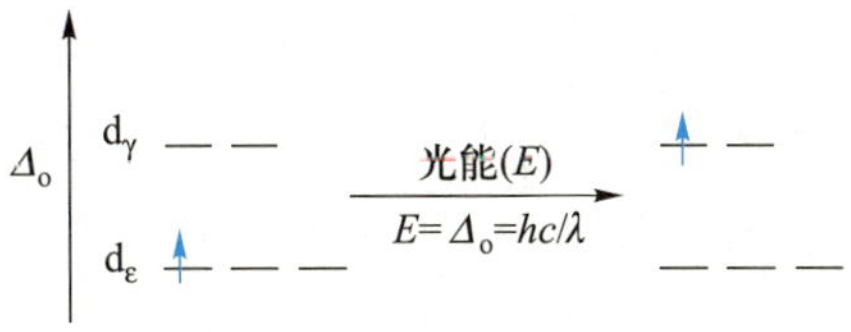

将不同波长的单色光照射$[Ti(H_2O)_6]^{3+}$水溶液，测定相应的吸收率。由于波长不同，吸收率不同。将测得的一系列吸收率值对波长（或波数）作图，得到$[Ti(H_2O)_6]^{3+}$配离子的吸收曲线，称为吸收光谱图，如图 3-4 所示。

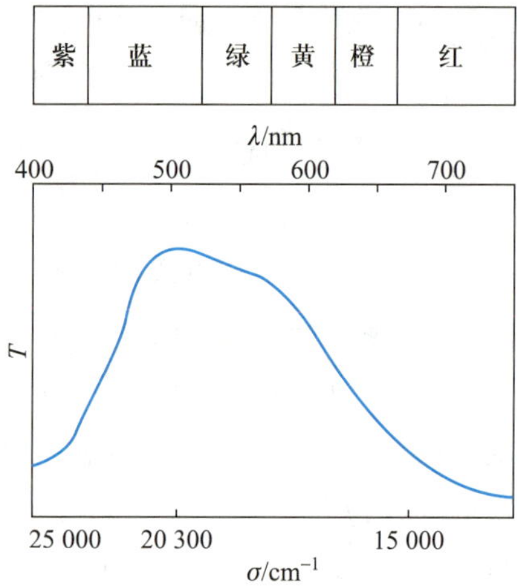

图 3-4 $[Ti(H_2O)_6]^{3+}$的吸收光谱图

由图可知，$[Ti(H_2O)_6]^{3+}$在可见光区 20 400 cm^{-1}（波长 490 nm）处有一最大吸收峰值。这一峰值即对应于 d 电子发生 d_ε-d_γ 跃迁，相应的能量值为$[Ti(H_2O)_6]^{3+}$的分裂能 Δ_o = 20 400 cm^{-1}。由于 d-d 跃迁时吸收了蓝绿光，紫光和红光吸收最少而被透过，所以$[Ti(H_2O)_6]^{3+}$的水溶液显紫红色。具有 d^1 电子构型的离子形成的配合物，所发生的 d-d 跃迁是最简单的情况，在吸收光谱图中仅出现一个吸收峰，用对应吸收峰的波长就可算出分裂能 Δ_o 值。

具有 d^1～d^9 电子构型的同一中心离子与不同配体形成的多种配合物，因配体产生的晶体场强度不同，发生 d-d 跃迁所需要的能量也不相同，因此配合物吸收或透过的光也不一样，呈现的颜色也就各异。对于 d^0（如 Sc^{3+}）及 d^{10}（如 Zn^{2+}）构型的离子，由于不发生d-d跃迁，可见光全部透过，形成的配离子无色。

晶体场理论解释了配合物呈现特征颜色的根本原因，也就是说，配合物的吸收光谱的产生，从晶体场理论获得了令人满意的解释。

3.4 配合物的分子轨道理论简介

由电子顺磁共振（EPR）和核磁共振（NMR）等对配合物的结构研究发现，中心离子和配体间存在轨道的重叠作用。当中心离子和配体轨道重叠不大时，可以忽略其轨道重叠，化学键可用晶体场理论的基本方法处理，而对于一些轨道重叠较大的配合物，晶体场理论的静电作用模型显然不够严格，有很大的局限性，必须使用分子轨道理论。

分子轨道理论认为：中心离子与配体价电子运动是离域的，它们在整个配位个体的分子轨道上运动。在形成配合物时，所有配体轨道线性组合成配体群轨道。中心离子价轨道与配体群轨道根据对称性匹配原则组合成分子轨道。计算出各分子轨道能量，建立分子轨道能级图。电子将按能量最低原理、泡利不相容原理和洪特规则进入分子轨道中。

中心离子与配体间的化学键有 σ 键和 π 键。在 ML_6 八面体形配合物中，中心离子有 9 个价轨道，其中 1 个 ns 轨道，3 个 np 轨道和 $(n-1)d_{x^2-y^2}$，d_{z^2}共 6 个轨道可与配体的 6 个群轨道组成 12 个 σ 分子轨道，形成 σ 键。而 d_{xy}，d_{yz}，d_{xz}3 个轨道它们的伸展方向是坐标轴的夹角处，只能与配体的 π 轨道重叠组成 π 分子轨道，形成 π 键。

3.4.1 中心离子与配体的σ键合

八面体形配合物的 12 个 σ 分子轨道可分成两组：① 低能级的 6 个成键分子轨道：a①$_{1g}(\sigma_s)$，$t_{1u}(\sigma_p)$，$e_g(\sigma_d)$；② 高能级的 6 个反键分子轨道：$e_g^*(\sigma_d^*)$，$a_{1g}^*(\sigma_s^*)$，$t_{1u}^*(\sigma_p)$。在不形成 π 键时，d_{xy}，d_{yz}，d_{xz} 3 个轨道是非键分子轨道，用 t_{2g}表示。见图 3-5。

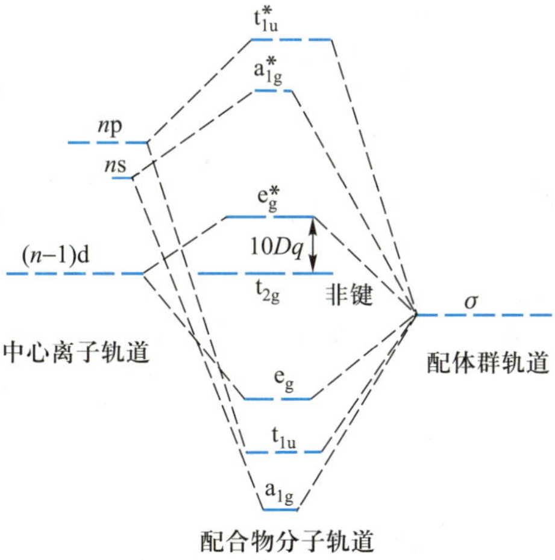

图 3-5 八面体形配合物分子轨道能级图（无 π 键）

由图 3-5 可知，八面体形配合物分子轨道能级顺序（无 π 键）是

$$a_{1g}<t_{1u}<e_g<t_{2g}<e_g^*<a_{1g}^*<t_{1u}^*$$

或

$$\sigma_s<\sigma_p<\sigma_d<t_{2g}<\sigma_d^*<\sigma_s^*<\sigma_p^*$$

由于配位原子电负性比中心离子电负性大，配体群轨道能量比中心离子轨道能量低，因此，在成键分子轨道中含配体 σ 轨道的成分较多，配体能提供的 6 个孤电子对将优先进入成键分子轨道并将其充满。又根据分子轨道计算得出：非键轨道 t_{2g}与反键轨道 e_g^* 轨道上的排布取决于分裂能 Δ_o 和电子成对能 P 的相对大小。同一中心离子，对于强场配体 $P<\Delta_o$，采取低自旋排布；对于弱场配体 $P>\Delta_o$，采取高

① 符号来源于群论。a 表示非简并；e 表示二重简并；t 表示三重简并；1，2，g，u 分别表示不同的对称性。

自旋排布。例如，d^6 构型的 Co(Ⅲ)的低自旋配合物中，6 个 d 电子在分子轨道中的排布为 t_{2g}^6；而其高自旋配合物中 6 个 d 电子的排布为 $t_{2g}^4 e_g^{*2}$。这与晶体场理论的结果是一致的，见图 3-6①。

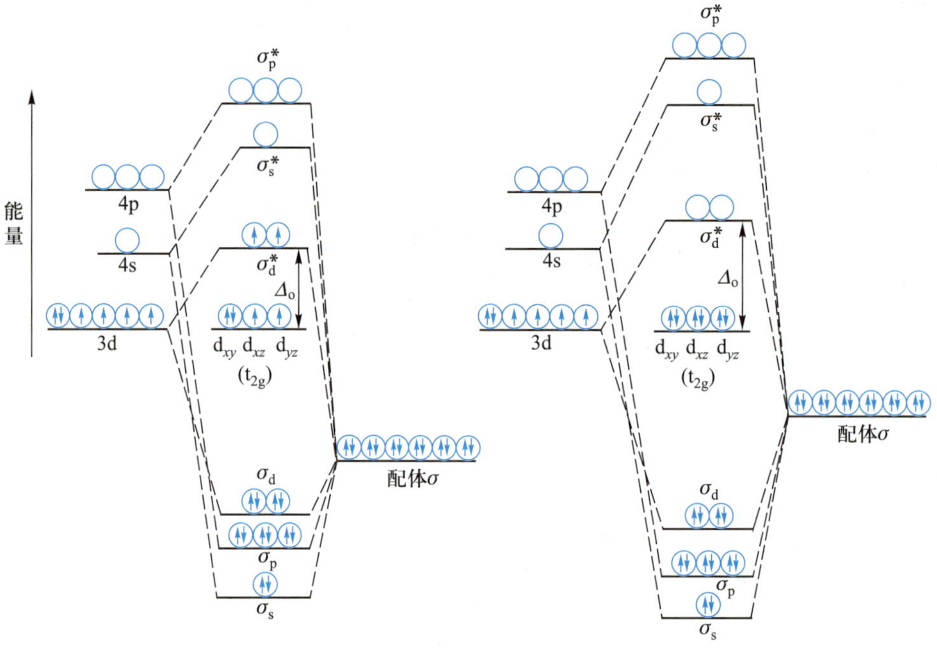

图 3-6 高自旋 $[CoF_6]^{3-}$ 和低自旋 $[Co(NH_3)_6]^{3+}$ 的分子轨道能级图

3.4.2 中心离子与配体的 π 键合

如果配体有合适的 π 轨道，则中心离子的 d_ε 轨道（t_{2g}）可与配体的 π 轨道重叠。只要中心离子的 d_ε 轨道之一与配体的 π 轨道对称性相同都可形成 π 键，见图 3-7。图 3-7 中(a)中心离子 d_ε 轨道之一（如 d_{xy}）与垂直于中心离子-配体 σ 键轴的 p 轨道（配体群轨道）重叠；(b)中心离子 d_ε 轨道与同一平面的配体 d 轨道重叠；(c)中心离子 d_ε 轨道与同一平面配体 CO 的 π^* 分子轨道重叠。

形成 π 键时，如果中心离子为 π 电子给予体，配体为 π 电子接受体，这类 π 键称为反馈 π 键。

① 张祥麟.配合物化学.北京：高等教育出版社，1991.

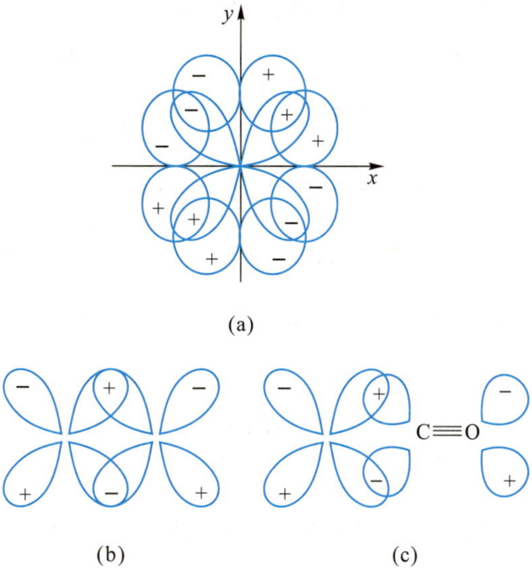

图 3-7　八面体形配合物中 π 键合示意图

本章小结

本章介绍了配合物的组成、配体的类型、简单配合物的命名方法，以及配合物的价键理论、晶体场理论和分子轨道理论。单齿、多齿、π 键配体等丰富的配体类型决定了配合物的多样性。价键理论可以解释配合物的形成和几何构型，将配合物分为外轨型配合物与内轨型配合物说明了配合物的稳定性；晶体场理论利用静电作用模型，将配合物区分为高自旋配合物和低自旋配合物，对配合物磁性及颜色产生的原因给出了成功解释；配合物的分子轨道理论适合处理中心离子（或原子）和配体间存在较大轨道重叠成键的情况。

思考题

1. 举例说明下列术语的含义。

(1) 外界与内界　　(2) 配体，配位原子与配位数

(3) 单齿配体，多齿配体　　(4) 螯合物

(5) 分裂能 Δ_o 和电子成对能 P　　(6) 高自旋态和低自旋态

(7) 内轨型配合物和外轨型配合物　　(8) d-d 跃迁

2. 成为配位原子的条件是什么？举例说明。

3. 根据形成内、外轨型配合物的规律，说明下列两组配位个体的几何构型。

(1) $[Fe(H_2O)_6]^{3+}$与$[Fe(CN)_6]^{3-}$　　(2) $[Ni(H_2O)_4]^{2+}$与$[Ni(CN)_4]^{2-}$

4. 含有 CO_3^{2-} 作配体的下列配合物，具有八面体形或平面四方形构型，试判断 CO_3^{2-} 在哪些配合物中作螯合配体。

(1) $[CoCO_3(NH_3)_5]^+$　　(2) $[CoCO_3(NH_3)_4]^+$

(3) $[PtCO_3(en)]$　　(4) $[PtCO_3(NH_3)(en)]$

思考题5(2)解析

5. 图示说明下列配合物可能存在的几何异构体。

(1) $[PtCl_2(NH_3)_2]$　　(2) $[PtCl_2(OH)_2(NH_3)_2]$

(3) $[CrBr_2(H_2O)_4]$　　(4) $[CoCl(NH_3)(en)_2]^{2+}$

6. 说明配合物价键理论与晶体场理论和分子轨道理论的主要区别和联系。

7. 在晶体场理论中，中心离子相同，配体不同时，对 Δ_o 有何影响？

习　题

1. 指出下列配合物的中心离子、配体、中心离子的电荷数、配位数及配合物的名称。

$[CrCl(H_2O)_5]Cl_2$　$[Fe(CO)_5]$　$K_3[CoF_6]$　$[PtCl_2(NH_3)_2]$　$[Mn(CN)_6]^{3-}$

$[CoCl(NH_3)_5]^{2+}$　$[Cu(NH_3)_4](OH)_2$　$H_2[PtCl_6]$　$[Cr(NH_3)_6][Co(CN)_6]$

2. 写出下列配合物的化学式。

(1) 四氰合镍(Ⅱ)配阴离子　　(2) 氯化二氯·三氨·水合钴(Ⅲ)

(3) 五氯·氨合铂(Ⅳ)酸钾　　(4) 二羟基·四水合铝(Ⅲ)配阳离子

(5) 四氯合铂(Ⅱ)酸四氨合铜(Ⅱ)

3. Ni^{2+}作中心离子可形成平面四边形、四面体形、八面体形配合物，试根据价键理论，画出形成三种构型配合物时的电子排布式。

4. 分析 μ = 5.26 B.M.的配离子$[CoF_6]^{3-}$含有几个未成对电子。

5. 已知以下配离子的立体构型，应用价键理论画出它们的价层电子排布式，指出杂化轨道的类型，并估算它们的磁矩值。

$[Ag(NH_3)_2]^+$	$[Zn(NH_3)_4]^{2+}$	$[Pt(NH_3)_4]^{2+}$
直线形	四面体形	平面正方形

6. 螯合物$[Co(en)_3]^{2+}$及$[Fe(EDTA)]^{2-}$的磁矩分别为 3.82 B.M.和 0 B.M.，画出它们的价层电子排布式，指出是内轨型还是外轨型螯合物，中心离子以何种立体构型成键。

7. 有配合物$[Fe(H_2O)_6]^{3+}$，$[Co(NH_3)_6]^{3+}$及$[Co(NH_3)_6]^{2+}$，试比较它们的

Δ_o 与 P 值，写出它们的 d 电子排布式，估算它们的磁矩值。

8. 已知配合物 $[FeF_6]^{3-}$ 及 $[Fe(CN)_6]^{3-}$ 的磁矩分别为 5.9 B.M. 和 2.4 B.M.，应用价键理论和晶体场理论：

(1) 分别画出中心离子的价层电子排布式；

(2) 指明属于内轨型还是外轨型配合物；

(3) 指明属于低自旋还是高自旋配合物。

9. 试用晶体场理论说明：

(1) Cu(Ⅰ)无色，Cu(Ⅱ)显色的原因；

(2) $[Cr(H_2O)_6]^{3+}$(紫色)，$[Cr(NH_3)_2(H_2O)_4]^{3+}$(紫红)，$[Cr(NH_3)_3(H_2O)_3]^{3+}$(浅红)配离子颜色变化的原因。

习题 9 解析

10. 以 $[CoF_6]^{3-}$ 或 $[Co(NH_3)_6]^{3+}$ 分子轨道能级图为例，说明中心离子价轨道与配体群轨道如何组成分子轨道的，以及电子应如何在分子轨道中填充。

第四章

化学反应的基本原理

化学反应的基本规律是化学研究的一个重要内容,它的主要任务是探讨两个方面的问题:一是化学反应的方向和限度,这属于化学热力学的范畴;二是化学反应的速率与机理,这是化学动力学研究的内容。化学热力学研究化学反应中的能量转化和传递规律,热力学的基础是热力学三大定律。应用热力学第一定律来研究化学变化中能量变化,即化学反应热;应用热力学第二定律来研究化学反应在观察条件下的方向和限度及其外界条件变化对化学平衡的影响;热力学第三定律阐明了规定熵的值,原则上应用热力学数据就可以计算化学反应的平衡常数。热力学是解决实际问题的有效工具,在生产实践和科学研究中发挥重大作用。热力学解决了化学反应的可能性问题,但化学反应的快慢及反应过程中物质的具体变化规律还需动力学的研究。本章就这两方面的内容作简要的介绍。

4.1 物理量的表示及量值计算

在化学热力学和化学动力学中需用定量的公式来表述物理量之间的关系,因此正确地表示物理量和掌握运算规则是本章学习的前提。

4.1.1 物理量的表示

物理量 A 由单位$[A]$和以单位表示的量 A 的数值$\{A\}$表示,即 $A=\{A\}\cdot[A]$。

物理量简称量,量的符号常用拉丁字母或希腊字母表示,用下标、上标或侧标说明其性质。量的符号必须用斜体,如压力符号 p,密度符号 ρ,定容热容符号 C_V;说明量的性质的非物理量用正体,如相对原子质量的符号 A_r 中的下标“r”,摩尔反

应焓 $\Delta_r H_m$ 中的下标“r”“m”等。

单位符号一般用小写字母，并用正体，如 m，s，mol 等。若单位来源于人名，第一个字母大写，如 Pa，S，$J \cdot mol^{-1}$，K。

如压力 $p = 101\ 325$ Pa，p 是物理量的符号，Pa 是压力的 SI 单位，101 325 是以 Pa 为单位时的量的数值。对于量的数值特别大或特别小时，可用 SI 单位的倍数单位，如 $p = 101.325$ kPa，$p = 0.101\ 325$ MPa。

在作图或列表时，均应表明量在特定单位下的数值，可用 $A/[A] = \{A\}$ 表示。如 $T/\mathrm{K} = 298.15$，$p/\mathrm{Pa} = 101\ 325$ 或 $p/\mathrm{kPa} = 101.325$。

公式中若有物理量的对数项，则用 $\ln(A/[A])$ 表示。

4.1.2 量值计算

科学技术中的方程大多是量方程，在计算时，应先列出量方程，再将数值和单位代入进行运算。如根据理想气体方程计算 0℃，101.325 kPa 下 1 mol 气体的体积，用量方程运算为

$$V = \frac{nRT}{p} = \frac{1\ \mathrm{mol} \times 8.314\ \mathrm{J \cdot mol^{-1} \cdot K^{-1}} \times 273.15\ \mathrm{K}}{101\ 325\ \mathrm{Pa}} = 2.241 \times 10^{-2}\ \mathrm{m^3}$$

对于复杂运算，为了简便，可不列出每一个物理量的单位，而直接给出最后单位。例如：

$$V = \frac{nRT}{p} = \left(\frac{1 \times 8.314 \times 273.15}{101\ 325}\right)\ \mathrm{m^3} = 2.241 \times 10^{-2}\ \mathrm{m^3}$$

4.2 溶液和气体

在化学反应中总涉及多个反应物质，由多个组分构成的系统称为多组分系统，包含溶液和气体的反应体系最为常见。

4.2.1 溶液及溶液组成的表示方法

广义地讲，两种或两种以上的物质均匀混合彼此呈原子、离子或分子状态分布者称为溶液(solution)。溶液又可分为气态溶液、固态溶液和液态溶液。通常所说的溶液多指液态溶液，又简称溶液。在溶液中，常把液体组分当作溶剂(solvent)，把溶解在其中的气体、液体或固体称为溶质(solute)。当液体溶解于液体中时，通常将含量多的组分称为溶剂，相对较少的组分称为溶质。

溶液组成表示方法的换算

1. 物质 B 的物质的量分数

溶液中物质 B 的物质的量与溶液中总物质的物质的量之比称为物质 B 的物质的量分数 x_B(也称摩尔分数,mole fraction)。

$$x_B = \frac{n_B}{\sum_B n_B} \qquad (4-1)$$

式中 $\sum_B n_B$ 是溶液中溶剂和所有溶质物质的量的总和。

2. 物质 B 的质量分数

溶液中物质 B 的质量与溶液总质量之比称为物质 B 的质量分数 w_B(mass fraction)。

$$w_B = \frac{m_B}{\sum_B m_B} \qquad (4-2)$$

式中 $\sum_B m_B$ 是溶液中溶剂和所有溶质的质量的总和。

3. 物质 B 的物质的量浓度

物质 B 的物质的量与溶液体积之比称为物质 B 的物质的量浓度 c_B(amount-of-substance concentration)。

$$c_B = \frac{n_B}{V} \qquad (4-3)$$

式中 V 是溶液的体积。物质的量浓度的单位是 $mol \cdot m^{-3}$,常用单位是 $mol \cdot dm^{-3}$(也可用 $mol \cdot L^{-1}$ 表示)。

4. 物质 B 的质量摩尔浓度

物质 B 的物质的量与溶剂质量之比称为物质 B 的质量摩尔浓度 b_B(molarity)。

$$b_B = \frac{n_B}{m_A} \qquad (4-4)$$

式中 m_A 是溶液中溶剂的质量。质量摩尔浓度的单位是 $mol \cdot kg^{-1}$。

4.2.2 理想气体及理想气体状态方程

理想气体状态方程描述理想气体温度(T)、压力(p)、体积(V)和物质的量(n)之间的关系,即

$$pV = nRT \qquad (4-5)$$

在 SI 中,p 的单位是 Pa,V 的单位是 m^3,T 的单位是 K,n 的单位是 mol。R 是摩尔气体常数,R 的数值和单位与 p,V,T 的单位有关,在 SI 中,因 $1\ Pa \cdot m^3 = 1\ N \cdot m^{-2} \cdot m^3 = 1\ J$,则

$$R = \frac{pV}{nT} = \frac{101\ 325\ Pa \times 22.414 \times 10^{-3}\ m^3}{1\ mol \times 273.15\ K} = 8.314\ J \cdot mol^{-1} \cdot K^{-1}$$

在任何条件下都能严格遵守理想气体状态方程的气体称为理想气体。从微观上讲，理想气体分子之间作用力可以忽略不计，且分子本身占有的体积与气体分子运动的空间相比可以忽略不计。理想气体实际是不存在的。在通常的温度、压力下，实际气体分子间力主要表现为引力；但在温度较高、压力较低的条件下，引力较小，且分子本身占有的体积与气体分子运动的空间比也较小，这时的实际气体都近似服从理想气体状态方程，且压力越低，近似程度越好。对实际气体，只要温度不是太低，压力不是太高，都可以近似用理想气体状态方程作有关计算。

实际气体

4.2.3 分压定律

混合气体是由两种或两种以上的气体构成的，其中每一种气体称为一个组分。混合气体的压力是各组分气体对压力的贡献之和，称为总压。每一个组分对压力的贡献称为分压。组分 B 的分压 p_B 是组分 B 与混合气体处于相同温度、相同体积下单独存在的压力。混合气体的总压等于各组分的分压之和，这就是道尔顿（Dalton）分压定律，即

$$p=\sum_B p_B=p_1+p_2+\cdots+p_B \tag{4-6}$$

严格来说，道尔顿分压定律只对理想气体成立。对于低压下的实际气体近似服从道尔顿分压定律。根据理想气体状态方程 $p_B=n_BRT/V$，有

$$\sum_B p_B=\sum_B \frac{n_BRT}{V}=\frac{RT}{V}\sum_B n_B=p \tag{4-7}$$

由此可得

$$\frac{p_B}{p}=\frac{n_B}{\sum_B n_B}=y_B$$

即

$$p_B=py_B \tag{4-8}$$

式(4-8)表明，组分 B 的分压 p_B 等于混合气体的总压 p 与组分的摩尔分数 y_B 的乘积。

考虑到实际计算的需要，常用式(4-8)来定义分压，这个定义不仅对理想气体成立，对实际气体也成立。因为 $\sum_B y_B=1$，所以

$$\sum_B p_B=\sum_B py_B=p\sum_B y_B=p \tag{4-9}$$

必须指出，道尔顿分压定律中的 p_B 是气体 B 单独存在，并和混合气体具有相同温度、占有相同体积时的压力，而对于实际气体，p_B 则不满足理想气体的关系，即 p_B 不一定和气体 B 单独存在，并和混合气体具有相同温度、占有相同体积时的压力相等。

[**例 4.1**] 25℃时饱和了水蒸气的乙炔气体（即该混合气体中水蒸气分压为同温度下水的饱和蒸气压）总压为 138.7 kPa。于恒定总压下冷却到 10℃，以除去其中部分水。已知水在 25℃

和10℃时的饱和蒸气压分别为3.167 kPa和1.228 kPa。试计算25℃和10℃时混合气体中水的摩尔分数。

解：25℃时 $$y(H_2O)=\frac{p(H_2O)}{p}=\frac{3.167}{138.7}=0.02283$$

同理可得10℃时 $$y(H_2O)=0.008854$$

4.3 化学反应中的能量关系

化学反应过程伴随着能量变化，能量则具有不同的形式。在长期的生产实践和科学研究中，人们发现了能量守恒和转化定律，进而建立了热力学第一定律。通过热力学第一定律，可以明确化学反应中热力学能、热和功这些不同形式能量的转化规律，结合热力学数据，也可计算化学反应热。

4.3.1 化学热力学的基本概念

1. 化学热力学的研究内容及方法特点

热力学是研究自然界各种形式的能量之间相互转化的规律及能量转化对物质影响的一门科学。将用热力学的基本原理来研究化学现象及和化学有关的物理现象的科学称为化学热力学。

例如，高炉中炼铁的主要反应为

$$Fe_2O_3+3CO \xlongequal{\quad} 2Fe+3CO_2$$

但在高炉出口的气体中发现还有体积分数为0.22~0.28的CO存在，以前推想还原反应之所以不完全，可能是由于CO与矿石接触的时间不够，以致没有充分进行反应。因此，曾花费大量资金加高炉身，但结果CO的含量并未减少。后来经过热力学计算，才知道在高炉中上述反应是不能进行到底的，即反应达到平衡，气相中仍然会含有大量的CO。它启示我们在工程技术上可以走开发利用高炉煤气的路线。可见，化学热力学的科学预见作用，在实践上有重大指导意义。

化学热力学研究的内容主要包括以下两个方面：

(1) 化学和物理变化中的能量转换问题。它以热力学第一定律为基础，通过它可以计算化学反应的反应热，常称热化学。

(2) 化学变化进行的方向和限度。它以热力学第二定律为基础，通过它可以判断物理、化学过程的方向；应用热力学数据计算反应的平衡常数以确定化学反应进行的限度。

化学热力学研究的方法是一种演绎的方法。它是在由实践中总结出来的三个热力学基本定律的基础上经逻辑推理、结合数学运算得出不同条件下的内在规律。利用实验测得的数据,应用热力学的规律可进行许多计算,解决实际问题。

化学热力学研究的对象是宏观的、由大量质点组成的系统,因此其结论具有统计意义,不适用于个别原子、分子。其次,它只需知道被研究对象的起始状态和最终状态及变化时的条件,就可进行相应的计算,不需考虑物质的微观结构和反应过程。此外,热力学研究不涉及速率问题。所以,化学热力学解决了在一定条件下反应的可能性问题,至于如何把可能变成现实,还需要其他研究的配合。

2. 系统和环境

为了明确讨论的对象,人为地将所研究的这部分物质与其周围的物质或空间分开。被划分出来作为研究对象的这部分物质,称为系统(system),又称体系。系统以外与其密切相关的其他部分,称为环境(surroundings)。

根据系统与环境间的关系,可将系统分为三类:

(1) 敞开系统　系统与环境间既有物质交换,又有能量交换。

(2) 封闭系统　系统与环境间没有物质交换,只有能量交换。

(3) 隔离系统　系统与环境间既无物质交换,也无能量交换。

本书中若未特别指明,所讨论的均为封闭系统。系统中物理性质和化学性质完全相同但与其他部分有明确界面分隔的均匀部分称为相。

3. 状态和状态函数

要描述一个系统,就必须确定它的温度、体积、压力、密度、组成等一系列性质。这些性质的总和,就确定了系统的状态(state)。所以,系统的状态是系统性质的综合表现。

系统的状态一定,系统的性质都具有相应于该状态的确定的量值,与系统到达该状态的经历无关。当系统的任何一个性质有了变化时,系统也就由一种状态转变为另一种状态。系统的性质和状态间存在着对应的关系,即状态一定,性质也一定。这些由系统热力学状态所确定的物理量如体积、温度、压力、密度等,称为状态函数(state function),简称态函数。状态函数的特征是:系统状态一定,状态函数有一定的值,系统发生变化时,状态函数的变化只取决于系统的始态和终态,而与变化的途径无关;系统一旦恢复原状,状态函数恢复原值。这三个相互联系着的特征可用四句话来概括:"状态函数有特征,状态一定值一定,殊途同归变化等,周而复始变化零。"

例如,在 101 325 Pa 下,1 mol 液态水从 10℃ 升温到 50℃,无论用什么方法完成,系统的温度变化值都相同,所以温度是一个状态函数。

系统的各个状态函数之间是互相联系、互相制约的。如 1 mol 理想气体在 0℃、101 325 Pa 下的体积是 22.4 L,换言之,体积的变化受温度、压力的制约。经验告诉我们,对于一个组成不变的均相封闭系统,只需 2 个独立的热力学性质就可以确定系统的状态。

4. 过程和途径

当系统的状态发生变化时，从始态到终态的变化称为过程(process)。完成这样一个变化所经历的具体步骤称为变化的途径(path)。系统由一始态变到另一终态，可以经由不同的路线，即有不同的途径。热力学中常见的过程有下列几种：

等温过程　变化过程中系统的温度恒定。

等压过程　变化过程中系统的压力恒定。

等容过程　变化过程中系统的体积恒定。

循环过程　系统经若干变化后又回到始态的过程。该过程系统所有的状态函数值不变。

绝热过程　系统与环境之间没有热量交换的过程。

4.3.2 热力学第一定律

1. 热与功

系统与环境间因温度差而交换的能量称为热，用符号 Q 表示，单位为 J。热是系统在变化过程中与环境交换的能量，所以热不是系统的状态函数。因而不能说系统含有多少热，而只能说系统在某一过程中放出或吸收多少热。热力学规定：系统吸热，热为正值，$Q>0$；系统放热，热为负值，$Q<0$。

系统与环境间除热以外以其他各种形式交换的能量都称为功，以 W 表示。功又分为体积功(用 W_e 表示)和非体积功(用 W' 表示)。热力学规定：系统对环境做功，功为负值，$W<0$；环境对系统做功，功为正值，$W>0$。

化学反应也常伴随着做功。一般条件下进行的化学反应，常遇到的是体积功，即系统因体积变化对抗外压时与环境交换的能量，在不产生误解的情况下体积功也可用 W 表示。

如图 4-1 所示，有一定量理想气体置于无摩擦的气缸内，活塞面积为 A 且质量可以忽略，外压恒定为 $p_{环}$，当气体膨胀时，活塞位置由 l_1 变化至 l_2，则根据体积功的定义，有

功和热不是状态函数

$$W=-F\Delta l=-F(l_2-l_1)=-p_{环}A(l_2-l_1)$$
$$=-p_{环}(V_2-V_1)=-p_{环}\Delta V$$

对于微小变化，有

$$\delta W=-p_{环}\,dV$$

式中 δW 代表体积功的微小变化，dV 代表系统体积的微小变化。

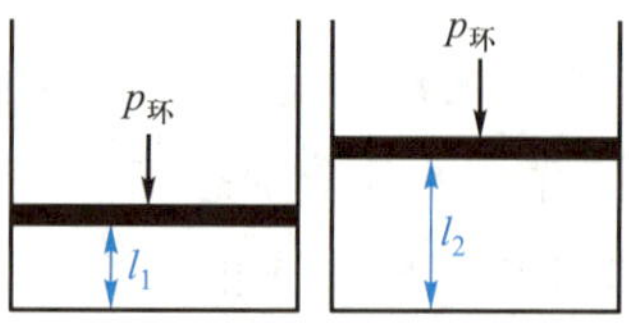

图 4-1　体积功的计算

热和功都不是状态函数，而是在状态变化过程

中系统与环境间交换的能量。换言之,热和功只有在过程中才出现,热或功的多少只有联系到某一具体的变化过程才能计算出来。过程进行完后,热和功就转变成系统或环境的能量。如果系统状态一直没有发生变化,也就没有功和热。如果是隔离系统,那么无论发生什么样的变化,都有 $Q=0, W=0$。

2. 热力学能

系统除整体势能及动能外,内部各种形式能量的总和称为热力学能(thermodynamic energy),又称内能,用 U 表示。其中包括系统内各物质分子的动能、分子间相互作用的势能及分子内部的能量(包括分子内部所有粒子运动的能量与粒子间相互作用能量之和)。由于粒子运动方式及相互作用极其复杂,人们对此尚无完整的认识,所以系统热力学能的绝对值是无法确定的。热力学能既然是系统内部能量的总和,它就是系统自身的性质,只取决于其状态,是系统的状态函数。系统处于一定的状态,其热力学能应有一定的数值。其变化量也只取决于系统的始态和终态,与变化的途径无关。

3. 热力学第一定律

能量守恒与转化定律告诉我们:一切物质皆具有能量。能量有各种不同形式,可以相互转化和传递,但转化或传递中各种形式能量的总和不变。

把能量守恒与转化定律应用于热力学中即称热力学第一定律。在化学热力学中,研究的是宏观静止系统,不考虑系统整体的动能和在外力场中的势能,只考虑系统的热力学能。

设想系统由始态(热力学能为 U_1)变为终态(热力学能为 U_2),过程中与环境交换的热为 Q,与环境交换的功为 W,则根据能量守恒定律,系统热力学能的变化是

$$\Delta U = U_2 - U_1 = Q + W \tag{4-10}$$

式(4-10)就是封闭系统热力学第一定律的数学表达式。

4.3.3 化学反应热

1. 反应进度

化学反应的反应进度(extent of reaction)是用来描述和表征化学反应进行程度的物理量,用符号 ξ 表示,其 SI 单位为 mol。

对于一般的化学反应

$$d\mathrm{D} + e\mathrm{E} \longrightarrow f\mathrm{F} + g\mathrm{G}$$

或写成

$$0 = f\mathrm{F} + g\mathrm{G} - d\mathrm{D} - e\mathrm{E}$$

$$0 = \sum_{\mathrm{B}} \nu_{\mathrm{B}} \mathrm{B} \tag{4-11}$$

反应进度 ξ 采用反应中任一物质 B 在反应某一阶段中物质的量的改变与其化学计量数 ν_B 的商来定义，即

$$\xi=\frac{n_B(\xi)-n_B(0)}{\nu_B}=\frac{\Delta n_B}{\nu_B} \tag{4-12}$$

式中 B 代表反应中的任一物质，ν_B 为化学方程式中物质 B 前边的化学计量数，对于反应物其值为负，对于生成物其值为正。$n_B(\xi)$ 和 $n_B(0)$ 分别表示反应进度为 ξ 和反应进度为零（即反应未开始）时系统中物质 B 的物质的量。对于微小变化，有

$$d\xi=\frac{dn_B}{\nu_B} \tag{4-13}$$

式中 $d\xi$ 表示反应进度 ξ 的微小变化，dn_B 表示物质 B 的物质的量的微小变化。

以合成氨的反应为例：

$$3H_2(g)+N_2(g) \xlongequal{\quad} 2NH_3(g)$$

如果有 3 mol H_2 与 1 mol N_2 反应生成了 2 mol NH_3，则根据反应进度的定义可计算 ξ：

$$\xi=\frac{\Delta n(H_2)}{\nu(H_2)}=\frac{-3\ \text{mol}}{-3}=1\ \text{mol}$$

或

$$\xi=\frac{\Delta n(N_2)}{\nu(N_2)}=\frac{-1\ \text{mol}}{-1}=1\ \text{mol}$$

$$\xi=\frac{\Delta n(NH_3)}{\nu(NH_3)}=\frac{2\ \text{mol}}{2}=1\ \text{mol}$$

这就是说，用反应进度 $\xi=1$ mol 来描述或表征上述反应进行的程度，就意味着上述反应进行到了消耗掉 3 mol $H_2(g)$ 和 1 mol $N_2(g)$ 而生成了2 mol $NH_3(g)$ 的程度。由此可见，无论对于反应物还是对于生成物，反应进度 ξ 都具有相同的值，而与计算过程中物质的选择无关。

对于同一反应，如果其书写方法不同，则物质 B 的化学计量数 ν_B 会不同，因而其反应进度也就不同，所以当涉及反应进度 ξ 时，反应方程式应予以指明。

2. 化学反应热与焓

化学反应在等温、非体积功等于零的条件下与环境交换的热为化学反应热，也称为热效应。若反应过程等容，则相应的反应热称为等容反应热，用符号 Q_V 表示；若反应过程等压，则相应的反应热称为等压反应热，用符号 Q_p 表示。

在密闭容器中进行的反应，体积不变，是等容过程，若该过程不做任何非体积功，因为体积不变，则 $W=0$，由热力学第一定律 $\Delta U=Q+W$，从而有

$$Q_V=\Delta U \tag{4-14}$$

式(4-14)表明在等温、等容、非体积功等于零的条件下，过程的热等于系统热

力学能的变化 ΔU。

有许多化学反应是在敞口容器中进行的(如溶液中的酸碱中和、氧化还原反应等),系统的外压即为大气压力,这类反应大多可认为是在等压条件下进行的,它们的反应热即可看作等压反应热。因此,研究等压反应热对于研究化学反应具有普遍意义。

非体积功等于零的等压过程中,系统的始、终态的压力相同,且等于环境的压力,即 $p_1=p_2=p_{环}=$常量,因此有

$$W=-p_{环}(V_2-V_1)$$

由热力学第一定律得

$$Q_p=\Delta U-W=U_2-U_1+p_{环}(V_2-V_1)=(U_2+p_2V_2)-(U_1+p_1V_1)$$

因 U,V,p 都是状态函数,故它们的组合 $U+pV$ 也是状态函数。为此定义一个新的状态函数焓(enthalpy),用符号 H 表示,即

$$H=U+pV \tag{4-15}$$

则有

$$Q_p=H_2-H_1=\Delta H \tag{4-16}$$

式(4-16)表示封闭系统中在等温、等压、非体积功等于零的条件下,过程的热等于系统的焓变 ΔH。对于一个化学反应,反应的焓变可用 $\Delta_r H$ 表示,下标“r”代表一般的化学反应,若反应进度为 1 mol,则反应的焓变可用 $\Delta_r H_m$ 表示,称为反应的摩尔焓变。

焓和体积、热力学能一样是系统的性质,系统在一定状态下每一物质都有确定的焓。因为不能测定系统热力学能的绝对值,所以也不能测得焓的绝对值。

焓与物质的聚集态有关。由于固态变为液态、液态变为气态必须吸热,所以对处于不同聚集态的同一物质,在同一温度下,有

$$H(g)>H(l)>H(s)$$

同理,对同一物质在同一聚集态时,有

$$H(高温)>H(低温)$$

对于理想气体升温过程,有 $H=U+pV=U+nRT$,则

$$\Delta H=\Delta U+nR\Delta T$$

对于等温化学变化,有

$$\Delta_r H_m=\Delta_r U_m+\Delta(pV)$$

式中 $\Delta_r U_m$ 为反应的摩尔热力学能变。若反应系统中有气体参与反应,则

$$\Delta_r H_m=\Delta_r U_m+RT\sum_B \nu_B(g)$$

式中 $\nu_B(g)$ 为气体的化学计量数。若反应系统为凝聚系统(液体或固体),因 $\Delta(pV)$ 一般可以忽略,所以 $\Delta_r H_m\approx\Delta_r U_m$,即此时化学反应的 $Q_p\approx Q_V$。

3. 热化学方程式

表示化学反应与反应热关系的方程式称为热化学方程式。热化学方程式中应注明参加反应的各物质的温度、压力、相态、组成及反应热等。习惯上，若不特别注明温度、压力，则都是指 298.15 K，100 kPa。例如：

$$C_6H_5COOH(s)+\frac{15}{2}O_2(g) \xlongequal{} 7CO_2(g)+3H_2O(l)$$

$$\Delta_r H_m^{\ominus}(298.15\ K)=-3\ 226.7\ kJ\cdot mol^{-1}$$

若固体中存在多种晶形，则须注明参加反应物质的晶形。例如：

$$C(金刚石)+O_2(g) \xlongequal{} CO_2(g) \quad \Delta_r H_m^{\ominus}(298.15\ K)=-395.4\ kJ\cdot mol^{-1}$$

对于溶液中进行的反应，则须注明溶剂的类型和溶液的浓度。例如：

$$NaOH(aq,\infty)+HCl(aq,\infty) \xlongequal{} NaCl(aq,\infty)+H_2O(l)$$

$$\Delta_r H_m^{\ominus}(298.15\ K)=-57.2\ kJ\cdot mol^{-1}$$

式中 aq 代表水溶液，∞ 代表无限稀释。

4. 化学反应的标准摩尔焓变 $\Delta_r H_m^{\ominus}$

在热力学中，指定 100 kPa 为标准压力，记为 $p^{\ominus}$。热力学标准状态（简称标准态）是指在指定温度 T 和 $p^{\ominus}$ 下物质所处于的特定状态。对于气体，标准态是指处于 $p^{\ominus}$ 下表现出理想气体性质的纯气体状态，混合气体中某组分的标准态是指该组分的分压为 $p^{\ominus}$ 且单独存在的状态；对于纯固体或纯液体，标准态是指处于 $p^{\ominus}$ 下的纯物质；对于溶液中的溶质，标准态是指处于 $p^{\ominus}$ 下、质量摩尔浓度为 1 $mol\cdot kg^{-1}$ 且表现出无限稀释特性时的溶质状态，通常情况可用 1 $mol\cdot L^{-1}$ 代替。

任一给定反应 $dD+eE \xlongequal{} fF+gG$，在标准状态下，$d$ mol D 与 e mol E 完全作用生成 f mol F 和 g mol G，即反应进度为 1 mol 时，反应的焓变称为该反应的标准摩尔焓变，用 $\Delta_r H_m^{\ominus}$ 表示，上标“$\ominus$”表示标准状态，下标“m”表示反应进度为 1 mol。标准状态的温度是可以任意选定的，但在讨论问题时必须确定。由于许多重要数据都是在 298.15 K 条件下测定的，故常用 298.15 K 下的标准摩尔焓变，记为 $\Delta_r H_m^{\ominus}$(298.15 K)，单位为 $J\cdot mol^{-1}$ 或 $kJ\cdot mol^{-1}$。例如：

$$2H_2(g)+O_2(g) \xlongequal{} 2H_2O(l) \qquad \Delta_r H_m^{\ominus}(298.15\ K)=-571.6\ kJ\cdot mol^{-1}$$

表示在 298.15 K 的标准状态下，当 2 mol $H_2(g)$ 与 1 mol $O_2(g)$ 完全化合生成 2 mol $H_2O(l)$ 时，此反应放热 571.6 kJ，记为 $\Delta_r H_m^{\ominus}(298.15\ K)=-571.6\ kJ\cdot mol^{-1}$。

反应的标准摩尔焓变 $\Delta_r H_m^{\ominus}$ 与化学反应方程式的书写方法有关。例如：

$$C(石墨)+\frac{1}{2}O_2(g) \xlongequal{} CO(g) \qquad \Delta_r H_m^{\ominus}(298.15\ K)=-110.5\ kJ\cdot mol^{-1}$$

$$2C(石墨)+O_2(g) \xlongequal{} 2CO(g) \qquad \Delta_r H_m^{\ominus}(298.15\ K)=-221.0\ kJ\cdot mol^{-1}$$

5. 盖斯定律

1840 年盖斯(Hess)根据大量实验数据指出:化学反应热只与物质的始态和终态(包括温度、反应物和产物的物质的量及聚集态等)有关,而与变化的途径无关。即在等容或等压条件下,不管化学反应是一步完成的,还是分几步完成的,其反应热总是相同的,并且等于系统热力学能的变化或焓变,这就是盖斯定律。根据该定律我们可以利用已知反应的焓变去求算一些未知的或难以直接测定的反应的焓变。例如,碳和氧化合成一氧化碳的焓变就不可能由实验直接测定,因为产物必然混有 CO_2,但可利用以下两个反应的焓变间接求得

$$(1)\quad C(石墨)+O_2(g) = CO_2(g) \qquad \Delta_r H_m^\ominus(1)$$

$$(2)\quad CO(g)+\frac{1}{2}O_2(g) = CO_2(g) \qquad \Delta_r H_m^\ominus(2)$$

(1)-(2)得

$$C(石墨)+\frac{1}{2}O_2(g) = CO(g) \qquad \Delta_r H_m^\ominus = \Delta_r H_m^\ominus(1) - \Delta_r H_m^\ominus(2)$$

根据盖斯定律,可以把热化学方程式像代数式一样进行运算,所得新反应的焓变就是各反应焓变进行相应代数运算的结果。运算时,各反应的温度、压力要相同,方程式两端聚集态相同、系数也相同的同一物质可以消去。

[例 4.2]　已知 298.15 K 时,下列反应的 $\Delta_r H_m^\ominus$:

(a) $CH_3COOH(l)+2O_2(g) = 2CO_2(g)+2H_2O(l)$　　$\Delta_r H_m^\ominus(a) = -874.3\ kJ\cdot mol^{-1}$

(b) $C(石墨)+O_2(g) = CO_2(g)$　　$\Delta_r H_m^\ominus(b) = -393.5\ kJ\cdot mol^{-1}$

(c) $H_2(g)+\frac{1}{2}O_2(g) = H_2O(l)$　　$\Delta_r H_m^\ominus(c) = -285.8\ kJ\cdot mol^{-1}$

试计算反应 $2C(石墨)+O_2(g)+2H_2(g) = CH_3COOH(l)$ 的 $\Delta_r H_m^\ominus(298.15\ K)$。

解: 2×(b)+2×(c)得

(d)　　$2C(石墨)+3O_2(g)+2H_2(g) = 2CO_2(g)+2H_2O(l)$

$$\Delta_r H_m^\ominus(d) = 2\Delta_r H_m^\ominus(b)+2\Delta_r H_m^\ominus(c)$$

$$= 2\times(-393.5\ kJ\cdot mol^{-1})+2\times(-285.8\ kJ\cdot mol^{-1}) = -1\,358.6\ kJ\cdot mol^{-1}$$

再由(d)-(a)得　　$2C(石墨)+O_2(g)+2H_2(g) = CH_3COOH(l)$

此反应的标准摩尔焓变

$$\Delta_r H_m^\ominus(298.15\ K) = \Delta_r H_m^\ominus(d) - \Delta_r H_m^\ominus(a)$$

$$= -1\,358.6\ kJ\cdot mol^{-1}-(-874.3\ kJ\cdot mol^{-1}) = -484.3\ kJ\cdot mol^{-1}$$

6. 由标准摩尔生成焓计算反应热

在温度为 T 的标准状态下,由参考态单质生成 1 mol 指定聚集态的某物质,此过程的焓变称为该物质的标准摩尔生成焓,用 $\Delta_f H_m^\ominus(T)$ 表示。温度常选取 298.15 K。例如:

$$\frac{1}{2}H_2(g)+\frac{1}{2}Cl_2(g) \longrightarrow HCl(g) \qquad \Delta_r H_m^\ominus(298.15\ K)=-92.3\ kJ\cdot mol^{-1}$$

则 $HCl(g)$ 的标准摩尔生成焓 $\Delta_f H_m^\ominus(298.15\ K)=-92.3\ kJ\cdot mol^{-1}$。

参考态单质一般是指在指定条件下最稳定态单质，如常温、常压下碳最稳定的单质是石墨。

由标准摩尔生成焓的定义可知，参考态单质的标准摩尔生成焓为零。非参考态单质的 $\Delta_f H_m^\ominus$ 不为零，如金刚石，$\Delta_f H_m^\ominus(298.15\ K)=1.9\ kJ\cdot mol^{-1}$，它表示下列反应的焓变：

$$C(石墨) \longrightarrow C(金刚石) \qquad \Delta_r H_m^\ominus(298.15\ K)=1.9\ kJ\cdot mol^{-1}$$

同一物质的不同聚集态，它们的标准摩尔生成焓是不同的，应予注意。例如，$H_2O(g)$ 的 $\Delta_f H_m^\ominus(298.15\ K)=-241.8\ kJ\cdot mol^{-1}$，$H_2O(l)$ 的 $\Delta_f H_m^\ominus(298.15\ K)=-285.8\ kJ\cdot mol^{-1}$。

附录中列出了一些常见物质的标准摩尔生成焓的数据。

盖斯定律

根据盖斯定律，在标准状态下，对于给定的化学反应 $dD+eE \longrightarrow fF+gG$，298.15 K 时的标准摩尔焓变 $\Delta_r H_m^\ominus(298.15\ K)$ 等于生成物的标准摩尔生成焓之和减去反应物的标准摩尔生成焓之和，即

$$\Delta_r H_m^\ominus(298.15\ K)=[f\Delta_f H_m^\ominus(F)+g\Delta_f H_m^\ominus(G)]-[d\Delta_f H_m^\ominus(D)+e\Delta_f H_m^\ominus(E)]$$

或表示为
$$\Delta_r H_m^\ominus(298.15\ K)=\sum_B \nu_B \Delta_f H_m^\ominus(B,298.15\ K) \qquad (4-17)$$

所以，只需查得反应物和生成物的标准摩尔生成焓，就可计算反应的标准摩尔焓变 $\Delta_r H_m^\ominus$。

［例 4.3］ 利用标准摩尔生成焓数据，计算下列反应的标准摩尔焓变 $\Delta_r H_m^\ominus(298.15\ K)$。

$$CaCO_3(s) \longrightarrow CaO(s)+CO_2(g)$$

解：查附录得有关物质的标准摩尔生成焓：

	$CaCO_3(s)$	$CaO(s)$	$CO_2(g)$
$\Delta_f H_m^\ominus(298.15\ K)/(kJ\cdot mol^{-1})$	−1 207.6	−634.9	−393.5

$$\begin{aligned}\Delta_r H_m^\ominus(298.15\ K)&=\Delta_f H_m^\ominus(CaO)+\Delta_f H_m^\ominus(CO_2)-\Delta_f H_m^\ominus(CaCO_3)\\&=-634.9\ kJ\cdot mol^{-1}+(-393.5\ kJ\cdot mol^{-1})-(-1\ 207.6\ kJ\cdot mol^{-1})\\&=179.2\ kJ\cdot mol^{-1}\end{aligned}$$

4.4 化学反应的方向

把热力学第一定律用于化学领域，使我们能够通过焓变计算化学反应的热效应。至于某个化学反应能否发生，即化学反应自发性的判据是什么，这个问题还需通过热力学第二定律的有关讨论才能解决。

4.4.1 自发过程

自然界中发生的宏观实际过程都有一定的方向性。

热自发地从高温物体传给低温物体;气体自发地从压力高的状态变化到压力低的状态;酸碱混合自发地发生中和反应等,而它们的逆过程却不会自动发生。

以上这些过程,无须外界干涉即可自动发生,所以称为自发过程。这些自发过程虽然各自的表现形式不同,但都有某些共同的本质特征:它们都有明确的方向性,都有一定的限度,自发过程的逆过程一定是非自发过程。当然非自发过程也是可以发生的,不过这时外界必须对其做功。例如,制冷机利用电能可以将热从低温物体传给高温物体;施加压力可使气体压力增大;电能可使水电解变成氢气和氧气。

人们从大量实践中总结了这些现象的共同规律,得到了描述宏观实际过程方向和限度的定律,这就是热力学第二定律。热力学第二定律的表述如下:

克劳修斯说法:不可能把热由低温物体转移到高温物体,而不留下其他变化。

开尔文说法:不可能从单一热源吸热使之完全变为功,而不留下其他变化。

对于一个自发过程,只要合理设计就可以用来做功,如热从高温物体传给低温物体,可利用其热推动蒸汽机做功;没有温度差,也就没有热的传递,不再继续做功。

在上述自发过程的例子中,用温度差可以判断传热过程的方向和限度;用压力差可以判断气体流动的方向和限度。对于化学反应,它的推动力是什么?曾经有人认为放热反应降低了系统的能量是自发过程,吸热反应不是自发过程,然而实际上,有不少吸热反应也能自发进行。因此,必然还存在影响化学反应过程自发性的其他因素。

4.4.2 熵

熵的说明

经验告诉我们,自然界中发生的许多变化过程的方向都是与系统的混乱度有关的。例如,一盒排列整齐的火柴倒翻以后就会变得杂乱无序,但从来没有看到过相反的过程——一盘散乱的火柴能自动地排列整齐。同样,把一滴墨水滴入一杯水中,可以看到墨水在水中逐渐扩散,最后均匀地分散在整个水体中。但若把这样一杯墨水密封放置,却永远不会看到墨水会重新自动聚集成一滴墨。这类例子还有很多,它们都表明自然界中自发进行的一些变化过程,总是向着系统混乱度加大的方向进行的。

在自然界中发生的各种物理、化学变化过程,至少受到两大因素的制约:一是系统的自发变化将使系统能量趋于降低；二是系统的自发变化将使系统的混乱度增加。为此，引入一个新的热力学函数——熵（entropy），用符号 S 表示，来描述系统的混乱度，即熵是系统混乱度的量度。

系统的混乱度越大，熵越大，反之亦然。而系统的混乱度是系统本身所处的状态的特征之一。系统的状态确定后，系统的混乱度也就确定了，从而熵就有确定的值。而如果系统的混乱度改变了，则系统的状态也随之改变，故熵是系统的状态函数。

从系统混乱度的观点看，对处于不同聚集态的同一物质，在同一温度下，有

$$S(\mathrm{g})>S(\mathrm{l})>S(\mathrm{s})$$

同一物质的同一聚集态，温度升高，热运动增强，系统混乱度增加，熵也增加，有

$$S(\text{高温})>S(\text{低温})$$

不同物质熵的大小与分子的种类和结构有关。一般来说，分子越大，结构越复杂，其运动形态也越复杂，混乱度也越大，其熵也就越大。

热力学第三定律指出：在绝对零度时，任何纯物质完整晶体的熵等于零。在绝对零度时，纯物质的完整晶体中，所有的粒子都处于理想的晶格结点位置上，都处于最低能级，是一种理想的完全有序状态，具有最小的混乱度。

所以，将 1 mol 纯物质的完整晶体从 0 K 升温至 T，该过程的熵变 $\Delta S=S_T-S_0$，因 $S_0=0$，则 $\Delta S=S_T$，即此过程的熵变即为 1 mol 物质在 T 时的熵，称为物质在 T 时的摩尔规定熵 $S_\mathrm{m}(T)$。

在标准状态下，某物质的摩尔规定熵称为此物质的标准摩尔规定熵，记为 $S_\mathrm{m}^\ominus(T)$，简称标准熵。附录中列有若干常见单质、化合物在 298.15 K 时的标准熵，记为 $S_\mathrm{m}^\ominus(298.15\ \mathrm{K})$，其单位是 $\mathrm{J\cdot mol^{-1}\cdot K^{-1}}$。应当强调，任何单质的标准熵不等于零，这与参考态单质的标准摩尔生成焓 $\Delta_\mathrm{f}H_\mathrm{m}^\ominus(298.15\ \mathrm{K})=0$ 是不同的。

在标准状态下，对于给定的化学反应 $d\mathrm{D}+e\mathrm{E}=\!=\!=f\mathrm{F}+g\mathrm{G}$，298.15 K 时的标准摩尔熵变 $\Delta_\mathrm{r}S_\mathrm{m}^\ominus(298.15\ \mathrm{K})$ 可由下式计算：

$$\Delta_\mathrm{r}S_\mathrm{m}^\ominus(298.15\ \mathrm{K})=[fS_\mathrm{m}^\ominus(\mathrm{F})+gS_\mathrm{m}^\ominus(\mathrm{G})]-[dS_\mathrm{m}^\ominus(\mathrm{D})+eS_\mathrm{m}^\ominus(\mathrm{E})]$$

或表示为

$$\Delta_\mathrm{r}S_\mathrm{m}^\ominus(298.15\ \mathrm{K})=\sum_\mathrm{B}\nu_\mathrm{B}S_\mathrm{m}^\ominus(\mathrm{B},298.15\ \mathrm{K})\qquad(4-18)$$

［例 4.4］ 计算反应 $CaCO_3(s)=\!=\!=CaO(s)+CO_2(g)$ 在 298.15 K 的标准摩尔熵变 $\Delta_\mathrm{r}S_\mathrm{m}^\ominus(298.15\ \mathrm{K})$。

解： 查附录得 298.15 K 时有关物质的标准熵：

	$CaCO_3(s)$	$CaO(s)$	$CO_2(g)$
$S_\mathrm{m}^\ominus(298.15\ \mathrm{K})/(\mathrm{J\cdot mol^{-1}\cdot K^{-1}})$	91.7	38.1	213.8

$$\begin{aligned}\Delta_\mathrm{r}S_\mathrm{m}^\ominus(298.15\ \mathrm{K})&=S_\mathrm{m}^\ominus(\mathrm{CaO})+S_\mathrm{m}^\ominus(\mathrm{CO_2})-S_\mathrm{m}^\ominus(\mathrm{CaCO_3})\\&=38.1\ \mathrm{J\cdot mol^{-1}\cdot K^{-1}}+213.8\ \mathrm{J\cdot mol^{-1}\cdot K^{-1}}-91.7\ \mathrm{J\cdot mol^{-1}\cdot K^{-1}}\\&=160.2\ \mathrm{J\cdot mol^{-1}\cdot K^{-1}}\end{aligned}$$

化学反应的熵变与温度有关,因为物质的熵将随温度升高而增大。但许多情况下,温度升高导致的反应物增加的熵与生成物增加的熵相差不多,所以在本课程中,若温度变化范围不太大时,可作近似处理,忽略反应熵变 $\Delta_r S_m$ 随温度的变化。同样对于焓变 $\Delta_r H_m$ 也可作近似处理,忽略其随温度的变化。

在隔离系统中,熵变可以作为自发性的判据,即任何自发过程都是向着熵增的方向进行的,这就是熵增原理。但是在非隔离系统中,许多自发过程却是向着熵减少的方向进行的,如氢气和氧气反应生成水。欲使水分解为氢和氧,此过程虽是熵增,但需要进行电解,此时环境就对其做功,这就不是自发过程了。

4.4.3 吉布斯函数

1. 吉布斯函数与自发过程的判据

虽然熵增有利于反应的自发性,但是在非隔离系统中不能用熵变作为反应自发性的判据。19 世纪中期,美国著名物理化学家吉布斯(Gibbs J W,1839—1903)提出了一个综合系统焓变、熵变和温度三者关系的新的状态函数变量,称为吉布斯函变(又称为吉布斯自由能变),以 ΔG 表示。吉布斯证明,在等温、等压条件下,反应的摩尔吉布斯函变、摩尔熵变、热力学温度之间有如下关系:

$$\Delta_r G_m = \Delta_r H_m - T\Delta_r S_m \qquad (4-19)$$

式中 T 为热力学温度,$\Delta_r H_m$ 和 $\Delta_r S_m$ 分别为 T 时的化学反应的焓变和熵变。式(4-19)称为吉布斯-亥姆霍兹(Gibbs-Helmholtz)公式。这是化学热力学中极为有用的公式之一。

对于给定系统,吉布斯函数(又称为吉布斯自由能)和焓、熵、温度之间的关系则为

$$G = H - TS$$

吉布斯函数与热力学能和焓一样是系统的一个基本性质,是状态函数。

系统处于一定的状态,吉布斯函数 G 应有一定的数值。如果两个状态的吉布斯函数 G 不等,在等温、等压、非体积功等于零的条件下,系统可自发地由吉布斯函数高的状态 G_1 转变到吉布斯函数低的状态 G_2,即系统吉布斯函数减少的过程都能自发进行。这是热力学第二定律的一种表达形式:在等温、等压、非体积功等于零的条件下,有

$$\left.\begin{array}{ll}\Delta G<0 & \text{正向自发进行}\\ \Delta G=0 & \text{系统处于平衡}\\ \Delta G>0 & \text{逆向自发进行}\end{array}\right\} \qquad (4-20)$$

式(4-20)表明,在等温、等压、非体积功等于零的条件下,系统如发生一个自发过程,其吉布斯函变必小于零,即系统的吉布斯函数要减小;当系统处于平衡态时,系统的吉布斯函数不再减小而保持一最小值不变;系统吉布斯函数增加的过程是非

自发过程。式(4-20)称为吉布斯函数判据。对于$\Delta G>0$的过程,只有在外界的帮助下,对系统做非体积功才可能发生。

2. 化学反应的标准摩尔吉布斯函变

在化学反应中,一个化学反应的 $\Delta_r G_m$ 代数值越小,此反应越易自发进行。常常通过计算反应的 $\Delta_r G_m$ 来判断化学反应的方向和比较不同反应自发进行的趋势。

在等温、等压、非体积功等于零的条件下发生的化学反应,其 $\Delta_r G_m$ 与反应自发性的关系为

$$\left.\begin{array}{ll}\Delta_r G_m<0 & \text{反应正向自发进行}\\ \Delta_r G_m=0 & \text{反应达平衡态}\\ \Delta_r G_m>0 & \text{反应逆向自发进行}\end{array}\right\} \tag{4-21}$$

在标准状态下,对于给定的化学反应 $d\mathrm{D}+e\mathrm{E} = f\mathrm{F}+g\mathrm{G}$,反应进度为1 mol时,反应的吉布斯函变称为此化学反应的标准摩尔吉布斯函变,用 $\Delta_r G_m^{\ominus}(T)$ 表示,单位是 $\mathrm{kJ\cdot mol^{-1}}$。同一个反应,在不同的温度下,有不同的标准摩尔吉布斯函变,若反应温度为 298.15 K,则用 $\Delta_r G_m^{\ominus}(298.15\ \mathrm{K})$ 表示。

与 $\Delta_r H_m^{\ominus}$ 一样,化学反应的摩尔吉布斯函变 $\Delta_r G_m^{\ominus}$ 也与化学反应方程式的书写方法有关。例如:

$$H_2O(l) = H_2(g)+\frac{1}{2}O_2(g) \qquad \Delta_r G_m^{\ominus}(298.15\ \mathrm{K}) = 237.1\ \mathrm{kJ\cdot mol^{-1}}$$

$$2H_2O(l) = 2H_2(g)+O_2(g) \qquad \Delta_r G_m^{\ominus}(298.15\ \mathrm{K}) = 474.2\ \mathrm{kJ\cdot mol^{-1}}$$

由于 G 是状态函数,所以正反应的 $\Delta_r G_m^{\ominus}$ 与逆反应的 $\Delta_r G_m^{\ominus}$ 数值相等,符号相反。

$$H_2(g)+\frac{1}{2}O_2(g) = H_2O(l) \qquad \Delta_r G_m^{\ominus}(298.15\ \mathrm{K}) = -237.1\ \mathrm{kJ\cdot mol^{-1}}$$

吉布斯函变 ΔG 只与系统的始态、终态有关而与变化的途径无关。若把一个反应看成两个或多个反应的总和,则总反应的 $\Delta_r G_m^{\ominus}$ 等于各个反应 $\Delta_r G_m^{\ominus}$ 之和。例如:

$$\begin{array}{lll} & C(s)+\frac{1}{2}O_2(g) = CO(g) & \Delta_r G_m^{\ominus}(298.15\ \mathrm{K}) = -137.2\ \mathrm{kJ\cdot mol^{-1}}\\ + & CO(g)+\frac{1}{2}O_2(g) = CO_2(g) & \Delta_r G_m^{\ominus}(298.15\ \mathrm{K}) = -257.2\ \mathrm{kJ\cdot mol^{-1}}\\ \hline & C(s)+O_2(g) = CO_2(g), & \Delta_r G_m^{\ominus}(298.15\ \mathrm{K}) = -394.4\ \mathrm{kJ\cdot mol^{-1}}\end{array}$$

吉布斯函数与热力学能和焓一样,无法获得其绝对值,同利用标准摩尔生成焓 $\Delta_f H_m^{\ominus}$ 计算反应的标准摩尔焓变 $\Delta_r H_m^{\ominus}$ 一样,也可以利用物质的标准摩尔生成吉布斯函数 $\Delta_f G_m^{\ominus}$ 计算反应的标准摩尔吉布斯函变 $\Delta_r G_m^{\ominus}$。

在标准状态下,由参考态单质生成 1 mol 指定聚集态的某物质,此过程的标准

吉布斯函变称为该物质的标准摩尔生成吉布斯函数。常用 298.15 K 的数据(见附录),记为 $\Delta_f G_m^\ominus(298.15\ K)$,其单位是 $kJ\cdot mol^{-1}$。同样,参考态单质的标准摩尔生成吉布斯函数 $\Delta_f G_m^\ominus(298.15\ K)=0$。

在标准状态下,对于给定的化学反应 $dD+eE \longrightarrow fF+gG$,298.15 K 时的标准摩尔吉布斯函变 $\Delta_r G_m^\ominus(298.15\ K)$ 等于生成物的标准摩尔生成吉布斯函数的总和减去反应物的标准摩尔生成吉布斯函数的总和,即

$$\Delta_r G_m^\ominus(298.15\ K)=[f\Delta_f G_m^\ominus(F)+g\Delta_f G_m^\ominus(G)]-[d\Delta_f G_m^\ominus(D)+e\Delta_f G_m^\ominus(E)]$$

或表示为
$$\Delta_r G_m^\ominus(298.15\ K)=\sum_B \nu_B \Delta_f G_m^\ominus(B,298.15\ K) \qquad (4-22)$$

[例 4.5] 已知 HCl(g),HBr(g)的标准摩尔生成吉布斯函数分别为 $-95.3\ kJ\cdot mol^{-1}$ 和 $-53.4\ kJ\cdot mol^{-1}$。利用反应的标准摩尔吉布斯函变 $\Delta_r G_m^\ominus(298.15\ K)$ 的数据,判断下列反应

$$2HCl(g)+Br_2(l) \longrightarrow 2HBr(g)+Cl_2(g)$$

在标准状态下、298.15 K 时能否自发进行。

解: $\Delta_r G_m^\ominus(298.15\ K)=2\Delta_f G_m^\ominus(HBr)+\Delta_f G_m^\ominus(Cl_2)-2\Delta_f G_m^\ominus(HCl)-\Delta_f G_m^\ominus(Br_2)$

$$=2\times(-53.4\ kJ\cdot mol^{-1})+0-2\times(-95.3\ kJ\cdot mol^{-1})-0$$

$$=83.8\ kJ\cdot mol^{-1}$$

由于 $\Delta_r G_m^\ominus(298.15\ K)>0$,说明在标准状态下,298.15 K 时此反应不能自发进行。

而其逆反应 $2HBr(g)+Cl_2(g) \longrightarrow 2HCl(g)+Br_2(l)$

$$\Delta_r G_m^\ominus(298.15\ K)=-83.8\ kJ\cdot mol^{-1}<0$$

则是可以自发进行的反应。可见卤素置换规律是有热力学根据的。此题规定的反应条件正好是热力学标准状态,$\Delta_r G_m(298.15\ K)=\Delta_r G_m^\ominus(298.15\ K)$,故可判断反应进行的方向。

对标准状态下,温度为 T 时的化学反应,可将 $\Delta_r H_m^\ominus(T)$ 和 $\Delta_r S_m^\ominus(T)$ 近似视为不随温度而变的常数,从而使用 298.15 K 的数据,将吉布斯-亥姆霍兹公式写为如下的常用形式:

$$\Delta_r G_m^\ominus(T)=\Delta_r H_m^\ominus(298.15\ K)-T\Delta_r S_m^\ominus(298.15\ K) \qquad (4-23)$$

[例 4.6] 已知反应 $CaCO_3(s) \longrightarrow CaO(s)+CO_2(g)$ 的 $\Delta_r H_m^\ominus(298.15\ K)=179.2\ kJ\cdot mol^{-1}$,$\Delta_r S_m^\ominus(298.15\ K)=160.2\ J\cdot mol^{-1}\cdot K^{-1}$,求:

(1) 反应在 500 K 时的 $\Delta_r G_m^\ominus(500\ K)$。

(2) 判断在标准状态下、500 K 时,该反应能否自发进行。

(3) 估算 $CaCO_3$ 在标准状态下开始分解的最低温度。

解:(1) $\Delta_r G_m^\ominus(T)=\Delta_r H_m^\ominus(298.15\ K)-T\Delta_r S_m^\ominus(298.15\ K)$

$$=179.2\ kJ\cdot mol^{-1}-500\ K\times160.2\ J\cdot mol^{-1}\cdot K^{-1}=99.1\ kJ\cdot mol^{-1}$$

(2) 因 $\Delta_r G_m^\ominus(500\ K)>0$,所以该反应在标准状态下、500 K 时不能自发进行。

(3) 若改变上述反应的温度,由于 $\Delta_r S_m^\ominus>0$,当温度升高时,反应的 $\Delta_r G_m^\ominus$ 会减小,当 $\Delta_r G_m^\ominus<0$ 时,上述反应正向进行,所以 $\Delta_r G_m^\ominus=0$ 时的温度是 $CaCO_3$ 在标准状态下开始分解的最低温度,称为分解温度。设 $CaCO_3$ 在标准状态下开始分解的最低温度为 $T_{转}$,则

$$\Delta_r G_m^\ominus(T_{转})=\Delta_r H_m^\ominus(298.15\ K)-T_{转}\Delta_r S_m^\ominus(298.15\ K)=0$$

$$T_{转}=\frac{\Delta_r H_m^{\ominus}(298.15\ \text{K})}{\Delta_r S_m^{\ominus}(298.15\ \text{K})}=\frac{179.2\times10^3\ \text{J}\cdot\text{mol}^{-1}}{160.2\ \text{J}\cdot\text{mol}^{-1}\cdot\text{K}^{-1}}=1\ 119\ \text{K}$$

由式(4-23)可见，$\Delta_r G_m^{\ominus}(T)$是温度的一次函数，斜率为$-\Delta_r S_m^{\ominus}(298.15\ \text{K})$，截距为$\Delta_r H_m^{\ominus}(298.15\ \text{K})$。对于不同的化学反应，由于$\Delta_r H_m^{\ominus}(298.15\ \text{K})$和$\Delta_r S_m^{\ominus}(298.15\ \text{K})$值的符号不同，使$\Delta_r G_m^{\ominus}(T)$随温度变化存在如表4-1所示的四种类型。

表4-1 化学反应的热力学类型

类型	$\Delta_r H_m^{\ominus}$	$\Delta_r S_m^{\ominus}$	$\Delta_r G_m^{\ominus}=\Delta_r H_m^{\ominus}-T\Delta_r S_m^{\ominus}$	反应进行的方向	示例
负正型	−	+	$\Delta_r G_m^{\ominus}<0$	正向	$H_2(g)+F_2(g)=\!=\!=2HF(g)$
正负型	+	−	$\Delta_r G_m^{\ominus}>0$	逆向	$2CO(g)=\!=\!=2C(s)+O_2(g)$
正正型	+	+	低温为正，高温为负	升高温度，反应正向进行	$CaCO_3(s)=\!=\!=CaO(s)+CO_2(g)$
负负型	−	−	低温为负，高温为正	降低温度，反应正向进行	$NH_3(g)+HCl(g)=\!=\!=NH_4Cl(s)$

从表4-1中还可以看出，只要是$\Delta_r S_m^{\ominus}(298.15\ \text{K})>0$的熵增反应，无论$\Delta_r H_m^{\ominus}(298.15\ \text{K})$的值如何，只要温度足够高，总可以使$\Delta_r G_m^{\ominus}(T)<0$，从而使反应正向进行。实践上，对于气相物质分子数增加的化学反应，由于混乱度增加，熵增加，在适当的高温下反应总是可以自发进行的。

此外，当熵变$\Delta_r S_m^{\ominus}(298.15\ \text{K})$很小时，在式(4-23)中可忽略$T\Delta_r S_m^{\ominus}(298.15\ \text{K})$这一项，即$\Delta_r G_m^{\ominus}(T)\approx\Delta_r H_m^{\ominus}(298.15\ \text{K})$，而$\Delta_r H_m^{\ominus}(298.15\ \text{K})<0$的反应是放热反应，此时$\Delta_r G_m^{\ominus}(T)<0$，反应自发进行。即在熵变可忽略不计的情况下，过程自发地向放热方向进行。这里应当强调，绝不可将它作为判断过程自发性的普遍准则，只有焓变起主导作用，即$|\Delta_r H_m^{\ominus}(298.15\ \text{K})|\gg|T\Delta_r S_m^{\ominus}(298.15\ \text{K})|$时才与事实相符。

前面讨论涉及的都是标准状态下的化学反应，可以用标准摩尔吉布斯函变$\Delta_r G_m^{\ominus}(T)$来判断反应进行的方向。对于不是在标准状态下进行的化学反应，严格地讲，不能用$\Delta_r G_m^{\ominus}(T)$作判据，而应当用任意给定态的摩尔吉布斯函变$\Delta_r G_m(T)$来作判据。如何确定$\Delta_r G_m(T)$的值呢？这就需要知道系统处于任意给定态时，各物质的分压或浓度与反应的摩尔吉布斯函变之间的定量关系。

4.4.4 化学反应的等温方程

热力学研究指出，对于理想气体的反应

$$dD(g)+eE(g) \rlap{=}{=\!=\!=} fF(g)+gG(g)$$

有如下关系：

$$\Delta_r G_m = \Delta_r G_m^{\ominus}(T) + RT\ln\frac{(p_F/p^{\ominus})^f(p_G/p^{\ominus})^g}{(p_D/p^{\ominus})^d(p_E/p^{\ominus})^e} \qquad (4-24)$$

令

$$J_p = \frac{(p_F/p^{\ominus})^f(p_G/p^{\ominus})^g}{(p_D/p^{\ominus})^d(p_E/p^{\ominus})^e} = \prod_B\left(\frac{p_B}{p^{\ominus}}\right)^{\nu_B}$$

则有

$$\Delta_r G_m = \Delta_r G_m^{\ominus}(T) + RT\ln J_p \qquad (4-25)$$

式中 p_D, p_E, p_F, p_G 分别表示气态物质 D,E,F,G 在任意给定态时的分压，J_p 称为压力商。

对于理想稀溶液[①]的反应 $dD+eE \rlap{=}{=\!=\!=} fF+gG$，同样有

$$\Delta_r G_m = \Delta_r G_m^{\ominus}(T) + RT\ln\frac{(c_F/c^{\ominus})^f(c_G/c^{\ominus})^g}{(c_D/c^{\ominus})^d(c_E/c^{\ominus})^e} \qquad (4-26)$$

令

$$J_c = \frac{(c_F/c^{\ominus})^f(c_G/c^{\ominus})^g}{(c_D/c^{\ominus})^d(c_E/c^{\ominus})^e} = \prod_B\left(\frac{c_B}{c^{\ominus}}\right)^{\nu_B}$$

$$\Delta_r G_m = \Delta_r G_m^{\ominus}(T) + RT\ln J_c \qquad (4-27)$$

式中 c_D, c_E, c_F, c_G 分别表示 D,E,F,G 在任意给定态时的浓度，J_c 称为浓度商，$c^{\ominus}$ 称为标准浓度，$c^{\ominus} = 1\ \mathrm{mol \cdot L^{-1}}$。

式(4-24)～式(4-27)称为化学反应的等温方程。它把系统在任意给定态时各物质的分压或浓度与 $\Delta_r G_m$ 和 $\Delta_r G_m^{\ominus}$ 定量地联系起来，是判断化学反应方向的重要公式。若已知 J_p 或 J_c，用热力学数据算出 $\Delta_r G_m^{\ominus}$，然后利用等温方程可求得 $\Delta_r G_m$，可判断反应在任意给定态时进行的方向。

不过，对于常见的化学反应，只要 $\Delta_r G_m^{\ominus}(T)$ 的绝对值足够大，则 $\Delta_r G_m^{\ominus}(T)$ 与 $\Delta_r G_m(T)$ 的符号是一致的，直接用 $\Delta_r G_m^{\ominus}(T)$ 估计化学反应进行的方向仍是比较可靠的。

4.5 化学反应的限度——化学平衡

热力学第二定律和吉布斯判据的建立给出了判断化学反应自发性的依据，结合化学平衡常数，便能够计算反应体系的平衡组成，对于工业生产过程具有重要意义。

---

① 假设溶剂 A 与溶质 B 组成一理想稀溶液，则 A-A 和 A-B 分子间存在作用力，B-B 分子间作用力可以忽略。

4.5.1 化学平衡

化学平衡与反应速率

在同一条件下，既能按化学方程式从左向右进行，又能从右向左进行的化学反应称为可逆反应。一般常把按反应方程式从左向右进行的反应称为正反应，从右向左进行的反应称为逆反应。几乎所有的化学反应都是可逆的，只是程度不同而已。有些反应向某一方向进行的程度远大于逆反应，称为实际上的不可逆反应。

在可逆反应中，当 $\Delta_r G_m = 0$ 时，反应达到平衡，这时正、逆反应速率相等，反应物和生成物的浓度或分压不再随时间而改变。只要外界条件不变，这种状态就一直保持不变。这种状态就称为化学平衡状态。化学反应达到平衡时的状态是在给定条件下化学反应所能进行的最大限度。

4.5.2 标准平衡常数

根据 IUPAC（International Union of Pure and Applied Chemistry，国际纯粹与应用化学联合会）推荐，标准平衡常数 $K^\ominus$（standard equilibrium constant）的定义：

$$K^\ominus = \exp\left[-\frac{\Delta_r G_m^\ominus(T)}{RT}\right]$$

$K^\ominus$ 与参加反应的各物质的性质、温度及标准态的选择有关，对于一个给定的反应，仅是温度的函数。

1. 气相反应的标准平衡常数

对于任一指定的理想气体的可逆反应：

$$d\text{D}(g) + e\text{E}(g) \rightleftharpoons f\text{F}(g) + g\text{G}(g)$$

有

$$\Delta_r G_m = \Delta_r G_m^\ominus(T) + RT \ln J_p$$

$$\Delta_r G_m = \Delta_r G_m^\ominus(T) + RT \ln \frac{(p_F/p^\ominus)^f (p_G/p^\ominus)^g}{(p_D/p^\ominus)^d (p_E/p^\ominus)^e}$$

当该反应在一定温度下达平衡时，有 $\Delta_r G_m = 0$，从而

$$\Delta_r G_m^\ominus(T) = -RT \ln \frac{(p_F/p^\ominus)^f (p_G/p^\ominus)^g}{(p_D/p^\ominus)^d (p_E/p^\ominus)^e}$$

式中 p 为各物质平衡时的分压，不随时间而变。因而

$$J_{平} = \frac{(p_F/p^\ominus)^f (p_G/p^\ominus)^g}{(p_D/p^\ominus)^d (p_E/p^\ominus)^e}$$

为定值，不随温度以外的其他条件而变。令

$$K^\ominus(T) = J_{平} = \frac{(p_F/p^\ominus)^f (p_G/p^\ominus)^g}{(p_D/p^\ominus)^d (p_E/p^\ominus)^e} \qquad (4-28)$$

有 $$\Delta_r G_m^{\ominus}(T) = -RT\ln K^{\ominus}(T) \tag{4-29}$$
式中 $K^{\ominus}(T)$ 称为气相反应的标准平衡常数。$K^{\ominus}(T)$ 只是温度的函数，与压力和组成无关。$p_B/p^{\ominus}$ 称为气体 B 的相对平衡分压。

从标准平衡常数的表达式可看出，$K^{\ominus}(T)$ 与化学反应方程式的书写方法有关。因此在进行有关化学平衡的计算时，一定要注意使用与化学反应方程式相应的标准平衡常数。

热力学的研究还指出，对有纯固体或纯液体物质参加的气相可逆反应，在书写其标准平衡常数表达式时，这些物质不写入其中，表达式只写出参与反应的气态物质平衡时的分压。例如：

$$CaCO_3(s) \Longrightarrow CaO(s) + CO_2(g)$$

$$K^{\ominus}(T) = p(CO_2)/p^{\ominus}$$

$$N_2H_4(l) \Longrightarrow N_2(g) + 2H_2(g)$$

$$K^{\ominus}(T) = [p(N_2)/p^{\ominus}][p(H_2)/p^{\ominus}]^2$$

2. 溶液反应的标准平衡常数

对于理想稀溶液的反应：

$$dD + eE \Longrightarrow fF + gG$$

在一定温度下达平衡时，同理有

$$\Delta_r G_m^{\ominus}(T) = -RT\ln K^{\ominus}(T) \tag{4-30}$$

$$K^{\ominus}(T) = J_{平} = \frac{(c_F/c^{\ominus})^f (c_G/c^{\ominus})^g}{(c_D/c^{\ominus})^d (c_E/c^{\ominus})^e} \tag{4-31}$$

式中 $c_B/c^{\ominus}$ 称为反应物质 B 的相对平衡浓度；$K^{\ominus}(T)$ 为溶液中反应的标准平衡常数，同样只是温度的函数。

3. 多重平衡规则

在普通化学计算中，若精度要求不高，可将真实气体看作理想气体、稀溶液看作理想稀溶液处理。故化学反应的标准平衡常数 $K^{\ominus}(T)$ 可表示为：在温度 T 时，生成物的相对平衡分压或相对平衡浓度幂的乘积与反应物相对平衡分压或相对平衡浓度幂的乘积之比值。

标准平衡常数的意义在于：标准平衡常数的大小，表明了在给定条件下反应进行的限度。同样，标准平衡常数的定义表明了 $K^{\ominus}$ 与 $\Delta_r G_m^{\ominus}$ 之间的定量关系，指明了反应进行的限度。若 $\Delta_r G_m^{\ominus}$ 值越小，$K^{\ominus}$ 值就越大，正反应进行得越完全，达平衡时系统将主要由生成物组成；反之，$\Delta_r G_m^{\ominus}$ 值越大，则 $K^{\ominus}$ 值就越小，正反应进行得越不完全，平衡时系统将大体上由反应物组成。

由标准平衡常数的表达式还可推知：如果一个反应是各分步反应之和，则这个反应的标准平衡常数等于各分步反应的标准平衡常数的乘积，这就是多重平衡规

则，即

$$K^{\ominus}=K_1^{\ominus}K_2^{\ominus}K_3^{\ominus}\cdots$$

需注意的是，若总反应是某分步反应的倍数，则标准平衡常数为分步反应标准平衡常数的倍数方次幂；若某反应是两个反应之差，则该反应的标准平衡常数为两个反应的标准平衡常数之商。应用多重平衡规则，总反应与各分步反应必须是在相同温度下进行。例如：

$$\mathrm{C(石墨)+O_2(g) === CO_2(g)} \qquad K_1^{\ominus} \qquad (1)$$

$$\mathrm{2CO(g)+O_2(g) === 2CO_2(g)} \qquad K_2^{\ominus} \qquad (2)$$

$(1)-\frac{1}{2}\times(2)$得　$\mathrm{C(石墨)+\frac{1}{2}O_2(g) === CO(g)}$　$K_3^{\ominus}$　(3)

则

$$K_3^{\ominus}=\frac{K_1^{\ominus}}{(K_2^{\ominus})^{1/2}}$$

4.5.3　化学平衡的移动

1. 浓度对化学平衡的影响

把 $\Delta_r G_m^{\ominus}(T)=-RT\ln K^{\ominus}(T)$ 代入化学反应的等温方程，得

$$\Delta_r G_m=RT\ln\frac{J_c}{K^{\ominus}} \qquad (4-32)$$

若　$J_c<K^{\ominus}$，$\Delta_r G_m<0$，则反应正向自发进行；

$J_c=K^{\ominus}$，$\Delta_r G_m=0$，则反应达到平衡状态；

$J_c>K^{\ominus}$，$\Delta_r G_m>0$，则反应逆向自发进行。

对于任一化学反应，在一定温度下，平衡时 $J_c=K^{\ominus}$，当改变反应物或生成物的浓度时，$K^{\ominus}$不变，而 J_c改变，从而使 $J_c\neq K^{\ominus}$，于是 $\Delta_r G_m\neq 0$，故平衡移动。

增加反应物的浓度或减小生成物的浓度，则 $J_c<K^{\ominus}$，$\Delta_r G_m(T)<0$，平衡右移；

减小反应物的浓度或增加生成物的浓度，则 $J_c>K^{\ominus}$，$\Delta_r G_m(T)>0$，平衡左移。

所以在其他条件不变时，增加反应物的浓度或减小生成物的浓度，化学平衡向着正反应方向移动；增加生成物的浓度或减小反应物的浓度，化学平衡向着逆反应方向移动。

2. 压力对化学平衡的影响

对气相反应，同理有

$$\Delta_r G_m(T)=RT\ln\frac{J_p}{K^{\ominus}} \qquad (4-33)$$

通常说压力对平衡的影响往往是指系统总压的改变。对于有气体参加的反应，总压改变是指所有组分气体的分压同等程度地改变。例如，已达平衡的化学

反应：

$$dD(g)+eE(g) \rightleftharpoons fF(g)+gG(g)$$

若总压增大 m 倍，则

$$J_p=\frac{(mp_F/p^\ominus)^f(mp_G/p^\ominus)^g}{(mp_D/p^\ominus)^d(mp_E/p^\ominus)^e}=K^\ominus m^{(f+g)-(d+e)}=K^\ominus m^{\sum\nu_B}$$

若 $\sum\nu_B<0, J_p<K^\ominus, \Delta_r G_m<0$，平衡向右移动；

$\sum\nu_B=0, J_p=K^\ominus, \Delta_r G_m=0$，平衡不移动；

$\sum\nu_B>0, J_p>K^\ominus, \Delta_r G_m>0$，平衡向左移动。

所以当 $\sum\nu_B\neq0$ 时，若反应系统的总压增大，则平衡向气体分子数减少的方向移动；反之，若反应系统的总压减小，则平衡向气体分子数增加的方向移动。而对不涉及气体或 $\sum\nu_B=0$ 的化学平衡，压力改变对平衡无影响。另外，恒压下加入惰性成分，使总物质的量发生变化从而使参加反应的气体的分压降低，导致平衡向分子数增加的方向移动。若 $\sum\nu_B=0$，则不会引起平衡移动。若参与反应的气体分压改变，可视同为浓度发生改变从而对平衡产生影响。

3. 温度对化学平衡的影响

根据标准平衡常数的定义 $\Delta_r G_m^\ominus(T)=-RT\ln K^\ominus(T)$，由 $\Delta_r G_m^\ominus=\Delta_r H_m^\ominus-T\Delta_r S_m^\ominus$ 可得

$$-RT\ln K^\ominus(T)=\Delta_r H_m^\ominus-T\Delta_r S_m^\ominus$$

$$\ln K^\ominus(T)=-\frac{\Delta_r H_m^\ominus}{RT}+\frac{\Delta_r S_m^\ominus}{R} \qquad (4-34)$$

温度变化幅度不太大时，可视 $\Delta_r H_m^\ominus$，$\Delta_r S_m^\ominus$ 为常数。式(4-34)表明 $K^\ominus(T)$ 与 $1/T$ 呈线性关系。根据这个关系式可判断温度对平衡系统的影响：

若正反应为吸热反应，因 $\Delta_r H_m^\ominus>0$，升高温度，则 $K^\ominus(T)$ 值变大，平衡向右移动；降低温度，则 $K^\ominus(T)$ 值变小，平衡向左移动。

若正反应为放热反应，因 $\Delta_r H_m^\ominus<0$，升高温度，则 $K^\ominus(T)$ 值变小，平衡向左移动；降低温度，则 $K^\ominus(T)$ 值变大，平衡向右移动。

根据式(4-34)，在温度变化幅度不太大时，若已知某反应在某温度 T_1 时的 $K^\ominus(T_1)$ 和 $\Delta_r H_m^\ominus$，则可计算出该反应在另一温度 T_2 时的 $K^\ominus(T_2)$。其方法如下：

设某一可逆反应在温度为 T_1，T_2 时的标准平衡常数分别为 $K_1^\ominus$，$K_2^\ominus$，根据式(4-34)有

$$\ln K_1^\ominus=-\frac{\Delta_r H_m^\ominus}{RT_1}+\frac{\Delta_r S_m^\ominus}{R}$$

$$\ln K_2^\ominus=-\frac{\Delta_r H_m^\ominus}{RT_2}+\frac{\Delta_r S_m^\ominus}{R}$$

将上述两式相减，整理后得

$$\ln\frac{K_2^\ominus}{K_1^\ominus}=\frac{\Delta_r H_m^\ominus}{R}\left(\frac{1}{T_1}-\frac{1}{T_2}\right) \qquad (4-35)$$

式(4-35)还可近似计算已知 $T_1, T_2, K_1^\ominus, K_2^\ominus$ 时反应的 $\Delta_r H_m^\ominus$。

此外,若把 $\Delta_r H_m^\ominus, \Delta_r S_m^\ominus$ 近似地看作与温度无关的常数,即 $\Delta_r H_m^\ominus \approx \Delta_r H_m^\ominus(298.15\ \text{K})$, $\Delta_r S_m^\ominus \approx \Delta_r S_m^\ominus(298.15\ \text{K})$,那么,式(4-34)还可写成

$$\ln K^\ominus(T) \approx \frac{1}{R}\left[-\frac{\Delta_r H_m^\ominus(298.15\ \text{K})}{T} + \Delta_r S_m^\ominus(298.15\ \text{K})\right] \tag{4-36}$$

更一般地可写成

$$\ln K^\ominus = -\frac{\Delta_r H_m^\ominus}{RT} + C \tag{4-37}$$

式中 C 为一常数。这样,只要根据 298.15 K 时的热力学数据计算出 $\Delta_r H_m^\ominus(298.15\ \text{K})$ 和 $\Delta_r S_m^\ominus(298.15\ \text{K})$,就可根据式(4-36)近似地算出其他温度 T 时的 $K^\ominus(T)$ 值。

[例 4.7] 已知 NO(g) 和 NO_2(g) 的 $\Delta_f H_m^\ominus(298.15\ \text{K})$ 分别为 91.3 $\text{kJ}\cdot\text{mol}^{-1}$ 和 33.2 $\text{kJ}\cdot\text{mol}^{-1}$, $S_m^\ominus(298.15\ \text{K})$ 分别为 210.8 $\text{J}\cdot\text{mol}^{-1}\cdot\text{K}^{-1}$ 和 240.1 $\text{J}\cdot\text{mol}^{-1}\cdot\text{K}^{-1}$, O_2(g) 的 $S_m^\ominus(298.15\ \text{K})$ 为 205.2 $\text{J}\cdot\text{mol}^{-1}\cdot\text{K}^{-1}$。近似计算反应 $\text{NO(g)} + \frac{1}{2}\text{O}_2\text{(g)} \xlongequal{\quad} \text{NO}_2\text{(g)}$ 在 598 K 时的 $K^\ominus$。

解:
$$\begin{aligned}\Delta_r H_m^\ominus(298.15\ \text{K}) &= \Delta_f H_m^\ominus(\text{NO}_2) - \Delta_f H_m^\ominus(\text{NO})\\ &= 33.2\ \text{kJ}\cdot\text{mol}^{-1} - 91.3\ \text{kJ}\cdot\text{mol}^{-1} = -58.1\ \text{kJ}\cdot\text{mol}^{-1}\end{aligned}$$

$$\begin{aligned}\Delta_r S_m^\ominus(298.15\ \text{K}) &= S_m^\ominus(\text{NO}_2) - S_m^\ominus(\text{NO}) - \frac{1}{2}S_m^\ominus(\text{O}_2)\\ &= 240.1\ \text{J}\cdot\text{mol}^{-1}\cdot\text{K}^{-1} - 210.8\ \text{J}\cdot\text{mol}^{-1}\cdot\text{K}^{-1} - \frac{1}{2}\times 205.2\ \text{J}\cdot\text{mol}^{-1}\cdot\text{K}^{-1}\\ &= -73.3\ \text{J}\cdot\text{mol}^{-1}\cdot\text{K}^{-1}\end{aligned}$$

$$\begin{aligned}\Delta_r G_m^\ominus &= \Delta_r H_m^\ominus - T\Delta_r S_m^\ominus\\ &= -58.1\times10^3\ \text{J}\cdot\text{mol}^{-1} - 598\ \text{K}\times(-73.3\ \text{J}\cdot\text{mol}^{-1}\cdot\text{K}^{-1}) = -14.3\times10^3\ \text{J}\cdot\text{mol}^{-1}\end{aligned}$$

$$\ln K^\ominus = \frac{-\Delta_r G_m^\ominus}{RT} = \frac{14.3\times10^3\ \text{J}\cdot\text{mol}^{-1}}{8.314\ \text{J}\cdot\text{mol}^{-1}\cdot\text{K}^{-1}\times598\ \text{K}} = 2.876$$

$$K^\ominus = 17.7$$

本题也可根据式(4-36)计算,得

$$\begin{aligned}\ln K^\ominus &= \frac{1}{R}\left[-\frac{\Delta_r H_m^\ominus(298.15\ \text{K})}{T} + \Delta_r S_m^\ominus(298.15\ \text{K})\right]\\ &= \frac{1}{8.314\ \text{J}\cdot\text{mol}^{-1}\cdot\text{K}^{-1}}\times\left(-\frac{-58.1\times10^3\ \text{J}\cdot\text{mol}^{-1}}{598\ \text{K}} - 73.3\ \text{J}\cdot\text{mol}^{-1}\cdot\text{K}^{-1}\right) = 2.870\end{aligned}$$

$$K^\ominus = 17.6$$

总结浓度、压力和温度改变对化学平衡移动的影响,可以用一条普遍规律来表示。这就是勒·夏特列(Le Chatelier)原理:当系统达到平衡后,如果改变系统平衡的条件之一(如浓度、压力或温度),平衡就向减弱这个改变的方向移动。

4.5.4 平衡组成和平衡转化率的计算

标准平衡常数可以用来计算化学反应体系中有关物质的浓度和某一反应物的

平衡转化率(理论转化率),从而在理论上求算欲达到一定转化率所需的合理原料配比。平衡转化率 α 的定义为:反应达到平衡时,某反应物消耗的物质的量与起始时某反应物加入的物质的量的比。

$$\alpha=\frac{n_{A,0}-n_A}{n_{A,0}} \tag{4-38}$$

式中 $n_{A,0}$ 和 n_A 分别是反应物 A 起始时的物质的量和反应达到平衡时的物质的量。

[例 4.8] 反应 $CO(g)+H_2O(g) \rightleftharpoons CO_2(g)+H_2(g)$ 在 1 000 K 时,$K^\ominus=1.39$。计算:等摩尔比的 CO(g) 和 $H_2O(g)$ 在 1 000 K 反应时 CO(g) 的平衡转化率和摩尔分数。

解:设 CO 的平衡转化率为 α,初始反应物的物质的量均为 n,反应器体积为 V。

	$CO(g)$	+	$H_2O(g)$	$\rightleftharpoons$	$CO_2(g)$	+	$H_2(g)$
始态分压	nRT/V		nRT/V		0		0
平衡分压	$(1-\alpha)nRT/V$		$(1-\alpha)nRT/V$		$\alpha nRT/V$		$\alpha nRT/V$

$$K^\ominus=\frac{[p(CO_2)/p^\ominus][p(H_2)/p^\ominus]}{[p(CO)/p^\ominus][p(H_2O)/p^\ominus]}=\frac{\left(\frac{\alpha nRT}{V}\right)^2}{\left[\frac{(1-\alpha)nRT}{V}\right]^2}=\frac{\alpha^2}{(1-\alpha)^2}=1.39$$

解得

$$\alpha=0.541$$

$$y(CO)=\frac{1-0.541}{2}=0.230$$

[例 4.9] 在容积为 5.00 L 的容器中装入等物质的量的 $PCl_3(g)$ 和 $Cl_2(g)$。在 523 K 下反应 $PCl_3(g)+Cl_2(g) \rightleftharpoons PCl_5(g)$ 达平衡时,$p(PCl_5)=p^\ominus$,$K^\ominus=0.767$,求:

(1) 开始时装入的 PCl_3 及 Cl_2 的物质的量;

(2) PCl_3 的平衡转化率。

解:(1) 设 PCl_3 及 Cl_2 的始态分压为 p,则

	$PCl_3(g)$	$+Cl_2(g)$	$\rightleftharpoons PCl_5(g)$
始态分压	p	p	0
平衡分压	$p-p^\ominus$	$p-p^\ominus$	$p^\ominus$

$$K^\ominus=\frac{p(PCl_5)/p^\ominus}{[p(PCl_3)/p^\ominus][p(Cl_2)/p^\ominus]}$$

$$0.767=\frac{1}{\left(\frac{p-p^\ominus}{p^\ominus}\right)^2}$$

解得

$$p=2.14\times10^5\ \text{Pa}$$

$$n(PCl_3)=n(Cl_2)=\frac{pV}{RT}=\frac{2.14\times10^5\ \text{Pa}\times5.00\times10^{-3}\ \text{m}^3}{8.314\ \text{J}\cdot\text{mol}^{-1}\cdot\text{K}^{-1}\times523\ \text{K}}=0.246\ \text{mol}$$

(2)
$$\alpha(PCl_3)=\frac{p^\ominus}{p}=\frac{1.00\times10^5\ \text{Pa}}{2.14\times10^5\ \text{Pa}}=0.467$$

4.6 化学反应速率

化学反应速率就是指化学反应的快慢。有些化学反应进行得很快，几乎在一瞬间就能完成，如炸药爆炸、酸碱中和反应等。也有一些反应进行得很慢，如煤炭和空气在室温下可以长期共存而不发生显著的变化。

化学热力学理论可以判断化学反应进行的方向和限度，但不能对化学反应速率提供任何信息。对于某些化学反应，其进行的趋势很大，但速率太慢，致使其反应长久不能被察觉。例如，常温下 $2H_2(g)+O_2(g) = 2H_2O(l)$ 的反应便是如此的。因此，对于化学反应能否实现，既有反应自发进行的趋势问题，还有反应进行的速率问题。本节将对化学反应速率作初步介绍。

4.6.1 化学反应速率的定义

化学反应速率目前国际上普遍采用反应进度 ξ 随时间 t 的变化率来表示：

$$\dot{\xi}=\frac{\mathrm{d}\xi}{\mathrm{d}t}=\frac{1}{\nu_B}\cdot\frac{\mathrm{d}n_B}{\mathrm{d}t} \tag{4-39}$$

或对于某一段时间间隔而言，可表示为

$$\dot{\xi}=\frac{\Delta\xi}{\Delta t}=\frac{1}{\nu_B}\cdot\frac{\Delta n_B}{\Delta t}$$

实际上 $\Delta\xi/\Delta t$ 表示了在时间间隔 $t_0 \to t_0+\Delta t$，化学反应由 $\xi_0 \to \xi_0+\Delta\xi$ 的过程中（若 $\xi_0=0$ mol，则表示反应尚未开始），该反应的平均速率。而 $\mathrm{d}\xi/\mathrm{d}t$ 则表示该反应在 t 瞬间的瞬时速率。用反应进度定义来表示的反应速率的单位是 mol·[时间]$^{-1}$，时间可为 s，min 或 h 等。

如果反应是在体积为 V 的容器中进行的，那么反应速率也可用单位体积中反应进度随时间的变化率来表示，用符号 v 表示。

$$v=\frac{\dot{\xi}}{V}=\frac{1}{V}\cdot\frac{\mathrm{d}\xi}{\mathrm{d}t}=\frac{1}{\nu_B}\cdot\frac{\mathrm{d}n_B}{V\mathrm{d}t} \tag{4-40}$$

若体积 V 恒定，则有

$$v=\frac{1}{\nu_B}\cdot\frac{\mathrm{d}c_B}{\mathrm{d}t} \tag{4-41}$$

或

$$v=\frac{1}{\nu_B}\cdot\frac{\Delta c_B}{\Delta t}$$

式(4-41)中 c_B 为物质 B 的浓度，ν_B 为物质 B 的化学计量数。反应速率 v 的单位为[浓度]·[时间]$^{-1}$。虽然这种反应速率 v 也是用反应物或生成物浓度随时间的变化率来表示的，但它实质是基于反应进度的概念衍生出来的，因而 v 的值与选作观察标准的物质 B 无关，对任何一个指定的反应，无论选择反应中任何物质作为观察基准，得到的反应速率 v 都是相同的。因而在实际应用中，人们常采用浓度变化较易测定的那一种物质来表示化学反应速率。

4.6.2 影响化学反应速率的因素

影响化学反应速率的因素有反应物的性质、浓度、温度、催化剂、反应物的聚集状态、反应介质和光照等。下面仅讨论反应物的浓度、温度、催化剂对化学反应速率的影响。

1. 浓度对化学反应速率的影响

恒温下的化学反应速率，主要取决于反应物浓度，浓度越大，速率越快。

例如，反应 $NO_2(g)+CO(g) \longrightarrow CO_2(g)+NO(g)$，在恒温 510 K 条件下，当固定 $NO_2(g)$ 的浓度，单纯改变 CO(g) 的浓度，发现

$$v \propto c(CO)$$

当固定 CO(g) 的浓度，改变 $NO_2(g)$ 的浓度，发现

$$v \propto c(NO_2)$$

从而可知

$$v \propto c(CO)c(NO_2)$$

即

$$v = k\, c(CO)c(NO_2) \tag{4-42}$$

式(4-42)称为反应速率方程，式中比例系数 k 称为反应速率常数。k 的物理意义是各反应物浓度都为单位浓度（1 $mol \cdot L^{-1}$）时，反应速率的大小。它表征了该化学反应在反应速率方面的特征。k 值取决于反应物的本性，与浓度无关，而与反应温度及催化剂等因素有关。通常温度升高，k 值增大。

对于有气态物质参加的反应，压力对反应速率也有影响，并可以将其归结为浓度对反应速率的影响。根据理想气体状态方程，当温度一定时，气体的压力与其浓度成正比，改变气体压力就等于改变其浓度，必然引起反应速率的变化。但是压力对液态和固态物质的浓度影响极微，对于不含气态物质的化学反应而言，压力的影响可以忽略不计。

不同的化学反应，有不同的速率方程和速率常数。许多化学反应的速率方程，已通过实验得到。速率方程清楚地给出了不同化学反应的速率与其反应物浓度的定量关系。对于一般的化学反应：

$$d\mathrm{D}+e\mathrm{E} = f\mathrm{F}+g\mathrm{G}$$

其速率方程一般情况下可表示为

$$v = k c_D^{\alpha} c_E^{\beta} \tag{4-43}$$

式中 α,β 称为反应的分级数,其和为反应级数,其值需由实验测定,可以为整数、分数、负数或零。α,β 既可分别等于 d,e,也可不等。所以,不同的化学反应,其反应物浓度对反应速率的影响是不同的。

2. 温度对化学反应速率的影响

温度是影响化学反应速率的重要因素。例如,H_2 与 O_2 化合,在常温下几乎察觉不出,但温度升高到 873 K 时,它们立即猛烈反应,并发生爆炸。各种化学反应的速率和温度的关系比较复杂,一般的化学反应,随温度升高速率增大。但对不同的反应,增大的程度不同。实验指出,温度每升高 10℃,反应速率一般增加至原速率的 2~4 倍。但这一规则只能对一些反应作粗略估计,且适用范围不大。

1889 年瑞典化学家阿伦尼乌斯(Arrhenius S A)根据大量实验数据归纳出反应速率常数与温度呈指数关系,其表示形式如下:

$$k = A e^{-\frac{E_a}{RT}} \quad 或 \quad k = A \exp\left(-\frac{E_a}{RT}\right) \tag{4-44}$$

或
$$\ln \frac{k}{[k]} = -\frac{E_a}{RT} + \ln \frac{A}{[k]} \tag{4-45}$$

$$\lg \frac{k}{[k]} = -\frac{E_a}{2.303RT} + \lg \frac{A}{[k]} \tag{4-46}$$

式(4-44)、式(4-45)、式(4-46)称为阿伦尼乌斯公式。k 是反应速率常数;E_a 为反应的活化能,其 SI 单位为 $J \cdot mol^{-1}$;R 为摩尔气体常数;T 为热力学温度;A 为指前因子。从式(4-46)可看出,如以 $\lg(k/[k])$ 对 K/T 作图应得一直线,直线的斜率为 $-E_a/(2.303R)$,截距为 $\lg(A/[k])$。因此可利用作图法求得反应的活化能。

对给定的反应,在一般温度范围内,可视 E_a 和 A 为定值。所以,速率常数 k 仅取决于温度 T。由于 k 和 T 呈指数关系,故 T 的微小变化将会使 k 值发生相对很大的变化。

从阿伦尼乌斯公式可以看出:

(1) 在相同温度下,活化能 E_a 越小,其速率常数 k 值就越大,反应速率也就越大;反之,活化能 E_a 越大,k 值就越小,反应速率也就越小。

(2) 对同一反应来说,温度越高,k 值就越大,反应速率也越大;反之,温度越低,k 值就越小,反应速率也越小。因此,阿伦尼乌斯公式不仅说明了反应速率与温度的关系,而且还说明了活化能对反应速率的影响,以及活化能和温度两者与反应速率的关系。

设 k_1 和 k_2 分别表示某一反应在 T_1,T_2 时的速率常数,则由式(4-45)得

$$\ln \frac{k_2}{k_1} = \frac{E_a}{R}\left(\frac{1}{T_1} - \frac{1}{T_2}\right) = \frac{E_a}{R}\left(\frac{T_2 - T_1}{T_1 T_2}\right) \tag{4-47}$$

应用式(4-47)从两个温度的速率常数或比值 k_2/k_1 可以计算活化能 E_a;反之,若已知活化能 E_a 和某温度时的 k 值,可以计算其他温度时的 k 值。

[例 4.10] 在 $H_2S_2O_3$ 的浓度相同的情况下,已测得反应 $H_2S_2O_3 = H_2SO_3 + S(s)$ 有硫析出并达到同等程度混浊时所需时间如下:293 K,110 s;303 K,45.0 s。求此反应的活化能 E_a 和 313 K 有硫析出并达到同样混浊时该反应所需的时间。

解:因反应物浓度相同,故反应速率与速率常数成正比,而反应速率与完成此反应所需的时间成反比,所以速率常数与完成反应所需的时间成反比,即

$$\frac{k_2}{k_1} = \frac{110\ \text{s}}{45.0\ \text{s}}$$

式中 k_2,k_1 分别为 303 K 和 293 K 时的速率常数。根据式(4-47)有

$$\begin{aligned}E_a &= R\left(\frac{T_2T_1}{T_2-T_1}\right)\ln\frac{k_2}{k_1}\\ &= 8.314\ \text{J}\cdot\text{mol}^{-1}\cdot\text{K}^{-1}\times\left(\frac{303\ \text{K}\times293\ \text{K}}{303\ \text{K}-293\ \text{K}}\right)\times\ln\left(\frac{110\ \text{s}}{45.0\ \text{s}}\right)\\ &= 6.60\times10^4\ \text{J}\cdot\text{mol}^{-1}\end{aligned}$$

同理,可计算在 313 K 时所生成的硫出现同样混浊时所需的时间,设为 t,则

$$6.60\times10^4\ \text{J}\cdot\text{mol}^{-1} = 8.314\ \text{J}\cdot\text{mol}^{-1}\cdot\text{K}^{-1}\times\left(\frac{313\ \text{K}\times303\ \text{K}}{313\ \text{K}-303\ \text{K}}\right)\times\ln\left(\frac{45.0\ \text{s}}{t}\right)$$

解得

$$t = 19.5\ \text{s}$$

活化能 E_a 实质上代表了反应物分子真实发生反应时所必须克服的能垒。因为化学反应的实质是旧的化学键的断裂和新的化学键的生成。化学反应速率理论认为,化学反应的历程可以描述为:具有足够能量的反应物分子在运动中相互接近,发生碰撞,有可能生成一种活泼的不稳定的过渡态,通常称为活化配合物或活化中间体。这种活化配合物的能量比反应物和生成物的平均能量都高,因而很不稳定,很快就会转变为产物,并放出能量。在这一步才真正发生新键的生成和旧键的断裂。

$$\underset{\text{反应物}}{\text{A—B+C}} \longrightarrow \underset{\text{活化配合物}}{[\text{A}\cdots\text{B}\cdots\text{C}]} \longrightarrow \underset{\text{生成物}}{\text{A+B—C}}$$

分子运动理论告诉我们,在任何指定的温度下,虽然系统分子具有确定的平均动能,但各个分子所具有的动能是各不相同的,而且分子能量分布具有一定的规律,一般来说大多数分子的能量在平均能量上下,能量特别高和特别低的分子在系统中占的比例都较低。在通常状况下,系统中大多数分子的动能还不够大,不足以在相互碰撞时引发化学反应。而只有少数能量足够高的分子才可能发生有效碰撞,即在相互碰撞时形成活化配合物,并进而引发旧化学键的断裂和新化学键的生成,从而发生化学反应。这种具有较高能量,能产生有效碰撞而引发化学反应的分子称为活化分子。活化分子所具有的最低能量与反应物分子的平均能量之差称为活化能,用 E_a 表示。对指定的反应,在一般温度范围内,可以认为 E_a 是定值。

图 4-2 表示了反应活化能 E_a 的概念。E_1, E_3 分别代表反应物分子的平均能量和生成物分子的平均能量。E_2 为活化分子的最低能量，则活化能 $E_a = E_2 - E_1$。而 $Q = E_3 - E_1$，表示该化学反应的反应热。图中 $Q<0$ 表示放热反应。可见，即使一个化学反应是放热的，但为使反应开始，仍然需要先对反应物提供必需的活化能。如果一个反应的活化能很低，那么系统靠从环境中吸入少量的能量（如热或光），即足以克服活化能而使反应进行，这类反应就很容易发生。而对另一些反应，如果其反应活化能很高，那么即使这个反应是大量放热的，但只要不提供外部条件以克服其活化能，则反应仍不会发生。煤炭可以长期放置在空气中而不发生明显的氧化反应，就是这个道理。一般化学反应的活化能在 60～240 $kJ \cdot mol^{-1}$。

3. 催化剂对化学反应速率的影响

催化剂是一种能加快化学反应速率，而其本身在反应前后质量和化学性质均没有变化的物质。催化剂对反应速率的影响是极其巨大的。例如，H_2 和 O_2 化合生成 H_2O 的反应，在室温下其反应速率实际上等于零，但若使用催化剂铂黑或钯粉，反应不到 1 s 就完成了。有的催化剂可使正、逆反应速率改变数百万倍以上。例如，已发现有的酶——生物催化剂，可使化学反应速率增加 10^{11} 或更多的倍数。

催化剂为什么会加快反应速率呢？根据现代反应速率理论，反应物的活化分子要形成生成物需先形成活化配合物（见图 4-3），其能量比反应物分子的平均能量要高，高出的这部分能量 E_a 就是活化能。当反应系统中引入催化剂时，催化剂与反应物作用，生成中间化合物，从而改变了反应的途径。新途径的活化能比原途径的活化能要小得多，所以能加快反应速率。由图 4-3 可见，无催化剂时正反应的活化能为 E_a，逆反应的活化能为 E'_a；有催化剂时正反应的活化能为 E_{ac}，逆反应的活化能为 E'_{ac}。因 $E_a > E_{ac}$，$E'_a > E'_{ac}$ 且 $E_a - E_{ac} = E'_a - E'_{ac} = E''_a$。这表明有催化剂时，正、逆反应的活化能都同等程度地降低了。由此点出发，并运用阿伦尼乌斯公式，可以发现催化剂使正、逆反应速率增加的倍数是相同的。

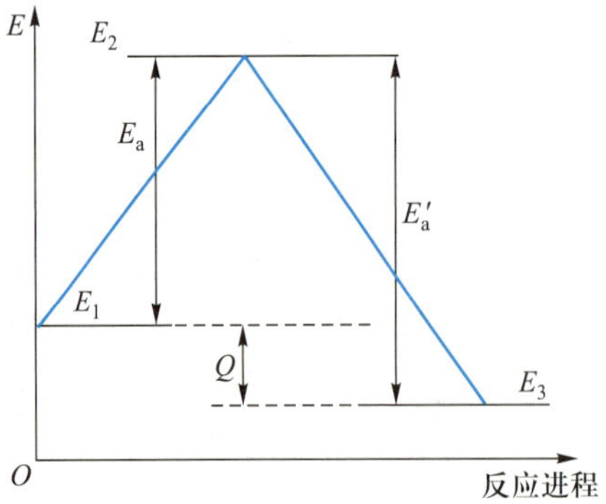

图 4-2 活化能示意图

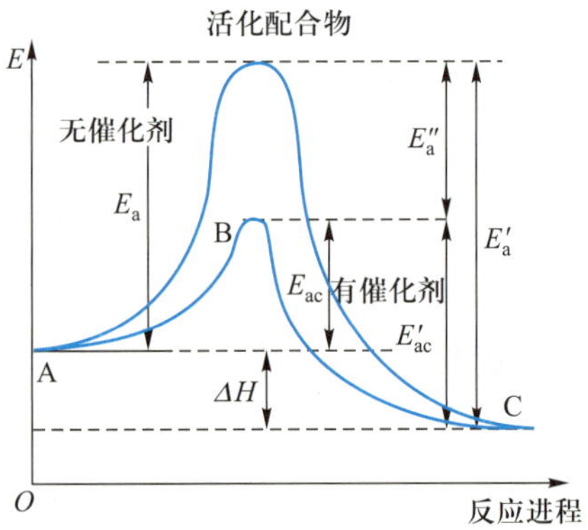

图 4-3 催化剂对活化能的影响

设 $k_{正}$，$k_{正(催)}$ 分别为无催化剂和有催化剂时正反应的速率常数，$k_{逆}$，$k_{逆(催)}$ 分别为无催化剂和有催化剂时逆反应的速率常数，A，A' 分别为正、逆反应的指前因子，根据式(4-44)，有

$$k_{正(催)}=A\mathrm{e}^{-E_{ac}/RT}=A\mathrm{e}^{-(E_a-E_a'')/RT}$$

$$k_{正}=A\mathrm{e}^{-E_a/RT}$$

将上两式相除得

$$\frac{k_{正(催)}}{k_{正}}=\frac{A\mathrm{e}^{-(E_a-E_a'')/RT}}{A\mathrm{e}^{-E_a/RT}}=\mathrm{e}^{E_a''/RT}$$

同理，可得

$$\frac{k_{逆(催)}}{k_{逆}}=\frac{A'\mathrm{e}^{-(E_a'-E_a'')/RT}}{A'\mathrm{e}^{-E_a'/RT}}=\mathrm{e}^{E_a''/RT}$$

所以有

$$\frac{k_{正(催)}}{k_{正}}=\frac{k_{逆(催)}}{k_{逆}}=\mathrm{e}^{E_a''/RT} \tag{4-48}$$

式(4-48)表明，当催化剂存在时，正、逆反应速率增加的倍数相同，均为 $\mathrm{e}^{E_a''/RT}$，并且当 E_a'' 值越大即活化能降低得越多时，正、逆反应速率增加的倍数也越大。由此可见，催化剂加快反应速率的原因与温度升高的作用不同，前者在于降低活化能，促使反应速率激增；后者只是在普遍增加分子运动能量的基础上增加具有较高能量的分子来参与反应。显然，前者的作用要大得多。

以碘化氢分解为碘和氢的反应为例，未使用催化剂的活化能为 184.1 $\mathrm{kJ\cdot mol^{-1}}$，在金催化剂的作用下，活化能降低到 104.6 $\mathrm{kJ\cdot mol^{-1}}$。若反应在 503 K 进行，则

$$\frac{k_{正(催)}}{k_{正}}=\mathrm{e}^{E_a''/RT}=\exp\left(\frac{184.1\times10^3\ \mathrm{J\cdot mol^{-1}}-104.6\times10^3\ \mathrm{J\cdot mol^{-1}}}{8.314\ \mathrm{J\cdot mol^{-1}\cdot K^{-1}}\times503\ \mathrm{K}}\right)=1.80\times10^8$$

可见由于活化能的下降使反应的速率约增加 1.80×10^8 倍，催化剂的作用远比温度的作用要大。

催化剂在自然界和工业技术上有着巨大的作用。化工生产中利用催化剂的例子不胜枚举，大约有 70%以上的化工产品的生产都利用了催化剂。

合成氨中的化学

生物催化剂和仿生催化剂是催化剂家族中的后起之秀，由于它们具有许多优异的特性，很快成了当今高科技领域的宠儿，引起国内外科学家的高度重视。生物催化剂主要是指酶一类化合物。酶是生物体内合成的一类特殊的蛋白质，具有高效的催化作用，生物体中的化学反应几乎都是在各种特定的酶的催化作用下进行的。有不少反应，在实验室里，即使在高温、高压等苛刻的条件下仍然无法实现，可是在生物体内，却可以在十分温和的条件下进行，如豆科植物根瘤菌的固氮作用、绿叶的光合作用等。这都是依靠有关的生物催化剂的催化作用才得以实现的。生物催化剂具有立体专一性，如某种酶只对具有某种特定立体结构的物质，如光学异

构体（或立体构型异构体、几何异构体）中的一种实施催化。这种专一性的催化作用对生命的存在和新陈代谢过程是必不可少的。正是依靠了这种特别的专一性，各种酶才能在周围许多共同存在的底物中，识别出其作用对象，定向地引起反应。没有酶的专一性，就不可能在体内有规则地、协调地进行物质和能量的代谢，地球上就不可能有生命存在了。

仿生催化剂则是指人类模仿天然的生物催化剂的结构、作用特点而设计、合成出来的一类催化剂。其特点是具有和天然生物催化剂相似的性能特点，但比天然生物催化剂稳定性好，能在生物催化剂无法工作的较恶劣的条件下工作，而且可以大量制得。

应该指出：催化剂能改变化学反应的速率，缩短反应时间和生产周期。但催化剂只能改变热力学上可能进行的反应的反应速率，对于热力学上不能发生的反应，使用任何催化剂都是徒劳的。

本章小结

化学热力学和化学动力学在生产实践和科学研究中发挥着重大作用。其结果都是非常重要、不可或缺的。本章主要介绍了化学热力学三大定律和化学反应速率的影响因素，初步回答了化学反应的可能性和可行性问题。利用热力学第一定律通过焓变计算化学反应的热效应，利用热力学第二定律通过计算化学反应的吉布斯函变结合吉布斯判据判断化学反应自发进行的方向，利用化学平衡常数可以得到化学平衡时的物质组成。化学反应速率受到反应物的性质、浓度、温度、催化剂等的影响，利用阿伦尼乌斯公式可以得到反应速率常数和温度的关系。

思考题

1. 当系统从环境吸热时，系统的热力学能是否一定会增加？

2. 下列说法是否正确，为什么？

(1) 要加热才能进行的反应一定是吸热反应；

(2) 反应的速率常数取决于反应温度，与反应物的浓度无关；

(3) 反应的活化能越大，反应速率也越大；

(4) 冰在室温下自动融化成为水，是熵增起了主要作用。

思考题 2 解析

3. “标准摩尔生成焓就是在温度为 T，压力为 $p^{\ominus}$ 下进行生成反应的焓变”这种说法对吗？

4. 在一刚性绝热容器中进行的碳氧化生成二氧化碳的反应，若气体可视为理想气体，以下说法何者正确？若不正确，指出正确的结论。

(1) 反应后容器内温度升高；

(2) 因系统温度升高，有 $\Delta U>0$；

(3) 因反应是放热反应，有 $\Delta H<0$；

(4) 因该反应能自动进行，有 $\Delta S>0, \Delta G<0$。

5. 什么是多重平衡规则？使用多重平衡规则时应注意些什么？

6. 什么是化学反应的平衡常数，它是怎样定义的？某化学反应的 $\Delta_r G_m$ 若大于零，则 $K^{\ominus}$ 一定小于 1，对吗？

7. 因 $K^{\ominus}$ 仅是温度的函数，所以一个已达平衡的化学反应，只有当标准平衡常数改变时，平衡才会移动，对吗？

思考题 7 解析

8. 当温度一定时，两个化学反应中活化能大者，反应速率一定小，对吗？

9. 催化剂在反应前后所有的性质都相同，对吗？

习　题

1. 293 K 时，在 1 dm^3 NaBr 水溶液中含 NaBr(B) 321.99 g，密度为 1.238 $kg \cdot dm^{-3}$。计算该溶液的：(1) 溶质 B 的 c_B；(2) 溶质 B 的 x_B；(3) 溶质 B 的 b_B。

2. 用真空抽气泵抽气，可使容器内压力降到 1.33×10^{-5} Pa，试计算在 300 K 时，对一个 5.0×10^{-2} m^3 的氧气瓶进行抽气，最后瓶内还剩多少个氧分子？

3. 一个体积为 V 的容器中，盛有压力为 2.0×10^5 Pa 的某种气体，现在从容器内放出部分气体，容器内气体压力降到 1.5×10^5 Pa，而放出的气体在 1.0×10^5 Pa 下占有体积为 3.0 dm^3，试计算原容器的体积为多少。（整个过程温度都保持恒定。）

4. 300 K 时，A 气体在 6.0×10^4 Pa 下，体积为 1.25×10^{-4} m^3，B 气体在 8.0×10^4 Pa 下，体积为 0.15 dm^3，现将这两种气体在 300 K 下混合（彼此不发生反应）于 0.50 dm^3 容器内，求混合气体的总压。

5. 已知：

(1) $C(s)+O_2(g) = CO_2(g)$　　$\Delta_r H_m^{\ominus}(1) = -393.5\ kJ \cdot mol^{-1}$

(2) $H_2(g)+\frac{1}{2}O_2(g) = H_2O(l)$　　$\Delta_r H_m^{\ominus}(2) = -285.8\ kJ \cdot mol^{-1}$

(3) $CH_4(g)+2O_2(g) = CO_2(g)+2H_2O(l)$　　$\Delta_r H_m^{\ominus}(3) = -890.5\ kJ \cdot mol^{-1}$

试求 $CH_4(g)$ 的 $\Delta_f H_m^{\ominus}$。

6. 阿波罗登月火箭用 $N_2H_4(l)$ 作为燃料，用 $N_2O_4(g)$ 作氧化剂，燃烧后产生 $N_2(g)$ 和 $H_2O(l)$，写出配平的化学方程式，并计算 $N_2H_4(l)$ 燃烧反应的 $\Delta_r H_m^{\ominus}(298.15\ K)$。

习题 7 解析

7. 由附录中的 $\Delta_f H_m^\ominus(298.15\ K)$ 数据，计算：

(1) 水蒸发成水蒸气 $H_2O(l) = H_2O(g)$ 的标准摩尔焓变 $\Delta_r H_m^\ominus(298.15\ K)$。

(2) 298.15 K 下 2.00 mol 的 $H_2O(l)$ 蒸发成同温、同压的水蒸气，焓变 ΔH 是多少？吸热多少？做功多少？热力学能的增量 ΔU 又为多少？(水的体积比水蒸气小得多，计算时可略去。)

8. 预言下列过程系统的 ΔS 符号。

(1) 水变成水蒸气；

(2) 气体等温膨胀；

(3) 苯与甲苯相溶；

(4) 盐溶于水中；

(5) 盐从过饱和水溶液中结晶出来。

9. 利用附录的数据，判断下列反应在标准状态下能否自发进行。

(1) $Ca(OH)_2(s)+CO_2(g) = CaCO_3(s)+H_2O(l)$

(2) $CH_3CH_3(g)+Cl_2(g) = CH_2ClCH_3(g)+HCl(g)$

10. CO 是汽车尾气的主要污染源，有人设想用加热分解的方法来消除它：

$$CO(g) = C(s)+\frac{1}{2}O_2(g)$$

试从热力学角度判断该想法能否实现。

11. 若将反应 $3H_2(g)+N_2(g) = 2NH_3(g)$ 的 $\Delta_r H_m^\ominus$，$\Delta_r S_m^\ominus$ 均看作与温度无关，且设反应时各物质的分压皆为 100 kPa，试计算该反应自发进行的温度条件。

12. 写出下列反应的标准平衡常数 $K^\ominus$ 的表达式。

(1) $NH_3(g) = \frac{3}{2}H_2(g)+\frac{1}{2}N_2(g)$

(2) $BaCO_3(s) = BaO(s)+CO_2(g)$

(3) $Fe_3O_4(s)+4H_2(g) = 3Fe(s)+4H_2O(g)$

(4) $\frac{3}{2}O_2(g) = O_3(g)$

13. 已知有如下反应：

(1) $S(s)+H_2(g) = H_2S(g)$ $\quad K_1^\ominus=7.11\times10^5$

(2) $S(s)+\frac{3}{2}O_2(g) = SO_3(g)$ $\quad K_2^\ominus=1.04\times10^{65}$

(3) $2SO_2(g)+O_2(g) = 2SO_3(g)$ $\quad K_3^\ominus=7.56\times10^{24}$

计算此时反应 $SO_2(g)+H_2(g) = H_2S(g)+O_2(g)$ 的平衡常数 $K^\ominus$。

14. 若将 1.00 mol $SO_2(g)$ 和 1.00 mol $O_2(g)$ 的混合物，在 600℃ 和 100 kPa 下缓慢通过 V_2O_5 催化剂，生成 $SO_3(g)$。当达到平衡后总压仍为 100 kPa，测得混合物中剩余的 O_2 为 0.615 mol。试计算反应 $2SO_2(g)+O_2(g) = 2SO_3(g)$ 的标准平衡常数 $K^\ominus(873\ K)$。

15. 有反应 $PCl_5(g) \longequal PCl_3(g)+Cl_2(g)$，试计算：

（1）在 298.15 K 时该反应的 $\Delta_r G_m^\ominus(298.15\ K)$ 和 $K^\ominus$；

（2）在 800 K 时该反应的 $K^\ominus$。

16. 有反应 $MgCO_3(s) \longequal MgO(s)+CO_2(g)$，试计算：

（1）在 298.15 K，100 kPa 下的 $\Delta_r H_m^\ominus(298.15\ K)$，$\Delta_r S_m^\ominus(298.15\ K)$，$\Delta_r G_m^\ominus(298.15\ K)$；

（2）在 1 123 K，100 kPa 下的 $\Delta_r G_m^\ominus(1\,123\ K)$ 和 $K^\ominus(1\,123\ K)$；

（3）在 100 kPa 下［即 $p(CO_2)=100$ kPa］进行分解的最低温度。

17. 在 1 000 K 时反应 $SO_2(g)+Cl_2(g) \longequal SO_2Cl_2(g)$ 的 $K^\ominus=0.413$，将 $SO_2(g)$ 和 $Cl_2(g)$ 引入反应器反应，计算下列情况下 $SO_2(g)$ 的平衡转化率：

（1）$SO_2(g)$ 和 $Cl_2(g)$ 的初始分压均为 100 kPa；

（2）$SO_2(g)$ 和 $Cl_2(g)$ 的初始分压分别为 100 kPa 和 200 kPa。

18. 设反应 $aA+bB \longrightarrow C$ 在恒温下，当 c_A 恒定时，若将 c_B 增大为原来的两倍，测得其反应速率亦增大为原来的两倍；当 c_B 恒定时，若将 c_A 增大为原来的两倍，测得其反应速率增大为原来的四倍。试写出此反应的速率方程。

19. 在 301 K 时，鲜牛奶大约在 4 h 后变酸。但在 278 K 时，鲜牛奶在 48 h 后才变酸。假定反应速率与牛奶变酸时间成反比，求牛奶变酸的活化能。

20. 对于反应 $C_2H_5Cl(g) \longequal C_2H_4(g)+HCl(g)$，已知其活化能 $E_a=246.9\ kJ\cdot mol^{-1}$，700 K 时的速率常数 $k_1=5.9\times10^{-5}\ s^{-1}$，求 800 K 时的速率常数 k_2。

21. 已知在 967 K 时，$N_2O(g)$ 的分解反应：

$$N_2O(g) \longrightarrow N_2(g)+\frac{1}{2}O_2(g)$$

在无催化剂时的活化能为 $244.8\ kJ\cdot mol^{-1}$，而在金作催化剂时的活化能为 $121.3\ kJ\cdot mol^{-1}$。问：在金作催化剂时反应速率增加为原来的多少倍？

习题 21 解析

第五章

酸碱反应

酸碱反应是一类常见且重要的反应。溶液的酸碱性是溶液最重要的性质之一，也是影响沉淀平衡、配位平衡及氧化还原平衡的重要因素。人们对酸碱概念的认识经历了一个逐渐深入的过程。

1887 年瑞典化学家阿伦尼乌斯提出了电离理论，他认为：在水溶液中电离生成的阳离子全都是 H^+ 的物质叫酸；在水溶液中电离生成的阴离子全都是 OH^- 的物质叫碱。酸和碱作用生成盐和水的反应叫中和反应，反应的实质是 H^+ 和 OH^- 结合生成 H_2O，中和反应的结果使酸、碱的特征消失了。电离理论对酸碱理论的发展起了积极的作用，直到现在仍被普遍应用。但是电离理论只限于水溶液体系，对于非水体系进行的酸碱反应及不含 H^+ 和 OH^- 成分的物质也能表现出酸、碱的性质无法解释。针对这些情况，1923 年丹麦化学家布朗斯特（Brønsted J N）和英国化学家劳瑞（Lowry T M）分别提出了酸碱质子理论。

本章根据酸碱质子理论，讨论水溶液中质子转移反应、酸碱反应常数、处理溶液平衡的方法及水溶液中 pH 的计算等内容。

5.1 酸碱质子理论

5.1.1 酸碱定义和共轭酸碱对

根据酸碱质子理论，凡是能给出质子的物质是酸，凡是能接受质子的物质是碱，酸是质子给予体（proton donor），碱是质子接受体（proton acceptor）。它们之间的关系如下：

$$酸 \rightleftharpoons 质子+碱$$

或
$$HA \rightleftharpoons H^+ + A^-$$

酸 HA 给出质子后，剩下的 A^- 对质子具有一定的亲和力，能接受质子，所以 A^- 是碱。这种因一个质子的得失而相互转变的一对酸碱称为共轭酸碱对（conjugate acid-base pair）。酸失去一个质子后变为它的共轭碱（conjugate base）；碱得到一个质子后变为它的共轭酸（conjugate acid）。酸和碱是互相依存，相互转化的。例如：

酸		质子 碱	共轭酸碱对
HCl	$\longrightarrow$	$H^+ + Cl^-$	$HCl-Cl^-$
HCN	$\rightleftharpoons$	$H^+ + CN^-$	$HCN-CN^-$
H_3PO_4	$\rightleftharpoons$	$H^+ + H_2PO_4^-$	$H_3PO_4-H_2PO_4^-$
$H_2PO_4^-$	$\rightleftharpoons$	$H^+ + HPO_4^{2-}$	$H_2PO_4^- - HPO_4^{2-}$
HPO_4^{2-}	$\rightleftharpoons$	$H^+ + PO_4^{3-}$	$HPO_4^{2-} - PO_4^{3-}$
NH_4^+	$\rightleftharpoons$	$H^+ + NH_3$	$NH_4^+ - NH_3$
H_2O	$\rightleftharpoons$	$H^+ + OH^-$	H_2O-OH^-
H_3O^+	$\rightleftharpoons$	$H^+ + H_2O$	$H_3O^+ - H_2O$
$C_6H_5SO_3H$	$\rightleftharpoons$	$H^+ + C_6H_5SO_3^-$	$C_6H_5SO_3H-C_6H_5SO_3^-$
$CH_3NH_3^+$	$\rightleftharpoons$	$H^+ + CH_3NH_2$	$CH_3NH_3^+ - CH_3NH_2$
$[Fe(H_2O)_6]^{3+}$	$\rightleftharpoons$	$H^+ + [Fe(H_2O)_5(OH)]^{2+}$	$[Fe(H_2O)_6]^{3+} - [Fe(H_2O)_5(OH)]^{2+}$

从这些例子可以看出：

（1）酸和碱是以质子的授受关系定义的，酸（或碱）可以是中性分子，也可以是正离子或负离子。

（2）某些物质在某一共轭酸碱对中是酸，而在另一共轭酸碱对中又是碱。这种既能给出质子作为酸，又能接受质子作为碱的物质称为两性物质（amphoteric compound）。

（3）酸与其共轭碱之间只相差一个质子，酸比它的共轭碱多一个正电荷。

5.1.2 酸碱反应的实质

按照酸碱质了理论，酸碱反应的实质是质子的转移（或得失），故酸碱反应亦称为质子转移反应。由于质子的半径极小，电荷密度很高，不能在溶液中单独存在（或者说只能瞬间存在），酸给出质子必须以另一种相对碱性的物质接受质子为条件。同样，碱只能从另一种相对酸性的物质那里接受质子。

上述的各个共轭酸碱对的质子得失反应，称为酸碱半反应。由于质子不能在溶液中单独存在，酸碱半反应是不能单独存在的。一个酸碱反应必须有两个共轭酸碱对同时存在才能实现。酸碱反应是两个共轭酸碱对之间的质子转移。

例如，HOAc 在水溶液中的解离：

$$\underset{\text{酸}_1}{HOAc} \rightleftharpoons H^+ + \underset{\text{碱}_1}{OAc^-}$$

$$\underset{\text{碱}_2}{H_2O} + H^+ \rightleftharpoons \underset{\text{酸}_2}{H_3O^+}$$

总反应

$$\underset{\text{酸}_1}{HOAc} + \underset{\text{碱}_2}{H_2O} \rightleftharpoons \underset{\text{酸}_2}{H_3O^+} + \underset{\text{碱}_1}{OAc^-}$$

由此可见，HOAc 在水溶液中的解离是两个共轭酸碱对（$HOAc-OAc^-$ 和 $H_3O^+-H_2O$）共同作用的结果，如果没有作为碱的溶剂（H_2O）存在，HOAc 就无法实现其解离。

在水溶液中，质子以水合质子的形式存在，水合质子的结构复杂，一般写作 H_3O^+，简写为 H^+，以上 HOAc 的解离反应通常以简化的形式书写：

$$HOAc \rightleftharpoons H^+ + OAc^-$$

需要注意的是，这一简化形式代表的是一个完整的酸碱反应，不要把它看成酸碱半反应，不可忘记溶剂水的作用。

同样，碱的解离也须有溶剂水参加。例如，NH_3 溶于水：

$$\underset{\text{碱}_1}{NH_3} + \underset{\text{酸}_2}{H_2O} \rightleftharpoons \underset{\text{碱}_2}{OH^-} + \underset{\text{酸}_1}{NH_4^+}$$

显然，NH_3 在水溶液中的解离，实质是两个共轭酸碱对（$NH_4^+-NH_3$ 和 H_2O-OH^-）共同作用的结果。

在水溶液中，酸的解离和碱的解离都离不开溶剂（H_2O）的作用。所不同的是，在酸的解离中，溶剂（H_2O）起碱的作用，在碱的解离中，溶剂（H_2O）起酸的作用。

总之，酸碱反应是两个共轭酸碱对共同作用的结果，酸碱反应式以合并两个半反应来表示：

$$\text{酸}_1(HA) \rightleftharpoons \text{质子}(H^+) + \text{碱}_1(A^-)$$

$$+ \quad \text{质子}(H^+) + \text{碱}_2(B) \rightleftharpoons \text{酸}_2(HB^+)$$

$$\text{酸}_1(HA) + \text{碱}_2(B) \rightleftharpoons \text{碱}_1(A^-) + \text{酸}_2(HB^+) \tag{5-1}$$

式（5-1）称为质子理论的基本表达式。它说明：在酸碱反应中，至少存在两对共轭酸碱对。酸碱反应总是较强酸与较强碱反应向着生成较弱酸和较弱碱的方向进行。

酸碱质子理论把中和、解离、水解等反应都概括为质子传递反应，且适用于水和非水体系。

5.1.3 溶剂的酸碱性

H_2O 是最常使用的溶剂，H_2O 以外的其他溶剂称为非水溶剂。溶剂有许多值得注意的性质，如极性、黏度、介电常数等。

溶剂的酸碱性是指溶剂的质子活性。凡能给出或接受质子的溶剂，称为有质子活性。这类溶剂统称为质子溶剂(protic solvent)。凡不能给出或接受质子的溶剂称为非质子溶剂(aprotic solvent)或惰性溶剂。

H_2O 有质子活性，是质子溶剂。从上面的讨论可知，H_2O 既可以结合质子，也可以给出质子。因此，H_2O 是典型的两性溶剂，H_2O 分子之间也会发生质子转移：

$$H_2O+H_2O \rightleftharpoons H_3O^++OH^- \tag{5-2}$$

这个反应称为水的质子自递反应(self-ionization of water)。

以 H_2O 为参考标准，质子溶剂可分为以下三类：

(1) 两性溶剂　这类溶剂给出质子与接受质子的能力相当。最典型的两性溶剂是水，甲醇、乙醇和异丁醇也属于这一类。

(2) 酸性溶剂　这类溶剂也具有一定的两性，但其酸性显著地比水强，较易给出质子，如醋酸、甲酸、液态氟化氢等。

(3) 碱性溶剂　这类溶剂也具有一定的两性，但其碱性比水强，对质子的亲和力比水大，较易接受质子，如乙二胺、丁胺、二甲基甲酰胺、液氨等。含氮杂环化合物如吡啶等也属于这一类，但它们只能接受质子，不能给出质子。

吡啶

在质子溶剂中存在质子自递作用(吡啶除外)，即质子在溶剂分子之间的转移。例如：

$$NH_3+NH_3 \rightleftharpoons NH_4^++NH_2^- \tag{5-3}$$

氨化质子

$$CH_3OH+CH_3OH \rightleftharpoons CH_3OH_2^++CH_3O^- \tag{5-4}$$

甲醇化质子

$$HOAc+HOAc \rightleftharpoons H_2OAc^++OAc^- \tag{5-5}$$

醋酸化质子

惰性溶剂给出质子或接受质子的能力都非常弱或根本没有。这类溶剂有苯、四氯化碳、氯仿、丙酮、甲基异丁酮等。

5.2 酸碱反应常数

5.2.1 溶剂的质子自递反应常数

溶剂的质子自递反应是溶液中最基本的酸碱反应。H_2O 是最重要也是使用最广泛的溶剂。实验证明,纯水有微弱的导电性,这是由于水的质子自递反应所引起的。其平衡常数称为水的质子自递反应常数(self-ionization constant of water),也称为水的离子积常数(ion-product constant of water),简称水的离子积(ion-product of water),以 $K_w^\ominus$ 表示。$K_w^\ominus$ 的表达式规定为

$$K_w^\ominus = \frac{[H_3O^+]}{c^\ominus} \cdot \frac{[OH^-]}{c^\ominus}$$

式中 $[H_3O^+]$ 和 $[OH^-]$ 分别表示 H_3O^+ 和 OH^- 的平衡浓度,$c^\ominus$ 为标准浓度($c^\ominus = 1\ mol \cdot L^{-1}$)。在以后的讨论中均以[ ]表示平衡浓度,$c$ 表示初始浓度或总浓度。凡平衡浓度表达式均以相对浓度表示,都要除以标准浓度 $c^\ominus$,为书写简化,可将其省略。故水的离子积通常表示为

$$K_w^\ominus = [H_3O^+][OH^-] \quad 或 \quad K_w^\ominus = [H^+][OH^-] \tag{5-6}$$

水的质子自递反应常数可由实验测定,也可由热力学数据计算得到:

$$H_2O(l) + H_2O(l) \rightleftharpoons H_3O^+(aq) + OH^-(aq)$$

$$\Delta_r G_m^\ominus = 79.90\ kJ \cdot mol^{-1}$$

$$\lg K_w^\ominus = \frac{-\Delta_r G_m^\ominus}{2.303\ RT} = \frac{-79.90 \times 10^3\ J \cdot mol^{-1}}{2.303 \times 8.314\ J \cdot mol^{-1} \cdot K^{-1} \times 298.15\ K} = -14.00$$

$$K_w^\ominus = 1.0 \times 10^{-14}$$

平衡常数是表示化学反应限度的一种特征值,其数值仅与温度及反应方程式的书写形式有关。由于水的质子自递反应是吸热反应,所以温度越高,$K_w^\ominus$ 越大。25℃时 $K_w^\ominus = 1.0 \times 10^{-14}$,100℃时 $K_w^\ominus = 5.5 \times 10^{-13}$。若不标明温度,计算时取 $K_w^\ominus = 1.0 \times 10^{-14}$。

由式(5-6)可知,无论是在酸性还是碱性的水溶液中,H^+ 和 OH^- 都是同时存在的。它们的平衡浓度的乘积为常数。水溶液中 $[H^+]$ 和 $[OH^-]$ 都较小,若用它们直接表示水溶液的酸碱性很不方便。将式(5-6)两边取负对数:

$$-\lg K_w = -\lg[H^+] - \lg[OH^-]$$

$$pK_w = pH + pOH$$

根据这一关系,在水溶液中,知道了 $[H^+]$ 就可以求出 $[OH^-]$,反之亦然。常用

pH 或 pOH 表示溶液的酸碱性。室温时，水溶液的 pH 范围为 0～14。pH = 0，$[H^+]=1\ mol\cdot L^{-1}$；pH = 14，$[OH^-]=1\ mol\cdot L^{-1}$。若$[H^+]$或$[OH^-]$大于 $1\ mol\cdot L^{-1}$，则通常不用 pH 表示酸度，而直接写出$[H^+]$或$[OH^-]$的数值。

其他质子溶剂的质子自递反应常数也称为溶剂的离子积（ion-product of solvent），用 K_s 表示。例如，对于反应（5-3）、反应（5-4）和反应（5-5），K_s 的表达式分别为

$$K_s=[NH_4^+][NH_2^-]$$

$$K_s=[CH_3OH_2^+][CH_3O^-]$$

$$K_s=[H_2OAc^+][OAc^-]$$

表 5-1 给出一些质子迁移性溶剂的 pK_s。

表 5-1 一些质子迁移性溶剂的 pK_s（298.15 K）

溶剂	阳离子（溶剂化质子）	阴离子（S^-）	pK_s
水（H_2O）	H_3O^+	OH^-	14.0
氨（NH_3）	NH_4^+	NH_2^-	30.0（223 K）
甲酸（HCOOH）	$HCOOH_2^+$	$HCOO^-$	6.2
醋酸（HOAc）	H_2OAc^+	OAc^-	14.46
氢氟酸（HF）	H_2F^+	F^-	10.7（273 K）
硫酸（H_2SO_4）	$H_3SO_4^+$	HSO_4^-	3.6
甲醇（CH_3OH）	$CH_3OH_2^+$	CH_3O^-	16.7
乙醇（CH_3CH_2OH）	$C_2H_5OH_2^+$	$C_2H_5O^-$	19.1
甲酰胺（$HCONH_2$）	$HCONH_3^+$	$HCONH^-$	16.8

酸碱溶剂理论

5.2.2 弱酸和弱碱的解离常数

1. 一元弱酸和弱碱

水溶液中一元弱酸 HA 的解离反应为

$$HA+H_2O \rightleftharpoons H_3O^++A^-$$

平衡时
$$K_a=\frac{[H_3O^+][A^-]}{[HA]}$$

简写为
$$K_a=\frac{[H^+][A^-]}{[HA]} \qquad (5-7)$$

K_a 称为弱酸的解离常数（acid dissociation constant），又称酸常数（constant of acid）。不同的弱酸，酸常数不同。比较弱酸的 K_a，即可比较它们的相对强度。例如，25℃时：

$$HCOOH+H_2O \rightleftharpoons H_3O^++HCOO^- \qquad K_a=1.8\times10^{-4}$$

$$HOAc+H_2O \rightleftharpoons H_3O^++OAc^- \qquad K_a=1.75\times10^{-5}$$

$$NH_4^++H_2O \rightleftharpoons H_3O^++NH_3 \qquad K_a=5.6\times10^{-10}$$

由 K_a 的大小可知这三种酸的强弱顺序为

$$HCOOH>HOAc>NH_4^+$$

水溶液中一元弱碱 A^- 的解离反应为

$$A^-+H_2O \rightleftharpoons OH^-+HA$$

平衡时

$$K_b=\frac{[HA][OH^-]}{[A^-]} \tag{5-8}$$

K_b 称为弱碱 A^- 的解离常数(base dissociation constant),又称碱常数(constant of base)。不同的弱碱,碱常数不同,例如,25℃时:

$$NH_3+H_2O \rightleftharpoons NH_4^++OH^- \qquad K_b=1.8\times10^{-5}$$

$$OAc^-+H_2O \rightleftharpoons HOAc+OH^- \qquad K_b=5.7\times10^{-10}$$

$$HCOO^-+H_2O \rightleftharpoons HCOOH+OH^- \qquad K_b=5.6\times10^{-11}$$

由 K_b 的大小可知这三种碱的强弱顺序为 $NH_3>OAc^->HCOO^-$,与其共轭酸的强弱顺序正好相反。可见,酸的酸性越强,则其共轭碱的碱性越弱。

一些常用的弱酸和弱碱在水溶液中的解离常数列于附录Ⅵ中。

根据质子理论,酸的相对强度就是它向溶剂转移质子的能力,碱的相对强度就是它从溶剂夺取质子的能力。强酸(如 HCl)的酸性强,是因为它能把质子几乎全部转移给 H_2O,形成 H_3O^+,使反应强烈地向生成 H_3O^+的方向进行:

$$HCl+H_2O \longrightarrow H_3O^++Cl^-$$

相应地,其共轭碱(Cl^-)则几乎没有夺取质子的能力,是一种极弱的碱,它的 K_b 小到难以测定。

强酸与水之间的酸碱反应是不可逆的。强酸在水中完全解离,全部转化为 H_3O^+,水溶液中并不存在酸的分子,即 H_3O^+是水溶液中能够存在的最强形式的酸。

同样,强碱在水中也完全解离,全部转化为 OH^-,水溶液中并不存在碱的分子,OH^-是水溶液中存在的最强形式的碱。

$$NaOH \longrightarrow Na^++OH^-$$

比较 HOAc 在 H_2O 和液氨中的解离:

$$HOAc+H_2O \rightleftharpoons H_3O^++OAc^-$$

$$HOAc+NH_3(l) \rightleftharpoons NH_4^++OAc^-$$

由于 $NH_3(l)$ 对质子的亲和力比 H_2O 强,所以同样是 HOAc,它在 $NH_3(l)$ 中给出质子的能力(酸性)比在 H_2O 中强。也就是说,酸(或碱)的强度,不仅与酸(或碱)的本质有关,也与溶剂的酸碱性质有关。

酸碱强度的相对性还可以从拉平效应和区分效应进一步来理解。

强酸在水中完全解离。例如:

$$HCl+H_2O \longrightarrow H_3O^++Cl^-$$

$$HNO_3+H_2O \longrightarrow H_3O^++NO_3^-$$

$$H_2SO_4+H_2O \longrightarrow H_3O^++HSO_4^-$$

$$HClO_4+H_2O \longrightarrow H_3O^++ClO_4^-$$

应该说这四种酸从本质上讲是有区别的,"完全解离"的发生和 H_2O 具有足够强的接受质子的能力有关。或者说,由于溶剂(H_2O)具有足够强的碱性,使这四种酸的强度都被拉平到水合质子(H_3O^+)的水平。这种将各种不同强度的酸拉平到溶剂化质子水平的效应称为拉平效应。具有拉平效应的溶剂称为拉平性溶剂。

如果在醋酸介质中,由于溶剂 HOAc 的碱性较 H_2O 弱,这四种酸就不能将其质子全部转移给 HOAc 了,在转移程度上表现出差别:

$$HClO_4+HOAc \rightleftharpoons H_2OAc^++ClO_4^-$$

$$H_2SO_4+HOAc \rightleftharpoons H_2OAc^++HSO_4^-$$

$$HCl+HOAc \rightleftharpoons H_2OAc^++Cl^-$$

$$HNO_3+HOAc \rightleftharpoons H_2OAc^++NO_3^-$$

表 5-2 给出了在醋酸中四种酸的 pK_a。换言之,以醋酸这个碱作为比较的标准,可以区分以上四种酸给出质子的能力。这就是溶剂的区分效应,具有区分效应的溶剂称为区分性溶剂。

表 5-2 在醋酸中四种酸的 pK_a

酸	$HClO_4$	H_2SO_4	HCl	HNO_3
pK_a	5.8	8.1	8.8	9.4

溶剂也有两重性。例如,水对于强酸是拉平性溶剂,但对于 HCl 与 HOAc 又是区分性溶剂。

溶剂的拉平效应和区分效应,与溶质和溶剂的酸碱性有关。对于指定的酸或碱,可以通过改变溶剂的酸碱性来改变它的相对强度。

2. 多元弱酸和弱碱

多元弱酸(polyfunctional weak acid)在水中的解离是逐级进行的,每一步实质上都与 H_2O 发生一个质子的转移,相应地就有一系列的平衡常数,称为弱酸的逐级解离常数。例如,25℃时 H_3PO_4 的解离:

$$H_3PO_4+H_2O \rightleftharpoons H_3O^++H_2PO_4^- \qquad K_{a_1}=\frac{[H^+][H_2PO_4^-]}{[H_3PO_4]}=6.9\times10^{-3}$$

$$H_2PO_4^- + H_2O \rightleftharpoons H_3O^+ + HPO_4^{2-} \qquad K_{a_2} = \frac{[H^+][HPO_4^{2-}]}{[H_2PO_4^-]} = 6.2\times10^{-8}$$

$$HPO_4^{2-} + H_2O \rightleftharpoons H_3O^+ + PO_4^{3-} \qquad K_{a_3} = \frac{[H^+][PO_4^{3-}]}{[HPO_4^{2-}]} = 4.8\times10^{-13}$$

由 K_a 值可知，酸的强度顺序为 $H_3PO_4 > H_2PO_4^- > HPO_4^{2-}$。

酸的 K_a 值越大，其共轭碱的 K_b 值就越小，故碱的强度顺序为

$$PO_4^{3-} > HPO_4^{2-} > H_2PO_4^-$$

$$PO_4^{3-} + H_2O \rightleftharpoons HPO_4^{2-} + OH^- \qquad K_{b_1} = \frac{[HPO_4^{2-}][OH^-]}{[PO_4^{3-}]} = 2.1\times10^{-2}$$

$$HPO_4^{2-} + H_2O \rightleftharpoons H_2PO_4^- + OH^- \qquad K_{b_2} = \frac{[H_2PO_4^-][OH^-]}{[HPO_4^{2-}]} = 1.6\times10^{-7}$$

$$H_2PO_4^- + H_2O \rightleftharpoons H_3PO_4 + OH^- \qquad K_{b_3} = \frac{[H_3PO_4][OH^-]}{[H_2PO_4^-]} = 1.4\times10^{-12}$$

多元弱酸或弱碱的逐级解离平衡，其第一级解离常数远大于以后的各级解离常数，即以第一级解离为主。近似计算时，常利用这一性质。

3. 共轭酸碱对的 K_a 和 K_b 之间的关系

在一定的溶剂中，共轭酸碱对的 K_a 和 K_b 之间存在某种确定的关系。这种关系可由多重平衡规则方便地得到，如共轭酸碱对 $HA-A^-$ 在水溶液中有下列平衡：

$$HA + H_2O \rightleftharpoons H_3O^+ + A^- \qquad K_a = \frac{[H_3O^+][A^-]}{[HA]}$$

$$A^- + H_2O \rightleftharpoons OH^- + HA \qquad K_b = \frac{[HA][OH^-]}{[A^-]}$$

总反应 $\qquad H_2O + H_2O \rightleftharpoons H_3O^+ + OH^- \qquad K_w$

总反应恰好是水的质子自递反应，由多重平衡规则可知，25℃时：

$$K_w = K_aK_b = 1.0\times10^{-14}$$

$$pK_a + pK_b = 14.00$$

即共轭酸碱对的 K_a 和 K_b 的乘积等于水的质子自递常数 K_w。

同样，对于质子迁移性的非水溶剂，共轭酸碱对的 K_a 和 K_b 的乘积等于溶剂的离子积：

$$K_aK_b = K_s$$

这个关系对于多元弱酸和多元弱碱仍然成立。在水溶液中 H_3PO_4 的解离达到平衡时，可能有四种存在形式（或型体）：H_3PO_4，$H_2PO_4^-$，HPO_4^{2-} 和 PO_4^{3-}，其中 H_3PO_4 是三元酸，PO_4^{3-} 是三元碱，$H_2PO_4^-$ 和 HPO_4^{2-} 都是两性物质。

同样可以证明：

$$K_{a_1}K_{b_3} = K_{a_2}K_{b_2} = K_{a_3}K_{b_1} = K_w = 1.0\times10^{-14}$$

或 $$pK_{a_1}+pK_{b_3}=pK_{a_2}+pK_{b_2}=pK_{a_3}+pK_{b_1}=14.00$$

5.2.3 中和反应常数

中和反应(neutralization reaction)是一类很重要的酸碱反应,中和反应常数 K 可以由 K_w,K_a 和 K_b 计算得到。

强酸与强碱反应:$H_3O^+ + OH^- \rightleftharpoons H_2O + H_2O \qquad K=\dfrac{1}{K_w}$

强酸与弱碱反应:$H_3O^+ + B^- \rightleftharpoons HB + H_2O \qquad K=\dfrac{1}{K_a(HB)}=\dfrac{K_b(B^-)}{K_w}$

强碱与弱酸反应:$OH^- + HA \rightleftharpoons A^- + H_2O \qquad K=\dfrac{1}{K_b(A^-)}=\dfrac{K_a(HA)}{K_w}$

弱酸与弱碱反应:$HA + B^- \rightleftharpoons HB + A^- \qquad K=\dfrac{K_a(HA)K_b(B^-)}{K_w}$

由此可见,中和反应是水的质子自递反应或弱酸弱碱解离反应的逆反应,因此,中和反应常数 K 是 K_w 或相应的解离常数的倒数。

多元酸碱的中和反应都是分步进行的。例如,NaOH 与 H_3PO_4 的反应:

第一步:$OH^- + H_3PO_4 \rightleftharpoons H_2PO_4^- + H_2O \qquad K_1=1/K_{b_3}=K_{a_1}/K_w$

第二步:$OH^- + H_2PO_4^- \rightleftharpoons HPO_4^{2-} + H_2O \qquad K_2=1/K_{b_2}=K_{a_2}/K_w$

第三步:$OH^- + HPO_4^{2-} \rightleftharpoons PO_4^{3-} + H_2O \qquad K_3=1/K_{b_1}=K_{a_3}/K_w$

K_{a_1},K_{a_2}和 K_{a_3}是三元酸 H_3PO_4 的逐级解离常数,K_{b_1},K_{b_2}和 K_{b_3}是三元碱 PO_4^{3-} 的逐级解离常数。这里请注意中和反应的各级平衡常数和弱酸弱碱的各级解离常数之间的对应关系。

5.2.4 水解反应及水解常数

水解反应(hydrolyzation reaction)是盐的离子与水的反应。并非组成盐类的一切离子都能水解,能否水解取决于离子给出或接受质子的能力。只有那些在其组成离子中至少有一种离子能与 H_2O 发生反应的盐才能水解。盐的水解实质上是组成它的酸、碱与溶剂 H_2O 分子间的质子转移过程。根据质子理论,盐的水解与酸碱解离反应在本质上是相同的。按照质子理论,不存在“盐”这一概念,这里沿用习惯叫法。

盐的水解反应的进行程度,可用水解常数 K_h 来表示。

强酸强碱盐无水解作用,它们的水溶液呈中性,如 NaCl、KNO_3 等。

强酸弱碱盐,如 NH_4Cl,参与水解反应的是 NH_4^+(NH_3 的共轭酸):

$$NH_4^+ + H_2O \rightleftharpoons NH_3 + H_3O^+$$

$$K_h=\frac{[NH_3][H_3O^+]}{[NH_4^+]}=K_a(NH_4^+)=\frac{K_w}{K_b(NH_3)}$$

故 NH_4^+ 也称为阳离子酸，NH_4Cl 的水解实际上就是 NH_4^+(酸)的解离。

强碱弱酸盐，如 NaOAc，参与水解反应的是 OAc^-(HOAc 的共轭碱)：

$$OAc^-+H_2O \rightleftharpoons HOAc+OH^-$$

$$K_h=\frac{[HOAc][OH^-]}{[OAc^-]}=K_b(OAc^-)=\frac{K_w}{K_a(HOAc)}$$

故 OAc^- 也称为阴离子碱，NaOAc 的水解实际上就是 OAc^-(碱)的解离。

弱酸弱碱盐，如 NH_4OAc，其中的 NH_4^+ 和 OAc^- 都能发生水解：

$$NH_4^++H_2O \rightleftharpoons NH_3+H_3O^+ \qquad K_h(NH_4^+)=K_a(NH_4^+)=\frac{K_w}{K_b(NH_3)}$$

$$OAc^-+H_2O \rightleftharpoons HOAc+OH^- \qquad K_h(OAc^-)=K_b(OAc^-)=\frac{K_w}{K_a(HOAc)}$$

$$H_3O^++OH^- \rightleftharpoons H_2O+H_2O \qquad K=\frac{1}{K_w}$$

上述三个反应的总反应即为 NH_4OAc 的水解反应：

$$NH_4^++OAc^- \rightleftharpoons NH_3+HOAc$$

按照多重平衡规则，NH_4OAc 的水解常数为

$$K_h=\frac{K_w}{K_a(HOAc)K_b(NH_3)}=\frac{[NH_3][HOAc]}{[NH_4^+][OAc^-]}$$

可以看出，NH_4OAc 的水解反应是 HOAc 和 NH_3 的中和反应的逆反应，因此，NH_4OAc 的水解常数也就是 HOAc 和 NH_3 中和反应常数的倒数。由上述水解常数表达式可知，水解反应生成的酸碱越弱(K_a 和 K_b 越小)，则 K_h 越大，水解反应进行得越完全。

弱酸弱碱盐水解生成弱碱和弱酸，水溶液 pH 由水解生成的弱碱和弱酸的解离常数的相对大小决定：

$K_a=K_b$	溶液呈中性	pH = 7
$K_a>K_b$	溶液呈酸性	pH<7
$K_a<K_b$	溶液呈碱性	pH>7

需要说明的是，按照质子理论，弱酸弱碱盐如 NH_4OAc 是两性物质，酸式盐如 NaH_2PO_4 也是两性物质。两性物质水溶液是显酸性、碱性还是中性，也可按下述方法确定，如 NaH_2PO_4 水溶液：

作为酸　　$H_2PO_4^-+H_2O \rightleftharpoons H_3O^++HPO_4^{2-}$　　$K_{a_2}=6.2\times10^{-8}$

作为碱　　$H_2PO_4^-+H_2O \rightleftharpoons OH^-+H_3PO_4$　　$K_{b_3}=1.4\times10^{-12}$

由于 $K_{a_2}>K_{b_3}$，说明 $H_2PO_4^-$ 给出质子的能力大于获得质子的能力，所以 NaH_2PO_4 水溶液呈酸性。

5.2.5 解离度和稀释定律

化学上常用解离度(degree of ionization)表示电解质溶液的相对强度。解离度表示如下:

$$\alpha=\frac{\text{已解离的弱电解质的浓度}}{\text{弱电解质的总浓度}}\times 100\%$$

对于弱酸、弱碱在溶液中的解离而言,α 就是平衡转化率。在温度和总浓度相同的条件下,解离度越小,酸或碱就越弱。例如,弱酸 HA 的解离:

$$HA+H_2O \rightleftharpoons H_3O^+ + A^-$$

初始浓度	c	0	0
平衡浓度	$c(1-\alpha)$	$c\alpha$	$c\alpha$

通常,当 $\alpha\leqslant 0.05$ 时,$1-\alpha\approx 1$,则有

$$K_a=\frac{[H_3O^+][A^-]}{[HA]}=\frac{(c\alpha)^2}{c(1-\alpha)}\approx c\alpha^2$$

$$\alpha\approx\left(\frac{K_a}{c}\right)^{\frac{1}{2}} \tag{5-9}$$

对于弱碱溶液,同样可得

$$\alpha\approx\left(\frac{K_b}{c}\right)^{\frac{1}{2}} \tag{5-10}$$

由式(5-9)、式(5-10)可知,解离度 α 不仅与解离常数有关,也和弱酸或弱碱的初始浓度有关。对于确定的弱酸或弱碱,在一定的温度下,解离度与溶液浓度的平方根成反比,溶液越稀,解离度越大,这一关系称为稀释定律(dilution law)。

5.3 酸碱水溶液 pH 的计算

许多化学反应都与介质的 pH 密切相关,了解酸碱水溶液中酸碱存在形式及相关组分浓度的计算,是本节讨论的主要内容。

5.3.1 分布系数和分布曲线

1. 分布系数

从酸碱的解离反应可知,在一酸碱平衡体系中,存在着多种酸碱组分,这些组分的平衡浓度之和称为总浓度。某组分的平衡浓度占总浓度的分数称为分布系

数,用 δ 表示。

(1) 一元酸　如 HOAc,在溶液中的存在形式有 HOAc 和 OAc^-。醋酸的总浓度 c 应为两种存在形式平衡浓度之和,即 $c=[HOAc]+[OAc^-]$。设 HOAc 的分布系数为 δ_1,OAc^-的分布系数为 δ_0,则

$$\delta_1=\frac{[HOAc]}{c}=\frac{[HOAc]}{[HOAc]+[OAc^-]}=\frac{1}{1+\dfrac{[OAc^-]}{[HOAc]}}$$

将 $K_a=\dfrac{[H^+][OAc^-]}{[HOAc]}$代入,得

$$\delta_1=\frac{1}{1+\dfrac{K_a}{[H^+]}}=\frac{[H^+]}{[H^+]+K_a}$$

同理可得

$$\delta_0=\frac{[OAc^-]}{c}=\frac{K_a}{[H^+]+K_a} \qquad (5-11)$$

显然,各种组分分布系数之和等于 1,即 $\delta_1+\delta_0=1$。

(2) 二元酸　如 $H_2C_2O_4$,在溶液中的存在形式有 $H_2C_2O_4$,$HC_2O_4^-$ 和 $C_2O_4^{2-}$。草酸的总浓度 c 应为三种存在形式平衡浓度之和,即 $c=[H_2C_2O_4]+[HC_2O_4^-]+[C_2O_4^{2-}]$。

如果以 δ_2,δ_1,δ_0 分别代表 $H_2C_2O_4$,$HC_2O_4^-$ 和 $C_2O_4^{2-}$ 的分布系数,同样可得

$$\delta_2=\frac{[H_2C_2O_4]}{c}=\frac{[H^+]^2}{[H^+]^2+K_{a_1}[H^+]+K_{a_1}K_{a_2}}$$

$$\delta_1=\frac{[HC_2O_4^-]}{c}=\frac{K_{a_1}[H^+]}{[H^+]^2+K_{a_1}[H^+]+K_{a_1}K_{a_2}}$$

$$\delta_0=\frac{[C_2O_4^{2-}]}{c}=\frac{K_{a_1}K_{a_2}}{[H^+]^2+K_{a_1}[H^+]+K_{a_1}K_{a_2}} \qquad (5-12)$$

式中 K_{a_1},K_{a_2}为 $H_2C_2O_4$ 的逐级解离常数。显然 $\delta_2+\delta_1+\delta_0=1$。

(3) 三元酸　如 H_3PO_4,同样可以推导出各种存在形式的分布系数:

$$\delta_3=\frac{[H_3PO_4]}{c}=\frac{[H^+]^3}{[H^+]^3+K_{a_1}[H^+]^2+K_{a_1}K_{a_2}[H^+]+K_{a_1}K_{a_2}K_{a_3}}$$

$$\delta_2=\frac{[H_2PO_4^-]}{c}=\frac{K_{a_1}[H^+]^2}{[H^+]^3+K_{a_1}[H^+]^2+K_{a_1}K_{a_2}[H^+]+K_{a_1}K_{a_2}K_{a_3}}$$

$$\delta_1=\frac{[HPO_4^{2-}]}{c}=\frac{K_{a_1}K_{a_2}[H^+]}{[H^+]^3+K_{a_1}[H^+]^2+K_{a_1}K_{a_2}[H^+]+K_{a_1}K_{a_2}K_{a_3}}$$

$$\delta_0=\frac{[PO_4^{3-}]}{c}=\frac{K_{a_1}K_{a_2}K_{a_3}}{[H^+]^3+K_{a_1}[H^+]^2+K_{a_1}K_{a_2}[H^+]+K_{a_1}K_{a_2}K_{a_3}} \qquad (5-13)$$

式中 K_{a_1},K_{a_2},K_{a_3} 为 H_3PO_4 的逐级解离常数。显然 $\delta_3+\delta_2+\delta_1+\delta_0=1$。

(4) 碱的分布系数　其表达式有两种写法,一种是用 K_b 和 $[OH^-]$ 表示。例如:

$$NH_3+H_2O \rightleftharpoons NH_4^++OH^-$$

$$\delta(NH_3)=\frac{[OH^-]}{[OH^-]+K_b} \qquad \delta(NH_4^+)=\frac{K_b}{[OH^-]+K_b}$$

另一种是用 NH_3 的共轭酸来处理,其表达式和酸的一样,便于记忆:

$$\delta(NH_4^+)=\delta_1=\frac{[H^+]}{[H^+]+K_a} \qquad \delta(NH_3)=\delta_0=\frac{K_a}{[H^+]+K_a}$$

式中 K_a 为 NH_4^+ 的解离常数。

2. 分布曲线

从分布系数 δ 的表达式可以看出,δ 与总浓度无关,而影响 δ 的因素为酸(碱)的解离常数和溶液的 pH。对于给定的酸(碱),δ 是溶液 pH 的函数。表达这种函数关系的图形就是分布曲线(distribution curve),简称分布图(distribution graph)。

(1) HOAc 的分布图　见图 5-1。从图中可以看出,当 $pH=pK_a$ 时,$\delta_1=\delta_0=0.5$,溶液中 HOAc 和 OAc^- 两种型体各占 50%;当 $pH<pK_a$ 时,溶液中 HOAc 为主要型体,该区域称为 HOAc 的优势区域;当 $pH>pK_a$ 时,溶液中 OAc^- 为主要型体,该区域称为 OAc^- 的优势区域;当 $pK_a-1<pH<pK_a+1$ 时,HOAc 和 OAc^- 两种型体以显著量存在,称为缓冲区域。

(2) $H_2C_2O_4$ 的分布图　见图 5-2。当 $pH<pK_{a_1}$ 时,溶液中 $H_2C_2O_4$ 为主要型体;当 $pH>pK_{a_2}$ 时,溶液中 $C_2O_4^{2-}$ 为主要型体;当 $pK_{a_1}<pH<pK_{a_2}$ 时,溶液中 $HC_2O_4^-$ 为主要的存在形式。由于 $H_2C_2O_4$ 的 $pK_{a_1}=1.25$,$pK_{a_2}=3.81$,pK_{a_1} 和 pK_{a_2} 相差不大($\Delta pK_a<4$),故在 $HC_2O_4^-$ 的优势区域内,各种型体的存在情况比较复杂。计算表明,在 pH=2.0~3.0 时,明显出现三种型体共存的状况。在 $pH=(pK_{a_1}+pK_{a_2})/2=2.53$ 时,虽然 $HC_2O_4^-$ 的分布系数 δ_1 达到最大,但仍有少量 $H_2C_2O_4$ 和 $C_2O_4^{2-}$ 存在。

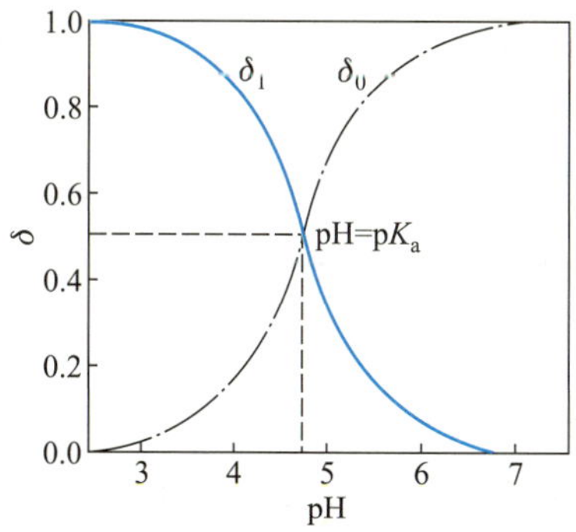

图 5-1　HOAc 的分布图

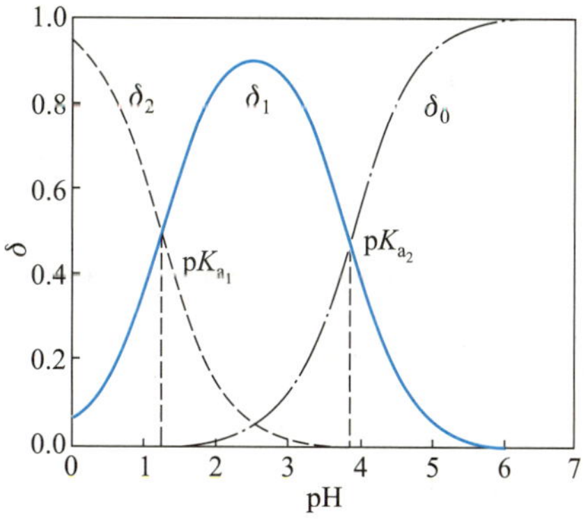

图 5-2　$H_2C_2O_4$ 的分布图

(3) H_3PO_4 的分布图　见图 5-3。对于 H_3PO_4：$pK_{a_1}=2.16$，$pK_{a_2}=7.21$，$pK_{a_3}=12.32$。相邻两级解离常数相差较大，δ_2 和 δ_1 达到最大值所对应的 pH 分别为 $pH=(pK_{a_1}+pK_{a_2})/2=4.68$ 和 $pH=(pK_{a_2}+pK_{a_3})/2=9.76$，在此两处，曲线没有交叉。

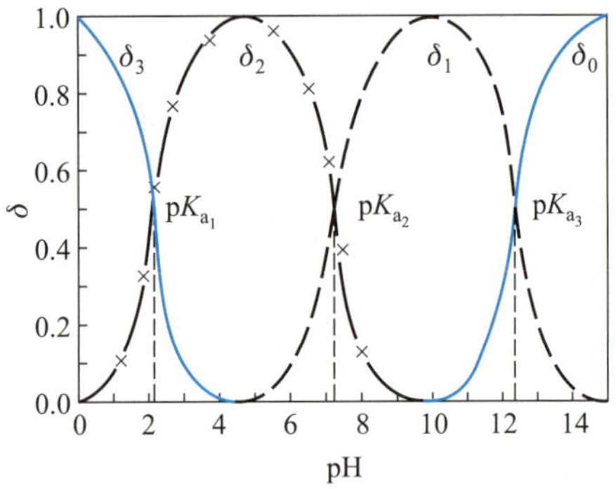

图 5-3　H_3PO_4 的分布图

了解分布图可帮助我们深入理解酸碱滴定的过程、终点误差的计算及分步滴定可行性的判断。通过控制溶液 pH，可使某一组分存在形式为主，使化学反应朝着预期的方向进行。例如，从图 5-2 $H_2C_2O_4$ 的分布图可看出，用 $H_2C_2O_4$ 沉淀溶液中的 Ca^{2+} 时，应控制溶液 pH≥5，使 $C_2O_4^{2-}$ 浓度最大，CaC_2O_4 沉淀完全。

［例 5.1］　在总浓度为 0.100 $mol\cdot L^{-1}$ 的 HOAc 溶液中，调节 pH=3.00，计算 HOAc 和 OAc^- 的分布系数及平衡浓度。已知 HOAc 的 $K_a=1.75\times10^{-5}$。

例 5.1 解析（多重平衡规则）

解：pH=3.00，$[H^+]=1.00\times10^{-3}\ mol\cdot L^{-1}$，根据分布系数的表达式，有

$$\delta(HOAc)=\frac{[H^+]}{[H^+]+K_a}=\frac{1.00\times10^{-3}}{1.00\times10^{-3}+1.75\times10^{-5}}=0.983$$

$$\delta(OAc^-)=1-0.983=0.017$$

$$[HOAc]=c\,\delta(HOAc)=0.100\ mol\cdot L^{-1}\times0.983=9.83\times10^{-2}\ mol\cdot L^{-1}$$

$$[OAc^-]=c\,\delta(OAc^-)=0.100\ mol\cdot L^{-1}\times0.017=1.70\times10^{-3}\ mol\cdot L^{-1}$$

5.3.2　溶液平衡的基本关系式

平衡常数表达式是溶液中酸碱平衡的基本关系式，除此之外，有关酸碱平衡的计算还需要引进其他一些基本关系式。

1. 物料平衡方程

物料平衡方程简称物料平衡，用 MBE 表示。它是指在一化学平衡体系中，某一组分的总浓度等于该组分各种型体的平衡浓度之和。例如，浓度为 c 的 HOAc 溶液，平衡时

$$[HOAc]+[OAc^-]=c$$

如果是浓度为 c 的 NaOAc 溶液，上述关系仍然成立。

在浓度为 c 的 H_3PO_4 溶液中，平衡时

$$[H_3PO_4]+[H_2PO_4^-]+[HPO_4^{2-}]+[PO_4^{3-}]=c$$

浓度为 c 的 Na_2SO_3 溶液中，可列出与 Na^+ 和 SO_3^{2-} 有关的两个 MBE：

$$[Na^+]=2c$$

$$[H_2SO_3]+[HSO_3^-]+[SO_3^{2-}]=c$$

书写 MBE 时，一定要注意给定组分和它的各种存在形式之间的化学计量关系。

2. 电荷平衡方程

电荷平衡方程，简写为 CBE。CBE 是电中性规则的数学表达式。电中性规则是指电解质溶于水生成带正、负电荷的离子，达到平衡时，溶液应保持电中性，即溶液中正离子的总电荷数与负离子的总电荷数相等。

CBE 必须包括溶液中所有的离子，H_2O 质子自递产生的 H^+ 和 OH^- 也应包括在内。例如，浓度为 c 的 NaCN 溶液：

$$NaCN \longrightarrow Na^+ + CN^-$$

$$CN^- + H_2O \rightleftharpoons HCN + OH^-$$

$$H_2O \rightleftharpoons H^+ + OH^-$$

则 $$[H^+]+[Na^+]=[CN^-]+[OH^-]$$

如果溶液中有 $n(n\geqslant 2)$ 价离子存在，则其离子浓度前需要乘以 n。例如，浓度为 c 的 Na_2CO_3 溶液，其 CBE 为

$$[Na^+]+[H^+]=[OH^-]+[HCO_3^-]+2[CO_3^{2-}]$$

MBE 和 CBE 对溶液中的酸碱平衡、沉淀平衡、配位平衡和氧化还原平衡都适用。

3. 质子平衡方程

质子平衡方程（PBE），简称质子平衡或质子条件。按照酸碱质子理论，酸碱反应的本质是质子的转移，故反应达到平衡时，碱所获得的质子和酸所失去的质子必然相等。PBE 是处理酸碱平衡计算问题的基本关系式。通常采用两种方法导出 PBE。

（1）由 MBE 和 CBE 推导　例如，浓度为 c 的 $NaNH_4HPO_4$ 溶液：

MBE：$[Na^+]=c$

$[NH_3]+[NH_4^+]=c$

$[H_3PO_4]+[H_2PO_4^-]+[HPO_4^{2-}]+[PO_4^{3-}]=c$

CBE：$[H^+]+[Na^+]+[NH_4^+]=[OH^-]+[H_2PO_4^-]+2[HPO_4^{2-}]+3[PO_4^{3-}]$

其中 Na^+，NH_4^+，HPO_4^{2-} 是溶液中的原始组分，应当消去。将 MBE 代入 CBE 中，整理可得到 PBE：

$$[H^+]+[H_2PO_4^-]+2[H_3PO_4]=[OH^-]+[NH_3]+[PO_4^{3-}]$$

（2）参考水准法（reference level method）　也叫零水准法（zero level method）。先选择溶液中大量存在并参与质子转移的物质作为质子参考水准（亦称零水准）。所选择的零水准通常是原始酸碱组分和 H_2O，而与质子转移无关的型体，则不予考虑。然后由溶液中得失质子关系直接列出 PBE。例如，浓度为 c 的 $NaNH_4HPO_4$ 溶

液，选择 H_2O，NH_4^+ 和 HPO_4^{2-} 作为参考水准：

参考水准	得 H^+	失 H^+
H_2O	H_3O^+	OH^-
NH_4^+		NH_3
HPO_4^{2-}	$H_2PO_4^-$	PO_4^{3-}
	H_3PO_4（得 $2H^+$）	

其中 HPO_4^{2-} 得到两个质子才能生成 H_3PO_4，所以应在 $[H_3PO_4]$ 前乘以 2。

PBE：$[H^+]+[H_2PO_4^-]+2[H_3PO_4]=[OH^-]+[NH_3]+[PO_4^{3-}]$

5.3.3 酸碱水溶液 pH 的计算

在酸碱水溶液中，$[H^+]$ 的大小是溶液的重要性质，也是影响沉淀平衡、配位平衡及氧化还原平衡的重要因素。水溶液的 pH 可通过实验（如电势法）测定，也可由代数法计算，其步骤如下：

（1）列出酸碱溶液的质子条件；

（2）将相应的平衡常数表达式代入，整理即可得到计算 $[H^+]$ 的精确式；

（3）根据实际情况对精确式各项合理取舍，作近似处理，得到近似式或最简式。

1. 一元弱酸和弱碱溶液

浓度为 c 的一元弱酸 HA 溶液，质子条件为

$$[H^+]=[A^-]+[OH^-]$$

上式说明一元弱酸中的 $[H^+]$ 来自两部分，即弱酸的解离（相当于式中的 $[A^-]$ 项）和水的质子自递反应（相当于式中的 $[OH^-]$ 项）。将相关的平衡常数表达式代入，得

$$[H^+]=\frac{[HA]K_a}{[H^+]}+\frac{K_w}{[H^+]}$$

即

$$[H^+]=\sqrt{[HA]K_a+K_w} \qquad (5-14)$$

式（5-14）为一元弱酸（HA）溶液中计算 $[H^+]$ 的精确式。

在酸碱溶液 $[H^+]$ 的计算中，一般允许有 ±5% 的误差，且通常解离常数的测定，本身也有百分之几的误差，因此可作如下近似：① 若 $c/K_a \geqslant 105$，可以忽略酸的解离，用 c 代替 $[HA]$；② 若 $cK_a \geqslant 10K_w$，可忽略水的解离产生的 H^+。

一元弱酸溶液中 $[H^+]$ 的计算

如果只满足第一个条件，式（5-14）简化为

$$[H^+]=\sqrt{cK_a+K_w} \qquad (5-15)$$

如果只满足第二个条件，式（5-14）简化为

$$[H^+]=\sqrt{(c-[H^+])K_a} \qquad (5-16)$$

如果两个条件都满足，式(5-14)简化为

$$[H^+]=\sqrt{cK_a} \tag{5-17}$$

式(5-17)就是一元弱酸(HA)溶液中计算$[H^+]$的最简式。

对于一元弱碱(A^-)，同理可得

$[OH^-]=\sqrt{[A^-]K_b+K_w}$　　精确式

$[OH^-]=\sqrt{cK_b+K_w}$　　$c/K_b \geqslant 105$

$[OH^-]=\sqrt{(c-[OH^-])K_b}$　　$cK_b \geqslant 10K_w$

$[OH^-]=\sqrt{cK_b}$　　最简式，$c/K_b \geqslant 105$，$cK_b \geqslant 10K_w$

2. 多元弱酸和弱碱溶液

对于多元弱酸$[H^+]$的计算，可按一元弱酸溶液类似的方法处理。如二元弱酸H_2A，在水中分步解离，质子条件为

$$[H^+]=[OH^-]+[HA^-]+2[A^{2-}]$$

代入有关平衡常数式，得

$$[H^+]=\frac{K_w}{[H^+]}+\frac{[H_2A]K_{a_1}}{[H^+]}+\frac{2[H_2A]K_{a_1}K_{a_2}}{[H^+]^2} \tag{5-18}$$

若以式(5-18)计算$[H^+]$非常烦琐，也无必要，可作近似处理。

通常情况下，二元弱酸满足$cK_{a_1} \geqslant 10K_w$，可忽略水的解离产生的H^+，则

$$[H^+]=\frac{[H_2A]K_{a_1}}{[H^+]}\left(1+\frac{2K_{a_2}}{[H^+]}\right)$$

若$2K_{a_2}/[H^+] \ll 1$，则

$$[H^+]=\sqrt{[H_2A]K_{a_1}}=\sqrt{(c-[H^+])K_{a_1}}$$

若$c/K_{a_1} \geqslant 105$，得

$$[H^+]=\sqrt{cK_{a_1}} \quad (\text{最简式})$$

对于二元弱碱溶液，同理可得

$$[OH^-]=\sqrt{cK_{b_1}} \qquad c/K_{b_1} \geqslant 105, cK_{b_1} \geqslant 10K_w, 2K_{b_2}/[OH^-] \ll 1$$

3. 强酸和强碱溶液

浓度为c的强酸 HA，在水中完全解离，其质子条件为

$$[H^+]=[A^-]+[OH^-]$$

即$[H^+]=c+\dfrac{K_w}{[H^+]}$，$[H^+]^2-c[H^+]-K_w=0$，则

$$[H^+]=\frac{c}{2}+\sqrt{\left(\frac{c}{2}\right)^2+K_w} \tag{5-19}$$

式(5-19)为强酸溶液中$[H^+]$的精确计算式。

若 $c \geqslant 4.25\times10^{-7}\ \text{mol}\cdot\text{L}^{-1}$,可以忽略水的解离:

$$[H^+]=c$$

若 $c \leqslant 1.03\times10^{-8}\ \text{mol}\cdot\text{L}^{-1}$,可以忽略酸的解离:

$$[H^+]=\sqrt{K_w}=1.0\times10^{-7}\ \text{mol}\cdot\text{L}^{-1}$$

同理可得强碱溶液中$[OH^-]$的计算公式,结果类似。读者可自行演算。

4. 两性物质溶液

既能给出质子又能接受质子的物质称为两性物质。多元酸的酸式盐、弱酸弱碱盐和氨基酸都是两性物质,如 $NaHCO_3$,NaH_2PO_4,Na_2HPO_4,NH_4OAc 和 NH_4CN 等。

根据酸式盐 NaHA 的质子条件:

$$[H^+]+[H_2A]=[A^{2-}]+[OH^-]$$

将相应的平衡常数式代入,得

$$[H^+]+\frac{[H^+][HA^-]}{K_{a_1}}=\frac{[HA^-]K_{a_2}}{[H^+]}+\frac{K_w}{[H^+]}$$

$$[H^+]=\sqrt{\frac{[HA^-]K_{a_2}+K_w}{1+[HA^-]/K_{a_1}}}=\sqrt{\frac{K_{a_1}([HA^-]K_{a_2}+K_w)}{K_{a_1}+[HA^-]}} \tag{5-20}$$

式(5-20)为两性物质溶液中$[H^+]$的精确计算式。一般情况下,HA^-的酸式解离和碱式解离的倾向都很小,溶液中 HA^-的消耗很小,$[HA^-]\approx c$。于是式(5-20)可得到如下的近似结果:

$$[H^+]=\sqrt{\frac{K_{a_1}(cK_{a_2}+K_w)}{c+K_{a_1}}}$$

若 $cK_{a_2}\geqslant 10K_w$,则

$$[H^+]=\sqrt{\frac{cK_{a_1}K_{a_2}}{c+K_{a_1}}}$$

若 $c/K_{a_1}\geqslant 10$,则

$$[H^+]=\sqrt{\frac{K_{a_1}(cK_{a_2}+K_w)}{c}}$$

若上述两个条件都满足,则

$$[H^+]=\sqrt{K_{a_1}K_{a_2}} \qquad \text{(最简式)}$$

以上两性物质溶液中$[H^+]$的计算同样适合弱酸弱碱盐。如 NH_4OAc,其水溶液的$[H^+]$可按下式计算:

$$[H^+]=\sqrt{K_a(HOAc)K_a(NH_4^+)} \qquad \text{(最简式)}$$

对于氨基酸,如氨基乙酸:

$$\overset{+}{N}H_3-CH_2COOH \underset{}{\overset{K_{a_1}}{\rightleftharpoons}} \overset{+}{N}H_3-CH_2COO^- \overset{K_{a_2}}{\rightleftharpoons} NH_2-CH_2COO^-$$

（阳离子）　　　　　　　　　　　　　　（阴离子）

其水溶液：　$[H^+]=\sqrt{K_{a_1}K_{a_2}}$　（最简式）

［例 5.2］ 计算 $0.10\ mol\cdot L^{-1}$ NaCN 溶液的 pH。已知 HCN 的 $K_a=6.2\times10^{-10}$。

解： NaCN 为一元弱碱，$K_b(CN^-)=\dfrac{K_w}{K_a(HCN)}=\dfrac{1.0\times10^{-14}}{6.2\times10^{-10}}=1.6\times10^{-5}$

因 $c/K_b>105$，$cK_b>10K_w$，故按最简式计算：

$$[OH^-]=\sqrt{cK_b}=\sqrt{0.10\times1.6\times10^{-5}}\ mol\cdot L^{-1}=1.3\times10^{-3}\ mol\cdot L^{-1}$$

$$pOH=-\lg(1.3\times10^{-3})=2.89, pH=14.00-2.89=11.11$$

［例 5.3］ 计算 $1.0\times10^{-3}\ mol\cdot L^{-1}$ H_3BO_3 溶液的 pH。已知 H_3BO_3 的 $pK_a=9.27$。

解： H_3BO_3 是一元弱酸：

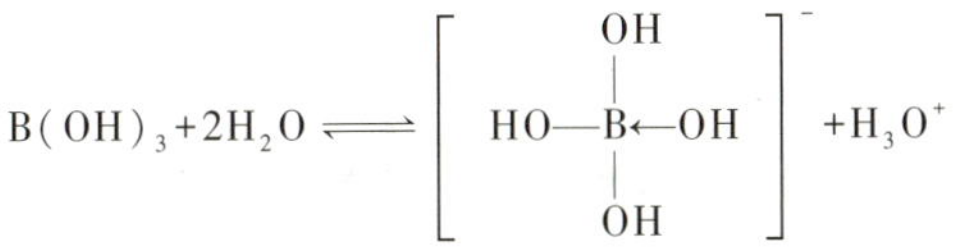

因为 $c/K_a=1.0\times10^{-3}/10^{-9.27}>105$，$cK_a=1.0\times10^{-3}\times10^{-9.27}>10K_w$，故用最简式计算：

$$[H^+]=\sqrt{cK_a}=\sqrt{1.0\times10^{-3}\times10^{-9.27}}\ mol\cdot L^{-1}=10^{-6.14}\ mol\cdot L^{-1}$$

$$pH=6.14$$

［例 5.4］ 计算 $0.12\ mol\cdot L^{-1}$一氯乙酸溶液的 pH。已知一氯乙酸的 $pK_a=2.87$。

解： 因为 $c/K_a=0.12/10^{-2.87}<105$，$cK_a=0.12\times10^{-2.87}>10K_w$，故用近似式计算：

$$[H^+]=\sqrt{(c-[H^+])K_a}$$

整理得　$[H^+]^2+K_a[H^+]-cK_a=0$

$$[H^+]=\frac{-K_a+\sqrt{K_a^2+4cK_a}}{2}=0.012\ mol\cdot L^{-1}$$

$$pH=1.92$$

［例 5.5］ 计算 $0.090\ mol\cdot L^{-1}$酒石酸溶液的 pH。已知酒石酸的 $pK_{a_1}=3.17$，$pK_{a_2}=4.91$。

解： $c/K_{a_1}=0.090/10^{-3.17}>105$，$cK_{a_1}>10K_w$，$2K_{a_2}/[H^+]\approx2K_{a_2}/\sqrt{cK_{a_1}}=3.2\times10^{-3}\ll1$，所以可用最简式计算：

$$[H^+]=\sqrt{cK_{a_1}}=7.8\times10^{-3}\ mol\cdot L^{-1}$$

$$pH=2.11$$

［例 5.6］ 计算 $0.10\ mol\cdot L^{-1}Na_2CO_3$ 溶液的 pH。已知 H_2CO_3 的 $pK_{a_1}=6.35$，$pK_{a_2}=10.33$。

解： $K_{b_1}=K_w/K_{a_2}=2.1\times10^{-4}$，$K_{b_2}=K_w/K_{a_1}=2.2\times10^{-8}$

$c/K_{b_1}=0.10/(2.1\times10^{-4})>105$，$cK_{b_1}>10K_w$，故

$$[OH^-]=\sqrt{cK_{b_1}}=\sqrt{0.10\times2.1\times10^{-4}}\ mol\cdot L^{-1}=4.6\times10^{-3}\ mol\cdot L^{-1}$$

$$pOH=2.34, pH=14.00-2.34=11.66$$

将计算得到的$[OH^-]$代入判别式中：$2K_{b_2}/[OH^-]=9.6\times10^{-6}\ll1$。

[例 5.7] 计算 0.10 mol·L^{-1} $NaHCO_3$ 溶液的 pH。已知 H_2CO_3 的 $pK_{a_1}=6.35$，$pK_{a_2}=10.33$。

解：$cK_{a_2}=0.10\times10^{-10.33}>10K_w$，$c/K_{a_1}=0.10/10^{-6.35}>10$，故

$$[H^+]=\sqrt{K_{a_1}K_{a_2}}$$

$$pH=\frac{1}{2}(pK_{a_1}+pK_{a_2})=8.34$$

[例 5.8] 计算 0.10 mol·L^{-1} Na_2HPO_4 溶液的 pH。

解：已知 H_3PO_4 的 $K_{a_2}=6.2\times10^{-8}$，$K_{a_3}=4.8\times10^{-13}$，则有 $cK_{a_3}=0.10\times4.8\times10^{-13}<10K_w$，$K_{a_2}+c\approx c$，故

$$[H^+]=\sqrt{\frac{K_{a_2}(cK_{a_3}+K_w)}{K_{a_2}+c}}=1.9\times10^{-10}\ mol\cdot L^{-1}$$

$$pH=9.72$$

[例 5.9] 已知 HOAc 的 $pK_a=4.756$，NH_4^+ 的 $pK_a=9.25$。计算 0.10 mol·L^{-1} NH_4OAc 溶液的 pH。

解：NH_4OAc 系弱酸弱碱盐，其溶液中既有能接受质子的型体（OAc^-），又有能给出质子的型体（NH_4^+）。将 NH_4OAc 与二元酸的酸式盐 HA^- 比较可知，HOAc 的 K_a 相当于二元酸的 K_{a_1}，NH_4^+ 的 K_a 相当于二元酸的 K_{a_2}。$cK_{a_2}>10K_w$，$c/K_{a_1}>10$，故

$$[H^+]=\sqrt{K_{a_1}K_{a_2}}$$

$$pH=\frac{1}{2}(pK_{a_1}+pK_{a_2})=7.00$$

5.4 酸碱缓冲溶液

5.4.1 缓冲溶液的类型

酸碱缓冲溶液（buffer solution）是一种对溶液的酸度（pH）起稳定作用的溶液，如果向有缓冲组分的溶液中加入少量的酸（或碱），或溶液中的化学变化产生了少量的 H^+（或 OH^-），或将溶液稍加稀释，溶液的酸度（pH）基本不变。

缓冲溶液有三种类型。由浓度较大的弱酸及其共轭碱（如 HOAc-NaOAc，NH_4Cl-NH_3）组成的缓冲溶液；高浓度的强酸或强碱溶液，它们是高酸度（pH<2）和高碱度（pH>12）的缓冲溶液，由于 H^+ 或 OH^- 的浓度高，因此外加少量酸或碱不会对溶液的酸度产生太大的影响，但这类缓冲溶液不具有抗稀释的作用；两性物质溶液（如 $NaHCO_3$，KH_2PO_4 和 Na_2HPO_4），这种类型的缓冲溶液通常在测定 pH 时作为标准缓冲溶液用来校正 pH 计。其中第一类用得较多。

表 5-3 列出了几种常用的标准缓冲溶液。表 5-4 列出了一些常用的缓冲溶液。

表 5-3 几种常用的标准缓冲溶液(298 K)

标准缓冲溶液	pH
饱和酒石酸氢钾(0.034 $mol \cdot L^{-1}$)	3.557
0.05 $mol \cdot L^{-1}$邻苯二甲酸氢钾	4.008
0.025 $mol \cdot L^{-1}$ KH_2PO_4-0.025 $mol \cdot L^{-1}$ Na_2HPO_4	6.865
0.01 $mol \cdot L^{-1}$硼砂	9.180
饱和氢氧化钙	12.454

表 5-4 一些常用的缓冲溶液(298K)

缓冲溶液	共轭酸	共轭碱	pK_a
氨基乙酸-HCl	$H_3\overset{+}{N}CH_2COOH$	$H_3\overset{+}{N}CH_2COO^-$	2.35
一氯乙酸-NaOH	$CH_2ClCOOH$	CH_2ClCOO^-	2.87
甲酸-NaOH	HCOOH	$HCOO^-$	3.75
HOAc-NaOAc	HOAc	OAc^-	4.756
六亚甲基四胺-HCl	$(CH_2)_6N_4H^+$	$(CH_2)_6N_4$	5.13
NaH_2PO_4-Na_2HPO_4	$H_2PO_4^-$	HPO_4^{2-}	7.21
三羟乙胺-HCl	$H\overset{+}{N}(CH_2CH_2OH)_3$	$N(CH_2CH_2OH)_3$	7.76
三羟甲基甲胺-HCl	$H_3\overset{+}{N}C(CH_2OH)_3$	$H_2NC(CH_2OH)_3$	8.08
$Na_2B_4O_7$-HCl	H_3BO_3	$H_2BO_3^-$	9.27
NH_3-NH_4Cl	NH_4^+	NH_3	9.25
氨基乙酸-NaOH	$H_3\overset{+}{N}CH_2COO^-$	$H_2NCH_2COO^-$	9.78
$NaHCO_3$-Na_2CO_3	HCO_3^-	CO_3^{2-}	10.33
Na_2HPO_4-NaOH	HPO_4^{2-}	PO_4^{3-}	12.32

5.4.2 缓冲作用原理

最常见的缓冲溶液是由弱酸及其共轭碱或弱碱及其共轭酸组成的。下面以弱酸及其共轭碱 HA-NaA 组成的溶液为例来说明缓冲溶液的缓冲原理。弱酸在溶液中的解离反应为

$$HA+H_2O \xlongequal{} H_3O^++A^-$$

$$K_a=\frac{[H^+][A^-]}{[HA]}, \quad [H^+]=K_a\frac{[HA]}{[A^-]} \tag{5-21}$$

缓冲溶液的浓度比较大,也就是说,在 HA 和 NaA 组成的缓冲溶液中,[HA]和[A^-]都比较大。大量存在的 A^-抑制了 HA 的酸式解离。同时,共存的 HA 也抑制了 A^-的碱式解离。

由式(5-21)可知,HA-NaA 缓冲溶液中的[H^+]取决于[HA]/[A^-]。当向缓

冲溶液中滴加少量强酸时，加入的酸和 A^- 发生中和反应，弱酸的解离平衡向左移动。加入的酸被 A^- 消耗掉，结果造成 $[A^-]$ 降低，而 $[HA]$ 增加，从而引起 $[HA]/[A^-]$ 的增大。但是，当加入的量与缓冲溶液的量相比很小时，溶液中 $[HA]/[A^-]$ 的改变是微小的。因此对溶液中的 $[H^+]$ 影响不大，pH 能够保持相对稳定。缓冲溶液中大量存在的 A^- 在这里起到了抵抗外加酸的作用。

当向缓冲溶液中滴加少量强碱时，加入的碱和 H_3O^+ 反应生成水，弱酸的解离平衡向右移动。反应掉的 H_3O^+ 由溶液中大量存在的 HA 的解离来补充。结果造成 $[A^-]$ 增加，而 $[HA]$ 降低，从而引起 $[HA]/[A^-]$ 的减小。但是当加入的量很小时，这种变化是微小的，pH 可以保持相对稳定。缓冲溶液中大量存在的 HA 实际上起到了抵抗外加碱的作用。

稍加稀释时，从式(5-21)可以看出，$[HA]$ 和 $[A^-]$ 同时降低，其比值保持不变，pH 能够保持相对稳定。

综上所述，在组成缓冲溶液的共轭酸碱对中，共轭酸具有抗碱的作用，所以称为抗碱组分。共轭碱具有抗酸的作用，所以称为抗酸组分。其他类型的缓冲溶液缓冲作用原理相同，如硼砂（$Na_2B_4O_7 \cdot H_2O$）。硼砂溶于水发生以下反应：$B_4O_7^{2-} + 7H_2O \rightleftharpoons 2H_3BO_3 + 2B(OH)_4^-$。可见其水溶液为等物质的量的 H_3BO_3 与其共轭碱 $B(OH)_4^-$ 构成的体系。通过下面的例题，可以看出缓冲溶液的缓冲作用。

［例 5.10］ 将 50.0 mL 0.20 $mol \cdot L^{-1}$ HOAc 溶液与 50.0 mL 0.20 $mol \cdot L^{-1}$ NaOAc 溶液混合。已知 HOAc 的 $K_a = 1.75 \times 10^{-5}$，计算：

（1）混合溶液的 pH；

（2）向混合溶液中加入 2.0 mL 0.20 $mol \cdot L^{-1}$ HCl 溶液时的 pH；

（3）向混合溶液中加入 2.0 mL 0.20 $mol \cdot L^{-1}$ NaOH 溶液时的 pH。

解：

$$HOAc + H_2O \rightleftharpoons H_3O^+ + OAc^-$$

$$K_a = \frac{[H^+][OAc^-]}{[HOAc]}, [H^+] = K_a \frac{[HOAc]}{[OAc^-]} \qquad ①$$

（1）混合溶液中：$[HOAc] = 0.10\ mol \cdot L^{-1}$，$[OAc^-] = 0.10\ mol \cdot L^{-1}$

代入式①：$[H^+] = K_a = 1.75 \times 10^{-5}\ mol \cdot L^{-1}$，$pH = pK_a = 4.76$

（2）$$[HOAc] = \left(\frac{100 \times 0.10 + 2.0 \times 0.20}{102}\right) mol \cdot L^{-1} = 0.102\ mol \cdot L^{-1}$$

$$[OAc^-] = \left(\frac{100 \times 0.10 - 2.0 \times 0.20}{102}\right) mol \cdot L^{-1} = 0.094\ mol \cdot L^{-1}$$

代入式①：$[H^+] = 1.90 \times 10^{-5}\ mol \cdot L^{-1}$，$pH = 4.72$

（3）$$[HOAc] = \left(\frac{100 \times 0.10 - 2.0 \times 0.20}{102}\right) mol \cdot L^{-1} = 0.094\ mol \cdot L^{-1}$$

$$[OAc^-] = \left(\frac{100 \times 0.10 + 2.0 \times 0.20}{102}\right) mol \cdot L^{-1} = 0.102\ mol \cdot L^{-1}$$

代入式①：$[H^+] = 1.61 \times 10^{-5}\ mol \cdot L^{-1}$，$pH = 4.79$

以上计算说明,无论是加酸还是加碱,缓冲溶液 pH 的变化都微乎其微。而向 100 mL 纯水中加入 2.0 mL 0.20 $mol\cdot L^{-1}$ HCl 溶液或 NaOH 溶液时,pH 的改变量都是 4.60。可见 HOAc-NaOAc 缓冲溶液的缓冲作用非常显著。

5.4.3 缓冲溶液 pH 的计算

前面已经讨论过两性物质溶液的有关计算,现在来讨论弱酸及其共轭碱组成的缓冲溶液的有关计算。

对于 HA-NaA 混合溶液系统:

MBE:
$$[Na^+]=c(A^-) \tag{5-22}$$

$$[HA]+[A^-]=c(HA)+c(A^-) \tag{5-23}$$

CBE:
$$[H^+]+[Na^+]=[OH^-]+[A^-] \tag{5-24}$$

将式(5-22)代入式(5-24):

$$[A^-]=c(A^-)+[H^+]-[OH^-] \tag{5-25}$$

将式(5-25)代入式(5-23):

$$[HA]=c(HA)-[H^+]+[OH^-] \tag{5-26}$$

将式(5-25)和式(5-26)代入式(5-21),得

$$[H^+]=K_a\frac{c(HA)-[H^+]+[OH^-]}{c(A^-)+[H^+]-[OH^-]} \tag{5-27}$$

式(5-27)是计算弱酸及其共轭碱组成的缓冲溶液中[H^+]的精确公式。式(5-27)求解较为复杂,实际工作中很少采用,通常采用近似处理方法。

当 pH<6 时,可以忽略[OH^-]:

$$[H^+]=K_a\frac{c(HA)-[H^+]}{c(A^-)+[H^+]}$$

当 pH>8 时,可以忽略[H^+]:

$$[H^+]=K_a\frac{c(HA)+[OH^-]}{c(A^-)-[OH^-]}$$

当弱酸及其共轭碱的浓度都较大时,[H^+]和[OH^-]都可以忽略:

$$[H^+]=K_a\frac{c(HA)}{c(A^-)}=K_a\frac{c_a}{c_b} \tag{5-28}$$

式(5-28)即为计算缓冲溶液[H^+]的最简式。通常,我们在配制缓冲溶液时,浓度都是比较大的,可以直接用式(5-28)计算。

表 5-5 列出了酸碱水溶液中[H^+]的计算公式及使用条件。一般情况下,用最简式或近似式计算已能满足要求。

表 5-5 酸碱水溶液中$[H^+]$的计算公式及使用条件

类型	计算公式	使用条件（允许±5%的误差）
一元弱酸	(1) $[H^+]=\sqrt{[HA]K_a+K_w}$	精确式
	(2) $[H^+]=\sqrt{cK_a+K_w}$	$c/K_a\geqslant 105$
	(3) $[H^+]=\sqrt{(c-[H^+])K_a}$	$cK_a\geqslant 10K_w$
	(4) $[H^+]=\sqrt{cK_a}$（最简式）	$c/K_a\geqslant 105, cK_a\geqslant 10K_w$
二元弱酸	(1) $[H^+]=\dfrac{K_w}{[H^+]}+\dfrac{[H_2A]K_{a_1}}{[H^+]}\left(1+\dfrac{2K_{a_2}}{[H^+]}\right)$	精确式
	(2) $[H^+]=\sqrt{(c-[H^+])K_{a_1}}$	$cK_{a_1}\geqslant 10K_w, 2K_{a_2}/[H^+]\ll 1$
	(3) $[H^+]=\sqrt{cK_{a_1}}$（最简式）	$cK_{a_1}\geqslant 10K_w, 2K_{a_2}/[H^+]\ll 1$, $c/K_{a_1}\geqslant 105$
强酸溶液	(1) $[H^+]=\dfrac{c}{2}+\sqrt{\left(\dfrac{c}{2}\right)^2+K_w}$	精确式
	(2) $[H^+]=c$	$c\geqslant 4.25\times10^{-7}\ mol\cdot L^{-1}$
	(3) $[H^+]=\sqrt{K_w}$	$c\leqslant 1.03\times10^{-8}\ mol\cdot L^{-1}$
两性物质	(1) $[H^+]=\sqrt{\dfrac{K_{a_1}([HA^-]K_{a_2}+K_w)}{K_{a_1}+[HA^-]}}$	精确式
	(2) $[H^+]=\sqrt{\dfrac{cK_{a_1}K_{a_2}}{c+K_{a_1}}}$	$cK_{a_2}\geqslant 10K_w$
	(3) $[H^+]=\sqrt{K_{a_1}K_{a_2}}$（最简式）	$cK_{a_2}\geqslant 10K_w, c/K_{a_1}\geqslant 10$
缓冲溶液 $(HA+A^-)$	(1) $[H^+]=K_a\dfrac{c(HA)-[H^+]+[OH^-]}{c(A^-)+[H^+]-[OH^-]}$	精确式
	(2) $[H^+]=K_a\dfrac{c_a}{c_b}$（最简式）	弱酸及其共轭碱浓度较大时

［例 5.11］ 配制 100 mL pH = 4.50 的缓冲溶液，需用 0.50 $mol\cdot L^{-1}$ HOAc 溶液和同浓度的 NaOAc 溶液各多少毫升？已知 HOAc 的 $K_a=1.75\times10^{-5}$。

解：设需 HOAc 溶液 x mL，则需 NaOAc 溶液为 $(100-x)$ mL。

$$c_a=\left(\frac{0.50x}{100}\right)\ mol\cdot L^{-1},\ c_b=\left[\frac{0.50\times(100-x)}{100}\right]\ mol\cdot L^{-1}$$

$$pH=pK_a-\lg\frac{c_a}{c_b}$$

$$4.50=4.76-\lg\left(\frac{x}{100-x}\right)$$

$$x=64.5$$

需 HOAc 溶液 64.5 mL，NaOAc 溶液 35.5 mL。

［例 5.12］ 向 1.0 L 0.10 $mol\cdot L^{-1}$ HCl 溶液中加入多少克 NaOAc 方能使溶液的 pH = 4.46。忽略溶液体积的变化。已知 HOAc 的 $K_a = 1.75\times10^{-5}$。

解：HCl 与 NaOAc 反应生成 HOAc，HOAc 与 NaOAc 组成缓冲溶液。

方法 1：

$$pH = pK_a - \lg\frac{c_a}{c_b}$$

$$4.46 = 4.76 - \lg\frac{0.10}{c_b}$$

$$c_b = 0.050\ mol\cdot L^{-1}$$

NaOAc 的相对分子质量为 82，因此所需的 NaOAc 的质量为［(0.050×1.0+0.10×1.0)×82］g = 12.3 g。

方法 2：设溶液中 HOAc 的总浓度为 c。

$$\delta(HOAc) = \frac{[H^+]}{[H^+]+K_a} = \frac{10^{-4.46}}{10^{-4.46}+1.75\times10^{-5}} = 0.665$$

$$c = \frac{[HOAc]}{\delta(HOAc)} = \left(\frac{0.10}{0.665}\right)\ mol\cdot L^{-1} = 0.15\ mol\cdot L^{-1}$$

NaOAc 的相对分子质量为 82，因此所需的 NaOAc 的质量为(0.15×1.0×82) g = 12.3 g。

任何一种缓冲溶液的缓冲能力都有一定的限度。如果加入的强酸或强碱的量太大或稀释的倍数太大时，溶液的 pH 就会发生较大的变化，缓冲溶液就会失去缓冲能力。缓冲能力的大小通常用缓冲容量(buffer capacity)来表示。

缓冲容量与缓冲组分的总浓度及弱酸(c_a)和共轭碱(c_b)的浓度的比值有关。缓冲组分的总浓度越大，c_a 和 c_b 的比值越接近 1，缓冲容量越大。缓冲溶液的总浓度通常为 0.01～1 $mol\cdot L^{-1}$，$c_a : c_b$ 通常为 1 : 10 到 10 : 1，这时 $pH = pK_a \pm 1$，这一范围称为缓冲溶液的有效缓冲范围(buffer range)。当 $c_a : c_b = 1 : 1$ 时，$pH = pK_a$。

5.4.4 缓冲溶液的应用

缓冲溶液无论在工农业生产还是在科学实验中都有重要的用途，特别是在化学和生物学领域。许多化学反应必须在一定酸度范围内才能进行，化工生产中为了某些反应的发生，常使用缓冲溶液来控制 pH。例如，用氢氧化物沉淀法分离 Al^{3+} 和 Mg^{2+} 时，因 $Al(OH)_3$ 具有两性，必须用 NH_3-NH_4Cl 溶液作为缓冲溶液，保持 pH 在 9 左右才能使 Al^{3+} 沉淀完全而与 Mg^{2+} 分离。用 $K_2Cr_2O_7$ 作为沉淀剂分离 Ba^{2+} 和 Sr^{2+} 时，用 HOAc-NaOAc 的缓冲溶液控制 pH 在 5 左右就能达到分离的目的。在电镀工业中，常用缓冲溶液来控制镀液的酸度。在容量分析中，常用缓冲溶液来提供最佳的分析条件。如水的硬度(钙、镁离子浓度)的测定；水泥熟料中铁、铝、钙、镁含量的测定等。

土壤中含有多种缓冲系统，如碳酸-碳酸盐、磷酸-磷酸盐、硅酸-硅酸盐、腐植酸-腐植酸盐等。所以土壤具有比较稳定的 pH,以保障微生物的正常活动和农作物的发育生长。在生物体中,缓冲溶液尤为重要。植物体内的缓冲系统,主要由有机酸如酒石酸、柠檬酸、草酸及其盐类所组成。

人体内也有缓冲溶液,如唾液的 pH 为 6.35~6.85,胆囊胆汁的 pH 为 5.4~6.9,血液的 pH 为 7.35~7.45。稍微超过范围,就会不同程度地导致酸中毒或碱中毒,严重时可危及生命。

人体血液的 pH 能维持在 7.40 左右,是因为血液中含有多种缓冲对,主要有 $H_2CO_3-HCO_3^-$ 和 $H_2PO_4^- - HPO_4^{2-}$ 等。在 $H_2CO_3-HCO_3^-$ 缓冲对中,H_2CO_3 是抗碱成分,HCO_3^- 是抗酸成分。当人体在新陈代谢过程中产生的磷酸、乳酸等进入血液时,HCO_3^- 便立即与它们结合生成 H_2CO_3 分子,H_2CO_3 被血液带到肺部并以 CO_2 的形式排出体外,所以血液中 pH 不因外加酸而下降。人们的食物中,有些含有碱性物质,如在蔬菜和水果中含有柠檬酸钠、钾盐,磷酸氢二钠和碳酸氢钠等碱性盐类。它们在体内产生碱性,增加了 OH^- 的浓度。当 OH^- 进入血液时,血液中的 H^+ 便立即与 OH^- 结合生成难解离的 H_2O,H^+ 的消耗由 H_2CO_3 解离来补充。所以血液中的 pH 能维持在 7.40±0.05 这样一个相对稳定的范围内。

Tris 缓冲溶液

本章小结

本章以酸碱质子理论为基础,讨论了有关酸碱的基本概念及酸碱反应的本质;分布系数的概念及酸碱系统中各种型体平衡浓度的计算;常见酸碱系统 pH 的计算及缓冲溶液等内容。根据酸碱质子理论,酸和碱是以质子的授受关系定义的,酸碱反应的本质即是质子转移的过程,酸常数、碱常数可表示酸、碱的相对强弱,共轭酸碱对中酸和碱的强弱顺序正好相反。在酸碱平衡系统中,存在着多种酸碱型体,某型体的分布系数 δ 只与溶液 pH 和酸常数有关,与总浓度无关。利用质子平衡方程,可以得到计算各种酸碱溶液 H^+ 浓度的精确式,经过合理的近似可得到近似式或最简式。缓冲溶液是一种能够对溶液的酸度起稳定作用的溶液,在工农业生产及科学研究领域都具有广泛应用。

思考题

1. 比较酸碱质子理论和电离理论的异同,评价它们的优缺点。
2. 按照酸碱质子理论,判断下列物质在水溶液中是酸、是碱,还是两性物质。

$$HF;\ H_2S;\ NO_3^-;\ CO_3^{2-};\ HPO_4^{2-};\ [Al(H_2O)_4]^{3+}$$

3. 写出下列酸(碱)的共轭碱(酸)。

H_2O; H_2O_2; H_2CO_3; H_3PO_4; C_2H_5OH; HS^-; CN^-; SO_4^{2-}; HCO_3^-; $H_2PO_4^-$

4. 利用多重平衡规则,证明磷酸水溶液中以下关系成立:

$$K_{a_1}K_{b_3}=K_{a_2}K_{b_2}=K_{a_3}K_{b_1}=K_w$$

5. 下列各溶液的 pH 是等于 7、大于 7 或小于 7? 为什么?

NH_4NO_3; NH_4OAc; Na_2SO_4; $Ca(NO_3)_2$; NaCN; $AlCl_3$

6. 实验测得相同浓度的 KX,KY 和 KZ 水溶液的 pH 分别是 7.0,9.0 和 11.0,比较 HX,HY 和 HZ 酸度的相对大小。

7. 写出下列物质在水溶液中的质子条件。

(1) $NH_3·H_2O$　　(2) $NaHCO_3$　　(3) NaH_2PO_4

(4) NH_4CN　　(5) $(NH_4)_2HPO_4$　　(6) $NH_4H_2PO_4$

8. 氨基酸是重要的生物化学物质,其中最简单的为甘氨酸,分子式为

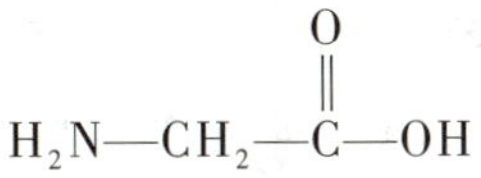

每个甘氨酸分子中有一个弱酸基—COOH 和一个弱碱基—NH_2。按照酸碱质子理论,判断甘氨酸在强酸性溶液中变成哪种离子,在强碱性溶液中变成哪种离子,用化学式表示。

9. 欲配制 pH 为 3 左右的缓冲溶液,应选下列何种酸及其共轭碱(括号内为 pK_a 值)。

HOAc(4.756);甲酸(3.75);一氯乙酸(2.87);二氯乙酸(1.35);苯酚(9.99)

10. 有三种缓冲溶液,它们的组成如下:

(1) 1.0 $mol·L^{-1}$ HOAc+1.0 $mol·L^{-1}$ NaOAc;

(2) 1.0 $mol·L^{-1}$ HOAc+0.01 $mol·L^{-1}$ NaOAc;

(3) 0.01 $mol·L^{-1}$ HOAc+1.0 $mol·L^{-1}$ NaOAc。

这三种缓冲溶液的缓冲能力有何不同? 加入较多的酸或碱时,哪种溶液的 pH 将发生较大的变化? 哪种溶液仍具有较好的缓冲作用?

习　　题

1. 已知下列各种弱酸的 pK_a(括号内数值),求它们共轭碱的 pK_b。

(1) HCN(9.21)　　(2) HCOOH(3.75)　　(3) 苯酚(9.99)　　(4) 苯甲酸(4.204)

2. 已知室温下,0.10 $mol·L^{-1}$ $NH_3·H_2O$ 溶液的 pH 为 11.13,求氨水的 K_b。

3. 已知室温下 HClO 的 $K_a=3.5\times10^{-8}$，计算 $0.050\ mol\cdot L^{-1}$ HClO 溶液中的 $[H^+]$ 及解离度。

4. 已知 HOAc 的解离度 $\alpha=2.0\%$，$K_a=1.75\times10^{-5}$，计算 HOAc 溶液的浓度。若将此溶液稀释 10 倍，计算其解离度。

5. 已知 $0.010\ mol\cdot L^{-1}$ $NaNO_2$ 溶液的 $[H^+]=2.1\times10^{-8}\ mol\cdot L^{-1}$。计算：

(1) NO_2^- 的碱常数　(2) HNO_2 的酸常数　(3) $NaNO_2$ 的解离度。

6. 在 223 K 的液氨中，NH_4^+ 和 NH_2^- 的平衡浓度等于 $1.0\times10^{-15}\ mol\cdot L^{-1}$，计算液氨的离子积 K_s 和 pNH_4^+。

7. 在 20 mL $0.10\ mol\cdot L^{-1}$ HCl 溶液中加入 20 mL $0.10\ mol\cdot L^{-1}$ $NH_3\cdot H_2O$，求溶液的 pH。

8. (1) 写出下列酸碱与水反应的方程式：

$$NH_3;\ F^-;\ CN^-;\ OAc^-;\ HCO_3^-;\ S^{2-};\ H_2PO_4^-$$

(2) 通过计算或查表得出酸常数及其共轭碱的碱常数。

(3) 根据 K_b 的大小排出这些酸碱的碱性由弱到强的顺序。

9. 计算 $0.010\ mol\cdot L^{-1}$ HNO_2 溶液的 pH 和 pOH。已知 HNO_2 的 $pK_a=3.37$。

10. 已知室温下 H_2CO_3 饱和溶液的浓度为 $0.034\ mol\cdot L^{-1}$，求此溶液的 pH 及 CO_3^{2-} 的浓度。假定 CO_2 在 $0.010\ mol\cdot L^{-1}$ HCl 溶液中的溶解度近似于纯水中的溶解度，此时 H_2CO_3 溶液的 CO_3^{2-} 浓度降低至原来的多少？

11. 盐酸与 H_2S 混合溶液的 pH 为 1.00，设此时 H_2S 已饱和（总浓度为 $0.1\ mol\cdot L^{-1}$），计算 HS^- 和 S^{2-} 的平衡浓度。已知 H_2S 的 $pK_{a_1}=7.05$，$pK_{a_2}=19$，饱和 H_2S 水溶液的浓度为 $0.10\ mol\cdot L^{-1}$。

12. 计算 $1.0\ mol\cdot L^{-1}$ Na_3PO_4 溶液的 pH。

13. 计算 $0.100\ mol\cdot L^{-1}$ H_2SO_4 溶液中的各种离子的平衡浓度（已知 H_2SO_4 的 $K_{a_2}=1.0\times10^{-2}$）。

14. 已知 H_3PO_4 的 $pK_{a_1}=2.16$，$pK_{a_2}=7.21$，$pK_{a_3}=12.32$。计算总浓度为 $0.10\ mol\cdot L^{-1}$ 的 H_3PO_4 溶液中的各种离子的平衡浓度。

15. 已知琥珀酸（以 H_2A 表示）的 $pK_{a_1}=4.21$，$pK_{a_2}=5.64$。计算在 pH = 5.00 时，H_2A，HA^- 和 A^{2-} 的分布系数 δ_2，δ_1 和 δ_0；若该酸的总浓度为 $0.10\ mol\cdot L^{-1}$，求三种型体的平衡浓度。

16. 已知 H_2SO_3 的 $pK_{a_1}=1.85$，$pK_{a_2}=7.20$。在 pH 等于 4.00 和 4.82 时，分别计算溶液中 H_2SO_3，HSO_3^- 和 SO_3^{2-} 三种型体的分布系数。

17. 计算 $0.050\ mol\cdot L^{-1}$ K_2HPO_4 溶液的 pH。

18. 下列三种缓冲溶液的 pH 各为多少？若各加入 1 mL $6\ mol\cdot L^{-1}$ HCl 溶液，溶液的 pH 改变多少？

(1) 100 mL 浓度均为 1.0 $mol\cdot L^{-1}$ HOAc 和 NaOAc 溶液；

(2) 100 mL 0.050 $mol\cdot L^{-1}$ HOAc 和 1.0 $mol\cdot L^{-1}$ NaOAc 溶液；

(3) 100 mL 浓度均为 0.070 $mol\cdot L^{-1}$ HOAc 和 NaOAc 溶液。

19. 醋酸的 $K_a = 1.75\times10^{-5}$，要加多少克醋酸钠到 1.0 L 0.20 $mol\cdot L^{-1}$ 醋酸中才能保持氢离子浓度为 6.5×10^{-5} $mol\cdot L^{-1}$？

20. 取 50 mL 0.10 $mol\cdot L^{-1}$ 某一元酸溶液与 20 mL 0.10 $mol\cdot L^{-1}$ KOH 溶液混合，将混合溶液稀释到 100 mL，测得此溶液的 pH 为 5.25，此一元酸的解离常数是多少？

21. 在 10 mL 0.30 $mol\cdot L^{-1}$ $NaHCO_3$ 溶液中，需加入多少毫升 0.20 $mol\cdot L^{-1}$ Na_2CO_3 溶液才能使溶液的 pH 等于 10？

22. 计算下列各缓冲对组成的缓冲溶液的有效缓冲范围。

(1) $HC_2O_4^- - C_2O_4^{2-}$　(2) $H_2PO_4^- - HPO_4^{2-}$　(3) $HCO_3^- - CO_3^{2-}$

23. 某一元弱酸与 36.12 mL 0.100 $mol\cdot L^{-1}$ NaOH 溶液中和，两者物质的量相等。此时再加入 18.06 mL 0.100 $mol\cdot L^{-1}$ HCl 溶液，测得溶液的 pH 为 4.92。计算该弱酸的解离常数。

24. 10 mL 0.20 $mol\cdot L^{-1}$ HOAc 溶液与 5.5 mL 0.20 $mol\cdot L^{-1}$ NaOH 溶液混合，求该混合溶液的 pH。

第六章

沉淀反应

电解质按其溶解度的大小,大体上可分为易溶电解质和难溶(微溶)电解质两大类。通常把溶解度小于 0.01 g/(100 g H_2O)的物质称为难溶电解质。难溶电解质在溶液中存在着沉淀-溶解平衡。沉淀-溶解平衡在冶金、医药、生物化学等领域具有广泛应用。例如,利用铝矾土(主要成分为水合氧化铝 $Al_2O_3 \cdot H_2O$,常含有 Fe_2O_3 和 SiO_2)制备纯的 Al_2O_3 过程中就涉及沉淀-溶解平衡;含氟牙膏能防止蛀牙,其作用原理也用到沉淀-溶解平衡。通过引入 F^- 取代 OH^-,从而生成溶解度更低的氟磷灰石[$Ca_5F(PO_4)_3$]使牙齿的釉质层发生改变,同时 F^- 碱性比 OH^- 弱,不易与酸反应,使牙齿具有较强的抗酸能力。另外,在化学实验和化工生产中经常利用沉淀反应来制备难溶化合物、除去溶液中的杂质、进行离子分离及重量分析和容量分析等。

本章将介绍沉淀-溶解平衡的基本概念,包括溶度积常数及溶度积规则;定量讨论同离子效应、酸效应、水解效应等影响难溶电解质溶解度的因素;另外,对分步沉淀和沉淀的转化及沉淀分离法的应用将进行简要介绍。

6.1 沉淀-溶解平衡和溶度积

6.1.1 沉淀-溶解平衡

在一定温度下,将难溶电解质(如 $BaSO_4$)放入水中,在水分子作用下,固体表面晶格上的离子(Ba^{2+} 和 SO_4^{2-})会脱离晶体表面进入溶液,成为自由运动的水合离子,这个过程称为溶解(dissolution)。与此同时,溶液中的水合离子在无规则运动中相互碰撞,从溶液中析出或重新回到晶体表面,这个过程称为沉淀(precipitation)。

沉淀与溶解是相反的过程。当溶解速率大于沉淀速率时，溶解是主要倾向，此时溶液是不饱和溶液(unsaturated solution)。反之，当沉淀速率大于溶解速率时，沉淀是主要倾向，此时溶液是过饱和溶液(supersaturated solution)。

溶解速率的大小，首先取决于物质的本质，也和固体物质的表面积有关，表面积越大，溶解速率越大。沉淀速率主要取决于溶液中构晶离子(如构成 $BaSO_4$ 晶体的 Ba^{2+} 和 SO_4^{2-})的活度，同时与沉淀物的表面积有关。

如果溶解速率与沉淀速率相等，在沉淀与溶解之间便建立了动态平衡，称为沉淀-溶解平衡(precipitation-dissolution equilibrium)，此时溶液是饱和溶液(saturated solution)。虽然这两个相反的过程还在继续进行，但是溶液中的离子浓度不再改变。

沉淀-溶解平衡是束缚在固体中的离子与溶液中自由运动的水合离子之间建立的平衡，属于多相离子平衡。

$$BaSO_4(s) \underset{\text{沉淀}}{\overset{\text{溶解}}{\rightleftharpoons}} Ba^{2+}(aq) + SO_4^{2-}(aq)$$

6.1.2 溶度积和溶度积规则

对于任一难溶电解质 A_mB_n 的沉淀-溶解平衡，可用通式表示如下：

$$A_mB_n(s) \rightleftharpoons mA^{n+}(aq) + nB^{m-}(aq)$$

A_mB_n 沉淀溶解的平衡常数表达式为

$$K_{sp} = [A^{n+}]^m[B^{m-}]^n \qquad (6-1)$$

在一定温度下，难溶电解质饱和溶液中各离子浓度幂的乘积是一个常数，用 K_{sp} 表示。K_{sp} 称为溶度积常数(solubility product constant)，简称溶度积(严格地说，根据热力学推导，难溶电解质饱和溶液中各离子活度幂的乘积是一个常数，对于溶解度很小的难溶电解质，离子浓度近似等于离子活度)。溶度积表达式中，离子平衡浓度的指数就是沉淀-溶解平衡方程式中离子的化学计量数。由式(6-1)可以写出各种类型难溶化合物的溶度积表达式。例如：

$$Mg(OH)_2(s) \rightleftharpoons Mg^{2+}(aq) + 2OH^-(aq) \qquad K_{sp} = [Mg^{2+}][OH^-]^2$$

$$Ag_2C_2O_4(s) \rightleftharpoons 2Ag^+(aq) + C_2O_4^{2-}(aq) \qquad K_{sp} = [Ag^+]^2[C_2O_4^{2-}]$$

$$Ca_3(PO_4)_2(s) \rightleftharpoons 3Ca^{2+}(aq) + 2PO_4^{3-}(aq) \qquad K_{sp} = [Ca^{2+}]^3[PO_4^{3-}]^2$$

$$MgNH_4PO_4(s) \rightleftharpoons Mg^{2+}(aq) + NH_4^+(aq) + PO_4^{3-}(aq)$$

$$K_{sp} = [Mg^{2+}][NH_4^+][PO_4^{3-}]$$

溶度积可通过热力学数据计算得到。例如：

	$AgCl(s)$	$\rightleftharpoons$	$Ag^+(aq)$	$+Cl^-(aq)$
$\Delta_f G_m^{\ominus}/(kJ\cdot mol^{-1})$	-109.78		77.12	-131.26

$$\Delta_r G_m^\ominus=(77.12-131.26+109.78)\ \text{kJ}\cdot\text{mol}^{-1}=55.64\ \text{kJ}\cdot\text{mol}^{-1}$$

$$\Delta_r G_m^\ominus=-RT\ln K_{sp}^\ominus$$

$$\ln K_{sp}^\ominus=\frac{-\Delta_r G_m^\ominus}{RT}=\frac{-55.64\times10^3}{8.314\times298.15}=-22.45$$

$$K_{sp}^\ominus=1.779\times10^{-10}$$

这样得到的溶度积为标准溶度积常数，用符号 $K_{sp}^\ominus$ 表示，也常简写为 K_{sp}，它仅与难溶电解质的性质和温度有关。

用同样的方法可以计算出其他难溶电解质的溶度积。例如：

$$BaSO_4(s) \rightleftharpoons Ba^{2+}(aq)+SO_4^{2-}(aq) \qquad K_{sp}=1.08\times10^{-10}$$

$$SrSO_4(s) \rightleftharpoons Sr^{2+}(aq)+SO_4^{2-}(aq) \qquad K_{sp}=3.44\times10^{-7}$$

$$Ag_2CrO_4(s) \rightleftharpoons 2Ag^{+}(aq)+CrO_4^{2-}(aq) \qquad K_{sp}=1.12\times10^{-12}$$

$$Mg(OH)_2(s) \rightleftharpoons Mg^{2+}(aq)+2OH^{-}(aq) \qquad K_{sp}=5.61\times10^{-12}$$

某些难溶电解质的 K_{sp} 也可通过实验测定。例如，实验测得 25℃时，$SrSO_4$ 的溶度积为

$$K_{sp}(SrSO_4)=[Sr^{2+}][SO_4^{2-}]=5.40\times10^{-7}$$

这样得到的溶度积是实验平衡常数。对于 $SrSO_4$ 的沉淀-溶解平衡，我们注意到实验平衡常数比标准平衡常数要大一些。为了解释这个问题，以下扼要地介绍活度和活度系数。

实验证明，许多化学反应，如果以有关物质的浓度代入各种平衡常数公式进行计算，所得的结果与实验结果往往有偏差。对于较浓的强电解质溶液，这种偏差尤为明显。产生偏差的原因是溶液平衡常数都是以理想稀溶液为基础导出的。理想稀溶液和理想气体一样，也是一个假设的模型，而实际情况往往与理想稀溶液的假设不符，因此，将由理想稀溶液导出的热力学公式用于实际溶液时就会出现偏差。为了将表示理想稀溶液性质的热力学公式保持原来的简单形式而用于实际溶液，1907 年路易斯(Lewis)提出了活度(常用符号 a 表示)的概念，定义如下：

$$a_B=\gamma_B\frac{c_B}{c^\ominus}$$

式中 c_B 为物质 B 的平衡浓度，a_B 为其相应的活度。通常，上式简单表示为 $a=\gamma c$。

活度与相对浓度的比值 γ_B 称为活度系数。活度系数的大小表明了实际溶液与理想稀溶液的偏差。活度系数越趋近于 1，这种偏差就越小。

对于强电解质的极稀的溶液，1923 年德拜(Debye)和休克尔(Hückel)导出了离子活度系数的公式(极限公式)，即

$$\lg\gamma_i=-Az_i^2\sqrt{I}$$

式中 A 为一常数，其值与温度及溶剂的性质有关，在 25℃水溶液中 $A=0.509$；I 称

为离子强度,它与离子的浓度 c 和所带电荷 z 有关:

$$I=\frac{1}{2}\sum c_i z_i^2$$

在电解质溶液中,正、负离子总是同时存在的,现在还不能测定单个离子的活度,故引入电解质的平均活度 $a_{\pm}$,定义如下:

$$a_+ a_- = a_{\pm}^2$$

式中 a_+,a_-分别为正、负离子的活度。相应地,若 γ_+, γ_-分别为正、负离子的活度系数,则 $\gamma_{\pm}$为平均活度系数,$\gamma_{\pm}^2=\gamma_+\gamma_-$。计算平均活度系数的极限公式为

$$\lg\gamma_{\pm}=-A\left|z_+z_-\right|\sqrt{I}$$

需要说明的是极限公式只适用于 I 小于 0.001 $mol\cdot kg^{-1}$的极稀溶液。对于较稀($I<0.1\ mol\cdot kg^{-1}$)的溶液,可使用其他的半经验公式计算活度系数。但是,对于高浓度电解质溶液中离子的活度系数,现在尚没有较好的定量公式。

有了活度的概念,溶液中化学反应的等温方程应写为

$$\Delta_r G_m=\Delta_r G_m^{\ominus}+RT\ln J_a$$

式中 J_a 称为活度商。

反应达到平衡时 $\Delta_r G_m=0$,则

$$\lg K^{\ominus}=\lg(J_a)_{平衡}=\frac{-\Delta_r G_m^{\ominus}}{2.303RT}$$

严格地讲,标准平衡常数应用平衡时的活度商表示。

$K^{\ominus}$也称为标准活度常数或热力学常数,它仅与温度有关。而浓度常数(K^c)以平衡浓度(严格地讲是相对浓度)定义:

$$c\mathrm{C}+d\mathrm{D}\rightleftharpoons e\mathrm{E}+f\mathrm{F}\qquad K^c=\frac{[\mathrm{E}]^e[\mathrm{F}]^f}{[\mathrm{C}]^c[\mathrm{D}]^d}$$

从上面的讨论可知,K^c不仅与温度有关,还与溶液的离子强度有关。只有当温度和离子强度一定时,浓度常数才是一定的。

对于 $SrSO_4$ 的沉淀-溶解平衡而言,标准活度积常数 $K_{sp}^{\ominus}$应表示为

$$K_{sp}^{\ominus}=a(\mathrm{Sr}^{2+})a(\mathrm{SO}_4^{2-})=[\mathrm{Sr}^{2+}][\mathrm{SO}_4^{2-}]\gamma_{\pm}^2=K_{sp}^c\gamma_{\pm}^2$$

式中 K_{sp}^c表示浓度积常数,即实验平衡常数。

由于 $SrSO_4$ 的溶解度比较大,溶液中离子强度 $I\neq0$,离子活度系数 $\gamma<1$,因此 $K_{sp}^{\ominus}<K_{sp}^c$。

计算离子的活度,是一项颇为复杂的工作,一般情况下也没有必要。由 K_{sp}^c 和 $K_{sp}^{\ominus}$的关系,我们知道浓度常数 K_{sp}^c的大小还与溶液的离子强度 I 有关。在查找常数值的时候,一定要注意表列的条件。若表中注明 $I=0$,即为 $K_{sp}^{\ominus}$;若注明 $I=0.1\ mol\cdot kg^{-1}$ 或其他值,即为 K_{sp}^c。

如果难溶化合物的溶解度较小，其饱和溶液中离子的浓度是很小的，溶液的离子强度(I)也很小，这时，K_{sp}^c和$K_{sp}^\ominus$的差别很小，可以把表列的$K_{sp}^\ominus$当成K_{sp}^c使用。

如果难溶化合物的溶解度较大或饱和溶液中同时存在大量的其他强电解质，换言之，溶液的离子强度(I)比较大时，要使计算与实际情况相符合，可采用在一定I值条件下测定的K_{sp}^c值计算或进行离子强度的校正后再利用$K_{sp}^\ominus$进行计算，一些难溶化合物的K_{sp}(或$K_{sp}^\ominus$)值见附录Ⅱ。

为了简便，在以下讨论中，除了盐效应，不再强调标准活度积常数和浓度积常数的区别，以溶度积K_{sp}表示沉淀-溶解平衡常数。

在一定温度下，溶度积K_{sp}是一个特征常数，因此，将溶液中离子浓度幂的乘积与K_{sp}进行比较，可以判断在该条件下沉淀是否生成或溶解。对于难溶电解质A_mB_n，设溶液中A^{n+}的浓度为$c(A^{n+})$，B^{m-}的浓度为$c(B^{m-})$，离子浓度幂的乘积为Q，则$Q=c^m(A^{n+})c^n(B^{m-})$。

(1) $Q<K_{sp}$时，溶液不饱和，无沉淀析出，如原来有沉淀则沉淀溶解；

(2) $Q=K_{sp}$时，溶液为饱和溶液，沉淀和溶解处于动态平衡状态；

(3) $Q>K_{sp}$时，溶液为过饱和溶液，有沉淀析出直至建立新的平衡。

以上三点即为溶度积规则(the rule of solubility product)。应用溶度积规则，可以判断沉淀是否生成或溶解。溶度积规则只适用于难溶电解质，对溶解度较大的化合物(如 NaCl,KCl 等)不适用。

[例 6.1] 今有 350 mL 6.0×10^{-3} mol·L^{-1}含银废液，加入 250 mL 0.012 mol·L^{-1}NaCl 溶液。问：(1) 是否有 AgCl 沉淀析出？(2) 平衡时溶液中$[Ag^+]$是多少？已知室温下 AgCl 的$K_{sp}=1.77\times10^{-10}$。

解：(1) 两种溶液混合后：

$$c(Ag^+)=6.0\times10^{-3}\ \text{mol·L}^{-1}\times\frac{350\ \text{mL}}{600\ \text{mL}}=3.5\times10^{-3}\ \text{mol·L}^{-1}$$

$$c(Cl^-)=0.012\ \text{mol·L}^{-1}\times\frac{250\ \text{mL}}{600\ \text{mL}}=5.0\times10^{-3}\ \text{mol·L}^{-1}$$

$$Q=c(Ag^+)c(Cl^-)=1.8\times10^{-5}>K_{sp}$$

故有 AgCl 沉淀析出。

(2) 设平衡时$[Ag^+]=x$ mol·L^{-1}，则

$$AgCl(s) \rightleftharpoons Ag^+(aq) + Cl^-(aq)$$

初始浓度/(mol·L^{-1})　　3.5×10^{-3}　　5.0×10^{-3}

平衡浓度/(mol·L^{-1})　　x　　$5.0\times10^{-3}-(3.5\times10^{-3}-x)\approx1.5\times10^{-3}+x$

$$K_{sp}=[Ag^+][Cl^-]=x(1.5\times10^{-3}+x)$$

$$x=1.2\times10^{-7}$$

$$[Ag^+]=1.2\times10^{-7}\ \text{mol·L}^{-1}$$

[例 6.2] 已知室温下 $Mn(OH)_2$的$K_{sp}=1.9\times10^{-13}$，$NH_3·H_2O$ 的$K_b=1.8\times10^{-5}$，将0.20 mol·L^{-1}

$NH_3 \cdot H_2O$ 与 0.20 $mol \cdot L^{-1}$ $MnSO_4$ 溶液等体积混合,是否有 $Mn(OH)_2$ 沉淀生成?

解: 两种溶液混合后,$NH_3 \cdot H_2O$ 的浓度为 0.10 $mol \cdot L^{-1}$,$MnSO_4$ 的浓度为 0.10 $mol \cdot L^{-1}$,即

$$c(Mn^{2+}) = 0.10\ mol \cdot L^{-1}$$

$$c(OH^-) = \sqrt{c(NH_3)K_b} = \sqrt{0.10 \times 1.8 \times 10^{-5}}\ mol \cdot L^{-1} = 1.34 \times 10^{-3}\ mol \cdot L^{-1}$$

$$Q = c(Mn^{2+})[c(OH^-)]^2 = 1.8 \times 10^{-7} > K_{sp}$$

故有 $Mn(OH)_2$ 沉淀生成。

[例 6.3] 已知室温下 $Cr(OH)_3$ 的 $K_{sp} = 6.3 \times 10^{-31}$,求 0.10 $mol \cdot L^{-1}$ Cr^{3+} 开始生成 $Cr(OH)_3$ 沉淀和 Cr^{3+} 沉淀完全时(浓度小于或等于 10^{-6} $mol \cdot L^{-1}$)的 pH。

解:

$$Cr(OH)_3(s) \rightleftharpoons Cr^{3+}(aq) + 3OH^-(aq)$$

要生成 $Cr(OH)_3$ 沉淀,即

$$Q = c(Cr^{3+})[c(OH^-)]^3 > K_{sp}$$

当 $c(Cr^{3+}) = 0.10\ mol \cdot L^{-1}$ 时,有

$$c(OH^-) > \sqrt[3]{K_{sp}/c(Cr^{3+})} = \sqrt[3]{6.3 \times 10^{-31}/0.10}\ mol \cdot L^{-1} = 1.8 \times 10^{-10}\ mol \cdot L^{-1}$$

$$c(H^+) < 5.6 \times 10^{-5}\ mol \cdot L^{-1}$$

则

$$pH > 4.25$$

沉淀完全时,$c(Cr^{3+}) \leqslant 10^{-6}\ mol \cdot L^{-1}$,所需 OH^- 浓度为

$$c(OH^-) > \sqrt[3]{K_{sp}/10^{-6}} = \sqrt[3]{6.3 \times 10^{-31}/10^{-6}}\ mol \cdot L^{-1} = 8.6 \times 10^{-9}\ mol \cdot L^{-1}$$

$$c(H^+) < 1.2 \times 10^{-6}\ mol \cdot L^{-1}$$

则

$$pH > 5.92$$

需要注意的是,沉淀完全并非指溶液中不存在该种离子。一般定性分析时,溶液中某离子浓度小于或等于 10^{-5} $mol \cdot L^{-1}$ 就可以认为已沉淀完全。从定量的角度,沉淀后溶液中被沉淀离子的浓度小于或等于 10^{-6} $mol \cdot L^{-1}$ 可认为沉淀完全。

除碱金属和部分碱土金属外,许多金属氢氧化物的溶解度都比较小,且它们的溶解度与溶液 pH 有关。利用金属氢氧化物溶解度的差别,适当控制溶液的 pH,可以使某些金属氢氧化物沉淀下来,而另一些金属离子仍留在溶液中,从而达到分离的目的。

6.2 溶解度和影响溶解度的因素

6.2.1 溶解度

溶解度(solubility)表示一定温度下溶质在某溶剂中的溶解程度。溶解度有多种表示方法。如常用 100 g 溶剂(如 H_2O)所能溶解的溶质的质量(g)表示。在以

下的讨论中，以 s 表示难溶化合物的溶解度。s 是指难溶化合物在溶解反应达平衡时，每升溶液中所含该难溶化合物的物质的量，单位为 $mol \cdot L^{-1}$。

影响溶解度的因素很多，如沉淀的组成和结构、沉淀颗粒的大小、难溶化合物的 K_{sp}、酸度、温度、溶剂、溶液中构晶离子和非构晶离子的浓度等。另外，溶液中的化学反应往往对 s 有很大的影响。

值得注意的是，许多难溶化合物在水中的溶解和解离是分步进行的：

$$A_mB_n(s) \overset{(1)}{\rightleftharpoons} A_mB_n(l) \overset{(2)}{\rightleftharpoons} mA^{n+}(aq)+nB^{m-}(aq)$$

$A_mB_n(l)$ 是指水相中未解离的分子（如 AgCl）或离子对化合物（如 $Ca^{2+}SO_4^{2-}$）。一般情况下，由于难溶化合物溶解度小，根据稀释定律，在如此稀的溶液中，解离度 α 几乎接近 100%，即溶解的部分可以看作全部解离。上式简化为

$$A_mB_n(s) \rightleftharpoons mA^{n+}(aq)+nB^{m-}(aq)$$

溶度积和溶解度都能反映难溶电解质在一定温度下的溶解能力，在特定条件下，它们之间可以相互换算。

［例 6.4］ 已知室温下 $BaSO_4$ 在纯水中的溶解度为 2.42×10^{-4} g/(100 g H_2O)，计算 $BaSO_4$ 的 K_{sp}。已知 $M(BaSO_4)=233.4\ g \cdot mol^{-1}$。

解：因为 $BaSO_4$ 饱和溶液是极稀的，其密度可近似看作 $1\ g \cdot mL^{-1}$。设 $BaSO_4$ 在纯水中的溶解度为 s，则

$$s=\left(2.42\times10^{-4}\times\frac{1\,000}{100}\times\frac{1}{233.4}\right)\ mol \cdot L^{-1}=1.04\times10^{-5}\ mol \cdot L^{-1}$$

根据 $$BaSO_4(s) \rightleftharpoons Ba^{2+}(aq)+SO_4^{2-}(aq)$$

$$K_{sp}=[Ba^{2+}][SO_4^{2-}]=[s/(mol \cdot L^{-1})]^2=1.08\times10^{-10}$$

［例 6.5］ 已知室温下 AgCl 的 $K_{sp}=1.77\times10^{-10}$，$Ag_2CrO_4$ 的 $K_{sp}=1.12\times10^{-12}$。分别计算 AgCl 和 Ag_2CrO_4 在纯水中的溶解度。

解：设 AgCl 在纯水中的溶解度为 s_1，则

$$AgCl(s) \rightleftharpoons Ag^{+}(aq)+Cl^{-}(aq)$$

平衡浓度 $\qquad s_1 \qquad s_1$

$$K_{sp}(AgCl)=[Ag^{+}][Cl^{-}]=[s_1/(mol \cdot L^{-1})]^2$$

$$s_1=\sqrt{K_{sp}(AgCl)}\ mol \cdot L^{-1}=1.33\times10^{-5}\ mol \cdot L^{-1}$$

设 Ag_2CrO_4 在纯水中的溶解度为 s_2，则

$$Ag_2CrO_4(s) \rightleftharpoons 2Ag^{+}(aq)+CrO_4^{2-}(aq)$$

平衡浓度 $\qquad 2s_2 \qquad s_2$

$$K_{sp}(Ag_2CrO_4)=[Ag^{+}]^2[CrO_4^{2-}]=4[s_2/(mol \cdot L^{-1})]^3$$

$$s_2=\sqrt[3]{K_{sp}(Ag_2CrO_4)/4}\ mol \cdot L^{-1}=6.54\times10^{-5}\ mol \cdot L^{-1}$$

注意：

(1) 在一定温度下，难溶电解质的溶度积是平衡常数，其值只与难溶电解质的

性质和温度有关。而影响难溶电解质溶解度的因素很多，即溶解度依条件而变，应根据具体的情况进行计算。

（2）难溶电解质在水中的溶解是一个非常复杂的过程，其溶解度受许多因素的影响，溶度积只是这些因素中的一个，自然不可能与溶解度有着简单的函数关系。只有当其他因素的影响可以忽略时，用简单公式计算的结果才会与实验测定值比较接近。

（3）对于相同类型的难溶电解质，如 AgCl 和 $BaSO_4$，通过比较它们的溶度积，可以大致地比较它们在纯水中的溶解度。对于不同类型的难溶电解质，如 AgCl 和 Ag_2CrO_4，则不能通过比较它们的溶度积来比较它们的溶解度。

6.2.2 同离子效应和盐效应

在 $BaSO_4$ 饱和溶液中加入易溶强电解质 Na_2SO_4 时，溶液中 SO_4^{2-} 浓度增大。按照平衡移动原理，平衡会向生成 $BaSO_4$ 的方向移动，$BaSO_4$ 又会析出，致使 $BaSO_4$ 的溶解度降低。这种因加入含有共同离子的强电解质而使难溶电解质溶解度降低的现象称为同离子效应（common ion effect）。同离子是指构成晶体的离子（又称构晶离子），如 Ba^{2+}，SO_4^{2-} 都称为 $BaSO_4$ 的同离子。

［例 6.6］ 已知室温下 $BaSO_4$ 的 $K_{sp}=1.08\times10^{-10}$，分别计算 $BaSO_4$ 在纯水中和0.100 mol·L^{-1} Na_2SO_4 溶液中的溶解度。

解：设 $BaSO_4$ 在纯水中的溶解度为 s_1，则

$$BaSO_4(s) \rightleftharpoons Ba^{2+}(aq)+SO_4^{2-}(aq)$$

平衡浓度 $\qquad s_1 \qquad s_1$

$$K_{sp}=[Ba^{2+}][SO_4^{2-}]=[s_1/(mol\cdot L^{-1})]^2$$

$$s_1=\sqrt{K_{sp}}\ mol\cdot L^{-1}=1.04\times10^{-5}\ mol\cdot L^{-1}$$

设在 0.100 mol·L^{-1} Na_2SO_4 溶液中 $BaSO_4$ 的溶解度为 s_2，则

$$BaSO_4(s) \rightleftharpoons Ba^{2+}(aq)+SO_4^{2-}(aq)$$

平衡浓度 $\qquad s_2 \qquad s_2+0.100\ mol\cdot L^{-1}$

$$K_{sp}=[Ba^{2+}][SO_4^{2-}]=[s_2/(mol\cdot L^{-1})][s_2/(mol\cdot L^{-1})+0.100]\approx0.100[s_2/(mol\cdot L^{-1})]$$

$$s_2=1.08\times10^{-9}\ mol\cdot L^{-1}$$

可见 $BaSO_4$ 在纯水中的溶解度约是在 0.100 mol·L^{-1} Na_2SO_4 溶液中的溶解度的一万倍。在实际工作中，往往加入过量的沉淀剂，以降低沉淀的溶解度，即利用同离子效应使某种离子沉淀更完全。

［例 6.7］ 向 20 mL 0.002 0 mol·L^{-1} Na_2SO_4 溶液中加入 20 mL 0.020 mol·L^{-1} $BaCl_2$ 溶液，计算溶液中残余的 SO_4^{2-} 的浓度。已知室温下 $BaSO_4$ 的 $K_{sp}=1.08\times10^{-10}$。

解：两种溶液混合后：

$$c(SO_4^{2-}) = 0.002\ 0\ mol\cdot L^{-1} \times \frac{20}{40} = 0.001\ 0\ mol\cdot L^{-1}$$

$$c(Ba^{2+}) = 0.020\ mol\cdot L^{-1} \times \frac{20}{40} = 0.010\ mol\cdot L^{-1}$$

设平衡时溶液中 SO_4^{2-} 的浓度为 s，则

	$BaSO_4(s) \rightleftharpoons$	$Ba^{2+}(aq)$	+	$SO_4^{2-}(aq)$
初始浓度		$0.010\ mol\cdot L^{-1}$		$0.001\ 0\ mol\cdot L^{-1}$
平衡浓度		$0.010\ mol\cdot L^{-1}-(0.001\ 0\ mol\cdot L^{-1}-s)$		s

$$K_{sp} = [Ba^{2+}][SO_4^{2-}] = [s/(mol\cdot L^{-1})][0.009\ 0+s/(mol\cdot L^{-1})] \approx 0.009\ 0[s/(mol\cdot L^{-1})]$$

$$[SO_4^{2-}] = s = 1.2\times10^{-8}\ mol\cdot L^{-1}$$

SO_4^{2-} 已沉淀完全。

实验结果表明，在一定温度下，AgCl、$BaSO_4$ 等难溶电解质在 KNO_3 溶液中的溶解度比在纯水中的溶解度大，而且溶解度随着 KNO_3 浓度的增加而增大，见表 6-1。这种因加入强电解质而使难溶电解质溶解度增大的现象称为盐效应（salt effect）。

表 6-1 AgCl 和 $BaSO_4$ 在 KNO_3 溶液中的溶解度（298.15 K）

$c(KNO_3)/(mol\cdot L^{-1})$	$s(AgCl)/(10^{-5}\ mol\cdot L^{-1})$	$s(BaSO_4)/(10^{-5}\ mol\cdot L^{-1})$
0.000	1.34	1.05
0.001	1.40	1.40
0.005	1.46	1.84
0.010	1.51	2.18

可根据活度和活度系数的概念来讨论盐效应。例如，以下的沉淀-溶解平衡：

$$A_mB_n(s) \rightleftharpoons mA^{n+}(aq)+nB^{m-}(aq)$$

由前面的讨论可知，$K_{sp}^{\ominus} = [A^{n+}]^m[B^{m-}]^n\gamma_{\pm}^2 = K_{sp}^c\gamma_{\pm}^2$，式中

$$\gamma_{\pm}^2 = \gamma_{A^{n+}}\gamma_{B^{m-}}$$

溶液中的离子强度（I）越小，构晶离子的活度系数越接近于 1，这时可将 K_{sp}^c 和 $K_{sp}^{\ominus}$ 不加区别地使用，当计算难溶电解质在纯水中的溶解度时，就是这样做的。但是，在难溶电解质的饱和溶液中加入强电解质时，溶液的离子强度增大，构晶离子的活度系数（$\gamma_{A^{n+}}$，$\gamma_{B^{m-}}$）相应地减小，欲维持活度积 $K_{sp}^{\ominus}$ 不变，只有增加构晶离子的浓度（$[A^{n+}]$ 和 $[B^{m-}]$），因此，沉淀的溶解度就增加了。

实际上，在加入沉淀剂的同时，同离子效应和盐效应都存在。在加入适量沉淀剂的条件下，同离子效应起主要作用，盐效应不显著。但是当沉淀剂过量太多时，盐效应的影响就不能忽略了，见表 6-2。

表 6-2　$PbSO_4$ 在 Na_2SO_4 溶液中的溶解度(298.15 K)

$c(Na_2SO_4)/(mol·L^{-1})$	0	0.001	0.01	0.02	0.04	0.100	0.200
$s(PbSO_4)/(10^{-3}\ mol·L^{-1})$	0.15	0.024	0.016	0.014	0.013	0.016	0.023

由表 6-2 的数据可见，当 Na_2SO_4 的浓度为 0.04 $mol·L^{-1}$时，$PbSO_4$ 的溶解度最小。这之前，同离子效应起主要作用，这之后随着 Na_2SO_4 浓度的增加，盐效应增强，$PbSO_4$ 的溶解度又增大。

利用同离子效应降低沉淀的溶解度时，应考虑盐效应的影响，即沉淀剂不宜过量太多，否则反而会使沉淀的溶解度增大。另外，在沉淀剂的用量选择上也得考虑某些副反应的影响。

在沉淀剂适当过量的情况下，由于盐效应的影响比同离子效应的影响小得多，所以计算时可以只考虑同离子效应而忽略盐效应。

6.2.3 酸效应

溶液酸度对难溶电解质溶解度的影响称为酸效应。在酸性溶液中，H_3O^+ 与阴离子会发生中和反应：

$$A^{n-}+H_3O^+ \rightleftharpoons HA^{1-n}+H_2O$$

$$HA^{1-n}+H_3O^+ \rightleftharpoons H_2A^{2-n}+H_2O$$

……

$$H_{n-1}A^-+H_3O^+ \rightleftharpoons H_nA+H_2O$$

由于中和反应的发生，溶液中$[A^{n-}]$降低，从而使主反应向沉淀溶解的方向移动，使难溶电解质的溶解度增大。

[例 6.8]　已知室温下 CaC_2O_4 的 $K_{sp}=2.32\times10^{-9}$，$H_2C_2O_4$ 的 $pK_{a_1}=1.25$，$pK_{a_2}=3.81$。分别计算 CaC_2O_4 在下列条件下的溶解度。(1) pH = 1.00；(2) pH = 4.00 且溶液中未沉淀的草酸总浓度为 0.10 $mol·L^{-1}$。

例 6.8 解析（多重平衡规则）

解：

$$CaC_2O_4(s) \rightleftharpoons Ca^{2+}(aq)+C_2O_4^{2-}(aq) \quad 主反应$$

$$\left.\begin{array}{l} C_2O_4^{2-}(aq)+H^+(aq) \rightleftharpoons HC_2O_4^-(aq) \\ HC_2O_4^-(aq)+H^+(aq) \rightleftharpoons H_2C_2O_4(aq) \end{array}\right\} 副反应$$

(1) pH = 1.00 时，设 CaC_2O_4 的溶解度为 s_1。由于 $C_2O_4^{2-}$ 在 pH = 1.00 条件下存在一定的分布型体，s_1 应当等于 $C_2O_4^{2-}$ 各种型体的总浓度，即

$$s_1=[H_2C_2O_4]+[HC_2O_4^-]+[C_2O_4^{2-}]$$

$$[C_2O_4^{2-}]=s_1\delta_0$$

而此条件下，Ca^{2+}不存在副反应，$[Ca^{2+}]=s_1$。

根据溶度积规则：

$$K_{sp}=[Ca^{2+}][C_2O_4^{2-}]=s_1^2\delta_0 \qquad s_1=\sqrt{K_{sp}/\delta_0}$$

又
$$\delta_0=\frac{K_{a_1}K_{a_2}}{[H^+]^2+K_{a_1}[H^+]+K_{a_1}K_{a_2}}$$

将数据代入，可得

$$\delta_0=5.6\times10^{-4}$$

故
$$s_1=2.0\times10^{-3}\ mol\cdot L^{-1}$$

(2) pH=4.00 时，设 CaC_2O_4 的溶解度为 s_2。根据题意，溶液中草酸各种型体总浓度：

$$c=[H_2C_2O_4]+[HC_2O_4^-]+[C_2O_4^{2-}]=0.10\ mol\cdot L^{-1}+s_2\approx0.1\ mol\cdot L^{-1}$$

$$[C_2O_4^{2-}]=c\delta_0=0.10\ mol\cdot L^{-1}\times\delta_0,[Ca^{2+}]=s_2$$

$$K_{sp}=[Ca^{2+}][C_2O_4^{2-}]\approx0.10[s_2/(mol\cdot L^{-1})]\delta_0$$

pH=4.00 时，$\delta_0=0.61$，得

$$s_2=3.8\times10^{-8}\ mol\cdot L^{-1}$$

[例 6.9] 计算 CdS 和 CuS 在 0.30 $mol\cdot L^{-1}$ HCl 溶液中的溶解度 s。

解：由于溶液的酸性较强，可认为 MS 溶解出来的 S^{2-} 完全被中和生成 H_2S，由多重平衡规则可得

总反应：
$$MS(s)+2H^+ \rightleftharpoons M^{2+}+2H_2S$$

平衡浓度 $\qquad 0.3-2s \qquad s \qquad s$

$$K=\frac{K_{sp}}{K_{a_1}K_{a_2}}=\frac{[M^{2+}][H_2S]}{[H^+]^2}=\frac{s^2}{(0.3-2s)^2}$$

由此可见，硫化物(MS)在酸性介质中的溶解度主要由 K_{sp} 和 $[H^+]$ 两个因素共同决定。

CuS 的 $K_{sp}=6.3\times10^{-36}$，代入上式得

$$s=8.0\times10^{-6}\ mol\cdot L^{-1}$$

同理，对于 CdS，$K_{sp}=8.0\times10^{-27}$，代入上式得

$$s=0.1\ mol\cdot L^{-1}$$

计算表明，在 0.30 $mol\cdot L^{-1}$ HCl 溶液中，CuS 不溶，而 CdS 可溶。对于溶度积常数极小的硫化物，只能采用酸效应加上其他反应(如氧化还原反应、配位反应等)及加热等综合作用才能使其溶解。

[例 6.10] 在室温下向 0.010 $mol\cdot L^{-1}$ $ZnCl_2$ 溶液中通入 H_2S 至饱和，计算：(1) 不使产生 ZnS 沉淀的 $[H^+]$ 范围；(2) 使 Zn^{2+} 沉淀完全的 $[H^+]$ 范围。

解：室温下，H_2S 饱和溶液的浓度为 0.10 $mol\cdot L^{-1}$。

$$[S^{2-}]=\frac{[H_2S]K_{a_1}K_{a_2}}{[H^+]^2}$$

例 6.10 解析
(分布系数法)

(1) 不产生 ZnS 沉淀的条件是

$$[Zn^{2+}][S^{2-}]=\frac{[Zn^{2+}][H_2S]K_{a_1}K_{a_2}}{[H^+]^2}<K_{sp}$$

$$[H^+]^2>\frac{[Zn^{2+}][H_2S]K_{a_1}K_{a_2}}{K_{sp}}=5.56\times10^{-6}(mol\cdot L^{-1})^2$$

$$[H^+]>2.36\times10^{-3}\ mol\cdot L^{-1}$$

（2）沉淀完全时，$[Zn^{2+}]\leqslant10^{-6}\ mol\cdot L^{-1}$。

$$[Zn^{2+}][S^{2-}]=\frac{[Zn^{2+}][H_2S]K_{a_1}K_{a_2}}{[H^+]^2}\geqslant K_{sp}$$

$$[H^+]^2\leqslant\frac{[Zn^{2+}][H_2S]K_{a_1}K_{a_2}}{K_{sp}}=5.56\times10^{-10}(mol\cdot L^{-1})^2$$

$$[H^+]\leqslant2.36\times10^{-5}\ mol\cdot L^{-1}$$

［例 6.11］ 已知室温下 $Mn(OH)_2$ 的 $K_{sp}=1.9\times10^{-13}$，$NH_3\cdot H_2O$ 的 $K_b=1.8\times10^{-5}$，要溶解 0.010 mol $Mn(OH)_2$，需要 1.0 L 多大浓度的 NH_4Cl？

解：设 NH_4Cl 的平衡浓度为 $x\ mol\cdot L^{-1}$。

$$Mn(OH)_2(s)\rightleftharpoons Mn^{2+}(aq)+2OH^-(aq)\qquad K_{sp}$$

$$2NH_4^+(aq)+2OH^-(aq)\rightleftharpoons 2NH_3\cdot H_2O(aq)\qquad 1/K_b^2$$

总反应：$Mn(OH)_2(s)+2NH_4^+(aq)\rightleftharpoons Mn^{2+}(aq)+2NH_3\cdot H_2O(aq)$

平衡浓度/(mol·L⁻¹)　　x　　0.010　　0.020

$$K=\frac{[Mn^{2+}][NH_3\cdot H_2O]^2}{[NH_4^+]^2}=\frac{0.010\times(0.020)^2}{x^2}=\frac{K_{sp}}{K_b^2}=5.9\times10^{-4}$$

$$x=0.082$$

所需 NH_4Cl 的浓度为 $(0.020+0.082)\ mol\cdot L^{-1}\approx0.10\ mol\cdot L^{-1}$。

6.2.4 水解效应

计算硫化物在纯水中的溶解度时，应当考虑 S^{2-} 的水解效应：

$$S^{2-}+H_2O\rightleftharpoons HS^-+OH^-\qquad K_{b_1}=\frac{K_w}{K_{a_2}}=10^5$$

$$HS^-+H_2O\rightleftharpoons H_2S+OH^-\qquad K_{b_2}=\frac{K_w}{K_{a_1}}=1.1\times10^{-7}$$

如果难溶硫化物的溶度积很小，溶液中 S^{2-} 的浓度也很小。此时虽然 S^{2-} 很容易水解，但水解产生的 OH^- 仍可忽略不计。如果难溶硫化物的溶解度较大，溶液中 S^{2-} 的浓度也较大，则 S^{2-} 水解引起的溶液 pH 的改变就不能忽略。

［例 6.12］ 已知在室温下 MnS 的 $K_{sp}=2.5\times10^{-10}$，S^{2-} 的 $K_{b_1}=10^5$。计算 MnS 在纯水中的溶解度。

解：设 MnS 在纯水中的溶解度为 s，S^{2-} 的二级水解可以忽略，只考虑其一级水解，利用多重平衡规则：

$$MnS(s)\rightleftharpoons Mn^{2+}(aq)+S^{2-}(aq)\qquad K_{sp}$$

$$+\quad S^{2-}(aq)+H_2O\rightleftharpoons HS^-(aq)+OH^-(aq)\qquad K_{b_1}$$

总反应：$MnS(s)+H_2O\rightleftharpoons Mn^{2+}(aq)+HS^-(aq)+OH^-(aq)$

平衡浓度　　s　　s　　s

$$K=[Mn^{2+}][HS^-][OH^-]=[s/(mol\cdot L^{-1})]^3=K_{sp}K_{b_1}=2.5\times10^{-5}$$

$$s=\sqrt[3]{2.5\times10^{-5}}\ mol\cdot L^{-1}=2.9\times10^{-2}\ mol\cdot L^{-1}$$

例 6.13 解析（多重平衡规则）

［例 6.13］ 已知在室温下 Ag_2S 的 $K_{sp}=6.3\times10^{-50}$，H_2S 的 $K_{a_1}=8.9\times10^{-8}$，$K_{a_2}=1\times10^{-19}$。计算 Ag_2S 在纯水中的溶解度。

解：设 Ag_2S 在纯水中的溶解度为 s，则

$$[Ag^+]=2s \qquad [S^{2-}]=c\delta_0=s\delta_0$$

$$Ag_2S(s) \rightleftharpoons 2Ag^+ + S^{2-}$$

平衡浓度 $\qquad 2s \qquad s\delta_0$

$$K_{sp}=[Ag^+]^2[S^{2-}]=4s^3\delta_0$$

由于 Ag_2S 溶解度很小，溶液中 S^{2-} 的浓度也很小，S^{2-} 水解产生的 OH^- 可忽略不计，溶液中 $[H^+]=10^{-7.0}$，则

$$\delta_0=\frac{K_{a_1}K_{a_2}}{[H^+]^2+K_{a_1}[H^+]+K_{a_1}K_{a_2}}=4.71\times10^{-13}$$

$$s=\sqrt[3]{\frac{K_{sp}}{4\delta_0}}\ \mathrm{mol\cdot L^{-1}}=3.22\times10^{-13}\ \mathrm{mol\cdot L^{-1}}$$

在以上讨论中，有时用多重平衡规则，有时用分布系数，它们之间有何异同？事实上这两种方法都常用于处理多个平衡共存的体系。例如，欲求 pH 一定的 H_2S 水溶液中的$[S^{2-}]$：

H_2S 为二元弱酸，在溶液中分两步解离：

$$H_2S \rightleftharpoons H^+ + HS^- \qquad pK_{a_1}=7.05$$

$$HS^- \rightleftharpoons H^+ + S^{2-} \qquad pK_{a_2}=19$$

两步解离的总反应为 $\quad H_2S \rightleftharpoons 2H^+ + S^{2-} \qquad K=K_{a_1}K_{a_2}$

$$K=\frac{[S^{2-}][H^+]^2}{[H_2S]} \quad 或 \quad [S^{2-}]=\frac{[H_2S]K_{a_1}K_{a_2}}{[H^+]^2} \qquad (1)$$

欲通过式(1) 计算$[S^{2-}]$，必须先知道$[H_2S]$。

$[S^{2-}]$也可由分布系数计算：

$$c(H_2S)=[H_2S]+[HS^-]+[S^{2-}]$$

$$\delta_0=\frac{K_{a_1}K_{a_2}}{[H^+]^2+K_{a_1}[H^+]+K_{a_1}K_{a_2}}$$

$$[S^{2-}]=\frac{cK_{a_1}K_{a_2}}{[H^+]^2+K_{a_1}[H^+]+K_{a_1}K_{a_2}} \qquad (2)$$

由式(1)和式(2)计算溶液中的$[S^{2-}]$都是正确的。通常，已知的是总浓度，而不是平衡浓度，故使用式(2)较式(1)普遍。由于分布系数 δ 是 pH 的函数，因此，用式(2)计算$[S^{2-}]$，应当先知道溶液的 pH。

当 $pH\leqslant pK_{a_1}-2=5.05$ 时，H_2S 溶液中 H_2S 为绝对优势型体，$c(H_2S)\approx[H_2S]$。在这样的条件下，由式(1)和式(2)都可以导出以下的近似式：

$$[S^{2-}]=\frac{c(H_2S)K_{a_1}K_{a_2}}{[H^+]^2}$$

6.2.5 配位效应

由于配位剂与构晶离子形成可溶性配合物，从而使难溶电解质溶解度增大的现象称为配位效应。例如，AgX 的 K_{sp} 小，且 X^- 的酸效应不显著，因此单纯靠增加酸度不能将其溶解。这时可以利用 Ag^+ 的配位反应使之溶解，称为配位溶解法。由于它们的 K_{sp} 相差较大，溶解时应选用不同的配位剂。

AgCl 溶于氨水： $AgCl(s)+2NH_3 \!=\!=\!=\! [Ag(NH_3)_2]^+ + Cl^-$

AgBr 溶于 $Na_2S_2O_3$ 溶液： $AgBr(s)+2S_2O_3^{2-} \!=\!=\!=\! [Ag(S_2O_3)_2]^{3-} + Br^-$

AgI 溶于 KCN 溶液： $AgI(s)+2CN^- \!=\!=\!=\! [Ag(CN)_2]^- + I^-$

沉淀配位溶解的有关计算参见第七章配位反应。

以上讨论了影响沉淀-溶解平衡的因素，从中可以归纳出使沉淀溶解的方法，简述如下：

（1）利用生成水的反应　很多难溶金属氢氧化物能溶解在酸中，反应为

$$M(OH)_n(s)+nH^+ \rightleftharpoons M^{n+}+nH_2O$$

（2）利用生成弱酸的反应　某些金属硫化物、碳酸盐、草酸盐与强酸作用生成弱酸，使沉淀溶解，例如：

$$MS(s)+2H^+ \rightleftharpoons M^{2+}+H_2S$$

$$MC_2O_4+2H^+ \rightleftharpoons M^{2+}+H_2C_2O_4$$

（3）利用生成弱碱的反应　$Mg(OH)_2$ 能溶于铵盐：

$$Mg(OH)_2+2NH_4^+ \rightleftharpoons Mg^{2+}+2NH_3\cdot H_2O$$

（4）利用生成配离子的反应　AgCl 可溶于 $NH_3\cdot H_2O$。

（5）利用氧化还原反应　CuS 溶于 HNO_3 中：

$$3CuS(s)+8HNO_3(aq) = 3Cu(NO_3)_2(aq)+3S\downarrow+2NO\uparrow+4H_2O(l)$$

6.3 分步沉淀和沉淀转化

6.3.1 分步沉淀

在多种离子同时存在的混合溶液中，当加入一种沉淀剂时，不同离子发生先后沉淀的现象称为分步沉淀（fractional precipitation）。利用分步沉淀可以将一种或一组离子从混合溶液中分离出来。

如果混合溶液中的多种离子都可以和某一种试剂发生沉淀反应，就能通过控制实验条件，使某一种或某几种离子和试剂的离子积大于溶度积，形成沉淀，其他离子留在溶液中，从而达到分离的目的。首先沉淀的是生成沉淀所需沉淀剂浓度最小的离子。若生成各个沉淀所需的沉淀剂浓度相差较大，就可以运用分步沉淀原理进行混合离子的分离。

［例 6.14］ 已知室温下 AgCl 的 $K_{sp}=1.77\times10^{-10}$，AgI 的 $K_{sp}=8.52\times10^{-17}$。溶液中 Cl^- 和 I^- 浓度均为 $0.010\ mol\cdot L^{-1}$，当逐滴加入 $AgNO_3$ 溶液时，哪种沉淀首先析出？当 AgCl 开始沉淀时，溶液中 I^- 的浓度还有多大？（忽略因加入 $AgNO_3$ 溶液所引起的体积变化。）

解：

$$AgCl(s) \rightleftharpoons Ag^+(aq)+Cl^-(aq)$$

当 $c(Ag^+)c(Cl^-)>K_{sp,AgCl}$ 时，生成 AgCl 沉淀。所以要使 $0.010\ mol\cdot L^{-1}$ Cl^- 生成 AgCl 沉淀，所需 Ag^+ 浓度为 $c(Ag^+)>1.77\times10^{-8}\ mol\cdot L^{-1}$。

$$AgI(s) \rightleftharpoons Ag^+(aq)+I^-(aq)$$

要使 $0.010\ mol\cdot L^{-1}$ I^- 生成 AgI 沉淀，所需 Ag^+ 浓度为 $c(Ag^+)>8.52\times10^{-15}\ mol\cdot L^{-1}$。

所以 AgI 先沉淀。

当 AgCl 开始沉淀时，$c(Ag^+)>1.77\times10^{-8}\ mol\cdot L^{-1}$，此时 I^- 浓度为

$$c(I^-)=\frac{K_{sp}(AgI)}{c(Ag^+)}=\left(\frac{8.52\times10^{-17}}{1.77\times10^{-8}}\right)\ mol\cdot L^{-1}=4.81\times10^{-9}\ mol\cdot L^{-1}$$

可见，AgCl 开始沉淀时 I^- 已经沉淀完全。

［例 6.15］ 已知室温下 $Fe(OH)_3$ 的 $K_{sp}=2.79\times10^{-39}$，$Zn(OH)_2$ 的 $K_{sp}=3\times10^{-17}$。为了从 $[Zn^{2+}]=0.10\ mol\cdot L^{-1}$ 的溶液中除掉 Fe^{3+}，溶液的 pH 应控制在什么范围？

解：

$$Fe(OH)_3(s) \rightleftharpoons Fe^{3+}(aq)+3OH^-(aq)$$

$$[Fe^{3+}][OH^-]^3=K_{sp}$$

Fe^{3+} 沉淀完全［即 $c(Fe^{3+})\leqslant1.0\times10^{-6}\ mol\cdot L^{-1}$］所需 OH^- 浓度为

$$c(OH^-)=\sqrt[3]{K_{sp}/c(Fe^{3+})}=\sqrt[3]{2.79\times10^{-39}/10^{-6}}\ mol\cdot L^{-1}=1.4\times10^{-11}\ mol\cdot L^{-1}$$

$$pOH=10.85,\quad pH=3.15$$

$$Zn(OH)_2(s) \rightleftharpoons Zn^{2+}(aq)+2OH^-(aq)$$

$$[Zn^{2+}][OH^-]^2=K_{sp}$$

$0.10\ mol\cdot L^{-1}$ Zn^{2+} 开始沉淀所需 OH^- 浓度为

$$c(OH^-)=\sqrt{K_{sp}/c(Zn^{2+})}=\sqrt{3\times10^{-17}/0.10}\ mol\cdot L^{-1}=1.7\times10^{-8}\ mol\cdot L^{-1}$$

$$pOH=7.77,\quad pH=6.23$$

$$3.15<pH<6.23$$

6.3.2 沉淀的转化

由一种沉淀转化为另一种沉淀的过程称为沉淀的转化（inversion of precipitate）。如果将 AgCl 固体加入 KI 溶液中，白色 AgCl 粉末转化为黄色 AgI 沉淀，其转化过程

如下：

$$KI(aq) \longrightarrow I^-(aq)+K^+(aq)$$

$$AgCl(s) \rightleftharpoons Ag^+(aq)+Cl^-(aq)$$

$$Ag^+(aq)+I^-(aq) \rightleftharpoons AgI(s)$$

总反应：　$$AgCl(s)+I^-(aq) \rightleftharpoons AgI(s)+Cl^-(aq)$$

由于 AgI 沉淀的形成，溶液中$[Ag^+]$下降，AgCl 的沉淀-溶解平衡向右移动。如果使用足量的 KI，可以将 AgCl 全部转化为 AgI。

对于沉淀的转化反应，其平衡常数越大，转化反应进行得越完全。例如，由 AgCl 转化为 AgI 的反应，平衡常数为

$$K=\frac{K_{sp}(AgCl)}{K_{sp}(AgI)}=\frac{1.77\times10^{-10}}{8.52\times10^{-17}}=2.08\times10^{6}$$

从平衡常数的数值可以看出，转化反应进行得非常完全。反过来，由 AgI 转化为 AgCl 的反应，平衡常数 $K=4.81\times10^{-7}$，转化就非常困难，实际上无法实现。

在分析测定中，常常是将难溶的强酸盐转化为难溶的弱酸盐，然后再酸解，使要分析的离子转入溶液。例如，$BaSO_4$ 沉淀不溶于酸，用 Na_2CO_3 溶液处理，即可转化为易溶于酸的 $BaCO_3$ 沉淀。其转化过程为

$$BaSO_4(s) \rightleftharpoons Ba^{2+}(aq)+SO_4^{2-}(aq) \qquad K_{sp}(BaSO_4)$$

$$Ba^{2+}(aq)+CO_3^{2-}(aq) \rightleftharpoons BaCO_3(s) \qquad 1/K_{sp}(BaCO_3)$$

总反应：　$$BaSO_4(s)+CO_3^{2-}(aq) \rightleftharpoons BaCO_3(s)+SO_4^{2-}(aq)$$

$$K=\frac{[SO_4^{2-}]}{[CO_3^{2-}]}=\frac{K_{sp}(BaSO_4)}{K_{sp}(BaCO_3)}=\frac{1.08\times10^{-10}}{2.58\times10^{-9}}=4.19\times10^{-2}$$

根据平衡移动原理，当溶液中$[CO_3^{2-}]>24[SO_4^{2-}]$时，转化反应正向进行，平衡向生成 $BaCO_3$ 的方向移动。因为转化之前 $c(SO_4^{2-})=\sqrt{K_{sp}(BaSO_4)}=1.04\times10^{-5}\ mol\cdot L^{-1}$，所以这个转化条件在开始时是容易达到的。但是随着转化反应的进行，溶液中 $c(SO_4^{2-})$ 越来越大，而 $c(CO_3^{2-})$ 越来越小，要维持这个转化条件越来越困难。要使 $BaSO_4$ 完全转化为 $BaCO_3$，在操作上往往采用多次转化的方法，即用浓的 Na_2CO_3 溶液处理 $BaSO_4$ 沉淀后，将上层清液取出，再加入新鲜的 Na_2CO_3 溶液，如此重复 3~5 次，直至 $BaSO_4$ 全部转化为 $BaCO_3$ 为止。这种转化只能适用于平衡常数不是很小的转化反应，如果平衡常数太小，这种转化则是不可能的。

用 Na_2CO_3 溶液从天青石（主要成分是 $SrSO_4$）中提取锶盐的转化反应为

$$SrSO_4(s)+CO_3^{2-}(aq) \rightleftharpoons SrCO_3(s)+SO_4^{2-}(aq)$$

反应生成的 $SrCO_3$ 是难溶弱酸盐，易溶于 HCl，HNO_3 甚至 HOAc 中，从而制得 $SrCl_2$，$Sr(NO_3)_2$ 和 $Sr(OAc)_2$ 等。

从软锰矿(MnO_2)制得的 $MnCl_2$ 或 $MnSO_4$ 溶液中,常含有 Cu^{2+},Pb^{2+} 和 Cd^{2+} 等杂质离子,在这样的溶液中加入 MnS(s),可以使溶液中的 Cu^{2+},Pb^{2+} 和 Cd^{2+} 转化为硫化物沉淀,且不引入新的杂质。过滤除去 CuS,PbS,CdS 和过量的 MnS 后,经蒸发结晶即可得到纯净的 $MnCl_2$ 或 $MnSO_4$ 晶体。这些都是沉淀转化的实际应用。

[例 6.16] 欲将 0.10 mol $BaSO_4$ 全部转化为 $BaCO_3$,每次用 1.0 L 1.6 mol·L^{-1} Na_2CO_3 溶液处理,需要反复几次?

解:设 SO_4^{2-} 的平衡浓度为 x mol·L^{-1},则

$$BaSO_4(s) \rightleftharpoons Ba^{2+}(aq)+SO_4^{2-}(aq) \qquad K_{sp}(BaSO_4)$$

$$Ba^{2+}(aq)+CO_3^{2-}(aq) \rightleftharpoons BaCO_3(s) \qquad 1/K_{sp}(BaCO_3)$$

总反应:
$$BaSO_4(s)+CO_3^{2-}(aq) \rightleftharpoons BaCO_3(s)+SO_4^{2-}(aq)$$

平衡浓度/(mol·L^{-1})　　1.6−x　　　　x

$$K=\frac{[SO_4^{2-}]}{[CO_3^{2-}]}=\frac{x}{1.6-x}=\frac{K_{sp}(BaSO_4)}{K_{sp}(BaCO_3)}=\frac{1.08\times10^{-10}}{2.58\times10^{-9}}=0.041\ 9$$

$$x=0.064$$

则需反复处理次数为

$$0.10\div0.064=1.6\approx2$$

[例 6.17] 欲将 1.0 g $BaCO_3$ 全部转化为 $BaCrO_4$,需要加入多少毫升 0.10 mol·L^{-1} K_2CrO_4 溶液?

解:
$$BaCO_3(s)+CrO_4^{2-}(aq) \rightleftharpoons BaCrO_4(s)+CO_3^{2-}(aq)$$

$$K=\frac{[CO_3^{2-}]}{[CrO_4^{2-}]}=\frac{K_{sp}(BaCO_3)}{K_{sp}(BaCrO_4)}=\frac{2.58\times10^{-9}}{1.17\times10^{-10}}=22.1$$

设需要加入的 K_2CrO_4 溶液的体积为 x mL,$BaCO_3$ 的相对分子质量为 197.33,则平衡时:

$$[CO_3^{2-}]=\frac{1\ 000}{197.33x}\ \text{mol·L}^{-1}=\frac{5.1}{x}\ \text{mol·L}^{-1},\quad [CrO_4^{2-}]=\left(0.10-\frac{5.1}{x}\right)\ \text{mol·L}^{-1}$$

$$\frac{5.1/x}{0.10-5.1/x}=22.1$$

$$x=53$$

6.4 沉淀分离法简介

利用沉淀反应使混合物各个组分彼此分离的方法称为沉淀分离法。通过沉淀分离可以达到富集、提纯和制备的目的。进行沉淀分离的时候,体系由溶液相和沉淀相两相构成,待分离的组分可根据情况进入其中一相。如果要让待分离组分进入沉淀相,那么要求沉淀溶解度小,纯度高。因此,须控制适当的沉淀条件。

6.4.1 沉淀条件的选择

沉淀按其颗粒大小可分为晶形沉淀(crystalline precipitate)、凝乳状沉淀(gelating precipitate)和无定形沉淀(amorphous precipitate)。晶形沉淀的颗粒最大,直径为0.1~1 μm。在晶形沉淀内部,离子排列是有规则的,因此结构紧密,体积小,沉淀形成后易于沉在底部,便于过滤洗涤。这类沉淀对杂质的吸附也较小。晶形沉淀还可进一步细分为粗晶形沉淀(如 $MgNH_4PO_4 \cdot 6H_2O$)和细晶形沉淀(如 $BaSO_4$)两类。

无定形沉淀的颗粒最小,直径小于0.02 μm。其内部离子的排列是无序的,也称为非晶形沉淀或胶状沉淀。无定形沉淀结构疏松、体积庞大并含大量水分及其他杂质,过滤时易穿透滤纸或堵塞滤纸孔隙,过滤速度很慢,且不易洗涤。$Fe_2O_3 \cdot nH_2O$,$Al_2O_3 \cdot nH_2O$ 和金属离子的硫化物都属于无定形沉淀。

凝乳状沉淀的颗粒直径为0.02~0.1 μm,大小介于晶形沉淀和无定形沉淀之间,性质也介于二者之间,属于过渡态。AgCl 就属于这一类沉淀。

应当根据不同类型沉淀的特点,选用适宜的沉淀条件。

1. 晶形沉淀

对于晶形沉淀来说,关键是设法得到大颗粒的沉淀,因为这种沉淀杂质少、易过滤、易洗涤。为了获得大颗粒的晶形沉淀,应在如下条件下进行:

(1) 在适当稀的溶液中沉淀,尽可能降低相对过饱和度。

(2) 慢慢加入沉淀剂,并快速搅拌,以降低局部过饱和度,避免大量晶核的产生。

(3) 在热溶液中进行沉淀,使溶解度略有增加,相对过饱和度降低。同时,温度增高,可减少杂质的吸附,但温度较高时,沉淀的溶解度较大,所以沉淀完毕后应将溶液冷却后再过滤。

(4) 陈化。陈化就是沉淀完全后,让沉淀和母液一起放置一段时间,使沉淀颗粒更为粗大、纯净、完整。

为了获得颗粒粗大、结构紧密、纯净而易过滤的沉淀,人们发展出了新的沉淀方法——均相沉淀法(homogeneous precipitation)。在该方法中,沉淀剂不是直接加入溶液中,而是通过溶液中发生的化学反应,缓慢而均匀地在溶液中产生沉淀剂,从而使沉淀在整个溶液中均匀地、缓慢地析出。这可以有效地避免沉淀剂在溶液中的局部过饱和现象。

例如,沉淀 CaC_2O_4:在酸性溶液中加入草酸铵(此时其主要存在形式是 $HC_2O_4^-$ 和 $H_2C_2O_4$),然后加入尿素,加热煮沸,尿素按下式分解:

$$CO(NH_2)_2+H_2O \xlongequal{\quad} CO_2+2NH_3$$

生成的 NH_3 中和溶液中的 H^+，溶液的酸度逐渐降低，$[C_2O_4^{2-}]$ 不断增加，最后均匀而缓慢地析出 CaC_2O_4 沉淀。在沉淀过程中，溶液的相对过饱和度始终比较小，所以可以获得颗粒粗大的 CaC_2O_4 沉淀。

又如，沉淀 $BaSO_4$：在含 Ba^{2+} 的试液中加入硫酸二甲酯，利用酯水解产生 SO_4^{2-}：

$$(CH_3)_2SO_4+2H_2O \xlongequal{} 2CH_3OH+SO_4^{2-}+2H^+$$

均匀缓慢地生成 $BaSO_4$ 沉淀。

均相沉淀法是一种改进方法，但操作烦琐费时，对生成混晶及后沉淀没有多大改善。另外将溶液长时间煮沸易在容器壁上沉积一层致密的沉淀，不易取下，往往需要用溶剂溶解后再沉淀，这也是均相沉淀法的缺点之一。

2. 无定形沉淀

由于无定形沉淀的颗粒很小，总表面积大，表面吸附大量的剩余的构晶离子，从而带有电荷。带相同电荷的沉淀微粒相互排斥，使之拆散成小的胶体粒子，并分散在溶液之中形成具有一定稳定性的胶体溶液，这种现象称为胶溶。由于胶溶作用，无定形沉淀在过滤时胶溶部分会穿过滤纸造成损失。可见沉淀的关键是增加沉淀的紧密度，防止胶溶，尽量减少杂质的吸附。因此，无定形沉淀的条件是：

（1）在较浓、较热的溶液中沉淀。对于无定形沉淀已无法避免形成小颗粒沉淀，控制其饱和度意义不大。而在浓、热溶液中离子的水化程度较小，得到的沉淀结构紧密，含水量少，容易聚沉。热溶液还有利于防止胶体溶液的生成，减少杂质的吸附。但在浓溶液中杂质的浓度也大，为此，可以沉淀完毕后加热水稀释，并充分搅拌，使吸附于沉淀上的过多杂质解吸，达到稀溶液中的平衡，从而减少杂质的吸附。

（2）加入电解质。由于表面吸附作用使得胶体粒子表面与溶液之间形成一个双电层。当溶液中有电解质存在时会使双电层缩小，胶体粒子间的排斥力减弱，从而使胶体粒子凝聚、沉降，有效地防止了胶溶。为避免沾污沉淀，一般选用易挥发的铵盐或稀酸作电解质，以便能在灼烧时除去。无定形沉淀聚沉后立即趁热过滤，不必陈化。因为陈化不仅不能改善沉淀的性状，反而使沉淀更趋黏结，杂质难以洗净。趁热过滤则能大大缩短过滤洗涤的时间。

6.4.2 应用示例

1. 硫化物沉淀分离法

H_2S 可与 40 多种金属离子（碱金属、碱土金属和 NH_4^+ 除外）生成沉淀。不同金属硫化物溶解度差别很大且具有不同的颜色，故可通过控制溶液中 S^{2-} 的浓度，进行分步沉淀分离。

H_2S是二元弱酸，在溶液中解离出S^{2-}，溶液中$[S^{2-}]$与溶液酸度有关，溶液的酸度越大，$[S^{2-}]$越小；反之，酸度越小，$[S^{2-}]$越大。因此，可以通过溶液 pH 的调节来控制溶液中$[S^{2-}]$的大小，进而实现硫化物的分步沉淀。

根据实验结果，在约 0.3 $mol \cdot L^{-1}$ HCl 溶液介质中通入H_2S，以下离子能生成硫化物沉淀：

离子	条件	沉淀	pK_{sp}（硫化物）
Ag^+	约 0.3 $mol \cdot L^{-1}$ HCl 溶液，H_2S	Ag_2S（黑）	49.20
Pb^{2+}		PbS（黑）	27.10
Cu^{2+}		CuS（黑）	35.20
Cd^{2+}		CdS（黄）	26.10
Bi^{3+}		Bi_2S_3（褐）	97.00
Hg^{2+}		HgS（黑）	51.80
Sb^{3+}		Sb_2S_3（橙）	92.80
Sn^{2+}		SnS（褐）	25.00

沉淀分出后，再调节 pH，使溶液为碱性，使以下离子生成沉淀：

离子	条件	沉淀	pK_{sp}（硫化物）	
Mn^{2+}	氨性溶液，H_2S	MnS（浅粉红）	12.60	
Fe^{2+}		FeS（黑）	17.20	
Zn^{2+}		ZnS（白）	21.60	
Co^{2+}		α-CoS（黑）$\xrightarrow[\text{或加热}]{\text{放置}}$ β-CoS	20.40(α)	24.70(β)
Ni^{2+}		α-NiS（黑）$\xrightarrow[\text{或加热}]{\text{放置}}$ β-NiS	18.50(α)	24.00(β)
Al^{3+}		$Al(OH)_3$（白）	32.89	
Cr^{3+}		$Cr(OH)_3$（灰绿）	30.20	

Al^{3+}和Cr^{3+}极易水解，在氨性溶液中立即生成氢氧化物沉淀。

应当指出，硫化物沉淀一般为胶状沉淀，吸附现象严重，利用硫化物沉淀进行分离，选择性较差，一般只适合于将混合离子溶液分组。硫化物沉淀用于分离或除去某些重金属离子颇为有效。

2. 氢氧化物沉淀分离法

一些金属离子的氢氧化物难溶，根据溶度积规则，可以估计金属离子析出氢氧化物沉淀时的 pH。例如，$K_{sp}[Fe(OH)_3]=2.79\times10^{-39}$，若$[Fe^{3+}]=0.010\ mol \cdot L^{-1}$，

欲使 $Fe(OH)_3$ 沉淀析出,应有:

$$[Fe^{3+}][OH^-]^3>2.79\times10^{-39}$$

$$[OH^-]>\sqrt[3]{2.79\times10^{-39}/0.010}\ mol\cdot L^{-1}=6.5\times10^{-13}\ mol\cdot L^{-1}$$

$$pOH<12.19 \qquad pH>1.81$$

要使 Fe^{3+} 沉淀完全,溶液 pH 必须更大些。当溶液中残留的 $[Fe^{3+}]=10^{-6}\ mol\cdot L^{-1}$,由溶度积规则,同样可以计算溶液 pH=3.15。一些金属离子氢氧化物开始沉淀和沉淀完全时的 pH 见附录Ⅷ。

应当指出,这种计算只是近似的,要使 M^{n+} 沉淀完全,实际所需的 pH 还要大些,对于 Fe^{3+},一般要求溶液 pH>4。由于氢氧化物溶解度的差别,可以控制溶液 pH,使 Fe^{3+},Zn^{2+},Mg^{2+} 分步沉淀,进行分离。

若溶液中含有镧系元素,由于它们氢氧化物溶解度差别不大,开始沉淀的 pH 相近,需用多次分步沉淀的方法,较为精确地调节溶液 pH,才能以 $Ln(OH)_3$ 的形式使它们分离得比较完全。

在调节溶液 pH 使 M^{n+} 沉淀的过程中,尚需注意一些可能发生的副反应。如 Zn^{2+},若以 NaOH 溶液调节溶液 pH,当 pH 较大时,$Zn(OH)_2$ 会溶解,因为 Zn^{2+} 具有两性;若以 NH_3-NH_4Cl 调节溶液 pH 为 8~9,此时虽无 $Zn(OH)_2$ 沉淀生成,但 Zn^{2+} 可能以锌氨配离子的形式存留在溶液中。

氢氧化物沉淀多为无定形沉淀,和硫化物沉淀一样,吸附现象严重,沉淀分离的选择性较差。

3. 有机沉淀剂的应用

与无机沉淀剂(inorganic precipitant)相比较,有机沉淀剂(organic precipitant)有以下优点:

(1) 试剂品种多,性质各种各样,有的试剂选择性较高,便于选用;

(2) 沉淀溶解度一般很小,有利于被分离组分沉淀完全;

(3) 沉淀吸附无机杂质较少;

(4) 沉淀以后的处理如过滤、洗涤、烘干等比较方便。

有机沉淀剂也有一些缺点:

(1) 价格较高,目前主要用于研究和定量分析领域;

(2) 试剂本身在水中的溶解度往往较小,容易夹杂在沉淀中。

有机沉淀剂和金属离子反应生成的沉淀主要有两类:一类是螯合物(chelate),另一类是离子缔合物(ionic association)。例如,在 pH=3~9 的条件下,8-羟基喹啉 C_9H_7NO 可与多种金属离子生成螯合物沉淀;四苯硼酸钠 $NaB(C_6H_5)_4$ 可与 K^+,NH_4^+,Rb^+,Cs^+,Tl^+,Ag^+ 等生成离子缔合物沉淀;氯化四苯砷 $(C_6H_5)_4AsCl$ 在水溶液中可沉淀 MnO_4^-。

另外还有一些能形成三元混配化合物和三元离子缔合物的沉淀，用时可查阅有关手册。

本章小结

本章主要讨论了难溶电解质的沉淀-溶解平衡。沉淀-溶解平衡是一个多相离子平衡，该平衡的平衡常数称为溶度积常数（K_{sp}），利用 K_{sp} 可以大致地判断难溶电解质溶解度的相对大小。利用溶度积规则，将溶液中构晶离子浓度幂的乘积 Q 与K_{sp}进行比较，可以判断在该条件下是否有沉淀生成或沉淀溶解。在一定条件下，溶解度 s 与 K_{sp}可以相互换算。但溶解度受多种因素的影响，如同离子效应、酸效应、盐效应及水解效应等，须根据实际情况加以讨论。利用分步沉淀原理可以实现混合离子的分离；根据平衡移动的原理和难溶电解质 K_{sp} 的差异，可以实现沉淀的转化。利用沉淀分离法可以实现混合物中各组分的分离、富集、提纯和制备等目的。

思考题

1. 用溶度积规则解释下列事实。

（1）$CaCO_3$ 溶于稀盐酸中；

（2）$Mg(OH)_2$ 既溶于盐酸，也溶于 NH_4Cl 溶液中；

（3）ZnS 溶于盐酸和稀硫酸中，而 CuS 只溶于硝酸中。

2. 在草酸中加入 $CaCl_2$ 溶液，得到 CaC_2O_4 沉淀。将沉淀过滤后，往滤液中加入氨水，又有 CaC_2O_4 沉淀产生。用化学平衡移动原理予以说明。

3. 向含有固体 AgCl 的饱和水溶液中加入：（1）$AgNO_3$；（2）NaCl；（3）AgCl；（4）H_2O。上述各种情况下，AgCl 的沉淀-溶解平衡朝何方向移动？溶液中[Ag^+]和[Cl^-]是增加还是减少？它们的乘积是否变化？

4. 要使沉淀溶解，可采取哪些措施？举例说明。

5. 比较 Ag_2CrO_4 沉淀转化为 AgCl 沉淀和 $BaSO_4$ 沉淀转化为 $BaCO_3$ 沉淀的难易程度。

6. 为什么 Ag_2CrO_4 在 0.001 $mol \cdot L^{-1}$ $AgNO_3$ 溶液中的溶解度比在 0.001 $mol \cdot L^{-1}$ K_2CrO_4 溶液中的溶解度小。

7. 为了使某个离子沉淀完全，必须加入过量沉淀剂，但为什么又不能过量太多？

8. 烧杯中盛有饱和 $PbCl_2$（$K_{sp}=1.6\times10^{-5}$）水溶液。请提出两种能使 $PbCl_2$ 沉淀的试剂，并提出两种能使 $PbCl_2$ 溶解度增加的方法。

习 题

1. 在 25℃时,铬酸银的溶解度为 0.028 $g\cdot L^{-1}$,计算铬酸银的溶度积。

2. 已知某温度下,AgCl 在 100 g H_2O 中溶解 1.8×10^{-4} g,求其溶度积。

3. 已知某温度下 CaF_2 的溶度积为 5.3×10^{-9},求 CaF_2 的溶解度($g\cdot L^{-1}$):

(1) 在纯水中;(2) 在 0.10 $mol\cdot L^{-1}$ NaF 溶液中;(3) 在 0.20 $mol\cdot L^{-1}$ $CaCl_2$ 溶液中。

4. 某温度下 Ag_2CrO_4 的溶度积为 1.12×10^{-12},AgCl 的溶度积为 1.77×10^{-10}。分别计算它们在纯水中的溶解度($mol\cdot L^{-1}$),并与它们的溶度积的值进行比较,说明什么问题?

5. 10 mL 0.10 $mol\cdot L^{-1}$ $MgCl_2$ 溶液和 10 mL 0.10 $mol\cdot L^{-1}$ 氨水混合,是否有 $Mg(OH)_2$ 沉淀生成?

6. 向 20 mL 浓度为 0.002 0 $mol\cdot L^{-1}$ 的 $AgNO_3$ 溶液中加入 20 mL 0.020 $mol\cdot L^{-1}$ NaCl 溶液,可得多少克 AgCl 沉淀? 此时溶液中[Ag^+]为多少?

7. 在下列溶液中通入 H_2S 至饱和,分别计算这两种溶液中残留的 Cu^{2+} 浓度。

(1) 0.10 $mol\cdot L^{-1}$ $CuSO_4$ 溶液;(2) 含 0.10 $mol\cdot L^{-1}$ $CuSO_4$ 和 1.0 $mol\cdot L^{-1}$ HCl 的溶液。

8. 将 H_2S 气体通入 0.075 $mol\cdot L^{-1}$ $Fe(NO_3)_2$ 溶液中达饱和,计算 FeS 开始沉淀的 pH。已知 H_2S 在水中的溶解度为 0.1 $mol\cdot L^{-1}$。

9. 计算将 0.010 mol CuS 溶解于 1.0 L 盐酸中所需盐酸的浓度。这种溶解是否可能?

10. 溶液中 Fe^{3+} 和 Fe^{2+} 的浓度都是 0.050 $mol\cdot L^{-1}$,如果只要求生成 $Fe(OH)_3$ 沉淀,需要控制 pH 在什么范围内?

11. 0.10 $mol\cdot L^{-1}$ Cu^{2+} 溶液中含有 0.10 $mol\cdot L^{-1}$ Fe^{3+}。计算说明是否可用调节 pH 的办法除去 Fe^{3+}。

12. 溶液中 Ag^+,Pb^{2+},Ba^{2+} 和 Sr^{2+} 的浓度均为 0.10 $mol\cdot L^{-1}$,如果滴加 K_2CrO_4 溶液时,溶液的体积变化忽略不计,排出上述离子开始沉淀的次序。

13. 向含 NaCl,NaBr 和 NaI 的混合溶液中,滴加 $AgNO_3$ 溶液,当沉淀析出后,溶液中[Cl^-]=0.10 $mol\cdot L^{-1}$,[Br^-]=1.0×10^{-4} $mol\cdot L^{-1}$,[I^-]=1.0×10^{-8} $mol\cdot L^{-1}$。生成的沉淀是什么物质?

14. 将 0.010 mol AgI 沉淀全部转化为 Ag_2CO_3 沉淀,需要 1.0 L Na_2CO_3 溶液的最初浓度是多少? 这种转化能否实现?

15. 在 150 mL 2.0 mol·L^{-1} H_2SO_4 溶液中，加入 50 mL 浓氨水（$d=0.892$，$w=30.5\%$），求此溶液的$[H^+]$和$[OH^-]$。若在此溶液中加入 0.222 g $CaCl_2$ 固体，充分摇匀后，产生的白色沉淀是 $Ca(OH)_2$，还是 $CaSO_4$？

16. 在 100 mL 0.20 mol·L^{-1} $MnCl_2$ 溶液中加入 100 mL 含有 NH_4Cl 的 0.010 mol·L^{-1}氨水，问此氨水中需含有多少克 NH_4Cl 才不致生成 $Mn(OH)_2$ 沉淀？

17. 某温度下，$Mg(OH)_2$ 的溶解度为 1.3×10^{-4} mol·L^{-1}，如果向 10 mL 0.10 mol·L^{-1} $MgCl_2$ 溶液中加入 10 mL 0.10 mol·L^{-1}氨水，有无沉淀生成？若有沉淀生成，需向此混合溶液中加入多少克 NH_4Cl 固体，才能使生成的沉淀全部溶解？

18. 计算 pH=5，草酸总浓度为 0.050 mol·L^{-1}的溶液中草酸钙的溶解度。如果溶液的体积为 300 mL，能溶解多少克 CaC_2O_4？

第七章

配位反应

配位化学
奠基人

配位化学相关
诺贝尔奖

配位反应在有机化学、分析化学、生物化学、生命科学、催化动力学等领域均有渗透，发展到现在，已经形成一门独立的学科，成为化学科学中的一个重要分支。配合物在工业、农业、医药、国防和航天等领域被广泛应用，特别是在医学、生物学、功能新材料、药物合成等方面有着特殊的重要性。配位反应的特征正是使配合物在近代科学技术中获得广泛应用的基础之一。第三章介绍了配合物的基础知识及配合物的化学键理论；本章的主要内容是在此基础之上，介绍路易斯酸碱电子理论、配合物的稳定性、配位平衡及相关的多重平衡等。

7.1 酸碱电子理论与配位反应

7.1.1 酸碱定义

质子理论发展了电离理论的酸碱概念，它包括了所有显示碱性的物质，但对于酸仍然限制在含氢的物质上，故酸碱反应也就只能局限于质子转移反应。

1923 年路易斯提出了酸碱电子理论（electron theory）。酸碱电子理论将酸碱定义为：凡是能接受电子对的物质称为酸；凡是能给出电子对的物质称为碱。在酸碱反应过程中发生电子对转移，碱性物质提供电子对，酸性物质提供空轨道，形成配位共价键，其生成物称为酸碱加合物。

因为凡是能与质子结合的物质必然是电子对的给予体，所以酸碱电子理论中的碱和质子论中的碱是基本一致的。酸碱电子理论中酸在结构上的特点是具有空的价电子轨道或在反应过程中能形成接受电子对的价电子轨道，因此酸碱电子理论中酸的范围比质子理论中广泛得多。

酸碱电子理论中属于酸的有以下几类：

(1) 阳离子　如 H^+, K^+, Ag^+, Al^{3+}, Fe^{2+}, RCH_2^+ 等。

(2) 中心原子价电子层未满 8 电子结构的物质　如 BF_3 等。

(3) 中心原子能容纳 8 个以上电子的物质　如 $SiCl_4$, $TiCl_4$ 等。

可见许多无质子的物质也包括在内。

酸碱电子理论中的碱主要有以下几类：

(1) 阴离子　如 OH^-, F^-, CN^- 等。

(2) 具有孤电子对的分子　如 NH_3, $N(C_2H_5)_3$, $P(C_6H_5)_3$, H_2O, RNH_2, ROR 等。

(3) 含有碳-碳 π 键的分子　如 $CH_2=CH_2$, $HC\equiv CH$ 及某些芳香化合物。

由此可见，酸碱电子理论定义的酸碱包含的物质极为广泛。为了和电离理论或质子理论的酸碱概念相区别，常把酸碱电子理论所指的酸碱称为路易斯酸碱（简称 L 酸碱）或广义酸碱。

7.1.2 酸碱反应

路易斯酸碱反应的特征是通过电子对共享形成配位键。按照形成配位键的过程不同，路易斯酸碱反应有两种类型。

1. 加合反应

碱的未共享电子对通过配位键跃迁到酸的空轨道中，形成酸碱配合物。

通式：　　酸(A)+碱(:B) ⟶ 酸碱配合物(A←B)

例如：

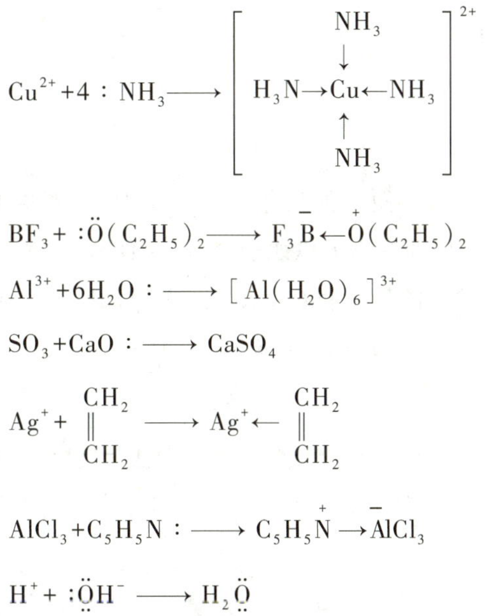

有机离子反应也属于这一类反应。路易斯酸能接受外来电子对，因此具有亲电性；路易斯碱能提供电子对，因此具有亲核性。从有机反应的角度讲，路易斯酸

属于亲电子试剂;而路易斯碱属于亲核试剂。

按照酸碱电子理论,所有金属离子都是酸,与金属离子配位的阴离子或中性分子都是碱,配合物就是酸碱加合物,可以生成配位酸、配位碱和配位盐。例如,$PtCl_4$ 溶于盐酸生成氯铂酸 $H_2[PtCl_6]$:

$$PtCl_4+2HCl \longrightarrow H_2[PtCl_6]$$

$Cu(OH)_2(s)$溶于过量氨水形成深蓝色配位碱:

$$Cu(OH)_2(s)+4NH_3 \longrightarrow [Cu(NH_3)_4](OH)_2$$

碘化汞是一种难溶于水的晶体,但它可以溶解在含有一定量 KI 的溶液中,将此溶液浓缩就结晶出组成为 $K_2[HgI_4]$的配位盐,反应为

$$HgI_2+2KI \longrightarrow K_2[HgI_4]$$

2. 取代反应

(1) 碱取代反应　通式:

$$A \leftarrow B + :D \rightleftharpoons A \leftarrow D + :B$$

取代碱　　被取代碱

例如:

中和反应 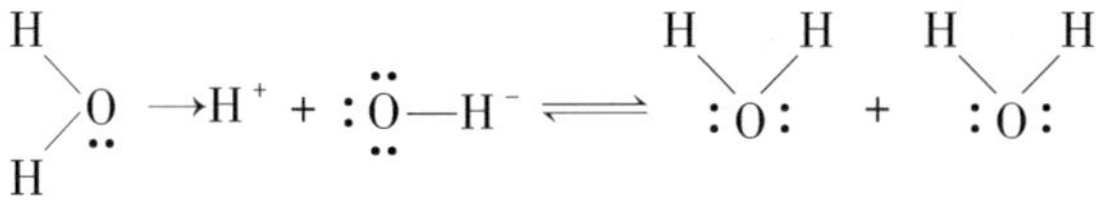

取代碱(强)　　被取代碱(弱)

水解反应 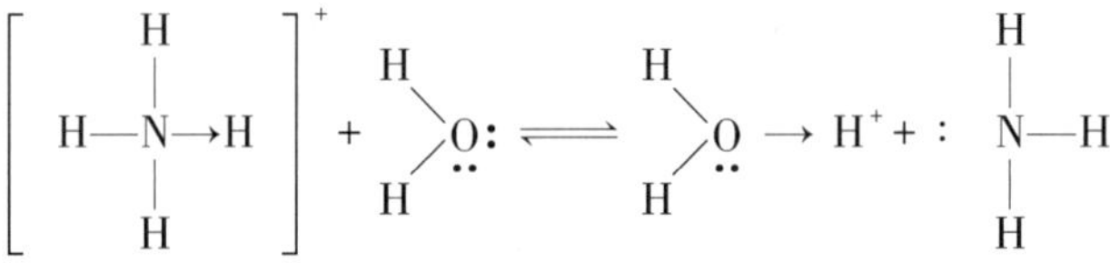

取代碱(较弱)　　被取代碱(较强)

配体的取代反应可以使一种配合物转化为另一种配合物。

金属离子(M^{n+})在水溶液中以水合离子的形式存在,可用通式$[M(H_2O)_m]^{n+}$表示,m 是配位数,常见的是 4 和 6。水溶液中配合物的形成反应,实际上是水合离子中的一个或几个水分子被其他配体(L)取代的过程,即路易斯碱取代反应。省略电荷的反应式为

$$M(H_2O)_m+L \rightleftharpoons M(H_2O)_{m-1}L+H_2O$$

$$M(H_2O)_{m-1}L+L \rightleftharpoons M(H_2O)_{m-2}L_2+H_2O$$

……

$$M(H_2O)L_{m-1}+L \rightleftharpoons ML_m+H_2O$$

各种配体提供孤电子对的能力有强有弱。对于同一种金属离子,配体取代反应的方向应当是强的配体取代弱的配体。

例如，在含有$[Ni(H_2O)_6]^{2+}$的溶液中加入足量氨水，生成蓝色的$[Ni(NH_3)_6]^{2+}$：

$$[Ni(H_2O)_6]^{2+}+6NH_3 \longrightarrow [Ni(NH_3)_6]^{2+}+6H_2O$$

再加入足量的乙二胺，$[Ni(NH_3)_6]^{2+}$会转化为$[Ni(en)_3]^{2+}$：

$$[Ni(NH_3)_6]^{2+}+3en \longrightarrow [Ni(en)_3]^{2+}+6NH_3$$

由此可见，配体提供孤电子对的能力 $en>NH_3>H_2O$。

在配体取代反应中常伴着溶液颜色的改变。例如：

$[Fe(H_2O)_6]^{3+}$(浅紫色)$\longrightarrow$$[Fe(NCS)_6]^{3-}$(血红色)

$[Cr(H_2O)_6]^{3+}$(蓝紫色)$\longrightarrow$$[Cr(NH_3)_6]^{3+}$(黄色)

$[Co(H_2O)_6]^{2+}$(浅红色)$\longrightarrow$$[CoCl_4]^{2-}$(深蓝色)$\longrightarrow$$[Co(NH_3)_6]^{2+}$(土黄色)

$[Cu(H_2O)_4]^{2+}$(淡蓝色)$\longrightarrow$$[CuCl_4]^{2-}$(黄绿色)$\longrightarrow$$[Cu(NH_3)_4]^{2+}$(深蓝色)

颜色的变化可作为判断配体取代反应是否进行的参考，也为鉴定某种离子的存在提供了依据。

配合物形成的同时也可能出现诸如溶解性、酸碱性或氧化还原性等一系列性质的变化。应用这些变化可以解决某些实际问题。

例如，无水硫酸铜为白色，吸水后生成较稳定的蓝色水合物 $CuSO_4·5H_2O$。实验证明，五水硫酸铜$[Cu(H_2O)_4]SO_4·H_2O$是一种盐型配合物，其中有四个水分子作为配体进入内界，与Cu^{2+}形成配离子，它们在一定的温度下才能逐渐失去。利用这一性质，无水硫酸铜可用作指示剂和微量水的干燥剂。

(2) 酸取代反应　通式：

$$\underset{}{A \leftarrow B} + \underset{\text{取代酸}}{C} \rightleftharpoons \underset{}{C \leftarrow B} + \underset{\text{被取代酸}}{A}$$

例如：

$$H—OH + \underset{\text{取代酸}}{CO_2} \rightleftharpoons HCO_3^- + \underset{\text{被取代酸}}{H^+}$$

再如，含有 Ag^+的试液中加入过量的$[Ni(CN)_4]^{2-}$，发生如下的取代反应：

$$[Ni(CN)_4]^{2-} + \underset{\text{取代酸}}{2Ag^+} \rightleftharpoons 2[Ag(CN)_2]^- + \underset{\text{被取代酸}}{Ni^{2+}}$$

(3) 双取代反应　通式：

$$\underset{\text{酸}_1\ \text{碱}_1}{A \leftarrow B} + \underset{\text{酸}_2\ \text{碱}_2}{C \leftarrow D} \rightleftharpoons \underset{\text{酸}_1\ \text{碱}_2}{A \leftarrow D} + \underset{\text{酸}_2\ \text{碱}_1}{C \leftarrow B}$$

例如：

$$BaCl_2+Na_2SO_4 \rightleftharpoons BaSO_4+2NaCl$$

7.1.3 硬软酸碱原则

酸碱电子理论中酸碱的强弱没有一个定量的标度，缺乏像质子理论那样的定量计算，这是酸碱电子理论的主要缺点。

1961 年皮尔松(Pearson)根据实验观察，将中心离子的电荷、半径、配体的性质及它们之间的极化效应和成键情况等加以综合考虑，对路易斯酸碱进行了分类，将路易斯酸分为硬酸和软酸，介于硬酸和软酸之间的酸称为交界酸。同样，路易斯碱也分为硬碱、软碱和交界碱(见表 7-1，表 7-2)。并在此基础上提出了酸碱相互作用的实验规律——硬软酸碱原则(HSAB)：硬碱优先与硬酸配位，软碱则优先与软酸配位。通俗地讲就是：软亲软，硬亲硬，软硬结合不稳定。其意义是：软酸与软碱结合，硬酸与硬碱结合，则反应倾向大，生成的酸碱配合物稳定性强。而硬-软结合的反应倾向较小，生成的酸碱配合物不稳定。例如：

HF	HCl	HBr	HI
硬-硬	硬-硬	硬-交界	硬-软

$\xrightarrow{\hspace{6cm}}$

稳定性减小

表 7-1 硬软酸碱结构上的特点

特点	硬酸	软酸	硬碱	软碱
电荷	正电荷高	正电荷低		
电性	电正性高	电正性低	电负性高	电负性低
氧化态	高	低	难氧化	易氧化
体积	小	大	小	大
变形性	低	高	低	高
键性	离子静电型	共价 π 型	离子静电型	共价 π 型
价电子层情况	空轨道能级高	空轨道能级低	电子少，难激发	电子多，易激发

表 7-2 广义酸碱的分类

	酸	碱
硬	H^+, Li^+, Na^+, K^+, Be^+, Mg^{2+}, Ca^{2+}, Sr^{2+}, Mn^{2+}, Al^{3+}, Cr^{3+}, Co^{3+}, Fe^{3+}, As^{3+}, Si^{4+}, Sn^{4+}, BF_3, $AlCl_3$, SO_3, CO_2, Cl(Ⅶ)，某些有机基团	H_2O, OH^-, F^-, $CH_3CO_2^-$, PO_4^{3-}, SO_4^{2-}, CO_3^{2-}, ClO_4^-, NO_3^-, NH_3, RNH_2, Cl^-, ROH, R_2O
交界	Fe^{2+}, Co^{2+}, Ni^{2+}, Cu^{2+}, Zn^{2+}, Pb^{2+}, Sb^{3+}, Sn^{2+}, Bi^{3+}, SO_2, NO^+, $C_6H_5^+$, R_3C^+	Br^-, NO_2^-, SO_3^{2-}, N_2, $C_6H_5NH_2$, C_5H_5N
软	Cu^+, Ag^+, Tl^+, Pd^{2+}, Cd^{2+}, Pt^{2+}, Hg^{2+}, Tl^{3+}, Pt^{4+}, BH_3, RS^+, RO^+，金属原子	RSH, I^-, SCN^-, $S_2O_3^{2-}$, S^{2-}, CN^-, CO, C_2H_4, H^-, R^-, R_2S

配合物在水溶液中的稳定性既与中心离子(酸)的软硬程度有关,也与配体(碱)的软硬程度有关。常见的作配体的无机物(路易斯碱),按其软硬程度,大致有如下顺序:

$$\xrightarrow[\text{硬度减小,软度增加}]{F^-,OH^-,H_2O,Cl^-,NH_3,Br^- \approx SCN^-,I^-,S_2O_3^{2-},CN^-}$$

常见的作配体的有机化合物,作为硬碱的大部分都是含有以氧为配位原子的配体,例如, $>C{=}O$, $-\overset{|}{C}-OH$, $-COOH$ 等,而属于软碱和交界碱的配体通常是含S 和 N 的配体。

利用硬软酸碱原则可以说明物质的诸多化学问题。例如:

物质的稳定性:由于 Cd^{2+} 是软酸,而碱硬度 $H_2O>NH_3>CN^-$,因此在水溶液中 $[Cd(H_2O)_4]^{2+}$ 最不稳定,而 $[Cd(CN)_4]^{2-}$ 比 $[Cd(NH_3)_4]^{2+}$ 更稳定。

化学键合的情况:SCN^- 为两可配体,以 S 原子配位是软碱,以 N 原子配位则为硬碱。因此 SCN^- 试剂与软酸 Ag^+ 配位反应形成 $[Ag(SCN)_2]^-$,而与硬碱 Fe^{3+} 配位反应形成 $[Fe(NCS)_n]^{3-n}$。

溶解度分析:卤化银中阳离子 Ag^+ 是软酸,而阴离子作为碱的硬度 $F^->Cl^->Br^->I^-$,从典型硬碱过渡到典型软碱,因此水溶液中 AgF、AgCl、AgBr、AgI 溶解度依次减小。

化学反应方向:Cu^+ 是软酸,Cu^{2+} 是交界酸,溶剂 H_2O 是硬碱,Cu^{2+} 与 H_2O 之间的溶剂化作用强于 Cu^+ 与 H_2O 之间的溶剂化作用,因此在水溶液中 Cu^+ 自发发生歧化反应 $2Cu^+ \xlongequal{} Cu^{2+}+Cu$。许多有机反应的过程也可以运用硬软酸碱原则得到比较清楚的理解。

此外,溶剂的选择、掩蔽剂和解蔽剂的选择、萃取剂的选择、催化剂的选择等问题均可用硬软酸碱原则加以分析。

由于配合物的成键情况比较复杂,不能简单地用硬软酸碱原则来归纳,这是使用硬软酸碱原则时应当注意的。

7.2 EDTA 及其螯合物

有一类含有$-N(CH_2COOH)_2$基团的有机化合物能和同一中心离子形成螯合物,称为氨羧配位剂(也称螯合剂,chelating agent),属于 NO 型配位剂。氨羧配位剂的种类很多,其中最常用的是乙二胺四乙酸(ethylendiaminetetraacetic acid),简称 EDTA 或 EDTA 酸:

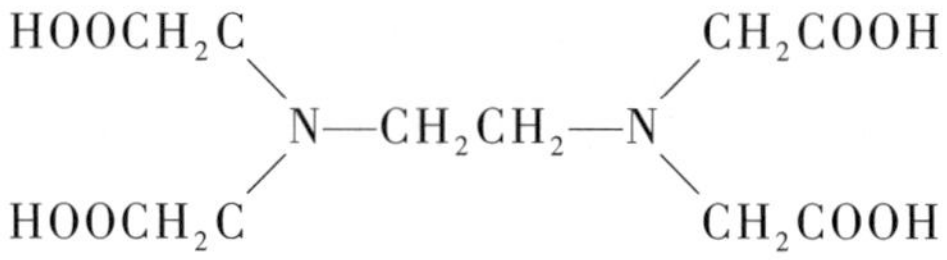

为简便计，常用 H_4Y 表示 EDTA 的分子式。与中心离子配位的是乙二胺四乙酸根，为六齿配体，共有六个配位原子，即两个氨基上的 N 原子，四个羧基上的 O 原子：

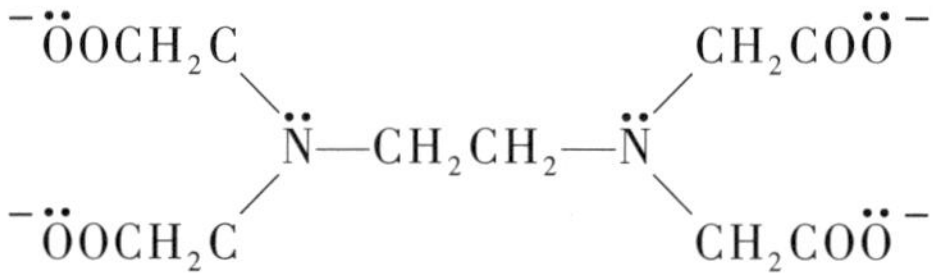

由于 H_4Y 的溶解度很小，常用的是它的二钠盐 $Na_2H_2Y\cdot 2H_2O$，也称为EDTA。因此，也可用 H_2Y^{2-} 来代表 EDTA。

EDTA 本身是四元酸，在高酸度溶液中，H_4Y 的两个氨基可以再接受质子，形成 H_6Y^{2+}。这样 EDTA 就相当于六元酸，有六级酸式解离平衡：

$$H_6Y^{2+} \rightleftharpoons H^+ + H_5Y^+ \qquad pK_{a_1}=0.90$$
$$H_5Y^+ \rightleftharpoons H^+ + H_4Y \qquad pK_{a_2}=1.60$$
$$H_4Y \rightleftharpoons H^+ + H_3Y^- \qquad pK_{a_3}=2.0$$
$$H_3Y^- \rightleftharpoons H^+ + H_2Y^{2-} \qquad pK_{a_4}=2.67$$
$$H_2Y^{2-} \rightleftharpoons H^+ + HY^{3-} \qquad pK_{a_5}=6.16$$
$$HY^{3-} \rightleftharpoons H^+ + Y^{4-} \qquad pK_{a_6}=10.26$$

作为六元酸，在水溶液中 EDTA 有 H_6Y^{2+}，H_5Y^+，H_4Y，H_3Y^-，H_2Y^{2-}，HY^{3-} 和 Y^{4-} 七种型体存在，其分布曲线见图 7-1。由图 7-1 可知，在相当大的 pH 范围内，曲线交叉严重。pH>10.3 为 Y^{4-} 的优势区域。pH≥13 时 EDTA 才几乎完全以 Y^{4-} 形式存在。

Y^{4-} 既是质子理论的多元碱又是较强的螯合剂。作为多元碱，Y^{4-} 可接受多个质子。作为较强的螯合剂，Y^{4-} 中既有—$CO\ddot{O}^-$，又有 $\ddot{N}$（三价氮），前者属于硬碱，后者属于交界碱，具有广泛的配位性能，可与大多数金属离子形成稳定的可溶性螯合物，一般情况下，其配位比为 1∶1。EDTA 与金属离子生成螯合物的反应：

$$M^{n+} + H_2Y^{2-} \rightleftharpoons [MY]^{n-4} + 2H^+ \quad 常简写为\ M + Y \rightleftharpoons MY$$

例如，$Ca^{2+} + H_2Y^{2-} \rightleftharpoons [CaY]^{2-} + 2H^+$ 可简写为 $Ca + Y \rightleftharpoons CaY$。

图 7-2 是 EDTA 和 Ca^{2+} 生成的螯合物的结构示意图。可以看出，EDTA 与金属离子螯合时形成五个五元环，因而这种螯合物具有较大的稳定性。

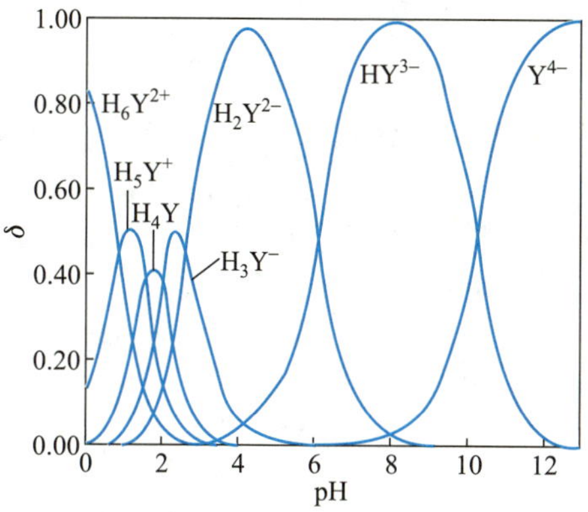

图 7-1 EDTA 的分布曲线

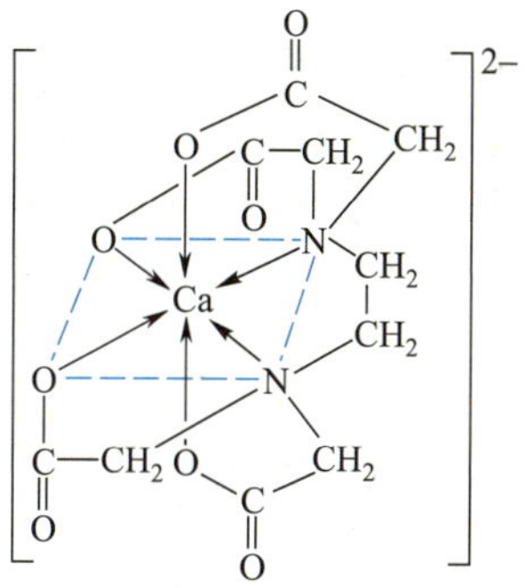

图 7-2 EDTA 和 Ca^{2+} 生成的螯合物的结构示意图

EDTA 和无色金属离子生成无色螯合物，和有色金属离子一般生成颜色更深的螯合物。

7.3 配合物的稳定常数

7.3.1 稳定常数

在水溶液中，金属离子和配位剂发生配位作用形成配离子，同时配离子也可以发生解离反应。例如：

$$Cu^{2+}+4NH_3 \underset{\text{解离}}{\overset{\text{配位}}{\rightleftharpoons}} [Cu(NH_3)_4]^{2+}$$

平衡时：

$$K_{\text{稳}}=\frac{[Cu(NH_3)_4^{2+}]}{[Cu^{2+}][NH_3]^4}$$

在一定温度下 $K_{\text{稳}}$ 是一个常数，称为配合物的稳定常数（stability constant），也叫形成常数（formation constant）。一些常见配合物的稳定常数见附录。$K_{\text{稳}}$ 表示配合物的稳定程度，$K_{\text{稳}}$ 越大，配合物在溶液中越稳定，越不易解离。

$K_{\text{稳}}$ 的倒数称为配合物的不稳定常数（unstability constant），$K_{\text{不稳}}=1/K_{\text{稳}}$。$K_{\text{不稳}}$ 表示配合物的解离倾向，或解离反应的进行程度，故 $K_{\text{不稳}}$ 也称为配合物的解离常数（dissociation constant）。

[例 7.1] 将 0.20 $mol\cdot L^{-1}$ $AgNO_3$ 溶液和 2.0 $mol\cdot L^{-1}$ 氨水等体积混合，计算溶液中 Ag^+ 的平衡浓度。已知 $[Ag(NH_3)_2]^+$ 的 $K_{\text{稳}}=1.1\times10^7$。

解：设 Ag^+ 的平衡浓度为 x $mol\cdot L^{-1}$。溶液混合后：

$$c(AgNO_3)=\frac{0.20}{2}\ mol\cdot L^{-1}=0.10\ mol\cdot L^{-1},\ c(NH_3)=\frac{2.0}{2}\ mol\cdot L^{-1}=1.0\ mol\cdot L^{-1}$$

$$\begin{array}{lccc} & Ag^+ \quad + & 2NH_3 \rightleftharpoons & [Ag(NH_3)_2]^+ \\ \text{初始浓度}/(mol\cdot L^{-1}) & 0.10 & 1.0 & 0 \\ \text{平衡浓度}/(mol\cdot L^{-1}) & x & 1.0-2(0.10-x) & 0.10-x \end{array}$$

$$K_{稳}=\frac{[Ag(NH_3)_2^+]}{[Ag^+][NH_3]^2}=\frac{0.10-x}{x(0.80+2x)^2}\approx\frac{0.10}{x(0.80)^2}=1.1\times10^7$$

$$[Ag^+]=x\ mol\cdot L^{-1}=1.4\times10^{-8}\ mol\cdot L^{-1}$$

7.3.2 逐级稳定常数

简单配合物的形成一般是分步进行的,因此在溶液中存在一系列的配位平衡,对应于这些平衡有一系列的稳定常数(或不稳定常数),称为逐级稳定常数(stepwise stability constant)(或逐级不稳定常数)。例如:

$$Cu^{2+}+NH_3 \rightleftharpoons [Cu(NH_3)]^{2+} \qquad K_1=\frac{[Cu(NH_3)^{2+}]}{[Cu^{2+}][NH_3]} \tag{1}$$

$$[Cu(NH_3)]^{2+}+NH_3 \rightleftharpoons [Cu(NH_3)_2]^{2+} \qquad K_2=\frac{[Cu(NH_3)_2^{2+}]}{[Cu(NH_3)^{2+}][NH_3]} \tag{2}$$

$$[Cu(NH_3)_2]^{2+}+NH_3 \rightleftharpoons [Cu(NH_3)_3]^{2+} \qquad K_3=\frac{[Cu(NH_3)_3^{2+}]}{[Cu(NH_3)_2^{2+}][NH_3]} \tag{3}$$

$$[Cu(NH_3)_3]^{2+}+NH_3 \rightleftharpoons [Cu(NH_3)_4]^{2+} \qquad K_4=\frac{[Cu(NH_3)_4^{2+}]}{[Cu(NH_3)_3^{2+}][NH_3]} \tag{4}$$

K_1,K_2,K_3,K_4 分别为各级配离子的逐级稳定常数。

7.3.3 累积稳定常数

在配位平衡计算中,常用到累积稳定常数(overall stability constant),用 β 表示。由多重平衡规则有

(1): $Cu^{2+}+NH_3 \rightleftharpoons [Cu(NH_3)]^{2+}$

$$\beta_1=K_1=\frac{[Cu(NH_3)^{2+}]}{[Cu^{2+}][NH_3]}$$

(1)+(2): $Cu^{2+}+2NH_3 \rightleftharpoons [Cu(NH_3)_2]^{2+}$

$$\beta_2=K_1K_2=\frac{[Cu(NH_3)_2^{2+}]}{[Cu^{2+}][NH_3]^2}$$

(1)+(2)+(3): $Cu^{2+}+3NH_3 \rightleftharpoons [Cu(NH_3)_3]^{2+}$

$$\beta_3=K_1K_2K_3=\frac{[Cu(NH_3)_3^{2+}]}{[Cu^{2+}][NH_3]^3}$$

(1)+(2)+(3)+(4): $Cu^{2+}+4NH_3 \rightleftharpoons [Cu(NH_3)_4]^{2+}$

$$\beta_4=K_1K_2K_3K_4=\frac{[Cu(NH_3)_4^{2+}]}{[Cu^{2+}][NH_3]^4}$$

累积稳定常数和逐级稳定常数的关系就是总反应平衡常数和分步反应平衡常数的关系。

累积稳定常数将配合物中心离子和配体的平衡浓度联系起来，使用较方便。写成一般形式：

$$M+nL \rightleftharpoons ML_n \qquad \beta_n=\frac{[ML_n]}{[M][L]^n}$$

$$\beta_n=K_1K_2\cdots K_n=\prod_{i=1}^{n}K_i$$

$$\lg\beta_n=\lg K_1+\lg K_2+\cdots+\lg K_n=\sum_{i=1}^{n}\lg K_i$$

$$[ML_n]=\beta_n[M][L]^n$$

通式为 $$[ML_i]=\beta_i[M][L]^i$$

最后一级累积稳定常数又叫总稳定常数，$K_{稳}=\beta_n$。

许多无机配合物的稳定常数不大，且各级稳定常数的数量级差别不大（见表 7-3），这说明许多无机配合物和多元弱酸一样，有较强的解离倾向，在溶液中各级配合物往往同时存在。这就是分级配位现象。

表 7-3 一些配离子的逐级稳定常数和总稳定常数

配离子	$\lg\beta_n$	$\lg K_1$	$\lg K_2$	$\lg K_3$	$\lg K_4$	$\lg K_5$	$\lg K_6$
$[Zn(NH_3)_4]^{2+}$	9.46	2.37	2.44	2.50	2.15		
$[Cd(CN)_4]^{2-}$	18.78	5.48	5.12	4.63	3.55		
$[Zn(en)_3]^{2+}$	14.11	5.77	5.06	3.28			
$[Ag(NH_3)_2]^{+}$	7.05	3.24	3.81				
$[Cu(NH_3)_4]^{2+}$	13.32	4.31	3.67	3.04	2.30		
$[Cu(en)_2]^{2+}$	20.00	10.67	9.33				
$[Ni(NH_3)_6]^{2+}$	8.74	2.80	2.24	1.73	1.19	0.75	0.03
$[AlF_6]^{3-}$	19.84	6.10	5.05	3.85	2.75	1.62	0.47

7.3.4 螯合物的稳定常数

乙二胺（en）螯合物的形成存在分级配位现象。如 $[Zn(en)_3]^{2+}$：

$$\lg K_1=5.77,\quad \lg K_2=5.06,\quad \lg K_3=3.28$$

$$\lg\beta_1=5.77,\quad \lg\beta_2=10.83,\quad \lg\beta_3=14.11$$

由此可见，配体增加，螯环 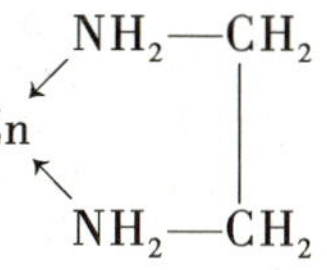 随之增加，螯合物的稳定性逐渐

提高。

EDTA 与大多数金属离子形成 1∶1 的螯合物，不存在分级配位现象。金属离子与 EDTA 的螯合反应的进行程度，可用平衡常数 $K_{稳}$ 或 $K_{不稳}$ 表示：

$$M+Y \rightleftharpoons MY$$

$$K_{稳}=K_{MY}=\frac{[MY]}{[M][Y]} \quad 或 \quad K_{不稳}=\frac{1}{K_{MY}}=\frac{[M][Y]}{[MY]}$$

表 7-4 列出了 EDTA 与一些常见金属离子配合物的稳定常数。由表 7-4 可见，金属离子与 EDTA 配合物的稳定性与离子电荷、离子半径和电子层结构有关，不同的金属离子，差别较大。碱金属离子的配合物最不稳定；碱土金属离子的配合物，$\lg K_{MY}\approx 8\sim 11$；过渡元素、稀土元素、$Al^{3+}$ 和 Pb^{2+} 的配合物，$\lg K_{MY}\approx 14\sim 19$；某些三价、四价金属离子和 Hg^{2+} 的配合物，$\lg K_{MY}>20$。

需要指出的是，以上稳定常数都是在一定温度和离子强度条件下测定的，它们是浓度常数或混合常数。混合常数的表达式中，H^+ 或 OH^- 用活度表示[电位测定的 $pH=-\lg a(H^+)$，使用起来比较方便]，其他组分则用平衡浓度表示。例如：

$$MY+H^+ \rightleftharpoons MHY$$

$$K_{MHY}=\frac{[MHY]}{[MY]\,a(H^+)} \qquad K_{MHY}是混合常数$$

在配位平衡体系中，溶液离子强度一般比较高，直接使用浓度常数或混合常数计算比较方便。

表 7-4 EDTA 与一些常见金属离子配合物的稳定常数

（溶液离子强度 $I=0.1\ mol\cdot kg^{-1}$，$t=20\sim 25$ ℃）

阳离子	$\lg K_{MY}$	阳离子	$\lg K_{MY}$	阳离子	$\lg K_{MY}$
Na^+	1.66	Ce^{3+}	15.98	VO^{2+}	18.8
Ag^+	7.32	Al^{3+}	16.3	Cu^{2+}	18.80
Ba^{2+}	7.86	Co^{2+}	16.31	Ti^{3+}	21.3
Sr^{2+}	8.73	Pt^{3+}	16.31	Hg^{2+}	21.7
Mg^{2+}	8.79	Cd^{2+}	16.46	Th^{4+}	23.2
Be^{2+}	9.20	Zn^{2+}	16.50	Cr^{3+}	23.4
Ca^{2+}	10.69	Pb^{2+}	18.04	Fe^{3+}	25.1
Mn^{2+}	13.87	Y^{3+}	18.09	U^{4+}	25.8
Fe^{2+}	14.32	Sn^{2+}	18.3	Bi^{3+}	27.8
La^{3+}	15.50	Ni^{2+}	18.62	Co^{3+}	40.7

7.4 配合物的稳定性

7.4.1 配合物稳定性的比较

对于相同类型的配合物(形成体数目相同及配体数目相同),可直接用 $K_{稳}$ 值来比较配合物在溶液中的稳定性。例如,$[Ag(NH_3)_2]^+$ 的 $\lg K_{稳}=7.05$,$[Ag(CN)_2]^-$ 的 $\lg K_{稳}=21.10$,因此 $[Ag(CN)_2]^-$ 比 $[Ag(NH_3)_2]^+$ 更稳定。对于不同类型的配合物,要比较它们的稳定性,必须通过计算比较在相同的起始浓度条件下,它们解离出来的金属离子平衡浓度的大小,解离出来的金属离子平衡浓度越小,配离子越稳定。

[例 7.2] 已知 $[CuY]^{2-}$ 的 $K_{稳}=6.3\times10^{18}$,$[Cu(en)_2]^{2+}$ 的 $\beta_2=1.0\times10^{20}$。若 $[CuY]^{2-}$ 和 $[Cu(en)_2]^{2+}$ 的起始浓度均为 0.10 mol·L^{-1},比较这两种配离子在溶液中的稳定性。

解:设在 $[CuY]^{2-}$ 的溶液中 $[Cu^{2+}]=x$ mol·L^{-1},则

	Cu	+ Y	$\rightleftharpoons$ CuY
初始浓度/(mol·L^{-1})	0	0	0.10
平衡浓度/(mol·L^{-1})	x	x	$0.10-x$

$$K_{CuY}=\frac{[CuY]}{[Cu][Y]}=\frac{0.10-x}{x^2}$$

由于 K_{CuY} 很大,x 很小,$0.10-x\approx0.10$,则

$$[Cu^{2+}]=x\ \text{mol·L}^{-1}\approx\left(\frac{0.10}{6.3\times10^{18}}\right)^{\frac{1}{2}}\ \text{mol·L}^{-1}=1.3\times10^{-10}\ \text{mol·L}^{-1}$$

设在 $[Cu(en)_2]^{2+}$ 的溶液中 $[Cu^{2+}]=y$ mol·L^{-1},则

	Cu^{2+}	+ 2en	$\rightleftharpoons$ $[Cu(en)_2]^{2+}$
初始浓度/(mol·L^{-1})	0	0	0.10
平衡浓度/(mol·L^{-1})	y	$2y$	$0.10-y$

$$\beta_2=\frac{[Cu(en)_2^{2+}]}{[Cu^{2+}][en]^2}=\frac{0.10-y}{y(2y)^2}$$

由于 β_2 很大,y 很小,$0.10-y\approx0.10$,则

$$[Cu^{2+}]=y\ \text{mol·L}^{-1}\approx\left(\frac{0.10}{4\times1.0\times10^{20}}\right)^{\frac{1}{3}}\ \text{mol·L}^{-1}=6.3\times10^{-8}\ \text{mol·L}^{-1}$$

从计算看出,$[Cu(en)_2]^{2+}$ 解离出来的 $[Cu^{2+}]$ 更大,因此,稳定性:$[CuY]^{2-}>[Cu(en)_2]^{2+}$。

7.4.2 配合物的分布系数及分布曲线

从配合物的形成解离平衡可知,在配合物平衡体系中存在多种型体。例如,含

有 2×10^{-3} $mol\cdot L^{-1}Cu(NO_3)_2$ 和 0.2 $mol\cdot L^{-1}NH_3$ 的混合溶液，根据溶液中有关的平衡，可列出三个物料平衡方程：

$[NO_3^-]=4\times10^{-3}$ $mol\cdot L^{-1}$

$[Cu^{2+}]+[Cu(NH_3)^{2+}]+[Cu(NH_3)_2^{2+}]+[Cu(NH_3)_3^{2+}]+[Cu(NH_3)_4^{2+}]\approx2\times10^{-3}$ $mol\cdot L^{-1}$

$[NH_3]+[Cu(NH_3)^{2+}]+2[Cu(NH_3)_2^{2+}]+3[Cu(NH_3)_3^{2+}]+4[Cu(NH_3)_4^{2+}]\approx0.2$ $mol\cdot L^{-1}$

对于 ML_n 型配合物，溶液中存在 M，ML，ML_2，…，ML_n 共 $(n+1)$ 种型体，将物料平衡方程和平衡常数表达式联系可导出各种型体的分布系数表达式。在酸碱体系中平衡常数多采用解离常数，而在配合物体系中平衡常数多采用稳定常数。

$$M+nL \rightleftharpoons ML_n$$

$$[ML_1]=\beta_1[M][L]$$

$$[ML_2]=\beta_2[M][L]^2$$

……

$$[ML_n]=\beta_n[M][L]^n$$

$$c=[M]+[ML_1]+[ML_2]+\cdots+[ML_n]$$

$$=[M]+\beta_1[M][L]+\beta_2[M][L]^2+\cdots+\beta_n[M][L]^n$$

由 $$\delta_0=\delta_M=\frac{[M]}{c}=\frac{[M]}{[M]+[ML_1]+[ML_2]+\cdots+[ML_n]}$$

得 $$\delta_0=\delta_M=\frac{[M]}{c}=\frac{1}{1+\beta_1[L]+\beta_2[L]^2+\cdots+\beta_n[L]^n}$$

同理 $$\delta_1=\delta_{ML}=\frac{[ML]}{c}=\frac{\beta_1[L]}{1+\beta_1[L]+\beta_2[L]^2+\cdots+\beta_n[L]^n}$$

$$\delta_2=\delta_{ML_2}=\frac{[ML_2]}{c}=\frac{\beta_2[L]^2}{1+\beta_1[L]+\beta_2[L]^2+\cdots+\beta_n[L]^n}$$

……

$$\delta_n=\delta_{ML_n}=\frac{[ML_n]}{c}=\frac{\beta_n[L]^n}{1+\beta_1[L]+\beta_2[L]^2+\cdots+\beta_n[L]^n}$$

δ_1 至 δ_n 的表达式可归纳为

$$\delta_i=\frac{\beta_i[L]^i}{1+\sum_{i=1}^{n}\beta_i[L]^i}$$

式中 β 为累积稳定常数，[L] 为配体的平衡浓度，i 为配合物型体中所含配体的数目。由上式可知，对于给定的配合物体系，溶液中各种型体的分布系数 δ 是配体平衡浓度[L]的函数。以 δ 对 lg[L]作图，得到配合物各种型体的分布曲线。图 7-3 是铜氨配合物的分布曲线图；图 7-4 是汞(Ⅱ)氯配合物的分布曲线图。

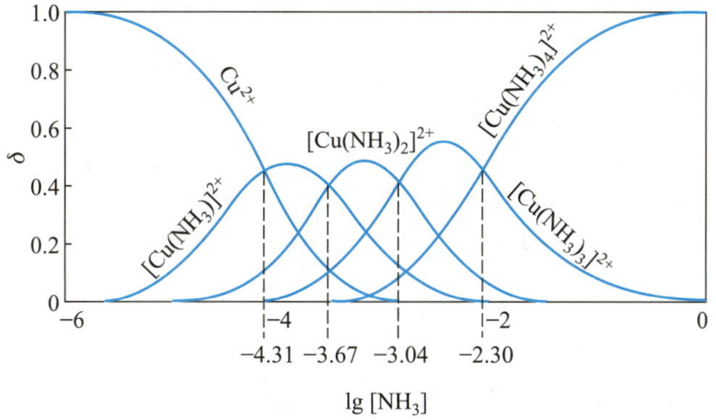

图 7-3 铜氨配合物的分布曲线图

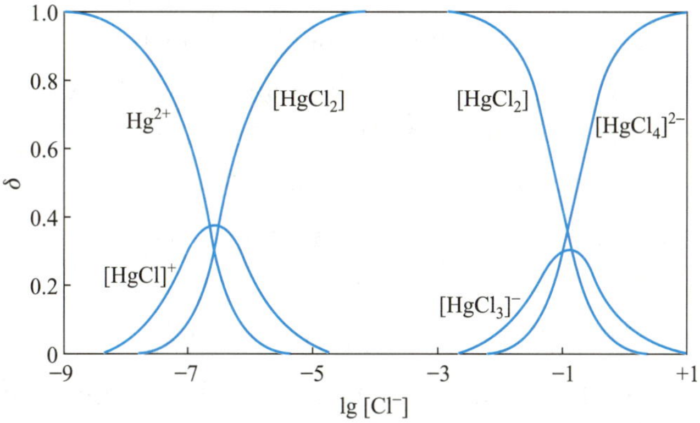

图 7-4 汞(Ⅱ)氯配合物的分布曲线图

由图 7-3 可见，随着[NH_3]增大，Cu^{2+}逐级形成 1∶1 至 1∶4 的配合物。由于铜氨配合物各相邻的逐级稳定常数相近，当[NH_3]在相当大的范围内变化时，都是几种配合物同时存在。

汞(Ⅱ)氯配合物的 $\lg K_1 = 6.74$，$\lg K_2 = 6.48$，$\lg K_3 = 0.85$，$\lg K_4 = 1.00$，由于 $\lg K_2$ 与 $\lg K_3$ 相差较大，从图 7-4 可以看出，当 lg[Cl^-]为 −5 ～ −3 时，$\delta_2 = \delta(HgCl_2) \approx 100\%$。

[例 7.3] 将 0.020 mol $ZnCl_2$ 加入 1.0L、pH 为 10、总浓度为 1.0 $mol \cdot L^{-1}$ 的氨缓冲溶液中，计算达到平衡后体系中游离 Zn^{2+}，$[Zn(NH_3)_4]^{2+}$ 的浓度。已知 $[Zn(NH_3)_4]^{2+}$ 的 $\beta_1 = 10^{2.37}$，$\beta_2 = 10^{4.81}$，$\beta_3 = 10^{7.31}$，$\beta_4 = 10^{9.46}$，NH_3 的 $K_b = 1.8 \times 10^{-5}$。

解： NH_4^+ 的 $K_a = K_w / K_b = 5.6 \times 10^{-10}$。

$$NH_3 \text{ 的初始浓度} = c\delta(NH_3) = \frac{cK_a}{[H^+] + K_a} = 0.85\ mol \cdot L^{-1}$$

由于 NH_3 浓度远大于 Zn^{2+} 浓度且 β_4 远大于其余累积稳定常数，可近似认为 Zn^{2+} 完全配位生成 $[Zn(NH_3)_4]^{2+}$，其余低配位的各级配离子可忽略不计。

溶液中 NH_3 的平衡浓度为

$$[NH_3] \approx 0.85\ mol\cdot L^{-1} - 4\times(0.020\ mol\cdot L^{-1} - [Zn^{2+}])$$
$$\approx 0.85\ mol\cdot L^{-1} - 0.080\ mol\cdot L^{-1} = 0.77\ mol\cdot L^{-1}$$

方法 1：$\delta_0 = \dfrac{1}{1+\beta_1[NH_3]+\beta_2[NH_3]^2+\beta_3[NH_3]^3+\beta_4[NH_3]^4} = 9.8\times10^{-10}$

$$\delta_4 = \frac{\beta_4[NH_3]^4}{1+\beta_1[NH_3]+\beta_2[NH_3]^2+\beta_3[NH_3]^3+\beta_4[NH_3]^4} \approx 1$$

$$[Zn^{2+}] = c\delta_0 = 0.020\ mol\cdot L^{-1}\times 9.8\times10^{-10} = 2.0\times10^{-11}\ mol\cdot L^{-1}$$

$$[Zn(NH_3)_4^{2+}] = c\delta_4 = 0.020\ mol\cdot L^{-1}$$

方法 2：设 Zn^{2+} 的平衡浓度为 $x\ mol\cdot L^{-1}$，则

$$Zn^{2+} + 4\ NH_3 \rightleftharpoons [Zn(NH_3)_4]^{2+}$$

	Zn^{2+}	NH_3	$[Zn(NH_3)_4]^{2+}$
初始浓度/$(mol\cdot L^{-1})$	0.020	0.85	0
平衡浓度/$(mol\cdot L^{-1})$	x	0.77	$0.020-x$

$$[Zn(NH_3)_4^{2+}] = (0.020-x)\ mol\cdot L^{-1} \approx 0.020\ mol\cdot L^{-1}$$

$$\beta_4 = \frac{[Zn(NH_3)_4^{2+}]}{[Zn^{2+}][NH_3]^4} = \frac{0.020}{x(0.77)^4} = 10^{9.46}$$

$$[Zn^{2+}] = x\ mol\cdot L^{-1} = 2.0\times10^{-11}\ mol\cdot L^{-1}$$

可见，在此体系中，Zn^{2+} 主要以 $[Zn(NH_3)_4]^{2+}$ 这种型体存在，而无配体型体 Zn^{2+} 可以忽略不计。

对于锌氨配合物，可以通过调节溶液 pH 来改变溶液中锌氨配离子的分布。其总趋势是：当氨缓冲溶液浓度一定时，溶液 pH 增大，溶液中 $[NH_3]$ 会增大，锌氨配离子所占的比例也随之增大，而 Zn^{2+} 所占的比例却随之减小。当然也应注意到随着溶液 pH 的增大，可能会出现 Zn^{2+} 的羟基配位反应。若 pH 过高，溶液中 Zn^{2+} 的主要存在形式可能会变为 ZnO_2^{2-}。

7.5 配位反应的副反应

7.5.1 主反应与副反应

当处理多个平衡共存的复杂体系时，通常把主要考察的一种反应看成主反应，其他的与之有关的反应看成副反应(side reaction)。这些副反应能影响主反应的反应物或生成物的平衡浓度，从而改变主反应的进行程度。例如，以金属离子 M 和 EDTA 的螯合反应为主反应，在一定的酸度下，溶液中往往存在其他配体 L 和干

扰离子 N,可能发生下列各种副反应：

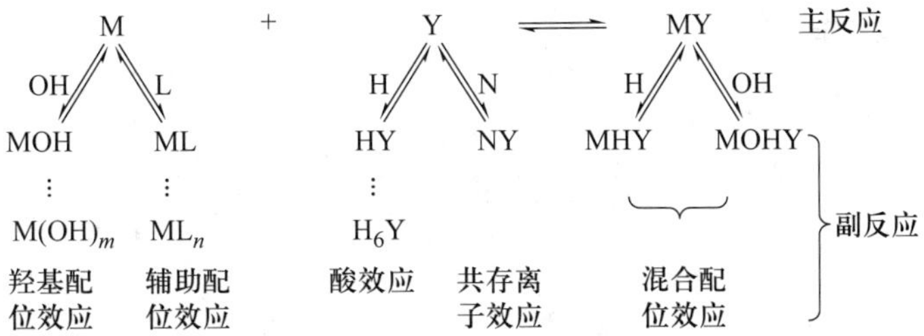

副反应的影响程度用副反应系数 α 表示(side reaction coefficient)。定义为

$$\alpha=\frac{\text{没参与到主反应中的某反应物各种型体总浓度}}{\text{该反应物的平衡浓度}}$$

1. 配位剂 Y 的副反应

在溶液中,配位剂 Y(实质为 EDTA 的无质子型体 Y^{4-})可能发生两种类型的副反应。

(1) 酸效应　由于 H^+和配体 Y 发生副反应而使配体参与主反应的能力降低的现象称为酸效应,发生的程度用酸效应系数(acid effect coefficient)$\alpha_{Y(H)}$来描述。$\alpha_{Y(H)}$表示在一定 pH 下[Y′]与[Y]之比,[Y′]为没参与到主反应中的配体 Y 各种型体的总浓度,即[Y]及 Y 和 H^+生成的各种型体的平衡浓度之和：

$$\alpha_{Y(H)}=\frac{[Y']}{[Y]}=\frac{1}{\delta_0}=\frac{[Y^{4-}]+[HY^{3-}]+[H_2Y^{2-}]+\cdots+[H_6Y^{2+}]}{[Y^{4-}]}$$

$$=1+\frac{[H^+]}{K_{a_6}}+\frac{[H^+]^2}{K_{a_6}K_{a_5}}+\cdots+\frac{[H^+]^6}{K_{a_6}K_{a_5}\cdots K_{a_1}}$$

EDTA 的累积稳定常数和解离常数的关系为

$$\beta_1=\frac{1}{K_{a_6}},\quad \beta_2=\frac{1}{K_{a_6}K_{a_5}},\quad \cdots,\quad \beta_6=\frac{1}{K_{a_6}K_{a_5}\cdots K_{a_1}}$$

则

$$\alpha_{Y(H)}=\frac{1}{\delta_0}=1+\beta_1[H^+]+\beta_2[H^+]^2+\cdots+\beta_6[H^+]^6$$

酸效应系数是六元酸 EDTA 无质子型体 Y^{4-}的酸分布系数 δ_0 的倒数,$\alpha_{Y(H)}$是[H^+]的函数,随酸度的增加而增大,$\alpha_{Y(H)}$值越大,表明酸效应引起的副反应越显著。如果 H^+与 Y^{4-}之间没有发生副反应,则 $\alpha_{Y(H)}=1$,不同 pH 时的 $\lg\alpha_{Y(H)}$值列于表 7-5 中。从表 7-5 可以看出,只有当 pH≥13 时,才可以不考虑 EDTA 的酸效应。随着溶液酸度的增大,$\lg\alpha_{Y(H)}$值越来越大,EDTA 的酸效应对主反应的影响也越来越大。

表 7-5 不同 pH 时的 $\lg\alpha_{Y(H)}$

pH	$\lg\alpha_{Y(H)}$	pH	$\lg\alpha_{Y(H)}$	pH	$\lg\alpha_{Y(H)}$
0.0	23.64	3.4	9.70	6.8	3.55
0.4	21.32	3.8	8.85	7.0	3.32
0.8	19.08	4.0	8.44	7.5	2.78
1.0	18.01	4.4	7.64	8.0	2.27
1.4	16.02	4.8	6.84	8.5	1.77
1.8	14.27	5.0	6.45	9.0	1.28
2.0	13.51	5.4	5.69	9.5	0.83
2.4	12.19	5.8	4.98	10.0	0.45
2.8	11.09	6.0	4.65	11.0	0.07
3.0	10.60	6.4	4.06	12.0	0.01
3.2	10.14	6.6	3.79	13.0	0.00

[例 7.4] 计算 pH=5.0 时 CN^-的酸效应系数。已知 HCN 的 $pK_a=9.21$。

解：

$$\alpha_{CN^-(H)}=\frac{1}{\delta_0}=\frac{[H^+]+K_a}{K_a}=1+\frac{[H^+]}{K_a}$$

$$=1+\frac{10^{-5.0}}{10^{-9.21}}\approx 10^{4.2}$$

$$\lg\alpha_{CN^-(H)}=4.2$$

（2）共存离子效应 当溶液中含有与 M 共存的金属离子 N 时，N 可能与配体 Y 发生副反应，使 Y 参与主反应的能力降低。这种由于共存离子和配体发生副反应而使配体参与主反应的能力降低的现象称为共存离子效应。共存离子效应也叫干扰离子效应。共存离子效应的大小用共存离子效应系数 $\alpha_{Y(N)}$ 来表示：

$$\alpha_{Y(N)}=\frac{[Y']}{[Y]}=\frac{[Y]+[NY]}{[Y]}=1+K_{NY}[N]$$

式中 K_{NY} 为配合物 NY 的稳定常数。若溶液中含有多种共存离子 $N_1, N_2, \cdots, N_n$ 时，则

$$\alpha_{Y(N)}=\frac{[Y]+[N_1Y]+[N_2Y]+\cdots+[N_nY]}{[Y]}$$

$$=1+\alpha_{Y(N_1)}+\alpha_{Y(N_2)}+\cdots+\alpha_{Y(N_n)}-n$$

$$=\alpha_{Y(N_1)}+\alpha_{Y(N_2)}+\cdots+\alpha_{Y(N_n)}-(n-1)$$

若酸效应和共存离子效应同时存在时，配位剂的总副反应系数为

$$\alpha_Y=\frac{[Y']}{[Y]}=\frac{[Y]+[HY]+\cdots+[H_6Y]+[NY]}{[Y]}=\alpha_{Y(H)}+\alpha_{Y(N)}-1$$

[例 7.5] 在 pH=2.00 的溶液中，Fe^{3+}和 Ca^{2+}的浓度均为 0.010 $mol\cdot L^{-1}$，当用 EDTA 滴定 Fe^{3+}时，计算 α_Y。

解：主反应为 $$Y+Fe^{3+} \rightleftharpoons FeY$$

查表 pH=2.00 时： $$\lg\alpha_{Y(H)}=13.51$$

$$\alpha_{Y(Ca)}=1+K_{CaY}[Ca^{2+}]\approx 10^{8.69}$$

$$\alpha_Y=\alpha_{Y(H)}+\alpha_{Y(Ca)}-1\approx 10^{13.51}$$

2. 金属离子 M 的副反应

在溶液中,金属离子 M 可能发生两种类型的副反应。

(1) 辅助配位效应　在配合物的溶液中往往存在其他辅助配体 L,金属离子 M 可能与辅助配体 L 发生副反应,这种由于辅助配体的存在而使金属离子参与主反应的能力降低的现象称为辅助配位效应。辅助配位效应的大小用辅助配位效应系数 $\alpha_{M(L)}$ 来表示:

$$\alpha_{M(L)}=\frac{[M']}{[M]}=\frac{[M]+[ML]+[ML_2]+\cdots+[ML_n]}{[M]}$$

$$=1+\beta_1[L]+\beta_2[L]^2+\cdots+\beta_n[L]^n$$

金属离子 M 的辅助配位效应系数是 M 的辅助配合物 ML_n 中无配体型体 M 的分布系数 δ_0 的倒数。

(2) 水解(羟基配位)效应　金属离子 M 和羟基配体所发生的副反应称为金属离子的水解效应,也叫羟基配位效应。例如,Fe^{3+} 可能发生如下的水解反应:

$$Fe^{3+}+2H_2O \rightleftharpoons [Fe(OH)]^{2+}+H_3O^+$$

$$[Fe(OH)]^{2+}+2H_2O \rightleftharpoons [Fe(OH)_2]^++H_3O^+$$

$$[Fe(OH)_2]^++2H_2O \rightleftharpoons Fe(OH)_3\downarrow+H_3O^+$$

羟基配位效应的大小用羟基配位效应系数 $\alpha_{M(OH)}$ 来表示,其计算可将 OH^- 作为辅助配体考虑:

$$\alpha_{M(OH)}=\frac{[M']}{[M]}=\frac{[M]+[MOH]+[M(OH)_2]+\cdots+[M(OH)_n]}{[M]}$$

$$=1+\beta_1[OH^-]+\beta_2[OH^-]^2+\cdots+\beta_n[OH^-]^n$$

其中 $\beta_1=1/K_{bn}$,$\beta_2=1/[K_{bn}\ K_{b(n-1)}]$,$\beta_3=1/[K_{bn}\ K_{b(n-1)}\ K_{b(n-2)}]$,…

可见金属离子 M 的 $\alpha_{M(OH)}$ 只与 pH 有关。

一些金属离子在不同 pH 时的 $\lg\alpha_{M(OH)}$ 值见附录X。

若溶液中含有多种配体 L_1,L_2,…,L_n 同时与金属离子发生副反应,其影响可用金属离子 M 的总副反应系数 α_M 来表示:

$$\alpha_M=\alpha_{M(L_1)}+\alpha_{M(L_2)}+\cdots+\alpha_{M(L_n)}-(n-1)$$

上式也包括羟基配体的影响。

[例 7.6]　在 0.010 $mol\cdot L^{-1}$ 的 $[Zn(NH_3)_4]^{2+}$ 溶液中,pH = 10.00,NH_3 的平衡浓度为 1.0 $mol\cdot L^{-1}$。已知 $[Zn(NH_3)_4]^{2+}$ 的 $\lg\beta_1=2.37$,$\lg\beta_2=4.81$,$\lg\beta_3=7.31$,$\lg\beta_4=9.46$。利用副反应系数计算溶液中 Zn^{2+} 的平衡浓度。

解: pH = 10.00 时,Zn^{2+} 的浓度受水解效应和生成锌氨配合物影响,NH_3 无明显酸效应。

查表可知 pH = 10.00 时:　　$\alpha_{Zn(OH)}=10^{2.4}$

$$\alpha_{Zn(NH_3)} = 1+\beta_1[NH_3]+\beta_2[NH_3]^2+\beta_3[NH_3]^3+\beta_4[NH_3]^4 \approx 10^{9.46}$$

$$\alpha_{Zn} = \alpha_{Zn(NH_3)} + \alpha_{Zn(OH)} - 1 \approx 10^{9.46}$$

$$\alpha_{Zn} = \frac{[Zn^{2+\prime}]}{[Zn^{2+}]},\quad [Zn^{2+}] = \frac{[Zn^{2+\prime}]}{\alpha_{Zn}} = \frac{0.010}{10^{9.46}}\ \text{mol}\cdot\text{L}^{-1} = 3.5\times10^{-12}\ \text{mol}\cdot\text{L}^{-1}$$

3. 配合物 MY 的副反应

由于酸或其他配体的存在,配合物可能发生副反应而改变类型,使配位平衡向右移动,这种有利于主反应进行的现象称为混合配位效应,也称为配合物的转型。例如,配合物$[FeY]^-$和$[AlY]^-$,当溶液酸度较高时,会生成酸式配合物[MHY]:

$$[FeY]^- + H^+ \rightleftharpoons [FeHY] \qquad [AlY]^- + H^+ \rightleftharpoons [AlHY]$$

而当酸度较低时,则会生成碱式配合物 M(OH)Y:

$$[FeY]^- + OH^- \rightleftharpoons [FeOHY]^{2-} \qquad [AlY]^- + OH^- \rightleftharpoons [AlOHY]^{2-}$$

可见配合物的转型无论是生成酸式配合物还是生成碱式配合物,都使原来溶液中[MY]下降,而使配位平衡向右移动,有利于主反应的进行。由于酸式配合物和碱式配合物一般都不太稳定,所以在计算时通常忽略不计。

7.5.2 条件稳定常数

条件稳定常数(conditional stability constant)是用总平衡浓度来表示的平衡常数,是用副反应系数校正后的实际稳定常数,又称条件形成常数(conditional formation constant)或表观稳定常数、有效稳定常数,用K'_{MY}表示:

$$K'_{MY} = \frac{[MY']}{[M'][Y']}$$

$$\alpha_{MY} = \frac{[MY']}{[MY]},\quad \alpha_M = \frac{[M']}{[M]},\quad \alpha_Y = \frac{[Y']}{[Y]}$$

由于酸式配合物和碱式配合物不稳定,混合配位效应系数α_{MY}可取 1,则

$$K'_{MY} = \frac{[MY]}{\alpha_M\alpha_Y[M][Y]} = \frac{K_{MY}}{\alpha_M\alpha_Y}$$

$$\lg K'_{MY} = \lg K_{MY} - \lg\alpha_M - \lg\alpha_Y$$

上式表明条件稳定常数除与稳定常数K_{MY}有关外,还与溶液酸度、辅助配位剂、共存的金属离子浓度等因素有关,更能反映溶液中的真实状况,是处理配位平衡时经常用到的常数。

[例 7.7] 已知 $\lg K_{ZnY} = 16.50$,分别计算 pH = 2.00 和 pH = 5.00 时的 $\lg K'_{ZnY}$。

解:pH = 2.00,查表知 $\lg\alpha_{Y(H)} = 13.51$

$$\lg K'_{ZnY} = \lg K_{ZnY} - \lg\alpha_M - \lg\alpha_Y = 16.50 - 0 - 13.51 = 2.99$$

pH=5.00,查表知 $\lg\alpha_{Y(H)}=6.45$

$$\lg K'_{ZnY}=\lg K_{ZnY}-\lg\alpha_M-\lg\alpha_Y=16.50-0-6.45=10.05$$

可见,pH=2.00 时,$\lg\alpha_{Y(H)}=13.51$,Y 的酸效应非常显著,$\lg K'_{ZnY}$ 仅为 2.99,配位反应进行得很不完全,配合物 ZnY 很不稳定。而在 pH=5.00 时,$\lg\alpha_{Y(H)}=6.45$,Y 的酸效应不明显,$\lg K'_{ZnY}$ 达 10.05,配位反应进行得很完全,配合物 ZnY 很稳定。

[例 7.8] 已知 $[AlF_6]^{3-}$ 的 $\lg\beta_1$~$\lg\beta_6$ 分别为 6.1,11.15,15.0,17.75,19.37 和 19.84,$\lg K_{AlY}=16.3$,计算在 pH=5.00,$[F^-]=0.010\ mol\cdot L^{-1}$的溶液中,AlY 的条件稳定常数 K'_{AlY}。

解: pH=5.00,查表知 $\lg\alpha_{Y(H)}=6.45$

$$\alpha_{Al(F)}=1+\beta_1[F^-]+\beta_2[F^-]^2+\beta_3[F^-]^3+\beta_4[F^-]^4+\beta_5[F^-]^5+\beta_6[F^-]^6=10^{9.95}$$

$$K'_{AlY}=\frac{K_{AlY}}{\alpha_{Al(F)}\alpha_{Y(H)}}=\frac{10^{16.3}}{10^{9.95}10^{6.45}}=0.79$$

计算结果表明,此种条件下配合物 AlY 已经被破坏。

7.6 配位平衡的移动

7.6.1 配离子之间的平衡

含有配离子的溶液中,同时存在多种配体或多种金属离子时,配离子之间就会发生平衡转化。平衡转化主要取决于配离子稳定性的大小,平衡总是向着生成稳定性大的配离子的方向移动。两种配离子的稳定性相差越大,转化越完全。

铅中毒后,可注射含 Ca^{2+} 的 EDTA 溶液(CaY+EDTA),由于 $\lg K_{PbY}=18.04\gg\lg K_{CaY}=10.69$,因此可以发生如下的转化反应:

$$[CaY]^{2-}+Pb^{2+}\rightleftharpoons[PbY]^{2-}+Ca^{2+}$$

生成的可溶性$[PbY]^{2-}$排出体外,从而达到解毒的疗效。

[例 7.9] 已知 $\lg K_{Ag(NH_3)_2^+}=7.05$,$\lg K_{Ag(CN)_2^-}=21.1$,$\lg K_{Ag(SCN)_2^-}=7.57$。计算下列配离子转化反应的平衡常数。

(1) $[Ag(NH_3)_2]^++2CN^-\rightleftharpoons[Ag(CN)_2]^-+2NH_3$

(2) $[Ag(NH_3)_2]^++2SCN^-\rightleftharpoons[Ag(SCN)_2]^-+2NH_3$

解:(1) $[Ag(NH_3)_2]^++2CN^-\rightleftharpoons[Ag(CN)_2]^-+2NH_3$

$$K=\frac{[Ag(CN)_2^-][NH_3]^2}{[Ag(NH_3)_2^+][CN^-]^2}=\frac{K_{Ag(CN)_2^-}}{K_{Ag(NH_3)_2^+}}=\frac{10^{21.1}}{10^{7.05}}=1.12\times10^{14}$$

(2) $[Ag(NH_3)_2]^++2SCN^-\rightleftharpoons[Ag(SCN)_2]^-+2NH_3$

$$K=\frac{[Ag(SCN)_2^-][NH_3]^2}{[Ag(NH_3)_2^+][SCN^-]^2}=\frac{K_{Ag(SCN)_2^-}}{K_{Ag(NH_3)_2^+}}=\frac{10^{7.57}}{10^{7.05}}=3.31$$

从计算结果可以看出,转化反应(1)的平衡常数较大,所以反应向右进行的倾向较大。

7.6.2 配位平衡和氧化还原平衡

溶液中的配位平衡,能够影响具有氧化还原性质的金属离子的稳定性。例如,PbO_2 在酸性介质中是一种强氧化剂,能氧化 Cl^-:

$$PbO_2+4HCl(浓) \rightleftharpoons PbCl_2+Cl_2+2H_2O$$

即 Pb(Ⅳ)很不稳定。但是当它形成配离子$[PbCl_6]^{2-}$后,Pb(Ⅳ)却相当稳定。同样 Cu^+在溶液中也不稳定,但形成配离子$[Cu(CN)_2]^-$后稳定性大大增强。

配位平衡还能改变物质的氧化还原性能,进而影响氧化还原反应进行的方向。例如,金属铂不溶于 HNO_3,也就是说,HNO_3 和 Pt 的氧化还原反应不能进行。但金属铂溶于王水,王水中有大量的 Cl^-存在,由于配合物氯铂酸的生成,使这一氧化还原反应能够顺利进行。

$$3Pt+4HNO_3+18HCl \rightleftharpoons 3H_2[PtCl_6]+4NO+8H_2O$$

在溶液中 Fe^{3+}能氧化 I^-:

$$2Fe^{3+}+2I^- \rightleftharpoons 2Fe^{2+}+I_2$$

若要抑制此反应的发生,可加入 F^-,使 Fe^{3+}生成稳定的$[FeF_6]^{3-}$:

$$Fe^{3+}+6F^- \rightleftharpoons [FeF_6]^{3-}$$

常使用的试剂是 NH_4HF_2,它不仅提供所需的 F^-,也可调节溶液的 pH,以防止 Fe^{3+}的水解。

金属离子形成配合物后,氧化能力降低。形成的配合物越稳定,氧化能力越弱。有关配位平衡和氧化还原平衡相互影响的定量计算参见本书第八章氧化还原反应及电化学基础。

7.6.3 配位平衡和沉淀平衡

某些难溶物可以通过生成配合物而溶解。当难溶物中的金属离子可与某配位剂形成配离子时,加入该配位剂,可以促使难溶物溶解。溶解效应的大小,既与形成的配离子的稳定性和沉淀的溶解度有关,也与配位剂的用量有关。

[例 7.10] 已知 AgCl 的 $K_{sp}=1.77\times10^{-10}$,$[Ag(NH_3)_2]^+$的 $\lg\beta_1=3.24$,$\lg\beta_2=7.05$。将 0.10 mol AgCl 完全溶解在 1.0 L 氨水中,计算所需氨水的最低浓度。

解:设氨水的平衡浓度为 x mol·L^{-1}。

方法 1:利用多重平衡规则计算。

$$AgCl(s) \rightleftharpoons Ag^++Cl^- \qquad K_{sp} \qquad (1)$$

$$Ag^++2NH_3 \rightleftharpoons [Ag(NH_3)_2]^+ \qquad \beta_2 \qquad (2)$$

(1)+(2)： $AgCl(s)+2NH_3 \rightleftharpoons [Ag(NH_3)_2]^+ + Cl^-$

平衡浓度/($mol \cdot L^{-1}$)　　x　　0.10　　0.10

$$K=\frac{[Ag(NH_3)_2^+][Cl^-]}{[NH_3]^2}=\frac{0.10^2}{x^2}=K_{sp}\beta_2=2.0\times10^{-3}$$

$$[NH_3]=x\ mol\cdot L^{-1}=2.2\ mol\cdot L^{-1}$$

所需氨水的最低浓度：$(2.2+0.10\times2)\ mol\cdot L^{-1}=2.4\ mol\cdot L^{-1}$

方法 2：利用副反应系数计算。

将配位反应看作副反应，则

$$\alpha_{Ag(NH_3)}=\frac{c_{Ag^+}}{[Ag^+]}=1+\beta_1[NH_3]+\beta_2[NH_3]^2\approx10^{7.05}x^2$$

$$[Ag^+]=\frac{0.10}{10^{7.05}x^2}\ mol\cdot L^{-1}\qquad K_{sp}(AgCl)=[Ag^+][Cl^-]=\frac{0.10^2}{10^{7.05}x^2}=1.77\times10^{-10}$$

$$[NH_3]=x\ mol\cdot L^{-1}=2.2\ mol\cdot L^{-1}$$

所需氨水的最低浓度：$(2.2+0.10\times2)\ mol\cdot L^{-1}=2.4\ mol\cdot L^{-1}$

[例 7.11]　已知 AgI 的 $K_{sp}=8.52\times10^{-17}$，$[Ag(NH_3)_2]^+$的 $\lg\beta_1=3.24$，$\lg\beta_2=7.05$。计算 AgI 在 NH_3 的平衡浓度为 $0.10\ mol\cdot L^{-1}$溶液中的溶解度。

解： 设 AgI 的溶解度为 $s\ mol\cdot L^{-1}$。

方法 1：利用多重平衡规则计算。

$$AgI(s)+2NH_3 \rightleftharpoons [Ag(NH_3)_2]^+ + I^-$$

平衡浓度/($mol \cdot L^{-1}$)　　0.10　　s　　s

$$K=\frac{[Ag(NH_3)_2^+][I^-]}{[NH_3]^2}=\frac{s^2}{(0.10)^2}=K_{sp}\beta_2=9.6\times10^{-10}$$

$$s=3.1\times10^{-6}$$

方法 2：利用副反应系数计算。

$$s\ mol\cdot L^{-1}=[I^-]=[Ag^+]+[Ag(NH_3)^+]+[Ag(NH_3)_2^+]=c_{Ag+}$$

将配位反应看作副反应，则

$$\alpha_{Ag(NH_3)}=\frac{c_{Ag^+}}{[Ag^+]}=1+\beta_1[NH_3]+\beta_2[NH_3]^2=10^{5.05}$$

$$[Ag^+]=\frac{s}{10^{5.05}}\ mol\cdot L^{-1}\qquad K_{sp}(AgI)=[Ag^+][I^-]=\frac{s^2}{10^{5.05}}=8.52\times10^{-17}$$

$$s=3.1\times10^{-6}$$

[例 7.12]　将 0.15 mol $CuCl_2$ 加入 1 L pH = 10.00 的氨缓冲溶液中，欲使溶液中无 $Cu(OH)_2$ 沉淀生成，计算平衡时氨缓冲溶液的最低总浓度。已知 $Cu(OH)_2$ 的 $K_{sp}=2.2\times10^{-20}$，NH_3 的 $K_b=1.8\times10^{-5}$，$[Cu(NH_3)_4]^{2+}$的 $\lg\beta_1\sim\lg\beta_4$ 分别为 4.31，7.98，11.02，13.32。

解： NH_4^+ 的 $K_a=K_w/K_b=5.6\times10^{-10}$，设平衡时氨缓冲溶液的最低总浓度为 $c\ mol\cdot L^{-1}$。

方法 1：利用分布系数和副反应系数计算。

$$[NH_3]=c\delta_0\ mol\cdot L^{-1}=\frac{cK_a}{[H^+]+K_a}\ mol\cdot L^{-1}=0.85c\ mol\cdot L^{-1}$$

将配位反应看作副反应，则

$$\alpha_{Cu(NH_3)}=\frac{c_{Cu^{2+}}}{[Cu^{2+}]}=1+\beta_1[NH_3]+\beta_2[NH_3]^2+\beta_3[NH_3]^3+\beta_4[NH_3]^4$$

由于 β_4 远大于 β_1,β_2,β_3，则 $\alpha_{Cu(NH_3)}\approx\beta_4[NH_3]^4=10^{13.04}c^4$

$$[Cu^{2+}]=\frac{0.15}{10^{13.04}c^4}\ mol\cdot L^{-1}=\frac{1}{10^{13.86}c^4}\ mol\cdot L^{-1}$$

$$K_{sp}[Cu(OH)_2]=[Cu^{2+}][OH^-]^2=\frac{10^{-8}}{10^{13.86}c^4}=2.2\times10^{-20}$$

$$c=0.28$$

方法 2：利用多重平衡规则和分布系数计算。

$$Cu(OH)_2(s)\rightleftharpoons Cu^{2+}+2OH^- \qquad K_{sp} \qquad (1)$$

$$Cu^{2+}+4NH_3\rightleftharpoons[Cu(NH_3)_4]^{2+} \qquad \beta_4 \qquad (2)$$

(1)+(2)：$Cu(OH)_2(s)+4NH_3\rightleftharpoons[Cu(NH_3)_4]^{2+}+2OH^-$

平衡浓度/($mol\cdot L^{-1}$)　　x　　0.15　　10^{-4}

$$K=\frac{[Cu(NH_3)_4^{2+}][OH^-]^2}{[NH_3]^4}=\frac{0.15\times10^{-8}}{x^4}=K_{sp}\beta_4=4.6\times10^{-7}$$

$$[NH_3]=x\ mol\cdot L^{-1}=0.24\ mol\cdot L^{-1}$$

$$c\ mol\cdot L^{-1}=\frac{[NH_3]}{\delta_0}=\frac{0.24([H^+]+K_a)}{K_a}\ mol\cdot L^{-1}=0.28\ mol\cdot L^{-1}$$

7.7 配合物的应用

配合物的应用十分广泛，几乎渗透到自然科学的所有领域，与我们的生产生活密切相关。

生物体内存在的金属离子多以配合物形式存在，能对生命体中氧的存储运输、电子的传递、光合作用、固氮作用等众多生命过程的反应起到促进或抑制作用。如血液中的血红蛋白是 Fe^{2+} 的螯合物，结构如图 7-5 所示。

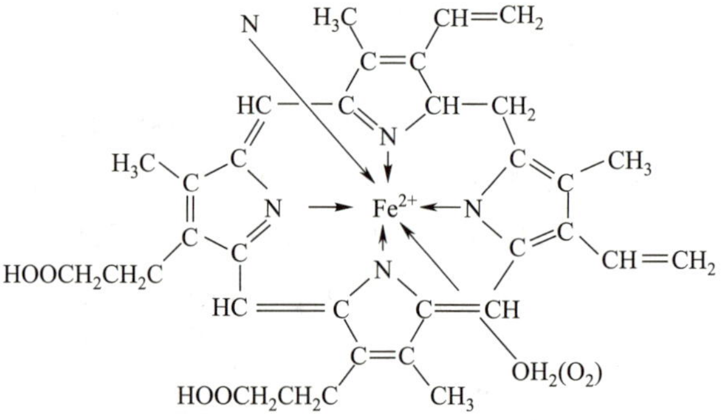

图 7-5 血红蛋白的结构

Fe^{2+}的六个配位原子按八面体配位，其中五个氮原子由血红蛋白提供，第六个配体是水分子，这个水分子可与氧分子交换，在肺组织内高含氧部位血红蛋白可以充分地与氧结合，在体内其他低含氧部分则可以充分地释放所携带的氧分子，从而起到输送氧气的作用。除了运载氧，血红蛋白还可以与二氧化碳、一氧化碳、氰离子等结合，结合的方式也与氧相似，所不同的是结合的牢固程度，一氧化碳、氰离子一旦和血红蛋白结合就很难离开，这就是煤气中毒和氰化物中毒的原理。遇到这种情况可以使用其他与这些物质结合能力更强的物质来解毒，比如一氧化碳中毒可以用静脉注射亚甲基蓝的方法来救治。

《诗经》中有“缟衣茹藘”，记载了古人利用配合物作为染料。茹藘就是茜草，其根部含有的茜素与白矾中的 Al^{3+} 和 Ca^{2+} 生成红色染料对织物有强的附着力。其反应如下：

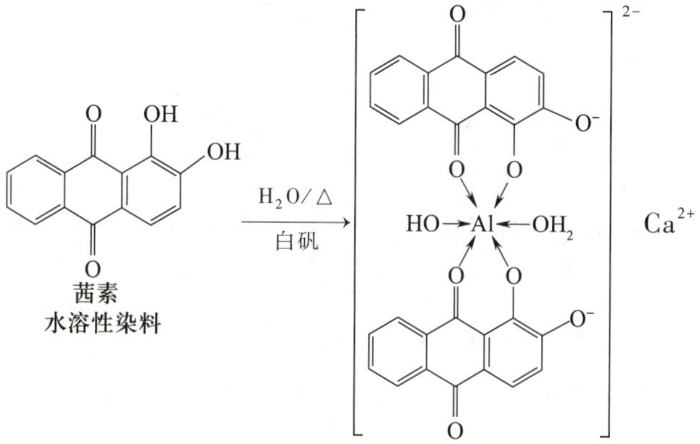

现在金属配合物，如偶氮染料、酞菁染料已经大量用于染色、激光打印、喷墨打印中。金属配合物作为染料还用于光数据储存和电色材料中。

有机金属配合物常作为催化剂或反应中的中间体，将一些相对低廉的原料如石油、水、煤等转化为其他更为重要的工业原料，再进一步应用于制药、电子工业和各种新材料的制备研发中。例如，铑金属原子簇作催化剂，可由 CO、H_2 直接制备乙二醇。

有机金属配合物的类型

$$2CO+3H_2 \xrightarrow[473\sim513K,100\sim300MPa]{M_2[Rh_{12}(CO)_{30}]} HOCH_2CH_2OH$$

该反应的选择性好，反应不产生其他碳氢化合物如甲醇、甲烷等，乙二醇的产率高达 75%。有机金属配合物作为催化剂的反应大多在溶液中的分子间进行，反应分子易于修饰，对发展高选择性催化剂十分有利。富勒烯的金属配合物在三维超导材料、光致电子转移、人工光合作用体系、光子器件等诸多的研究领域都大放异彩。

配合物在医疗方面的应用自古有之，如清热药石膏 $CaSO_4$，泻药芒硝 $NaNO_3$，金手镯治疗关节炎，汞用于防腐等，均与金属通过生化反应在体内形成配合物有关。今天,用配合物作为药物得到更广泛的发展。如顺式二氯·二氨合铂(Ⅱ)有抗癌药效,二(吡啶甲酸根)合氧钒(Ⅳ)可治疗糖尿病,Zn(Ⅱ)的环胺配合物作为抗艾滋病药,Ti(Ⅳ)的金属茂有抗肿瘤作用,酞菁的配合物用于血液病治疗等。

超分子配合物

总之,配合物的广泛应用推进了配位化学的快速发展,使配位化学与其他学科相互交叉形成金属有机化学、簇合物化学、元素高分子化学、生物无机化学、超分子化学等,成为21世纪创新学科的生长点。

本章小结

本章以路易斯酸碱电子理论为基础,讨论了有关酸碱的基本概念及酸碱反应的本质,并在此基础上介绍了配合物的稳定性、配位平衡的移动及配合物的应用。根据路易斯酸碱电子理论,酸和碱是以电子对的授受关系定义的,路易斯酸碱之间的反应是通过电子对共享形成配位键,酸碱的强弱没有一个定量的标度,硬软酸碱原则实验规律可以定性地说明某些酸碱配合物的稳定性。在配合物平衡体系中,某型体的分布系数 δ 是配体平衡浓度的函数。在处理多个平衡共存的复杂体系时,需考虑副反应的影响,各平衡间的相互影响通过分布系数、副反应系数和条件稳定常数等进行计算讨论。在难溶化合物中加入适当的配位剂可促进难溶物的溶解;根据配合物稳定性不同,可以实现配合物之间的转化。

思考题

1. 下列反应中哪些反应物是路易斯酸?哪些反应物是路易斯碱?

(1) $Ni(OH)_2+2HCl \rightleftharpoons NiCl_2+2H_2O$

(2) $NiSO_4+4NH_3 \rightleftharpoons [Ni(NH_3)_4]SO_4$

(3) $Ni+4CO \rightleftharpoons [Ni(CO)_4]$

2. 溶液酸度对配位平衡有何影响?

3. 设 M^{2+} 为正二价金属离子,A^- 为负一价单齿(单基)配体,它们在水溶液中能生成 MA^+,MA_2,MA_3^- 和 MA_4^{2-} 四种配离子。若 $K_{稳}$ 为总稳定常数,$K_{不稳}$ 为总不稳定常数,K_i 为逐级稳定常数,K_i' 为逐级不稳定常数。求证:

(1) $K_{稳}=1/K_{不稳}$;(2) $K_{稳}=K_1K_2K_3K_4$;(3) $K_4'=1/K_1$。

4. 解释下列现象。

思考题4解析

(1) AgCl 溶于氨水形成 $[Ag(NH_3)_2]^+$ 后,若用 HNO_3 酸化,则又析出沉淀;

(2) 将 KSCN 加入 $NH_4Fe(SO_4)_2\cdot 12H_2O$ 溶液中出现红色,但加入 $K_3[Fe(CN)_6]$

溶液中并不出现红色。

5. 由图 7-3、图 7-4 分析说明，在滴定分析中，可否用氨水为滴定剂定量分析溶液中 Cu^{2+} 的含量？可否用 Hg^{2+} 试剂为滴定剂定量分析溶液中的 Cl^- 含量？

6. 配合物的稳定常数和条件稳定常数有何区别和联系？为什么要引入条件稳定常数？

7. 当存在副反应时，采用分布系数和采用副反应系数计算某型体的平衡浓度这两种方法有何区别和联系？举例说明。

8. 计算说明 $[Ag(CN)_2]^-$，$[Ni(CN)_4]^{2-}$ 两种配合物间能否相互转化，转化反应的方向是怎样的？

习　题

1. 已知 $[AlF_6]^{3-}$ 的逐级稳定常数的对数值分别为 6.10，5.05，3.85，2.75，1.62 和 0.47。求 $[AlF_6]^{3-}$ 的 $K_{稳}$ 和 $K_{不稳}$。

2. 在下列金属盐的氨水中，有一半的金属离子已经形成了氨配合物，平衡时自由氨浓度分别列于下表中，求这些氨配离子的稳定常数。

金属离子	配离子	自由氨浓度/$(mol\cdot L^{-1})$	稳定常数 $K_{稳}$
Cu^+	$[Cu(NH_3)_2]^+$	5.0×10^{-6}	
Ag^+	$[Ag(NH_3)_2]^+$	2.0×10^{-4}	
Zn^{2+}	$[Zn(NH_3)_4]^{2+}$	5.0×10^{-3}	
Cd^{2+}	$[Cd(NH_3)_6]^{2+}$	0.10	
Cu^{2+}	$[Cu(NH_3)_4]^{2+}$	5.0×10^{-4}	

3. 在 1 L 0.10 $mol\cdot L^{-1}$ $FeCl_3$ 溶液中加入 0.010 mol KSCN 晶体，若此时只生成 $[Fe(NCS)]^{2+}$，计算：

(1) 溶液中 NCS^- 和 $[Fe(NCS)]^{2+}$ 的浓度；

(2) Fe^{3+} 的转化率。

4. 计算 NH_3 的平衡浓度为 1.0 $mol\cdot L^{-1}$ 的 $[Ni(NH_3)_6]^{2+}$ 溶液中，各级配离子和 Ni^{2+} 的分布系数。

5. 向 1.0 L 6.0 $mol\cdot L^{-1}$ 氨水中加入 0.10 mol $CuSO_4$，计算溶液中各组分的浓度。

6. 室温下 0.010 $mol\cdot L^{-1}$ EDTA(Na_2H_2Y)溶液的 pH 为 4.46，在此溶液中加入 $Cu(NO_3)_2$，使 $c(Cu^{2+})$ 为 0.010 $mol\cdot L^{-1}$(假设溶液的体积不变)。当生成螯合物 $[CuY]^{2-}$ 的反应达平衡后，计算溶液的 pH。

7. 在 0.10 $mol \cdot L^{-1}$ $[Ag(NH_3)_2]^+$ 溶液中，氨的浓度为 0.10 $mol \cdot L^{-1}$，求溶液中的 $[Ag^+]$。

8. 从资料上查得 Cu(Ⅱ)配合物的有关常数如下：

Cu(Ⅱ)-柠檬酸	$K_{不稳} = 6.3 \times 10^{-15}$
Cu(Ⅱ)-乙酰丙酮	$\beta_1 = 1.86 \times 10^8$，$\beta_2 = 2.19 \times 10^{16}$
Cu(Ⅱ)-乙二胺	逐级稳定常数为 $K_1 = 4.68 \times 10^{10}$，$K_2 = 2.1 \times 10^9$，$K_3 = 10$
Cu(Ⅱ)-磺基水杨酸	$\lg\beta_2 = 16.45$
Cu(Ⅱ)-酒石酸	$\lg K_1 = 3.2$，$\lg K_2 = 1.9$，$\lg K_3 = -0.33$，$\lg K_4 = 1.73$
Cu(Ⅱ)-EDTA	$\lg K_{稳} = 18.80$
Cu(Ⅱ)-EDTP	$pK_{不稳} = 15.4$

按总稳定常数($\lg K_{稳}$)从大到小把它们排列起来。

9. 在 pH=10 的氨缓冲溶液中，氨的总浓度为 1.0 $mol \cdot L^{-1}$，忽略氨的消耗，计算：

(1) Zn^{2+} 的配位效应系数；

(2) 此时 Zn^{2+} 与 EDTA 配合物的条件稳定常数。

10. 计算 pH=5.00 时 EDTA 的酸效应系数 $\alpha_{Y(H)}$。若此时 EDTA 的总浓度为 0.020 $mol \cdot L^{-1}$，计算 $[Y^{4-}]$。

11. 向 20.00 mL 0.020 $mol \cdot L^{-1}$ Zn^{2+} 溶液中加入 20.04 mL 0.020 $mol \cdot L^{-1}$ EDTA 溶液，pH=5.00，游离的 $[Y^{4-}]$ 和 $[Zn^{2+}]$ 各为多少？

12. 室温下，在 1 L 乙二胺溶液中，溶有 0.010 mol 的 $[Cu(NH_3)_4]^{2+}$，主要生成 $[Cu(en)_2]^{2+}$，由实验测得平衡时，乙二胺的浓度为 0.054 $mol \cdot L^{-1}$，求平衡时溶液中 Cu^{2+} 和 $[Cu(en)_2]^{2+}$ 的浓度。

13. 将 0.10 mol $AgNO_3$ 溶于 1 L 1.0 $mol \cdot L^{-1}$ 氨水中，问：

(1) 若向溶液中加入 0.010 mol NaCl，有无 AgCl 沉淀生成？

(2) 如用 KI 代替 NaCl，最少需加入多少克 KI 才有 AgI 沉淀析出？

习题 13 解析

14. 在 0.2 $mol \cdot L^{-1}$ $[Ag(CN)_2]^-$ 溶液中，加入等体积的 0.2 $mol \cdot L^{-1}$ KBr 溶液。问：

(1) 有无 AgBr 沉淀生成？

(2) 若原 $[Ag(CN)_2]^-$ 溶液中含有浓度为 0.2 $mol \cdot L^{-1}$ 的 KCN，有无沉淀生成？

15. 0.10 L 1.0 $mol \cdot L^{-1}$ 的氨水能溶解多少克 AgBr？

16. 欲使 0.50 g AgCl 完全溶解于 200 mL 氨水中，则氨水的初始浓度至少应为多少？

17. 向 1.0 L 0.10 $mol \cdot L^{-1}$ $[Cu(NH_3)_4]^{2+}$ 溶液中加入 10 mL 1.0 $mol \cdot L^{-1}$ NaOH 溶液，有无 $Cu(OH)_2$ 沉淀生成？

18. 向 1.0 L 0.10 $mol \cdot L^{-1}$ $[Fe(CN)_6]^{4-}$ 溶液中加入 1 mL 0.10 $mol \cdot L^{-1}$ Na_2S 溶液，有无 FeS 沉淀生成？

第八章

氧化还原反应及电化学基础

化学反应根据反应物之间是否存在电子转移可分为两类：一类是非氧化还原反应，无电子转移，如前面介绍的酸碱反应、沉淀反应等；另一类是氧化还原反应，反应过程中有电子从一种物质转移到另一种物质，这是非常重要的一类化学反应。自然界中，植物的光合作用、人类的呼吸作用都属于氧化还原过程。工业生产中，很多金属的冶炼涉及氧化还原反应，化工生产中重要的原料如盐酸、硫酸、硝酸等的制备也与氧化还原反应相关。

氧化还原反应与化学反应中的电现象密切相关。研究与电现象有关的化学称为电化学。电化学反应可分为两类：一类是能自发进行的反应（$\Delta_r G<0$），可利用其将化学能转变为电能，系统对环境做非体积功（电功）；另一类是不能自发进行的反应（$\Delta_r G>0$），必须由外界对系统做功，反应才能发生，将电能转化为化学能，称为电解反应。

人们利用化学能转变为电能可追溯到公元前 248 年至公元前 226 年，波斯人用铜管、铁棒、沥青和陶器组装成了古代化学电池。1800 年意大利人伏打（Voltaic）发明了伏打电堆（Voltaicpile），开启了电化学发展的新时代。1836 年英国人丹尼尔（Daniell）发明了第一个实际应用的电池。1860 年，法国人普朗特（Planté）发明了“蓄电池”。1887 年，英国人赫勒森（Hellesen）发明了干电池。1890 年，美国人爱迪生（Edison）发明了可充电电池，随后，他又在 1914 年发明了碱性电池。1990 年前后，锂离子电池出现。

电池发展的历史

电解反应广泛用于有色金属冶炼、氯碱和无机盐生产及有机化学工业等。1807 年，英国人戴维（Davy）将熔融苛性碱进行电解制取钾、钠。1833 年，英国人法拉第（Faraday）提出了法拉第定律。1886 年，铝的电解工艺出现。1890 年，电解氯化钾制取氯气的工厂在德国投产。1893 年，开始使用隔膜电解法制烧碱。1897 年，水银电解法制烧碱工业化。从此，电解法成为化学工业和冶金工业中的一种重

电解食盐水制烧碱

要生产方法。

电化学是化学中一个重要的分支学科，在社会发展过程中起着重要的作用，电能与化学能的相互转化及相关的物理化学现象是电化学研究的重点内容。本章着重讨论电极电势的基本概念、影响电极电势的因素及电极电势的应用，并介绍电化学在社会生产生活中的应用。

8.1 基本概念

8.1.1 氧化数

原子的带电状态称为元素的氧化态，表示元素氧化态的代数值称为氧化数(oxidation number)，又称氧化值。对于简单的单原子离子而言，氧化数与离子所带电荷数相同；而对于共价键结合的多原子分子或离子而言，是将键合电子指定给电负性大的原子后，原子净得的电荷，即形式电荷。确定氧化数的规则如下：

(1) 在单质中，元素的氧化数为零。

(2) 单原子离子中，元素的氧化数等于离子所带的电荷数；多原子离子中，所有元素氧化数总和等于该离子所带的电荷数。

氧化数和化合价的关系

(3) 在共价型化合物中，元素的氧化数就是原子所带的形式电荷数。

(4) 在未知结构的化合物中，元素的氧化数可用下面的方法进行计算：

① 中性分子中，所有元素的氧化数总和等于零；

② H 在化合物中的氧化数一般为+1，但在金属氢化物(如 LiH)中为-1；

③ O 在化合物中的氧化数一般为-2，但在过氧化物(如 H_2O_2)中为-1，在超氧化物(如 KO_2)中为-1/2，在 OF_2 中为+2；

④ F 是电负性最大的元素，在所有化合物中氧化数均为-1。

(5) 有机化合物中 C 原子的氧化数可按下面的规则计算：

① C 原子和 C 原子相连接，无论是单键还是重键，碳原子的氧化数都算作 0；

② C 原子与 H 原子相连接，其氧化数算作-1；

③ C 原子以单键、双键或三键与电负性比它大的 O，N，S，X 等杂原子相连接，其氧化数分别算作+1，+2 或+3。

根据上述规则，可确定化合物中原子的氧化数。

[例 8.1] 求 $K_2Cr_2O_7$ 中 Cr 的氧化数。

解：已知 O 的氧化数为-2，K 的氧化数为+1，设 Cr 的氧化数为 x，则

$$2\times1+2x+7\times(-2)=0,\quad x=+6$$

[例 8.2] 求 Fe_3O_4 中 Fe 的氧化数。

解：已知 O 的氧化数为-2，设 Fe 的氧化数为 x，则

$$3x+4\times(-2)=0,\quad x=+8/3$$

［例 8.3］ 分别求 CH_3COOH 中甲基和羧基上的 C 原子的氧化数。

解：CH_3COOH 中甲基上的 C 原子与 1 个 C 原子和 3 个 H 原子相连，氧化数为-3；而羧基上的 C 原子与 1 个 C 原子和 1 个 O 原子以单键相连，同时又与 1 个 O 原子以双键相连，故氧化数为+3。

元素的氧化数与化合价的数值在很多化合物中相等，但两者是不同的概念。氧化数是原子的形式电荷数，是一个代数值，而化合价是化合物中各种元素的原子相互化合的数目，是一个整数。

8.1.2 半反应和氧化还原电对

根据氧化数的概念，反应前后元素的氧化数发生变化的化学反应称为氧化还原反应，其本质是电子的转移。氧化数升高的过程（失电子的过程）称为氧化（oxidation）；氧化数降低的过程（得电子的过程）称为还原（reduction）。氧化数升高的物质被氧化，是还原剂（reducing agent）；氧化数降低的物质被还原，是氧化剂（oxidant）。在氧化还原反应中，氧化和还原这两个相反的过程是同时发生的。例如，二氯化铁在溶液中被氯气氧化成三氯化铁，反应为

$$2FeCl_2+Cl_2 \xlongequal{\quad} 2FeCl_3$$

离子方程式为

$$\underset{\text{还原剂}}{2Fe^{2+}}+\underset{\text{氧化剂}}{Cl_2} \xlongequal{\quad} 2Fe^{3+}+2Cl^-$$

此反应可分成两个过程：

氧化：　$Fe^{2+}-e^- \xlongequal{\quad} Fe^{3+}$

还原：　$Cl_2+2e^- \xlongequal{\quad} 2Cl^-$

氧化或还原过程称为半反应（half-reaction），也叫电极反应（electrode reaction）。在半反应式中，氧化数高的物质称为氧化态（oxidizing state）或氧化型（如 Fe^{3+}，Cl_2），常以 Ox 表示，可作氧化剂；氧化数低的物质称为还原态（reducing state）或还原型（如 Fe^{2+}，Cl^-），常以 Red 表示，可作还原剂。

任何一个半反应可写成：

$$\text{氧化态}+ze^- \rightleftharpoons \text{还原态}$$

$$Ox+ze^- \rightleftharpoons Red$$

式中氧化态和还原态是相互依存、相互转化的共轭关系。这种共轭的氧化还原系统称为氧化还原电对（redox couple），表示为：氧化态/还原态（或 Ox/Red）。一个氧化还原电对即代表一个半反应。氧化还原反应则是两个（或两个以上）氧化还原电对共同作用的结果。如上例中的氧化还原电对分别是 Cl_2/Cl^- 和 Fe^{3+}/Fe^{2+}。

氧化还原反应的通式可写成：

$$\text{氧化态}_1+\text{还原态}_2 \rightleftharpoons \text{氧化态}_2+\text{还原态}_1$$

$$Ox_1+Red_2 \rightleftharpoons Ox_2+Red_1$$

8.2 氧化还原反应方程式的配平

配平氧化还原反应方程式的方法有氧化数法和离子-电子法。这里介绍用这两种方法配平在水溶液中发生的化学反应方程式。

8.2.1 氧化数法

配平原则：氧化剂原子氧化数降低的总数等于还原剂原子氧化数升高的总数。

配平步骤：

（1）写出未配平的反应方程式；

（2）找出相关原子氧化数的改变量，各乘以相应系数，使其等于氧化数降低和升高数值的最小公倍数；

（3）核对方程式两边 H 原子数目以确定参加反应的水分子数；

（4）核对方程式两边 O 原子和其他原子数目，如果相等，即方程式已配平。

［例 8.4］ 配平反应：$As_2S_3+HNO_3 \longrightarrow H_3AsO_4+H_2SO_4+NO$

解：首先确定元素的氧化数及变化，再根据配平原则确定系数：

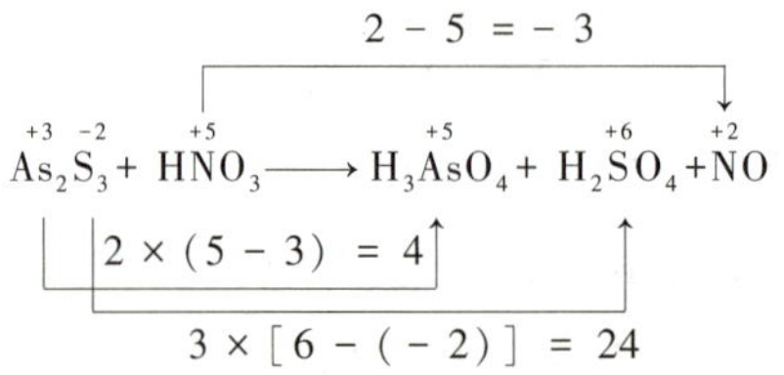

$$N:\ 2-5=-3 \qquad -3\times 28=-84$$

$$\left.\begin{aligned} As:&\ 2\times(5-3)=4 \\ S:&\ 3\times[6-(-2)]=24 \end{aligned}\right\}\ 28 \qquad 28\times 3=84$$

As_2S_3 的系数是 3，HNO_3 的系数是 28，检查两端 H 原子数不等，方程式左方应加 4 分子 H_2O：

$$3As_2S_3+28HNO_3+4H_2O = 6H_3AsO_4+9H_2SO_4+28NO$$

核对 O 原子数，方程式两边相等，已配平。

8.2.2 离子-电子法

配平原则：氧化剂原子得电子的总数等于还原剂原子失电子的总数。

配平步骤：

(1) 以离子形式写出反应物及产物。

(2) 写出半反应式并配平。配平半反应时应使每个半反应式等号两边各种元素的原子总数分别相等且电荷数相等，并注意介质条件。

(3) 将半反应各乘以相应的系数，使得失电子数相等，再相加，整理配平。

(4) 根据需要，可将离子方程式写成分子方程式。

离子-电子法是基于分别配平氧化还原电对所涉及的半反应式，也称为半反应法。

[例 8.5] 用离子-电子法配平反应：

$$KMnO_4+K_2SO_3 \longrightarrow MnSO_4+K_2SO_4 \quad \text{（酸性介质）}$$

解：离子方程式： $MnO_4^-+SO_3^{2-} \longrightarrow Mn^{2+}+SO_4^{2-}$

写出半反应并配平：

MnO_4^- 被还原成 Mn^{2+}，电荷转移为 $5e^-$；MnO_4^- 比 Mn^{2+} 多 4 个 O 原子，反应在酸性介质中进行，添加 $8H^+$ 生成 $4H_2O$，使半反应式两端元素的原子数相等。还原半反应如下：

$$MnO_4^-+8H^++5e^- \longrightarrow Mn^{2+}+4H_2O$$

SO_3^{2-} 被氧化成 SO_4^{2-}，电荷转移为 $2e^-$；SO_3^{2-} 比 SO_4^{2-} 少 1 个 O 原子，添加 $1H_2O$ 生成 $2H^+$，使半反应式两端元素的原子数相等。氧化半反应如下：

$$SO_3^{2-}+H_2O = SO_4^{2-}+2H^++2e^-$$

按配平原则找得失电子数的最小公倍数，将两个半反应分别乘以相应的系数再相加、整理，即得配平的离子方程式：

$$\begin{array}{rl} \times 2) & MnO_4^-+8H^++5e^- = Mn^{2+}+4H_2O \\ + \quad \times 5) & SO_3^{2-}+H_2O = SO_4^{2-}+2H^++2e^- \\ \hline & 2MnO_4^-+5SO_3^{2-}+6H^+ = 2Mn^{2+}+5SO_4^{2-}+3H_2O \end{array}$$

核对反应式两边各元素的原子数均相等，已配平。

将离子方程式写成分子方程式：

$$2KMnO_4+5K_2SO_3+3H_2SO_4 = 2MnSO_4+6K_2SO_4+3H_2O$$

[例 8.6] 用离子-电子法配平反应： $Cl_2+NaOH \longrightarrow NaCl+NaClO_3$

解：离子方程式： $Cl_2+OH^- \longrightarrow Cl^-+ClO_3^-$

Cl_2 被氧化成 $2ClO_3^-$，电荷转移为 $10e^-$；Cl_2 比 $2ClO_3^-$ 少 6 个 O 原子，添加 12 个 OH^- 生成 $6H_2O$，使半反应式两端元素的原子数相等。氧化半反应如下：

$$Cl_2+12OH^- = 2ClO_3^-+6H_2O+10e^-$$

Cl_2 被还原变成 $2Cl^-$，电荷转移为 $2e^-$。还原半反应：

$$Cl_2+2e^- = 2Cl^-$$

根据配平原则，将两半反应相加：

$$\begin{array}{rl} \times 5) & Cl_2+2e^- = 2Cl^- \\ + \quad & Cl_2+12OH^- = 2ClO_3^-+6H_2O+10e^- \\ \hline & 6Cl_2+12OH^- = 10Cl^-+2ClO_3^-+6H_2O \end{array}$$

化简： $3Cl_2+6OH^- = 5Cl^-+ClO_3^-+3H_2O$

核对反应式两边各元素的原子数均相等，已配平。

将离子方程式写成分子方程式：

$$3Cl_2+6NaOH = 5NaCl+NaClO_3+3H_2O$$

8.3 原电池和电极电势

8.3.1 原电池

将化学能直接转变成电能的装置称为原电池(primary cell)，也称丹尼尔电池(Daniell cell)。图 8-1 给出了铜锌原电池的装置：在两个烧杯中分别放入 $ZnSO_4$ 溶液和 $CuSO_4$ 溶液，并在各自的溶液中分别放入 Zn 片和 Cu 片。用一个倒置的 U 形管把两个烧杯中的溶液连接起来，U 形管中充满用饱和 KCl 溶液和琼脂制成的胶冻，称为盐桥(salt bridge)。这样溶液不会流出，而离子又可以在其中自由移动。将 Zn 片和 Cu 片用导线连接起来，并在导线中串联一个检流计。可以观察到：

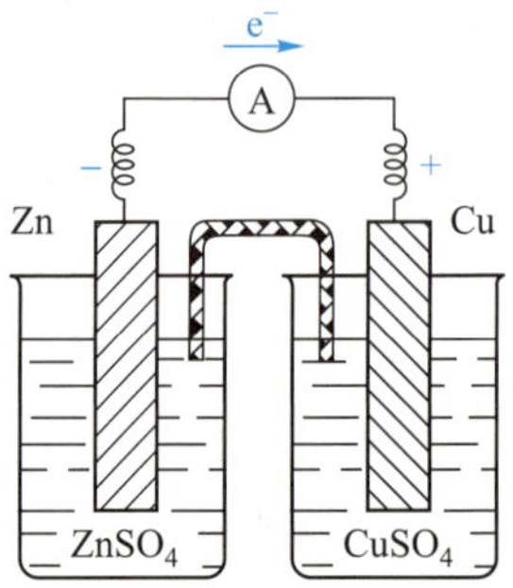

图 8-1 铜锌原电池

(1) 检流计指针发生偏转，说明导线上有电流通过。根据指针偏转的方向可以判定 Zn 片为负极，Cu 片为正极。

(2) Zn 片开始溶解，$CuSO_4$ 溶液的蓝色逐渐变淡，Cu 片上有 Cu 沉积。

以上现象表明在铜锌原电池中，Zn 失去电子成为 Zn^{2+} 进入溶液，Zn 片上多余的电子经过导线流向 Cu 片。$CuSO_4$ 溶液中的 Cu^{2+} 从 Cu 片上获得电子后沉积在其表面。这说明铜锌原电池中发生了氧化还原反应：

负极反应： $Zn = Zn^{2+}+2e^-$ 氧化半反应

正极反应： $Cu^{2+}+2e^- = Cu$ 还原半反应

电池反应： $Zn+Cu^{2+} = Zn^{2+}+Cu$ 氧化还原反应

原电池是由两个半电池(half cell)组成的。在铜锌原电池中，Zn 和 $ZnSO_4$ 溶液组成一个半电池，Cu 和 $CuSO_4$ 溶液组成另一个半电池。分别在两个半电池中所发生的反应称为半电池反应，也称电极反应。

在原电池中，给出电子的电极称为负极(negative pole)，发生氧化半反应；接受电子的电极称为正极(positive pole)，发生还原半反应。氧化和还原的总反应称为电池反应。例如，铜锌原电池中，Zn 片为负极，Cu 片为正极，其氧化还原电对分别

为 Zn^{2+}/Zn 和 Cu^{2+}/Cu。

铜锌原电池可用电池符号表示如下：

$$(-)\ Zn \mid ZnSO_4(c_1) \ ¦¦\ CuSO_4(c_2) \mid Cu(+)$$

(+)和(-)表示分别正极和负极，规定负极符号写在左边，正极符号写在右边，也可以省略不写；¦¦ 表示盐桥；| 表示两相接界，如电极和溶液的界面；c_1 和 c_2 分别表示两种溶液的浓度，单位通常用 $mol \cdot kg^{-1}$，对于稀溶液也可以用 $mol \cdot L^{-1}$来代替。两个半电池通过盐桥连接，左边的半电池由 $Zn \mid ZnSO_4$ 构成；右边的半电池由 $Cu \mid CuSO_4$ 构成。

从理论上讲，任何一个氧化还原反应都可以组成一个原电池。例如：

$$Sn^{2+}+2Fe^{3+} = Sn^{4+}+2Fe^{2+}$$

$$(-)\ Pt \mid Sn^{2+}(c_1), Sn^{4+}(c_2)\ ¦¦\ Fe^{3+}(c_3), Fe^{2+}(c_4) \mid Pt(+)$$

将铂丝插到含有 Sn^{4+} 和 Sn^{2+} 的溶液中构成负极，而插到含有 Fe^{3+} 和 Fe^{2+} 的溶液中则构成正极。

负极反应：	$Sn^{2+} = Sn^{4+}+2e^-$	氧化半反应
正极反应：	$Fe^{3+}+e^- = Fe^{2+}$	还原半反应
电池反应：	$Sn^{2+}+2Fe^{3+} = Sn^{4+}+2Fe^{2+}$	氧化还原反应

与铜锌原电池不同之处在于，用作电极的铂丝本身并未发生氧化还原反应，仅起储存和协助电子转移的作用，称为惰性电极。惰性电极也可用石墨等其他材料制作。

8.3.2 电极电势

能斯特的生平介绍

采用导线将原电池正、负两极连接起来，电子便由负极流向正极，这说明两极之间存在着电势差，或者说电极电势不同。德国物理化学家能斯特(Nernst H M)在 1889 年提出双电层理论(doublelayer theory)来解释电极电势(electrode potential)产生的原因。

双电层理论的拓展

从前面的介绍可知，金属晶体中存在金属离子和自由电子。当金属 M 放入含有这种金属离子的溶液时，金属表面的金属离子(M^{z+})由于本身的热运动和极性水分子的吸引，有可能最终脱离晶格，以水合离子的状态进入溶液，将电子留在金属表面上，使金属表面荷负电，而溶液荷正电；反之，溶液中的 $M^{z+}(aq)$ 由于本身的热运动及金属表面自由电子的吸引，也可能从金属表面获得电子而沉积，使金属表面荷正电，而溶液荷负电。这两种倾向都是由于 M^{z+} 在金属相和溶液相的吉布斯自由能不相等而导致的相间转移，即金属离子从吉布斯自由能较高的相转入吉布斯自由能较低的相。这两种倾向是同时发生的，最终达到平衡：

$$M(s) \rightleftharpoons M^{z+}(aq)+ze^-$$

这种平衡的结果有两种可能性：当溶解倾向大于沉积倾向时，达到平衡时 M 溶

解得多而 M^{z+} 沉积得少，金属表面荷负电，溶液荷正电。如 Zn | Zn^{2+}，见图 8-2(a)。反之，当沉积倾向大于溶解倾向时，达到平衡时 M 溶解得少而 M^{z+} 沉积得多，金属表面荷正电，溶液荷负电。如Cu | Cu^{2+}，见图 8-2(b)。

金属离子的相间转移破坏了相界面的电中性。上述两种情况都会形成双电层，导致在两相接触的界面上产生电势差，称为相间电势，即两个不同物相间的电势差。金属和金属离子溶液相接触构成电极，电极的两相之间由于形成双电层而产生的电势差称为电极电势。

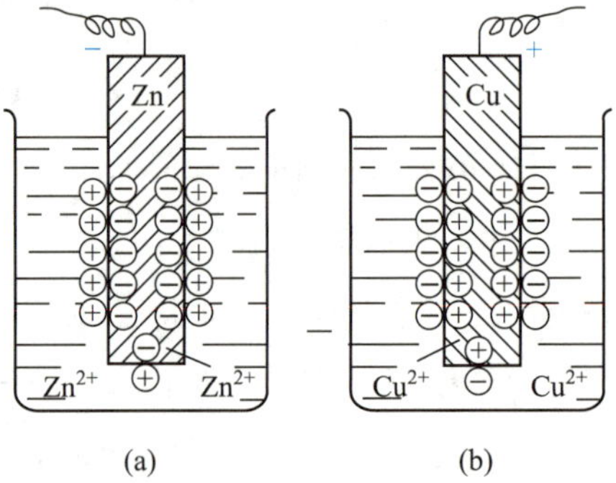

图 8-2 双电层示意图

用双电层理论可以说明原电池产生电流的原理。例如，在铜锌原电池中，Zn 失去电子的倾向比 Cu 大，Zn 片上有多余的电子，而 Cu 片上则缺少电子，电子就从 Zn 片流向 Cu 片，因此产生了电流。

氧化还原电对 Ox/Red 的电极电势用 $E_{Ox/Red}$ 表示。例如，电对 Zn^{2+}/Zn 和 Sn^{4+}/Sn^{2+} 的电极电势分别表示为 $E_{Zn^{2+}/Zn}$ 和 $E_{Sn^{4+}/Sn^{2+}}$。

常见的四种电极

电极电势的概念不仅仅局限于金属及其离子电对，还可以推广到其他类型的电对，如 E_{Cl_2/Cl^-}，E_{H^+/H_2} 和 $E_{AgCl/Ag}$ 等。

电极电势的值与电极反应的进行程度有关。*E* 值越高说明氧化态物质越容易获得电子被还原，而它的还原态物质失去电子被氧化的能力越弱；相反，*E* 值越低说明还原态物质失去电子被氧化的倾向越大，其氧化态物质获得电子被还原的能力越差。*E* 值的大小表示氧化还原电对的氧化还原能力。*E* 值较高的电对中，其氧化态物质是较强的氧化剂，*E* 值较低的电对中，其还原态物质是较强的还原剂。

8.3.3 标准电极电势

标准氢电极介绍

迄今为止，电极电势的绝对值还无法测定，可选择某一电对的电极电势作为标准，将其他电对的电极电势与之比较测得其相对值。通常采用标准氢电极（standard hydrogen electrode）作为测量电极电势的标准。

标准氢电极英文缩写为 SHE，由电对 H^+/H_2 构成。将铂黑电极放在 $a(H^+)=1$ 的硫酸中，不断通入 H_2，并保持 $p(H_2)=100$ kPa，铂黑吸附 H_2 达到饱和，并与溶液中的 H^+ 建立平衡，这便组成了一个 SHE。

SHE 可表示为 $H^+[a(H^+)=1] \mid H_2(g, 100\ \text{kPa}) \mid Pt$

其电极反应为 $$2H^+(aq)+2e^- \rightleftharpoons H_2(g)$$

规定：任何温度下，标准氢电极的电极电势都等于零，表示为 $E^{\ominus}_{H^+/H_2}=0$。

将 SHE 和给定电极（Ox/Red）组成下列原电池：

$$Pt\,|\,H_2(g,100\ kPa)\,|\,H^+[a(H^+)=1]\,\vdots\vdots\,给定电极(Ox/Red)$$

电池的电动势（electromotive force of cell）用 E_{MF} 表示。由两个电极构成电池时，其电池电动势应等于正极电极电势与负极电极电势之差：

常见的参比电极

$$E_{MF}=E_{+}-E_{-} \tag{8-1}$$

当电极中各反应组分均处在各自的标准态（对于溶液 $a=1$，对于气体 $p=100$ kPa）时，$E_{Ox/Red}$ 表示为 $E^{\ominus}_{Ox/Red}$，则

$$E^{\ominus}_{MF}=E^{\ominus}_{+}-E^{\ominus}_{-}$$

$E^{\ominus}_{Ox/Red}$ 称为给定电极 Ox/Red 的标准电极电势（standard electrode potential），$E^{\ominus}_{MF}$ 称为电池的标准电动势（standard electromotive force of cell），则由上述 SHE 和给定电极组成的原电池，在标准状态下：

$$E^{\ominus}_{MF}=E^{\ominus}_{Ox/Red}-E^{\ominus}_{H^+/H_2}=E^{\ominus}_{Ox/Red}$$

即此电池的电动势等于给定电极的标准电极电势。

根据上述规定，在 298.15 K 时，分别测得以下电池的电动势为 0.340 V 和−0.763 V。

$$Pt\,|\,H_2(g,100\ kPa)\,|\,H^+[a(H^+)=1]\,\vdots\vdots\,Cu^{2+}[a(Cu^{2+})=1]\,|\,Cu$$

$$Pt\,|\,H_2(g,100\ kPa)\,|\,H^+[a(H^+)=1]\,\vdots\vdots\,Zn^{2+}[a(Zn^{2+})=1]\,|\,Zn$$

则氧化还原电对 Cu^{2+}/Cu 和 Zn^{2+}/Zn 的标准电极电势分别为 $E^{\ominus}_{Cu^{2+}/Cu}=0.340$ V 和 $E^{\ominus}_{Zn^{2+}/Zn}=-0.763$ V

电对的标准电极电势参见附录Ⅻ，表 8-1 列出了其中的一部分。

表 8-1 一些电对的标准电极电势（298.15 K）

氧化型		电子数		还原型	$E^{\ominus}/V$
Na^+	+	e^-	$\rightleftharpoons$	Na	−2.714
Zn^{2+}	+	$2e^-$	$\rightleftharpoons$	Zn	−0.763
Fe^{2+}	+	$2e^-$	$\rightleftharpoons$	Fe	−0.440
Sn^{2+}	+	$2e^-$	$\rightleftharpoons$	Sn	−0.136
$2H^+$	+	$2e^-$	$\rightleftharpoons$	H_2	0.000
Sn^{4+}	+	$2e^-$	$\rightleftharpoons$	Sn^{2+}	+0.150
Cu^{2+}	+	$2e^-$	$\rightleftharpoons$	Cu	+0.340
O_2+2H^+	+	$2e^-$	$\rightleftharpoons$	H_2O_2	+0.695
Fe^{3+}	+	e^-	$\rightleftharpoons$	Fe^{2+}	+0.771
Cl_2	+	$2e^-$	$\rightleftharpoons$	$2Cl^-$	+1.358
$MnO_4^-+8H^+$	+	$5e^-$	$\rightleftharpoons$	$Mn^{2+}+4H_2O$	+1.510
Ce^{4+}	+	e^-	$\rightleftharpoons$	Ce^{3+}	+1.720
$H_2O_2+2H^+$	+	$2e^-$	$\rightleftharpoons$	$2H_2O$	+1.763
$S_2O_8^{2-}$	+	$2e^-$	$\rightleftharpoons$	$2SO_4^{2-}$	+1.96

氧化还原电对不同,其相应的 $E^\ominus$ 值也不同。$E^\ominus$ 表示电对在标准状态时相应的氧化还原能力的大小,其值大小取决于电对的本质。表 8-1 中所列的电对,自上而下,$E^\ominus$ 值依次升高,其氧化态物质的氧化能力依次增强,而还原态物质的还原能力依次减弱。

使用标准电极电势表须注意:

(1) 本书所采用的标准电极电势代数值是由国际纯粹与应用化学联合会(IUPAC)推荐。表中 $E^\ominus$ 值的正、负不因电极反应进行的方向而改变。如 Zn^{2+}/Zn 电对,无论电极反应是还原半反应 $Zn^{2+}+2e^- \rightleftharpoons Zn$,还是氧化半反应 $Zn \rightleftharpoons Zn^{2+}+2e^-$,$E^\ominus_{Zn^{2+}/Zn}$ 值都等于 -0.763 V。

(2) $E^\ominus$ 是平衡电势,它与氧化还原反应的速率无关。

(3) $E^\ominus$ 值是在标准条件下水溶液中测出的,非水溶液反应、高温反应、固相反应均不适用。

(4) $E^\ominus$ 值反映物质得失电子的倾向,与物质的数量无关。因此 $E^\ominus$ 具有强度性质,无加合性,与半反应式的书写形式无关。例如:

$$Cl_2+2e^- \rightleftharpoons 2Cl^- \qquad E^\ominus_{Cl_2/Cl^-}=1.358\ \text{V}$$

$$\frac{1}{2}Cl_2+e^- \rightleftharpoons Cl^- \qquad E^\ominus_{Cl_2/Cl^-}=1.358\ \text{V}$$

[例 8.7] 某酸性溶液中含 Cl^-,Br^-,I^- 三种离子,选择一种合适的氧化剂,使其氧化 I^- 而不氧化 Cl^- 和 Br^-。

解:查表可知:$E^\ominus_{I_2/I^-}=0.535\ 5$ V,$E^\ominus_{Br_2/Br^-}=1.065$ V,$E^\ominus_{Cl_2/Cl^-}=1.358$ V。

据题意,所选择电对的 $E^\ominus$ 值应在 0.535 5~1.065 V。

查表可知:$E^\ominus_{Fe^{3+}/Fe^{2+}}=0.771$ V,$E^\ominus_{HNO_2/NO}=0.996$ V,故可选 $Fe_2(SO_4)_3$ 或 $NaNO_2$。

8.4 影响电极电势的因素

8.4.1 能斯特方程

将一个氧化还原反应设计成原电池,让这个原电池在可逆的条件下放电,恒温恒压下,原电池所做的最大电功等于反应的吉布斯自由能变:

$$\Delta_r G = W_{max} \tag{8-2}$$

根据法拉第定律,最大电功等于电池电动势与电荷量的乘积。若按所列电池反应的化学计量式,每发生 1 mol 反应时,有 z mol 电子参加与之相应的电极反应,则此时电池反应所通过的电荷量等于 zF。因此,反应的摩尔吉布斯函变和原电池的电动势有以下关系:

$$\Delta_r G_m = -zFE_{MF} \tag{8-3}$$

式中 F 为法拉第常数(Faraday constant),$F = 96\ 500\ C \cdot mol^{-1}$。在标准状态下:

$$\Delta_r G_m^{\ominus} = -zFE_{MF}^{\ominus} \tag{8-4}$$

对于恒温恒压下的电极反应 $Ox + ze^- \rightleftharpoons Red$,在标准状态下:

$$\Delta_r G_m^{\ominus} = -zFE_{Ox/Red}^{\ominus} \tag{8-5}$$

在任意状态下,根据化学反应等温方程:

$$\Delta_r G_m = \Delta_r G_m^{\ominus} + RT\ln \frac{a_{Red}}{a_{Ox}} \tag{8-6}$$

因此

$$E_{Ox/Red} = E_{Ox/Red}^{\ominus} + \frac{RT}{zF}\ln \frac{a_{Ox}}{a_{Red}} \tag{8-7}$$

式中 z 为电极反应中电子的计量数,R 为摩尔气体常数,T 为热力学温度,F 为法拉第常数。在 $T = 298.15\ K$ 时,将以上常数代入式(8-7),并将自然对数改为常用对数:

$$E_{Ox/Red} = E_{Ox/Red}^{\ominus} + \frac{0.059\ 2\ V}{z}\lg \frac{a_{Ox}}{a_{Red}} \tag{8-8}$$

式(8-7)、式(8-8)称为电极电势的能斯特方程(Nernst equation)。由能斯特方程可知,影响电对电极电势的因素为电对的本质、温度及氧化态和还原态的活度。应用能斯特方程进行计算时,为简化起见,通常忽略溶液离子强度的影响,以有关组分的平衡浓度代替活度,从而得到能斯特方程的近似式:

$$E_{Ox/Red} = E_{Ox/Red}^{\ominus} + \frac{0.059\ 2\ V}{z}\lg \frac{[Ox]}{[Red]} \quad (298.15\ K) \tag{8-9}$$

从平衡观点判断一个氧化还原反应进行的方向和程度,需要对两个电对的氧化还原能力进行比较,这就需要求得在反应条件下电对的电极电势。单有 $E^{\ominus}$ 值显然是不够的,它仅代表 $T = 298.15\ K$ 时标准状态下的电极电势。能斯特方程解决了电极电势与电极成分及温度之间的关系,在氧化还原平衡的讨论中起着十分重要的作用。

使用能斯特方程应注意以下几点:

(1) 能斯特方程只适用于可逆的氧化还原电对,如 Fe^{3+}/Fe^{2+},$[Fe(CN)_6]^{3-}/[Fe(CN)_6]^{4-}$,$I_2/I^-$ 和 Ce^{4+}/Ce^{3+} 等。对于不可逆氧化还原电对,如 MnO_4^-/Mn^{2+},$Cr_2O_7^{2-}/Cr^{3+}$,$S_4O_6^{2-}/S_2O_3^{2-}$,$CO_2/C_2O_4^{2-}$,SO_4^{2}/SO_3^{2},O_2/H_2O_2 和 H_2O_2/H_2O 等,因为实际电极电势值和由能斯特方程算出的结果相差较大,所以理论计算值只能作为判断电对氧化还原能力时的参考。

可逆氧化还原电对概念

(2) 能斯特方程中的[Ox]和[Red]并非专指氧化数有变化的物质的平衡浓度或分压,也包括参加电极反应的其他物质。应根据电极反应式写出电对的能斯特方程。

(3) 各平衡浓度的幂指数等于电极反应中相应物质的化学计量数。

(4) 纯金属、纯固体和溶剂的活度均为常数，其影响已反映在 $E^{\ominus}_{Ox/Red}$ 中，能斯特方程中不再出现。

[例 8.8] 写出以下电对的能斯特方程(298.15 K)。

(1) $Fe^{3+}+e^- \rightleftharpoons Fe^{2+}$ (2) $Br_2(l)+2e^- \rightleftharpoons 2Br^-$

(3) $O_2(g)+4H^++4e^- \rightleftharpoons 2H_2O(l)$ (4) $AgCl(s)+e^- \rightleftharpoons Ag(s)+Cl^-$

解：(1) $E_{Fe^{3+}/Fe^{2+}}=E^{\ominus}_{Fe^{3+}/Fe^{2+}}+0.059\ 2\ V\ \lg\dfrac{[Fe^{3+}]}{[Fe^{2+}]}$

(2) $E_{Br_2/Br^-}=E^{\ominus}_{Br_2/Br^-}+\dfrac{0.059\ 2\ V}{2}\lg\dfrac{1}{[Br^-]^2}$

(3) $E_{O_2/H_2O}=E^{\ominus}_{O_2/H_2O}+\dfrac{0.059\ 2\ V}{4}\lg[[H^+]^4\cdot(p_{O_2}/p^{\ominus})]$

(4) $E_{AgCl/Ag}=E^{\ominus}_{AgCl/Ag}+0.059\ 2\ V\ \lg\dfrac{1}{[Cl^-]}$

8.4.2 溶液浓度的影响

甘汞电极的电极电势变化

由能斯特方程可知，电对的电极电势与[Ox]/[Red]的对数呈线性关系。浓度比[Ox]/[Red]越大，电对的电极电势越大。例如，对于电对 Fe^{3+}/Fe^{2+}，电极反应为

$$Fe^{3+}+e^- \rightleftharpoons Fe^{2+} \qquad E^{\ominus}_{Fe^{3+}/Fe^{2+}}=0.771\ V$$

不同浓度比时电极的变化如表 8-2 所示。

表 8-2 $E_{Fe^{3+}/Fe^{2+}}$ 和 $[Fe^{3+}]/[Fe^{2+}]$ 的对应关系

$[Fe^{3+}]/[Fe^{2+}]$	1/1 000	1/100	1/10	1	10/1	100/1	1 000/1
$E_{Fe^{3+}/Fe^{2+}}/V$	0.593	0.653	0.712	0.771	0.830	0.889	0.949

从表 8-2 可以看出，随着 $[Fe^{3+}]/[Fe^{2+}]$ 的增大，$E_{Fe^{3+}/Fe^{2+}}$ 逐渐增大，Fe^{3+} 的氧化能力增强，而 Fe^{2+} 的还原能力减弱。当 $[Fe^{3+}]/[Fe^{2+}]=1$ 时，电对 Fe^{3+}/Fe^{2+} 的电极电势等于它的标准电极电势。

一般地讲，当氧化态的浓度增大时，电对的电极电势随之增大，氧化态的氧化能力增强，而还原态的还原能力减弱；当还原态的浓度增大时，电对的电极电势随之减小，氧化态的氧化能力减弱，而还原态的还原能力增强。

[例 8.9] 已知在 25℃ 时，$E^{\ominus}_{Zn^{2+}/Zn}=-0.763\ V$，$[Zn^{2+}]=1.00\times10^{-3}\ mol\cdot L^{-1}$。计算电对 Zn^{2+}/Zn 的电极电势。

解：

$$Zn^{2+}+2e^- \rightleftharpoons Zn$$

$$E_{Zn^{2+}/Zn}=E^{\ominus}_{Zn^{2+}/Zn}+\frac{0.059\ 2\ V}{2}\lg[Zn^{2+}]=-0.852\ V$$

[例 8.10] 已知在 25℃ 时，$E^{\ominus}_{Cl_2/Cl^-}=1.358\ V$，$[Cl^-]=0.100\ mol\cdot L^{-1}$，$Cl_2$ 的分压为 300 kPa。计算氯电极的电极电势。

解：

$$Cl_2+2e^- \rightleftharpoons 2Cl^-$$

$$E_{Cl_2/Cl^-}=E^{\ominus}_{Cl_2/Cl^-}+\frac{0.0592\ V}{2}\lg\frac{p(Cl_2)/p^{\ominus}}{[Cl^-]^2}=1.43\ V$$

8.4.3 溶液酸度的影响

砷酸和碘的反应

在电极反应中，如果除氧化态和还原态物质外，还有 H^+ 和 OH^- 参加，则其浓度也应表示在能斯特方程中。因此，溶液的酸度还可能改变电极反应和对应的标准电极电势（也即是溶液浓度的影响）。例如，电对 BrO_3^-/Br^- 在不同介质中，其电极反应和 $E^{\ominus}$ 值是不同的：

在酸性介质中　$BrO_3^-+6H^++6e^- \rightleftharpoons Br^-+3H_2O$　$E^{\ominus}=1.478\ V$

在碱性介质中　$BrO_3^-+3H_2O+6e^- \rightleftharpoons Br^-+6OH^-$　$E^{\ominus}=0.584\ V$

可见，在酸性介质中 BrO_3^- 的氧化能力较强，而在碱性介质中 Br^- 的还原能力较强。

重铬酸钾是一种常用的氧化剂：

$$Cr_2O_7^{2-}+14H^++6e^- \rightleftharpoons 2Cr^{3+}+7H_2O \quad E^{\ominus}=1.36\ V$$

$$E_{Cr_2O_7^{2-}/Cr^{3+}}=E^{\ominus}+\frac{0.0592\ V}{6}\lg\frac{[Cr_2O_7^{2-}][H^+]^{14}}{[Cr^{3+}]^2}$$

若将 $[Cr_2O_7^{2-}]$ 和 $[Cr^{3+}]$ 都固定为 $1.00\ mol\cdot L^{-1}$，则

$$E_{Cr_2O_7^{2-}/Cr^{3+}}=E^{\ominus}+\frac{0.0592\ V}{6}\lg[H^+]^{14}=(1.36-0.138\ pH)\ V$$

此式表明，溶液酸度增加，$E_{Cr_2O_7^{2-}/Cr^{3+}}$ 会随之增加：

pH = 3.00　$[H^+]=1.00\times10^{-3}\ mol\cdot L^{-1}$　$E_{Cr_2O_7^{2-}/Cr^{3+}}=0.946\ V$

pH = 0.00　$[H^+]=1.00\ mol\cdot L^{-1}$　$E_{Cr_2O_7^{2-}/Cr^{3+}}=1.36\ V$

可以看出，$Cr_2O_7^{2-}$ 在强酸性溶液中的氧化性比在弱酸性中强得多。因此，在实验室或工业生产中，总是在较强的酸性溶液中使用 $K_2Cr_2O_7$ 作氧化剂。

由于很多电对的电极电势受溶液酸度的影响，因此在标准电极电势表中，将 $E^{\ominus}$ 的数据分别列成"A 表"和"B 表"。"A 表"表示酸性溶液中的电对，记为 $E^{\ominus}_A$，简称酸表；"B 表"表示碱性溶液中的电对，记为 $E^{\ominus}_B$，简称碱表。对于一些与溶液酸度无关的电对，其 $E^{\ominus}$ 值常列于 A 表中，参见附录Ⅻ。

[例 8.11] 已知在 25℃ 时，$E^{\ominus}_{MnO_4^-/Mn^{2+}}=1.51\ V$，$[MnO_4^-]=[Mn^{2+}]=1.00\ mol\cdot L^{-1}$。分别计算当 $[H^+]=0.100\ mol\cdot L^{-1}$ 和 $[H^+]=3.00\ mol\cdot L^{-1}$ 时，电对 $E_{MnO_4^-/Mn^{2+}}$ 的电极电势。

解：

$$MnO_4^-+8H^++5e^- \rightleftharpoons Mn^{2+}+4H_2O$$

$$E_{MnO_4^-/Mn^{2+}}=E^{\ominus}_{MnO_4^-/Mn^{2+}}+\frac{0.059\ 2\ V}{5}\lg\frac{[MnO_4^-][H^+]^8}{[Mn^{2+}]}$$

$[H^+]=0.100\ mol\cdot L^{-1}$时：$E_{MnO_4^-/Mn^{2+}}=1.51\ V+\dfrac{0.059\ 2\ V}{5}\lg(0.100)^8=1.42\ V$

$[H^+]=3.00\ mol\cdot L^{-1}$时：$E_{MnO_4^-/Mn^{2+}}=1.51\ V+\dfrac{0.059\ 2\ V}{5}\lg(3.00)^8=1.56\ V$

由计算结果可以看出，随着溶液酸度的增强，电对 MnO_4^-/Mn^{2+} 的电极电势增大，MnO_4^- 的氧化能力增强。因此使用 $KMnO_4$ 作氧化剂时，总是将溶液保持在较强的酸性条件下。

银和氢碘酸反应

8.4.4 沉淀反应的影响

在氧化还原电对中，如果氧化态物质生成沉淀，其浓度降低，则电对的电极电势减小，氧化态的氧化能力减弱，还原态的还原能力增强；如果还原态物质生成沉淀，其浓度降低，则电对的电极电势增大，氧化态的氧化能力增强，还原态的还原能力减弱。

[例 8.12]　已知在 25℃ 时，$E^{\ominus}_{Ag^+/Ag}=0.799\ V$，AgCl 的 $K_{sp}(AgCl)=1.77\times10^{-10}$。计算电对 AgCl/Ag 的标准电极电势。

解：解法 1：

$$AgCl(s)\rightleftharpoons Ag^++Cl^-$$

$$K_{sp}(AgCl)=[Ag^+][Cl^-],\quad [Ag^+]=K_{sp}(AgCl)/[Cl^-]$$

$$Ag^++e^-\rightleftharpoons Ag(s)$$

$$E_{Ag^+/Ag}=E^{\ominus}_{Ag^+/Ag}+0.059\ 2\ V\ \lg[Ag^+]=E^{\ominus}_{Ag^+/Ag}+0.059\ 2\ V\ \lg\frac{K_{sp}(AgCl)}{[Cl^-]}$$

当 $[Cl^-]=1.00\ mol\cdot L^{-1}$ 时，对于新电对 $AgCl(s)+e^-\rightleftharpoons Ag(s)+Cl^-$，有

$$E^{\ominus}_{AgCl/Ag}=E^{\ominus}_{Ag^+/Ag}+0.059\ 2\ V\ \lg K_{sp}(AgCl)=0.222\ V$$

解法 2：设计电池：$Ag\mid Ag^+(aq)\ ¦¦\ Cl^-(aq)\mid AgCl(s)\mid Ag$

正极反应：$AgCl(s)+e^-\rightleftharpoons Ag(s)+Cl^-$

负极反应：$Ag(s)-e^-\rightleftharpoons Ag^+$

当氧化还原反应达到平衡时：$E_+=E_-$

根据能斯特方程：$E^{\ominus}_{AgCl/Ag}+0.059\ 2\ V\ \lg\dfrac{1}{[Cl^-]}=E^{\ominus}_{Ag^+/Ag}+0.059\ 2\ V\ \lg[Ag^+]$

$$E^{\ominus}_{AgCl/Ag}=E^{\ominus}_{Ag^+/Ag}+0.059\ 2\ V\ \lg K_{sp}(AgCl)=0.222\ V$$

比较 $E^{\ominus}_{AgCl/Ag}$ 和 $E^{\ominus}_{Ag^+/Ag}$ 的数值可知，由于氧化态 Ag^+ 生成了 AgCl 沉淀，电对 Ag^+/Ag 的电极电势降低了许多，Ag^+ 的氧化能力减弱，而 Ag 的还原能力增强。

[例 8.13]　已知在 25℃ 时，$E^{\ominus}_{Cu^{2+}/Cu^+}=0.159\ V$，CuI 的 $K_{sp}(CuI)=1.27\times10^{-12}$。计算电对 Cu^{2+}/CuI 的标准电极电势。

解：

$$CuI(s)\rightleftharpoons Cu^++I^-$$

$$K_{sp}(CuI)=[Cu^+][I^-],\quad [Cu^+]=K_{sp}(CuI)/[I^-]$$

$$Cu^{2+}+e^-\rightleftharpoons Cu^+$$

$$E_{Cu^{2+}/Cu^+}=E^{\ominus}_{Cu^{2+}/Cu^+}+0.0592\ \text{V}\ \lg\frac{[Cu^{2+}]}{[Cu^+]}=E^{\ominus}_{Cu^{2+}/Cu^+}+0.0592\ \text{V}\ \lg\frac{[Cu^{2+}][I^-]}{K_{sp}(CuI)}$$

当$[Cu^{2+}]=[I^-]=1.00\ \text{mol}\cdot\text{L}^{-1}$时，对于新电对 $Cu^{2+}+I^-+e^- \rightleftharpoons CuI(s)$，有

$$E^{\ominus}_{Cu^{2+}/CuI}=E^{\ominus}_{Cu^{2+}/Cu^+}+0.0592\ \text{V}\ \lg\frac{1}{K_{sp}(CuI)}=0.863\ \text{V}$$

比较 $E^{\ominus}_{Cu^{2+}/CuI}$和 $E^{\ominus}_{Cu^{2+}/Cu^+}$的数值可以看出，由于还原态 Cu^+生成了 CuI 沉淀，电对 Cu^{2+}/CuI 的标准电极电势增大了许多，Cu^{2+}的氧化能力增强，而 CuI 的还原能力减弱。

8.4.5 配位反应的影响

$[Co(NH_3)_6]^{3+}$ 稳定性

在氧化还原电对中，当氧化态或还原态形成配合物时，就会引起电对电极电势的改变。如果氧化态形成配合物，其浓度降低，则电对的电极电势减小，氧化态的氧化能力减弱，还原态的还原能力增强；如果还原态形成配合物，其浓度降低，则电对的电极电势增大，氧化态的氧化能力增强，还原态的还原能力减弱；如果氧化态和还原态同时形成配合物，则比较两种配合物的稳定性：如果氧化态的配合物更稳定，则电对的电极电势降低，如果还原态的配合物更稳定，则电对的电极电势升高。例如，金属配离子和金属组成的电对，其标准电极电势比金属离子和金属组成的电对电极电势要低，配离子越稳定，其标准电极电势越低。

$Ag^++e^- \rightleftharpoons Ag$		$E^{\ominus}=0.799\ \text{V}$
$[Ag(NH_3)_2]^++e^- \rightleftharpoons Ag+2NH_3$	$K_{稳}=1.12\times10^7$	$E^{\ominus}=0.382\ \text{V}$
$[Ag(S_2O_3)_2]^{3-}+e^- \rightleftharpoons Ag+2S_2O_3^{2-}$	$K_{稳}=2.88\times10^{13}$	$E^{\ominus}=0.002\ \text{V}$
$[Ag(CN)_2]^-+e^- \rightleftharpoons Ag+2CN^-$	$K_{稳}=1.26\times10^{21}$	$E^{\ominus}=-0.450\ \text{V}$

[例 8.14] 已知在 25℃时，$E^{\ominus}_{Hg^{2+}/Hg}=0.8535\ \text{V}$，$[Hg(CN)_4]^{2-}$的 $\beta_4=3.16\times10^{41}$。计算电对$[Hg(CN)_4]^{2-}/Hg$ 的标准电极电势。

解：

$$Hg^{2+}+4CN^- \rightleftharpoons [Hg(CN)_4]^{2-}$$

$$\beta_4=\frac{[Hg(CN)_4^{2-}]}{[Hg^{2+}][CN^-]^4},\quad [Hg^{2+}]=\frac{[Hg(CN)_4^{2-}]}{[CN^-]^4\beta_4}$$

$$Hg^{2+}+2e^- \rightleftharpoons Hg$$

$$E_{Hg^{2+}/Hg}=E^{\ominus}_{Hg^{2+}/Hg}+\frac{0.0592\ \text{V}}{2}\lg[Hg^{2+}]$$

$$=E^{\ominus}_{Hg^{2+}/Hg}+\frac{0.0592\ \text{V}}{2}\lg\frac{[Hg(CN)_4^{2-}]}{[CN^-]^4\beta_4}$$

当$[Hg(CN)_4^{2-}]=[CN^-]=1.00\ \text{mol}\cdot\text{L}^{-1}$时，对于新电对$[Hg(CN)_4]^{2-}+2e^- \rightleftharpoons Hg+4CN^-$，有

$$E^{\ominus}_{[Hg(CN)_4]^{2-}/Hg}=E^{\ominus}_{Hg^{2+}/Hg}+\frac{0.0592\ \text{V}}{2}\lg\frac{1}{\beta_4}=-0.375\ \text{V}$$

比较 $E^{\ominus}_{[Hg(CN)_4]^{2-}/Hg}$和 $E^{\ominus}_{Hg^{2+}/Hg}$的数值可以看出，由于氧化态 Hg^{2+}生成了配离子$[Hg(CN)_4]^{2-}$，电对 Hg^{2+}/Hg 的电极电势大幅度降低，致使 Hg^{2+}的氧化能力大幅减弱，而 Hg 的还原能力相应增强。

［例 8.15］ 已知在 25℃时，$E^{\ominus}_{Fe^{3+}/Fe^{2+}}=0.771\ V$，$[Fe(CN)_6]^{3-}$ 的 $\beta_6=1.0\times10^{42}$，$[Fe(CN)_6]^{4-}$ 的 $\beta'_6=1.0\times10^{35}$。计算电对 $[Fe(CN)_6]^{3-}/[Fe(CN)_6]^{4-}$ 的标准电极电势。

解：

$$Fe^{3+}+6CN^- \rightleftharpoons [Fe(CN)_6]^{3-}$$

$$\beta_6=\frac{[Fe(CN)_6^{3-}]}{[Fe^{3+}][CN^-]^6},\quad [Fe^{3+}]=\frac{[Fe(CN)_6^{3-}]}{[CN^-]^6\beta_6}$$

$$Fe^{2+}+6CN^- \rightleftharpoons [Fe(CN)_6]^{4-}$$

$$\beta'_6=\frac{[Fe(CN)_6^{4-}]}{[Fe^{2+}][CN^-]^6},\quad [Fe^{2+}]=\frac{[Fe(CN)_6^{4-}]}{[CN^-]^6\beta'_6}$$

$$E_{Fe^{3+}/Fe^{2+}}=E^{\ominus}_{Fe^{3+}/Fe^{2+}}+0.059\ 2\ V\ \lg\frac{[Fe^{3+}]}{[Fe^{2+}]}$$

$$=E^{\ominus}_{Fe^{3+}/Fe^{2+}}+0.059\ 2\ V\ \lg\frac{[Fe(CN)_6^{3-}]\beta'_6}{[Fe(CN)_6^{4-}]\beta_6}$$

当 $[Fe(CN)_6^{3-}]=[Fe(CN)_6^{4-}]=1.00\ mol\cdot L^{-1}$ 时，对于电对 $[Fe(CN)_6]^{3-}+e^- \rightleftharpoons [Fe(CN)_6]^{4-}$，有

$$E^{\ominus}_{[Fe(CN)_6]^{3-}/[Fe(CN)_6]^{4-}}=E^{\ominus}_{Fe^{3+}/Fe^{2+}}+0.059\ 2\ V\ \lg\frac{\beta'_6}{\beta_6}=0.357\ V$$

比较 $E^{\ominus}_{[Fe(CN)_6]^{3-}/[Fe(CN)_6]^{4-}}$ 和 $E^{\ominus}_{Fe^{3+}/Fe^{2+}}$ 的数值可以看出，由于氧化态 Fe^{3+} 生成的配离子 $[Fe(CN)_6]^{3-}$ 的稳定常数比还原态 Fe^{2+} 生成的配离子 $[Fe(CN)_6]^{4-}$ 的稳定常数大得多，电对 $[Fe(CN)_6]^{3-}/[Fe(CN)_6]^{4-}$ 的标准电极电势降低，致使 $[Fe(CN)_6]^{3-}$ 的氧化能力减弱，而 $[Fe(CN)_6]^{4-}$ 的还原能力增强。

8.5 电极电势的应用

根据电极电势的数据，可以估计氧化剂或还原剂氧化还原能力的强弱，计算原电池的电动势和氧化还原反应的平衡常数，判断氧化还原反应的方向和次序等。下面分别进行讨论。

8.5.1 标准电动势和标准平衡常数

可逆电池概念

根据热力学和电化学原理，对于标准状态下的氧化还原反应组成可逆电池，存在以下关系：

$$\Delta_r G^{\ominus}_m=-zFE^{\ominus}_{MF}\qquad \Delta_r G^{\ominus}_m=-RT\ln K^{\ominus}$$

$$E^{\ominus}_{MF}=\frac{RT}{zF}\ln K^{\ominus}\qquad E^{\ominus}_{MF}=E^{\ominus}_{+}-E^{\ominus}_{-}$$

$$\ln K^{\ominus}=\frac{zFE^{\ominus}_{MF}}{RT}=\frac{zF(E^{\ominus}_{+}-E^{\ominus}_{-})}{RT}\tag{8-10}$$

式中 $E^{\ominus}_{MF}$ 为原电池的标准电动势，$E^{\ominus}_{+}$ 为正极的标准电极电势，$E^{\ominus}_{-}$ 为负极的标准电极电

势，z 为两个电极反应得失电子数的最小公倍数。当 $T=298.15\ K$ 时：

$$\lg K^{\ominus}=\frac{zE^{\ominus}_{MF}}{0.059\ 2\ V}=\frac{z(E^{\ominus}_{+}-E^{\ominus}_{-})}{0.059\ 2\ V} \qquad (8-11)$$

通过原电池的标准电动势，可以求算氧化还原反应的标准平衡常数。

[例 8.16] 已知 $E^{\ominus}_{I_2/I^-}=0.535\ 5\ V$，$E^{\ominus}_{Br_2/Br^-}=1.065\ V$，$E^{\ominus}_{Cl_2/Cl^-}=1.358\ V$。求算 298.15 K 时，下列氧化还原反应的标准平衡常数。

(1) $Cl_2(g)+2Br^- = Br_2(l)+2Cl^-$

(2) $Cl_2(g)+2I^- = I_2(s)+2Cl^-$

解：(1) $\lg K^{\ominus}=\frac{z(E^{\ominus}_{+}-E^{\ominus}_{-})}{0.059\ 2\ V}=\frac{2\times(1.358-1.065)}{0.059\ 2}=9.90$，$K^{\ominus}=7.94\times10^{9}$

(2) $\lg K^{\ominus}=\frac{z(E^{\ominus}_{+}-E^{\ominus}_{-})}{0.059\ 2\ V}=\frac{2\times(1.358-0.535\ 5)}{0.059\ 2}=27.8$，$K^{\ominus}=6.31\times10^{27}$

欲由式(8-10)，式(8-11)计算 K_{sp} 和 $K_{稳}$ 等常数，可设计一个原电池，使电池反应和沉淀或配合物的形成(或解离)反应相同。

[例 8.17] 已知 $E^{\ominus}_{AgI/Ag}=-0.152\ V$，$E^{\ominus}_{Ag^+/Ag}=0.799\ V$，求算 AgI 的 K_{sp}。

解：设计原电池：

$$(-)\ Ag\ |\ AgI\ |\ KI(c_1)\ \vdots\vdots\ AgNO_3(c_2)\ |\ Ag(+)$$

负极反应： $Ag+I^- \rightleftharpoons AgI+e^-$ $\quad E^{\ominus}_{-}=-0.152\ V$

正极反应： $Ag^++e^- \rightleftharpoons Ag$ $\quad E^{\ominus}_{+}=0.799\ V$

电池反应： $Ag^++I^- \rightleftharpoons AgI$

$$\lg K^{\ominus}=\frac{z(E^{\ominus}_{+}-E^{\ominus}_{-})}{0.059\ 2\ V}=\frac{1\times(0.799+0.152)}{0.059\ 2}=16.1$$

$$K^{\ominus}=1.26\times10^{16},\quad K_{sp}=1/K^{\ominus}=7.94\times10^{-17}$$

[例 8.18] 已知 $E^{\ominus}_{[Cu(NH_3)_4]^{2+}/Cu}=-0.054\ 3\ V$，$E^{\ominus}_{Cu^{2+}/Cu}=0.340\ V$，求算 $[Cu(NH_3)_4]^{2+}$ 的 $K_{稳}$。

解：设计原电池：

$$(-)Cu\ |\ [Cu(NH_3)_4]^{2+},NH_3\ \vdots\vdots\ Cu^{2+}\ |\ Cu(+)$$

负极反应： $Cu+4NH_3 \rightleftharpoons [Cu(NH_3)_4]^{2+}+2e^-$ $\quad E^{\ominus}_{-}=-0.054\ 3\ V$

正极反应： $Cu^{2+}+2e^- \rightleftharpoons Cu$ $\quad E^{\ominus}_{+}=0.340\ V$

电池反应： $Cu^{2+}+4NH_3 \rightleftharpoons [Cu(NH_3)_4]^{2+}$

$$\lg K^{\ominus}=\frac{z(E^{\ominus}_{+}-E^{\ominus}_{-})}{0.059\ 2\ V}=\frac{2\times(0.340+0.054\ 3)}{0.059\ 2}=13.32$$

$$K_{稳}=K^{\ominus}=2.09\times10^{13}$$

8.5.2 条件电极电势和条件平衡常数

对于氧化还原电对 $Ox+ze^- \rightleftharpoons Red$，其电极电势的能斯特方程为

$$E_{Ox/Red}=E^{\ominus}_{Ox/Red}+\frac{0.059\ 2\ V}{z}\lg\frac{[Ox]}{[Red]} \qquad (298.15\ K)$$

这是一个近似公式,没有考虑溶液中离子强度和副反应的影响。在离子强度和副反应的影响不能忽略的条件下,用 α 表示副反应系数,γ 表示活度系数,[Ox′]和[Red′]分别表示氧化态和还原态未参加主反应的总浓度。则

$$\alpha_{\mathrm{Ox}}=\frac{[\mathrm{Ox}']}{[\mathrm{Ox}]}\qquad \alpha_{\mathrm{Red}}=\frac{[\mathrm{Red}']}{[\mathrm{Red}]}$$

$$[\mathrm{Ox}]=\frac{[\mathrm{Ox}']}{\alpha_{\mathrm{Ox}}}\qquad [\mathrm{Red}]=\frac{[\mathrm{Red}']}{\alpha_{\mathrm{Red}}}$$

从上式可得

$$E_{\mathrm{Ox/Red}}=E^{\ominus}_{\mathrm{Ox/Red}}+\frac{0.059\ 2\ \mathrm{V}}{z}\lg\frac{\gamma_{\mathrm{Ox}}[\mathrm{Ox}]}{\gamma_{\mathrm{Red}}[\mathrm{Red}]}$$

$$=E^{\ominus}_{\mathrm{Ox/Red}}+\frac{0.059\ 2\ \mathrm{V}}{z}\lg\frac{\gamma_{\mathrm{Ox}}\alpha_{\mathrm{Red}}}{\gamma_{\mathrm{Red}}\alpha_{\mathrm{Ox}}}+\frac{0.059\ 2\ \mathrm{V}}{z}\lg\frac{[\mathrm{Ox}']}{[\mathrm{Red}']}$$

令

$$E^{\ominus'}_{\mathrm{Ox/Red}}=E^{\ominus}_{\mathrm{Ox/Red}}+\frac{0.059\ 2\ \mathrm{V}}{z}\lg\frac{\gamma_{\mathrm{Ox}}\alpha_{\mathrm{Red}}}{\gamma_{\mathrm{Red}}\alpha_{\mathrm{Ox}}}\tag{8-12}$$

$E^{\ominus'}_{\mathrm{Ox/Red}}$ 称为氧化还原电对 Ox/Red 的条件电极电势(condition electrode potential)。它是在氧化态和还原态的总浓度均为 1.00 $\mathrm{mol\cdot L^{-1}}$ 或它们的总浓度比为 1 时的电极电势,反映了离子强度与各种副反应的影响。因此条件电极电势是在特定条件下的实际电极电势。条件电极电势的大小,代表氧化还原电对在各种外界因素影响下的实际氧化还原能力。用它来处理问题,比较符合实际情况。例如:

$$\mathrm{Cr_2O_7^{2-}+14H^++6e^-\rightleftharpoons 2Cr^{3+}+7H_2O}\quad E^{\ominus}=1.36\ \mathrm{V}$$

$$E^{\ominus'}=1.15\ \mathrm{V}\quad (4.00\ \mathrm{mol\cdot L^{-1}\ H_2SO_4})$$

$$E^{\ominus'}=1.03\ \mathrm{V}\quad (1.00\ \mathrm{mol\cdot L^{-1}\ HClO_4})$$

$$E^{\ominus'}=1.00\ \mathrm{V}\quad (4.00\ \mathrm{mol\cdot L^{-1}\ HCl})$$

可见电对 $\mathrm{Cr_2O_7^{2-}/Cr^{3+}}$ 在不同的介质中具有不同的条件电极电势,因而也就具有不同的氧化还原能力。

条件电极电势的数据是通过实验测出的,附录中给出了其中的一部分。如果要了解更多的信息,需查阅有关的化学手册。

对于氧化还原反应 $\mathrm{Ox_1+Red_2\rightleftharpoons Ox_2+Red_1}$,有

$$\lg K'=\frac{z(E^{\ominus'}_{+}-E^{\ominus'}_{-})}{0.059\ 2\ \mathrm{V}}\quad (298.15\ \mathrm{K})\tag{8-13}$$

式中 $E^{\ominus'}_{+}$ 为正极的条件电极电势;$E^{\ominus'}_{-}$ 为负极的条件电极电势;z 为两个电极反应得失电子数的最小公倍数;K' 为氧化还原反应的条件平衡常数,条件平衡常数的大小代表氧化还原反应的实际进行程度。

通过原电池的条件电极电势,可以求算氧化还原反应的条件平衡常数。

[例 8.19] 计算 1.00 $\mathrm{mol\cdot L^{-1}}$ HCl 溶液中,反应 $\mathrm{Ce^{4+}+Fe^{2+}=\!=\!=Ce^{3+}+Fe^{3+}}$ 的条件平衡常数。

解： 查表可知 1.00 mol·L^{-1}HCl 溶液中：$E^{\ominus'}_{Ce^{4+}/Ce^{3+}}=1.28\ V$，$E^{\ominus'}_{Fe^{3+}/Fe^{2+}}=0.68\ V$。

$$\lg K'=\frac{z(E^{\ominus'}_{Ce^{4+}/Ce^{3+}}-E^{\ominus'}_{Fe^{3+}/Fe^{2+}})}{0.0592\ V}=\frac{1\times(1.28-0.68)}{0.0592}=10.1$$

$$K'=1.4\times10^{10}$$

8.5.3 氧化还原反应的方向和次序

从理论上讲，任何一个氧化还原反应：

$$z_2Ox_1+z_1Red_2 \rightleftharpoons z_2Red_1+z_1Ox_2$$

都可以组成原电池，根据能斯特方程可计算原电池中电极的电极电势：

正极反应：
$$z_2Ox_1+z_1z_2e^- \rightleftharpoons z_2Red_1$$

$$E_+=E^{\ominus}_{Ox_1/Red_1}+\frac{0.0592\ V}{z_1z_2}\lg\frac{[Ox_1]^{z_2}}{[Red_1]^{z_2}}$$

负极反应：
$$z_1Ox_2+z_1z_2e^- \rightleftharpoons z_1Red_2$$

$$E_-=E^{\ominus}_{Ox_2/Red_2}+\frac{0.0592\ V}{z_1z_2}\lg\frac{[Ox_2]^{z_1}}{[Red_2]^{z_1}}$$

原电池的电动势 $E_{MF}=E_+-E_-$，则

$$E_{MF}=E^{\ominus}_{MF}+\frac{0.0592\ V}{z_1z_2}\lg\frac{[Ox_1]^{z_2}[Red_2]^{z_1}}{[Red_1]^{z_2}[Ox_2]^{z_1}}\qquad(298.15\ K)\qquad(8-14)$$

式(8-14)称为电池电动势的能斯特方程。式中 z_1z_2 为两个电极反应得失电子数的最小公倍数，$z_1z_2=z$。

由 $\Delta_rG_m=-zFE_{MF}$，根据吉布斯判据，利用电池电动势可以判断氧化还原反应的方向和次序。反应方向：

$E_{MF}>0$　　反应正向进行

$E_{MF}=0$　　反应达到平衡

$E_{MF}<0$　　反应逆向进行

反应次序：电池电动势大者首先反应。

对于没有 H^+ 或 OH^- 参与的反应，如果 $E^{\ominus}_{MF}=E^{\ominus}_+-E^{\ominus}_->0.2\ V$，此时很难依靠浓度的改变而使反应逆转，因此可通过两个电对的标准电极电势的比较确定氧化还原反应的方向。例如，$E^{\ominus}_{Fe^{3+}/Fe^{2+}}=0.771\ V$，$E^{\ominus}_{Sn^{4+}/Sn^{2+}}=0.150\ V$，$E^{\ominus}_{MF}=0.621\ V$，反应 $2Fe^{3+}+Sn^{2+} = 2Fe^{2+}+Sn^{4+}$ 能够自发进行。

对于 $E^{\ominus}_{MF}=E^{\ominus}_+-E^{\ominus}_-<0.2\ V$ 或者受酸度影响的反应，必须通过能斯特方程算出电池的电动势，才能确定氧化还原反应的方向。

[例 8.20] 判断反应：$Pb^{2+}+Sn = Pb+Sn^{2+}$ 能否自发进行。

(1) 标准状态下；(2) $[Sn^{2+}]=1.00\ mol\cdot L^{-1}$，$[Pb^{2+}]=0.100\ mol\cdot L^{-1}$。

解： $E^{\ominus}_{Pb^{2+}/Pb}=-0.125\ V$，$E^{\ominus}_{Sn^{2+}/Sn}=-0.136\ V$。

(1) $E^{\ominus}_{MF}=E^{\ominus}_{Pb^{2+}/Pb}-E^{\ominus}_{Sn^{2+}/Sn}=0.011\ V>0$

反应能自发进行。

(2)
$$E_{MF}=(E^{\ominus}_{Pb^{2+}/Pb}-E^{\ominus}_{Sn^{2+}/Sn})+\frac{0.059\ 2\ V}{2}\lg[Pb^{2+}]$$
$$=0.011\ V+\frac{0.059\ 2\ V}{2}\lg 0.100$$
$$=-0.018\ 6\ V<0$$

反应不能自发进行。

[例 8.21] 判断在 pH = 6.00 的酸性溶液中，反应：

$$Cr_2O_7^{2-}+6I^-+14H^+ \rlap{=}{=\!=} 2Cr^{3+}+3I_2+7H_2O$$

能否自发进行。除 H^+ 外，其他物质处于标准状态。

解： $E^{\ominus}_{Cr_2O_7^{2-}/Cr^{3+}}=1.36\ V$，$E^{\ominus}_{I_2/I^-}=0.535\ 5\ V$。pH = 6.00，$[H^+]=1.00\times10^{-6}\ mol\cdot L^{-1}$。

$$E_{MF}=(E^{\ominus}_{Cr_2O_7^{2-}/Cr^{3+}}-E^{\ominus}_{I_2/I^-})+\frac{0.059\ 2\ V}{6}\lg[H^+]^{14}=(1.36\ V-0.535\ 5\ V)+\frac{0.059\ 2\ V}{6}\lg(1.00\times10^{-6})^{14}$$

$$=-0.004\ 30\ V<0$$

反应不能自发进行。

[例 8.22] 向含有 Cl^-，Br^-，I^- 三种离子的酸性溶液中加入 $KMnO_4$ 溶液，假定所有的物质都处于标准状态，排出反应的次序。

解： $E^{\ominus}_{I_2/I^-}=0.535\ 5\ V$，$E^{\ominus}_{Br_2/Br^-}=1.065\ V$，$E^{\ominus}_{Cl_2/Cl^-}=1.358\ V$，$E^{\ominus}_{MnO_4^-/Mn^{2+}}=1.51\ V$。

首先氧化 I^-，其次氧化 Br^-，最后氧化 Cl^-。

当两个电对的标准电极电势相差较小，电极电势受条件的影响变化比较大的时候，通过两个电对的条件电极电势的比较确定氧化还原方向才能得到正确的结论。

需要指出的是，通过比较两个电对的电极电势来判断氧化还原反应进行的方向和程度，仍然是化学热力学的范畴，即只是预测反应的可能性，并不能说明反应的可行性。不同的氧化还原反应，它们的反应速率往往有极大的差别。本章的内容不涉及反应速率的问题。

8.5.4 标准吉布斯函变-氧化态图

标准吉布斯函变-氧化态图

在标准状态下，一个电极反应的吉布斯函变与半电池反应的电极电势之间的关系为

$$\Delta_r G^{\ominus}_m(298.15\ K)=-zFE^{\ominus}$$

若某元素有多种氧化态，其相邻氧化态间组成的电对的标准电极电势可查附录Ⅻ获得。依据上式，可求得相应的各氧化态的标准吉布斯函变，然后以标准吉布

斯函变为纵坐标，氧化态为横坐标作图，可绘制某元素的标准吉布斯函变-氧化态图。图 8-3 是 pH = 0 时，氮族元素的标准吉布斯函变-氧化态图①。

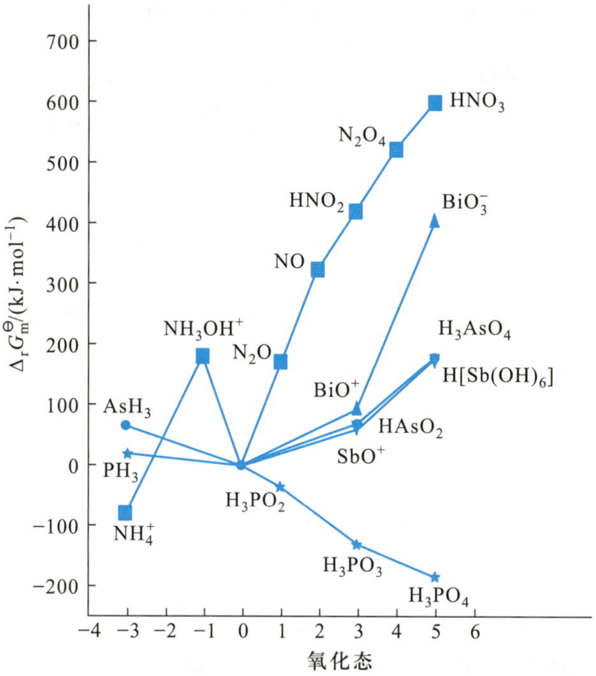

图 8-3 pH = 0 时，氮族元素的标准吉布斯函变-氧化态图

这种图直观、形象、使用方便，以图 8-3 为例，可从中获得以下化学信息：

（1）确定元素不同氧化态在水溶液中的相对稳定性。在标准状态下，某元素的 $\Delta_r G_m^\ominus$ 值越低，在热力学上就越稳定；$\Delta_r G_m^\ominus$ 值越高，就越不稳定。氮族元素的标准吉布斯函变-氧化态图中，NH_4^+，H_3PO_4，AsH_3，SbO^+，BiO^+ 都位于相应曲线的最低点，为稳定态。HNO_3，BiO_3^-，H_3AsO_4，$H[Sb(OH)_6]$ 都位于各曲线的最高点，故不稳定，容易接受电子转化为低氧化态，所以，硝酸和铋酸盐都是强氧化剂。

（2）预测歧化反应的可能性。在图 8-3 中，凡位于相邻连线上方者均可发生歧化反应。例如，NH_3OH^+ 位于 NH_4^+ 和 N_2 连线上方，所以 NH_3OH^+ 容易发生歧化反应：

$$3NH_3OH^+ \longrightarrow NH_4^+ + N_2 + 3H_2O + 2H^+$$

同理，单质磷、一氧化二氮、一氧化氮、亚硝酸、四氧化二氮也能发生歧化反应。

（3）判断氧化还原能力的相对大小。图 8-3 中曲线斜率为正，曲线陡峭程度大，高氧化态为强氧化剂，如图 8-3 中的硝酸和铋酸盐为强氧化剂，砷酸、锑酸盐的氧化性相对弱些。利用曲线的斜率，可大致判断氧化性由强到弱的顺序为

① 作图使用的标准电极电势数据均来自《兰氏化学手册》（第十六版），其中 $E^\ominus_{BiO_3^-/Bi}$ 来自宋天佑编《无机化学》（第二版）。

$$BiO_3^- > HNO_3 > H[Sb(OH)_6] > H_3AsO_4$$

铋酸钠是极强的氧化剂，能将 Mn^{2+} 氧化成 MnO_4^-：

$$2Mn^{2+} + 5NaBiO_3(s) + 14H^+ \longrightarrow 2MnO_4^- + 5Bi^{3+} + 5Na^+ + 7H_2O$$

若斜率为负，曲线陡峭程度大，低氧化态为强还原剂，如 NH_3OH^+ 既具氧化性，又具还原性，而 AsH_3 只具强还原性；磷的各种氧化态中，除磷酸外，都有强还原性。

8.5.5 元素电势图及其应用

元素电势图
应用问题

如果一种元素具有多种氧化数，就可以形成多个氧化还原电对。例如：

$$Cu^{2+} + 2e^- \rightleftharpoons Cu \qquad E^\ominus = 0.340\ V$$

$$Cu^{2+} + e^- \rightleftharpoons Cu^+ \qquad E^\ominus = 0.159\ V$$

$$Cu^+ + e^- \rightleftharpoons Cu \qquad E^\ominus = 0.52\ V$$

为了便于比较各种氧化态的氧化还原性质，把同一种元素不同氧化态按照左高右低的顺序排成一行，两种氧化态之间若构成电对，就用线段把它们连接起来，并在上方标出这个电对的标准电极电势。这种标明元素各种氧化数之间标准电极电势变化的关系图称为元素电势图或拉蒂墨图(Latimer diagram)。铜的元素电势图如下：

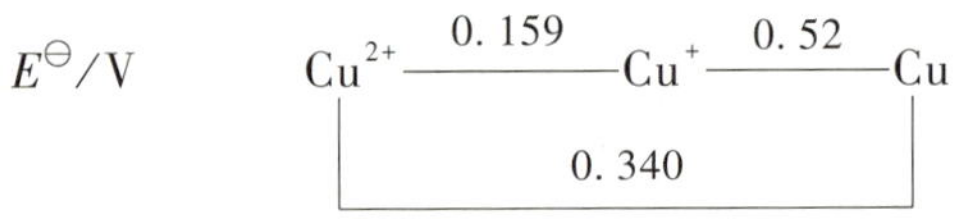

元素电势图有着重要的应用。

1. 判断歧化反应能否进行

判断规则：如果在元素电势图中，某氧化态的 $E^\ominus_{右} > E^\ominus_{左}$，则此氧化态能发生歧化反应。此时作为氧化剂电对的标准电极电势大于作为还原剂电对的标准电极电势，也就是说 $E^\ominus_{MF} = E^\ominus_+ - E^\ominus_- > 0$。所以歧化反应可以发生。例如，在铜的元素电势图中 Cu^+ 的 $E^\ominus_{右} > E^\ominus_{左}$，因此 Cu^+ 能发生歧化反应：

$$2Cu^+ = Cu^{2+} + Cu$$

又如，在铁的元素电势图中：

$$E^\ominus/V \quad Fe^{3+} \xrightarrow{\ 0.771\ } Fe^{2+} \xrightarrow{\ -0.440\ } Fe$$

Fe^{2+} 的 $E^\ominus_{右} < E^\ominus_{左}$，因此 Fe^{2+} 不能发生歧化反应，但可以发生歧化反应的逆反应(逆歧化反应)：

$$2Fe^{3+} + Fe = 3Fe^{2+}$$

2. 求算电对的标准电极电势

某元素电势图如下：

$$M_1 \xrightarrow[\Delta_r G^{\ominus}_{m,1}]{E^{\ominus}_1} M_2 \xrightarrow[\Delta_r G^{\ominus}_{m,2}]{E^{\ominus}_2} M_3 \xrightarrow[\Delta_r G^{\ominus}_{m,3}]{E^{\ominus}_3} M_4$$

$$M_1 \xrightarrow[\Delta_r G^{\ominus}_{m}]{E^{\ominus}} M_4$$

从热力学可知：

$$\Delta_r G^{\ominus}_{m,1} = -z_1 F E^{\ominus}_1, \quad \Delta_r G^{\ominus}_{m,2} = -z_2 F E^{\ominus}_2, \quad \Delta_r G^{\ominus}_{m,3} = -z_3 F E^{\ominus}_3$$

$$\Delta_r G^{\ominus}_m = -zFE^{\ominus}$$

根据状态函数的性质：$\Delta_r G^{\ominus}_m = \Delta_r G^{\ominus}_{m,1} + \Delta_r G^{\ominus}_{m,2} + \Delta_r G^{\ominus}_{m,3}$，可得

$$E^{\ominus} = \frac{z_1 E^{\ominus}_1 + z_2 E^{\ominus}_2 + z_3 E^{\ominus}_3}{z}, \quad z = z_1 + z_2 + z_3$$

若有 i 个电对，则

$$E^{\ominus} = \frac{z_1 E^{\ominus}_1 + z_2 E^{\ominus}_2 + \cdots + z_i E^{\ominus}_i}{z}, \quad z = z_1 + z_2 + \cdots + z_i$$

[例 8.23] 从下列元素电势图求 $E^{\ominus}_{MnO_4^-/Mn^{2+}}$。

$$E^{\ominus}_A/V \qquad MnO_4^- \xrightarrow{0.56} MnO_4^{2-} \xrightarrow{2.26} MnO_2 \xrightarrow{0.950} Mn^{3+} \xrightarrow{1.510} Mn^{2+}$$

解：
$$E^{\ominus}_{MnO_4^-/Mn^{2+}} = \frac{z_1 E^{\ominus}_1 + z_2 E^{\ominus}_2 + z_3 E^{\ominus}_3 + z_4 E^{\ominus}_4}{z}$$

$$= \frac{1\times 0.56 + 2\times 2.26 + 1\times 0.950 + 1\times 1.510}{5}\ \text{V} = 1.51\ \text{V}$$

[例 8.24] 从下列元素电势图求 $E^{\ominus}_{HBrO/Br_2}$。

$$E^{\ominus}_A/V \qquad BrO_3^- \xrightarrow{1.50} HBrO \longrightarrow Br_2 \xrightarrow{1.065} Br^-$$

$$BrO_3^- \xrightarrow{1.444} Br^-$$

解：
$$E^{\ominus}_{BrO_3^-/Br^-} = \frac{z_1 E^{\ominus}_1 + z_2 E^{\ominus}_2 + z_3 E^{\ominus}_3}{z}$$

$$1.444\ \text{V} = \frac{4\times 1.50\ \text{V} + E^{\ominus}_{HBrO/Br_2} + 1\times 1.065\ \text{V}}{6}$$

$$E^{\ominus}_{HBrO/Br_2} = 1.60\ \text{V}$$

8.6 电化学应用

8.6.1 电解

电解水制氢的能耗分析

在原电池中，氧化还原反应是通过电子自发地从负极流向正极来实现的。图 8-4 的装置是由铜电极和氯电极组成的铜氯原电池，电极反应为

负极反应： $Cu(s) \longrightarrow Cu^{2+}(aq)+2e^-$ 氧化反应

正极反应： $Cl_2(g)+2e^- \longrightarrow 2Cl^-(aq)$ 还原反应

电池反应： $Cu(s)+Cl_2(g) \longrightarrow Cu^{2+}(aq)+2Cl^-(aq)$

$$E_{MF}^{\ominus}=E_{Cl_2/Cl^-}^{\ominus}-E_{Cu^{2+}/Cu}^{\ominus}=(1.358-0.340)\ V=1.018\ V$$

$$\Delta_r G_m^{\ominus}=-zFE_{MF}^{\ominus}=-196\ kJ\cdot mol^{-1}$$

$\Delta_r G_m^{\ominus}<0$，说明电池反应可以自发进行，也就是说电子可自发地从铜电极流向氯电极。反之，上述反应的逆反应则不可能自发进行。如果要使反应逆向进行，必须把装置改为如图 8-5 所示装置，利用外加电源向两极供给至少等于 196 $kJ\cdot mol^{-1}$ 的电能，或向两极提供至少等于 1.018 V 的外加电压，以抵消电池的电动势。这种将电能转变为化学能的装置称为电解池（electrolysis cell）；在外加电源作用下发生的氧化还原过程称为电解（electrolysis）；依靠外加电压在两极上发生的氧化还原反应称为电解反应（electrolysis reaction）。电解反应是非自发进行的反应。通过对电池电动势的计算，可以从理论上求得电解所必需的最小外加电压，这种电压称为理论分解电压（theoretic decomposition voltage）。

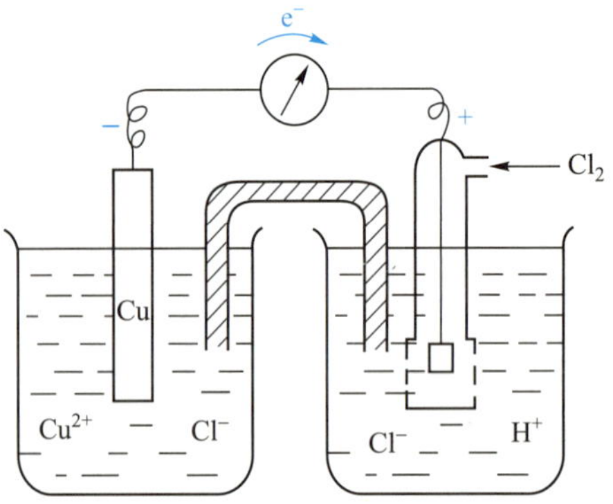

图 8-4 铜氯原电池

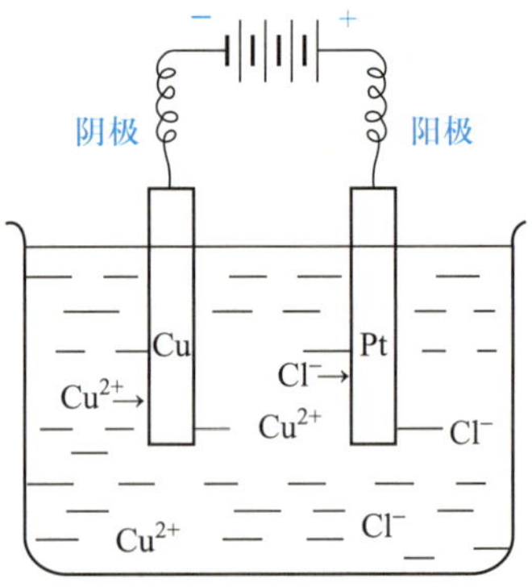

图 8-5 $CuCl_2$ 电解池

涉及电解问题时，通常用阴极（cathode）和阳极（anode）表示电极上所发生的变化。阴极和电源负极相连，阳极和电源正极相连。当电路接通时，电源负极的电子流入电解池阴极，阳离子在阴极发生还原反应。同时，电子由电解池阳极流入电源正极，阴离子在阳极发生氧化反应。在 $CuCl_2$ 电解池中，两极的放电反应为

阴极反应： $Cu^{2+}(aq)+2e^- \longrightarrow Cu(s)$ 还原反应

阳极反应： $2Cl^-(aq) \longrightarrow Cl_2(g)+2e^-$ 氧化反应

电解反应： $Cu^{2+}(aq)+2Cl^-(aq) \longrightarrow Cu(s)+Cl_2(g)$

所以在电解池的阴极析出金属铜，阳极放出氯气。

实际上，电解时所需的外加电压（实际分解电压）总是大于理论分解电压。例如，电解 5 $mol\cdot L^{-1}$ NaCl 溶液所需要的外加电压为 2.2 V，比理论分解电压 1.73 V

大得多。究其原因主要有两个方面：一是电解质溶液、导线和接触点都有一定的电阻，电流通过时必然会额外消耗电能；二是当电流通过时，两个电极上进行的是不可逆电解过程，其电极电势（称为不可逆电极电势）会偏离由能斯特方程计算得到的可逆电极电势。其偏离的数值称为超电势（overpotential），用符号 η 表示。电解时由于超电势的存在也会额外消耗电能。

影响超电势的因素很多，如电极材料、电极的表面状态、电流密度、电解池温度、电解质的性质及溶液中的杂质等。一般说来，析出金属的超电势较小，而析出气体，特别是氢气和氧气的超电势较大。超电势的存在也使电解过程变得相当复杂，电解产物也就不易判断，往往需要通过实验才能确定。

工业上用电解饱和食盐水的方法生产氢氧化钠、氯气和氢气；许多活泼金属如钠、镁、铝等也都是用电解法来制取。

8.6.2 化学电源

从理论上讲，只要选择适当的电极，任何一个自发的氧化还原反应都能组成一个自发电池，但要利用氧化还原反应制作实际应用的化学电源并不容易。下面简单介绍几种在现代社会广泛使用的化学电源（battery）。

1. 锌锰电池

锌锰电池是一种最普通的干电池，又称为锌碳干电池。全球每年消耗约 5×10^9 个，而生产电池所需要的锌达到 1 万多吨。根据电解质酸碱性质，锌锰电池可分为以下两类：

锌锰电池的解剖图

（1）酸性锌锰电池　以锌筒外壳作为负极，以中心石墨棒裹上一层 MnO_2、炭黑及 NH_4Cl 溶液混合压紧的团块作为正极，两极之间的电解液是由 NH_4Cl、$ZnCl_2$、淀粉和一定量的水加热调制成的糊浆。酸性锌锰电池放电时的电极反应为

负极反应：　$Zn+2NH_4Cl \longrightarrow Zn(NH_3)_2Cl_2+2H^++2e^-$

正极反应：　$MnO_2+H_2O+e^- \longrightarrow MnO(OH)+OH^-$

电池反应：　$Zn+2MnO_2+2NH_4Cl \longrightarrow Zn(NH_3)_2Cl_2+2MnO(OH)$

其缺点是：在使用过程中电压不断下降，不能提供稳定电压，且放电功率低，比能量小，低温性能差，在 −20℃ 即不能工作，故在高寒地区只可使用碱性锌锰电池。

（2）碱性锌锰电池　用糊状 KOH 代替 NH_4Cl 做电解质，电池的比能量和放电电流都能得到显著的提高。碱性锌锰电池放电时的电极反应为

负极反应：　$Zn+4OH^- \longrightarrow [Zn(OH)_4]^{2-}+2e^-$

正极反应：　$MnO_2+2H_2O+2e^- \longrightarrow [Mn(OH)_4]^{2-}$

电池反应：　$Zn+MnO_2+2H_2O+4OH^- \longrightarrow [Mn(OH)_4]^{2-}+[Zn(OH)_4]^{2-}$

在使用过程中，正、负极材料的活性随着消耗逐渐衰减，最后干电池不再供电而失效。这种电池称为一次性电池。

酸性铅蓄电池的环保问题

2. 蓄电池

蓄电池(storage cell)和干电池不同，蓄电池放电到一定程度时，可以利用外电源进行充电，电池恢复原状后再继续供电。其放电、充电可以循环几百次。这种能充电再生的电池称为二次电池。蓄电池中常见的有酸性铅蓄电池、镍-铁蓄电池、镍-镉蓄电池及锂电池等。

(1) 酸性铅蓄电池　正极为 PbO_2，负极为海绵状金属铅，两极之间的电解液是浓度大约为 30%的硫酸。放电时的电极反应为

负极反应：　$Pb+SO_4^{2-} \longrightarrow PbSO_4+2e^-$

正极反应：　$PbO_2+SO_4^{2-}+4H^++2e^- \longrightarrow PbSO_4+2H_2O$

总反应：　$Pb+PbO_2+2H_2SO_4 \longrightarrow 2PbSO_4+2H_2O$

放电之后，正、负极板上都沉积上一层 $PbSO_4$，所以酸性铅蓄电池在使用到一定程度之后，就必须充电。充电时将一个电压略高于蓄电池电压的直流电源与蓄电池相接，将蓄电池负极上的 $PbSO_4$ 还原成 Pb；而将蓄电池正极上的 $PbSO_4$ 氧化成 PbO_2。于是蓄电池电极又恢复原来状态，以供使用。充电时的电极反应为

阴极反应：　$PbSO_4+2e^- \longrightarrow Pb+SO_4^{2-}$

阳极反应：　$PbSO_4+2H_2O \longrightarrow PbO_2+SO_4^{2-}+4H^++2e^-$

总反应：　$2PbSO_4+2H_2O \longrightarrow Pb+PbO_2+2H_2SO_4$

酸性铅蓄电池的充电过程恰好是放电过程的逆反应，即

$$Pb+PbO_2+2H_2SO_4 \underset{\text{充电}}{\overset{\text{放电}}{\rightleftharpoons}} 2PbSO_4+2H_2O$$

酸性铅蓄电池具有工作电压稳定、价格便宜等优点，主要缺点是太笨重。现代尖端技术的发展，迫切要求研制体积小、质量轻、容量大、保存时间长的各式各样新的化学电源。

(2) 碱性蓄电池　镍-铁蓄电池和镍-镉蓄电池是两种日常生活中常用的充电电池，它们都属于碱性蓄电池。它们的储存性、使用寿命都比酸性铅蓄电池优越，但价格较贵，其电池反应分别为

$$Fe+2NiO(OH)+2H_2O \longrightarrow 2Ni(OH)_2+Fe(OH)_2$$

$$Cd+2NiO(OH)+2H_2O \longrightarrow 2Ni(OH)_2+Cd(OH)_2$$

当电池充电时，在外接直流电源作用下，发生上述反应的逆反应。这种电池能维持的稳定电压可达 1.4 V，循环使用寿命长，为 2 000~4 000 次；广泛应用于笔记本电脑、便携式电动工具等，也可用于飞机、火箭等的能源系统，在航天技术的应用

中与太阳能电池匹配。

(3) 锂电池　从2007年苹果公司发布智能手机、推出平板电脑开始，全球对智能手机和平板电脑的强烈需求快速推动了锂电池的生产和发展。近年来，我国锂电池产量逐年增长，据统计，2019年达157.22亿只，同比增长12.40%。受益于新能源汽车发展及动力电池需求增加，2019年产业规模超过2 000亿元。

锂电池知识介绍

锂电池是指电化学体系中含有锂(包括金属锂、锂合金和锂离子、锂聚合物)的电池。锂电池大致可分为两类：锂金属电池和锂离子电池。前者受限于锂金属的活泼性及安全问题，后者则是现在广泛商用化的电池。1980年，古迪纳夫(Goodenough，2019年诺贝尔化学奖获得者)发现钴酸锂($LiCoO_2$)可以作为锂离子电池正极材料，1982年石墨被发现可以作为负极材料，这就是锂-钴充电电池，一种高能锂离子电池，它以石墨作为负极，以 $LiCoO_2$ 作为正极，电极反应为

负极反应： $LiC_6 \longrightarrow Li^+ + C_6 + e^-$

正极反应： $CoO_2 + Li^+ + e^- \longrightarrow LiCoO_2$

电池反应： $CoO_2 + LiC_6 \longrightarrow LiCoO_2 + C_6$

负极反应：放电时锂离子脱嵌，充电时锂离子嵌入。正极反应：放电时锂离子嵌入，充电时锂离子脱嵌。其充电过程为放电过程的逆反应。

锂-钴电池具有显著的优点：高能、耐用，而且没有污染；提供的工作电压为3.7 V，充电可达1 000次以上；可用于手机、笔记本电脑及数码电子产品。钴酸锂虽然储能性能好，安全性也不错，但在长时间使用后，钴酸锂的层状结构容易崩塌。崩塌的层之间无法再进行锂离子的存储，造成电池整体性能衰减。除此以外，钴元素的稀缺与高成本也限制了钴酸锂的使用。

1997年，古迪纳夫提出磷酸铁锂($LiFePO_4$，LFP)作为锂离子电池的正极材料，其储能效果虽低于钴酸锂，但价格低、稳定性好，因此迅速占据了市场，应用于安全性要求高的电动汽车上。但其能量密度(每千克或每升锂电池所具有的电容量)较低，影响汽车的续航能力。现今消费级电动汽车广泛采用的是镍钴锰三元锂电池(NCM)和镍钴铝三元锂电池(NCA)，它们能量密度较高，续航能力较强，稳定性较好。而钛酸锂电池(LTO)能快速充放电并提供大功率输出，但能量密度低，成本高，故在电动汽车上应用较少。除此以外，还有其他类型的锂离子电池。例如，锂-锰氧化物充电电池，Li^+ 在锂-锰氧化物电极和碳电极之间移动，它提供的能量约为镍-镉电池的3倍，提供的电压为3.7 V，充电1 000次仍能维持其能力的90%。锂离子电池现常用有机溶液作为电解质，因此其安全性备受关注。而锂聚合物电池相对于锂离子电池而言，采用聚合物作为电解质，它具有容量大、体积小(薄)、安全等优点，但目前价格较高，因此主要应用在超薄笔记本电脑等高端电子产品中。

银锌电池的发展及应用

3. 银锌电池

银锌电池是一种体积小、质量轻的高能电池，电极反应为

负极反应： $2Zn+4OH^- \longrightarrow 2Zn(OH)_2+4e^-$

正极反应： $Ag_2O_2+2H_2O+4e^- \longrightarrow 2Ag+4OH^-$

电池反应： $2Zn+Ag_2O_2+2H_2O \longrightarrow 2Zn(OH)_2+2Ag$

银锌电池因为具有质量轻、体积小、能大电流放电等优点，可用于宇航、火箭、潜艇等方面。电子手表、助听器、液晶计算器等只需微安或毫安级的电流，它们所使用的纽扣电池一般也是银锌电池。银锌电池的主要缺点是价格昂贵。

燃料电池介绍

4. 燃料电池

在电池中燃料直接氧化而发电的装置称为燃料电池。1839 年，英国科学家葛洛夫(Grove)成功地研制出第一个氢氧燃料电池，其问世早于发电机。20 世纪中期以来，燃料电池的研制和改进随着航天事业的发展不断更新。阿波罗宇宙飞船用的 H_2-O_2 燃料电池，就是以氢为燃料，电池的正极是含镍和氧化镍的多孔性石墨，负极是含镍的多孔性石墨。与标准氢电极中的金属铂一样，燃料电池中的电极具有两个作用：一是作为导体；二是提供足够的表面积使电极的活性物质分子分解为原子，再进行电子转移。这其实是一种电催化的过程。用浓度为 1 $mol \cdot L^{-1}$ 的热 KOH 溶液作电解质，电极反应为

负极反应： $H_2(g)+2OH^-(aq) \longrightarrow 2H_2O(l)+2e^-$

正极反应： $O_2(g)+2H_2O(l)+4e^- \longrightarrow 4OH^-(aq)$

电池反应： $2H_2(g)+O_2(g) \longrightarrow 2H_2O(l)$

燃料电池的能量利用率可高达 80%，其高效率、无污染、易维护及不断降低的成本将引起 21 世纪新能源与环保的绿色革命。如今，在发达国家，燃料电池发电正快步进入工业化规模应用的阶段，将成为继火电、水电、核电后的第四代发电方式。

5. 微型电池

20 世纪末，纳米技术的应用也体现在电池的制造方面。1992 年，科学家们利用扫描隧道电镜将彼此紧靠的很小的金属点沉积在石墨晶体的表面上，形成垛状，制备出有 4 个电极的伏打电池，其中 2 个铜电极，2 个银电极。电池的总尺寸为 70 nm。电池浸入稀 $CuSO_4$ 溶液中时，负极的铜开始溶解，而作为正极的银上出现 Cu 原子沉积。总的电池反应即是 Cu 原子通过溶液中的 Cu^{2+} 从负极向正极转移，而电子在外电路中通过石墨从正极向负极移动，能产生大约 20 mV，1×10^{-18} A 的电流。这种电池作为化学电源的应用价值还有待进一步的研究。

8.6.3 电化学腐蚀

含有杂质的金属(或合金)与电解质溶液接触发生原电池反应，引起金属腐蚀

的现象称为电化学腐蚀。其发生的条件是：① 金属和杂质在电解质溶液（腐蚀介质）中存在电极电势差；② 具有电极电势差的这两种物质直接接触；③ 它们都处于电解质溶液中。当含有杂质的金属（或合金）放置在水中或潮湿空气中时，其表面形成微电池，即腐蚀电池（电极常称阴极、阳极）。腐蚀电池与原电池的区别在于电子的传递，前者是通过阳极和阴极直接接触（短路状态）传递，后者则是通过外电路进行传递。电化学腐蚀的过程通常分为三步：阳极发生氧化反应，失去电子，阳极溶解进入水中变成离子；电子从阳极区移动到阴极区；阴极区中去极化剂在水中获得电子，发生还原反应。去极化剂通常是指水中的 H^+（酸性）或者溶于水中的 O_2（中性或碱性）。溶液中的 H^+ 在阴极获得电子变成 H_2，称为析氢腐蚀；溶液中的 O_2 在阴极获得电子变成 OH^-，称为吸氧腐蚀。通常条件下，两种腐蚀同时存在。例如，钢铁处于潮湿空气中，其表面吸附一层水膜，这层水膜与钢铁中的铁和少量的碳共同组成了许多微电池，反应如表 8-3 所示。

表 8-3　钢铁电化学腐蚀反应

腐蚀类型		析氢腐蚀	吸氧腐蚀
水膜条件		酸性	中性或碱性
电极反应	阳极（负极）	$Fe-2e^- = Fe^{2+}$	
	阴极（正极）	$2H^++2e^- = H_2\uparrow$	$O_2+2H_2O+4e^- = 4OH^-$
总反应		$Fe+2H^+ = Fe^{2+}+H_2\uparrow$	$2Fe+O_2+2H_2O = 2Fe(OH)_2$ 进一步：$Fe(OH)_2 \longrightarrow Fe(OH)_3 \longrightarrow Fe_2O_3\cdot H_2O$（铁锈）

从表 8-3 可以看出，电化学腐蚀会使钢铁变成铁锈，逐渐影响其结构性能，缩短其使用年限，严重的可能会造成重大事故，所以为防止电化学腐蚀的危害，通常会采取一定措施，如电镀防腐、涂层防腐等对金属材质进行保护，延长其使用寿命。

本章小结

本章从氧化还原反应基本概念入手，介绍了原电池反应和电解反应，以及电化学的应用。氧化还原反应的本质是电子的转移，电极的两相之间由于形成双电层而产生电极电势，电对的电极电势通常采用标准氢电极作为测量电极来得到。影响电极电势的因素为电对的本质、温度及氧化态和还原态的活度，应用能斯特方程可以计算可逆氧化还原电对在非标准态时的电极电势值。根据电极电势的数据，可以估计氧化剂或还原剂氧化还原能力的强弱，计算原电池的电动势和氧化还原反应的平衡常数，判断氧化还原反应的方向和次序。原电池反应、电解反应在化学电源、电化学腐蚀、电解等领域都有广泛应用。

思 考 题

1. 术语辨析：

(1) 氧化和还原　(2) 氧化剂和还原剂　(3) 氧化态和还原态

(4) 盐桥和半电池　(5) 电极反应和电池反应　(6) 电极电势和标准电极电势

(7) 标准氢电极和惰性电极　(8) 电池电动势和标准电动势

(9) 原电池和电解池　(10) 氧化还原电对和共轭酸碱对

2. 使用标准电极电势表时应注意什么问题？

3. 使用电极电势的能斯特方程时应注意什么问题？

4. 电极电势的能斯特方程和电池电动势的能斯特方程有什么区别和联系？

5. 影响电对电极电势的因素有哪些？

6. 什么是条件常数？为什么说条件常数并不是真正的常数？

思考题 6 解析

7. 什么是条件电极电势？它和标准电极电势有何关系？使用条件电极电势有何优越性？

8. 电化学腐蚀是怎么引起的？电化学腐蚀有哪几种？

9. 为什么铁在干燥的空气中不容易被腐蚀，而在潮湿空气中却容易被腐蚀？

思考题 9 解析

10. 为了防止电化学腐蚀，应该采取哪些保护措施？

11. 通常所说的锂电池是锂原子电池还是锂离子电池？它们有什么特点？

12. 你认为 21 世纪最有前途的电池是哪一种？为什么？

13. 在元素电势图中，同一种元素的不同氧化态所对应的原子个数不同，则 z_i 应该取何值？

14. 电解水制氢的成本较高，其原因是什么？

习　　题

1. 指出下列各物质中画线元素的氧化数。

$H_2\underline{O}_2$　$Ba\underline{O}_2$　$K\underline{O}_2$　$\underline{O}F_2$　$H\underline{C}HO$　$Na\underline{H}$　$K_2\underline{Xe}F_6$　$\underline{Mn}_2O_7$

2. 配平下列半反应。

(1) $MnO_4^- \longrightarrow MnO_2$(碱性介质)　(2) $CrO_4^{2-} \longrightarrow Cr(OH)_3$(碱性介质)

(3) $H_2O_2 \longrightarrow H_2O$　(酸性介质)　(4) $H_2SO_3 \longrightarrow S$　(酸性介质)

3. 写出下列反应中的氧化剂电对和还原剂电对。

(1) $SO_2+I_2+2H_2O \xlongequal{} H_2SO_4+2HI$

(2) $3I_2+6NaOH \xlongequal{\quad} 5NaI+NaIO_3+3H_2O$

(3) $Cr_2O_7^{2-}+6Fe^{2+}+14H^+ \xlongequal{\quad} 2Cr^{3+}+6Fe^{3+}+7H_2O$

(4) $H_2O_2+Cl_2 \xlongequal{\quad} O_2+2Cl^-+2H^+$

4. 用氧化数法配平下列反应方程式。

(1) $HClO_4+H_2SO_3 \longrightarrow HCl+H_2SO_4$

(2) $As_2O_3+HNO_3+H_2O \longrightarrow H_3AsO_4+NO$

(3) $K_2Cr_2O_7+KI+H_2SO_4 \longrightarrow K_2SO_4+Cr_2(SO_4)_3+I_2+H_2O$

(4) $Mn(NO_3)_2+PbO_2+HNO_3 \longrightarrow HMnO_4+Pb(NO_3)_2+H_2O$

5. 用离子-电子法配平下列反应方程式。

(1) $MnO_4^-+Fe^{2+} \longrightarrow Mn^{2+}+Fe^{3+}$　（酸性介质）

(2) $MnO_4^-+H_2O_2 \longrightarrow Mn^{2+}+O_2$　（酸性介质）

(3) $As_2S_3+ClO_3^- \longrightarrow Cl^-+H_3AsO_4+SO_4^{2-}$　（酸性介质）

(4) $ClO_3^-+Fe(OH)_3 \longrightarrow Cl^-+FeO_4^{2-}$　（碱性介质）

6. 用标准电极电势判断下列各反应能否正向进行。

(1) $2I^-+Br_2 \xlongequal{\quad} I_2+2Br^-$

(2) $2Br^-+2Fe^{3+} \xlongequal{\quad} Br_2+2Fe^{2+}$

(3) $2Ag+Zn(NO_3)_2 \xlongequal{\quad} Zn+2AgNO_3$

(4) $2KMnO_4+5H_2O_2+6HCl \xlongequal{\quad} 2MnCl_2+2KCl+8H_2O+5O_2$

7. 用标准电极电势说明，在酸性溶液中 $K_2Cr_2O_7$ 与 Fe^{2+}，Mn^{2+} 和 SO_3^{2-} 能否发生反应，如果能发生反应，写出离子反应方程式。

8. 用高锰酸钾溶液作氧化剂，如果溶液中 $[MnO_4^-]=[Mn^{2+}]$，$[Br^-]=[I^-]=1.00\ mol\cdot L^{-1}$，在 pH=3.00 时，能否氧化 Br^- 和 I^-？

9. (1) 已知 $E^\ominus_{Cl_2/Cl^-}=1.358\ V$，当 $[Cl^-]=0.010\ 0\ mol\cdot L^{-1}$，$p(Cl_2)=5p^\ominus$ 时，计算 E_{Cl_2/Cl^-}。

(2) 已知 $E^\ominus_{Fe^{3+}/Fe^{2+}}=0.771\ V$，如果溶液中 $[Fe^{3+}]=1.00\ mol\cdot L^{-1}$，$[Fe^{2+}]=0.050\ 0\ mol\cdot L^{-1}$，计算 $E_{Fe^{3+}/Fe^{2+}}$。

10. 已知某原电池正极是氢电极，$p(H_2)=p^\ominus$，负极的电极电势恒定。当氢电极中溶液 pH=4.008 时，该电池的电动势是 0.412 V；如果氢电极中所用的溶液改为一缓冲溶液，测得原电池的电动势为 0.427 V。计算缓冲溶液的 H^+ 浓度和 pH。如果缓冲溶液中弱酸与弱酸盐的浓度均为 $1.00\ mol\cdot L^{-1}$，求弱酸的解离常数。

11. 已知电对 $Ag^++e^- \rightleftharpoons Ag$ 的 $E^\ominus=0.799\ V$，$Ag_2C_2O_4$ 的溶度积为 5.40×10^{-12}。计算电对 $Ag_2C_2O_4(s)+2e^- \rightleftharpoons 2Ag+C_2O_4^{2-}$ 的标准电极电势。

12. 已知 $E^\ominus_{Ag^+/Ag}=0.799\ V$，$E^\ominus_{AgCl/Ag}=0.222\ V$。计算 AgCl 的溶度积 $K_{sp}(AgCl)$。

13. 已知 $E^\ominus_{Hg_2^{2+}/Hg}=0.796\ V$，$Hg_2Cl_2$ 的溶度积为 1.43×10^{-18}。计算 $E^\ominus_{Hg_2Cl_2/Hg}$；如果溶液中 $[Cl^-]=0.010\ 0\ mol\cdot L^{-1}$，计算 $E_{Hg_2Cl_2/Hg}$。

习题 8 解析

习题 9 解析

习题 10 解析

习题 11,12,13 解析

14. 通过计算，判断标准状态下下列反应能否向右进行。

(1) $2[Fe(CN)_6]^{3-}+2I^- \xlongequal{} 2[Fe(CN)_6]^{4-}+I_2$

(2) $[Cu(NH_3)_4]^{2+}+Zn \xlongequal{} [Zn(NH_3)_4]^{2+}+Cu$

15. 将下列反应组成标准原电池，写出电池符号，计算该电池的 $E^{\ominus}_{MF}$，$\Delta_r G^{\ominus}_m$ 和最大电功 W_e。

习题 15 解析

$$Zn+Ni^{2+}(aq) \longrightarrow Zn^{2+}(aq)+Ni$$

16. 写出下列反应的原电池符号，计算 E_{MF} 和 $\Delta_r G_m$。

(1) $2Al+3Ni^{2+}(0.800\ mol·L^{-1}) \xlongequal{} 2Al^{3+}(0.0200\ mol·L^{-1})+3Ni$

(2) $Ni+Sn^{2+}(1.10\ mol·L^{-1}) \xlongequal{} Sn+Ni^{2+}(0.0100\ mol·L^{-1})$

17. 现有电池 $(-)\ Pt \mid H_2(50.0\ kPa) \mid H^+(0.500\ mol·L^{-1}) \parallel Sn^{4+}(0.700\ mol·L^{-1})$，$Sn^{2+}(0.500\ mol·L^{-1}) \mid Pt(+)$，

(1) 写出电极反应和电池反应；

(2) 计算电池的电动势；

(3) 当电池的电动势等于 0 时，在 $p(H_2)$ 和 $[H^+]$ 保持不变的条件下，求 $[Sn^{4+}]/[Sn^{2+}]$。

18. 计算下列反应在 298 K 时的平衡常数。

(1) $Fe^{3+}+Ag \rightleftharpoons Fe^{2+}+Ag^+$

(2) $Cr_2O_7^{2-}+3Sn^{2+}+14H^+ \rightleftharpoons 2Cr^{3+}+3Sn^{4+}+7H_2O$

19. 反应 $2Ag^++Zn \rightleftharpoons 2Ag+Zn^{2+}$ 开始时，Ag^+ 和 Zn^{2+} 的浓度分别是 $0.100\ mol·L^{-1}$ 和 $0.300\ mol·L^{-1}$，求平衡时溶液中 Ag^+ 的浓度。

习题 19 解析

20. 已知 $E^{\ominus}_{Cu^{2+}/Cu}=0.340\ V$，$E^{\ominus}_{Cu^{2+}/Cu^+}=0.159\ V$，CuCl 的 $K_{sp}=1.72\times10^{-7}$。计算下列反应的标准平衡常数。

(1) $Cu+Cu^{2+} \rightleftharpoons 2Cu^+$

(2) $Cu+Cu^{2+}+2Cl^- \rightleftharpoons 2CuCl(s)$

21. (1) 计算 $1.00\ mol·L^{-1}\ H_2SO_4$ 溶液中，反应 $Ce^{4+}+Fe^{2+} \xlongequal{} Ce^{3+}+Fe^{3+}$ 的条件平衡常数。

(2) 计算 $1.00\ mol·L^{-1}$ HCl 溶液中，反应 $2Fe^{3+}+2I^- \xlongequal{} 2Fe^{2+}+I_2$ 的条件平衡常数。

22. 根据下面的元素电势图，判断 Br_2 能否发生歧化反应。

$$E^{\ominus}_B/V \qquad BrO^- \xrightarrow{\ 0.320\ } Br_2 \xrightarrow{\ 1.087\ } Br^-$$

若能发生歧化反应，写出反应方程式，计算 $E^{\ominus}_{BrO^-/Br^-}$。

23. 从下面磷元素电势图计算电对 P_4/PH_3 的标准电极电势。

$$E^{\ominus}_B/V \qquad H_2PO_2^- \xrightarrow{\ -1.82\ } P_4 \xrightarrow{\qquad} PH_3$$

$H_2PO_2^-$ —— PH_3：-1.18

第九章

化学分析

分析化学源于生产、生活中的分析检验实践活动，它由最初的"操作技术的汇集"历经了三次变革发展成为"系统信息科学"，成为化学学科的重要分支，是人们获取物质的化学组成与结构信息的科学，即表征和测量的科学。分析化学在工农业生产、科学研究、生活实践中都发挥着重要作用，被喻为生产与科研的"眼睛"，为各种物质提供组成、含量、结构、分布、形态等全面的信息，使得微区分析、薄层分析、无损分析、瞬时追踪、在线监测及过程控制等难题都得到了很好的解决。分析化学包括化学分析和仪器分析。以物质的化学反应为基础的分析方法称为化学分析法，有定性分析和定量分析之分。

分析化学的发展历程

本章主要介绍针对无机物的化学定量分析，侧重于重量分析法和滴定分析法。这两类方法通常用于常量分析，待测组分含量一般在1%以上。

9.1　误差与有效数字

定量分析的目的是通过化学实验一系列的操作步骤来获得可靠的实验结果，从而获得待测组分的准确含量。但是在实验过程中，分析测试结果的误差是客观存在的。为了提高分析结果的准确度，应该了解产生误差的原因及误差出现的规律，正确测定、记录实验数据。

9.1.1　误差

1. 误差的来源

根据误差的性质和产生的原因，可将误差分为系统误差和随机误差。

(1) 系统误差 系统误差由某些固定原因造成,对实验结果的影响比较恒定,在同一条件下的多次测定中重复地显示出来,所有的测定结果或者都偏高,或者都偏低,即具有重复性和单向性。

其来源为

① 方法误差 如反应不完全、试剂不稳定、指示剂选择不当、采用近似计算公式等引起误差。

② 仪器、试剂误差 如仪器未经校正、所用试剂不纯等引起误差。

③ 个人误差 如测量人员的习惯和偏向或动态测量时的滞后现象等使读数偏高或偏低引起的误差。

系统误差的检验或消除

系统误差可由对照试验、空白试验、仪器校正、标准加入法等检验或消除。

(2) 随机误差 随机误差又称偶然误差,由一些不可控制的客观上的偶然因素引起。例如,判断滴定终点时,由于个人对颜色的敏感度不同而造成的终点判断误差;观测时温度、气压、湿度的微小波动引起实验值波动。

随机误差在实验中无法避免,可偏低或偏高,但多次测量的数值符合正态分布的统计规律。可通过多次平行测定减小随机误差对分析结果的影响。

过失指由于操作者工作疏忽、不按操作规程办事、操作马虎引起的差错。如测量中器皿不洁净、丢损试液、加错试剂、看错砝码、记录及计算错误等,这些都属于不应有的过失,必须注意避免。如已发现过失,应及时纠正或剔除这些数据,不能用于计算平均值。

2. 误差的表示

(1) 真值与平均值 真值(μ)客观存在,但真值不可能通过测量得到,因为任何测量都不可避免地存在着误差。

测量次数无限多时,根据正、负误差出现概率相等的误差分布定律,在不存在系统误差的情况下,它们的平均值极为接近真值。故在实验科学中真值的定义为无限多次观测值的平均值。

$$\mu = \lim_{n \to \infty} \frac{1}{n} \sum_{i=1}^{n} x_i$$

但实际测定的次数总是有限的,由有限次测量求出的平均值,只能近似地接近于真值。最常用的为算术平均值 $\bar{x}$:

$$\bar{x} = \frac{1}{n} \sum_{i=1}^{n} x_i$$

(2) 准确度与误差 准确度指测量结果的正确性,用误差表示,值越小表明测量准确度越高。绝对误差(E)指测量值与真值之差:

$$E = \bar{x} - \mu$$

相对误差(E_r)表示绝对误差与真值之比:

$$E_r=\frac{\bar{x}-\mu}{\mu}\times100\%$$

(3) 精密度与偏差　绝对偏差指单次测量值与平均值之差。

$$d_i=x_i-\bar{x}$$

相对偏差指绝对偏差在平均值中所占比例。

$$d_r=\frac{d_i}{\bar{x}}\times100\%$$

精密度指相同条件下测量(n 次)的重现性。在平行测定中,各次测定的偏差有正有负,也可能为零。通常用平均偏差衡量一组数据的精密度,偏差越小表明观测的精密度越高。

平均偏差:

$$\bar{d}=\frac{\sum_{i=1}^{n}|x_i-\bar{x}|}{n}=\frac{\sum_{i=1}^{n}|d_i|}{n}$$

标准偏差指单次测量值与算术平均值之间相符合的程度。在数理统计中常用标准偏差衡量数据的精密度。

$$s=\sqrt{\frac{\sum_{i=1}^{n}(x_i-\bar{x})^2}{n-1}}=\sqrt{\frac{\sum_{i=1}^{n}d_i^2}{n-1}}$$

相对标准偏差:

$$s_r=\frac{s}{\bar{x}}\times100\%$$

(4) 准确度与精密度的关系　数据的可靠性用准确度和精密度来表达。准确度表示测量的正确性,精密度表示测量的重现性,两者不可混淆,但又相互制约。如图 9-1 所示,A,B,C,D 四人同时测定某物质含量,各分析四次,图中 • 表示测量数据,ǀ 表示平均值。

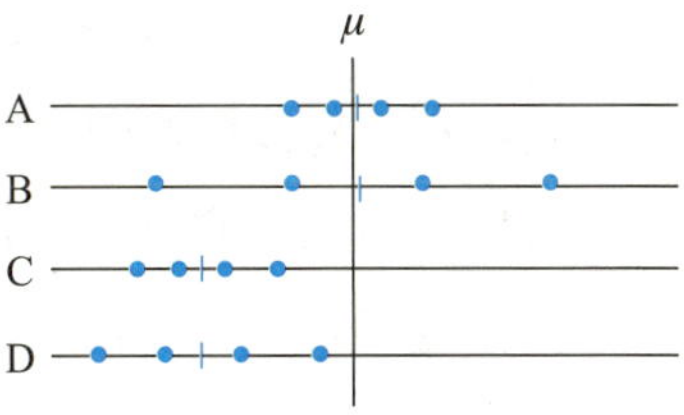

图 9-1　准确度和精密度的关系示意图

由图 9-1 可见,A 测定结果的准确度和精密度都好,结果可靠;B 测定结果的精密度差,测量平均值虽然接近真值,但这是正、负误差凑巧相互抵消的结果,可靠性差,不可取;C 测定结果的精密度高但准确度差,可能存在系统误差;D 测定结果的准确度和精密度都差。由此可见精密度是保证准确度的前提(必要条件),但是高的精密度不一定能保证高的准确度(非充分条件),因为可能存在系统误差。一个好的分析结果既要求精密度高,又要求准确度高。

9.1.2 有效数字

要获得准确的分析结果，不仅要求测量准确，而且要求正确记录与计算，即要求掌握有效数字的正确表示与运算。

1. 有效数字的规定

有效数字指从仪器上直接读出的数字，其保留的位数应根据分析方法和仪器的精度确定，除最后一位数为估计值外，其余各位数均是准确的。

例如，在托盘天平上称量物质质量为 0.35 g 表示称量误差为±0.01 g，在分析天平上称量物质质量为 0.350 0 g 表示称量误差为±0.000 1 g。滴定管读数 22.52 mL 表示测量误差为±0.01 mL。

有效数字的位数可通过表 9-1 说明。

表 9-1 有效数字的位数

有效数字	0.003 5	0.003 0	305	35	35.0	35.00	35 000	pH = 4.74	1.80×10^5	分数倍数
位数	两位	两位	三位	两位	三位	四位	不确定	两位	三位	无限

有效数字位数确定中“0”较特殊：

(1) “0”在数字前只起定位作用，不是有效数字。

(2) “0”在数字中间或小数点后面，则是有效数字。

(3) 尾数为“0”的整数，有效数字的位数不确定。

2. 有效数字的修约

有效数字的位数反映了测量(及结果)的准确度，不可随意增加或减少。如果结果是经过一系列测量，再按一定的公式计算出来的，根据误差传递规律，大的误差环节对结果准确度的影响有举足轻重的作用。因此，对于有效数字位数较多(误差较小)的测量值，应将多余的数字舍弃，进行有效数字的修约。

(1) 修约规则 “四舍六入五成双，五后非零需进一”。

拟舍去的第一位数为 0~4，则被保留的末尾数不变，如 14.244 2 →14.24。

拟舍去的第一位数为 6~9，则被保留的末尾数加 1，如 24.486 3 →24.49。

拟舍去的第一位数为 5，若其右边的数字皆为 0，则被保留的末尾变为偶数，如 15.025 0 →15.02，15.015 0 →15.02。

拟舍去的第一位数为 5，其右边的数字不为 0，则被保留的末尾加 1，如 15.025 1 → 15.03，15.015 1 →15.02。

(2) 加减运算 加减运算时，和或差的有效数字保留位数取决于这些数值中小数点后位数最少的数字，即以绝对误差最大的为标准。

例如:30.53+0.016+2.5784

运算时,首先以小数点后位数最少的为标准对各数进行修约,再计算:

30.53+0.02+2.58=33.13(保留小数点后2位)

(3) 乘除运算　乘除运算时,积或商的有效数字的保留位数由其中有效位数最少的数据决定,即有效数字数值的相对误差最大者所决定,而与小数点的位置无关。

例如:30.53×0.0161×2.5784

数据	相对误差
30.53	$\frac{\pm 0.01}{30.53}\times 100\% = \pm 0.03\%$
0.0161	$\frac{\pm 0.0001}{0.0161}\times 100\% = \pm 0.6\%$
2.5784	$\frac{\pm 0.0001}{2.5784}\times 100\% = \pm 0.004\%$

运算时,首先以有效数字数值的相对误差最大者为标准对各数修约,再计算:

30.5×0.0161×2.58=1.266909→1.27(保留3位有效数字)

(4) 乘方和开方　对数据进行乘方和开方运算结果保留的有效数字位数与原数据保持一致。

例如:$5.72^2=32.7184\rightarrow 32.7$(保留3位有效数字)

(5) 对数计算　对数计算所得结果的小数点后位数与原数据的有效数字位数一致。

例如:lg11.36=1.055378……→1.0554(保留4位有效数字)

9.2 重量分析法

重量分析法是用适当方法将试样中待测组分与其他组分分离,然后用称量的方法确定该组分的含量。

重量分析法的优点是可以直接用分析天平称量获得分析结果,不需要基准物质或标准试样作为参比,分析结果准确可靠。其缺点是操作烦琐费时,因此限制了它的使用。不过在校对其他分析方法的准确度时,常用重量分析法的测定结果作为标准。

9.2.1 重量分析法的分类

根据待测组分和其他组分分离方法的不同,重量分析法可分为四类:

（1）沉淀法　沉淀法是重量分析中的主要方法。这种方法是将待测组分以难溶化合物的形式沉淀出来，再将沉淀过滤、洗涤、烘干或灼烧，最后称量并计算其含量。例如，测定溶液中 SO_4^{2-} 的含量，可加入过量 $BaCl_2$ 溶液，生成 $BaSO_4$ 沉淀，将沉淀过滤、洗涤、烘干、灼烧、称量，计算 SO_4^{2-} 的含量。

（2）气化法（又称为挥发法）　利用物质的挥发性质，通过加热或其他方法使试样中的待测组分挥发逸出，然后根据试样质量的减少计算该组分的含量，如试样中结晶水的测定。或者当待测组分逸出时，选择适当吸收剂将它吸收，然后根据吸收剂质量的增加计算该组分的含量，如以碱石灰为吸收剂测定试样中 CO_2 的含量。

（3）电解法　利用电解原理，用电子作沉淀剂使金属离子在电极上还原析出，然后称量，求得其含量。

（4）萃取法　利用待测组分与其他组分在互不相溶的两种溶剂中的分配比不同，加入某种萃取剂使待测组分从原溶剂中定量转移至萃取剂中而与其他组分分离，除去萃取剂，通过称量干燥提取物的质量计算待测物质的含量。

重量分析法测定粮食中的脂肪含量

9.2.2　重量分析法对沉淀形式和称量形式的要求

利用沉淀法进行重量分析时，通过加入适当的沉淀剂，使待测组分以适当的沉淀形式析出，然后过滤、洗涤，再将沉淀烘干或灼烧成称量形式称量。沉淀形式和称量形式可能相同，也可能不同。例如，用 $BaSO_4$ 重量分析法测定 Ba^{2+} 或 SO_4^{2-} 时，沉淀形式和称量形式都是 $BaSO_4$，两者相同；而用草酸钙重量分析法测定 Ca^{2+} 时，沉淀形式是 $CaC_2O_4 \cdot H_2O$，灼烧后转化为 CaO 形式称量，两者不同。

重量分析法对沉淀形式的要求：

（1）沉淀的溶解度必须很小，保证待测组分能够完全定量沉淀。一般要求溶解损失小于 0.1 mg。

（2）沉淀应易于过滤和洗涤。为此，希望尽量获得颗粒较大的晶形沉淀。如果是无定形沉淀，应注意掌握好沉淀条件，改善沉淀的性质。

（3）沉淀力求纯净，尽量避免其他杂质的沾污，杂质在洗涤、灼烧时能除去。

（4）沉淀应易于转化为适宜的称量形式。

重量分析法对称量形式的要求：

（1）称量形式必须有确定的化学组成，与化学式完全相符，这是计算分析结果的依据。

（2）称量形式必须十分稳定，不受空气中 H_2O、CO_2 和 O_2 等的影响。

（3）称量形式的摩尔质量要大，待测组分在称量形式中含量要小，以减小称量的相对误差，提高测定的准确度和分析灵敏度。

9.2.3 重量分析法结果的计算

在重量分析法中，称量形式往往与待测组分的形式不同，设称量形式的质量为 m，试样的质量为 m_s，换算因数为 F，待测组分的质量分数为 w，则

$$w=\frac{mF}{m_s}\times 100\%$$

换算因数又称重量分析因数，是带有适当系数的待测组分的相对分子质量和称量形式的相对分子质量之比，见表 9-2。

表 9-2 几种换算因数

待测组分	沉淀形式	称量形式	换算因数
Ba	$BaSO_4$	$BaSO_4$	$M_r(Ba)/M_r(BaSO_4)=0.588\ 5$
Cl	AgCl	AgCl	$M_r(Cl)/M_r(AgCl)=0.247\ 3$
MgO	$MgNH_4PO_4$	$Mg_2P_2O_7$	$2M_r(MgO)/M_r(Mg_2P_2O_7)=0.362\ 2$
Fe_3O_4	$Fe_2O_3\cdot xH_2O$	Fe_2O_3	$2M_r(Fe_3O_4)/3M_r(Fe_2O_3)=0.966\ 6$

［例 9.1］ 重量分析法测定某试样中的铝含量，用 8-羟基喹啉作沉淀剂，生成 $Al(C_9H_6ON)_3$ 沉淀。若 1.021 0 g 试样产生了 0.188 2 g 沉淀，计算试样中铝的质量分数。

解：

$$F=\frac{M(Al)}{M[Al(C_9H_6ON)_3]}=0.058\ 74$$

$$w=\frac{mF}{m_s}\times 100\%=\frac{0.188\ 2\times 0.058\ 74}{1.021\ 0}\times 100\%=1.083\%$$

9.3 滴定分析法概述

滴定分析法所用设备简单，操作简便快速，测定结果准确度较高，一般情况下，误差在 0.1%左右，因而在仪器分析法飞速发展的今天，滴定分析仍得到广泛的应用。

9.3.1 滴定分析法的基本概念

（1）滴定分析法（titrimetric analysis） 使用滴定管将一种已知准确浓度的试剂溶液（标准溶液）滴加到待测物质的溶液中，或者将待测物质的溶液滴加到标准溶液中，直到标准溶液与待测物质按化学计量关系定量反应完全为止，然后根据标准溶液的浓度和所消耗的体积，计算待测组分的含量，这一类分析方法称为滴定分析法，也称为容量分析法。

（2）滴定（titration） 滴加标准溶液（亦称为滴定剂）或待测物质溶液的操作过程称为滴定。

（3）化学计量点（stoichiometric point） 当滴加的标准溶液与待测组分恰好反应完全时，称反应到达了化学计量点（按化学计量式理论反应完全点），简称计量点，以 sp 表示。

（4）滴定终点（end point） 常借助指示剂颜色的突然改变来确定化学计量点，这个变色点称为滴定终点，以 ep 表示。

（5）终点误差（end point error） 由于难以找到变色点与化学计量点一致的指示剂，因此滴定终点与化学计量点往往不一致，由此造成的测定误差称为终点误差或滴定误差，以 E_t 表示。

9.3.2 滴定分析法的分类和对反应的要求

1. 滴定分析法分类

根据反应类型的不同，滴定分析法分为四类：

（1）酸碱滴定法（中和法） 以酸碱质子转移反应为基础的滴定方法，如用 NaOH 滴定 HOAc。

（2）配位滴定法 利用形成配合物反应的滴定方法，如用 EDTA 滴定金属离子。

（3）氧化还原滴定法 利用电子转移发生氧化还原反应的滴定方法，如用 $K_2Cr_2O_7$ 滴定 Fe^{2+}。

（4）沉淀滴定法 以沉淀反应为基础的滴定方法，如用 $AgNO_3$ 滴定试样中的卤素离子。

2. 对滴定分析的反应要求

属于上述四种类型的化学反应有很多种，但真正能用于滴定分析的反应就不多了，它们必须符合下列条件：

（1）反应按一定的化学方程式定量地进行，具有确定的化学计量关系，反应的完成程度达 99.9%以上。

（2）反应速率快，要与滴定速度相适应。如果反应速率达不到要求，可通过加催化剂、加热等方式提高速率。

（3）有适当的方法确定滴定终点，即有合适的指示剂或用仪器分析法（电位滴定、光度滴定等）确定滴定终点。

3. 滴定方式

（1）直接滴定法 凡是能满足上述三个条件的反应，都可用直接滴定法，即用标准溶液直接滴定待测物质。直接滴定法是滴定分析中最常用和最基本的滴定方法。

但是有许多反应不完全符合上述要求，或者反应进行不完全，有副反应发生；或者反应速率慢，误差太大，这时可适当改变滴定方式，使滴定能够进行，常用的方式有下列几种：

（2）返滴定法（剩余量滴定，俗称回滴） 当待测物质和滴定剂反应较慢或待测物质是固体时，加入符合计量关系的滴定剂，反应常常不能立即完成，因此不能用直接滴定法进行滴定。此时可以先加入过量的滴定剂，使反应加速。反应完成后，再用另一种标准溶液滴定剩余的滴定剂，这种滴定方式称为返滴定法。例如，Al^{3+}与 EDTA 配位反应速率太慢，不能直接滴定，加入过量的 EDTA 标准溶液，并加热促使反应完全。溶液冷却后，用 Zn^{2+}标准溶液返滴定过剩的 EDTA。又如，测定固体 $CaCO_3$ 纯度时，固体试样不能用酸直接滴定，但可加入过量的盐酸标准溶液，溶解后剩余的盐酸用标准 NaOH 溶液返滴定。

（3）置换滴定法 当待测组分所参与的反应不按一定反应方程式进行或伴有副反应时，也不能采用直接滴定法。可以先用适当试剂与待测组分反应，使其被定量地置换成另一种物质，再用标准溶液滴定这种物质，这种方法称为置换滴定法。例如，硫代硫酸钠不能直接滴定重铬酸钾及其他强氧化剂，因为在酸性溶液中这些强氧化剂不仅能将 $S_2O_3^{2-}$ 氧化为 $S_4O_6^{2-}$，还能将其氧化成 SO_4^{2-}，反应没有定量关系。但是，若在酸性 $K_2Cr_2O_7$ 溶液中加入过量 KI，生成与 $K_2Cr_2O_7$ 相当量的 I_2，后者可以用 $Na_2S_2O_3$ 标准溶液直接滴定。

（4）间接滴定法 不能与滴定剂直接反应的物质，有时可以通过另外的化学反应进行间接滴定。例如，Ca^{2+}，Zn^{2+}在溶液中没有可变价态，不能直接用氧化还原法滴定。但若沉淀为 CaC_2O_4，ZnC_2O_4，过滤洗净后溶解于硫酸中，就可用 $KMnO_4$ 标准溶液滴定 $C_2O_4^{2-}$，从而间接测定出 Ca^{2+}，Zn^{2+}的含量。

返滴定法、置换滴定法和间接滴定法的应用大大扩展了滴定分析的应用范围。

9.3.3 基准物质和标准溶液

标准溶液指确定了准确浓度的用于滴定分析的溶液。根据物质性质的不同，标准溶液可以直接配制或通过标定的方法确定其浓度。直接配制即准确称量一定量的试剂，溶解并在容量瓶中稀释至一定体积，其浓度可以直接计算出来。能用于直接配制或标定标准溶液的物质称为基准物质。基准物质应具备下列条件：

（1）必须具有足够的纯度，一般要求纯度在 99.9%以上。

（2）物质的组成与化学式应完全符合。若含结晶水，其含量也应与化学式相符，如 $H_2C_2O_4 \cdot 2H_2O$。

（3）性质稳定，如不吸水、不吸 CO_2、不被空气氧化、不风化、不潮解、干燥时不分解等。

（4）为了降低称量时的相对误差，最好具有较大的摩尔质量。例如，邻苯二甲酸氢钾和草酸都可用作标定 NaOH 的基准物质，但前者的摩尔质量大于后者，因此更适宜用作基准物质。

能满足上述条件的常用基准物质见表 9-3。

表 9-3 一些常用的基准物质

基准物质		干燥条件	标定对象
名称	分子式		
无水碳酸钠	Na_2CO_3	270～300℃	酸
硼砂	$Na_2B_4O_7\cdot 10H_2O$	放在装有 NaCl 和蔗糖饱和溶液的密闭器皿中	酸
二水合草酸	$H_2C_2O_4\cdot 2H_2O$	室温空气干燥	碱或 $KMnO_4$
邻苯二甲酸氢钾	$KHC_8H_4O_4$	110～120℃	碱
重铬酸钾	$K_2Cr_2O_7$	140～150℃	还原剂
溴酸钾	$KBrO_3$	130℃	还原剂
碘酸钾	KIO_3	130℃	还原剂
三氧化二砷	As_2O_3	室温干燥器中保存	氧化剂
草酸钠	$Na_2C_2O_4$	130℃	氧化剂
碳酸钙	$CaCO_3$	110℃	EDTA
锌	Zn	室温干燥器中保存	EDTA
氯化钠	NaCl	500～600℃	$AgNO_3$
硝酸银	$AgNO_3$	220～250℃	氯化物

间接法配制高锰酸钾标准溶液

许多物质如 HCl，NaOH，$KMnO_4$ 等都不具备基准物质的条件，要配制这类物质的标准溶液，可先大体配成所需浓度，再用一种合适的基准物质或已知准确浓度的标准溶液进行标定，这就是间接法配制标准溶液。例如，用基准物质 Na_2CO_3（一级基准）标定 HCl 溶液的浓度，又以此 HCl 标准溶液（二级基准）滴定 NaOH 溶液，计算出 NaOH 溶液的浓度。用二级基准确定的溶液浓度，准确度要差一些。

9.3.4 滴定分析的计算

标准溶液浓度通常以物质的量浓度 c 表示，单位为 $mol\cdot L^{-1}$。在生产控制分析中，为了计算的方便，标准溶液的浓度也常用滴定度 $T_{待测物/滴定剂}$ 表示，它指每毫升标准溶液相当的待测组分的质量，单位是 $g\cdot mL^{-1}$。例如，$T_{Fe/K_2Cr_2O_7}=0.056\ 82\ g\cdot mL^{-1}$ 即表示每消耗 1 mL $K_2Cr_2O_7$ 标准溶液，相当于试样中含有Fe 0.056 82 g。$T\times V$ 即表示试样中 Fe 的总含量。

当选取一分子、一离子或一原子作为反应物的基本单元时，滴定分析的计算依

据是:当化学反应到达化学计量点时,它们的物质的量之间的关系恰好符合化学反应所表示的化学计量关系。设滴定反应:

$$aA+tT \longrightarrow cC+dD$$

式中 A 为被滴定物质,T 为滴定剂,C 和 D 为反应产物。

在化学计量点时,$\frac{n_A}{n_T}=\frac{a}{t}$,即

$$n_A=\frac{a}{t}n_T$$

式中 n 表示物质的量,单位是 mol 或 mmol;$\frac{a}{t}$称为化学计量数比。

如果待测物质 A 是溶液,A 的浓度为 c_A,体积为 V_A,滴定剂 T 的浓度为 c_T,体积为 V_T,则

$$c_AV_A=\frac{a}{t}c_TV_T$$

如果待测物质 A 是固体试样,试样取样质量为 m_s,A 的摩尔质量为 M_A,质量为 m_A,试样中 A 的质量分数为 w_A,则

$$n_A=\frac{m_A}{M_A}=\frac{a}{t}c_TV_T,\quad m_A=\frac{a}{t}c_TV_TM_A$$

$$w_A=\frac{m_A}{m_s}=\frac{\frac{a}{t}c_TV_TM_A}{m_s}$$

若标准溶液的浓度用滴定度 $T_{A/T}$表示,则

$$T_{A/T}=\frac{\frac{a}{t}c_TV_TM_A}{V_T\times 1\,000}=\frac{\frac{a}{t}c_TM_A}{1\,000}$$

$$w_A=\frac{m_A}{m_s}=\frac{T_{A/T}V_T}{m_s}$$

[例 9.2] 用邻苯二甲酸氢钾作基准物质,标定 0.1 mol·L^{-1}NaOH 溶液的准确浓度,今欲控制 NaOH 溶液的消耗体积为 25 mL 左右,应称取基准物质多少克?

解:滴定反应 $$KHC_8H_4O_4+OH^- \longrightarrow KC_8H_4O_4^-+H_2O$$

$$n(NaOH)=n(KHC_8H_4O_4)$$

$$c(NaOH)V(NaOH)=\frac{m(KHC_8H_4O_4)}{M(KHC_8H_4O_4)}$$

$$m(KHC_8H_4O_4)=(0.1\times 25\times 10^{-3}\times 204.2)\ g=0.5\ g$$

[例 9.3] 将浓度为 0.020 10 mol·L^{-1}的 $KMnO_4$ 标准溶液换算成 $T_{Fe_2O_3/KMnO_4}$。称取 0.271 8 g 试样,溶解后将 Fe^{3+}还原成 Fe^{2+},然后用 $KMnO_4$ 标准溶液滴定,用去 26.30 mL。求试样中以 Fe_2O_3 表示的含量。

解： 滴定反应 $5Fe^{2+}+MnO_4^-+8H^+ \xlongequal{} 5Fe^{3+}+Mn^{2+}+4H_2O$

$$1Fe_2O_3 \sim 2Fe^{2+}$$

$$n(Fe_2O_3)=\frac{5}{2}n(KMnO_4)=\frac{5}{2}c(KMnO_4)V(KMnO_4)$$

当 $V(KMnO_4)$ 取 1 mL 时，相应的 Fe_2O_3 的质量，即为对 Fe_2O_3 的滴定度。则

$$T_{Fe_2O_3/KMnO_4}=\left(\frac{5}{2}\times 0.020\ 10\times 159.7\times 10^{-3}\right)\ g\cdot mL^{-1}=0.008\ 025\ g\cdot mL^{-1}$$

$$w(Fe_2O_3)=\frac{T_{Fe_2O_3/KMnO_4}\times V(KMnO_4)}{m_s}\times 100\%$$

$$=\frac{0.008\ 025\times 26.30}{0.271\ 8}\times 100\%=77.65\%$$

［例 9.4］ 称取含铜试样 1.000 g，溶解后稀释至 250 mL 容量瓶中。取 50.00 mL 该溶液于锥形瓶中，调节 pH 为 3.5~4.0，加入 NH_4F-HF 缓冲溶液，再加入过量的 KI 溶液，用 $Na_2S_2O_3$ 标准溶液滴定，用去 24.38 mL 至终点。$Na_2S_2O_3$ 溶液用 25.00 mL 0.010 00 $mol\cdot L^{-1}$ 的 $K_2Cr_2O_7$ 溶液标定时，消耗 $Na_2S_2O_3$ 14.63 mL，计算试样中铜含量。

解： 标定反应为 $Cr_2O_7^{2-}+6I^-+14H^+ \xlongequal{} 2Cr^{3+}+3I_2+7H_2O$

$$I_2+2S_2O_3^{2-} \xlongequal{} 2I^-+S_4O_6^{2-}$$

$$n(Cr_2O_7^{2-})=\frac{1}{3}n(I_2)=\frac{1}{6}n(S_2O_3^{2-})=\frac{1}{6}c(Na_2S_2O_3)V(S_2O_3^{2-})$$

$$c(Na_2S_2O_3)=\frac{6c(K_2Cr_2O_7)V(K_2Cr_2O_7)}{V(Na_2S_2O_3)}=\frac{6\times 0.010\ 00\times 25.00}{14.63}\ mol\cdot L^{-1}$$

$$=0.102\ 5\ mol\cdot L^{-1}$$

例 9.4 中碘量法测铜的说明

滴定反应为 $2Cu^{2+}+4I^- \xlongequal{} 2CuI+I_2$

$$I_2+2S_2O_3^{2-} \xlongequal{} 2I^-+S_4O_6^{2-}$$

$$n(Cu^{2+})=2n(I_2)=n(S_2O_3^{2-})=c(S_2O_3^{2-})V(S_2O_3^{2-})$$

$$w(Cu)=\frac{c(S_2O_3^{2-})V(S_2O_3^{2-})M(Cu)}{m_s\times\frac{50}{250}}\times 100\%$$

$$=\frac{0.102\ 5\times 24.38\times 10^{-3}\times 63.55}{1.000\times\frac{50}{250}}\times 100\%=79.40\%$$

9.4 滴定分析原理

滴定分析原理指滴定过程中被测离子浓度（或活度）的变化规律，即随滴定剂逐渐加入，溶液的 pH（酸碱滴定）、pM（配位滴定）、pX（沉淀滴定）、电极电势 E（氧化还原滴定）的变化规律，以及如何选择指示剂、如何确定滴定终点、如何确定直接滴定条件等。

9.4.1 滴定曲线

以滴定剂加入量或反应完全程度为横坐标，以随滴定剂加入而变化的反映溶液性质的参数为纵坐标的关系曲线，称为滴定曲线。滴定曲线可借助实验仪器直接绘制出来，也可通过理论计算作图绘出。由于理论计算往往作近似处理，未考虑离子强度等的影响，所以与实验得到的滴定曲线有一定的差异。但理论滴定曲线仍可指导我们判断滴定的可行性，了解共存组分是否干扰及正确选择指示剂等。

计算时通常假定滴定反应的平衡常数 K 较大，在化学计量点前，加入的滴定剂已完全反应而待测物有剩余；化学计量点后，待测物已完全反应而滴定剂过量；化学计量点时，滴定剂和待测物都已完全反应，此时按滴定反应生成物进行计算。计算分三个部分，并假设滴定剂与待测物浓度相当。

由于四类滴定的过程变化有其相似的规律性，现以酸碱滴定为代表，计算滴定过程中溶液 pH 的变化情况，对其他类型滴定曲线各点的计算，同样可分成三个部分，用相应的公式计算出来。

以 0.100 0 $mol\cdot L^{-1}$ NaOH 标准溶液滴定同浓度的 20.00 mL HCl 溶液为例。

(1) 化学计量点前

滴定前：

$[H^+]=0.100\,0\ mol\cdot L^{-1}$，pH = 1.00

滴入 18.00 mL NaOH 溶液时：

$$[H^+]=\frac{0.100\,0\times(20.00-18.00)}{20.00+18.00}\ mol\cdot L^{-1}=5.263\times10^{-3}\ mol\cdot L^{-1},\ pH=2.28$$

滴入 19.98 mL NaOH 溶液时：

$$[H^+]=\frac{0.100\,0\times(20.00-19.98)}{20.00+19.98}\ mol\cdot L^{-1}=5.003\times10^{-5}\ mol\cdot L^{-1},\ pH=4.30$$

(被滴定物剩余 0.1%)

(2) 化学计量点时

生成物为 NaCl 和 H_2O，pH = 7.00

(3) 化学计量点后

滴入 20.02 mL NaOH 溶液时：

$$[OH^-]=\frac{0.100\,0\times(20.02-20.00)}{20.00+20.02}\ mol\cdot L^{-1}=4.998\times10^{-5}\ mol\cdot L^{-1},\ pH=9.70$$

(滴定剂过量 0.1%)

滴入 20.20 mL NaOH 溶液时：

$$[OH^-]=\frac{0.100\,0\times(20.20-20.00)}{20.00+20.20}\ mol\cdot L^{-1}=4.975\times10^{-4}\ mol\cdot L^{-1},\ pH=10.70$$

将计算数据列在表 9-4 中。将滴定剂加入量(体积)与相应的 pH 作图得酸碱滴定曲线,如图 9-2 所示。

表 9-4 滴定剂 NaOH 溶液的体积与溶液的 pH

V(NaOH)/mL	V(HCl)/mL	w/%	[H^+]/($mol\cdot L^{-1}$)	pH
0.00	20.00	0.0	1.000×10^{-1}	1.00
18.00	2.00	90.0	5.263×10^{-3}	2.28
19.80	0.20	99.0	5.025×10^{-4}	3.30
19.98	0.02	99.9	5.003×10^{-5}	4.30
20.00	0.00	100.0	1.000×10^{-7}	7.00
20.02		100.1	2.000×10^{-10}	9.70
20.20		101.0	2.010×10^{-11}	10.70
22.00		110.0	2.100×10^{-12}	11.68

从表 9-4 数据及图 9-2 曲线形状可见,在加入 99.0% 的滴定剂之前,溶液中 pH 变化很小(这是因为强酸或强碱溶液能起到缓冲作用);而当被滴定物剩余 0.1% 至滴定剂过量 0.1% 时(滴定剂体积变化仅 0.04 mL,约一滴溶液),溶液的 pH 发生了较大的变化(由 4.30 至 9.70)。化学计量点前后,溶液性质(这里指酸碱性)随滴定剂的加入发生突然变化的现象,称为滴定突跃,突跃所在的 pH 范围称为突跃范围。突跃范围越大,越有利于终点的检测,滴定误差越小。

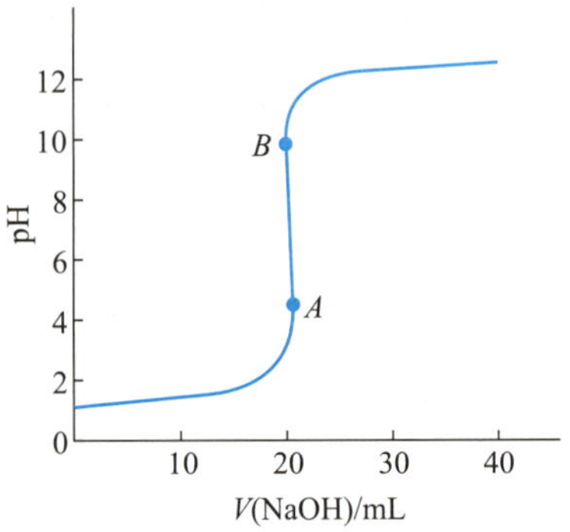

图 9-2 酸碱滴定曲线

0.100 0 $mol\cdot L^{-1}$ NaOH 溶液滴定 20.00 mL 0.100 0 $mol\cdot L^{-1}$ HCl 溶液

其他三类滴定,如配位滴定,pM 与 EDTA(滴定剂)加入量的关系曲线(配位滴定曲线)见图 9-3;沉淀滴定,pCl 与 $AgNO_3$ 加入量的关系曲线(沉淀滴定曲线)见图 9-4;氧化还原滴定,电极电势 E 与氧化剂加入量的关系曲线(氧化还原滴定曲线)见图 9-5。

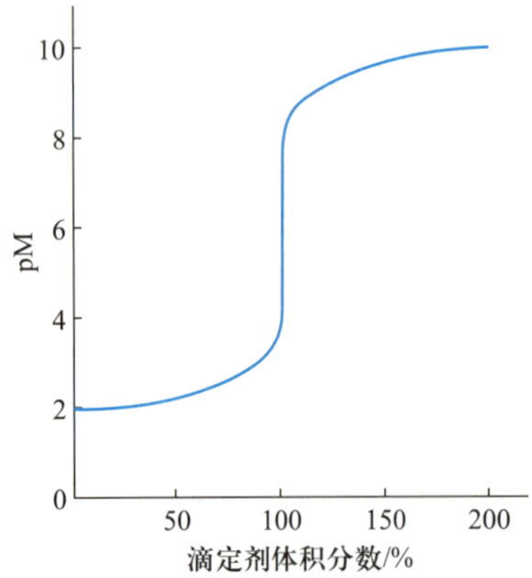

图 9-3 配位滴定曲线

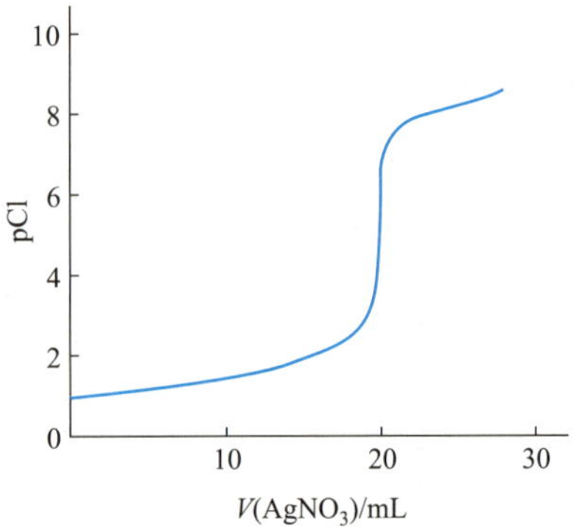

图 9-4 沉淀滴定曲线

四类滴定曲线有一个共同点，即在化学计量点附近，溶液性质都有一个突变，离化学计量点稍远，则变化缓慢。并且还发现，尽管是同种类型滴定，如 NaOH 对强酸与弱酸的滴定，或用 EDTA 滴定不同的金属离子，其滴定的突跃范围有很大差别。而在滴定分析中，希望滴定突跃范围大，以提高滴定准确度。以下将对影响滴定突跃范围大小的因素进行讨论。

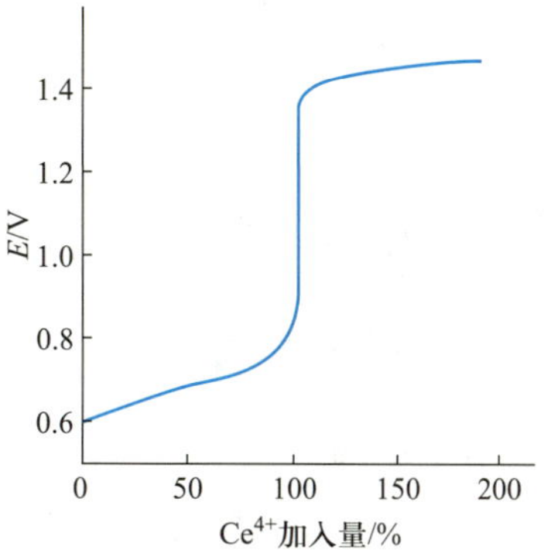

图 9-5 氧化还原滴定曲线

9.4.2 影响滴定突跃的因素

影响滴定突跃范围大小的重要因素是滴定反应的条件平衡常数及被滴定物和滴定剂浓度，两者中条件平衡常数影响较大。

在酸碱滴定中，若强碱滴定弱酸：

$$HA+OH^- \rightleftharpoons A^-+H_2O$$

$$K_t=\frac{[A^-]}{[HA][OH^-]}=\frac{K_a}{K_w}$$

可见 K_a 越小，酸碱滴定平衡常数 K_t 越小，突跃范围越小；K_a 越大，K_t 越大，突跃范围越大，见图 9-6。

在配位滴定中，条件稳定常数 $K'_{MY}=\dfrac{K_{MY}}{\alpha_M\alpha_{Y(H)}}$，因为在不同 pH 下，即使对同一种离子，$\alpha_{Y(H)}$ 也不一样，所以条件稳定常数 K'_{MY} 与溶液的 pH 有关。pH 越高，$\alpha_{Y(H)}$ 越小（酸效应越小），条件稳定常数 K'_{MY} 越大，突跃范围越大；pH 越低，$\alpha_{Y(H)}$ 越大（酸效应越大），条件稳定常数 K'_{MY} 越小，突跃范围越小，见图 9-7。对不同的金属离子，K'_{MY} 越大，突跃范围越大；K'_{MY} 越小，突跃范围越小，见图 9-8。

在沉淀滴定中： $$mA^{n+}+nB^{m-} \rightleftharpoons A_mB_n(s)$$

$$K_t=\frac{1}{[A]^m[B]^n}=\frac{1}{K_{sp}}$$

因此，反应生成物的溶度积 K_{sp} 越小，沉淀滴定平衡常数 K_t 越大，突跃范围越大；K_{sp} 越大，K_t 越小，突跃范围越小；见图 9-9。

在氧化还原滴定中，$\lg K'_t=\dfrac{z(E^{\ominus'}_{Ox}-E^{\ominus'}_{Red})}{0.059\,2}$，两个电对的条件电极电势 $E^{\ominus'}$ 差值越大，滴定平衡常数 K'_t 越大，突跃越大，见图 9-10。如图 9-10 所示，在 $HCl+H_3PO_4$ 介质中，滴定 Fe^{2+} 的突跃范围最大，这是由于 Fe^{3+} 与 H_3PO_4 生成 $[Fe(PO_4)_2]^{3-}$，使 $E^{\ominus}_{Fe^{3+}/Fe^{2+}}$ 由 0.77 V 降至 0.51 V，因此电极电势差 $\Delta E^{\ominus}$ 增大，故 K_t 增大。而在 $HClO_4$

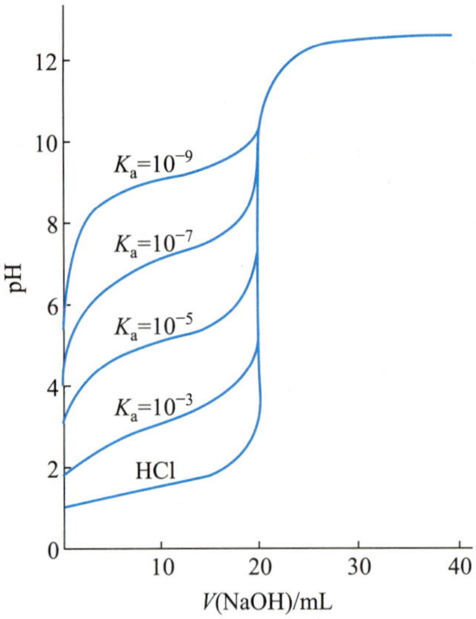

图 9-6 K_a 对 pH 突跃范围的影响

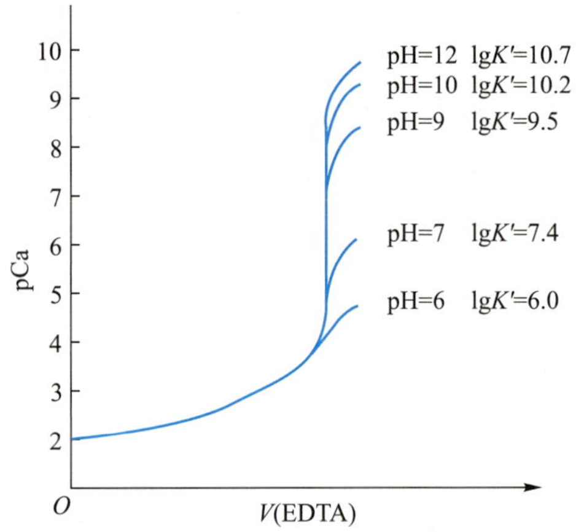

图 9-7 0.010 00 mol·L^{-1}EDTA 滴定 0.010 00 mol·L^{-1}Ca^{2+}的滴定曲线

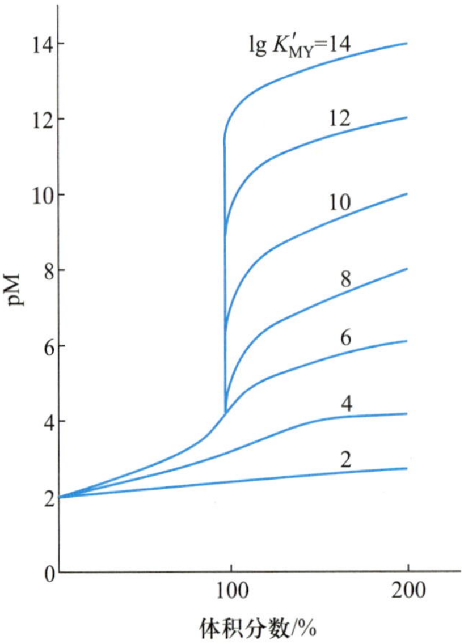

图 9-8 K'_{MY}对 pM 突跃的影响

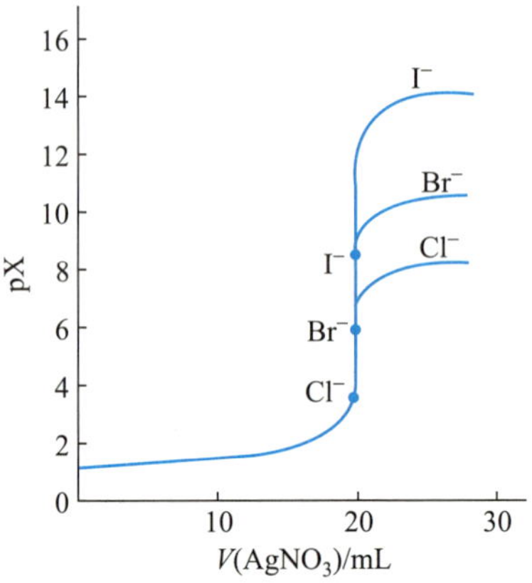

图 9-9 $AgNO_3$ 溶液滴定 Cl^-,Br^-,I^- 的滴定曲线

介质中,Fe^{3+}不形成配合物,$E^{\ominus}_{Fe^{3+}/Fe^{2+}}$为 0.77 V,$\Delta E^{\ominus}$小,$K_t$ 小,所以突跃范围小。

另外,滴定剂与被滴定物的浓度越大,突跃范围越大,见图 9-11。但浓度变化范围不可能太大,因而影响也就不显著。

综上所述,为了在滴定时获得一个较大的滴定突跃范围,应该选择适当的实验条件,控制副反应的发生程度,使反应进行得更加完全,使条件平衡常数尽可能大一些。

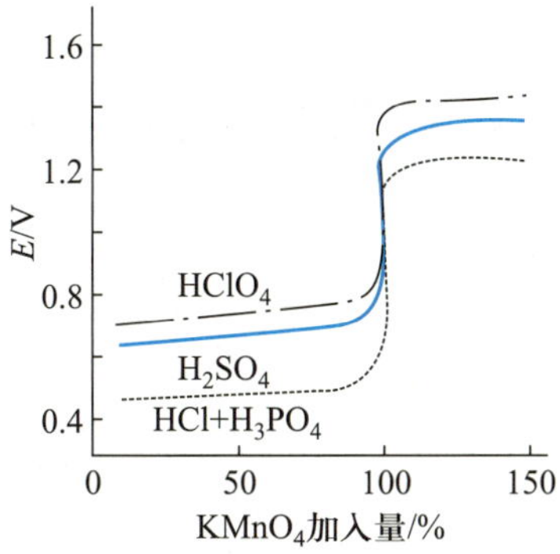

图 9-10 不同介质中 $KMnO_4$ 溶液滴定 Fe^{2+} 的滴定曲线

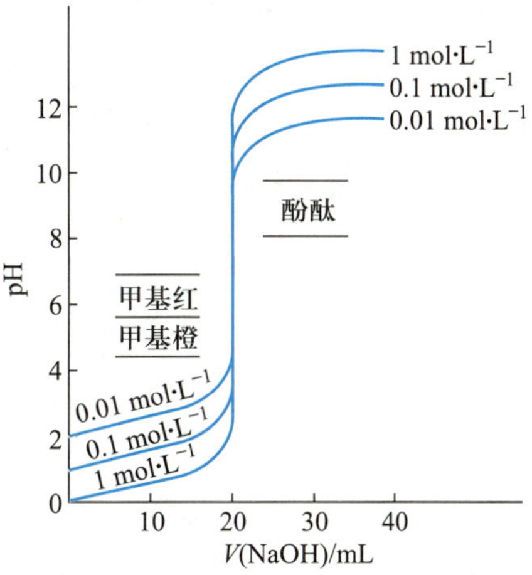

图 9-11 不同浓度的强碱强酸的滴定曲线

9.4.3 滴定终点的确定

滴定终点的确定,除采用电位法、光度法等仪器测定方法(在仪器分析课程中讨论)外,通常多用指示剂法,即利用指示剂在化学计量点附近的突然变色来确定终点。

1. 指示剂的作用原理

指示剂大致可分为两类,一类是通用型指示剂,可根据待测组分的性质和需要去选择;另一类是专属指示剂或特殊指示剂,只适用于某些特定的滴定反应。

通用型指示剂多为有机弱酸或弱碱,如偶氮类化合物、三苯甲烷类化合物等。在化学计量点附近由于溶液的组成突变,使指示剂的构型或组成也发生变化,而不同的构型又具有不同的颜色,根据颜色的变化可以确定终点的到来。

(1) 甲基橙(酸碱指示剂)

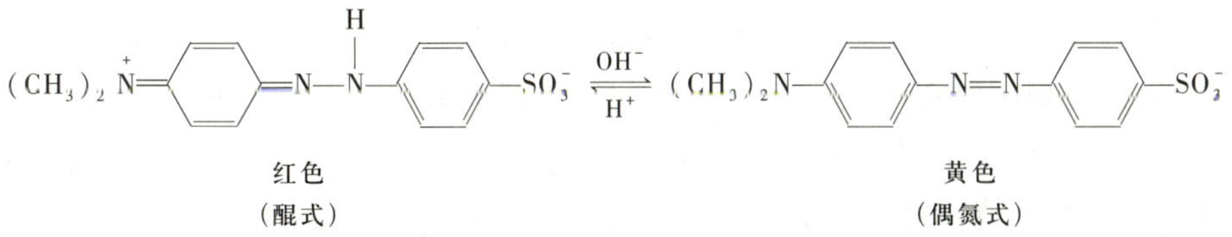

甲基橙属于偶氮化合物,在 $pH \ll pK_{In}$(K_{In} 为指示剂的解离常数)时,以醌式结构存在,显红色;在 $pH \gg pK_{In}$ 时,以偶氮式结构存在,呈黄色。在 $pH = pK_{In} = 3.4$ 附近发生红 $\rightleftharpoons$ 黄的颜色变化。

(2) 二甲酚橙(XO,金属指示剂)

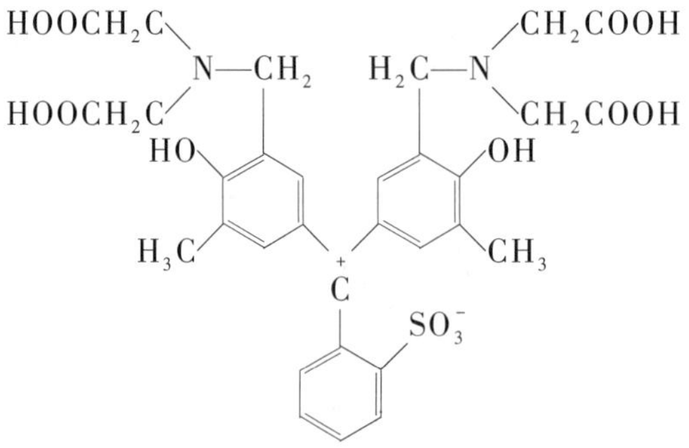

$$XO+M \xrightleftharpoons{pH<6.3} MXO$$

黄色　　　　红色

二甲酚橙属于三苯甲烷类染料,在 pH<6.3 时呈黄色,与金属离子 M^{n+} 结合生成 MXO 配合物呈红色。当指示剂 XO 加到溶液中时,生成 MXO,溶液呈红色。用 EDTA 滴定时,EDTA 与溶液中的 M^{n+} 生成配合物,接近化学计量点时,与 M^{n+} 结合的指示剂被 EDTA 置换出来,即 $MXO+Y \rightleftharpoons MY+XO$,溶液呈现指示剂的黄色而显示终点。

(3) 二苯胺磺酸钠(氧化还原指示剂)

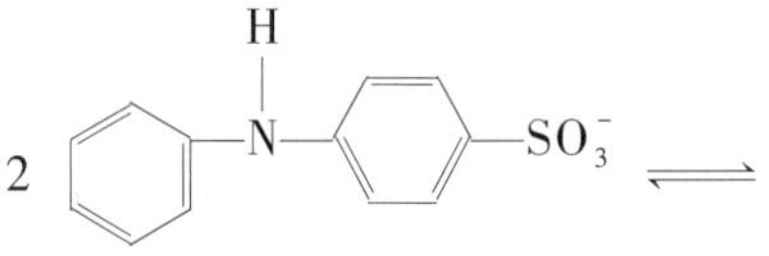

无色
(还原型)

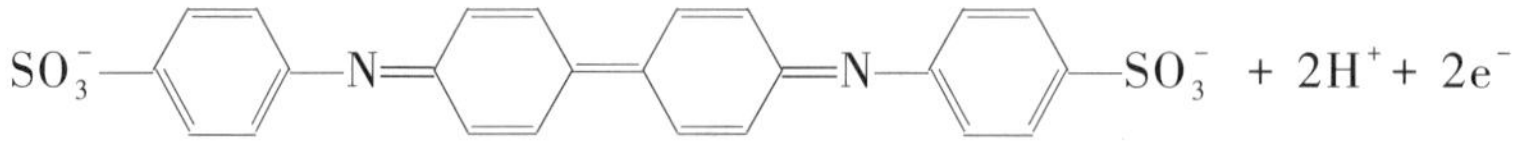

红紫色
(氧化型)

氧化还原指示剂的颜色变化是由指示剂的条件电极电势决定的。当被滴定物与滴定剂浓度发生变化时,溶液中电对的电极电势也不断改变,在化学计量点附近,电极电势发生突变,如选用的指示剂的条件电极电势接近化学计量点的电位,或在电位突跃范围内,指示剂将变色,指示终点。

由上例可见,通用型指示剂的两种构型,必须具有明显的颜色差别,颜色变化应快速、灵敏、可逆,如出现变色迟缓、僵化,可通过加热等适当方式解决。指示剂应比较稳定、便于保存和使用,对某些指示剂可加入溶剂稀释使之更稳定。

专属指示剂指专门适用于某种滴定方法的指示剂。例如,氧化还原滴定中的碘量法用的指示剂淀粉,它与 I_2 生成深蓝色的吸附化合物而指示终点,溶液中 I_2 的浓度达到 5×10^{-6} mol·L^{-1}就可呈现明显的蓝色。$KMnO_4$ 在酸性介质中作为滴定剂,当滴定反应完成后,$KMnO_4$ 稍过量(0.01~0.02 mL)溶液就呈现粉红色,溶液中 $KMnO_4$ 浓度达到 2×10^{-5} mol·L^{-1},粉红色就明显了,这种滴定剂又兼作指示剂,称为自身指示剂。在沉淀滴定法中，以 $AgNO_3$ 标准溶液滴定卤素离子，在中性溶液中以 $K_2Cr_2O_7$ 作指示剂，当 $AgNO_3$ 稍过量即生成砖红色的 Ag_2CrO_4 沉淀而指示终点。其他如吸附指示剂等，都属于特殊指示剂。

2. 指示剂的变色范围

$$\underset{\substack{\text{指示剂}\\(\text{颜色 A})}}{In} + \underset{\text{粒子}}{Q} \rightleftharpoons \underset{\substack{\text{指示剂化合物}\\(\text{颜色 B})}}{QIn}$$

对酸碱指示剂 Q 代表 H^+，对金属指示剂 Q 代表 M。

指示剂的条件解离常数 $K'_{In}=\dfrac{[In][Q]}{[QIn]}$。一定种类的指示剂，在实验条件一定时，$K'_{In}$是个定值。上式可改写为$\dfrac{[In]}{[QIn]}=\dfrac{K'_{In}}{[Q]}$，$\dfrac{[In]}{[QIn]}$改变，指示剂的颜色也随之改变，而浓度比值又受 Q 浓度的影响，即[Q]改变，指示剂的颜色将发生改变。

一般来讲，当[In]是[QIn]的 10 倍时，人眼只能看到 In 的颜色，[In]是[QIn]的$\dfrac{1}{10}$时，只能看到 QIn 的颜色；如浓度比在 10 与$\dfrac{1}{10}$之间，看到的是 In 与 QIn 的混合色。当指示剂由一种颜色变成另一种颜色时，相应的 pH 或 pM 等的范围，称为指示剂变色范围。因此对于酸碱指示剂，$\dfrac{[In]}{[HIn]}=\dfrac{K_{HIn}}{[H^+]}$变色范围为 $pH=pK_{HIn}\pm1$。对于金属指示剂，$\dfrac{[In]}{[MIn]}=\dfrac{1}{[M]K_{MIn}}$，变色范围为 $pM=\lg K_{MIn}\pm1$。对于氧化还原指示剂，变色的电位范围为 $E^{\ominus'}_{In}\pm\dfrac{0.059\ 2}{n}$ V。

事实上每种指示剂的变色范围并不都是 2 个单位，因为人眼对颜色的敏感程度不一致，黄色中出现红色易发觉，而红色中出现黄色则难以察觉，所以甲基橙（$pK_{HIn}=3.4$）的变色范围是 3.1~4.4，而不是 2.4~4.4。

当$\dfrac{[In]}{[QIn]}=1$ 时称为指示剂的理论变色点，此时 $pH=pK_{HIn}$，$pM=\lg K_{MIn}$，$E=E^{\ominus}_{In}$。

由于有的滴定反应突跃范围较小，需要使用变色范围更窄的指示剂，这时可采用混合指示剂（见附录）。混合指示剂是由两种指示剂或指示剂与惰性染料按一定比例混合而成的，利用颜色互补原理使指示剂变色更敏锐。

在选择指示剂时，只要指示剂的变色点在滴定突跃范围内，一般可控制滴定误差≤0.1%，如 $0.100\ 0\ mol\cdot L^{-1}$ NaOH 溶液滴定 HCl 溶液，滴定突跃 pH 为 4.3~9.7，可选甲基橙、甲基红、酚酞为指示剂；如以 NaOII 溶液滴定 HOAc 溶液，滴定突跃 pH 为 7.7~9.7，就只能用酚酞指示剂。

指示剂的选择

实际工作中，多数情况下，只需计算出化学计量点溶液的性质（pH_{sp}，pM_{sp}，E_{sp}

等),只要指示剂的变色点参数靠近这些数据,这种指示剂就可用。有时,从理论上分析,指示剂是可行的,但往往还需通过实验,找出变色最敏锐的供使用。在使用指示剂时,应注意使用条件,如酸度、温度、用量等,否则多消耗滴定剂,颜色变化也不敏锐,会带来较大误差。

9.4.4 滴定误差和直接滴定条件

在正确选择指示剂的情况下,滴定突跃范围的大小、指示剂的变色范围、人眼观察颜色的敏感程度等都会使滴定误差的大小发生变化。因此滴定时要优化实验条件,正确操作,将滴定误差控制在允许的范围内。

根据滴定误差与滴定反应的条件、平衡常数及溶液浓度等的关系,林邦(Ringbom A)首先建立了配位滴定的误差公式:

$$E_t=\frac{10^{\Delta pM}-10^{-\Delta pM}}{(c_{M计}K'_{MY})^{\frac{1}{2}}}\times100\%$$

式中 E_t 为滴定的相对误差,即$\dfrac{\Delta c}{c}\times100\%$;$\Delta pM=pM_{ep}-pM_{sp}$;$c_{M计}$为化学计量点时金属离子总浓度,可用$\dfrac{1}{2}c_{M初}$代替;$K'_{MY}$为配合物条件稳定常数。

对于一元酸碱滴定,滴定误差公式为

$$E_t=\frac{10^{\Delta pH}-10^{-\Delta pH}}{(c_{计}K_t)^{\frac{1}{2}}}\times100\%$$

式中 $\Delta pH=pH_{ep}-pH_{sp}$;$c_{计}$ 为化学计量点时酸(碱)总浓度,可用$\dfrac{1}{2}c_{初(酸,碱)}$代替;K_t为酸碱反应平衡常数。

为了使用方便,以 E_t 为纵坐标(对数坐标),$\lg(cK_t)$为横坐标把不同的 ΔpH(或 ΔpM)代入误差公式,计算出一系列数据,绘制出终点误差图。需要时查有关手册,直接可得结果。

[例 9.5] 在 pH=11 的溶液中,用 EDTA 滴定 2×10^{-3} $mol\cdot L^{-1}$的 Ca^{2+},设 $\Delta pM=0.5$,计算滴定误差。

解: $\lg K_{CaY}=10.69$;pH=11 时,$\lg\alpha_{Y(H)}=0.07$。则

$$\lg K'_{CaY}=\lg K_{CaY}-\lg\alpha_{Y(H)}=10.69-0.07=10.62$$

$$E_t=\frac{10^{0.5}-10^{-0.5}}{\sqrt{1\times10^{-3}\times10^{10.62}}}\times100\%=0.04\%$$

[例 9.6] 用 0.100 0 $mol\cdot L^{-1}$ NaOH 标准溶液滴定相同浓度的 HOAc 至酚酞变色,终点 pH≈9.0,计算终点误差。

解：化学计量点时，$[H^+]=\sqrt{\dfrac{K(HOAc)K_w}{c_{计}}}=\sqrt{\dfrac{1.8\times10^{-5}\times10^{-14}}{0.0500}}\ mol\cdot L^{-1}$

$$=10^{-8.7}\ mol\cdot L^{-1}$$

$$pH=8.7,\Delta pH=0.3$$

$$E_t=\frac{10^{0.3}-10^{-0.3}}{\sqrt{\dfrac{0.0500\times1.8\times10^{-5}}{1.0\times10^{-14}}}}\times100\%=0.02\%$$

利用滴定误差公式可导出直接进行滴定的条件。假设 $\Delta pH=0.3$，滴定误差≤0.1%，代入误差公式：

$$\left(\frac{1}{2}c_{初}K_t\right)^{\frac{1}{2}}=\frac{10^{0.3}-10^{-0.3}}{0.001}$$

对一元弱酸 $K_t=\dfrac{K_a}{K_w}$，则 $cK_a\geqslant10^{-8}$，这就是一元弱酸能被强碱直接滴定的条件。

同样可求得二元弱酸、混合弱酸能直接被滴定的条件，见表 9-5。

H$_3$PO$_4$ 酸碱滴定方案的可行性分析

表 9-5 直接滴定弱酸的条件

类型	滴定误差要求	直接滴定条件
一元弱酸	$E_t\leqslant0.1\%$	$cK_a\geqslant10^{-8}$
二元弱酸	$E_t\leqslant0.5\%$	分步滴定 $cK_{a_1}\geqslant10^{-8}$；$K_{a_1}/K_{a_2}\geqslant10^5$
混合弱酸	$E_t\leqslant0.5\%$	分别滴定 $cK_a\geqslant10^{-8}$；$\dfrac{c(HA)K(HA)}{c(HB)K(HB)}\geqslant10^5$

对于配位滴定，假设 ΔpM 为 0.3~0.5，在确定滴定误差的情况下，由误差公式可导出直接滴定金属离子的条件，见表 9-6。

表 9-6 直接滴定金属离子的条件

类型	滴定误差要求	直接滴定条件
一种离子	$E_t<0.1\%$	$\lg(c_M K'_{MY})\geqslant6$ 一般 c_M 为 $10^{-2}\ mol\cdot L^{-1}$ 则 $\lg K'_{MY}\geqslant8$
混合离子	$E_t\leqslant0.5\%$	$\lg(c_M K'_{MY})\geqslant6$，$\lg\dfrac{c_M K'_{MY}}{c_N K'_{NY}}\geqslant5$ } 可滴定 M 离子 $\lg(c_M K'_{MY})\geqslant6$，如 $\lg(c_N K'_{NY})\geqslant6$，$\Delta\lg(cK)\geqslant5$ } 可分别滴定 M 和 Y 如不满足 $\Delta\lg(cK)\geqslant5$，可滴定 M 和 N 的总量

对于沉淀滴定，如 Ag^{+}滴定卤素离子，生成 1∶1 型沉淀，也可代入误差公式计算。沉淀滴定 $K_t=\frac{1}{K'_{sp}}$，K'_{sp}越小反应越完全，能否直接滴定主要取决于 K'_{sp}。

对于氧化还原滴定，把被滴定物剩余 0.1% 或滴定剂过量 0.1% 为反应定量完成的标准，对 $z_1=z_2=1$ 的反应类型，要求 $\lg K'\geqslant 6$，相应的 $E^{\ominus}_{Ox}-E^{\ominus}_{Red}\geqslant 0.35$ V，反应可进行完全，即两电对的电极电势之差 ≥0.35 V 时就可以直接滴定。如果转移的电子数不是 1，$\Delta E^{\ominus}$的数值将不一样。事实上现在能直接使用的氧化还原滴定反应，条件平衡常数都很大（如 $K_2Cr_2O_7$，$KMnO_4$ 滴定还原剂的反应常数都很大），氧化还原反应的可行性判断不应是主要注意的问题，而反应速率是否太慢、是否伴随副反应，则是人们应该特别关注的问题。

9.5 滴定分析法的应用

9.5.1 酸碱滴定法的应用

酸碱滴定法可直接测定多种无机酸（碱）及有机酸（碱），也能间接测定一些通过反应产生酸（碱）的其他物质。

1. 混合碱的测定

工业纯碱 Na_2CO_3 中可能含有少量 NaOH 或 $NaHCO_3$，可以用 HCl 标准溶液直接进行滴定，以酚酞指示第一终点，甲基橙指示第二终点。

第一终点时，消耗 HCl 标准溶液体积为 V_1，反应为

$$Na_2CO_3+HCl \xlongequal{} NaHCO_3+NaCl$$

$$NaOH+HCl \xlongequal{} NaCl+H_2O$$

第二终点时，消耗 HCl 标准溶液体积为 V_2，反应为

$$NaHCO_3+HCl \xlongequal{} NaCl+CO_2\uparrow+H_2O$$

若：① $V_1>V_2$，试样组成为 Na_2CO_3+NaOH；

② $V_1=V_2$，试样组成为 Na_2CO_3；

③ $V_1<V_2$，试样组成为 $Na_2CO_3+NaHCO_3$。

情况①，Na_2CO_3 完全中和需 HCl 标准溶液体积为 $2V_2$，NaOH 所需 HCl 标准溶液体积为 V_1-V_2，则

$$w(Na_2CO_3)=\frac{c(HCl)V_2M(Na_2CO_3)}{m_s}\times 100\%$$

$$w(NaOH)=\frac{c(HCl)(V_1-V_2)M(NaOH)}{m_s}\times 100\%$$

情况②，Na_2CO_3 完全中和需 HCl 标准溶液体积为 V_1+V_2，则

$$w(Na_2CO_3)=\frac{c(HCl)V_1M(Na_2CO_3)}{m_s}\times100\%$$

情况③，Na_2CO_3 完全中和需 HCl 为 $2V_1$，$NaHCO_3$ 所需 HCl 为 V_2-V_1，则

$$w(Na_2CO_3)=\frac{c(HCl)V_1M(Na_2CO_3)}{m_s}\times100\%$$

$$w(NaHCO_3)=\frac{c(HCl)(V_2-V_1)M(NaHCO_3)}{m_s}\times100\%$$

另外，NaOH 与 $NaHCO_3$ 不可能共存。

2. 铵盐的测定

$(NH_4)_2SO_4$，NH_4Cl 等都是常见的铵盐，测定其含量时不能用标准碱溶液进行直接滴定。测定铵盐可用两种方法。一种是蒸馏法，即置铵盐试样于蒸馏瓶中，加入过量 NaOH 溶液后加热煮沸，蒸馏出的 NH_3 吸收在过量的 HCl（或 H_2SO_4）标准溶液中，过量的酸以甲基红为指示剂，用 NaOH 标准碱溶液返滴。也可用过量的硼酸溶液吸收 NH_3，生成的 $H_2BO_3^-$ 是较强的碱，可用标准酸溶液滴定，以甲基红指示终点。蒸馏法测定 NH_4^+ 比较准确，但较费时。

另一种较为简便的测定铵盐的方法是甲醛法。甲醛与 NH_4^+ 作用，按化学计量关系生成酸，包括 H^+ 和质子化的六亚甲基四胺：

$$4NH_4^++6HCHO = (CH_2)_6N_4H^++3H^++6H_2O$$

生成的酸可用标准碱溶液滴定，化学计量点产物是 $(CH_2)_6N_4$，用酚酞作指示剂。

含氮有机化合物在 $CuSO_4$ 催化下，用浓硫酸消化分解，使其转化为 NH_4^+。其后若用蒸馏法测定以确定有机化合物的含氮量，则称为凯氏（Kjeldahl）定氮法。

3. 硅含量的测定

硅酸盐试样中 SiO_2 含量常用重量分析法测定。重量分析法准确度较高但费时。因此生产上的控制分析也用氟硅酸钾容量法，这是一种酸碱滴定法。

硅酸盐试样一般难溶于酸，可用 KOH 或 NaOH 熔融，使之转化为可溶性硅酸盐，如 K_2SiO_3。硅酸钾在强酸溶液及过量 KCl，KF 存在下，生成难溶的氟硅酸钾沉淀，反应如下：

$$2K^++SiO_3^{2-}+6HF = K_2SiF_6\downarrow+3H_2O$$

过滤生成的 K_2SiF_6 沉淀。为防止 K_2SiF_6 的溶解损失，用 KCl－乙醇溶液洗涤沉淀，并用 NaOH 溶液中和未洗净的游离酸，然后加入沸水使 K_2SiF_6 水解：

$$K_2SiF_6+3H_2O = 2KF+H_2SiO_3+4HF$$

水解生成的 HF 可用标准碱溶液滴定，从而可计算出试样中 SiO_2 的含量。

由于整个反应过程中有 HF 参加或生成，HF 对玻璃容器有腐蚀作用，因此操

作必须在塑料容器中进行。

4. 磷的测定

某些含磷试样(如钢铁、矿石等)中磷的测定可采用酸碱滴定法。在硝酸介质中加入钼酸铵,磷酸与钼酸铵反应生成磷钼杂多酸盐黄色沉淀,反应式为

$$H_3PO_4+12MoO_4^{2-}+2NH_4^++22H^+ \xlongequal{} (NH_4)_2HPO_4\cdot 12MoO_3\cdot H_2O+11H_2O$$

沉淀过滤,洗涤至不含游离酸,将其溶解于过量的 NaOH 标准溶液中,以酚酞为指示剂,用硝酸标准溶液返滴过量的 NaOH 至红色褪去为终点,溶解反应为

$$(NH_4)_2\cdot HPO_4\cdot 12MoO_3\cdot H_2O+24OH^- \xlongequal{} 12MoO_4^{2-}+HPO_4^{2-}+2NH_4^++13H_2O$$

$$w(P)=\frac{\frac{1}{24}\times[c(NaOH)V(NaOH)-c(HNO_3)V(HNO_3)]M(P)}{m_s}\times 100\%$$

磷的化学计量数比为$\frac{1}{24}$,由于比值小,本法可测定微量磷。

5. 醛和酮的测定

常用的有两种方法。

(1) 盐酸羟胺法(或称肟化法) 盐酸羟胺与醛、酮反应生成肟和游离酸:

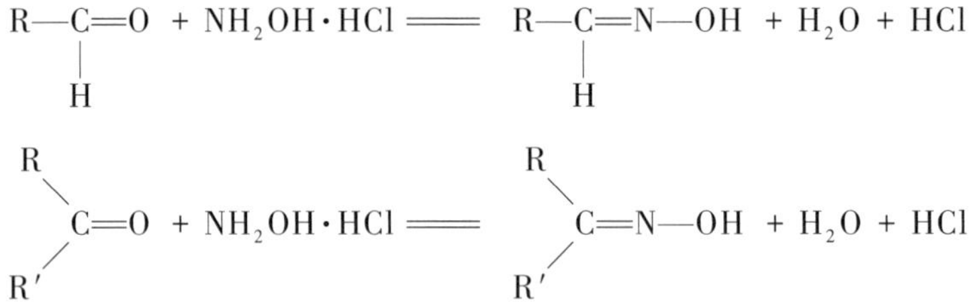

生成的游离酸可用标准碱溶液滴定。由于溶液中存在着过量的盐酸羟胺,呈酸性,因此采用溴酚蓝指示终点。

(2) 亚硫酸钠法 醛、酮与过量亚硫酸钠反应,生成加成化合物和游离碱:

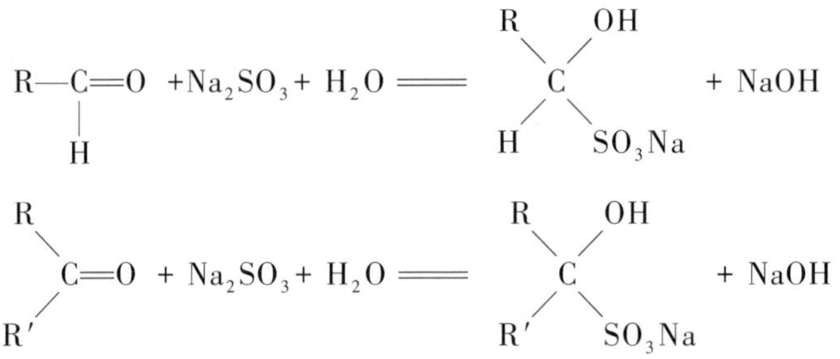

生成的 NaOH 可用标准酸溶液滴定,采用百里酚酞指示终点。

这种方法可用来测定多种醛和少数酮。由于测定操作简单,准确度较高,常用这种方法测定甲醛。

6. 酯类的测定

多数酯类与过量的碱共热 1~2 h 后,可完成皂化反应转化成有机酸的共轭碱

和醇。例如：

$$CH_3COOC_2H_5+NaOH \xlongequal{} CH_3COONa+C_2H_5OH$$

多余的碱以标准酸溶液滴定，用酚酞或百里酚蓝指示终点。由于大多数酯难溶于水，可以改用 NaOH 的乙醇标准溶液使之皂化。

7. 环氧化物的测定

环氧化物能与过量 HCl 溶液反应，如下式所示：

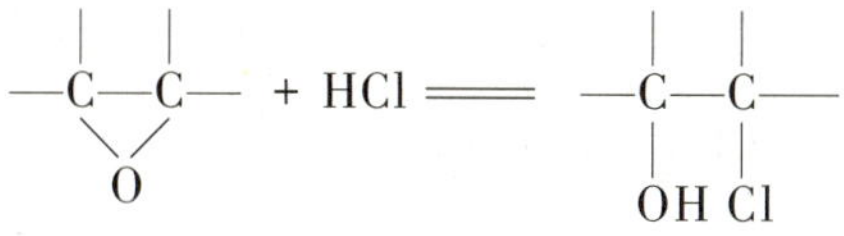

因此测定环氧化物时，可先加入过量的 HCl 溶液使之反应完全，多余的 HCl 溶液用标准碱溶液返滴，用酚酞指示终点。

对于极弱的酸（碱）和混合酸（碱）可以采用以下的方法直接或间接地测定：

（1）非水滴定法　由于酸（碱）的相对强弱与溶剂有关，改变溶剂可以改变酸（碱）的相对强度，因此，有的极弱的酸（碱）可在非水溶液中测定。例如，H_2CO_3 不能在水溶液中直接用 NaOH 溶液滴定，但若用无水甲醇吸收 CO_2 用甲醇钾进行滴定则可完成。

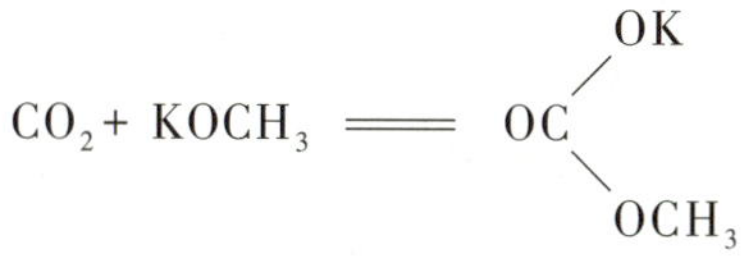

（2）电势滴定法　和目视法比较，仪器方法检测终点准确度较高，将电势滴定的数据经线性化处理，得到滴定直线来确定终点，则更优越。采用线性滴定法，可使解离常数 $K>10^{-11}$ 的极弱的酸（碱）也能在水溶液中直接测定；而对多元酸（或混合酸）当 $\Delta pK_a>0.2$ 时，仍可用连续滴定方法分别求得各组分的含量。

（3）滴定极弱酸的共轭碱或极弱碱的共轭酸　例如，苯胺（$C_6H_5NH_2$）的 $pK_b=9.34$，但它的共轭酸 $C_6H_5NH_2H^+$ 的 $pK_a=4.66$，可用标准碱溶液直接滴定。

（4）强化法　例如，硼酸的测定，H_3BO_3 的 $pK_a=9.24$，不能用标准碱溶液直接滴定，但是 H_3BO_3 可与多元醇（如乙二醇、丙二醇、甘露醇等）反应，生成配位酸，K_a 达到 10^{-6} 左右，可用标准碱溶液直接滴定。

9.5.2 配位滴定法的应用

生产实践中，用于配位滴定法的试样，往往不是仅含一种金属离子，而很多金属离子都可能与 EDTA 生成配合物，如何消除共存离子的干扰，提高滴定的选择性是非常重要的问题。上节已经讨论，只要能创造条件，使 $\lg(c_M K'_{MY})\geq 6$，且 $\Delta\lg(cK)\geq 5$，则可滴定 M 而 N 不干扰，然后改变条件，使 $\lg(c_N K'_{NY})\geq 6$，N 还可继续被滴定。提高选择性常用方法如下：

1. 控制酸度

调节适当的 pH 范围，使 $\lg K'_{MY}$ 达到最大，而 $\lg K'_{NY}$ 又很小，这样可使 M 与 Y 的反应更完全，测定的准确度更高。例如，溶液中 Bi^{3+}，Pb^{2+} 含量的测定，设二者浓度均为 $10^{-2}\ mol\cdot L^{-1}$，已知 $\lg K_{BiY}=27.80$，$\lg K_{PbY}=18.04$，$\Delta\lg K=9.76$，故可先滴定 Bi^{3+} 而 Pb^{2+} 不干扰。

确定滴定 Bi^{3+} 的 pH 范围：将 $c=10^{-2}\ mol\cdot L^{-1}$ 代入 $\lg(cK')=6$（滴定的必要条件）得 $\lg K'_{BiY}=8$，再导出滴定 Bi^{3+} 的最低 pH，由 $\lg\alpha_{Y(H)}=\lg K_{BiY}-\lg K'_{BiY}=27.80-8\approx 20$，查表得 pH=0.7；然后确定滴定 Bi^{3+} 的最高 pH，以不发生水解（不发生沉淀）的 pH 为准，可由氢氧化物的 K'_{sp} 计算得到。对于 Bi^{3+}，在 pH≈2 时开始水解，因此滴定 Bi^{3+} 的 pH 范围为 0.7～2，实际上一般在 pH≈1 时进行滴定，此时 $\lg\alpha_{Y(H)}$ 为 18.01，故 $\lg K'_{PbY}=\lg K_{PbY}-\lg\alpha_{Y(H)}=18.04-18.01\approx 0$，说明此条件下 Pb^{2+} 与 EDTA 结合非常不稳定，保证了选择性地测定 Bi^{3+}。测定完 Bi^{3+}，用六亚甲基四胺缓冲溶液调节 pH≈4，再滴定 Pb^{2+}。

2. 使用掩蔽法和解蔽法

当 K_{MY} 与 K_{NY} 相差不大时，可设法降低 c_N，使 $\Delta\lg(cK)\geqslant 5$，保证 M 的测定而 N 不干扰。

例如，在检查水的硬度时，测定水中 Ca^{2+}，Mg^{2+} 的离子总量，水中 Fe^{3+}，Al^{3+} 会有干扰，常加入三乙醇胺，使 Fe^{3+}，Al^{3+} 形成更稳定的配合物而被掩蔽起来（配位掩蔽），不与 EDTA 作用。

又如，在 pH=1.0 时测定 Bi^{3+}，试样中 Fe^{3+} 有干扰（$\lg K_{BiY}=27.80$，$\lg K_{FeY}=25.1$），可加入还原剂抗坏血酸或羟胺使 Fe^{3+} 还原为 Fe^{2+}（$\lg K_{FeY}=14.32$）而被掩蔽（氧化还原掩蔽），以保证 Bi^{3+} 的准确测定。

再如，Ca^{2+}，Mg^{2+} 共存的溶液中，要单独测定 Ca^{2+}，可加入 NaOH 使 pH>12，Mg^{2+} 生成 $Mg(OH)_2$ 沉淀（沉淀掩蔽），可不经分离直接滴定 Ca^{2+}。

掩蔽剂种类很多，常用的一些掩蔽剂见附录。

除上述掩蔽法外，还可采用将已被掩蔽的某种离子从掩蔽物中释放出来的方法（称为解蔽法），再用滴定剂滴定。例如，铜合金中 Cu^{2+}，Pb^{2+}，Zn^{2+} 共存，测定其中 Zn^{2+} 和 Pb^{2+}，已知 $\lg K_{CuY}=18.80$，$\lg K_{PbY}=18.04$，$\lg K_{ZnY}=16.50$，稳定常数非常接近。首先，在氨性介质中，用 KCN 掩蔽 Cu^{2+}，Zn^{2+}，并加入酒石酸，调节 pH=10 滴定 Pb^{2+}，然后加入甲醛解蔽剂，破坏 $[Zn(CN)_4]^{2-}$：

$$[Zn(CN)_4]^{2-}+4HCHO+4H_2O = Zn^{2+}+4\underset{\text{羟基乙腈}}{H_2\overset{\overset{\displaystyle OH}{|}}{C}\text{—}CN}+4OH^-$$

再用 EDTA 继续滴定释放出的 Zn^{2+}。

3. 使用其他更特效的配位剂

不同的配位剂各有其特点，选用适当也可提高滴定选择性。部分金属离子配合物的稳定常数见表 9-7。

表 9-7 部分金属离子配合物的稳定常数（lg*K*）

	Ca^{2+}	Mg^{2+}	Cu^{2+}	Zn^{2+}	Cd^{2+}
EDTA	10.69	8.79	18.80	16.50	16.46
EGTA（乙二醇二乙醚二胺四乙酸）	10.97	5.21	17.71	12.7	16.7
EDTP（乙二胺四丙酸）		1.8	15.4	7.8	6.0

从表 9-7 中的数据可知，EGTA－Mg^{2+} 配合物稳定性比其他离子稍差，因 $\Delta\lg(cK)>5$，故可在 Ca^{2+}，Mg^{2+} 共存时用 EGTA 直接滴定 Ca^{2+}。又如，Cu^{2+} 与 EDTP 的配合物比较稳定，可在 Zn^{2+}，Cd^{2+}，Ca^{2+}，Mg^{2+} 存在下，直接滴定 Cu^{2+}。

上述新型氨羧配位剂的合成及应用，使测定工作更加方便。

当用调节酸度、加掩蔽剂或改变滴定剂的方法，都不能除去共存离子的干扰时，就只有采取分离的办法来解决了。

实例：水泥中铁铝钙镁的测定

水泥成分很复杂，主要成分为硅酸盐，钙大量存在，约占 50%，铁、铝、镁也较多，各占 5%左右。水泥试样用 HCl 溶液溶解，加少许 HNO_3 以氧化 Fe^{2+} 为 Fe^{3+}，制成溶液备用。

Fe^{3+}，Al^{3+} 的测定：取部分试液，加氯乙酸-乙酸钠缓冲溶液控制 pH≈2，磺基水杨酸为指示剂，用 EDTA 滴定 Fe^{3+}。测 Fe^{3+} 后的溶液，调节 pH≈3.5，加过量 EDTA，加热煮沸，再加氯乙酸-乙酸钠缓冲溶液，以 PAN 为指示剂，以标准 $CuSO_4$ 溶液返滴过量的 EDTA，算出 Al^{3+} 的含量。

Ca^{2+}，Mg^{2+} 的测定：另取部分溶液，加尿素，加热使 Fe^{3+}，Al^{3+} 均相沉淀为氢氧化物，过滤，洗涤，滤液定容。取部分滤液，加入 GBHA（2-羟基苯胺）指示剂和 pH=12 的 NaOH-$Na_2B_4O_7$ 缓冲溶液，Mg^{2+} 被硼砂掩蔽，用 EDTA 滴定 Ca^{2+}。测 Ca^{2+} 后的溶液，用 HCl 溶液调节 pH=10，加 pH=10 的氨缓冲溶液，以 EBT 为指示剂，用 EDTA 滴定 Mg^{2+}。

9.5.3 氧化还原滴定法的应用

在氧化还原滴定中，若被滴定组分存在不同价态，需要在滴定前进行预处理，使被滴定组分转变为同一价态，才能进行定量计算。预处理的反应要能迅速完成，不引入干扰成分,过量的预处理剂容易除去。较常用的预处理剂见附录。试样中如存在有机化合物,应在滴定前把试样高温加热破坏有机化合物,或加入氧化性酸把有机化合物分解除去。

常用的氧化性滴定剂有 $KMnO_4$,$K_2Cr_2O_7$,$Ce(SO_4)_2$,I_2,$KBrO_3$ 和 KIO_3 等,用于标定它们浓度的一级基准物质有 $Na_2C_2O_4$,As_2O_3,KI 等。常用的还原性滴定剂有 $FeSO_4$ 和 $Na_2S_2O_3$,用于标定其浓度的一级基准物质有 $K_2Cr_2O_7$,KIO_3,$KBrO_3$ 等。

常用的氧化还原滴定法简介如下:

1. 高锰酸钾法

$KMnO_4$ 在酸性溶液中有较高的电极电势 $E^{\ominus}_{MnO_4^-/Mn^{2+}}=1.510\ V$,能直接或间接地滴定多种物质。$KMnO_4$ 溶液为紫红色,自身可作指示剂,使用方便,缺点是标准溶液不太稳定,保存要得当。

(1) 直接滴定 如直接滴定 Fe^{2+} 和直接测定双氧水中 H_2O_2 的含量,反应为

$$MnO_4^- + 5Fe^{2+} + 8H^+ = Mn^{2+} + 5Fe^{3+} + 4H_2O$$

$$2MnO_4^- + 5H_2O_2 + 6H^+ = 2Mn^{2+} + 5O_2\uparrow + 8H_2O$$

若商品双氧水中加有稳定剂乙酰苯胺,它也消耗 $KMnO_4$,使测定结果偏高,这时采用碘量法测定更好。

(2) 间接滴定 如间接测定钙,在含 Ca^{2+} 的酸性溶液中,加入 $(NH_4)_2C_2O_4$ 沉淀剂,加热并滴加稀氨水使溶液 pH 逐渐升高,CaC_2O_4 缓慢析出,最后控制 pH 在 4.0 左右,保温 0.5 h,过滤,洗涤,沉淀用 H_2SO_4 溶液溶解,然后用 $KMnO_4$ 溶液滴定至终点。

$$Ca^{2+} + C_2O_4^{2-} = CaC_2O_4\downarrow$$

$$CaC_2O_4 + H_2SO_4 = CaSO_4 + H_2C_2O_4$$

$$2MnO_4^- + 5H_2C_2O_4 + 6H^+ = 2Mn^{2+} + 10CO_2 + 8H_2O$$

按照 $2MnO_4^- \sim 5H_2C_2O_4 \sim 5Ca^{2+}$ 的化学计量关系计算 Ca^{2+} 的含量。

(3) 返滴定 如用 $KMnO_4$ 在强碱性介质中测定甲酸,先加入过量的 $KMnO_4$,反应为

$$2MnO_4^- + HCOOH + 2OH^- = 2MnO_4^{2-} + CO_2 + 2H_2O$$

再用标准还原剂溶液如 $FeSO_4$ 溶液返滴过量的 MnO_4^-。

2. 重铬酸钾法

在酸性溶液中 $K_2Cr_2O_7$ 是一种强氧化剂,$E^{\ominus}_{Cr_2O_7^{2-}/Cr^{3+}}=1.36\ V$,用 $K_2Cr_2O_7$ 能测定许多无机物及有机化合物。它只能在酸性条件下使用。$K_2Cr_2O_7$ 易于提纯,相当稳定,可作为一级基准物质直接配制成标准溶液,其溶液相当稳定。但应指出,$K_2Cr_2O_7$ 有毒,使用时注意废液的处理。

(1) 铁矿或铁合金中铁的测定 试样用 HCl 溶液溶解后,用 $SnCl_2$-$TiCl_3$ 预还原,以二苯胺磺酸钠作指示剂,用 $K_2Cr_2O_7$ 直接滴定 Fe^{2+}。反应如下:

$$Cr_2O_7^{2-}+6Fe^{2+}+14H^+ \xlongequal{} 2Cr^{3+}+6Fe^{3+}+7H_2O$$

$K_2Cr_2O_7$ 不受 Cl^- 还原作用的影响，可直接在 HCl 溶液介质中进行滴定。而 Cl^- 对 $KMnO_4$ 有一定的影响，需加抑制剂消除。

（2）废水中化学耗氧量（COD）的测定　COD 是指在特定条件下用一种强氧化剂定量地氧化水中还原性物质时所消耗氧化剂的数量，以每升毫克 O_2 表示。废水分析中 COD 的大小，表明废水被有机化合物（包括无机还原物）污染的程度。在废水试样中加过量 $K_2Cr_2O_7$，在回流装置下加热煮沸，有机化合物被氧化为 CO_2，过量 $K_2Cr_2O_7$ 用 $FeSO_4$ 标准溶液返滴。

3. 碘量法

碘法是利用 I_2 的氧化性和 I^- 的还原性来进行滴定的分析方法。

I_2 是较弱的氧化剂，可直接滴定一些较强的还原剂（如 S^{2-}，Sn^{2+} 等），这种方法称为直接碘量法。直接碘量法的基本反应是 $I_2+2e^- \xlongequal{} 2I^-$。另外，$I^-$ 是中等强度的还原剂，能被一些氧化剂定量氧化而析出 I_2，再用 $Na_2S_2O_3$ 标准溶液滴定，这种方法称为间接碘量法。间接碘量法的基本反应是 $2I^- -2e^- \xlongequal{} I_2$，$I_2+2S_2O_3^{2-} \xlongequal{} 2I^-+S_4O_6^{2-}$。碘量法的终点常用淀粉指示剂来确定。

碘量法的标准溶液主要有 $Na_2S_2O_3$ 溶液和 I_2 溶液。$Na_2S_2O_3$ 溶液往往含少量杂质，其浓度常用基准物质如 KIO_3，$KBrO_3$，$K_2Cr_2O_7$ 等来标定。I_2 标准溶液可用纯 I_2 直接配制或用 As_2O_3 基准物质标定。

（1）铜的测定　Cu^{2+} 在微酸性溶液中与 KI 反应生成 CuI 沉淀和 I_2，用 $Na_2S_2O_3$ 标准溶液滴定 I_2 即可求得 Cu^{2+} 的含量，反应如下：

$$2Cu^{2+}+4I^- \xlongequal{} 2CuI\downarrow+I_2$$

$$I_2+2S_2O_3^{2-} \xlongequal{} 2I^-+S_4O_6^{2-}$$

测定时需控制以下条件：① KI 适当过量，保证反应进行完全；② 控制 $pH=3\sim4$，以防止铜盐水解及 I^- 被空气氧化；③ CuI 沉淀强烈吸附 I_2，故需在接近终点时加入 KSCN，使 CuI 沉淀转化为溶解度更小的 CuSCN 沉淀，释放出被吸附的 I_2；④ 试样中如有 Fe^{3+} 可能氧化 I^-，可加入 NH_4HF_2 使 Fe^{3+} 配位掩蔽。

此法可用于矿石、合金、炉渣、电镀液中铜的测定。

（2）葡萄糖的测定　在碱性溶液中，I_2 发生歧化反应：

$$I_2+2OH^- \xlongequal{} IO^-+I^-+H_2O$$

IO^- 在碱性溶液中能把葡萄糖分子中的醛基氧化成羧基：

$$CH_2OH(CHOH)_4CHO+IO^-+OH^- \xlongequal{} CH_2OH(CHOH)_4COO^-+I^-+H_2O$$

溶液酸化，过量的 IO^- 和 I^- 又生成 I_2，用 $Na_2S_2O_3$ 标准溶液滴定，反应的化学计量关系是 $1I_2\sim1IO^-\sim1$ 葡萄糖分子。

4. 其他氧化还原法

(1) 铈量法 用 $Ce(SO_4)_2$ 或 $Ce(SO_4)_2 \cdot 2(NH_4)_2SO_4 \cdot 2H_2O$ 标准溶液，在酸性介质中可测定很多物质，如代替 $K_2Cr_2O_7$ 测定铁。

(2) 溴酸盐法 如用 $KBrO_3$，KBr 在酸性条件下与苯酚作用，生成三溴苯酚，过量 Br_2 与 KI 作用，析出的 I_2 用 $Na_2S_2O_3$ 标准溶液滴定，可以测定苯酚含量。

9.5.4 沉淀滴定法的应用

利用沉淀反应进行滴定的方法称为沉淀滴定法，目前用得最多的是生成难溶银盐的反应，称为银量法。按确定终点方法的不同，银量法分为三种方法，且以发明人的名字命名。

1. 莫尔(Mohr)法

莫尔法以 K_2CrO_4 为指示剂，用 $AgNO_3$ 标准溶液直接滴定 Cl^-，Br^- 等，是用得很普遍的测 Cl^- 的方法。利用分步沉淀原理，在 AgCl 沉淀完全时，即生成砖红色的 Ag_2CrO_4 沉淀指示终点。本法在 pH 为 6.5~10.5 时进行。

与 Ag^+ 能生成沉淀的 PO_4^{3-}，AsO_3^{3-}，CO_3^{2-}，$C_2O_4^{2-}$，S^{2-} 等有干扰；Fe^{3+}，Al^{3+}，Bi^{3+} 等在此 pH 范围内发生水解的离子亦干扰测定。

2. 佛尔哈德(Volhard)法

佛尔哈德法是用 NH_4SCN 标准溶液，以铁铵矾 $NH_4Fe(SO_4)_2 \cdot 12H_2O$ 为指示剂，直接滴定 Ag^+ 或间接测定卤素离子的方法。反应为

$$Ag^+ + SCN^- \xlongequal{\quad} AgSCN\downarrow(\text{白色})$$

微过量的 SCN^- 与指示剂生成红色配合物 $Fe(SCN)_3$，指示终点。

本法用于间接测定卤素离子时，先向试液中加入过量的 $AgNO_3$ 标准溶液，与卤素离子生成沉淀，再用 NH_4SCN 标准溶液返滴定，并且在酸性条件下进行，否则 Fe^{3+} 发生水解。

3. 法扬斯(Fajans)法

法扬斯法用 $AgNO_3$ 标准溶液直接滴定卤素离子，以荧光黄或曙红等吸附指示剂指示终点。使用荧光黄指示剂要求 pH 为 7~10。

本章小结

本章主要介绍了误差、有效数字，以及化学分析法中的重量分析法和滴定分析法。在化学分析测试结果中，误差是客观存在的，系统误差可由对照试验、空白试

验、仪器校正、标准加入法检验或消除，随机误差可通过多次平行测定来减小对分析结果的影响。在测量准确的基础上，基于有效数字的正确表示与运算才能获得准确的分析结果。重量分析法要求称量形式必须十分稳定、有确定的化学组成、摩尔质量大。滴定分析法是基于酸碱反应、配位反应、氧化还原反应、沉淀反应的定量分析方法，反应具有确定的化学计量关系，反应程度达 99.9%以上，反应速率快，并有适宜的方法确定滴定终点。除了直接滴定法，返滴定法、置换滴定法和间接滴定法大大扩展了滴定分析的应用范围。选择条件平衡常数尽可能大的反应条件和尽可能变色敏锐的指示剂，可以提高滴定准确度。通过公式可以计算滴定误差，对滴定进行可行性分析。

思 考 题

1. 标定 NaOH 溶液的浓度时，若采用(1) 部分风化的 $H_2C_2O_4\cdot 2H_2O$ 基准物质；(2) 含有少量中性杂质的 $H_2C_2O_4\cdot 2H_2O$ 基准物质；(3) $H_2C_2O_4\cdot 2H_2O$ 基准物质长期保存在放有硅胶的干燥器中，则标定所得的 NaOH 溶液浓度偏高，偏低，还是准确？为什么？

2. 标定 NaOH 溶液时，可用 $KHC_8H_4O_4$ 基准物质，也可用 HCl 标准溶液。试比较此两法的优缺点。

3. 如果用 $Na_2S_2O_3$ 标准溶液测定铜矿或铜合金中的铜，用什么基准物质标定 $Na_2S_2O_3$ 溶液的浓度最好？

4. 用 $K_2Cr_2O_7$ 作基准物质标定 $Na_2S_2O_3$ 溶液时，为什么要加入过量的 KI 溶液和 HCl 溶液？为什么放置一定时间后才加水稀释？如果(1) 加 KI 溶液而不加 HCl 溶液；(2) 加酸后不放置暗处；(3) 不放置或少放置一定时间即加水稀释，会产生什么影响？

5. 为什么用 I_2 溶液滴定 $Na_2S_2O_3$ 溶液时应预先加入淀粉指示剂？而用 $Na_2S_2O_3$ 溶液滴定 I_2 溶液时必须在将近终点之前才加入？

6. 当水样中 Mg^{2+} 含量低时，以铬黑 T 作指示剂测定水中 Ca^{2+} 和 Mg^{2+} 总量，终点不明晰，因此常在水样中先加入少量$[MgY]^{2-}$，再用 EDTA 溶液滴定，终点变色敏锐。这样做对测定结果有无影响？说明其原理。

7. 在配制 EDTA 溶液时所用的水中含有 Ca^{2+}，则下列情况对测定结果有何影响？

(1) 以 $CaCO_3$ 为基准物质标定 EDTA 溶液，用所得 EDTA 标准溶液滴定试液中的 Zn^{2+}，以二甲酚橙为指示剂。

思考题 7 解析

(2) 以金属锌为基准物质，二甲酚橙为指示剂标定 EDTA 溶液，用所得 EDTA 标准溶液滴定试液中 Ca^{2+} 的含量。

(3) 以金属锌为基准物质，铬黑 T 为指示剂标定 EDTA 溶液。用所得 EDTA 标准溶液滴定试液中 Ca^{2+} 的含量（$\lg K_{ZnY}=16.50$；$\lg K_{CaY}=10.69$；pH = 10 时，$\lg\alpha_{Y(H)}=0.45$；pH = 5～6 时，$\lg\alpha_{Y(H)}=4.6\sim6.6$）。

8. 今欲不经分离用配位滴定法测定下列混合溶液中各组分的含量，试设计简要方案（包括滴定剂、酸度、指示剂、所需其他试剂及滴定方式）。

(1) 浓度相近的 Zn^{2+} 和 Mg^{2+} 混合液中两者含量的测定（$\lg K_{ZnY}=16.50$，$\lg K_{MgY}=8.79$）；

(2) 含有 Fe^{2+} 的试液中测定 Bi^{3+}（$\lg K_{Fe(II)Y}=14.32$，$\lg K_{BiY}=27.8$）；

(3) Fe^{3+}，Cu^{2+}，Ni^{2+} 混合液中各自含量的测定（$\lg K_{Fe(III)Y}=25.1$，$\lg K_{CuY}=18.80$，$\lg K_{NiY}=18.62$）；

(4) 水泥中 Fe^{3+}，Al^{3+}，Ca^{2+}，Mg^{2+} 各自含量的测定（$\lg K_{Fe(III)Y}=25.1$，$\lg K_{AlY}=16.3$，$\lg K_{CaY}=10.69$，$\lg K_{MgY}=8.79$）。

9. KCl，$NaNO_3$ 等强酸强碱盐能否用酸碱滴定法确定其含量？

10. 已知 H_3PO_4 的 $pK_{a_1}=2.16$，$pK_{a_2}=7.21$，$pK_{a_3}=12.32$，在酸碱滴定定量分析中 H_3PO_4 可否分步滴定？为什么？

11. 滴定分析有最小称样量和最少滴定剂使用量要求吗？为什么？

12. 以滴定法测定溶液中 Ca^{2+} 含量，既可以用酸性 $KMnO_4$ 法，也可用 EDTA 滴定法，试比较两者的优缺点。

习　　题

1. 重量分析法测定 1.023 9 g 试样中 P_2O_5 的含量，使用 $MgCl_2$，NH_4Cl，$NH_3\cdot H_2O$ 使磷沉淀为 $MgNH_4PO_4$，过滤、洗涤后灼烧成 $Mg_2P_2O_7$，称得质量为 0.283 6 g。计算试样中 P_2O_5 的质量分数。

2. 选用邻苯二甲酸氢钾作基准物质，标定 0.1 $mol\cdot L^{-1}$ NaOH 溶液的准确浓度。今欲把用去的 NaOH 溶液体积控制为 25 mL 左右，应称取基准物质多少克？如改用草酸（$H_2C_2O_4\cdot 2H_2O$）作基准物质，应称取多少克？

3. 称取 0.100 5 g 纯 $CaCO_3$，溶解后用容量瓶配成 100 mL 溶液。吸取 25.00 mL，在 pH>12 时，用钙指示剂指示终点，用 EDTA 标准溶液滴定，用去 24.90 mL。试计算：

(1) EDTA 溶液的浓度；

(2) 每毫升 EDTA 溶液相当于多少克 ZnO，Fe_2O_3。

4. 在酸性溶液中用高锰酸钾法测定 Fe^{2+} 时，$KMnO_4$ 溶液的浓度是 0.024 84 $mol\cdot L^{-1}$，求用 (1) Fe；(2) Fe_2O_3；(3) $FeSO_4\cdot 7H_2O$ 表示的滴定度。

5. 以 0.100 0 $mol\cdot L^{-1}$ HCl 溶液滴定 0.100 0 $mol\cdot L^{-1}$ 苯酚钠溶液，当滴定至

0%,50%及 100%时的 pH 各为多少?

6. 100 mL 0.030 00 $mol \cdot L^{-1}$ KCl 溶液中加入 0.340 0 g 固体硝酸银。求此溶液中的 pCl 及 pAg。

7. 用 0.100 0 $mol \cdot L^{-1}$ HCl 溶液滴定同浓度的 Na_2CO_3 溶液至甲基橙变色终点,pH = 3.5,计算滴定误差。

习题 7 解析

8. 用配位滴定法测定氯化锌的含量。称取 0.250 0 g 试样,溶于水后,稀释至 250 mL,吸取 25 mL,在 pH = 5 ~ 6 时,用二甲酚橙作指示剂,用 0.010 24 $mol \cdot L^{-1}$ EDTA 标准溶液滴定,用去 17.61 mL。计算试样中 $ZnCl_2$ 的含量。

9. 称取 1.032 g 氧化铝试样,溶解移入 250 mL 容量瓶,稀释至刻度。吸取 25.00 mL,加入 $T_{Al_2O_3/EDTA} = 1.505\ mg \cdot mL^{-1}$ 的 EDTA 标准溶液 10.00 mL,以二甲酚橙为指示剂,用 $Zn(OAc)_2$ 标准溶液进行返滴定,至红紫色终点,消耗 $Zn(OAc)_2$ 标准溶液 12.20 mL。已知 1 mL $Zn(OAc)_2$ 溶液相当于 0.681 2 mL EDTA 溶液。求试样中 Al_2O_3 的含量。

10. 称取粗铵盐 2.000 g,加过量 KOH 溶液,加热,蒸出的氨用 50.00 mL 0.500 0 $mol \cdot L^{-1}$ HCl 标准溶液吸收,过量的 HCl 溶液用 0.500 0 $mol \cdot L^{-1}$ NaOH 溶液返滴定,用去 1.56 mL。计算试样中 NH_3 的含量。

11. 称取混合碱(Na_2CO_3 和 NaOH 或 $NaHCO_3$ 的混合物)试样 1.200 g 溶于水,用 0.500 0 $mol \cdot L^{-1}$ HCl 溶液滴定至酚酞褪色,用去 30.00 mL。然后加入甲基橙,继续滴加 HCl 溶液至橙色,又用去 5.00 mL。试样中含有何种组分?其含量各为多少?

12. 已知试样可能含有 Na_3PO_4,Na_2HPO_4,NaH_2PO_4 或它们的混合物,以及其他不与酸作用的物质。将 2.000 g 试样溶解后,用甲基橙作指示剂,以 0.500 0 $mol \cdot L^{-1}$ HCl 溶液滴定时用了 32.00 mL。同样质量的试样,当用酚酞为指示剂时,需用同浓度的 HCl 溶液 12.00 mL。求试样中各组分的含量。

13. 现有含 As_2O_3 与 As_2O_5 和其他无干扰杂质的试样,将此试样溶解后,在中性溶液中用 0.025 00 $mol \cdot L^{-1}$ 碘液滴定,耗去 20.00 mL。滴定完毕,使溶液呈强酸性,加入过量的 KI。由此析出的碘又用 0.150 0 $mol \cdot L^{-1}$ $Na_2S_2O_3$ 溶液滴定,耗去 30.00 mL,计算试样中 As_2O_3 和 As_2O_5 混合物的质量。

14. 用稀盐酸及 10.00 mL 0.050 00 $mol \cdot L^{-1}$ KIO_3 溶液处理 25.00 mL KI 溶液,煮沸以挥发除去释出的 I_2。冷却后加入过量 KI 溶液使之与剩余的 KIO_3 反应,释出的 I_2 需用 21.14 mL 0.100 8 $mol \cdot L^{-1}$ $Na_2S_2O_3$ 溶液滴定。计算 KI 溶液的浓度。

15. 称取含甲酸(HCOOH)试样 0.204 0 g,溶解于碱性溶液中,加入 0.020 10 $mol \cdot L^{-1}$ $KMnO_4$ 溶液 25.00 mL,酸化后加入过量的 KI,还原剩余的 MnO_4^- 及歧化产生的 MnO_4^- 和 MnO_2。最后用 0.100 2 $mol \cdot L^{-1}$ $Na_2S_2O_3$ 标准溶液滴定析出的 I_2,消耗 $Na_2S_2O_3$ 溶液 21.02 mL。计算试样中甲酸的含量。

第十章

元素及单质概述

物质都是由一种或几种元素的原子或离子构成的。迄今为止，人类已发现了118种化学元素，钚和钚以前的元素为地球上天然存在的元素，其余为人工合成放射性元素。这些元素构成了人类生存和发展的丰富的物质世界。人类对化学元素的发现、认识和利用的历史进程，也是人类社会发展的历史进程。人类大约在5 000年前发现了元素铜和锡，至此人类社会进入青铜时代；大约在3 000年前发现了元素铁，至此人类社会步入铁器时代。同样，今天的科学技术发展的每一步都离不开化学的发展，而化学是研究物质及物质变化的科学，物质的本质就是元素。研究元素及其化合物的化学，称为元素化学，它是各门化学分学科的基础，主要讨论元素及其化合物的存在、制备、性质及用途。元素周期表是讨论和掌握元素性质的基础工具。本章对元素的自然资源及氧化态、单质、稀有气体作概括性讨论。

10.1 元素的自然资源

在地球上各种元素的含量千差万别。地球表面以下16 km厚的岩石层称为地壳，元素在地壳中的含量称为丰度。丰度可用质量分数（质量Clarke值）或原子分数[①]（原子Clarke值）表示。地壳中以原子分数表示的大多数元素的丰度如图10-1所示。

其中含量最多的10种元素的原子分数如下：

元素	O	Si	H	Al	Na	Ca	Fe	Mg	K	Ti
原子分数/%	53.8	18.2	13.5	5.55	2.26	1.67	1.64	1.60	0.80	0.16

① 原子分数的求法：以相对原子质量除每种元素的质量分数，所得商为该元素的原子因数。以地壳中各元素的原子因数总和来除每种元素的原子因数，即得到该元素的原子分数。

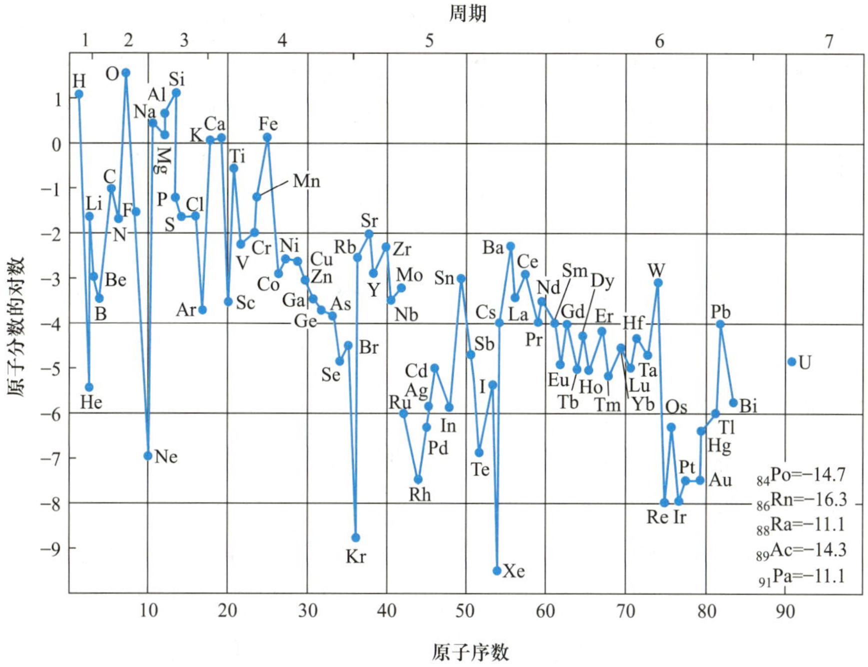

图 10-1 地壳中元素的丰度

这 10 种元素约占组成地壳原子总数的 99%，其余元素的总含量约占 1%。一般说来，人体内含量较多的元素，也是地壳中分布较多的一些元素，如 C，H，O，N，K，Na，Mg，Ca，Fe 等。这是生命体在长期进化过程中不断从大自然摄取“原材料”的缘故。当某一生物功能可以利用两种或更多元素来完成时，生物体将选择自然界存在较多并易获得的那种元素。这就是丰度规则和生物可利用规则。

化学元素概念的建立、演化和发展

以聚集状态而言，常温常压下，元素单质绝大多数以固态存在。以液态存在的只有溴及汞；以气态存在的有氢、氮、氧、氯及稀有气体氦、氖、氩、氪、氙、氡。

大多数元素以化合物（氧化物、硫化物、卤化物、碳酸盐、磷酸盐、硅酸盐、硫酸盐及硼酸盐等）形态存在。天然矿石以氧化物和硫化物居多，所以氧及硫又被称为成矿元素。

自然界中元素主要存在于矿物、天然水系（海水、河水、湖水及地下水）和大气层中。我国的矿产资源极为丰富，钨（W）、锌（Zn）、锑（Sb）、钛（Ti）、锂（Li）、硼（B）、稀土金属（rare earth metal）的储量均居世界首位。世界上最大的稀土矿区就在我国内蒙古的白云鄂博矿区。其他如锡（Sn）、铋（Bi）、铅（Pb）、汞（Hg）、铁（Fe）、锰（Mn）、铌（Nb）、钽（Ta）、铍（Be）、铝（Al）、铜（Cu）、镍（Ni）等金属，磷（P）、硫（S）、石墨（graphite）等非金属矿的储量，均居世界前列。

我国铁矿、铜矿、磷矿等多为贫矿；钾（K）、钴（Co）、金刚石（diamond）等资源较少；贵金属如金（Au）、银（Ag）、铂（Pt）等尤为稀少。矿床中共生、伴生矿较多，而且分布地域极不平衡。例如，我国钒（V）矿储量虽居世界第一，但绝大多数是伴生矿，回收率低。

海水中蕴藏着极为丰富的元素资源。除了组成水的氢(H)、氧(O)外,还有氯(Cl)、钠(Na)、镁(Mg)等70余种元素。它们多以离子形式存在于海水中。

地球表层外的大气层也是元素资源的一个巨大宝库。其主要成分是氮气、氧气及稀有气体(rare gas)。

10.2 元素的氧化态和惰性电子对效应

1. 价电子构型及常见氧化态

主族元素包括 s 区和 p 区的元素。s 区元素包括ⅠA 族的碱金属元素(还有氢元素)和ⅡA 族的碱土金属元素。

s 区元素的价电子构型为 $ns^{1\sim2}$。ⅠA 族和ⅡA 族元素的常见氧化态分别为+1和+2,其氧化态数值与价电子数相同。此外,氢的常见氧化态还有-1。

p 区元素包括ⅢA~ⅦA 族 5 个主族和 0 族,它们分别称为硼族(ⅢA 族)、碳族(ⅣA 族)、氮族(ⅤA 族)、氧族(ⅥA 族)、卤素(ⅦA 族)和稀有气体(0 族)。

p 区元素的价电子构型为 $ns^2np^{1\sim6}$。除 0 族外,p 区元素的 ns,np 电子均可参与成键,因此它们具有多种氧化态,不仅有正氧化态,也有负氧化态;同时其正氧化态多以差值为 2 变化,其最高氧化态与价电子数相等。

p 区元素的价电子构型及其常见氧化态见表 10-1。

表 10-1 p 区元素的价电子构型及其常见氧化态

族	ⅢA	ⅣA	ⅤA
价电子构型	ns^2np^1	ns^2np^2	ns^2np^3
常见氧化态	B:0,+3 Al:0,+3 Ga:0,+1,+3 In:0,+1,+3 Tl:0,+1,(+3)	C:-4,0,+2,+4 Si:0,+2,+4 Ge:0,(+2),+4 Sn:0,+2,+4 Pb:+2,+4	N:-3,0,+1,+2,+3,+4,+5 P:-3,0,+3,+5 As:-3,0,+3,+5 Sb:0,+3,+5 Bi:+3,+5
族	ⅥA	ⅦA	0
价电子构型	ns^2np^4	ns^2np^5	ns^2np^6
常见氧化态	O:-1,-2,0 S:-2,0,+4,+6 Se:-2,0,+2,+4,+6 Te:-2,0,+2,+4,+6 Po:0	F:-1,0 Cl:-1,0,+1,+3,+5,+7 Br:-1,0,+1,+3,+5,+7 I:-1,0,+1,+3,+5,+7	He:0 Ne:0 Ar:0 Kr:0,+2 Xe:0,+2,+4,+6,+8 Rn:0,+2,(+4)

说明:有( )者为不稳定氧化态。

我们注意到:p 区每族第一个元素的常见氧化态,一般与本族其他元素不同。例如,氮的常见氧化态明显多于本族其他元素,且以差值为 1 变化;而氟仅有 0 和 -1 两种氧化态,比本族其他元素的氧化态少得多。氮、氧、氟的化学性质与本族其他元素相比,也有很大不同。

2. 惰性电子对效应

p 区ⅢA~ⅤA 族从第三周期起,同族元素低氧化态化合物的稳定性自上而下逐渐增强,高氧化态化合物的稳定性则逐渐减弱,且容易形成比其族数少 2 的稳定氧化态,这种现象称为惰性电子对效应(inert pair effect)。

惰性电子对效应在第六周期ⅢA~ⅤA 族元素中表现较为明显。与它们的族数相同的氧化态的化合物,如ⅢA 族的 $TlBr_3$, TlI_3,ⅣA 族的 $PbCl_4$,ⅤA 族的 Bi_2O_5,常温下均极不稳定或根本不存在;又如,PbO_2 和 $NaBiO_3$ 具有很强的氧化性,是常用的氧化剂。与此相反,比它们的高氧化态低 2 的相应化合物则要稳定得多,ⅤA 族中,Bi(Ⅴ)化合物(如 Bi_2O_5)极不稳定,而Bi(Ⅲ)的化合物(如 BiO^+)却比较稳定,Bi(Ⅴ)化合物的稳定性比 As(Ⅴ),Sb(Ⅴ)的稳定性都要小得多。

对惰性电子对效应有多种解释。其中一种认为:上述第六周期元素的价电子构型为 $6s^26p^{1\sim3}$,其中 6s 电子的钻穿效应强,电子对能量较低,不易失去形成高氧化态的化合物。而一旦形成,这种化合物必然很不稳定,或表现出很强的氧化性。

又如,汞的价电子构型中也含有 $6s^2$ 电子对,所以单质汞的还原性很弱,属于极不活泼的金属之一。西奇维克(Sidgwick N V)最先认为,这是由于 $6s^2$ 电子不易参加成键,特别不活泼所致,并把 Hg 及位于 Hg 后元素的 $6s^2$ 电子对称为"惰性电子对"。

0 族元素,如氪(Kr)、氙(Xe)、氡(Rn)等,虽有正氧化态的化合物存在,但一般均不稳定,或具有很强的氧化性。例如,它们的氟化物及氧化物均为强氧化剂,XeO_3, XeO_4 等均极不稳定。

10.3 单　　质

10.3.1 单质的分类

单质是由同种元素的原子结合成的物质。元素按其性质可分为金属和非金属。若在长式周期表中以 B, Si, As, Te, At 对 p 区元素作一条对角线(见图 10-2,图中为便于讨论把氢暂排在ⅦA 族),则线的左下方为金属单质,线的右上方为非金属单质,线上及其附近元素的性质介于金属和非金属之间的中间状态,称为准金属。准金属多数是具有半导体性质的单质。

ⅢA	ⅣA	ⅤA	ⅥA	ⅦA	0
				H	He
B	C	N	O	F	Ne
Al	Si	P	S	Cl	Ar
Ga	Ge	As	Se	Br	Kr
In	Sn	Sb	Te	I	Xe
Tl	Pb	Bi	Po	At	Rn

图 10-2 非金属元素在元素周期表中的位置

10.3.2 单质的结构及性质

单质的性质不仅取决于组成单质的元素的原子结构,而且与单质的分子结构和晶体结构有密切的关系。

1. 非金属单质的结构及性质

(1) 非金属单质的结构与物理性质 现已知的非金属元素有 22 种:它们位于元素周期表的右上方,即在图 10-2 的实线框内。除稀有气体外,包括氢在内,ⅢA ~ ⅦA 族元素共 16 种。非金属元素都是主族(A 族)元素,其原子结构的特征是它们的最外层电子分布在 s 轨道和 p 轨道上(氢原子的价电子构型为 $1s^1$)。

非金属单质除稀有气体以单原子分子存在外,其他非金属单质均由双原子分子、多原子分子或大分子组成。越靠近非金属与金属交界线的元素,其单质的结构越复杂。它们单质的结构都明显地表现出各自固有的共价特征。22 种非金属单质的结构如图 10-3 所示(有同素异形体的元素只列出一种)。

可以用 8—N 规则来解释非金属单质的这种结构不同的现象。N 指非金属元素的价电子数,8—N 规则即指该元素的每个原子可与相邻原子形成 8—N 条共价单键(对 H,He 而言,则为 2—N)。

例如,稀有气体的 σ 键条数为 8-8=0(He 为 2-2=0),所以稀有气体为单原子分子。

氢气、卤素单质均为只有一条 σ 键的双原子分子。

氧气、氮气均为双原子分子,O_2 中含有两个三电子 π 键,N_2 中含有两个 p-p π 键。

单原子分子、双原子分子统称为小分子物质。

ⅤA 族及ⅥA 族其他元素的原子均遵循 8—N 规则,它们的单质往往是以共价单键形成的多原子分子,如 S_8,Se_8,P_4,As_4 等。

小分子物质、多原子分子物质的晶体均为分子晶体。

ⅣA 族的碳、硅,ⅢA 族的硼的单质,则属于原子晶体。

原子晶体中,原子间以共价单键形成巨大的分子。例如,硼晶体中存在着一个

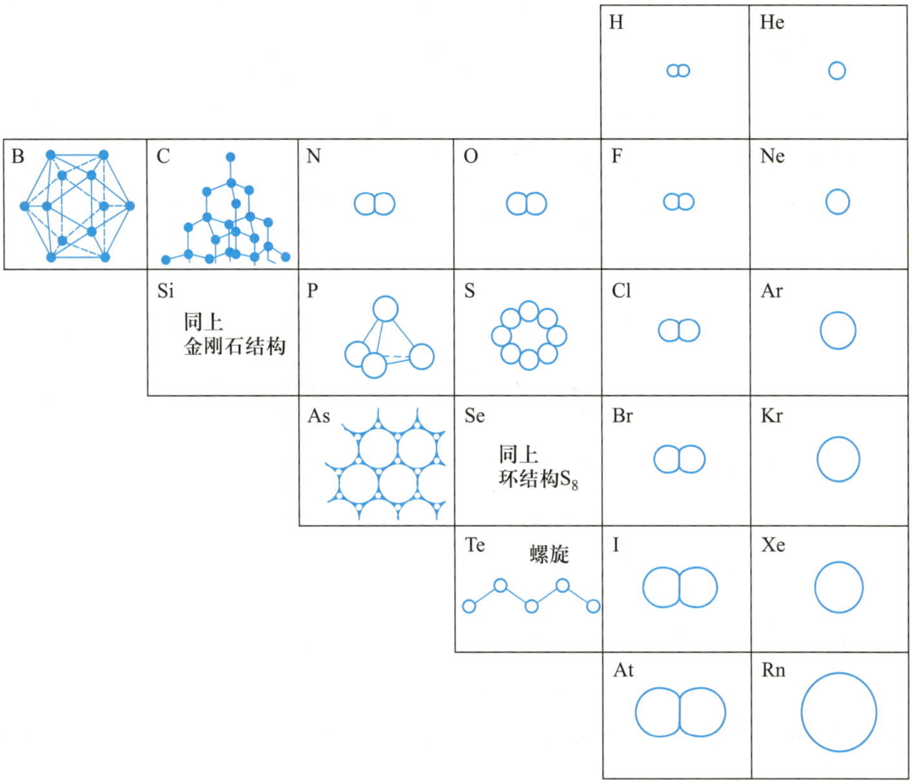

图 10-3 22 种非金属单质的结构

由 12 个硼原子结合而成的一个正二十面体，有 12 个顶角，20 个等边三角形，每个顶角上都有一个硼原子。这种晶体属于“巨型分子”物质。巨型分子物质还包括石墨（混合晶体、无限层状结构）、碲（混合晶体、无限链状结构）等。

（2）非金属单质的化学性质　活泼的非金属单质容易与金属元素形成卤化物、氧化物、硫化物、氢化物或含氧酸盐等。非金属单质彼此之间也可以形成卤化物、氧化物、氢化物、无氧酸或含氧酸等。大部分非金属单质不与水作用，仅部分卤素与水反应，碳在赤热的条件下才与水蒸气反应。非金属单质一般不和稀酸作用，碘、硫、磷、碳、硼等能被浓硝酸或浓硫酸氧化，生成氧化物或含氧酸：

$$3I_2+10HNO_3 \longrightarrow 6HIO_3+10NO\uparrow+2H_2O$$

$$S+2HNO_3 \longrightarrow H_2SO_4+2NO\uparrow$$

$$3P+5HNO_3+2H_2O \longrightarrow 3H_3PO_4+5NO\uparrow$$

$$C+2H_2SO_4(\text{浓}) \xrightarrow{\triangle} CO_2\uparrow+2SO_2\uparrow+2H_2O$$

$$2B+3H_2SO_4(\text{浓}) \longrightarrow 2H_3BO_3+3SO_2\uparrow$$

非金属单质与碱溶液反应有以下类型：

① 卤素在室温下能与碱溶液发生歧化反应：

$$X_2+2OH^- \longrightarrow X^-+XO^-+H_2O \qquad (1)$$

$$3XO^- \longrightarrow 2X^- + XO_3^- \qquad (2)$$

氯在 293K 时，按反应(1)进行，在 343 K 时，反应(2)进行得很快，因此常温下氯与碱作用主要生成次氯酸盐。溴在 293 K 时反应(1)和(2)进行得都很快，但在 273 K 时反应(2)较缓慢，因此只有低于 273 K 时才能得到次溴酸盐。碘即使在 273 K 时反应(2)也进行得很快，故碘与碱反应只能得到碘酸盐。

硫和磷与较浓的强碱溶液作用才能发生歧化反应：

$$3S + 6NaOH \xrightarrow{\triangle} 2Na_2S + Na_2SO_3 + 3H_2O$$

$$P_4 + 3NaOH + 3H_2O \xrightarrow[\triangle]{pH=14} PH_3 + 3NaH_2PO_2$$

② 硅和硼与较浓的强碱溶液作用放出氢气：

$$Si + 2NaOH + H_2O \longrightarrow Na_2SiO_3 + 2H_2\uparrow$$

$$2B(\text{无定形}) + 2NaOH + 2H_2O \xrightarrow{\triangle} 2NaBO_2 + 3H_2\uparrow$$

碳、氮、氧、氟等单质无上述类型反应。

(3) 对角线规则。在元素周期表中，ⅠA 族和ⅡA 族中有三对元素性质有些相似，这种相似性称为对角线规则。即 Li 与 Mg、Be 与 Al、B 与 Si 这三对元素在元素周期表中处于对角线位置：

Li　　Be　　B　　C

Na　　Mg　　Al　　Si

① Li 与 Mg 的相似性。Li 与 Mg 在过量的氧气中燃烧时生成正常氧化物 Li_2O 和 MgO；都能与氮直接化合而生成氮化物 Li_3N 和 Mg_3N_2；与水反应速率均较慢。

Li 与 Mg 的氢氧化物 LiOH 和 $Mg(OH)_2$ 都是中强碱，且在水中溶解度不大，在加热条件下可分别分解为 Li_2O 和 MgO。

它们的氟化物、碳酸盐、磷酸盐均难溶于水，碳酸盐在加热条件下均能分解为相应的氧化物和二氧化碳；氯化物均能溶于有机溶剂中，表现出一定的共价特性。

② Be 与 Al 的相似性。Be 与 Al 都是两性金属，既溶于酸也溶于强碱，在空气中易形成致密的氧化膜保护层，能被冷浓硝酸钝化。Be 与 Al 的氧化物 BeO 和 Al_2O_3 是典型的两性化合物，熔点和硬度高，且难溶于水。Be 与 Al 的氢氧化物 $Be(OH)_2$ 和 $Al(OH)_3$ 也都是难溶于水的两性物质。

Be 与 Al 的氯化物、溴化物、碘化物都易溶于水，$BeCl_2$ 和 $AlCl_3$ 共价成分都大，属于共价化合物，易升华，易溶于醇、醚等有机溶剂。Be 与 Al 的盐都易水解。

Be 与 Al 的碳化物与水反应可以生成甲烷：

$$Be_2C + 4H_2O \longrightarrow 2Be(OH)_2 + CH_4\uparrow$$

$$Al_4C_3 + 12H_2O \longrightarrow 4Al(OH)_3 + 3CH_4\uparrow$$

③ B 与 Si 的相似性。B 与 Si 单质在常温下都不活泼，与碱溶液反应能生成氢气；能生成玻璃态氧化物 B_2O_3 和 SiO_2，二者都显酸性，并能与金属氧化物作用分别生成硼酸盐和硅酸盐。

B 与 Si 的氢化物化学性质都很活泼，而且易挥发，与水反应则放出氢气。硼酸（H_3BO_3）和硅酸（H_2SiO_3）的水溶液呈弱酸性，在冷水中的溶解度都不大。由于 B—B 键和 Si—Si 键键能较小，相应的硼烷和硅烷的数目比碳烷烃少得多，而且容易水解。B 与 Si 的卤化物易水解，水解后都能生成相应的酸。B 与 Si 容易形成配合物，如 HBF_4 和 H_2SiF_6。

对角线规则可利用离子极化观点加以简单说明。同一周期最外层电子构型相同的金属离子，从左至右，极化作用随离子电荷数的增加而增强；同一族电荷数相同的金属离子，自上而下，极化作用随离子半径的增大而减弱。因此，处于元素周期表中左上和右下对角线位置上的两种元素，由于电荷数和半径对极化作用的影响恰好相反，它们的离子极化作用相对比较相近而引起它们的化学性质相似。值得注意的是，对角线规则只是从有关元素及其化合物的许多性质中总结出的经验规则。

2. 金属单质的分类和性质

（1）金属元素在元素周期表中的位置和分类　目前已发现的金属元素有 90 余种，其中在自然界能稳定存在的约 70 种，它们位于长式周期表的左下部，沿梯线与非金属隔开，见图 10-4。

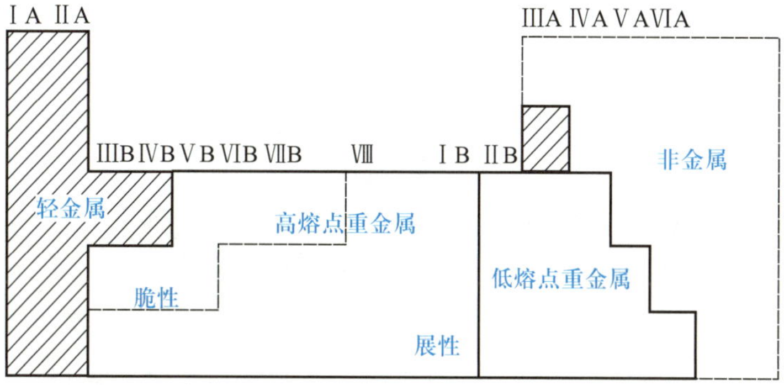

图 10-4　元素周期表中金属元素的位置与分类

图 10-4 中所列的轻金属和重金属等都是指金属元素单质。根据金属元素在元素周期表中的位置，可把金属元素分为主族金属元素和过渡金属元素；根据金属元素的结构、性质、冶炼和用途的不同，可把金属分为黑色金属和有色金属。黑色金属是铁、铬、锰；黑色金属以外的其他金属都称为有色金属。有色金属可分为以下四类：

① 轻金属，指密度小于 $5.0\ g\cdot cm^{-3}$ 的金属，包括ⅠA 族、ⅡA 族金属和 Al，Sc，Ti。

② 重金属，指密度大于 $5.0\ g\cdot cm^{-3}$ 的ⅠB 族、ⅡB 族、ⅢB～ⅦB 族和Ⅷ族金

属，以及ⅢA～ⅥA 族中的金属。其中ⅠB 族、ⅣB～ⅦB 族和Ⅷ族金属为高熔点金属，ⅡB 族和ⅢA～ⅥA 族金属为低熔点金属。

③ 贵金属，指Ⅷ族和ⅠB族中第五、六周期的 Ru，Rh，Pd，Ag，Os，Ir，Pt，Au。

④ 稀有金属，指自然界中含量稀少或分布稀散的金属。包括ⅢB～ⅦB 族，ⅠA 族和ⅡA 族中的 Li，Rb，Cs，Be，ⅢA 族和ⅣA 族中的 Ga，In，Tl，Ge，以及镧系和锕系金属。

（2）金属单质的性质 在金属单质中原子的大小相同，晶体可以看成由直径相等的圆球堆积而成的。金属在常温下除汞外都是固体。

不同金属的性质有一定的差别，这与金属在元素周期表中所处的位置有关。金属位于元素周期表中不同的区域，其价电子构型也不相同，有以下几种：ⅠA 族，ⅡA 族金属 $ns^{1\sim2}$，ⅢA～ⅥA 族金属 $ns^2np^{1\sim4}$，过渡金属 $(n-1)d^{1\sim10}ns^2$，镧系和锕系金属 $(n-2)f^{0\sim14}(n-1)d^{0\sim2}ns^2$。

多数金属元素的原子最外层只有 3 个以下的电子。某些金属（Sn，Pb，Sb，Bi 等）原子的最外层虽然有 4 个或 5 个电子，但它们的电子层数较多，原子半径较大，因此在反应时它们的价电子容易失去或向非金属元素的原子偏移，过渡金属还能失去部分次外层的 d 电子。因而，多数金属的特性之一是表现出较强的还原性。但是各种金属原子失去电子的难易程度不同，金属还原性的强弱也大不相同，若以金属活动顺序表为例，则可将各种金属的主要化学性质归纳于表 10-2 中。

表 10-2 各种金属的主要化学性质

<table>
<tr><td>金属活动顺序</td><td>K Ca Na</td><td>Mg Al Mn Zn
Fe Ni Sn Pb</td><td>H</td><td>Cu Hg</td><td>Ag Pt Au</td></tr>
<tr><td>金属在溶液中失去电子的能力</td><td colspan="5">依次减小 还原性减弱</td></tr>
<tr><td>在空气中与氧的反应</td><td>易被氧化</td><td>常温时被氧化</td><td>—</td><td>加热时能被氧化</td><td>不能被氧化</td></tr>
<tr><td>与水的反应</td><td>常温下取代水中的氢</td><td>加热时取代水中的氢</td><td>—</td><td colspan="2">不能从水中取代出氢</td></tr>
<tr><td rowspan="2">与酸的反应</td><td>作用激烈</td><td></td><td rowspan="2">—</td><td colspan="2">不能取代稀酸中的氢</td></tr>
<tr><td colspan="2">能取代稀酸（HCl，H_2SO_4）中的氢</td><td>能与 HNO_3 及浓 H_2SO_4 反应</td><td>难与 HNO_3 及浓 H_2SO_4 反应，只能与王水反应</td></tr>
<tr><td>与碱的反应</td><td colspan="5">仅 Al，Zn 等两性金属与碱反应</td></tr>
<tr><td>与盐的反应</td><td colspan="5">前面的金属可以从盐中取代后面的金属离子</td></tr>
</table>

应注意，有些金属在空气中会与浓硝酸作用，会在金属表面形成非常薄而致密的、覆盖性能良好的保护膜，以防止金属继续氧化，这种氧化膜的保护作用称为钝化(deactivate)。易钝化的金属有 Cr，Al，Ni，Fe，Co，V，Nb，Ta，Mo 等。

两性金属与强碱溶液的作用，可以看成金属先与水反应生成氢氧化物和氢气，然后再与碱反应生成相应的盐。例如：

$$2Al+6H_2O \longrightarrow 2Al(OH)_3+3H_2\uparrow$$

$$2Al(OH)_3+2NaOH \longrightarrow 2Na[Al(OH)_4]$$

$$2Al+2NaOH+6H_2O \longrightarrow 2Na[Al(OH)_4]+3H_2\uparrow$$

同理：

$$Zn+2NaOH+2H_2O \longrightarrow Na_2[Zn(OH)_4]+H_2\uparrow$$

此外，铍、镓、铟、锡等也能与强碱溶液反应。

10.3.3 同素异形体

同素异形体是指由同一种元素所形成的几种结构或性质不同的单质。固体单质通常都有几种不同结晶形态的变体。这种现象称为同素异构现象。

1. 金属单质的同素异形体

金属单质在常温常压下的同素异构现象并不明显。但在温度、压力发生变化时，某些金属的结构会随之发生变化，形成同素异形体。以下是某些金属的同素异形体：

(1) 白锡、灰锡及脆锡　锡的三种同素异形体，灰锡是金刚石型，共价键结构；白锡和脆锡是金属型晶体。人们常见的锡为白锡。由于温度的变化，各同素异形体间可互相转变。

$$灰锡(\alpha\text{-Sn}) \xrightleftharpoons{>286\ K} 白锡(\beta\text{-Sn}) \xrightleftharpoons{>434\ K} 脆锡(\gamma\text{-Sn})$$

严寒期间，长期处于低温下的白锡会迅速变成粉末状的灰锡，这一现象称为“锡疫”。

锡疫

(2) 黄锑、灰锑及黑锑　锑的三种同素异形体仅灰锑比较稳定。灰锑晶体具有层状结构，性较脆；黑锑及黄锑均为分子晶体。把锑蒸气急剧冷却后可制得黄锑，黄锑以 Sb_4 分子形式存在，可溶于 CS_2，具有类似于白磷的四面体结构。

(3) α-Fe，γ-Fe 及 δ-Fe　α-Fe，γ-Fe，δ-Fe 都是纯铁的同素异形体，随着温度增加，由一种结构转变为另一种结构，这种现象称为同素异构转变，同素异构转变是相变的一种。铁的三种同素异形体的转变温度为

$$\alpha\text{-Fe} \xrightarrow{1\ 183\ K} \gamma\text{-Fe} \xrightarrow{1\ 663\ K} \delta\text{-Fe}$$

纯铁在室温下是体心立方结构，称为 α-Fe。γ-Fe 是面心立方晶格。将纯铁加热，当温度到达 1 183 K 时，由 α-Fe 转变为γ-Fe。继续升高温度，到达 1 663 K

记忆合金

时，γ-Fe 转变为体心立方结构的 δ-Fe。

2. 非金属单质的同素异形体

碳、磷、硫、硒的常见同素异形体的部分性质列于表 10-3。

表 10-3　碳、磷、硫、硒的常见同素异形体的部分性质

单质	同素异形体	颜色	密度/($g\cdot cm^{-3}$)	熔点/K
碳	金刚石	无色透明	3.513	3 823
	石墨	灰色、金属光泽	2.267	4 188~4 293
	富勒烯	棕黑色	1.682(300 K 计算值)	
磷	白磷	白色，见光变黄	1.823	317.3
	红磷	暗红色	2.34	870.15
	黑磷	铁灰色、金属光泽	2.619	839
硫	正交硫(α 型)	黄色	2.08	367.65(转为 β 型)
	单斜硫(β 型)	浅黄色	1.96	388.36
	珠光硫(γ-单斜)	黄白色	1.92	379.95
硒	灰硒	灰色、金属光泽	4.79	490
	红硒	红色	4.46	417
	黑硒	黑色(玻璃状)	4.28	

(1) 碳的同素异形体　金刚石、石墨及富勒烯是碳的重要同素异形体。通常所说的无定形碳如炭黑、木炭、焦炭等，实际上都具有石墨结构。用特殊方法制备的多孔型炭黑即活性炭，在化工生产中被广泛用于脱色、选择性分离，以及作为催化剂载体等。

金刚石是原子晶体，是所有单质中硬度最大(莫氏硬度 10.0)的物质。金刚石不导电，在室温下化学性质不活泼，不与任何化学试剂发生反应；在空气中加热至 1 100 K 时，可燃烧生成 CO_2。金刚石俗称钻石，除作装饰品外，在工业上主要用来制作钻头、刀具及精密轴承等。金刚石薄膜还被用于制作手术刀、散热芯片、集成电路及各种敏感部件。

石墨是具有层状结构的过渡型晶体，质软，有润滑性，导电、导热性能良好，密度小于金刚石，熔点比金刚石稍高。通常情况下，石墨比金刚石稳定。石墨被大量用于制作电刷、电极、润滑剂、坩埚、铅笔芯等。

1985 年，克诺托(Kroto H W)及斯迈勒(Smedley R E)等人发现了碳的第三种同素异形体——富勒烯(Fullerene)碳原子簇：C_{28}，C_{30}，C_{50}，C_{60}，C_{76}，C_{80}，C_{90}，…，C_{240}，C_{540}等。其中 C_{60} 丰度最高，比较稳定。1990 年，克拉茨梅尔(Kratschmer，W)又成功地制备并分离出克量级的 C_{60}晶体，这种晶体呈棕黑色，具有由 60 个碳原子连接 12 个正五边形，20 个正六边形组成的 32 面体的中空球体结构(图 10-5)，形似足球，且结构中存在 C═C 键，所以也称为球碳。

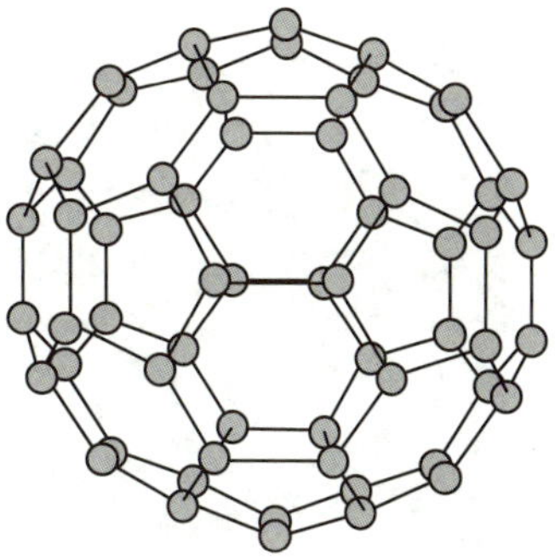
图 10-5 C_{60}的结构示意图

在 C_{60}中，由于其 60 个 p 电子组成的球面形离域大 π 键具有较强的电子亲和力及还原性，所以 C_{60}具备了同时作为受电子体和给电子体的双重性质，可与其他反应物进行氧化还原、亲核加成、亲电加成等多种化学反应。例如，C_{60}加氢后生成 $C_{60}H_{36}$及 $C_{60}H_{18}$；与氟反应生成 $C_{60}F_{42}$，$C_{60}F_{60}$等，这些产物可用作高温润滑剂、防水及耐热材料。C_{60}及其衍生物在 DNA 切割、光动力医疗法、抗病毒、酶抑制等方面应用前景广阔，对 C_{60}及其衍生物的结构、性质及制备的研究是现代化学的前沿。

1990 年，瑞士科学家用高压电镜研究碳团簇时，发现了具有管状结构的碳分子，这种管状碳后来被称为碳纳米管（carbon nanotube），其结构与成键均与 C_{60}类似。碳纳米管具有极高的化学稳定性，耐强酸、强碱腐蚀，不易氧化。碳纳米管在微电子学领域具有重要应用。

此外，线形碳（carbyne）也是碳的一种新型同素异形体，这是一种碳原子以 sp 杂化轨道互相键联而成的线形碳分子，有共轭三键型［α 型：$(—C\equiv C—)_n$］和累积双键型［β 型：$(=C=C=)_n$］两种。自然界发现的为银白色的 α 型线形碳结晶薄膜，六方晶系，与石墨面正交，结晶线形碳的硬度比石墨大。合成线形碳多为黑色无定形态，不溶于已知的任何溶剂。线形碳可能成为优良的超强纤维、常温超导体及生物医学材料，并有可能在非高温高压条件下合成金刚石。

石墨烯是继富勒烯和碳纳米管之后出现的一种新型二维碳纳米材料，是纳米材料科学领域的一颗耀眼的新星。2004 年，英国曼彻斯特大学物理学家安德烈·海姆（Andre Geim）和康斯坦丁·诺沃肖洛夫（Konstantin Novoselov），成功地在实验中从石墨中分离出石墨烯，证实了石墨烯可以单独存在，两人也因“在二维石墨烯材料的开创性实验”，共同获得 2010 年诺贝尔物理学奖。

石墨烯是由碳原子紧密堆积成的二维蜂窝状结构，可以看成一层被剥离的“石墨片”（如图 10-6 所示），理想的石墨烯是单层结构，厚度为 0.34 nm，仅为头发丝的二十万分之一，被认为是零维的富勒烯、一维的碳纳米管和三维的体相石墨的母体（如图 10-7 所示），由此形成了富勒烯、碳纳米管、石墨烯、金刚石和石墨的碳系家族。但双层或多层（≤ 10）石墨烯也具有重要的研究价值，所以石墨烯可分为三种：单层石墨烯、双层石墨烯和多层石墨烯（层数≤ 10）。

石墨烯可以通过高机械剥离法、氧化石墨还原法、沉积生长法、化学合成（自上而下）法等方法制备。石墨烯的特殊结构，使其具有丰富而新奇的物理化学性质。石墨烯具有优异的光学、热力学、力学性能，高的电子迁移率，高比表面积，以及奇特的电学性能，这些优异的性能使石墨烯在电源材料、复合材料、传感器、晶体管等多个领域具有良好的应用前景。

硅烯

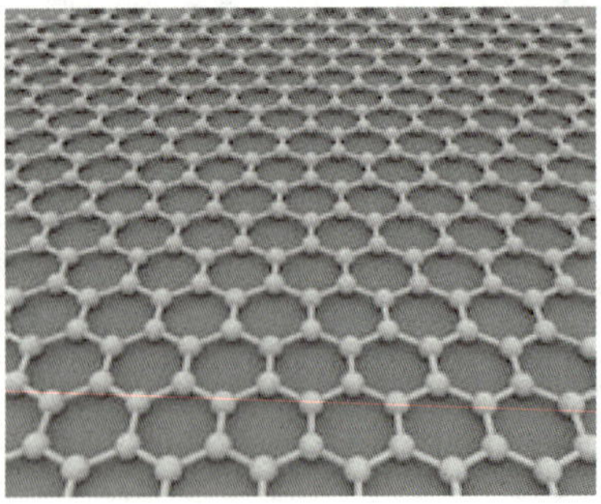

图 10-6 石墨烯

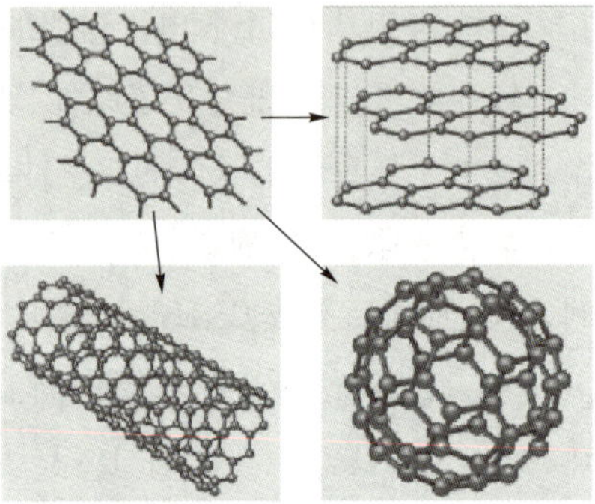

图 10-7 sp^2 杂化碳质材料的基本组成单元

（2）白（黄）磷、红磷及黑磷　将磷蒸气隔绝空气迅速冷却，可制得白磷，白磷见光迅速变黄，故又称黄磷。白磷有剧毒。白磷在空气中会自燃，通常将其保存在水中。

晶状白磷由单个的 P_4 分子依靠分子间力堆积而成，可溶于非极性溶剂。P_4 分子结构如图 10-8 所示。

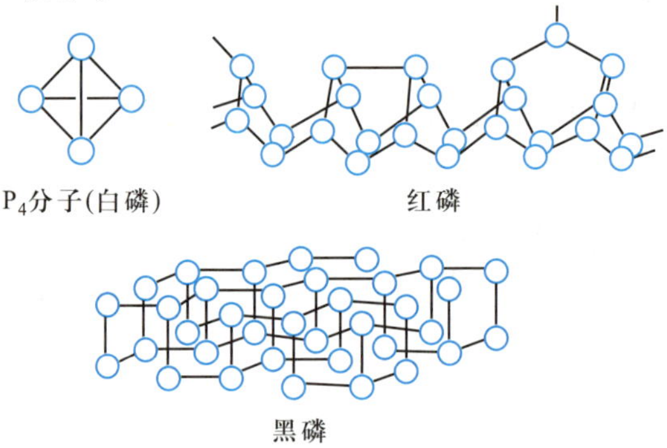

图 10-8 P_4 分子、红磷及黑磷的结构

P_4 分子具有四面体结构，P—P 键键能小，易断裂，所以白磷的化学性质比较活泼。其主要用途是用于制造高纯磷酸、有机磷杀虫剂、烟幕弹及饲料级磷酸盐。

将白磷置于密闭容器中在 533 K 左右长时间加热，可得到红磷，其结构见图 10-8。红磷由长链状的巨大分子所组成，活性比白磷小得多，无毒，不溶于有机溶剂。红磷可用于火柴生产，火柴盒侧面所涂物质即红磷与 Sb_2S_3 等的混合物。

在高压下或在常压下用 Hg 作催化剂，以少量黑磷作“晶种”，将白磷在 493~643 K 加热 8 天左右可制得黑磷。黑磷的结构类似石墨，是折皱的层状分子，有导电性。黑磷的化学性质比白磷要稳定得多。

（3）氧与臭氧　氧单质有两种同素异形体：氧（O_2）和臭氧（O_3）。

氧气分子的电子结构式为

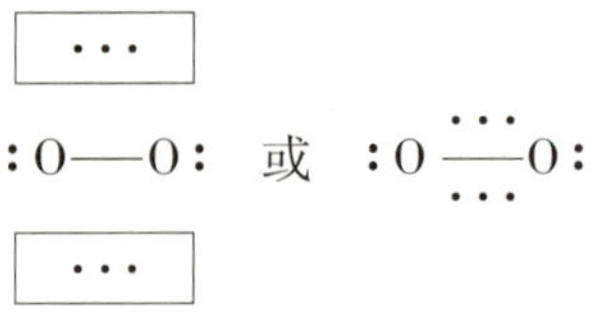

因两个三电子 π 键中有两个不成对电子，所以氧气分子有顺磁性。

氧气是无色、无味、无臭的气体，90 K 时凝结为淡蓝色液体，低于 54 K 时可形成浅蓝色固体，液压氧气钢瓶的压力可达 15 MPa。常温下氧气的反应性能较差，加热条件下，除卤素、稀有气体及 Au，Pt 等少数贵金属外，氧气几乎可与所有元素化合成相应氧化物。氧是生命元素，可用作医疗急救及高空飞行。纯氧被大量用于炼钢及切割、焊接金属。

臭氧的分子结构及电子排布如图 10-9 所示。

臭氧分子的中心氧原子采取 sp^2 杂化，其中两个 sp^2 杂化轨道分别与另两个氧原子的一个含单电子的 p 轨道重叠，形成两个 σ 键。中心氧原子上的另一个 sp^2 杂化轨道被一对孤电子对占据。此外，中心氧原子还有一对电子在没有参与杂化的 2p 轨道上，另两个氧原子的 2p 轨道上又各有一个单电子，这些没有参与杂化的 p 轨道相互平行重叠，形成了三中心四电子大 π 键，以 Π_3^4 表示。这种大 π 键是不定域（或离域）π 键，即电子不是固定在两个原子间，而是在整个分子中成键。

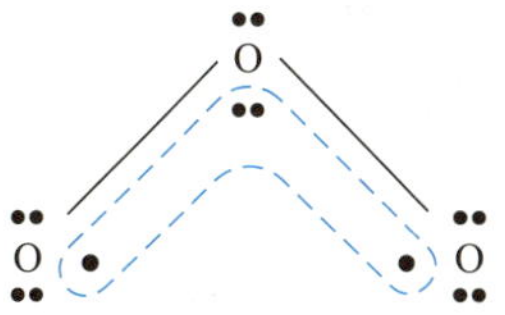

图 10-9 臭氧的分子结构及电子排布

臭氧分子的极性

O_3 是蓝色气体，有鱼腥臭味，161 K 时凝聚成深蓝色液体，80.7 K 时凝结为黑紫色固体。O_3 不稳定，易分解，分解时放出大量热：

$$2O_3 \longrightarrow 3O_2 \qquad \Delta_r H_m^\ominus = -285.4\ \text{kJ}\cdot\text{mol}^{-1}$$

O_3 的氧化性极强，可氧化 O_2 不能氧化的不活泼单质，如 Hg，Ag 等。O_3 可用于净化空气，漂白棉、麻、纸张等。O_3 作为消毒剂与水作用，比 Cl_2 与水作用快 600～3 000 倍，效率很高，而且没有 Cl_2 消毒水所带入的异味。

大气中有少量 O_3，其总量相当于在地球表面覆盖 3 mm 厚的 O_3 层。它主要集中在离地面 20～40 km 的高空（20 km 处 O_3 含量为 0.22 $\mu L\cdot L^{-1}$）。太阳光透过这个 O_3 层，发生下列反应：

$$O_2 \xrightarrow{h\nu(<242\ \text{nm})} O+O$$

$$O_2+O \longrightarrow O_3$$

$$O_3 \xrightarrow{h\nu(220\sim320\ \text{nm})} O_2+O$$

生成的 O 又转化为 O_2 或 O_3。

以上反应把太阳辐射到地球上约 5% 的“硬紫外线”转化为对动植物无害的其他形式的能量。因此，高空 O_3 层对地面上的动植物起着保护作用。

无氟制冷剂

但是对 O_3 的分解有催化作用的氮氧化物、氯氟烃（如 CCl_2F_2）、氯化物、氟化物和烟雾剂等，对 O_3 层有破坏作用，造成“臭氧层空洞”。臭氧层的破坏使得过量紫外线照射到地面，导致人类皮肤癌的发病率升高，同时也造成地球日益变暖，给人类带来极大的危害。

10.3.4 单质的制备方法

单质的制备方法，大致有物理分离法和化学制备法两大类。化学制备的方法较多。在单质制备过程中，仅用一种方法即可制备的情况较少，多是几种方法综合，物理分离法和化学制备法交替使用的情况较为普遍。

1. 物理分离法

物理分离法适于分离、提取那些在自然界中以单质状态存在，同时与其杂质在某些物理性质（如密度、沸点、渗透压等）上有显著差异的元素。例如，淘金就是利用金本身的密度比杂质大的性质，经淘洗后将其从矿砂中分离出来的。又如，从液态空气中分馏出氧气、氮气及稀有气体，是利用了它们液体的沸点不同来进行的。要把各种稀有气体进一步分离，则需要利用它们的沸点及吸附能力的差异。例如，在不同温度下，用活性炭对各种稀有气体吸附及解吸，便可使稀有气体一一分开。

空分技术

利用膜分离空气（采用 O_2 渗透压大于 N_2 渗透压的膜材料使氮、氧分离）吸附纯化的技术，可获得纯度较高的氮气。

此外，提取高纯硅及高纯锗的区域熔融法，也是一种常用的物理方法。

2. 化学制备法

（1）热解法及电解法　热解法中的反应物主要是热稳定性较差的化合物，如 HgS，$[Ni(CO)_4]$，ZrI_4，Ag_2O 等。

例如，将辰砂（HgS）直接在 873～973 K 的空气流中焙烧制取汞：

$$HgS(s) \xrightarrow[\triangle]{O_2} Hg(l) + SO_2$$

热分解原理在工程实际中应用颇广。例如，人们熟悉的碘钨灯，其灯管内壁就涂覆有少量 I_2，当钨丝受热至 523～923 K 时，W 升华至管壁上与 I_2 生成 WI_2，WI_2 在灯管内扩散，当遇到灼热的钨丝时，由于热稳定性差，又重新分解为 $I_2(g)$ 及 W。这样不断循环的结果，使灯的发光效率及使用寿命大大提高。

制取活泼的金属单质及非金属单质可用电解法。例如，电解 15%～20% NaOH 溶液可制得纯度高达 99.5%～99.9%的氢气：

$$\text{阴极反应} \quad 2H^+ + 2e^- \longrightarrow H_2\uparrow$$

$$\text{阳极反应} \quad 4OH^- - 4e^- \longrightarrow 2H_2O + O_2\uparrow$$

但此法耗电量大，成本高。

电解熔融金属的化合物可制备 Li，Na，Mg，Al 等活泼金属：

$$2NaCl(\text{熔体}) \xrightarrow{\text{电解},\,CaCl_2} \underset{(\text{阴极})}{2Na} + \underset{(\text{阳极})}{Cl_2\uparrow}$$

$$2Al_2O_3(\text{熔体}) \xrightarrow[Na_3AlF_6]{\text{电解},1\ 250\ K} \underset{(\text{阴极})}{4Al} + \underset{(\text{阳极})}{3O_2\uparrow}$$

制备 F_2 主要也是采用电解法。通常是将三份 KHF_2 及两份无水 HF 的熔融混合物进行电解：

$$2KHF_2 \xrightarrow[373\ K]{\text{电解}} 2KF+\underset{(\text{阴极})}{H_2\uparrow} + \underset{(\text{阳极})}{F_2\uparrow}$$

工业制备烧碱一般是电解 NaCl 的水溶液，其副产品是氢气和氯气：

$$2NaCl+2H_2O \xrightarrow{\text{电解}} 2NaOH+\underset{(\text{阴极})}{H_2\uparrow} + \underset{(\text{阳极})}{Cl_2\uparrow}$$

（2）化合物的氧化还原法　利用氧化还原的原理，用适当的氧化剂或还原剂，从化合物中制取单质的方法称为氧化还原法。

例如，实验室制氯气：

$$MnO_2+4HCl(\text{浓}) \xrightarrow{\triangle} MnCl_2+Cl_2\uparrow+2H_2O$$

一些常用还原剂如炭，CO，H_2，活泼金属等，经常被用于与氧化物、卤化物等化合物在加热情况下反应，以制取单质。例如：

$$MgO+C \xrightarrow{\triangle} Mg+CO\uparrow$$

$$PbO+CO \xrightarrow{\triangle} Pb+CO_2\uparrow$$

$$WO_3+3H_2 \xrightarrow{\triangle} W+3H_2O(g)$$

$$B_2O_3+3Mg \xrightarrow{\triangle} 2B+3MgO$$

$$TiCl_4+4Na \xrightarrow{\triangle} Ti+4NaCl$$

$$SiCl_4+2Zn \xrightarrow{\triangle} Si+2ZnCl_2$$

从氧化物的 $\Delta_r G_m^{\ominus}-T$ 图（也称艾林汉姆图）可了解将某一单质（多为金属单质）从其氧化物中还原出来所需的还原剂及反应温度的大致情况。

氧化物的艾林汉姆图

假设某金属 M 与 O_2 的反应如下：

$$\frac{m}{n}M+O_2 \longrightarrow \frac{1}{n}M_mO_{2n}$$

$\Delta_r G_m^{\ominus}$表示 1 mol O_2 与$\frac{m}{n}$mol M 反应生成$\frac{1}{n}$mol M_mO_{2n}的标准吉布斯函变，以 $\Delta_r G_m^{\ominus}$ 对 T 作图，可得到各种氧化物的 $\Delta_r G_m^{\ominus}-T$ 图（图 10-10）。图中各直线折点所对应的温度为该金属的沸点。

根据热力学原理，由图 10-10 可知：

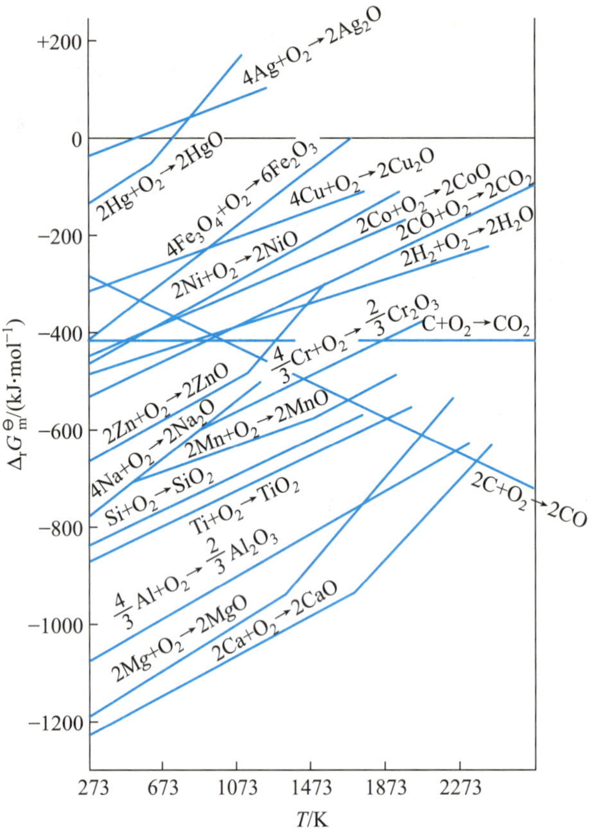

图 10-10 氧化物的 $\Delta_r G_m^\ominus - T$ 图

① 图中某直线对应的氧化物能被其下面任一直线对应的金属还原，且两直线距离越远，反应越完全。例如，NiO 线在 Al_2O_3 线之上，Al 就可将 NiO 中的 Ni 置换出来。

$$2Al+3NiO \xrightarrow{\triangle} Al_2O_3+3Ni\uparrow$$

② 由图可见，CaO，MgO，Al_2O_3 的 $\Delta_r G_m^\ominus$ 值比其他氧化物的 $\Delta_r G_m^\ominus$ 值都要小，所以 Ca，Mg，Al 是还原其他氧化物的常用还原剂。

③ 由图可见 CO 的 $\Delta_r G_m^\ominus$ 值随温度的升高而降低。以 ZnO 为例，在较低温度下 C 与 ZnO 并不反应，但当温度升至约 1 200 K（此时 CO 线与 ZnO 线相交）时，则将发生如下反应：

$$ZnO+C \xrightarrow{\triangle} Zn(g)+CO\uparrow$$

要发生如下反应：

$$ZnO+CO \xrightarrow{\triangle} Zn(g)+CO_2\uparrow$$

则需更高温度（图中 ZnO 线与 CO_2 线交点以上温度）。

正是因为较低温度下 C 被金属氧化物氧化的产物是 CO，使得许多金属单质在中等温度条件下即可被碳置换出来。

必须指出，这种方法仅从理论上分析了氧化物热还原反应的一般条件，实际应用时，情况要复杂得多，还需要考虑各种因素的综合影响。

(3) 配合物提取法　配合物提取法是一种重要的单质提取法。尤其在湿法冶金提取某些贵金属（如金、银、铂等）时，应用较为普遍。例如，氰化法（cyanide process）就是一种传统的提金方法。用稀 NaCN 溶液处理金矿粉，通入空气使矿粉溶解，将残渣分离后，再用 Zn 或 Al 将 Au 从其氰化物溶液中置换出来：

氰化法提金平衡常数

$$4Au+O_2+8CN^-+2H_2O \longrightarrow 4[Au(CN)_2]^-+4OH^-$$

$$2[Au(CN)_2]^-+Zn \longrightarrow 2Au\downarrow+[Zn(CN)_4]^{2-}$$

然后再用电解法精制，可得到纯度高达 99.95%的纯金。

由于 NaCN 有剧毒，目前世界各国都在研究新的提金工艺，以代替氰化法。目前比较成熟的有硫脲法（thiourea process）、水氯化法、溴化法等。例如，硫脲法：

$$Au+2SCN_2H_4+Fe^{3+} \longrightarrow [Au(SCN_2H_4)_2]^++Fe^{2+}$$

$$2[Au(SCN_2H_4)_2]^++Zn \longrightarrow 2Au\downarrow+[Zn(SCN_2H_4)_2]^{2+}$$

硫脲法溶金速率比氰化法快 12 倍，硫脲的毒性也比氰化钠小得多，但硫脲耗量大，生产成本高，而且还存在设备腐蚀的问题。水氯化法及溴化法存在 Cl_2，Br_2 有毒的问题。

(4) 调节溶液酸度法　海水提溴的工业制法是控制溶液酸度提取、精制单质的典型实例。

首先，在 383 K 左右，将氯气通入海水晒盐后留下的苦卤（富含 Br^-）中，保持 pH=3.5 左右，即可将 Br_2 置换出来：

$$Cl_2+2Br^- \longrightarrow Br_2+2Cl^-$$

用空气将这种含杂质的溴吹出后，再经 Na_2CO_3 的碱性溶液吸收，Br_2 发生歧化反应：

$$3Br_2+3CO_3^{2-} \longrightarrow 5Br^-+BrO_3^-+3CO_2\uparrow$$

然后用硫酸酸化 Br^- 及 BrO_3^- 的浓溶液：

$$5Br^-+BrO_3^-+6H^+ \longrightarrow 3Br_2+3H_2O$$

最后再加入少量 KBr，以除去残存的 Cl_2，并加热蒸发，即可得到较纯的溴。

其原理可由以下元素电势图得到解释：

$$E_A^\ominus/V \qquad BrO_3^- \xrightarrow{1.520} Br_2 \xrightarrow{1.087} Br^-$$

$$E_B^\ominus/V \qquad BrO_3^- \xrightarrow{0.483} Br_2 \xrightarrow{1.087} Br^-$$

在碱性溶液中，由于 $E^\ominus$(右)>$E^\ominus$(左)，所以会发生 Br_2 的歧化反应；而在酸性介质中，$E^\ominus$(右)<$E^\ominus$(左)，则发生逆歧化反应。这样，通过调节溶液的酸度，改变了氧化还原的方向，从而可制得较纯的单质溴。

应该指出，单质的制备及纯化是一个复杂的过程，要综合考虑很多因素，如设备、能耗、原料、成本等。而且，上述方法往往没有严格的区分界限，从矿石到纯净的单质，通常需要若干流程，各种方法的轮流使用是很普遍的事情。例如，电解铝法制铝：

$$\underset{(\text{铝矾土})}{Al_2O_3}+2OH^-+3H_2O \longrightarrow 2[Al(OH)_4]^-$$

$$2[Al(OH)_4]^-+CO_2 \longrightarrow 2Al(OH)_3\downarrow+CO_3^{2-}+H_2O$$

$$2Al(OH)_3 \xrightarrow{\triangle} Al_2O_3+3H_2O$$

$$2Al_2O_3 \xrightarrow[Na_3AlF_6]{\text{电解},1\ 250\ K} \underset{(\text{阴极})}{4Al} + \underset{(\text{阳极})}{3O_2}\uparrow$$

从铝矾土矿到纯铝锭：调控 pH 改变产物、热解法、电解法等化学方法，也包含了溶解、过滤、冷凝等物理过程。

再如，制备高纯铁粉、镍粉等的羰基化精炼方法，则是配合物提取法及热解法的综合应用。以铁粉为例：

$$Fe+5CO \xrightarrow[20\ MPa]{473\ K} [Fe(CO)_5] \xrightarrow{473\sim523\ K} Fe+5CO\uparrow$$

先将含有杂质的铁粉在加压升温的条件下，制成淡黄色的液态$[Fe(CO)_5]$。由于羰基化合物容易挥发，所以易与杂质分离。将与杂质分离后的$[Fe(CO)_5]$蒸气在 473～523 K 减压、加热，分解后即制得含碳极低的高纯度铁粉，这种铁粉被用于制作磁铁芯及催化剂。

10.4 氢及氢能源

10.4.1 氢

氢是宇宙中最丰富的元素。太空探测得知，在太阳和许多恒星的大气中含有大量的氢，氢是太阳、木星大气的主要组成部分。在地壳中氢的含量也相当丰富，约占地壳质量的 1%，但自然界中的氢主要以化合态存在于水和有机化合物中，大气中氢的含量是极少的，在邻近海面的大气中仅有 5×10^{-5}%（体积分数）的单质氢。

氢是元素周期表中第一个元素，原子核外只有一个电子，处在 1s 轨道上。它可以失去一个电子成为 H^+，像ⅠA 族元素；可以获得一个电子成为 H^-，使价电子层轨道全充满，像ⅦA 族元素。有人将氢排在元素周期表中ⅦA 族的位置上，但氢的电离能（I）和电子亲和能（A）均与碱金属元素显示出一致的变化趋势，在低温高压下，氢气可以转变成黑色晶体——金属氢。因而，一般将氢排在元素周期表中 I A 族的第一个位置上。

1. 氢的同位素

同位素是指一种元素的原子具有相同的质子数，而具有不同的质量数，并在元素周期表中处于同一个位置的元素。氢有三种同位素：${}_{1}^{1}H$（氕），${}_{1}^{2}H$（氘），${}_{1}^{3}H$（氚），它们的组成及丰度见表 10-4。

由${}_{1}^{1}H$ 组成的 H_2 叫氢，${}_{1}^{2}H$ 组成的 D_2 叫重氢。${}_{1}^{3}H$ 组成的 T_2 叫超重氢。${}_{1}^{3}H$ 是氢的放射性同位素，自然界中不存在。这三种同位素之间质量数差别很大，它们在物理性质上所表现出来的差别要比其他的同位素之间存在的差别大得多。

表 10-4 氢的同位素的组成及丰度

	氕	氘	氚
符号	H	D	T
质子数	1	1	1
中子数	0	1	2
质量数	1	2	3
丰度/%	99.985	0.015	10^{-17}（数量级）

然而，它们具有相同的电子结构，这决定了它们的化学性质基本相同，仅在反应速率和平衡常数方面有一些差别。例如，同卤素反应时，H_2 比 D_2 的活化能低，反应速率快；电解水时，释放 H_2 比 D_2 快 6 倍。

D（氘）和 O（氧）组成的水 D_2O 叫重水，重水在原子能工业中大量用作反应堆的减速剂、冷却剂，也用于制造氢弹的热核材料——氘或氘化锂。控制热核反应成功后，重水将会成为主要的核燃料。反应堆所需重水纯度要在 99.75% 以上。重水可采用反复电解水的方法富集；也可采用高功率的激光照射三氟甲烷（CDF_3，CHF_3）获得 DF，DF 按下面反应转化重水：

$$CaO+2DF \longrightarrow CaF_2+D_2O$$

2. 氢的性质

氢在常温下是无色、无味、无臭的气体，其物理常数如表 10-5 所示。

表 10-5 氢的物理常数

性质	物理常数
密度/($g\cdot cm^{-3}$)	0.088
熔点/K	13.80
沸点/K	20.27
临界温度/K	33.24
临界压力/MPa	1.297
水中溶解度(273 K)/($mol\cdot L^{-1}$)	9.55×10^{-4}

氢分子中的 H—H 键键能（436 $kJ\cdot mol^{-1}$）较大，通常要在加热或增压甚至需催化剂参与下才能同其他物质发生化学反应。

（1）氢气同非金属元素单质直接反应生成相应的氢化物　氢与氯生成氯化氢，被用来制盐酸；氢与氮可以合成氨，等等。

$$\frac{1}{2}H_2(g)+\frac{1}{2}Cl_2(g)\xrightarrow{\text{燃烧}}HCl(g)\qquad \Delta_rH_m^{\ominus}=-92.3\ kJ\cdot mol^{-1}$$

$$\frac{3}{2}H_2(g)+\frac{1}{2}N_2(g)\xrightarrow{734\ K,30\ MPa}NH_3(g)\qquad \Delta_rH_m^{\ominus}=-45.9\ kJ\cdot mol^{-1}$$

$$H_2(g)+\frac{1}{2}O_2(g)\xrightarrow{\text{燃烧}}H_2O(l)\qquad \Delta_rH_m^{\ominus}=-285.8\ kJ\cdot mol^{-1}$$

硫、硒、碳等单质也可以在加热或高温的条件下，直接同氢反应生成氢化物。

（2）氢气同活泼金属在高温下反应生成离子型氢化物　例如：

$$2Na(s)+H_2(g)\xrightarrow{653\ K}2NaH\qquad \Delta_rH_m^{\ominus}=-56.34\ kJ\cdot mol^{-1}$$

$$Ca(s)+H_2(g)\xrightarrow{423\sim573\ K}CaH_2\qquad \Delta_rH_m^{\ominus}=-181.5\ kJ\cdot mol^{-1}$$

许多过渡金属及内过渡金属在高压和适当高温下可以与氢生成金属型氢化物。

（3）氢气具有较强的还原性　工业上利用这一性质，在高温下从某些卤化物或氧化物还原制取相应的单质。例如：

$$SiCl_4+2H_2(g)\longrightarrow Si+4HCl$$

$$WO_3+3H_2(g)\longrightarrow W+3H_2O$$

这种方法制得的单质纯度高。

应指出，在室温下氢气的还原能力并不强，只有很少的化合物可以被其直接还原。例如：

$$PdCl_2+H_2\longrightarrow Pd+2HCl$$

可用这一反应来检查氢气的存在。

（4）氢气可以参与一些重要的有机反应　氢气与 CO 反应时根据条件不同可以制取烃或醇：

$$nCO+2nH_2\xrightarrow{673\ K,Co}C_nH_{2n}+nH_2O$$

$$CO+2H_2\underset{Cr_2O_3,ZnO}{\overset{623\sim673\ K}{\rightleftharpoons}}CH_3OH$$

3. 氢的制备方法

氢气既是重要的工业原料，又是新的能源。它的制备方法可分为实验室制氢法、工业制氢法和能源制氢法三类。下面主要介绍前两种制氢法。

（1）实验室制氢法　实验室制备氢气最常用的方法是锌与稀硫酸反应：

$$Zn+H_2SO_4\longrightarrow ZnSO_4+H_2(g)$$

用此法制得的氢气不纯，含有 H_2S，SO_2，AsH_3 等杂质。通常可用 $Pb(NO_3)_2$ 溶液除去 H_2S，用 KOH 除去 SO_2，用 Ag_2SO_4 除去 AsH_3。

两性金属锌、铝等或单质硅与碱溶液反应，可制得纯度较高的氢气。例如：

$$Si+2NaOH+H_2O \longrightarrow Na_2SiO_3+2H_2(g)$$

在野外作业需少量纯氢时，除用上述方法外，也可采用某些金属氢化物与水反应制氢气。例如：

$$CaH_2+2H_2O \longrightarrow Ca(OH)_2+2H_2\uparrow$$

（2）工业制氢法　工业上大量制备氢气，主要是通过以下途径：

① 由天然气或煤制氢　工业上制氢最常用的原料是天然气（主要成分 CH_4）或煤。用水蒸气通过炽热的煤层或同天然气作用就可获得氢气，反应如下：

新型制氢技术

$$C(焦炭,s)+H_2O(g) \xrightarrow{1\ 273\ K} \underbrace{CO(g)+H_2(g)}_{水煤气} \quad \Delta_r H_m^{\ominus}=131.3\ kJ\cdot mol^{-1}$$

$$CH_4(g)+H_2O(g) \xrightleftharpoons[催化剂]{1\ 073\sim1\ 173\ K} CO(g)+3H_2(g) \quad \Delta_r H_m^{\ominus}=-205.9\ kJ\cdot mol^{-1}$$

将水煤气（$CO+H_2$）与水蒸气一起通过炽热的氧化铁催化剂，CO 便将 $H_2O(g)$ 还原成 H_2：

$$CO+H_2O(g) \xrightarrow[>723\ K]{Fe_2O_3} CO_2+H_2$$

除去 CO_2 后即可分离出 H_2。

② 电解水制氢　用直流电电解 15%～20% NaOH 溶液或 KOH 溶液，在阴极上放出氢气，而在阳极上放出氧气：

阴极反应　　$2H^++2e^- \longrightarrow H_2\uparrow$

阳极反应　　$4OH^- - 4e^- \longrightarrow 2H_2O+O_2\uparrow$

阴极上产生的氢气纯度可达 99.99%～99.999%，但此方法耗电量高，效率低。每生产 1 kg 氢需要用电 57 kW·h，总转化率还不到 32%，比用天然气制氢的成本要高 2～3 倍。

在氯碱工业中，电解 NaCl 水溶液制取 NaOH 和氯气时也可制得氢气。

10.4.2 氢能源

能源包括一级能源和二级能源。一级能源通常指那些直接取自自然界、直接应用的能源，如煤炭、石油、水能、天然气等；二级能源则指一级能源经加工或转换后形成的不同形态的能源，如煤气、汽油、电能、氢能等。其中，氢能被认为是 21 世纪最有希望的二级新能源。

氢气作为能源的突出优点是：

(1) 热值高。每燃烧 1 kg 氢气可发热 1.25×10^6 kJ，相当于 3 kg 汽油或4.5 kg 焦炭的发热量，可谓是名副其实的高能燃料。“氢氧焰”能切割、焊接金属，正是由于氢气燃烧放出巨大的热量。

(2) 干净、无毒、无污染。

(3) 资源丰富。自然界有大量的水作为制氢气原料，氢气燃烧后又产生水。

液氢的冷却性能很好，液氢作为燃料，除了燃烧值很高外，还能使机身及发动机的热量易于散发，所以液氢在航天领域是一种重要燃料。我国的“长征”三号运载火箭就是用液氢作为燃料的。

目前氢气作为能源，需要解决的主要难题是廉价氢气的制备、氢气的储存和运输、氢气的利用。

10.5 稀有气体

10.5.1 稀有气体的性质和用途

稀有气体包括 He，Ne，Ar，Kr，Xe，Rn 和 Og 元素。它们的外电子层都具有 8 电子的稳定结构(He 仅有 K 层，饱和容量为 2 个电子，也是稳定结构)。其电离能高居同周期元素之首，而电子亲和能又小于零，在一般情况下，既不能通过得失电子形成离子键，又不能通过电子共用形成共价键。稀有气体化学性质不活泼，在 1962 年以前一直被称“惰性气体”。1962 年，英国化学家巴特列罗(Bartlett N)把等体积的 PtF_6 蒸气和 Xe 混合起来，使之在室温下反应，结果获得一种化学式为 $Xe^+[PtF_6]^-$ 的橙黄色晶体。这个发现震动了科学界，动摇了长期禁锢人们思想的“绝对惰性”观念。“惰性气体”随之被称为“稀有气体”。

通常，由于稀有气体以单原子状态存在，原子间仅存在着微弱的色散力，这种作用力随着原子序数的增加而增大。因而稀有气体的物理性质如熔点、沸点、临界温度、汽化热、密度等都相当低，并且随着原子序数的增加而逐渐升高。氦的临界温度最低，说明氦是所有气体中最难液化的，而且在大约 2.2 K 时液氦会由一种状态相变到另一种状态。温度在 2.2 K 以上为 He-Ⅰ，具有一般液体的通性。但温度在 2.2 K 以下为 He-Ⅱ，具有许多反常的性质。例如，表面张力很小、黏度很小，是液氢黏度的 1%，流动时几乎无摩擦，这种状态称为超流体；它的导热性是金属铜的 800 倍，并且进入了电阻为零的超导状态。氦不能在常压下固化。

稀有气体的第一电离能随原子序数的增加而减少，这些元素的化学反应性从 He 到 Rn 应是依次增强的。

稀有气体在生产和科研中应用日益广泛，主要是基于这些元素的不活泼性。在焊接一些活泼金属（如 Mg，Al，Ti）和拉制半导体硅、锗单晶时，常用氦和氩等作保护气体，以防止活泼金属着火和形成氧化物或氮化物。

利用氦气和氧气混合制成人造空气可供潜水员使用，避免呼吸压缩空气引起氮中毒而造成“潜水病”。这种人造空气也常用来治疗支气管哮喘和窒息等，因为它的密度只有空气的三分之一，可减少患者的呼吸困难。氦气的密度小，不燃烧，被用来代替氢填充气球和飞艇。在气相色谱中用氦作载气。液氦是最冷的一种液体，借助于液氦可达到 0.001 K 的超低温。科研上常用液氦来研究低温时物质的行为。

在放电管中装入少量的氖或氩，通以高压电，氖产生红光，氩产生蓝光，其广泛用于传统光源（霓虹灯、荧光灯、信号装置灯等）和激光（He-Ne 激光、Ar 离子激光、Kr 离子激光）。

氪和氙的热导率比氩还低，更适合作电灯泡的充填气。氙有极高的发光强度，故氙灯有“小太阳”之称。氪和氙的同位素在医学上被用来测定脑血流量、研究肝功能。氙能溶于油脂细胞引起细胞膨胀和麻痹，可用作无副反应的麻醉剂。氡在医学上用于恶性肿瘤的放射性治疗。但若人吸入含有氡的粉尘，则可能引起肺癌。

10.5.2 稀有气体化合物

自发现稀有气体以来，受惰性气体元素思想的束缚，人们对这些元素的研究一直停滞不前。直到 1962 年，化学家巴特列罗最早观察到稀有气体的反应。世界上掀起了一股稀有气体热，人们陆续合成并表征了一系列氙的氟化物和含氧化合物。

氙的氟化物可采用多种方法（加热法、等离子体法、光化学法）直接合成。通常使用 Ni 制反应容器，使用前用 F_2 使之钝化形成一层很薄的 NiF_2 保护膜，这种预处理也是为了除去表面氧化物，否则这种氧化物将与氙的氟化物发生反应。合成的条件不同，可得到不同氟化物：

$$Xe(g)+F_2(g) \xrightarrow{673\ K,100\ kPa} XeF_2(g)$$

$$Xe(g)+2F_2(g) \xrightarrow{873\ K,600\ kPa} XeF_4(g) \quad (Xe : F_2 为 1:5)$$

$$Xe(g)+3F_2(g) \xrightarrow{523\ K,5\ 066\ kPa} XeF_6(g) \quad (Xe : F_2 为 1:20)$$

XeF_2，XeF_4 和 XeF_6 均为稳定的白色结晶状的共价化合物，其熔点和热稳定性依次降低，而且均能与水反应，都是强氧化剂：

$$2XeF_2+2H_2O \longrightarrow 2Xe+4HF+O_2$$

$$6XeF_4+12H_2O \longrightarrow 2XeO_3+4Xe+24HF+3O_2$$

$$XeF_6+H_2O \longrightarrow XeOF_4+2HF$$

氙的氟化物还是优良的氟化剂。例如：

$$XeF_4+2CF_3CF=CF_2 \longrightarrow 2CF_3CF_2CF_3+Xe$$

$$2XeF_6+SiO_2 \longrightarrow 2XeOF_4+SiF_4$$

从稀有气体元素的化学活性趋势来看,氡应比氙更易形成化合物。但由于氡具有极强的放射性、半衰期短(最长的 ^{222}Rn 也只有 3.8 天),这就增加了研究氡化物的难度。

$$Rn+BrF_5(l) \xrightarrow{\text{室温}} RnF_2+BrF_3$$

$$Rn+O_2F_2 \xrightarrow{113\sim133\ K} RnF_2+O_2(\text{含微量 } RnF_4)$$

氟化氡也是氧化剂。例如:

$$RnF_2+H_2 \xrightarrow{773\ K} Rn+2HF$$

氟化氡无论在酸性或碱性溶液中水解,氡气都全部释放出来。例如:

$$2RnF_2+2H_2O \longrightarrow 2Rn+4HF+O_2$$

氪的化学反应活性比氙差,能制得氪的化合物有 KrF_2 及其加合物:

$$Kr(l)+F_2(l) \xrightarrow[\text{90 K,低压}]{\text{高频放电}} KrF_2(s)$$

KrF_2 在干冰温度(195 K)下可长期储存,但在室温下就会分解成氪和氟:

$$KrF_2 \xrightarrow{>298\ K} Kr+F_2$$

KrF_2 是一种极强的氧化剂和氟化剂。氟化氪在酸性或碱性溶液中发生水解,水解产物也是 Kr:

$$2KrF_2+2H_2O \longrightarrow 2Kr+4HF+O_2$$

氙的含氧化合物主要有 XeO_3, XeO_4, $XeOF_4$, $XeOF_2$, XeO_2F_2,氙酸盐和高氙酸盐等。氙的含氧化合物及氙化物都具有强的氧化性,这从 Xe 的元素电势图得到充分说明:

$$E_A^{\ominus}/V \quad H_4XeO_6 \overset{2.42}{——} XeO_3 \overset{1.6}{——} XeF_2 \overset{2.64}{——} Xe$$

高氙酸盐也是很强的氧化剂,高氙酸盐同浓硫酸作用生成 XeO_4:

$$Na_4XeO_6+2H_2SO_4(\text{浓}) \xrightarrow{268\ K} XeO_4+2Na_2SO_4+2H_2O$$

XeO_3 和 XeO_4 都不稳定,极易爆炸。

近年来,人们发现稀有气体卤化物具有优异的作为激光材料的性能,能够发射出大功率及特定波长的激光,可以用于制造稀有气体卤化物准分子激光器等。

氙的氟化物,比如 XeF_2 可以在作为氧化剂的反应过程中自身被还原为单质氙而逸出,不给系统带来杂质,可用作优良的分析试剂;同时,XeF_2 对有机化合物和无机物均有良好的氟化性能,比如利用 XeF_2 对橡胶表面进行氟化改性,可以提升橡胶性能。所以氙的氟化物既是很强的氧化剂又是很有应用前景的氟化剂。

本章小结

本章概述了元素在自然界的分布；描述了主族元素的常见氧化态；介绍了部分单质的结构、性质和制备方法；描述了氢及氢能源，稀有气体及其化合物的性质、制备和应用。运用惰性电子对效应可以解释ⅢA族、ⅣA族、ⅤA族元素低氧化态化合物的稳定性自上而下逐渐增强，高氧化态化合物的稳定性逐渐减弱，且容易形成比其族数少2的稳定氧化态的现象。根据氧化物的 $\Delta_r G_m^{\ominus}-T$ 图可以从理论上分析金属氧化物热还原制备其单质反应的所需还原剂及反应温度的大致情况。

思考题

1. 人类现已发现多少种化学元素？其中金属元素、非金属元素各为多少种？在常温下为气体、液体的元素有哪些？我国元素矿产资源的储量占世界首位的有哪些？

2. 地壳中丰度最大的十种元素是什么？什么是丰度规则和生物可利用规则？

3. 元素氧和硫为什么被称为成矿元素？

4. 试述惰性电子对效应对主族元素和过渡元素性质变化规律的影响。

5. 从氧化物的 $\Delta_r G_m^{\ominus}-T$ 图中，可以获得哪些化学信息？

6. 非金属单质按其结构和性质划分有哪几种类型？

7. 碳的同素异形体主要有哪几种？其主要性质和结构如何？有哪些主要用途？

8. 大气臭氧层对地球有什么保护作用？哪些物质会破坏大气臭氧层？

9. 氢气作为能源的主要优点有哪些？目前需要解决的问题是什么？

10. 稀有气体都具有最外层8电子的饱和结构，根据其结构，分析稀有气体有哪些特殊的性质。

11. 单质的主要制备方法有哪些？写出有关反应方程式。

思考题3解析

习题

1. 写出以氧化物、硫化物、卤化物、碳酸盐、磷酸盐、硅酸盐、硫酸盐、硼酸盐及单质形式存在的矿物类型各两个。

2. 根据氧化物的 $\Delta_r G_m^{\ominus}-T$ 图（图10-10）：

(1) 估算 Mg 的沸点;

(2) 选择不同温度区间内使 TiO_2 还原成金属 Ti 的适宜还原剂;

(3) 比较碳和一氧化碳在不同温度条件下的还原能力。

3. 完成并配平下列反应方程式。

(1) $Al+NaOH+H_2O \longrightarrow$

(2) $Si+NaOH+H_2O \longrightarrow$

(3) $I_2+HNO_3 \longrightarrow$

(4) $B+H_2SO_4 \longrightarrow$

(5) $Cl_2+NaOH \longrightarrow$

(6) $Br_2+NaOH \longrightarrow$

(7) $WO_3+H_2 \longrightarrow$

4. 写出氢的同位素,比较原子的不同之处。

5. 写出海水提溴的工业制法及有关反应方程式。

6. 写出由铝矾土制铝的电解铝法的有关反应方程式。

7. 完成并配平下列反应方程式。

(1) $XeF_4+Xe \longrightarrow$

(2) $KrF_2+H_2O \longrightarrow$

(3) $XeF_4+H_2O \longrightarrow$

(4) $XeF_6+SiO_2 \longrightarrow$

8. 什么是对角线规则? 并用离子极化的观点说明。

第十一章

主族元素的二元化合物

由两种元素的原子组成的化合物称为二元化合物。按二元化合物的组成，可将常见的二元化合物分为氢化物、硼化物、碳化物、氮化物、硫化物、卤化物和氧化物等。本章主要讨论这些化合物(氧化物将在第十二章进行介绍)的成键、制备、性质的一般规律。

11.1 二元化合物的组成及成键特性

根据组成元素 M 及 E 电负性(χ)的大小，二元化合物 ME 的键型大致可分为如下三类：

(1) 如χ_M 及χ_E 均大于 2.0，则 ME 一般为共价化合物，如 CO($\chi_C=2.55$，$\chi_O=3.44$)。值得一提的是，$\chi_{Si}=1.90$，$\chi_C=2.55$，但 $\Delta\chi=0.65$，所以 SiC 仍是共价化合物。

(2) 如$\chi_M<2.0$，$\chi_E>2.0$，且 $\Delta\chi>1.7$，则 M—E 键基本以离子键为主，ME 为离子化合物，如 NaCl($\chi_{Na}=0.93$，$\chi_{Cl}=3.16$)。应该指出，如χ_M 及χ_E 均大于 2.0，即使 $\Delta\chi>1.7$，ME 仍然是共价化合物，如 HF($\chi_H=2.20$，$\chi_F=3.98$)。

(3) 如χ_M 及χ_E 均小于 2.0，则 ME 近似为金属化合物，如 FeSi($\chi_{Fe}=1.83$，$\chi_{Si}=1.90$)。过渡金属的磷化物、氮化物、碳化物及硼化物，虽然$\chi_E\geqslant 2.0$(E=P，N，C，B)，但这些二元化合物的键型仍主要是金属键，它们是金属化合物。

11.2 氢 化 物

氢与某元素所生成的二元化合物称为氢化物。除稀有气体外，所有其他元素都能生成氢化物。典型的氢化物有离子型、共价型和金属型三大类。各类氢化物在元素周期表中的分布见表 11-1。

氢化物的分类

表 11-1　各类氢化物在元素周期表中的分布

Li	Be											B	C	N	O	F
Na	Mg											Al	Si	P	S	Cl
K	Ca	Sc	Ti	V	Cr	Mn	Fe	Co	Ni	Cu	Zn	Ga	Ge	As	Se	Br
Rb	Sr	Y	Zr	Nb	Mo	Tc	Ru	Rh	Pd	Ag	Cd	In	Sn	Sb	Te	I
Cs	Ba	La 系	Hf	Ta	W	Re	Os	Ir	Pt	Au	Hg	Tl	Pb	Bi	Po	At
离子型氢化物		金属(间充)型氢化物											共价型氢化物			

11.2.1　氢化物的类型和性质

1. 离子型氢化物

s 区元素(Be,Mg 除外)受热时与加压下的氢气可直接化合,生成离子型氢化物:

$$2M+H_2 \longrightarrow 2M^+ + 2H^- \quad (M=碱金属)$$

$$M+H_2 \longrightarrow MH_2 \quad (M=Ca,Sr,Ba)$$

LiH 约于 998 K 时形成,而 NaH,KH 在 573~673 K 时形成,其余氢化物在 723 K 时形成。但在常压下反应进行缓慢。

纯的离子型氢化物通常为白色或无色盐状晶体,性质类盐,故又称为类盐型氢化物。这类氢化物熔点、沸点较高,熔融时能导电。碱金属氢化物具有 NaCl 型晶体结构,碱土金属氢化物则具有斜方晶系的结构。离子型氢化物的密度比相应金属的密度大得多,如 KH 的密度为 1.43 $g\cdot cm^{-3}$,而 K 的密度仅为 0.86 $g\cdot cm^{-3}$。

(1) 稳定性　离子型氢化物的热稳定性较差,受热时可分解为金属和氢气:

$$2MH \xrightarrow{\triangle} 2M+H_2\uparrow \quad (M=碱金属)$$

$$MH_2 \xrightarrow{\triangle} M+H_2\uparrow \quad (M=Ca,Sr,Ba)$$

碱金属氢化物以 LiH 最稳定,其分解温度为 1 123 K,而 NaH 分解温度仅为 698 K;碱土金属氢化物中最稳定的是 CaH_2,其分解温度为 1 273 K。相比之下,对应金属卤化物在类似高温下只挥发而不分解。显然,金属氢化物的稳定性要比对应金属卤化物的差。二元化合物的热稳定性的差别与该化合物的标准摩尔生成焓有很大关系。一般而言,化合物标准摩尔生成焓的代数值越小,其分解温度就越高,它的热稳定性也就越大,见表 11-2。

表 11-2 离子型氢化物及氯化物的标准摩尔生成焓

化合物	LiH	NaH	KH	CaH_2	LiCl	NaCl	KCl	$CaCl_2$
$\frac{\Delta_r H_m^{\ominus}}{kJ\cdot mol^{-1}}$	-90.5	-56.34	-57.72	-181.5	-408.6	-411.2	-436.5	-795.4

(2) 还原性

$$H_2+2e^- \rightleftharpoons 2H^- \quad E^{\ominus}_{H_2/H^-}=-2.25\ V$$

由此可以看出,H^-具有很强的还原性,所以离子型氢化物均是极强的还原剂。例如,它们可与 H_2O,NH_3,醇类等反应,放出氢气:

$$MH+H_2O \longrightarrow MOH+H_2\uparrow$$

$$MH+NH_3 \longrightarrow MNH_2+H_2\uparrow$$

$$MH+ROH(醇) \longrightarrow MOR+H_2\uparrow \quad (M 代表碱金属)$$

这是 MH 中的 H^-被上述化合物中带部分正电荷的氢原子氧化的缘故。

最有实用价值的离子型氢化物是 LiH,CaH_2 和 NaH 等,它们能将金属氧化物或卤化物还原成金属:

$$2LiH+TiO_2 \longrightarrow Ti+2LiOH$$

$$2CaH_2+ZrO_2 \longrightarrow 2CaO+Zr+2H_2\uparrow$$

$$4NaH+TiCl_4 \xrightarrow{673\ K} Ti+4NaCl+2H_2\uparrow$$

利用离子型氢化物的还原性可以制得纯的钛、锆、钒、铌、钽等金属。

离子型氢化物的另一个重要反应是在非质子溶剂中与 B,Al,Ga 等缺电子原子化合物反应形成配位氢化物。例如,在乙醚中用 LiH 与无水 $AlCl_3$ 反应可生成氢化铝锂(四氢合铝酸锂):

$$4LiH+AlCl_3 \xrightarrow{乙醚} Li[AlH_4]+3LiCl$$

$Li[AlH_4]$具有强烈的还原性,是无机合成及有机合成中优良的还原剂。例如:

$$Li[AlH_4]+SiCl_4 \longrightarrow LiCl+AlCl_3+SiH_4$$

$$Li[AlH_4]+4RCOOH \longrightarrow LiOH+Al(OH)_3+4RCHO$$

2. 共价型氢化物

绝大多数 p 区元素(除稀有气体,In,Tl 外)可与氢形成共价型氢化物。因其固态时大多为分子晶体,也称为分子型氢化物。

根据共价型氢化物结构中电子数的差异,可将其分为两种类型:一种是缺电子氢化物,如 B_2H_6,B_2H_6 的分子中存在桥状结构;二是正常共价型氢化物。除ⅢA 族外,p 区元素氢化物均属这种类型,如 CH_4,NH_3,H_2O,HF 及其同族氢化物。

共价型氢化物大多无色,熔点、沸点较低,常温下除 H_2O,BiH_3 为液体外,其余均为气体。某些氢化物,如硼烷、H_2S、PH_3、AsH_3、SbH_3 的毒性较大,使用时应注意安全。

共价型氢化物的化学性质差异较显著，具有一定的规律性。现将部分共价型氢化物的性质递变规律汇列如下：

CH_4	NH_3	H_2O	HF	↓ 稳定性减弱
SiH_4	PH_3	H_2S	HCl	还原性增强
GeH_4	AsH_3	H_2Se	HBr	水溶液酸性增强
SnH_4	SbH_3	H_2Te	HI	

→

稳定性增强

还原性减弱

水溶液酸性增强

注：第二周期共价型氢化物中 CH_4 的上述性质异常。

现就共价型氢化物的热稳定性、还原性(除 HF 外)、水溶液的酸碱性讨论如下：

(1) 热稳定性　共价型氢化物的热稳定性差别很大，如 CH_4，HF，H_2O，NH_3 等氢化物的稳定性高，GeH_4，HCl，HBr 等也可稳定存在。而 At，Po，Sn，Pb，Ga，Bi 等元素的氢化物要么不存在，要么在常温下极易分解，很不稳定。例如：

$$SnH_4 \longrightarrow Sn+2H_2\uparrow$$

$$PbH_4 \longrightarrow Pb+2H_2\uparrow$$

而某些氢化物，如 AsH_3(胂)在缺氧条件下受热分解为黑色的单质砷及氢气：

$$2AsH_3 \xrightarrow{\triangle} 2As+3H_2\uparrow$$

此反应是法医及防疫检测中鉴定砷的“马氏试砷法”的理论根据：将样品中的砷的化合物还原为砷化氢，然后导入干净的热玻璃管中，砷化氢分解产生的单质砷沉积在管壁形成“砷镜”。

共价型氢化物热稳定性的大小与元素电负性(χ)有关。一般来说，p 区元素与氢的电负性差值($\Delta\chi$)越大，所生成的氢化物越稳定；反之，则不稳定。例如，$\Delta\chi(HF)=1.78$，$\Delta\chi(GaH_3)=0.39$，所以 HF 极稳定，在 1 273 K 的高温下也不分解；而 GaH_3 则是最不稳定的氢化物，室温下即强烈分解。

(2) 还原性　除 HF 外，其余共价型氢化物均有还原性，其变化规律：同周期从左至右还原性减弱，同族从上至下还原性增强。例如，PH_3 在空气中可自燃生成 P_4O_{10}，而 H_2S 在空气充足时点燃才能生成 SO_2，HCl 在常温下则根本不与 O_2 反应。又如，HCl 水溶液在空气中能稳定存在，而 HBr 水溶液在日光照射下，在空气中即被氧化，而 HI 水溶液即使在阴暗处，也容易被空气中的氧所氧化。这表明氢化物的还原性顺序为

同周期：$PH_3>H_2S>HCl$

同　族：$HCl<HBr<HI$

在水溶液中，有些共价型氢化物如 H_2S，HI，AsH_3 是重要的还原剂。例如，“古氏试砷法”就是利用 AsH_3 的还原性来检出 As_2O_3 的一个有实用价值的反应：

$$2AsH_3+12AgNO_3+3H_2O \xrightarrow{\triangle} As_2O_3+12HNO_3+12Ag\downarrow$$

其检出量可达 0.05 mg。

(3) 水的作用及水溶液的酸碱性　共价型氢化物与水的作用大致可分为五种情况(见表 11-3)。

银针真的可以检测到砒霜吗?

表 11-3　共价型氢化物与水的作用

族	元素	作用情况	反应举例
ⅢA,ⅣA	B,Al,Ga,Si	分解水,放出 H_2	$SiH_4+4H_2O \longrightarrow Si(OH)_4+4H_2$
ⅣA,ⅤA	C,Ge,Sn,P,As,Sb	无作用	—
ⅤA	N	加水合成碱	$NH_3+H_2O \longrightarrow NH_3\cdot H_2O \rightleftharpoons NH_4^++OH^-$
ⅥA	O,S,Se,Te	弱的酸式解离	$H_2S \rightleftharpoons H^++HS^-$
ⅦA	Cl,Br,I	强的酸式解离	$HCl \longrightarrow H^++Cl^-$

由表 11-3 可见,ⅣA 族和ⅤA 族元素的氢化物,除 NH_3 的水溶液呈弱碱性外,要么与水不作用,要么其水溶液没有酸碱性;ⅥA 族和ⅦA 族元素的氢化物,除 H_2O 一般视为中性外,其水溶液都显酸性。一般来说,同周期从左至右,共价型氢化物水溶液的酸性增强;同族从上至下,其水溶液的酸性也增强。通常认为氢化物水溶液酸性的强弱与质子相连的原子的电负性及原子半径有关:在同周期中,随电负性增加氢化物水溶液的酸性增强;在同族中,随原子半径增大氢化物水溶液的酸性增强。

3. 金属型氢化物

氢几乎可与所有过渡金属,s 区的 Be,Mg 及 p 区的 In,Tl 等生成金属型氢化物。这些氢化物有些是整比化合物,如 CrH_2,NiH,CuH 及 LaH_2 等,但大多数是组成不定的非整比化合物,如 $VH_{0.56}$,$TaH_{0.76}$,$LaH_{2.76}$,$TiH_{2.73}$,$PdH_{0.85}$等。除 $PdH_{0.85}$及少数镧系、锕系的金属型氢化物外,多数金属型氢化物有明确的物相,其结构与原金属完全不同。

金属型氢化物多为性脆固体(金属氢化后变脆的现象称为“氢脆”),基本保留金属的一些物理性质,有金属光泽,导电性和磁性均与金属相类似,但其导电性随氢的含量变化而改变。

过渡金属与氢在加压及一定温度条件下可生成金属型氢化物,减压加热后氢化物又重新分解,放出氢气。例如:

$$2Pd+H_2 \underset{放氢}{\overset{吸氢}{\rightleftharpoons}} 2PdH \quad \Delta_r H_m^{\ominus}<0$$

室温下,1 体积 Pd 可吸收高达 700 体积的 H_2,减压加热,又可使吸收的 H_2 完全释放出来。某些合金也具备这种功能。例如,$LaNi_5$ 合金在空气中稳定,其吸氢及放氢过程均可反复进行,性质不会发生改变,生成的 La-Ni 氢化物稍经加热即分解:

$$LaNi_5+3H_2 \underset{微热}{\overset{298\ K,2.5\times10^2\ kPa}{\rightleftharpoons}} LaNi_5H_6$$

固态储氢材料

利用储氢材料的这种可逆反应，可以有效地储存及释放氢气，而且安全系数也大为提高。

11.2.2 过氧化氢

过氧化氢(hydrogen peroxide，H_2O_2)分子中存在一个过氧基(—O—O—)，每个氧原子上各连接一个氢原子，其分子的空间结构如图 11-1 所示。

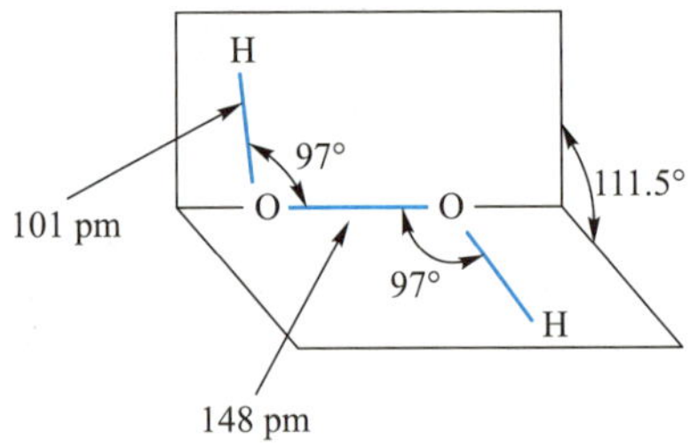

图 11-1 H_2O_2 分子的空间结构示意图

纯净的过氧化氢为无色黏稠液体，它的分子结构决定了它的分子极性比水大。过氧化氢分子之间发生强烈的缔合作用，其缔合度比水大，其沸点(425.15 K)远高于水，密度(1.463 $g\cdot cm^{-3}$)也比水大，过氧化氢与水可以任何比例互溶。

过氧化氢的主要化学性质：

(1) 不稳定性　由于过氧基(—O—O—)内过氧键的键能较小，因此过氧化氢分子不稳定，易分解：

$$2H_2O_2(l) \rightleftharpoons 2H_2O(l)+O_2(g) \qquad \Delta_r H_m^\ominus = -196.04\ kJ\cdot mol^{-1}$$

高纯 H_2O_2 在较低温度下比较稳定，常温下缓慢分解，426 K 时则爆炸分解，熵增大，所以纯的 $H_2O_2(l)$ 可用作火箭燃料如肼的氧化剂。

光照、受热或在碱性介质中都可加快 H_2O_2 的分解，微量杂质、重金属离子(Fe^{3+}，Mn^{2+}，Cr^{3+}，Cu^{2+}等)、MnO_2 及粗糙表面均可促进 H_2O_2 的分解。所以 H_2O_2 应保存在棕色瓶中并置于阴凉处，最好再加入一些稳定剂，如微量的锡酸钠、8-羟基喹啉(8-hydroxy quinoline)等。

(2) 弱酸性　过氧化氢具有比水稍强的酸性：

$$H_2O_2(l) \rightleftharpoons H^+ + 2HO_2^- \qquad K_{a_1}^\ominus = 2.399\times10^{-12}$$

H_2O_2 的 $K_{a_2}^\ominus$ 更小，其数量级约为 10^{-25}。H_2O_2 可与碱反应，生成金属过氧化物。例如：

$$H_2O_2+Ba(OH)_2 \longrightarrow BaO_2+2H_2O$$

BaO_2 可视为弱酸 H_2O_2 的盐。而反应

$$Na_2O_2+2H_2O \longrightarrow 2NaOH+H_2O_2$$

则可认为是弱酸强碱盐 Na_2O_2 的水解。

(3) 氧化还原性　由于 H_2O_2 中 O 的氧化态为 -1，处于中间氧化态，所以 H_2O_2 既有氧化性，又有还原性。H_2O_2 在不同介质中的标准电极电势如下：

$$H_2O_2+2H^++2e^- \rightleftharpoons 2H_2O \quad E_A^{\ominus}=1.763\ V$$

$$O_2+2H^++2e^- \rightleftharpoons H_2O_2 \quad E_A^{\ominus}=0.695\ V$$

$$HO_2^-+H_2O+2e^- \rightleftharpoons 3OH^- \quad E_B^{\ominus}=0.867\ V$$

$$O_2+H_2O+2e^- \rightleftharpoons HO_2^-+OH^- \quad E_B^{\ominus}=-0.065\ V$$

根据标准电极电势值分析，H_2O_2 无论在酸性还是碱性介质中均有氧化性，尤其在酸性介质中其氧化性更强。例如，在酸性介质中 H_2O_2 可将 I^- 氧化成 I_2：

$$H_2O_2+2I^-+2H^+ \longrightarrow I_2+2H_2O$$

H_2O_2 可将黑色的 PbS 氧化成白色的 $PbSO_4$：

$$4H_2O_2+PbS \longrightarrow PbSO_4+4H_2O$$

这一反应被用于油画的漂白。

在碱性介质中，H_2O_2 可将 $[Cr(OH)_4]^-$ 氧化成 CrO_4^{2-}：

$$3H_2O_2+2[Cr(OH)_4]^-+2OH^- \longrightarrow 2CrO_4^{2-}+8H_2O$$

H_2O_2 的还原性较弱，只有遇到比它更强的氧化剂时才表现出还原性。例如，在酸性介质中 H_2O_2 可被 Cl_2 和 MnO_4^- 氧化：

$$H_2O_2+Cl_2 \longrightarrow 2HCl+O_2\uparrow$$

$$5H_2O_2+2MnO_4^-+6H^+ \longrightarrow 2Mn^{2+}+5O_2\uparrow+8H_2O$$

前一反应常用于工业除氯，后一反应用于测定 H_2O_2 的含量。

在碱性介质中，H_2O_2 也能被 MnO_4^- 氧化：

$$3H_2O_2+2MnO_4^- \longrightarrow 2MnO_2\downarrow+3O_2\uparrow+2H_2O+2OH^-$$

一般来说，H_2O_2 的氧化性显著强于还原性，因此它主要用作氧化剂。H_2O_2 作为氧化剂，不仅是因为其氧化能力强，另一主要原因是其还原产物是水，不会带入杂质。

含有过氧键的某些含氧酸盐，如 $(NH_4)_2S_2O_8$ 也是常用氧化剂之一。

实验室制备过氧化氢是用过氧化钠与冷的稀硫酸或稀盐酸反应：

$$Na_2O_2+H_2SO_4+10H_2O \xrightarrow{\text{低温}} Na_2SO_4\cdot 10H_2O+H_2O_2$$

过氧化氢的工业制法主要是电解法及蒽醌法。

电解法：首先将硫酸氢铵饱和溶液电解，制取过二硫酸铵：

$$2NH_4HSO_4 \xrightarrow{\text{电解}} \underset{(\text{阳极})}{(NH_4)_2S_2O_8}+\underset{(\text{阴极})}{H_2\uparrow}$$

然后加入适量硫酸使过二硫酸铵水解，即可制得过氧化氢：

$$(NH_4)_2S_2O_8+2H_2O \xrightarrow{H_2SO_4} 2NH_4HSO_4+H_2O_2$$

水解所得 NH_4HSO_4 可循环使用。

蒽醌法：先将 2–乙基蒽醇用空气氧化得到 2–乙基蒽醌和 $H_2O_2(aq)$，又用 H_2 将蒽醌在 Pd 或 Ni 催化下还原成蒽醇，此过程可反复连续进行：

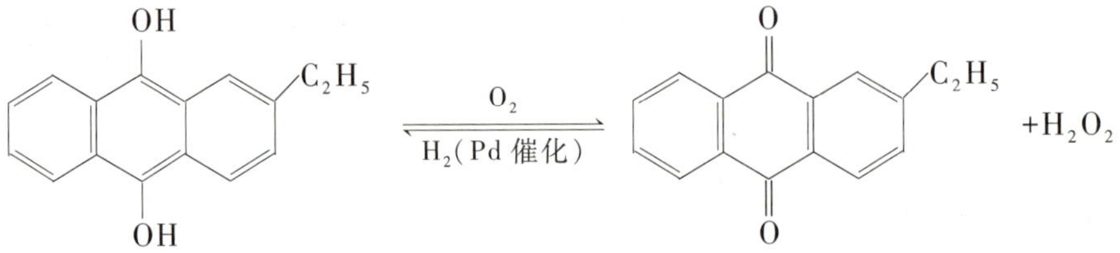

反应消耗的原料是 H_2，O_2 及 H_2O，而 2–乙基蒽醌可循环使用，成本较低，所以使用这种方法制取过氧化氢的较多。制得的过氧化氢稀溶液经减压蒸馏后可得到 25%～30%的 H_2O_2。

3%及 30%的过氧化氢溶液是实验室常用氧化剂；工业上常用过氧化氢漂白不宜用 Cl_2 漂白的物质；医药上用 3%或 3%以下的稀过氧化氢溶液作为消毒杀菌剂；过氧化氢也是一种重要的化工及医药工业原料。应该注意，30%以上的过氧化氢溶液会灼伤皮肤。

11.2.3 氮的氢化物——氨、联氨和羟胺

氮的氢化物中最重要的是氨（ammonia，NH_3）、联氨（hydrazine，N_2H_4，又称为肼）及羟胺（hydroxyamine，NH_2OH），联氨和羟胺可视为 NH_3 分子上的一个 H 原子分别被—NH_2 及—OH 取代后的衍生物。

氨的工业用途

常温下，氨是无色、有特殊刺激性气味的气体，易液化；联氨是无色油状液体，高度吸湿；羟胺是不稳定的白色固体，373 K 以上即分解：

$$3NH_2OH \xrightarrow{>373\ K} NH_3\uparrow + N_2\uparrow + 3H_2O$$

氨、联氨及羟胺的熔点、沸点均很低。联氨的熔点为 275.15 K，沸点为 386.65 K；羟胺的熔点为 305 K；而氨的熔点则更低，为 195.40 K，沸点为 239.80 K。液氨、联氨都是良好的非水溶剂，尤其是作为有机化合物的溶剂时，液氨的性能比水还要优越。羟胺易溶于水，而氨则是在水中溶解度最大的气体，293 K 时 1 体积水可溶解 700 体积氨。氨、联氨、羟胺的水溶液均呈碱性，且碱性依次减弱：

$$NH_3(aq) + H_2O \rightleftharpoons NH_4^+(aq) + OH^- \quad K_b^\ominus = 1.8\times10^{-5}$$

N_2H_4 是二元弱碱，其一级解离常数比氨的解离常数略小：

$$N_2H_4(aq) + H_2O \rightleftharpoons N_2H_5^+(aq) + OH^- \quad K_{b_1}^\ominus = 9.8\times10^{-7}$$

NH_2OH 的碱性比 N_2H_4 更弱：

$$NH_2OH(aq) + H_2O \rightleftharpoons NH_3OH^+(aq) + OH^- \quad K_b^\ominus = 9.1\times10^{-9}$$

1. 氨、联氨及羟胺的制备

工业制氨通常采用高温、高压、加催化剂的方法，用氮气和氢气合成：

$$N_2+3H_2 \xrightleftharpoons[773\ K]{高压,Fe} 2NH_3 \quad \Delta_r H_m^{\ominus}=-91.8\ kJ\cdot mol^{-1}$$

实验室一般用铵盐与碱反应制取氨：

$$2NH_4Cl+Ca(OH)_2 \xrightarrow{\triangle} CaCl_2+2NH_3\uparrow+2H_2O$$

自然界中的固氮微生物，如豆科植物的根瘤菌及某些藻类，都能在常温下高效率地将氮转变成氨，这一过程称为"固氮"。地球上每年生物固氮量约为人工合成的 40 倍，因此"化学模拟生物固氮"成为国内外的热门科研课题。

联氨的工业制法是用 NaClO（或氯气）氧化过量的 NH_3：

$$2NH_3(aq)+ClO^-(aq) \longrightarrow N_2H_4(aq)+Cl^-(aq)+H_2O(l)$$

这个反应过程中首先生成中间体 NH_2Cl，然后 NH_2Cl 与 NH_3 再反应生成 N_2H_4。

制备羟胺是先在中性溶液中用 HSO_3^- 还原 NO_2^-：

$$NO_2^-(aq)+2HSO_3^-(aq) \xrightarrow{273\ K} N(OH)(SO_3)_2^{2-}(aq)+OH^-(aq)$$

然后再经酸化、升温，使 $N(OH)(SO_3)_2^{2-}$ 水解后即可得到 $NH_2OH(aq)$：

$$N(OH)(SO_3)_2^{2-}(aq)+2H_2O(l) \xrightarrow[H^+]{323\ K} NH_2OH(aq)+2HSO_4^-(aq)$$

2. 氨、联氨及羟胺的主要反应

氨、联氨及羟胺的主要反应有以下三类：

（1）加合反应　因为 NH_3 分子中 N 原子有孤电子对，所以氨作为路易斯碱与有空轨道的路易斯酸可进行加合反应，生成酸碱配合物。例如：

$$NH_3+H^+ \longrightarrow NH_4^+$$

$$Ag^++2NH_3 \longrightarrow [Ag(NH_3)_2]^+$$

氨的水溶液呈碱性即氨加合水中的 H^+ 放出 OH^- 的结果。

联氨常以其硫酸盐 $N_2H_4\cdot H_2SO_4$ 及盐酸盐 $N_2H_4\cdot 2HCl$ 的形式出现。与氨相同，联氨、羟胺也能作为配位剂生成配合物，如 $[Pt(NH_3)_2(N_2H_4)_2]Cl_2$，$[Zn(NH_2OH)_2]Cl_2$ 等。

（2）取代反应　一定条件下，NH_3 分子中的 H 原子可依次被某些原子或原子团取代。例如：

$$2NH_3+2Na \xrightarrow{623\ K} 2NaNH_2+H_2\uparrow$$

氨基钠

$$NH_3+2HClO \xrightarrow{pH=3\sim5} NHCl_2+2H_2O$$

氯化亚胺

$$2NH_3+3Cu_2O \xrightarrow{\triangle} 2Cu_3N+3H_2O$$

氮化亚铜

NH_3 分子中的氨基也可取代其他化合物中的原子或原子团。例如：

$$4NH_3+COCl_2 \longrightarrow \underset{\text{尿素}}{CO(NH_2)_2}+2NH_4Cl$$

$$2NH_3+HgCl_2 \longrightarrow \underset{\text{氨基氯化汞}}{Hg(NH_2)Cl\downarrow}+NH_4Cl$$

(3) 氧化还原反应　NH_3 分子中 N 原子处于最低氧化态-3，具有还原性，在一定条件下可被氧化成 N_2 或氧化态更高的氮的化合物。例如：

$$3CuO+2NH_3 \xrightarrow{\triangle} 3Cu+N_2\uparrow+3H_2O$$

$$4NH_3+3O_2(\text{纯}) \xrightarrow{\triangle} 2N_2\uparrow+6H_2O$$

$$4NH_3+5O_2(\text{空气}) \xrightarrow[1\ 273\ K]{Pt-Rh} 4NO+6H_2O \quad \Delta_rG_m^{\ominus}=-902\ kJ\cdot mol^{-1}$$

后一反应是工业上制取硝酸的重要反应之一。

氨还可与 Cl_2，Br_2 反应。例如：

$$3Cl_2+2NH_3 \longrightarrow N_2\uparrow+6HCl$$

产生的 HCl 气体与剩余的 NH_3 反应生成 NH_4Cl 白烟，因此工业上常用氨来检查氯气管道是否漏气。

虽然联氨和羟胺中 N 原子处于中间氧化态（分别为-2 和-1），它们在酸性及碱性溶液中均既有氧化性又有还原性，但联氨和羟胺一般用作还原剂，尤其在碱性溶液中，它们的还原性更强：

$$N_2(g)+5H^+(aq)+4e^- \rightleftharpoons N_2H_5^+(aq) \qquad E_A^{\ominus}=-0.23\ V$$

$$N_2(g)+4H_2O(l)+4e^- \rightleftharpoons N_2H_4(aq)+4OH^- \qquad E_B^{\ominus}=-1.16\ V$$

$$N_2(g)+2H_2O+4H^++2e^- \rightleftharpoons 2HONH_3^+ \qquad E_A^{\ominus}=-1.87\ V$$

$$N_2(g)+4H_2O+2e^- \rightleftharpoons 2NH_2OH+2OH^- \qquad E_B^{\ominus}=-3.04\ V$$

联氨在空气中燃烧，放出大量热：

$$N_2H_4(l)+O_2(g) \longrightarrow N_2(g)+2H_2O(l) \qquad \Delta_rH_m^{\ominus}=-622.2\ kJ\cdot mol^{-1}$$

联氨及其衍生物（如烷基肼）与液氧，N_2O_4 或 H_2O_2 的混合物均可作为火箭喷射燃料。例如：

$$2N_2H_4(l)+N_2O_4(l) \longrightarrow 3N_2(g)+4H_2O(g) \qquad \Delta_rH_m^{\ominus}=-1\ 079.5\ kJ\cdot mol^{-1}$$

此反应非常剧烈，自动燃烧，放出大量热，而且体积急剧膨胀，温度可升至 2 973 K，反应的推动力异常强烈，因而曾用作阿波罗号宇宙飞船的火箭推进剂。

在碱性介质中，N_2H_4 还可将 CuO 还原为 Cu_2O：

$$N_2H_4+4CuO \longrightarrow 2Cu_2O+N_2\uparrow+2H_2O$$

羟胺可将金属盐还原成金属。例如；

$$2NH_2OH+2AgBr \longrightarrow 2Ag+N_2+2HBr+2H_2O$$

$$2NH_2OH+4AgBr \longrightarrow 4Ag+N_2O+4HBr+H_2O$$

用联氨及羟胺作还原剂的优点，一方面是它们具有强还原性，另一方面是其氧化产物均为难溶于水的气体，可方便地脱离反应系统，不会给溶液带入杂质。故联氨及羟胺是合成化学上常用的"干净的还原剂"。

11.2.4 硼烷

硼和氢不能直接化合，但能间接生成一系列在组成和结构上相当特殊的化合物。因为这类化合物的物理性质与碳的氢化物（烷烃）相似，故称硼氢化物为硼烷。

1. 硼烷的制备、结构及性质

硼烷不能用单质直接反应制取，只能用间接方法制备。

用氢化铝锂与三氯化硼或三氟化硼在乙醚溶液中反应可制得乙硼烷：

$$3Li[AlH_4]+4BCl_3 \xrightarrow{\text{乙醚}} 3LiCl+3AlCl_3+2B_2H_6$$

乙硼烷也可由硼氢化钠与三氟化硼制备：

$$3Na[BH_4]+BF_3 \xrightarrow{\text{乙醚}} 3NaF+2B_2H_6$$

上述反应较完全，产量高，产物较纯。

将乙硼烷加热至 373 K 以上时，乙硼烷可转变为高硼烷。B_2H_6 的转变产物很复杂，有 B_4H_{10}，B_5H_9，B_5H_{11}，$B_{10}H_{14}$等，控制不同条件可得到不同产物。

目前已知硼烷有 20 多种，按组成可分为两类：一类的通式为 B_nH_{n+4}，如 B_2H_6 等；另一类的通式为 B_nH_{n+6}，如 B_4H_{10}。常见硼烷的性质见表 11-4。

表 11-4 常见硼烷的性质

通式	化合物	名称	熔点/K	沸点/K	性质
B_nH_{n+4}	B_2H_6	乙硼烷	107.65	180.65	气体，易溶于乙醚，室温下水解很快，373 K 以下稳定
	B_5H_9	戊硼烷-9	226.34	333.15	液体，易溶于苯，363.15 K 时 3 天未水解完全，很稳定
	B_6H_{10}	己硼烷	210.85	381.15	液体，易溶于苯，363.15 K 时 16 h 未水解完全，室温缓慢水解
	$B_{10}H_{14}$	癸硼烷	372.65	486.15	固体，易溶于苯，室温下水解较慢，加热较快，极稳定
B_nH_{n+6}	B_4H_{10}	丁硼烷	153.15	291.15	气体，易溶于苯，室温下水解缓慢，不稳定
	B_5H_{11}	戊硼烷-11	150.15	336.15	液体，室温分解

B_2H_6 分子中存在一种桥联氢，如图 11-2 所示。在 B_2H_6 中，由于中心原子 B 是缺电子原子，两个 B 原子缺少相互结合的电子，而由两个 H 原子在两个 B 原

子间分别搭起两座“氢桥”，将两个 B 原子连接起来，所以$\overset{\text{H}}{\widehat{\text{B}\ \text{B}}}$也称为氢桥键。如图 11-3 所示，$B_2H_6$ 中 2 个 B 原子，4 个 H 原子位于同一平面上，而两个氢桥键则位于该平面的上、下两侧，并垂直于该平面。其成键情况是：B 原子采用 sp^3 杂化轨道与两个 H 原子形成正常的 σ 键，另外的两个轨道分别与 H 原子的 s 轨道和另外一个 B 原子的杂化轨道重叠，形成氢桥键。由于三个原子共用一对电子，故氢桥键是三中心二电子键（three-centre two-electron bond），简称三中心键，简写为 3c-2e。

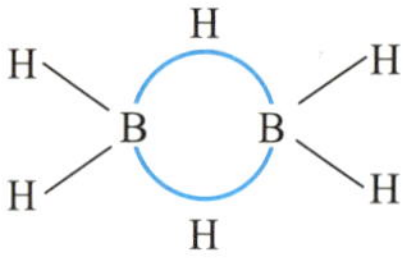

图 11-2 乙硼烷的结构

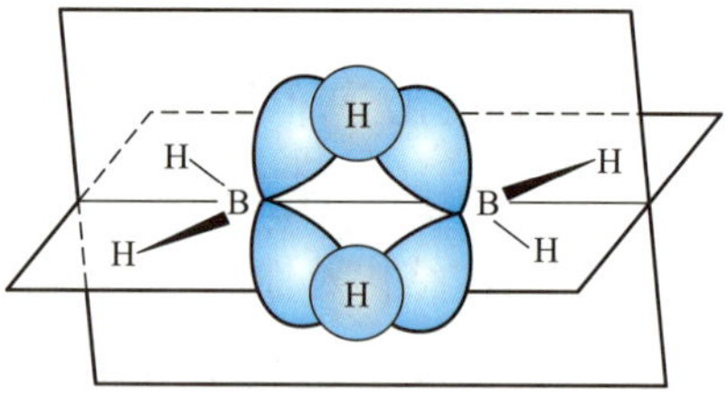

图 11-3 乙硼烷分子的立体结构

三中心键是多中心键的一种形式。多中心键指的是三个或三个以上的原子间相互结合生成的共价键，是一种非定域键。多中心键是缺电子原子的一种特殊成键形式，它普遍存在于硼的氢化物中，由于三中心键的强度仅及一般共价键的一半，所以硼烷的化学性质要比烷烃活泼。

在其他硼烷中，除了 B—H 及$\overset{\text{H}}{\widehat{\text{B}\ \text{B}}}$键外，还可能存在 2c-2e B—B 键，开放的 3c-2e $\overset{\text{B}}{\widehat{\text{B}\ \text{B}}}$硼桥键，闭合式 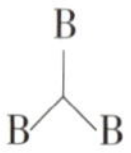 硼键等。闭合式硼键与硼桥键不同，其三个硼原子是等价的，没有属于桥上的硼原子，由每一个硼原子提供 1 个 sp^3 杂化轨道重叠形成，如图 11-4 所示。根据这几种成键情况，可画出所有硼烷的结构，如图 11-5 及图 11-6 所示。

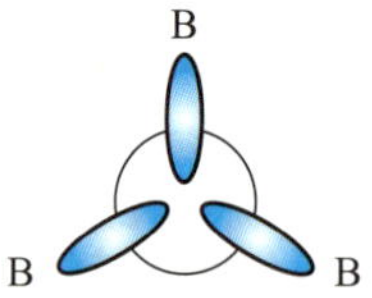

图 11-4 3c-2e 闭合式硼键

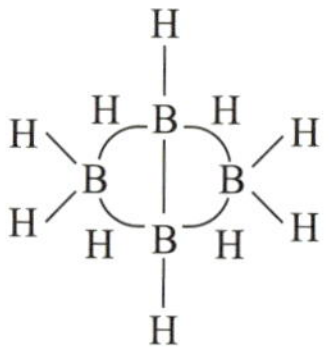
图 11-5 B_4H_{10}的结构

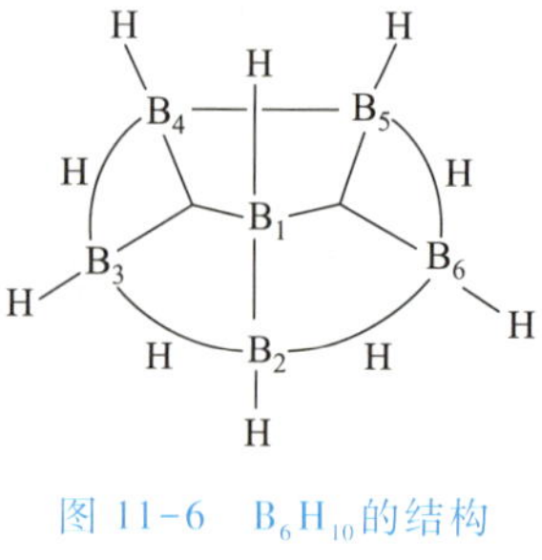

图 11-6 B_6H_{10}的结构

由图 11-5 可见，B_4H_{10} 中含有四个 $\overset{\text{H}}{\widehat{\text{B B}}}$ 键，一个 B—B 键及六个 B—H 键；而 B_6H_{10} 中除了也有四个 $\overset{\text{H}}{\widehat{\text{B B}}}$ 键，六个 B—H 键外，还有两个 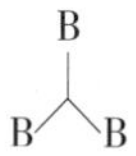 键，两个B—B键。

硼烷的化学性质与硅烷相似，但通常比硅烷更不稳定。将乙硼烷加热至 573 K 以上即迅速分解：

$$B_2H_6 \xrightarrow{>573\ \text{K}} 2B + 3H_2\uparrow$$

B_2H_6 在空气中易燃烧和爆炸，生成 B_2O_3 及水，并放出大量热：

$$B_2H_6(g) + 3O_2(g) \longrightarrow B_2O_3(s) + 3H_2O(g) \qquad \Delta_r H_m^{\ominus} = -2\ 034.5\ \text{kJ}\cdot\text{mol}^{-1}$$

由于每燃烧 1 kg B_2H_6 可放出约 62 760 kJ 的热量，超过高能燃料所要求的热值标准（54 392 $\text{kJ}\cdot\text{kg}^{-1}$），且反应速率快，所以硼烷可作为高能燃料。由于所有硼烷均有剧毒（其毒性远远超过光气 $COCl_2$ 及氰化氢 HCN），而且储存条件苛刻，目前开发出的这类高能燃料是硼烷的衍生物，如碳硼烷 $(C_2H_5)_3B_5H_6$ 是液体高能燃料，$(C_2H_5)_2B_{10}H_{12}$ 是固体高能燃料。

乙硼烷水解也放出大量热：

$$B_2H_6(g) + 6H_2O(l) \longrightarrow 2H_3BO_3(aq) + 6H_2(g) \qquad \Delta_r H_m^{\ominus} = -510.4\ \text{kJ}\cdot\text{mol}^{-1}$$

所以乙硼烷适合于作水底火箭燃料。

CO，NH_3 等含有孤电子对的分子，可与缺电子化合物硼烷进行加成反应：

$$B_2H_6 + 2CO \longrightarrow 2[H_3B \leftarrow CO]$$

$$B_2H_6 + 2NH_3 \longrightarrow 2[H_3B \leftarrow NH_3]$$

乙硼烷可与不饱和烃发生硼氢化反应生成有机合成的重要中间体烃基硼烷。用乙硼烷对金属表面进行渗硼处理，可形成金属硼化物，可增强金属的耐磨性及耐腐蚀性。硼烷还可促进硅橡胶熟化。

2. Wade 规则（骨架成键电子对理论）

硼烷的结构比较复杂，较高级的硼烷及其衍生物是原子簇化合物，骨架原子（B，C，S，P 或金属原子）间以离域的多中心键键合，其分子的结构都是三角形面构成的多面体或欠完整多面体。按照多面体的完整程度，可分为闭式（三角形面构成的封闭的、完整的 n 顶点多面体）、巢式（n+1 顶点多面体，缺 1 顶点）和蛛网式（n+2 顶点多面体，缺 2 顶点），如图 11-7 所示。其骨架多面体完整程度依次降低，开放程度依次增大。

英国结构化学家维德（Wade K）在研究硼烷和碳硼烷的几何构型时，发现它们的结构类型与骨架成键电子对数有关，成键电子对数不同，几何构型就不同。1971 年维德提出了预言硼烷、碳硼烷和硼烷衍生物结构的 Wade 规则。Wade 规则认为：硼烷、碳硼烷和其他原子簇的结构取决于骨架成键电子对数。基于三角多面体空心结构，

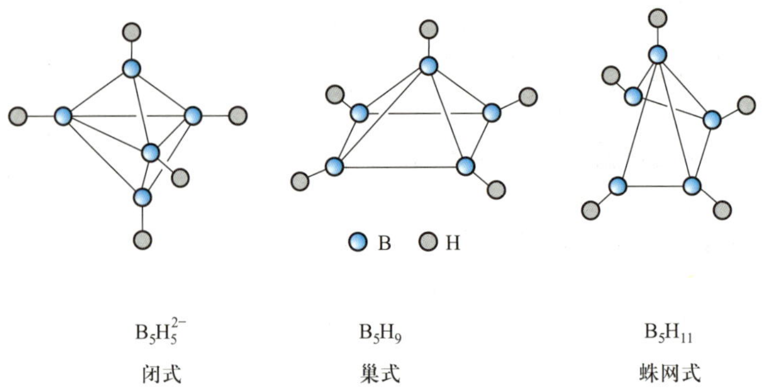

图 11-7 一些硼烷的多面体骨架结构

每个骨架原子提供三个价电子轨道成簇，对于硼烷及碳硼烷，价电子轨道仅四个，因此只有一个价电子轨道不参与成簇。若以 b 表示骨架成键电子对数，n 为骨架原子数（对金属原子簇是指金属原子数，对硼烷和碳硼烷则是指 B 原子数或 B 与 C 原子数之和），骨架成键电子数为价电子总数减去不成簇电子数。对于硼烷及其阴离子 $[(BH)_nH_m]^{z-}$ 的骨架成键电子对数 $b=\frac{1}{2}(4n+m+z-2n)$，即可用下述通式进行计算：

$$b=\frac{1}{2}(2n+m+z)$$

骨架成键电子对数与构型的关系：

$b=n+1$ 闭式，n 顶点，$2(n-2)$ 三角多面体；

$b=n+2$ 巢式（鸟窝型），$(n+1)$ 顶点，$2(n-1)$ 三角多面体（缺 1 顶点）；

$b=n+3$ 蛛网式，$(n+2)$ 顶点，$2n$ 三角多面体（缺 2 顶点）。

对于 $B_nH_n^{2-}$，$m=0$，$z=2$，$b=(2n+2)/2=n+1$，故该类离子都是闭式结构。如 $B_5H_5^{2-}$，为闭式六$[2\times(5-2)=6]$面体，即三角双锥。

对 B_nH_{n+4} 分子，$m=4$，$z=0$，$b=(2n+4)/2=n+2$，为巢式骨架结构。如 B_5H_9，为巢式八$[2\times(5-1)=8]$面体，但缺 1 顶点，即四方锥。

对 B_nH_{n+6} 分子，$m=6$，$z=0$，$b=(2n+6)/2=n+3$，为蛛网式骨架结构。如 B_5H_{11}，为蛛网式十$(2\times5=10)$面体，即五角双锥缺 2 顶点，如图 11-7 所示。

Wade 规则说明若增加骨架成键电子对数，原子簇将形成较为松散的结构——巢式和蛛网式；减少骨架成键电子对数，则将形成较紧密的闭式结构和单冠多面体结构。因此硼烷及其阴离子在发生氧化还原反应时，分子或离子中有电子得失，骨架成键电子对数也会改变，其结构类型也会随之改变：

$$B_nH_{n+2} \underset{-2e^-}{\overset{+2e^-}{\rightleftharpoons}} B_nH_{n+2}^{2-} \underset{-2e^-}{\overset{+2e^-}{\rightleftharpoons}} B_nH_{n+2}^{4-}$$

骨架成键电子对数	$n+1$	$n+2$	$n+3$
结构类型	闭式	巢式	蛛网式

例如，闭式的碳硼烷 $B_9C_2H_{11}$ 用金属 Na 还原，骨架上增加两个电子，骨架成键电子对数增加打开闭合结构，变成巢式结构 $B_9C_2H_{11}^{2-}$。

硼烷和碳硼烷的几何构型是以三角形面构成的多面体，多数金属原子簇的几何构型具有类似结构，Wade 规则中的多面体特指这种以三角形面为基础的多面体。Wade 规则不能预言非三角形面多面体（三棱柱、立方体等）原子簇的结构类型。

11.2.5 硅烷

硅烷可溶于有机溶剂，性质较烷烃活泼。硅烷中有代表意义的是甲硅烷 SiH_4（monosilane）。

SiH_4 常温下稳定，但和 B_2H_6 一样，遇空气可自燃，并放出大量热。

$$SiH_4(g)+2O_2(g) \longrightarrow SiO_2(s)+2H_2O(g) \qquad \Delta_r H_m^{\ominus}=-1\ 428.6\ kJ\cdot mol^{-1}$$

SiH_4 在纯水及微酸性溶液中不水解，但水中有微量碱（起催化作用）时即迅速水解：

$$SiH_4+(n+2)H_2O \xrightarrow{OH^-} SiO_2\cdot nH_2O\downarrow +4H_2\uparrow$$

SiH_4 大量用于制备最重要的半导体材料——高纯硅及非晶硅薄膜。它们是信息、电子工业中经常用到的半导体材料，具有良好的光学、电学性质，如非晶硅薄膜可用于制作具有极高信息密度的光存储盘等。

11.2.6 硫化氢及多硫化氢

硫化氢 H_2S 是一种无色、有腐蛋臭味的有毒气体，大量吸入会造成人的昏迷甚至死亡。

井喷事故

实验室常用金属硫化物与稀盐酸作用制取硫化氢气体：

$$FeS+2HCl \longrightarrow FeCl_2+H_2S\uparrow$$

H_2S 是极性比水弱的极性分子，它的熔点（187.66 K）、沸点（212.82 K）均比水低得多。H_2S 气体可溶于水，293 K 时，1 体积水能溶解 2.6 体积的 H_2S。H_2S 饱和溶液浓度为 0.1 $mol\cdot L^{-1}$，其水溶液称为氢硫酸。氢硫酸是二元弱酸，在水溶液中存在如下解离：

$$H_2S \rightleftharpoons H^+ + HS^- \qquad K_{a_1}=8.9\times10^{-8}$$

$$HS^- \rightleftharpoons H^+ + S^{2-} \qquad K_{a_2}=1\times10^{-19}$$

H_2S 中 S 处于最低氧化态 -2，故 H_2S 无论在空气还是水溶液中，均有还原性。由以下标准电极电势值可以看出，在碱性介质中 S^{2-} 的还原性更强。

$$S+2H^{+}+2e^{-} \rightleftharpoons H_2S(aq) \qquad E_A^{\ominus}=0.144\ V$$

$$S+2e^{-} \rightleftharpoons S^{2-} \qquad E_B^{\ominus}=-0.450\ V$$

在中等强度氧化剂作用下，H_2S 及 S^{2-} 的氧化产物一般是单质硫。例如，在酸性溶液中的 H_2S 可被 I_2，Fe^{3+} 氧化成 S：

$$H_2S+2Fe^{3+} \longrightarrow S\downarrow+2Fe^{2+}+2H^{+}$$

$$H_2S+I_2 \longrightarrow 2I^{-}+S\downarrow+2H^{+}$$

空气中久置的硫化氢溶液变浑浊，主要是溶液中的硫化氢被空气中的氧所氧化生成单质硫的缘故。

H_2S 在空气中燃烧，空气不足时，生成 S 和 H_2O：

$$2H_2S+O_2 \longrightarrow S\downarrow+2H_2O$$

在充足空气中燃烧时，则生成 SO_2 和 H_2O：

$$2H_2S+3O_2 \longrightarrow 2SO_2\uparrow+2H_2O$$

强氧化剂可将 H_2S 氧化成 H_2SO_4。例如：

$$H_2S+4Cl_2+4H_2O \longrightarrow H_2SO_4+8HCl$$

多硫化氢（hydrogen polysulfide）H_2S_x 为黄色液体，可用酸与多硫化物作用制取。例如：

$$Na_2S_2+2HCl \longrightarrow H_2S_2+2NaCl$$

H_2S_2 又称过硫化氢，极不稳定，容易分解为 H_2S 和 S：

$$H_2S_2 \longrightarrow H_2S\uparrow+S\downarrow$$

11.3 硼化物、碳化物及氮化物

硼、碳、氮与电负性较小的元素（除氢外）所形成的化合物，分别称为硼化物、碳化物及氮化物。

11.3.1 硼化物、碳化物及氮化物的分类

电石及其灭火方法

根据结构及性质，可将这三种化合物分成如下三类：

（1）离子型化合物 B，C，N 可以同碱金属元素、碱土金属元素形成离子型化合物，如 Mg_3B_2，Na_2C_2，Li_2C_2，CaC_2，Be_2C，Li_3N，Na_3N，Mg_3N_2 及 Ca_3N_2 等。这类化合物易水解生成碱及气态氢化物：

$$CaC_2+2H_2O \longrightarrow Ca(OH)_2+C_2H_2\uparrow$$

$$Li_3N+3H_2O \longrightarrow 3LiOH+NH_3\uparrow$$

$$Mg_3N_2+6H_2O \longrightarrow 3Mg(OH)_2\downarrow+2NH_3\uparrow$$

（2）共价型化合物　B,C,N 可同某些金属元素及非金属元素形成共价型化合物，如 ZrB,HfB,SiC,B_4C,TiC,AlN,BN,Si_3N_4 等。这类化合物的特点是熔点高，硬度大。

（3）金属型（间充型）化合物　B,C,N 与 d 区金属元素可形成金属型化合物。这类化合物的共同特点是具有金属光泽，能导电、导热，熔点高，硬度大，但脆性也大。例如，Fe_3C 的熔点为 1 500 K，硬度为 HV 900~1 000，塑性和韧性极低。

由于 d 区金属原子的价电子较多，形成金属键后有多余的价电子与进入晶格结点间隙中的 B（或 C,N）原子形成共价键，这可能是此类化合物的硬度大、熔点高的原因。

11.3.2 硼化物、碳化物及氮化物的制备

在高温及真空条件下，将单质硼与金属直接化合，或用 B_4C、碳与相应金属氧化物反应均可制得金属硼化物。例如：

$$B_4C+2TiO_2+3C \longrightarrow 2TiB_2+4CO$$

多数碳化物都可用碳与相应单质在高温下直接化合，或用碳与相应氧化物共热制取。例如，B_4C,SiC,CaC_2 等均是用相应氧化物与焦炭在加热条件下制备的：

$$SiO_2+3C \xrightarrow{\triangle} SiC+2CO\uparrow$$

$$2B_2O_3+7C \xrightarrow{\triangle} B_4C+6CO\uparrow$$

$$CaO+3C \xrightarrow{\triangle} CaC_2+CO\uparrow$$

某些碳化物需用特殊方法制备。例如，Cu_2C_2，Ag_2C_2，Au_2C_2 等均用乙炔与对应金属盐类的氨溶液反应制取：

$$2CuCl(\text{氨溶液})+C_2H_2 \longrightarrow Cu_2C_2+2HCl$$

AgX 在液氮中的溶解性

采用等离子体技术可使其他单质或化合物与氮直接反应制取氮化物。例如：

$$2Al+N_2 \longrightarrow 2AlN$$

$$2B+N_2 \longrightarrow 2BN$$

$$3SiH_4+2N_2 \longrightarrow Si_3N_4+6H_2\uparrow$$

也可在 N_2 或 NH_3 的气氛中，在高温下用焦炭还原相应氧化物制备氮化物。例如：

$$Al_2O_3+3C+N_2 \xrightarrow{1\ 823\sim1\ 973\ K} 2AlN+3CO\uparrow$$

$$3SiO_2+6C+2N_2 \xrightarrow{1\,623\ K} Si_3N_4+6CO\uparrow$$

加热分解相应的氨基化物也可以制备氮化物：

$$3Ba(NH_2)_2 \xrightarrow{\triangle} Ba_3N_2+4NH_3\uparrow$$

$$3Si(NH_2)_4 \xrightarrow{\triangle} Si_3N_4+8NH_3\uparrow$$

化学气相沉积法（CVD 法）是一种合成无机材料的新技术，它在制备金属氮化物方面取得了显著的进展。例如，CVD 法制备 TiN：

$$6TiCl_4(g)+8NH_3(g) \longrightarrow 6TiN(s)+24HCl(g)+N_2(g)$$

该反应在 593 K 时即可发生。

11.3.3 硼化物、碳化物及氮化物的性质和用途

金属硼化物的熔点很高，一般为 2 273～3 273 K。多数硼化物具有金属外观，撞击有金属声，热稳定性很高。硼化物不与非氧化性酸反应，但易与强碱作用，抗氧化性较强，但遇强氧化剂如氯、氟、硝酸等则分解。

ⅣB～ⅥB 族金属碳化物是熔点最高的金属型化合物，也是已知熔点最高的物质之一。若干碳化物的熔点均在 3 273 K 以上。多数碳化物的硬度很大，热稳定性很高，金属型碳化物的化学性质不活泼，不与水及酸反应。

金属氮化物的熔点也很高，但性脆、难烧结，多数氮化物不与碱反应。除 TiN、ZrN 等外，一般热稳定性都较差，高温易分解。碳化物、氮化物在高温下的抗氧化能力都比较差。

ⅣB～ⅥB 族金属的硼化物、碳化物、氮化物，由于熔点特别高，硬度特别大，被统称为硬质合金，广泛应用于金属加工及火箭制造领域。例如，一种含 W 77%～88%，C 5%～7%，Co 6%～15%（Co 作为“黏结剂”）的硬质合金，即使在 1 273～1 373 K 的高温下，仍能长时间保持硬度，因而被用于制作高速切削刀具及钻头等。

ZrB，HfB 是某些特种耐火材料的重要原料。

SiC 俗称金刚砂，熔点高（3 103.15 K），硬度大（与金刚石相近），化学稳定性及热稳定性很好，机械强度大，热膨胀率低，是一种优良的工业磨料及高温陶瓷材料。例如，它可用于制作火箭喷嘴、切削刀具及热交换器等。

B_4C 也是一种重要的工业磨料，广泛用于制造耐磨零件、轴承等。B_4C 甚至用于制造航天飞机陀螺仪上所用的气浮轴承。

碳化铬、碳化钨等高温耐磨物质还被喷涂在飞机的发动机部件上。

BN 具有很多优良性能，如耐高温、耐腐蚀、高导热、高绝缘、润滑好、易加工、无毒等，是一种理想的新型无机材料。俗称“白色石墨”的六方晶形 BN 是一种非常

好的高温固体润滑剂；立方晶形 BN 的硬度与金刚石相近，其耐热性却超过金刚石。用立方晶形 BN 制作的刀具切削超硬材料(如冷硬铸铁、淬火钢等)，其工作效率是金刚石的 5~10 倍，刀具寿命则提高数十倍。

TiN 在 4.5 K 时呈超导性。TiN 常用作硬质合金的表面保护层，以增加其耐磨性及使用寿命。TiN 的颜色与黄金相似，常用于装饰涂层，既美观又防磨损、抗氧化。TiN 有较高的生物相容性，可用作人工关节的无机涂层。

GaN 是产生蓝色激光的重要发光材料。蓝色激光比其他激光的波长更短，能量更高，可以提供激光器更高的数据存储密度，是激光的“黄金地段”。

Si_3N_4 硬度大(耐磨损)、熔点高(耐高温)、密度小(质轻)、抗震性能较好，如 Si_3N_4 刀具的磨损程度仅为硬质刀具的 25%~50%。所以 Si_3N_4 被用于制造火箭、导弹燃烧室的喷头，发动机叶片及切削工具等。用 SiC 或 Si_3N_4 陶瓷制作汽车发动机，不仅高效节能，而且不需冷却系统，不用给水箱加水，特别适合需要在沙漠及干旱地区长途行驶的汽车使用。

此外，在金属表面形成碳化物、硼化物及氮化物，是金属化学热处理工艺如渗碳、渗硼、渗氮的结果，它们使金属表面的强度、硬度、耐磨性及抗蚀性得到增强，同时又保持了金属材料内部的韧性及塑性。

11.4 硫 化 物

11.4.1 硫化物的溶解度

由于 S^{2-} 半径较大、电荷较多，所以变形性也较大；如金属离子的极化力较强，变形性也较大，当它们与 S^{2-} 结合时，离子极化作用就比较显著，形成的硫化物的极性减小，在水中的溶解度也随之降低。

根据硫化物在水及酸中的溶解情况，可大致将硫化物分为如下四类：

(1) 可溶于水的硫化物　碱金属(含 NH_4^+)硫化物及 BaS 易溶于水，碱土金属硫化物(除 BeS 难溶)微溶于水。可溶于水的硫化物数量较少，且大多在水中易水解。

(2) 不溶于水，但可溶于盐酸的硫化物　这类硫化物可分为两种情况。一种是在稀盐酸中即可溶解，如 MnS，FeS，CoS，NiS，ZnS 等。以 ZnS 为例：

$$ZnS+2H^+ \longrightarrow Zn^{2+}+H_2S\uparrow$$

另一种情况是不溶于水及稀盐酸，但可溶于浓盐酸，如 PbS，CdS，SnS，SnS_2：

$$CdS+2HCl(浓) \longrightarrow CdCl_2+H_2S\uparrow$$

$$SnS+4HCl(浓) \longrightarrow H_2[SnCl_4]+H_2S\uparrow$$

(3) 不溶于水及盐酸,但溶于硝酸的硫化物　此类硫化物(CuS,Ag_2S 等)的阳离子极化力较强,变形性也较大,与 S^{2-} 的离子极化作用显著,所以溶解度小,只能用氧化性强的硝酸才能使溶液中的 S^{2-} 被氧化而大大减少,从而使硫化物溶解。例如:

$$3CuS+8HNO_3 \longrightarrow 3Cu(NO_3)_2+3S\downarrow+2NO\uparrow+4H_2O$$

(4) 仅溶于王水的硫化物　溶解度极小的汞的硫化物只有用王水才能溶解,溶解后生成配合物、单质硫、一氧化氮等。例如:

$$3HgS+2HNO_3+12HCl \longrightarrow 3H_2[HgCl_4]+3S\downarrow+2NO\uparrow+4H_2O$$

硫化物的溶解性及颜色见表 11-5。

表 11-5　硫化物的溶解性及颜色

易溶于水		难溶于水							
		溶于盐酸				难溶于盐酸			
		溶于稀盐酸		溶于浓盐酸		溶于硝酸		溶于王水	
$(NH_4)_2S$ (白)	MgS (白)	Al_2S_3 (白)	MnS (浅红)	SnS (褐)	Sb_2S_3 (橙)	CuS (黑)	As_2S_3 (浅黄)	HgS (黑)	Hg_2S (黑)
Na_2S (白)	CaS (白)	Cr_2S_3 (白)	ZnS (白)	SnS_2 (黄)	Sb_2S_5 (橙红)	Cu_2S (黑)	As_2S_5 (浅黄)		
K_2S (黄棕)	SrS (白)	Fe_2S_3 (黑)	FeS (黑)	PbS (黑)	CdS (黄)	Ag_2S (黑)	Bi_2S_3 (黑)		
BaS (白)		NiS (黑)	CoS (黑)						

注:稀盐酸浓度为 0.3 $mol\cdot L^{-1}$。

11.4.2 硫化物的还原性

硫化物均有还原性,尤其在碱性介质中还原性更强。例如,Na_2S 溶液在空气中即被氧化而析出单质硫,使溶液变浑浊:

$$2Na_2S+O_2+2H_2O \longrightarrow 4NaOH+2S\downarrow$$

在空气中长期放置的$(NH_4)_2S$ 溶液,颜色会由无色变成黄色、橙色甚至红色。这是因为$(NH_4)_2S$ 易被空气中的 O_2 氧化:

$$2(NH_4)_2S+O_2+2H_2O \longrightarrow 2S\downarrow+4NH_3\cdot H_2O$$

生成的单质硫又溶于$(NH_4)_2S$ 溶液,生成多硫化物 $(NH_4)_2S_x$:

$$(NH_4)_2S+(x-1)S \longrightarrow (NH_4)_2S_x$$

所以$(NH_4)_2S$ 溶液不宜久置,应现用现配。

11.4.3 硫化物的酸碱性

1. 硫化物的碱性

碱金属(含 NH_4^+)硫化物,可视作强碱弱酸盐,易溶于水并水解,水解后的溶液呈碱性。所以工业上常用价格低廉的 Na_2S 代替 NaOH 作为碱使用,硫化钠也被称为"硫化碱"。硫化钠的水解反应式如下:

$$S^{2-}+H_2O \longrightarrow HS^-+OH^-$$

易溶的碱土金属硫化物及某些高价态金属硫化物也易水解。例如:

$$2CaS+2H_2O \longrightarrow Ca(HS)_2+Ca(OH)_2$$

Al_2S_3,Cr_2S_3 遇水则完全水解:

$$Al_2S_3+6H_2O \longrightarrow 2Al(OH)_3\downarrow+3H_2S\uparrow$$
$$Cr_2S_3+6H_2O \longrightarrow 2Cr(OH)_3\downarrow+3H_2S\uparrow$$

这些金属硫化物在水溶液中是不能存在的,所以制备它们必须用干法,如可用金属铝粉与硫粉直接反应制备 Al_2S_3。

某些低价态的金属硫化物也具有碱性。例如,Bi_2S_3,SnS 及 PbS 等,它们均不溶于碱及碱性硫化物如$(NH_4)_2S$ 或 Na_2S 溶液中,但可溶于浓盐酸。

2. 硫化物的酸性

某些非金属硫化物及高价态金属硫化物具有酸性。例如,As_2S_3 可溶于 KOH 溶液中:

$$As_2S_3+6OH^- \longrightarrow AsO_3^{3-}+AsS_3^{3-}+3H_2O$$

As_2S_3,As_2S_5,Sb_2S_3,Sb_2S_5,SnS_2 还可与碱性的碱金属(含 NH_4^+)硫化物反应,生成相应的硫代酸盐(thioacid salt)而溶解:

$$SnS_2+S^{2-} \longrightarrow \underset{\text{硫代锡酸根}}{SnS_3^{2-}}$$

$$As_2S_3+3S^{2-} \longrightarrow \underset{\text{硫代亚砷酸根}}{2AsS_3^{3-}}$$

$$Sb_2S_3+3S^{2-} \longrightarrow \underset{\text{硫代亚锑酸根}}{2SbS_3^{3-}}$$

$$As_2S_5+3S^{2-} \longrightarrow \underset{\text{硫代砷酸根}}{2AsS_4^{3-}}$$

$$Sb_2S_5+3S^{2-} \longrightarrow \underset{\text{硫代锑酸根}}{2SbS_4^{3-}}$$

硫代酸盐与酸反应生成极不稳定的硫代酸(thioacid),硫代酸立即分解为相应的硫化物沉淀及硫化氢气体：

$$2AsS_3^{3-}+6H^+ \longrightarrow 2H_3AsS_3 \longrightarrow \underset{(黄色)}{As_2S_3}\downarrow+3H_2S\uparrow$$

$$2SbS_4^{3-}+6H^+ \longrightarrow 2H_3SbS_4 \longrightarrow \underset{(橙红色)}{Sb_2S_5}\downarrow+3H_2S\uparrow$$

利用硫代酸盐的生成和分解可以将砷、锑的硫化物与其他金属硫化物分离。

应该指出，上述硫化物也具有一定的碱性。例如，SnS_2 可溶于浓盐酸：

$$SnS_2+6HCl(浓) \longrightarrow H_2[SnCl_6]+2H_2S\uparrow$$

因此它们是一些两性或两性偏酸的硫化物。

硫化物可用于制造农药、荧光材料、硫化染料、涂料，以及用于食品及制革工业。可溶性硫化物是重要的还原剂。

近年来，硫化物纳米管的研制也有一些可喜的成果。空腔 WS_2 纳米管作为一种优良的固体润滑剂，可用于高空飞行及真空设备。WS_2 纳米管还有极高的机械稳定性，可耐受强大的机械剪切力。TiS_2、MoS_2 纳米管在催化、储氢、储锂、超导方面均有应用。

11.5 卤 化 物

卤素和电负性较小的元素形成的化合物称为卤化物。对于二元卤化物，可分为离子型卤化物和共价型卤化物两大类。金属卤化物（如 Ⅰ A 族元素，Ⅱ A 族元素，Sc，Y，La 的卤化物）一般为离子型化合物，这类卤化物熔点、沸点高，易溶于极性溶剂，溶液和熔融态有导电性。p 区的非金属元素及高氧化态金属元素与卤素形成共价型卤化物，这类卤化物在常温下一般是气体、液体或易挥发的固体，具有熔点、沸点低，熔融不能导电等特性。

11.5.1 卤化物的性质

卤化物的主要性质是水解性和卤负离子 X^- 形成配合物的倾向。

1. 卤化物的水解

活泼金属卤化物是典型的离子型结构，在水溶液中发生解离、不水解。但氟化物则例外，产生微弱的水解，使水溶液呈弱碱性：

$$F^-+H_2O \rightleftharpoons HF+OH^-$$

过渡金属和某些高氧化态金属元素的卤化物具有过渡型结构，在水溶液中发

生部分水解,形成碱式盐或卤氧化物:

$$FeCl_3+H_2O \longrightarrow Fe(OH)Cl_2\downarrow +HCl$$

$$BiCl_3+H_2O \longrightarrow BiOCl\downarrow +2HCl$$

$$SbCl_3+H_2O \longrightarrow SbOCl\downarrow +2HCl$$

非金属卤化物是典型的共价型结构,在水中完全水解,一般生成一种含氧酸和一种氢卤酸:

$$BX_3+3H_2O \longrightarrow H_3BO_3+3HX \quad (X=Cl,Br,I)$$

$$SiCl_4+3H_2O \longrightarrow H_2SiO_3+4HCl$$

$$PCl_5+4H_2O \longrightarrow H_3PO_4+5HCl$$

$$AsCl_3+3H_2O \longrightarrow H_3AsO_3+3HCl$$

这些非金属卤化物水解后产生大量白色烟雾,因此它们常被用作军事上的烟幕弹。

值得注意的是,BF_3 水解后得到的不是氢氟酸而是氟硼酸(fluoboric acid)$H[BF_4]$。这是因为 BF_3 仅部分水解,生成的 HF 立即与未水解的 BF_3 反应生成 $H[BF_4]$:

$$BF_3+HF \longrightarrow H[BF_4]$$

故
$$4BF_3+3H_2O \longrightarrow H_3BO_3+3H[BF_4]$$

BX_3 均为缺电子化合物,由于 F 原子的半径小,所以 BF_3 可与 HF 发生加合反应,生成配位酸 $H[BF_4]$;而其他硼的卤化物则不能进行这种加合作用,只能得到氢卤酸。

2. 卤化物的氧化还原性

许多卤化物具有氧化还原性,有些还是常用的氧化剂及还原剂。在酸性介质中,$FeCl_3$ 是中强氧化剂:

$$Fe^{3+}+e^- \rightleftharpoons Fe^{2+} \quad E^\ominus=0.771\ V$$

例如,$FeCl_3$ 可氧化 H_2S:

$$2Fe^{3+}+H_2S \longrightarrow 2Fe^{2+}+S+2H^+$$

而 $SnCl_2$ 是一种常用还原剂:

$$Sn^{4+}+2e^- \rightleftharpoons Sn^{2+} \quad E^\ominus=0.150\ V$$

在酸性溶液中 $SnCl_2$ 可将氯化汞(mercuric chloride)$HgCl_2$ 还原成氯化亚汞(mercurous chloride)Hg_2Cl_2。

$SnCl_2$ 在碱性介质中的还原性更强,如 $SnCl_2$ 可在浓碱溶液中将铋盐还原成黑色的金属铋以鉴定 Bi^{3+}。

$SnCl_2$ 在空气中易被氧化:

$$2Sn^{2+}+O_2+4H^+ \longrightarrow 2Sn^{4+}+2H_2O$$

所以在配制 $SnCl_2$ 溶液时，往往加入一些锡粒，以使 Sn^{4+} 还原成 Sn^{2+}：

$$Sn^{4+}+Sn \longrightarrow 2Sn^{2+}$$

某些低价态非金属卤化物也具有一定还原性。例如，磷与适量的干燥氯气反应生成 PCl_3，当氯气过量时则生成 PCl_5：

$$PCl_3+Cl_2 \longrightarrow PCl_5$$

根据下列电极电势值：

$$Cl_2+2e^- \rightleftharpoons 2Cl^- \quad E^\ominus=1.358\ V$$

$$Br_2+2e^- \rightleftharpoons 2Br^- \quad E^\ominus=1.087\ V$$

$$I_2+2e^- \rightleftharpoons 2I^- \quad E^\ominus=0.5355\ V$$

可见同一金属的卤化物，其还原性顺序为：碘化物 >溴化物 >氯化物。

3. 卤化物的溶解性

大多数卤化物易溶于水。但 Ag(Ⅰ)的卤化物（除 AgF），Cu(Ⅰ)，Hg(Ⅰ)，Pb(Ⅱ)的氯化物、碘化物，以及 CaF_2 均难溶于水。此外，$HgCl_2$ 微溶于水，HgI_2 难溶于水。

CaX_2 除 CaF_2 难溶于水外，其余均易溶。这是因为 CaX_2 基本属离子型晶体，当离子电荷相同时，离子半径越大，晶格能的数值就越小，其 $\Delta H^\ominus_{溶解}$ 代数值也越小，离子型晶体的溶解度则越大，反之则越小。因此，X^- 中离子半径最小的是 F^-，故 CaF_2 在水中的溶解度最小。

在 AgX 中，虽然 Ag^+ 的极化力较强，变形性也较大，但 F^- 的变形性小，难以被极化，所以 AgF 基本为离子型化合物，在水中易溶。而从 Cl^- 到 I^-，随着半径增大，变形性也逐渐加大，与 Ag^+ 的相互极化增强，键的极性减小，所以 AgCl，AgBr 及 AgI 均难溶于水，而且溶解度越来越小。

与 Ag^+ 一样，重金属离子 Cu^+，Hg_2^{2+}，Pb^{2+} 的极化力和变形性都比较大，它们的卤化物溶解度较小，而且其碘化物的溶解度比氯化物更小。例如，白色的 $PbCl_2$ 难溶于冷水，但在热水中易溶；而黄色的 PbI_2 比 $PbCl_2$ 更难溶，仅溶于沸水。

此外，金属卤化物的溶解度常因生成配合物而增大。例如，CuCl，$PbCl_2$ 可溶于浓盐酸，PbI_2 可溶于饱和碘化钾溶液：

$$CuCl+HCl(浓) \longrightarrow \underset{(土黄色)}{H[CuCl_2]}$$

$$PbCl_2+2HCl(浓) \longrightarrow H_2[PbCl_4]$$

$$PbI_2+2I^- \longrightarrow [PbI_4]^{2-}$$

顺便指出，绝大多数铅盐同 $PbCl_2$ 和 PbI_2 一样难溶于水。

4. 卤化物的光解性

某些卤化物，如 ds 区的 AgX 及 Hg_2Cl_2 容易见光分解。

卤化银感光分解为单质：

$$2AgX \xrightarrow{光} 2Ag+X_2$$

这一性质被应用于照相业。照相底片上涂有一层含 AgBr 胶体粒子的明胶，在光照下，AgBr 分解出银原子：

$$2AgBr \xrightarrow{光} 2Ag+Br_2$$

用氢醌之类的有机还原剂处理后，含有银原子的 AgBr 粒子被还原成金属银而呈黑色，然后将底片浸入定影液（主要含有 $Na_2S_2O_3$）中处理，即得到印有负像的底片。

Hg_2Cl_2 也容易见光分解：

$$Hg_2Cl_2 \xrightarrow{光} HgCl_2+Hg$$

所以 Hg_2Cl_2 通常保存于棕色瓶中。

11.5.2 卤化物的制备

卤化物的制备通常有湿法和干法两种。

1. 湿法

湿法一般用于制取水合卤化物。将相应的单质、氧化物、氢氧化物、碳酸盐等，分别溶解在一定浓度的氢卤酸中，然后蒸发结晶，即可制得所需水合盐，如六水合氯化铝（$AlCl_3 \cdot 6H_2O$），二水合氯化亚锡（$SnCl_2 \cdot 2H_2O$）等。

但强烈水解的卤化物，如 $SnCl_4$，$SiCl_4$ 及无水 $AlCl_3$ 等，则必须用干法制备。

2. 干法

（1）单质直接合成　从热力学数据发现，许多卤化物的 $\Delta_f G_m^\ominus$ 均为负值，所以用单质直接合成卤化物不仅有理论根据，而且也是工业制备无水卤化物（如 $AlCl_3$，$FeCl_3$ 等）的主要方法。在制备过程中，要注意及时将产物从反应体系中转移出去。由于 $AlCl_3$，$FeCl_3$ 均可升华，所以用干法制备无水 $AlCl_3$ 及 $FeCl_3$ 是相当成功的。

用这种方法制备具有多种氧化态的氯化物或氟化物时，往往会有两种或两种以上卤化物混在一起，造成产物不纯。例如，制备 $SnCl_4$ 时，往往混有杂质 $SnCl_2$。这时可通过控制反应温度，让沸点较低的 $SnCl_4(g)$ 从反应器顶部逸出，让沸点较高的 $SnCl_2$ 在反应器中继续反应。

（2）卤素单质与氧化物反应　许多金属氧化物氯化反应的 $\Delta_r G_m^\ominus$ 为负值，因而氯化反应可以进行。例如：

$$Na_2O(s)+Cl_2(g) \longrightarrow 2NaCl(s)+\frac{1}{2}O_2(g) \qquad \Delta_r G_m^\ominus=-392.7\ kJ\cdot mol^{-1}$$

氧化物的氯化反应往往需要加入吸氧剂，如碳（在加热条件下吸氧转化为 CO，CO_2）等。加入碳后，放出大量热，同时又可除去氧，使反应易于进行。例如：

$$B_2O_3+3C+3Cl_2 \xrightarrow{>873\ K} 2BCl_3+3CO\uparrow$$

$$SiO_2+2C+2Cl_2 \xrightarrow{\triangle} SiCl_4+2CO\uparrow$$

NCl_3 是用氨的氯化反应制取的：

$$NH_3+3Cl_2 \longrightarrow NCl_3+3HCl$$

（3）从水合卤化物制备无水卤化物　加热某些金属卤化物的水合物脱水时，这些水合物会因水解而生成碱式盐或氧化物，导致产品不纯。例如：

$$MgCl_2\cdot 2H_2O \xrightarrow{\triangle} Mg(OH)Cl+HCl\uparrow+H_2O$$

$$MgCl_2\cdot 2H_2O \xrightarrow{\triangle} MgO+2HCl\uparrow+H_2O$$

因此往往在干燥的 HCl 气氛中对水合氯化镁进行高温脱水，或用脱水剂（如亚硫酰氯）除去水合物中的结晶水，以制备无水 $MgCl_2$：

$$MgCl_2\cdot 2H_2O+2SOCl_2 \xrightarrow{回流} MgCl_2+4HCl\uparrow+2SO_2\uparrow$$

此外，用加热的干燥 HCl 气体通过金属，也可制得金属氯化物。例如，制备无水 $ZnCl_2$ 和无水 $AlCl_3$：

$$Zn+2HCl(g) \xrightarrow{\triangle} ZnCl_2+H_2\uparrow$$

$$2Al+6HCl(g) \xrightarrow{\triangle} 2AlCl_3+3H_2\uparrow$$

11.5.3 卤化物的用途简介

活泼金属的氯化物常被用于工业制备这些金属的单质及 Cl_2，H_2 等副产品。例如：

$$2NaCl+2H_2O \xrightarrow{电解} 2NaOH+H_2\uparrow+Cl_2\uparrow$$

$$2LiCl(熔体) \xrightarrow{电解} 2Li+Cl_2\uparrow$$

$$MgCl_2(熔体) \xrightarrow{电解} Mg+Cl_2\uparrow$$

NH_4Cl 和 KCl 是重要的肥料之一。

SF_6 与水、强酸、强碱均不反应，化学稳定性很好，不着火，能耐受高压而不被击穿，是优异的气体绝缘材料，主要用于变压器或高电压装置中。

S_2Cl_2 在橡胶工业中被用作硫化剂。

$SiCl_4$ 主要用于制造高纯硅、硅酸脂类、有机硅单体、硅橡胶及高温绝缘漆等。

BF_3，BCl_3 是制备硼的有机化合物及硼烷的原料，BF_3，BCl_3 在许多有机化学反应中被用作催化剂。

NF_3 可用作火箭燃料的氧化剂、硅系光纤维表面处理用的气体等。

$AlCl_3$ 是缺电子化合物,能与有机胺、醚、醇等结合,所以 $AlCl_3$ 在工业上最重要的用途是作为有机合成及石油工业的催化剂。

全氟光纤(ZrF_4-BaF_2-LaF_3-NaF)的传输损耗为石英光纤的 1/350~1/200,传输距离可达 5 000 km 以上,可能用于洲际通信。全氟光纤有望成为石英光纤之后的一种优越的光纤通信材料,ZrF_4 玻璃也有望用作激光玻璃的母材。

$CoCl_2$ 主要用于制备金属钴及其化合物,并可用作氨吸收剂、防毒面具、陶瓷着色剂、显隐墨水及微量元素肥料。

CuCl 在有机合成中用作催化剂或还原剂。

$CuCl_2$ 用作玻璃及陶瓷颜料、消毒剂、催化剂及印染媒染剂等。

$ZnCl_2$ 主要用于有机合成中的脱水剂、缩合剂及催化剂,石油净化剂和印染媒染剂等。此外,$ZnCl_2$ 还用于电镀、医药、农药、干电池及木材防腐等方面。

$HgCl_2$ 可作医用外科消毒剂及有机反应的催化剂。

据报道,$GaCl_3$ 在治疗肺癌时与顺铂有协同作用。

AgX 可制成卤化银感光剂。将这种感光剂加入钠铝硼酸盐玻璃,可制成变色玻璃,受光照时颜色变暗,停止光照又可恢复原色。

AgI 可作人工降雨的冰核形成剂。α-AgI 是最重要的快离子导体(固体电解质)之一。以 α-AgI 制作的化合物如 $RbAg_4I_5$,是室温电导最高的一种固体电解质。固体电解质可用于制作燃料电池、电子元件、传感器、离子选择电极等,在能源、自动分析与监测及工业、科研领域中均有广泛的应用。

稀土卤化物是制作新型高效电光源,如钬镝灯、钠钪灯的重要材料,它们体积小、质量轻、亮度高。

在玻璃中加入金、银、铜的盐,或某些氟化物、氧化物、硫化物作成核剂,经处理后可得到各种性能的微晶玻璃(玻璃陶瓷)。微晶玻璃的机械性能非常优越,比高碳钢硬,比铝轻,机械强度是玻璃的 6 倍以上,耐磨、耐热冲击,热稳定性极高。所以微晶玻璃广泛应用于无线电、化工、建筑等工业部门,以及航空、导弹、原子能研究等领域。

本章小结

本章介绍了二元化合物的组成及成键特性,讨论了氢化物的类型和性质及其递变规律,着重描述了过氧化氢、氮的氢化物、硼烷等的制备、性质和应用,运用 Wade 规则说明了硼烷的结构;简述了硼化物、碳化物和氮化物的分类、制备、性质和用途;介绍了硫化物的溶解性、还原性和酸碱性;概述了卤化物的制备、性质和用途。

思 考 题

1. 从电负性差值叙述二元化合物的类型。

2. 氢化物的主要类型有哪些？举例说明它们的组成、结构特点及它们在元素周期表中的大致分布。

3. 试述共价型氢化物的热稳定性、还原性及水溶液酸碱性的变化规律。

4. 在硼烷 B_xH_y 中，x，y 之间存在什么关系？

5. 试画出 B_5H_9 的结构示意图，指出分子结构中的各类键型和成键特点。

6. 比较 NH_3，N_2H_4，NH_2OH 的碱性强弱。

7. 影响过氧化氢稳定性的因素有哪些？如何储存过氧化氢溶液？目前工业上主要用什么方法制备过氧化氢？

8. 试述共价型及金属型的碳化物、氮化物和硼化物的重要特性及用途。

9. 为什么不能在水溶液中制备 Al_2S_3 及 Cr_2S_3？

10. 试比较金属卤化物和非金属卤化物水解反应的异同。

11. 为什么 Ag(Ⅰ)卤化物 AgF，AgCl，AgBr，AgI 的溶解度依次减小，而 CaX_2 除 CaF_2 难溶于水外均易溶于水？

12. 如何配制和保存 $SnCl_2$ 溶液？为什么？

思考题 12 解析

13. 现有四种沉淀剂：NaOH，NaCl，Na_2S，KBr，为了从废定影溶液中回收银，最好选用哪一种沉淀剂？为什么？

习 题

1. 完成并配平下列反应方程式。

(1) $BaH_2+H_2O \longrightarrow$

(2) AsH_3(缺氧) $\xrightarrow{\triangle}$

(3) $B_2H_6+H_2O \longrightarrow$

(4) $B_2H_6+CO \longrightarrow$

(5) $NH_3+Cu_2O \xrightarrow{\triangle}$

(6) $NH_3+Cl_2 \longrightarrow$

(7) $N_2H_4(l)+H_2O_2(l) \longrightarrow$

(8) $FeCl_3+H_2S \longrightarrow$

(9) $BaO_2+H_2O \longrightarrow$

(10) $H_2O_2+KI+H_2SO_4 \longrightarrow$

(11) $H_2O_2+KMnO_4+H_2SO_4 \longrightarrow$

2. 写出下列反应的方程式。

(1)“古氏试砷法”的反应依据；

（2）乙硼烷在空气中自燃；

（3）用过氧化氢给油画“漂白”；

（4）实验室制取硫化氢气体。

3. 应用 Wade 规则预测下列化合物的结构类型（闭式、巢式或蛛网式）。

$$B_4H_{10}, B_{10}H_{14}, B_6H_9^-, B_6H_6^{2-}$$

4. 解释为什么可用浓氨水检查氯气管道是否泄漏。

5. 为什么不能用硝酸与 FeS 作用制备 H_2S？

6. 下面各组物质能否共存？为什么？

（1）H_2S 和 H_2O_2　（2）MnO_2 和 H_2O_2　（3）PbS 和 H_2O_2

（4）铝粉和 Na_2O_2　（5）Na_3AsS_3 和 HCl　（6）PCl_5 和 NaOH 溶液

7. 空气中长期放置 $(NH_4)_2S$ 溶液，颜色为什么会呈黄色、橙色，甚至红色？写出有关反应方程式。

8. 完成并配平下列反应方程式。

（1）$SO_2+H_2O_2 \longrightarrow$　（2）$BF_3+H_2O \longrightarrow$

（3）PbS+HCl（浓）$\longrightarrow$　（4）$SnS_2+Na_2S \longrightarrow$

（5）$PCl_5+H_2O \longrightarrow$

9. 解释以下事实，并写出有关反应方程式。

（1）石灰乳被用于治理大气中 SO_2 污染；

（2）将 H_2S 通入 $FeCl_3$ 溶液中，得不到 Fe_2S_3 沉淀；

（3）配制的 $BiCl_3$ 溶液中如有白色浑浊，加些盐酸后浑浊会消失。

10. 为什么 BF_3 水解时得到的是氟硼酸而不是氢氟酸？写出相关反应方程式。

11. 已知 CaH_2 可以作为野外作业时制备氢气的原料，因为 CaH_2 可以与水反应释放出 H_2，反应方程式如下：

$$CaH_2+2H_2O \longrightarrow Ca(OH)_2+2H_2$$

试计算 2.00 g CaH_2 在 273 K，100 kPa 条件下与水反应，最多可以制得氢气的体积。

第十二章

主族元素的氧化物、氢氧化物、含氧酸及含氧酸盐

氧化物、氢氧化物、含氧酸及含氧酸盐是重要的无机化合物，在化学工业上占有重要地位，是元素化学的重要内容。氢氧化物和含氧酸可称为氧化物的水合物。一般低氧化态金属氧化物的水合物为碱，非金属和高氧化态金属氧化物的水合物为酸。现代化学各分支学科无不与酸、碱、盐有关。本章从元素周期系的角度重点讨论主族元素的氧化物、氢氧化物、含氧酸及含氧酸盐的制备、结构、酸碱性、氧化还原性、稳定性、有关化学反应的规律，同时对一些典型化合物进行简要介绍。

12.1　氧化物的性质递变规律

氧化物是指氧与电负性比氧小的元素形成的二元化合物。在正常氧化物（简称氧化物）中，氧的氧化态为-2。除正常氧化物外，碱金属、碱土金属还可与氧形成多种氧化物。

12.1.1　氧化物的酸碱性

根据氧化物与酸、碱的反应情况，可将氧化物分成酸性、碱性、两性及惰性四种类型。

活泼金属氧化物及某些金属的低氧化态氧化物为碱性氧化物，如 Na_2O，PbO 等。

非金属氧化物及某些金属的高氧化态氧化物为酸性氧化物，如 P_4O_{10}，SO_2，PbO_2 等。

某些金属氧化物及非金属的低氧化态氧化物为两性氧化物，如 As_2O_3，Sb_2O_3 等。

惰性氧化物与酸、碱、水均不反应，如 CO，NO，N_2O 等。高温灼烧过的 Al_2O_3 在酸、碱溶液中均保持惰性。

一般来说，氧化物的酸碱性有如下规律：

（1）同一元素不同氧化态的氧化物，高氧化态氧化物的酸性要比低氧化态氧化物强。例如，酸性比较：

$$SnO_2 > SnO$$

$$As_2O_5 > As_2O_3$$

（2）同周期元素最高氧化态氧化物，从左至右酸性增强，碱性减弱。例如，第三周期最高氧化态氧化物中，Na_2O 和 MgO 呈碱性，Al_2O_3（活性）则为两性氧化物，SiO_2 具有弱酸性，而 P_4O_{10}，SO_3，Cl_2O_7 均为酸性氧化物，且酸性逐步增强。

（3）同族元素较低氧化态的氧化物，从上至下一般是碱性增强，酸性减弱。例如，ⅤA 族元素+3 氧化态的氧化物，N_2O_3，P_2O_3 为酸性，As_2O_3 为两性偏酸，Sb_2O_3 为两性，Bi_2O_3 则为碱性氧化物。

12.1.2 氧化物的氧化还原性

酸性介质中具有强氧化性的氧化物有 PbO_2 等金属高氧化态氧化物，以及某些非金属高氧化态氧化物，如 XeO_3，SO_3，NO_2 等。例如，NO_2 的氧化性比 HNO_3 还强，赤热的炭、硫、磷等在 NO_2 中可起火燃烧，NO_2 可将 SO_2 氧化成 SO_3：

$$2SO_2 + 2NO_2 \xrightarrow{\text{催化剂}} 2SO_3 + 2NO\uparrow$$

对比ⅤA 族砷、锑、铋的氧化物或ⅣA 族锡、铅的氧化物的氧化还原性，可以发现如下规律：

还原性增强 ←

As_2O_3	Sb_2O_3	Bi_2O_3
As_2O_5	Sb_2O_5	Bi_2O_5

→ 氧化性增强

还原性增强 ←

SnO	PbO
SnO_2	PbO_2

→ 氧化性增强

这种规律在一定程度上也体现了惰性电子对效应的作用。

还原性较强的氧化物有 CO，NO 等低氧化态氧化物。例如，NO 在空气中容易被氧化成红棕色的 NO_2：

$$2NO+O_2 \longrightarrow 2NO_2$$

某些中间氧化态的氧化物（如 SO_2），则既有氧化性，又有还原性。

SO_2 的还原性较显著。在催化剂作用下，SO_2 在空气中被氧化：

$$2SO_2+O_2 \xrightarrow{\text{催化剂}} 2SO_3$$

但遇到强还原剂时，SO_2 可表现出氧化性。例如，773 K 时，SO_2 在铝矾土作催化剂的条件下可被 CO 还原：

$$SO_2+2CO \xrightarrow{\text{铝矾土}} 2CO_2+S\downarrow$$

有些有机化合物能与 SO_2 发生加成反应，生成无色加成物而褪色，所以 SO_2 也具有一定的漂白作用。

12.1.3 氧化物的稳定性

稳定性较差的氧化物一般为主族元素高氧化态的金属氧化物，以及稀有气体氧化物，如 Bi_2O_5，XeO_3 等。

氧化物稳定性的相对大小也可以根据标准摩尔生成焓判断。例如，$\Delta_f H_m^{\ominus}(PbO_2) = -277.4\ kJ\cdot mol^{-1}$，$\Delta_f H_m^{\ominus}(SnO_2) = -577.63\ kJ\cdot mol^{-1}$，可以看出，$SnO_2$ 的稳定性应该比 PbO_2 大得多。

12.2 氧化物水合物的酸碱性和含氧酸强度判断

12.2.1 氧化物水合物的酸碱性——R—O—H 经验规则

某元素的氧化物水合物究竟是呈酸性、两性或碱性，可按下述观点来考虑。所有的氧化物水合物都可用通式 $R(OH)_x$ 表示，简化为 R—O—H 结构，其中 R 代表成酸元素或成碱元素。R—O—H 结构中，存在着 R—O 和 O—H 两种极性键，所以 ROH 在水中有两种解离方式：

R—O┼H　酸式解离，产生 H^+

R┼O—H　碱式解离，产生 OH^-

ROH 按酸式解离还是碱式解离，与阳离子的极化作用有关。阳离子 R^{x+} 的电荷越多，半径越小，则阳离子的极化作用越大。卡特雷奇（Cartledge G H）把两者结合起来考虑，提出了离子势的概念：

$$\text{离子势}(\phi)=\frac{\text{阳离子电荷}(z)}{\text{阳离子半径}(r)}$$

用 ϕ 值来衡量阳离子 R^{x+} 极化作用的大小，并以此判断氧化物水合物的酸碱性。在 $R(OH)_x$ 中，如 R^{x+} 的 ϕ 值较大，则 R^{x+} 吸引 O^{2-}、排斥 H^+ 的能力就强，R—O—H 呈酸式解离；若 R^{x+} 的 ϕ 值较小，甚至比 H^+ 的 ϕ 值还小，则 O^{2-} 的电子云将偏向 H^+，使 R—O 键极性增强，R—O—H 呈碱式解离。

因此，有人提出以 $\sqrt{\phi}$ 值作为判断 $R(OH)_x$ 酸碱性的定量标准，即 R—O—H 规则：

$\sqrt{\phi}<0.22$　　$R(OH)_x$ 呈碱性

$0.22\leqslant\sqrt{\phi}\leqslant0.32$　　$R(OH)_x$ 呈两性

$\sqrt{\phi}>0.32$　　$R(OH)_x$ 呈酸性

现以第三周期主族元素最高氧化态氧化物的水合物为例。同周期从左至右，R^{x+} 的电荷逐渐升高，半径依次减小，$\sqrt{\phi}$ 值则依次增大，氧化物水合物的碱性逐渐减弱，酸性则逐渐增强，由强碱性的 NaOH 逐渐递变为最强的无机酸 $HClO_4$（见表 12-1）。

表 12-1　第三周期主族元素 $R(OH)_x$ 的酸碱性

$R(OH)_x$	NaOH	$Mg(OH)_2$	$Al(OH)_3$	H_2SiO_3	H_3PO_4	H_2SO_4	$HClO_4$
$r(R^{x+})$/pm	95	65	55	40	34	30	26
$\sqrt{\phi}$	0.103	0.175	0.234	0.316	0.383	0.447	0.518
酸碱性	强碱	中强碱	两性	弱酸	中强酸	强酸	强酸

同一主族元素，如碱土金属的氢氧化物，虽然 R^{x+} 的电荷均为+2，但从上至下 R^{2+} 的半径增大，$\sqrt{\phi}$ 值减小，所以 $R(OH)_2$ 的碱性自上而下增强，除 $Be(OH)_2$ 为两性氢氧化物外，碱土金属的氢氧化物均为中强碱及强碱（见表 12-2）。

表 12-2　碱土金属氢氧化物的酸碱性

$R(OH)_2$	$Be(OH)_2$	$Mg(OH)_2$	$Ca(OH)_2$	$Sr(OH)_2$	$Ba(OH)_2$
$r(R^{x+})$/pm	31	65	99	113	135
$\sqrt{\phi}$	0.254	0.175	0.142	0.133 3	0.122
酸碱性	两性	中强碱	强碱	强碱	强碱

又如，As，Sb，Bi 的+3 氧化态氧化物的水合物，经 $\sqrt{\phi}$ 值计算，H_3AsO_3，$Sb(OH)_3$ 均为两性，$Bi(OH)_3$ 为碱性。根据 R—O—H 规则，这些氧化物水合物的碱性大小顺序为

$$Bi(OH)_3>Sb(OH)_3>H_3AsO_3$$

R—O—H 规则在定性地比较过渡元素氧化物水合物的酸碱性方面也有一定价值。例如，锰的不同氧化态氧化物的水合物，其酸碱性递变规律在过渡元素中表

现最为典型。随着 Mn^{x+} 的电荷增高，半径减小，$\sqrt{\phi}$ 值增大，$Mn(OH)_x$ 的碱性依次减弱，酸性则依次增强：

$$Mn(OH)_2 \quad Mn(OH)_3 \quad Mn(OH)_4 \quad H_2MnO_4 \quad HMnO_4$$

$$\xrightarrow[\text{酸性增强}]{}$$

碱性减弱

酸性增强

用离子势定量地判断氧化物水合物的酸碱性仅是一个经验规律。事实表明，R—O—H 规则对某些氧化物水合物[如 $Sn(OH)_2$，$Zn(OH)_2$ 等]并不适用。例如 $Zn(OH)_2$ 中，Zn^{2+} 的 $\sqrt{\phi}=0.16$，按离子势的定量标准，$Zn(OH)_2$ 应为碱，但实际上 $Zn(OH)_2$ 却是两性氢氧化物。

12.2.2 含氧酸的强度——鲍林规则

鲍林(Pauling L)在研究了含氧酸的强度与其结构的关系之后，提出了两条经验规则，通常称为鲍林规则。鲍林规则是衡量含氧酸强弱的一种较有影响的经验规则。

规则 1：多元含氧酸的分步解离常数 $K_{a_1}:K_{a_2}:K_{a_3}:\cdots\approx 1:10^{-5}:10^{-10}:\cdots$。

例如：	K_{a_1}	K_{a_2}	K_{a_3}
H_3PO_4	6.9×10^{-3}	6.2×10^{-8}	4.8×10^{-13}
H_3PO_3	5.0×10^{-2}	2.0×10^{-7}	
H_3AsO_4	5.5×10^{-3}	1.7×10^{-7}	5.1×10^{-12}
H_2SO_3	1.4×10^{-2}	6.3×10^{-8}	

规则 2：含氧酸的化学式 H_xRO_y 也可以写成 $RO_{y-x}(OH)_x$，其中 $y-x$ 为非羟基氧原子数。例如，H_3BO_3，H_3PO_4，H_2SO_4，$HClO_4$ 分别可写成 $B(OH)_3$，$PO(OH)_3$，$SO_2(OH)_2$，$ClO_3(OH)$，它们的非羟基氧原子数分别为 0，1，2，3。

鲍林认为，含氧酸的强度与非羟基氧原子数有关：

(1) $y-x=0$，含氧酸为弱酸，其 K_a(或 K_{a_1}) $=10^{-11}\sim10^{-8}$。例如：

	HClO	HBrO	H_3BO_3	H_3AsO_3
K_a(或 K_{a_1})	4.0×10^{-8}	2.8×10^{-9}	5.4×10^{-10}	5.1×10^{-10}

(2) $y-x=1$，含氧酸为中强酸，其 K_a(或 K_{a_1}) $=10^{-4}\sim10^{-2}$。例如：

	H_2SO_3	HNO_2	H_3PO_4
K_a(或 K_{a_1})	1.4×10^{-2}	4.6×10^{-4}	6.9×10^{-3}

(3) $y-x=2$，含氧酸为强酸，其 K_a(或 K_{a_1}) $=10^{-1}\sim10^{3}$。例如，$HClO_3$，HNO_3，H_2SO_4，H_2SeO_4 的 K_a(或 K_{a_1})均约为 10^3。

（4）$y-x=3$，如 $HClO_4$ 为目前已知的最强酸，其 $K_a^\ominus \approx 10^8$。

显然，非羟基氧原子的数目越多，含氧酸的酸性越强。例如，酸性的强弱顺序为

$$HClO_4>HClO_3>HClO_2>HClO$$

$$HClO_4>H_2SO_4>H_3PO_4>H_4SiO_4$$

$$H_2SO_4>H_2SO_3$$

鲍林规则是根据大量事实总结出来的经验规则，它不仅较成功地解释了含氧酸强度的一些规律，而且对含氧酸结构的推测也有一定的帮助。例如，亚磷酸（H_3PO_3）看上去似乎是一种三元弱酸，但其 $K_{a_1}^\ominus=5.0\times10^{-2}$，根据鲍林规则，应为中强酸，分子中含有一个非羟基氧原子。实际上，亚磷酸为二元酸，经结构测定表明，H_3PO_3 分子中存在一个非羟基氧原子，其结构如下：

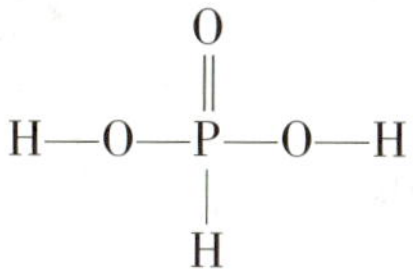

根据鲍林规则还可以推断含氧酸的分子内脱水或分子间缩合脱水，将导致酸性增强。同一元素的含氧酸聚合程度越大，酸性越强。因为脱水必定会使含氧酸分子中的非羟基氧原子数目增加。例如，磷酸（H_3PO_4，$K_{a_1}^\ominus=6.9\times10^{-3}$）缩合成焦磷酸（$H_4P_2O_7$，$K_{a_1}^\ominus=1.2\times10^{-1}$）。

鲍林规则是大量事实的归纳总结，但仍有例外，如 H_2CO_3 等。

12.3 碱金属和碱土金属的氧化物、过氧化物及超氧化物

碱金属、碱土金属与氧能形成三种类型的氧化物，即氧化物、过氧化物和超氧化物。它们分别含有 O^{2-}，O_2^{2-} 和 O_2^-，其中 O_2^- 和 O_2^{2-} 相当于在 O_2 分子的 $\pi_{2p_y}^*$ 和 $\pi_{2p_z}^*$ 反键轨道上依次增加 1 和 2 个电子，键级依次降低 0.5，键长依次增大，稳定性也就依次降低。

12.3.1 碱金属和碱土金属的氧化物

锂和碱土金属在空气中燃烧生成氧化物：

$$4Li+O_2 \longrightarrow 2Li_2O$$

$$2Mg+O_2 \longrightarrow 2MgO$$

其他碱金属的氧化物，一般是用碱金属还原其过氧化物、硝酸盐或亚硝酸盐来制备：

$$Na_2O_2+2Na \longrightarrow 2Na_2O$$

$$2KNO_3+10K \longrightarrow 6K_2O+N_2\uparrow$$

碱土金属碳酸盐、硝酸盐、氢氧化物热分解得氧化物：

$$MCO_3 \longrightarrow MO+CO_2\uparrow \quad (M=Be, Mg, Ca, Sr, Ba)$$

除 BeO 为两性外，其他氧化物都显碱性。碱土金属离子带有两个单位的正电荷，且离子半径又较小，其氧化物的晶格能很大，故熔点都很高，因而 BeO 和 MgO 可用于制造耐火材料。轻质氧化镁是一种很好的补强材料。经煅烧过的 BeO 和 MgO 难溶于水，而 CaO，SrO，BaO 和碱金属氧化物同水反应生成相应的氢氧化物并放出大量的热：

$$CaO(s)+H_2O \longrightarrow Ca(OH)_2(s) \quad \Delta_r H_m^{\ominus}=-64.5\ kJ\cdot mol^{-1}$$

$$Na_2O(s)+H_2O \longrightarrow 2NaOH(s) \quad \Delta_r H_m^{\ominus}=-151.6\ kJ\cdot mol^{-1}$$

12.3.2 碱金属和碱土金属的过氧化物

除铍外，所有碱金属、碱土金属都能形成过氧化物。过氧化物含有 O_2^{2-}，其分子轨道表示为$[KK(\sigma_{2s})^2(\sigma_{2s}^*)^2(\sigma_{2p})^2(\pi_{2p_y})^2(\pi_{2p_z})^2(\pi_{2p_y}^*)^2(\pi_{2p_z}^*)^2]$，键级为 1（只有一个 σ 键），是反磁性物质。

用得最多的过氧化物是过氧化钠。工业上将金属钠在铝制容器中加热到 573 K，通以不含 CO_2 的干燥空气，得到过氧化钠的淡黄色粉末：

$$2Na+O_2 \longrightarrow Na_2O_2$$

Na_2O_2 与水或稀硫酸在室温下反应生成过氧化氢，过氧化氢分解放出氧气：

$$Na_2O_2+2H_2O \longrightarrow 2NaOH+H_2O_2$$

$$Na_2O_2+H_2SO_4 \longrightarrow Na_2SO_4+H_2O_2$$

$$2H_2O_2 \longrightarrow 2H_2O+O_2\uparrow$$

Na_2O_2 与 CO_2 反应放出氧气：

$$2Na_2O_2+2CO_2 \longrightarrow 2Na_2CO_3+O_2\uparrow$$

基于这一反应，Na_2O_2 可用作高空飞行和水下工作的 CO_2 吸收剂，以此来吸收人体呼出的 CO_2 并补充吸入的 O_2。

Na_2O_2 是一种碱性强氧化剂，常用作分解矿石的溶剂，使不溶解于酸的矿石被氧化分解为可溶性的化合物。例如：

$$7Na_2O_2+2Fe(CrO_2)_2 \xrightarrow{共熔} 4Na_2CrO_4+Fe_2O_3+3Na_2O$$

$$3Na_2O_2+Fe_2O_3 \xrightarrow{共熔} 2Na_2FeO_4+Na_2O$$

$$Na_2O_2+MnO_2 \xrightarrow{共熔} Na_2MnO_4$$

由于 Na_2O_2 有强碱性，熔融时不能采用瓷器皿或石英器皿，宜用铁、镍器皿。又由于 Na_2O_2 是强氧化剂，熔融时遇到棉花、木炭或铝粉等还原性物质时会发生爆炸，故使用时应十分小心。

其他元素的过氧化物大多用间接方法制得。例如，以氨水为介质使 $Ba(NO_3)_2$ 与 H_2O_2 作用：

$$Ba(NO_3)_2+3H_2O_2+2NH_3\cdot H_2O \longrightarrow BaO_2\cdot 2H_2O_2+2NH_4NO_3+2H_2O$$

将 $BaO_2\cdot 2H_2O_2$ 加热到 383～388 K，即脱去 H_2O_2 而得到 BaO_2。

12.3.3 碱金属和碱土金属的超氧化物

超氧化物中含有超氧离子 O_2^-，它比氧分子多一个电子，其分子轨道表示为 $[KK(\sigma_{2s})^2(\sigma_{2s}^*)^2(\sigma_{2p})^2(\pi_{2p_y})^2(\pi_{2p_z})^2(\pi_{2p_y}^*)^2(\pi_{2p_z}^*)^1]$。在 O_2^- 中有一个 σ 键和一个三电子 π 键，键级为 1.5，是顺磁性物质。

钾、铷、铯在过量氧气中燃烧，可制得橙黄色固体超氧化物 MO_2。由于 RbO_2 和 CsO_2 太昂贵，所以常用的是超氧化钾。超氧化钾具有强氧化性，与水或稀硫酸、二氧化碳反应产生氧气：

$$2KO_2+2H_2O \longrightarrow 2KOH+H_2O_2+O_2\uparrow$$

$$4KO_2+2CO_2 \longrightarrow 2K_2CO_3+3O_2\uparrow$$

KO_2 用于"氧面具"中。当人们戴上这种面具时，呼出的 CO_2 和水蒸气与 KO_2 发生下列反应：

$$4KO_2+2H_2O+4CO_2 \longrightarrow 4KHCO_3+3O_2\uparrow$$

12.4 硼和铝的含氧化合物

12.4.1 硼的含氧化合物

由于 B—O 键键能大，故硼的含氧化合物具有很高的稳定性，硼在自然界中总是以含氧化合物的形式存在。

1. 氧化硼

硼的主要氧化物是 B_2O_3，可由单质硼在空气中加热到 973 K 时发生燃烧而制得：

$$4B(s)+3O_2(g) \longrightarrow 2B_2O_3(s)$$

常用硼酸脱水来制备：

$$2H_3BO_3 \xrightarrow{\triangle} B_2O_3+3H_2O$$

经高温(573 K 以上)脱水得到的是玻璃态 B_2O_3,较低温度下减压脱水得到白色粉末状的 B_2O_3。B_2O_3 可划归为酸性氧化物,是正硼酸的酸酐。同金属氧化物共热时,它能生成偏硼酸盐:

$$B_2O_3+CuO \longrightarrow \underset{\text{偏硼酸铜(蓝色)}}{Cu(BO_2)_2}$$

$$B_2O_3+NiO \longrightarrow \underset{\text{偏硼酸镍(绿色)}}{Ni(BO_2)_2}$$

但若同强酸性氧化物如五氧化二磷反应时,生成磷酸盐:

$$2B_2O_3+P_4O_{10} \longrightarrow 4BPO_4$$

在这一反应中,B_2O_3 表现为碱性氧化物,因而 B_2O_3 具有两性物质的特征。

873 K 时,B_2O_3 与 NH_3 反应可制得氮化硼(BN)。

B_2O_3 能被碱金属及镁和铝还原为单质硼。例如:

$$B_2O_3+3Mg \longrightarrow 2B+3MgO$$

用盐酸处理反应混合物时,MgO 与 HCl 作用生成溶于水的 $MgCl_2$,过滤后可制得粗硼。

B_2O_3 广泛用于玻璃工业,由锂、铍和硼的氧化物制成的玻璃,用作 X 射线管的窗口。

2. 硼酸

硼酸是一种固体酸,无色、微带珍珠光泽或白色的粉末,密度为 1.48 $g\cdot cm^{-3}$。由于硼酸晶体呈片状结构,因此具有解理性,可用作润滑剂。晶体结构单位 $B(OH)_3$ 为平面三角形,硼原子位于三角形的中心,如图 12-1 所示。

分子内每一硼原子通过 sp^2 杂化与氧原子以共价键结合形成平面三角形结构。晶体中无限多的 $B(OH)_3$ 通过氢键连接成接近六边形的对称层状结构,层与层间以分子间力结合,因此硼酸晶体为片状。

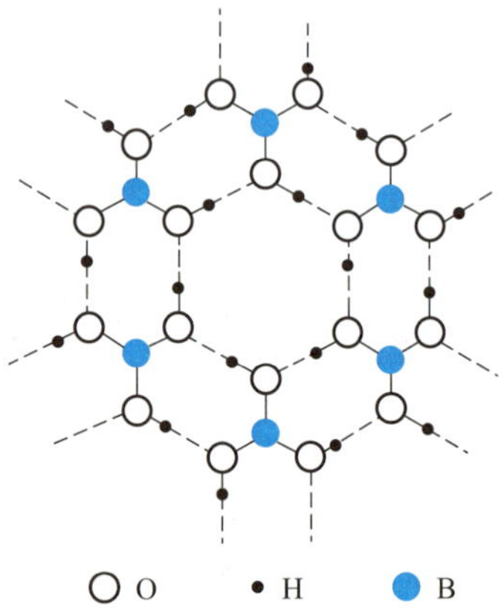

图 12-1　硼酸的晶体结构

硼酸在冷水(273 K 时)中的溶解度为 6.35 g/(100 g H_2O);加热时,由于晶体中的部分氢键断裂,溶解度明显增大,373 K 时为 27.6 g/(100 g H_2O)。

硼酸是一元弱酸,是典型的路易斯酸。缺电子原子 B 接受水分子提供的 OH^- 而形成配位键,同时使水分子中的 H^+ 释放出来:

$$H_3BO_3+H_2O \longrightarrow [B(OH)_4]^-+H^+$$

硼酸与甲醇或乙醇在浓 H_2SO_4 中进行反应,生成挥发性硼酸酯,其燃烧时显出特有的绿色火焰,可用于鉴定硼的化合物:

$$H_3BO_3+3CH_3OH \longrightarrow \underset{\text{硼酸三甲酯}}{B(OCH_3)_3}+3H_2O$$

硼酸在低于 343 K 时稳定，加热到 373 K 会脱水形成偏硼酸，加热到 413~433 K 进一步脱水形成四硼酸，继续加热至约 573 K 则生成 B_2O_3：

$$\underset{\text{正硼酸}}{4H_3BO_3} \xrightarrow{-4H_2O} \underset{\text{偏硼酸}}{4HBO_2} \xrightarrow{-H_2O} \underset{\text{四硼酸}}{H_2B_4O_7} \xrightarrow{-H_2O} 2B_2O_3$$

硼酸用强碱 NaOH 中和时，在浓碱溶液中得到偏硼酸钠（$NaBO_2$），而在碱性较弱的条件下则得到四硼酸盐，如硼砂（$Na_2B_4O_7 \cdot 10H_2O$）。但反过来，向任何一种硼酸盐加酸时，总是得到硼酸，因为硼酸有较低的溶解度而容易从溶液中析出。

硼酸大量用于玻璃和搪瓷工业。它也是一种防腐剂和医药消毒剂。

3. 硼酸盐

硼酸盐有偏硼酸盐、正硼酸盐和多硼酸盐等。最重要的硼酸盐为四硼酸钠（$Na_2B_4O_7 \cdot 10H_2O$），俗称硼砂。实验证明，硼砂中的酸根不是 $B_4O_7^{2-}$，而是 $[B_4O_5(OH)_4]^{2-}$，其结构如下：

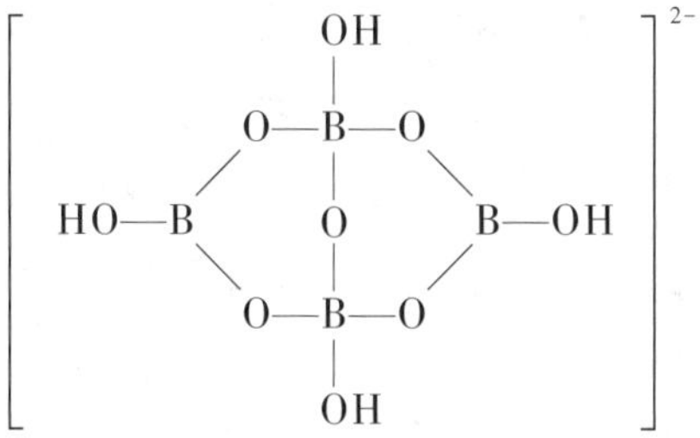

其中有两个 BO_4 构成的四面体和两个 BO_3 构成的平面三角形，其晶体由 $[B_4O_5(OH)_4]^{2-}$ 通过氢键互相连接成链状结构，链与链之间由钠离子联系，在结构中还含有水分子。因此，硼砂的化学式应写成 $Na_2B_4O_5(OH)_4 \cdot 8H_2O$，但习惯上常把它的化学式写成 $Na_2B_4O_7 \cdot 10H_2O$。

硼砂是无色透明的晶体或白色结晶粉末。它微溶于冷水而较易溶于热水，且随温度的升高溶解度增大。硼砂在水溶液中因水解而呈强碱性：

$$B_4O_7^{2-}+3H_2O \longrightarrow 2H_3BO_3+2BO_2^-$$

$$BO_2^-+2H_2O \longrightarrow H_3BO_3+OH^-$$

硼砂在干燥空气中易失去结晶水而风化；加热到 623~673 K 时失去全部水成为无水盐 $Na_2B_4O_7$。在 1 151 K 时硼砂熔化成玻璃状物质。熔化的硼砂能溶解铁、钴、铜、铬、镍、锰等金属的氧化物，生成偏硼酸的复盐，并依金属的不同而显示特征的颜色。例如：

$$Na_2B_4O_7+CoO \longrightarrow \underset{\text{（蓝色）}}{Co(BO_2)_2 \cdot 2NaBO_2}$$

$$3Na_2B_4O_7+Cr_2O_3 \longrightarrow \underset{\text{（绿色）}}{2Cr(BO_2)_3 \cdot 6NaBO_2}$$

在分析化学中利用这一性质来鉴别某些金属,称为硼砂珠试验。

硼砂的用途很广,它大量用于陶瓷、搪瓷和玻璃工业。焊接金属时,利用硼砂有溶解金属氧化物的能力,用来溶去待焊金属表面的氧化物。由于其水溶液呈强碱性,还可用作肥皂和洗衣粉的填料。在实验室中用作基准物质及配制缓冲溶液等。因此,硼砂是一种极为重要的化工原料。

12.4.2 铝的含氧化合物

铝的含氧化合物有氧化铝、氢氧化铝和铝的含氧酸盐。

1. 氧化铝

氧化铝(Al_2O_3)有多种变体,其中两种主要变体是 $\alpha-Al_2O_3$ 和 $\gamma-Al_2O_3$。$\gamma-Al_2O_3$高温灼烧能转变成 $\alpha-Al_2O_3$。

$$\gamma-Al_2O_3 \xrightarrow{>1\ 273\ K} \alpha-Al_2O_3 \quad \Delta_r H_m^\ominus = 20\ kJ\cdot mol^{-1}$$

$\alpha-Al_2O_3$ 和 $\gamma-Al_2O_3$ 的晶体结构不同,性质也不同。$\alpha-Al_2O_3$ 俗称刚玉,硬度大、熔点高、化学性质极不活泼,除溶于熔融的碱外,与其他试剂都不起反应。$\gamma-Al_2O_3$既溶于稀酸,又溶于碱,但不溶于水,只在低温下稳定。

$\gamma-Al_2O_3$ 比表面积很大,为 200~600 $m^2\cdot g^{-1}$,具有很强的吸附能力和催化活性,故又称为活性氧化铝,可用作吸附剂和催化剂载体。

氧化铝是十分重要的原料,有其特殊的用途,主要如下:

(1) 电解铝的主要原料 由于铝很活泼,提纯很难,因而炼铝时要先将 Al_2O_3 原料净化。一般将含 Al_2O_3 的铝矾土(或铝土矿)与碱共热,生成铝酸盐 $NaAlO_2$ 而溶解,而 Fe_2O_3,SiO_2 等则不溶。滤除杂质后,通入 CO_2 即得 $Al(OH)_3$ 沉淀。在约 1 473 K 加热沉淀,脱水得到纯净的 Al_2O_3。

$$Al_2O_3(矿)+2NaOH \xrightarrow{433\sim443\ K} 2NaAlO_2+H_2O$$

$$2NaAlO_2+CO_2+3H_2O \longrightarrow 2Al(OH)_3+Na_2CO_3$$

$$2Al(OH)_3 \xrightarrow{1\ 473\ K} Al_2O_3(纯)+3H_2O$$

(2) 制造人造宝石 将任何一种水合氧化铝加热至 1 273 K 以上都可得到 $\alpha-Al_2O_3$(刚玉)。工业上用铝矾土在电炉中熔化制造人造宝石,用作机器的轴承、手表的钻石和耐火材料等。天然的或人造的刚玉由于含有不同杂质而呈现多种颜色。如含有微量 Cr(Ⅲ)而呈红色,称为红宝石,含有少量 Cr_2O_3 的 Al_2O_3 单晶用于制造红宝石激光器。含有 Fe(Ⅱ),Fe(Ⅲ)或 Ti(Ⅲ)称蓝宝石,含有少量 Fe_2O_3 的 Al_2O_3 称刚玉粉,用作磨料和抛光剂。

(3) 制造透明氧化铝陶瓷 透明氧化铝陶瓷是用纯度在 99.9%以上的 Al_2O_3

原料制成的。高纯 Al_2O_3 通常采用化学方法分解硫酸铝铵制得：

$$(NH_4)_2Al_2(SO_4)_4\cdot 24H_2O \xrightarrow[-23H_2O]{373\sim473\ K} (NH_4)_2Al_2(SO_4)_4\cdot H_2O$$

$$(NH_4)_2Al_2(SO_4)_4\cdot H_2O \xrightarrow{773\sim873\ K} Al_2(SO_4)_3+2NH_3\uparrow+SO_3\uparrow+2H_2O$$

$$Al_2(SO_4)_3 \xrightarrow{773\sim1\ 173\ K} Al_2O_3+3SO_3\uparrow$$

分解制得的 γ-Al_2O_3 在 1 573 K 进行预烧转化为 α-Al_2O_3。预烧后 Al_2O_3 为粉料，经成型制成坯体，坯体先在 1 273～1 973 K 的氧化气氛烧 1 h，然后在真空或氢气中于 1 973～2 223 K 烧结，才可制得透明氧化铝陶瓷。它可用作人工关节、高压钠光灯管、红外检测材料等。

2. 氢氧化铝

向铝盐溶液中加入氨水，Na_2CO_3，Na_2S 或适量碱液，得到的凝胶状白色沉淀为无定形 $Al(OH)_3$，实际上它是含水量不定的水合氧化铝 $Al_2O_3\cdot xH_2O$，通常仍写作 $Al(OH)_3$ 的形式。例如：

$$Al^{3+}+3NH_3\cdot H_2O \longrightarrow Al(OH)_3(s)+3NH_4^+$$

若将 CO_2 通入铝酸盐溶液中，则沉淀为白色结晶 $Al(OH)_3$：

$$2Na[Al(OH)_4]+CO_2 \longrightarrow 2Al(OH)_3(s)+Na_2CO_3+H_2O$$

氢氧化铝在水溶液中按碱和酸两种方式溶解：

$$Al(OH)_3(s) \rightleftharpoons Al^{3+}+3OH^- \quad K_{sp}=1.3\times10^{-33}$$

$$Al(OH)_3(s) \rightleftharpoons AlO_2^-+H^++H_2O \quad K_{sp}=4\times10^{-13}$$

K_{sp} 数据表明，$Al(OH)_3$ 是偏酸性的两性氢氧化物。$Al(OH)_3$ 仅存在于 pH = 3.8～10 的溶液中，当 pH<3.8 和 pH>10 时，$Al(OH)_3$ 分别溶解为 Al^{3+} 和 AlO_2^-。不同 pH 时 $Al(OH)_3$ 的溶解度如图 12-2 所示。无定形 $Al(OH)_3$ 在碱性溶液中长期静置，会逐渐转变为晶态的水铝石 AlO(OH)，加热、加压可加速此转变。

$Al(OH)_3$ 的酸碱性都很弱，因而 AlO_2^- 的弱碱盐（如 NH_4AlO_2）和 Al^{3+} 的弱酸盐[如 $Al_2(CO_3)_3$，Al_2S_3]在水中均完全水解。自然界中有一种叫“尖晶石”的离子型混合氧化物（如 $MgO\cdot Al_2O_3$）晶体，也可看成无水铝酸盐（$MgAl_2O_4$）。

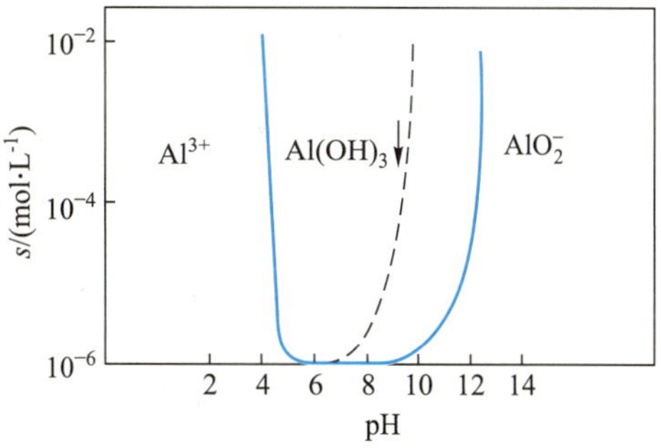

图 12-2 不同 pH 时 $Al(OH)_3$ 的溶解度

3. 铝的含氧酸盐

铝的含氧酸盐中，硫酸铝、硝酸铝、高氯酸铝等都是含有不同结晶水的易溶盐，其中以硫酸铝用途最广。用热浓硫酸溶解纯的氢氧化铝，或用硫酸直接处理铝矾土都可以制得硫酸铝：

$$2Al(OH)_3+3H_2SO_4 \longrightarrow Al_2(SO_4)_3+6H_2O$$

$$Al_2O_3+3H_2SO_4 \longrightarrow Al_2(SO_4)_3+3H_2O$$

常温下自溶液中析出的无色针状晶体为 $Al_2(SO_4)_3 \cdot 18H_2O$。硫酸铝易溶于水，由于 Al^{3+} 的水解而使溶液呈酸性：

$$Al^{3+}+H_2O \rightleftharpoons [Al(OH)]^{2+}+H^+$$

进一步水解则生成 $Al(OH)_3$ 沉淀。

铝的弱酸盐[如 $Al_2(CO_3)_3$，Al_2S_3]在水中几乎全部水解。因此，在 Al^{3+} 的溶液中分别加入 Na_2CO_3 和 Na_2S 溶液，得不到相应的弱酸铝盐，而生成 $Al(OH)_3$ 沉淀：

$$2Al^{3+}+3CO_3^{2-}+3H_2O \longrightarrow 2Al(OH)_3\downarrow+3CO_2\uparrow$$

$$2Al^{3+}+3S^{2-}+6H_2O \longrightarrow 2Al(OH)_3\downarrow+3H_2S\uparrow$$

所以弱酸铝盐不能用湿法制得。

在 Al^{3+} 溶液中加入茜素的氨溶液，则生成红色沉淀。它由新鲜沉淀的氢氧化铝和茜素作用而成，其分子式为 $Al(C_{14}H_7O_4)_3$：

$$Al(OH)_3+\underset{\text{茜素}}{3C_{14}H_6O_2(OH)_2} \longrightarrow \underset{\text{(红色)}}{Al(C_{14}H_7O_4)_3}\downarrow+3H_2O$$

此反应的灵敏度高，故常用此法鉴定 Al^{3+}。

12.5 硅的含氧化合物

12.5.1 二氧化硅

二氧化硅又称硅石。由于硅难以形成双键，只能以三维的—Si—O—Si—共价键形成原子晶体。键合时 Si 原子以 sp^3 杂化轨道成键，所以 Si 原子呈 SiO_4 四面体配位。Si—O 键键能很大，SiO_2 的熔点、沸点高，硬度大。

二氧化硅不溶于水及除氢氟酸外的其他酸。当与氢氟酸作用则生成四氟化硅气体：

$$SiO_2+4HF \longrightarrow SiF_4\uparrow+2H_2O$$

若氢氟酸过量，氢氟酸又与 SiF_4 结合生成氟硅酸（H_2SiF_6）。

二氧化硅与热、浓强碱溶液或熔融碳酸钠反应生成硅酸盐：

$$SiO_2+2NaOH(\text{浓}) \xrightarrow{\triangle} Na_2SiO_3+H_2O$$

$$SiO_2+Na_2CO_3 \xrightarrow{\text{熔融}} Na_2SiO_3+CO_2\uparrow$$

二氧化硅也可以与某些碱性氧化物或某些含氧酸盐发生反应生成相应的硅酸盐。

12.5.2 硅酸和硅胶

与 SiO_2 相应的有多种硅酸，其组成随形成时的条件而变，可用通式 $xSiO_2\cdot yH_2O$ 表示。现已确知的有偏硅酸 $H_2SiO_3(x=1,y=1)$、正硅酸 $H_4SiO_4(x=1,y=2)$、二偏硅酸 $H_2Si_2O_5(x=2,y=1)$ 和焦硅酸 $H_6Si_2O_7(x=2,y=3)$。$x\geqslant2$ 的硅酸叫多硅酸。硅酸中以 H_2SiO_3 最简单，故常用 H_2SiO_3 表示硅酸。

硅酸不能用 SiO_2 与水直接作用制得，只能用可溶性硅酸盐与酸作用生成。例如：

$$SiO_3^{2-}+2H^+ \longrightarrow H_2SiO_3$$

$$SiO_4^{4-}+4H^+ \longrightarrow H_4SiO_4$$

硅酸在纯水中的溶解度很小，但从相应的可溶性硅酸盐与酸反应生成的硅酸并不立即沉淀，这是因为开始生成的单分子硅酸可溶于水，当这些单分子硅酸逐渐聚合成多硅酸时，形成了硅酸溶胶：

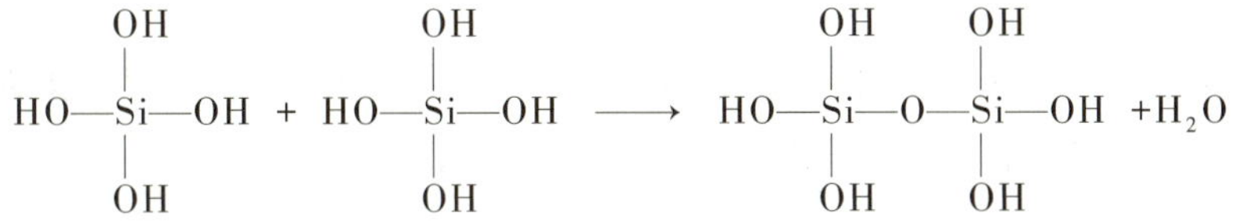

在此溶胶中加入电解质，或者在适当浓度的硅酸盐溶液中加酸，则生成硅酸凝胶。

硅酸凝胶含水量高，软而透明，有弹性，在一定条件下加热除去大部分水，便可得硅胶。

硅胶是一种白色稍透明的多孔性物质，其比表面积很大，可达 800~900 $m^2\cdot g^{-1}$。因此硅胶具有很强的吸附性能，是很好的干燥剂、吸附剂及催化剂载体。

硅胶

12.5.3 硅酸盐

硅酸或多硅酸的盐称为硅酸盐。硅酸盐按其溶解性可分为两大类。

1. 可溶性硅酸盐

硅酸盐大多难溶于水，碱金属的硅酸盐是可溶的，可将碱金属碳酸盐和石英砂煅烧而制得：

$$M_2CO_3+SiO_2 \xrightarrow{1\,773\ K} M_2SiO_3+CO_2\uparrow$$

可溶性的硅酸钠（或硅酸钾）的熔体，具有玻璃状态，称为可溶玻璃。可溶玻璃的黏稠液体称为“水玻璃”，又名“泡花碱”。它的组成不正好是 Na_2SiO_3 或 K_2SiO_3，实际上它是多硅酸的钠盐或钾盐（一般可用通式 $M_2O\cdot xSiO_2$ 来表示，式中的 M 表示钠或钾，$x>1$；$x\geqslant2$ 的硅酸盐叫多硅酸盐）的混合物。水玻璃用作黏合剂、防火涂料、洗涤剂和肥皂的填料、蛋类的防腐剂等，它也是制备硅胶和分子筛的原料。

由于硅酸的酸性很弱，所以硅酸钠和硅酸钾在水溶液中都强烈水解，溶液呈碱性。利用它们的水解性，可以鉴定可溶性硅酸盐。当在含有 SiO_3^{2-} 的溶液中加入 NH_4Cl 时，由于 NH_4Cl 水解显酸性，而 SiO_3^{2-} 水解显碱性，这样就会发生完全水解，有 H_2SiO_3 沉淀生成和 NH_3 放出：

$$SiO_3^{2-}+2NH_4^+ \longrightarrow H_2SiO_3\downarrow+2NH_3\uparrow$$

2. 天然硅酸盐

硅酸盐在自然界分布很广，云母、石棉、长石、滑石、高岭土、泡沸石等都是常见的天然硅酸盐。它们的组成和结构很复杂，通常把它们写成氧化物的形式。

正长石　$K_2O\cdot Al_2O_3\cdot 6SiO_2$ 或 $K_2Al_2Si_6O_{16}$

白云母　$K_2O\cdot 3Al_2O_3\cdot 6SiO_2\cdot 2H_2O$ 或 $K_2H_4Al_6(SiO_4)_6$

石棉　$CaO\cdot 3MgO\cdot 4SiO_2$ 或 $CaMg_3(SiO_3)_4$

高岭土　$Al_2O_3\cdot 2SiO_2\cdot 2H_2O$ 或 $Al_2H_4Si_2O_9$

泡沸石　$Na_2O\cdot Al_2O_3\cdot 2SiO_2\cdot nH_2O$ 或 $Na_2Al_2(SiO_4)_2\cdot nH_2O$

不论天然硅酸盐多么复杂，就其内部结构来说，都是以硅氧四面体作为基本结构单元的，硅氧四面体通过以下几种方式组成各种天然硅酸盐。

(1) 单个 SiO_4 四面体形成正硅酸盐[见图 12-3(a)]，其中硅氧比为 1:4，如橄榄石(Mg_2SiO_4)和锆英石($ZrSiO_4$)。在这些矿石中，金属离子 Mg^{2+} 或 Zr^{4+} 与 SiO_4 连接。

(2) 含有由 2,3,4 或 6 个 SiO_4 四面体共用每个四面体中两个顶角的氧原子而

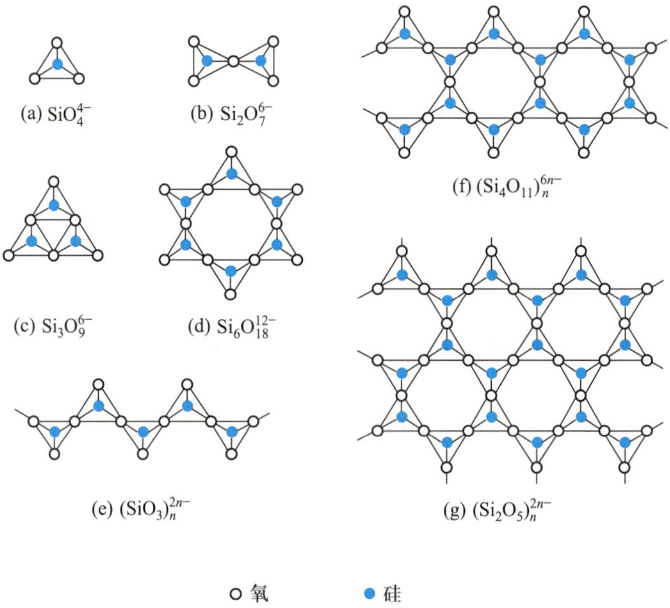

图 12-3　由 SiO_4 四面体组成的多种硅酸盐阴离子结构

形成直链或环状结构[见图 12-3(b),(c),(d)],如钪硅石($Sc_2Si_2O_7$)、蓝锥矿($BaTiSi_3O_9$)、绿柱石($Be_3Al_2Si_6O_{18}$)。在绿柱石中含有由 6 个 SiO_4 四面体单元组成的环状阴离子。

(3) 许多 SiO_3 四面体连接成无限长的单链或双链[见图 12-3(e),(f)],在链之间分布着带正电荷的金属离子,靠静电引力使链接合在一起,这类硅酸盐具有纤维状结构。例如,属单链型的有透辉石[$CaMg(SiO_3)_2$]、石棉[$CaMg_3(SiO_3)_4$]等;属双链型的有透闪石[$Ca_2Mg_5(Si_4O_{11})_2(OH)_2$]、纤维蛇纹石石棉[$Mg_6(Si_4O_{11})_2(OH)_6\cdot H_2O$]等。

Si—O 键键能大,又极为普遍,因而,硅多以 SiO_2 和硅酸盐的形式存在于地壳中。

12.6 锡、铅的含氧化合物

12.6.1 锡、铅的氧化物和氢氧化物

锡、铅可生成氧化态为+2,+4 的氧化物(MO 和 MO_2)和相应的氢氧化物[$M(OH)_2$ 和 $M(OH)_4$]。

锡的氧化物有 SnO 和 SnO_2。SnO 可由 Sn(Ⅱ)盐的热溶液与 Na_2CO_3 作用得白色 $Sn(OH)_2$ 沉淀,然后将沉淀加热脱水而制得:

$$Sn^{2+}+CO_3^{2-}+H_2O \longrightarrow Sn(OH)_2\downarrow+CO_2\uparrow$$

$$\xrightarrow{\triangle} SnO + H_2O$$

锡在空气中燃烧所生成的氧化物是 SnO_2。随制备条件的不同,产物颜色不同,SnO 呈黑色或绿色;SnO_2 冷时为白色,加热时变为黄色。SnO 为碱性,而 SnO_2 的酸性较显著,如与 NaOH 共熔,则可得到可溶于水的锡酸钠:

$$SnO_2+2NaOH \xrightarrow{\text{熔融}} Na_2SnO_3+H_2O$$

铅有多种氧化物,除 PbO 和 PbO_2 外,还有"混合氧化物"Pb_2O_3 和 Pb_3O_4。

PbO_2 加热时逐步放出氧气生成低氧化态氧化物:

$$\underset{\text{(棕色)}}{PbO_2} \xrightarrow{\sim 600\ K} \underset{\text{(橙色)}}{Pb_2O_3} \xrightarrow{\sim 700\ K} \underset{\text{(红色)}}{Pb_3O_4} \xrightarrow{\sim 800\ K} \underset{\text{(黄色或红色)}}{PbO}$$

Pb_3O_4 俗称铅丹,可以看成正铅酸 H_4PbO_4 的铅盐 $Pb_2[PbO_4]$。当铅丹和稀硝酸作用时,1/3 的铅变为不溶性的棕色的 PbO_2,而 2/3 的铅则变为可溶性的 $Pb(NO_3)_2$:

$$Pb_2[PbO_4]+4HNO_3 \longrightarrow 2Pb(NO_3)_2+PbO_2+2H_2O$$

可见 PbO 的碱性比 PbO_2 要强些,所以 PbO 形成硝酸盐而 PbO_2 则仍以氧化物的形式存在。

铅丹化学性质稳定，大量用于油漆中，是制造防锈漆的材料，由于它能着色，又称红丹。

综上所述，SnO 和 PbO 主要显碱性，SnO 碱性比 PbO 弱；SnO_2 和 PbO_2 主要显酸性，SnO_2 酸性比 PbO_2 强。

锡、铅的氧化物都难溶于水，它们的氢氧化物是用盐溶液和碱反应制得的，与相应的氧化物一样，都具有两性。它们的酸碱性递变规律概述如下。

酸性增强（←）

酸性增强（↑）			碱性增强（↓）
	SnO_2（白色）	PbO_2（棕色）	
	$Sn(OH)_4$（白色） （两性偏酸）	$Pb(OH)_4$ （两性偏酸）	
	SnO（黑色）	PbO（黄色）	
	$Sn(OH)_2$（白色） （两性）	$Pb(OH)_2$（白色） （两性偏碱）	

碱性增强（→）

$M(OH)_2$ 和 $M(OH)_4$ 在水中溶解度很小，由于是两性化合物，其溶解部分既能解离出 OH^-，也能解离出 H^+：

$$M^{2+}+2OH^- \underset{}{\overset{\text{碱式解离}}{\rightleftharpoons}} M(OH)_2 \overset{\text{酸式解离}}{\rightleftharpoons} 2H^+ + MO_2^{2-}$$

$$M^{4+}+4OH^- \overset{\text{碱式解离}}{\rightleftharpoons} M(OH)_4 \overset{\text{酸式解离}}{\rightleftharpoons} 2H^+ + MO_3^{2-} + H_2O$$

$Sn(OH)_2$ 和 $Pb(OH)_2$ 既溶于酸，又溶于强碱：

$$Sn(OH)_2+2HCl \longrightarrow SnCl_2+2H_2O$$

$$Sn(OH)_2+2NaOH \longrightarrow Na_2[Sn(OH)_4] \ (\text{或 } Na_2SnO_2\text{，亚锡酸钠})$$

$$Pb(OH)_2+2HNO_3 \longrightarrow Pb(NO_3)_2+2H_2O$$

$$Pb(OH)_2+2NaOH \longrightarrow Na_2[Pb(OH)_4] \ (\text{或 } Na_2PbO_2\text{，亚铅酸钠})$$

在碱性溶液中新沉淀出来的锡酸叫 α-锡酸，如用 $SnCl_4$ 溶液反应制得的锡酸：

$$SnCl_4+4NaOH \longrightarrow Sn(OH)_4\downarrow (\text{或 } H_2SnO_3\cdot H_2O)+4NaCl$$

它既溶于酸也溶于过量的强碱：

$$H_2SnO_3+4HCl \longrightarrow SnCl_4+3H_2O$$

$$H_2SnO_3+2NaOH \longrightarrow Na_2SnO_3+2H_2O$$

或

$$H_2SnO_3+2NaOH+H_2O \longrightarrow Na_2[Sn(OH)_6]$$

但是金属锡与浓硝酸反应制得的锡酸却不溶于酸和碱：

$$Sn+4HNO_3 \longrightarrow Sn(OH)_4\downarrow+4NO_2$$

这种锡酸叫 β-锡酸。α-锡酸是无定形的，而 β-锡酸是晶态的。α-锡酸放置时间长了也可转变为 β-锡酸。

12.6.2 锡(Ⅱ)的还原性和铅(Ⅳ)的氧化性

锡和铅的化合物分为氧化态为+2 和+4 的两种类型。Sn(Ⅱ)具有还原性,而铅的低氧化态则较稳定;锡的高氧化态稳定,而 Pb(Ⅳ)则显氧化性。它们的元素电势图如下:

$$E_A^\ominus/V \quad Sn^{4+}\xrightarrow{0.150}Sn^{2+}\xrightarrow{-0.136}Sn$$

$$PbO_2\xrightarrow{1.468}Pb^{2+}\xrightarrow{-0.125}Pb$$

$$E_B^\ominus/V \quad [Sn(OH)_6]^{2-}\xrightarrow{-0.930}[Sn(OH)_4]^{2-}\xrightarrow{-0.910}Sn$$

$$PbO_2\xrightarrow{0.28}Pb^{2+}\xrightarrow{-0.58}Pb$$

从元素电势图可知,在碱性溶液中 Sn 和 Sn^{2+} 的还原性更强。例如,$[Sn(OH)_4]^{2-}$ 在碱性溶液中直接可将铋盐还原成金属铋:

$$2Bi(OH)_3+3[Sn(OH)_4]^{2-} \longrightarrow 2Bi\downarrow +3[Sn(OH)_6]^{2-}$$

或

$$2Bi(OH)_3+3Na_2SnO_2 \longrightarrow 2Bi\downarrow +3Na_2SnO_3+3H_2O$$

此反应常用于鉴定 Bi^{3+}。

由于 Sn^{2+} 在空气中易被氧化为 Sn^{4+},为防止其氧化,常在溶液中加入锡粒:

$$Sn^{4+}+Sn \longrightarrow 2Sn^{2+}$$

从铅的元素电势图可知,在酸性溶液中 Pb(Ⅳ)的氧化性强,若要将 Pb^{2+} 氧化成为 Pb(Ⅳ)的化合物是很困难的,即使在碱性溶液中要把 $Pb(OH)_2$ 氧化为 Pb(Ⅳ)的化合物也需要用较强的氧化剂(如 NaClO)才能实现:

$$Pb(OH)_2+NaClO \longrightarrow PbO_2\downarrow +NaCl+H_2O$$

PbO_2 是一种强氧化剂,在酸性介质中它可以把 Mn^{2+} 氧化成紫红色的 MnO_4^-;还可以把 Cl^- 氧化为 Cl_2:

$$2Mn^{2+}+5PbO_2+4H^+ \longrightarrow 2MnO_4^-+5Pb^{2+}+2H_2O$$

$$PbO_2+4HCl(浓) \longrightarrow PbCl_2+Cl_2\uparrow +2H_2O$$

12.7 氮族元素的含氧化合物

12.7.1 氮的含氧化合物

1. 氮的氧化物

氮有多种氧化物,常见的有五种:一氧化二氮(N_2O),一氧化氮(NO),三氧化二氮(N_2O_3),二氧化氮(NO_2,与 N_2O_4 处于平衡),五氧化二氮(N_2O_5),其中氮的氧化态从+1 变到+5。这些氮的氧化物的制备反应、性质及结构如表 12-3 所示。

N_2O 是唯一无毒的氮的氧化物,但它会使人处于高度兴奋的状态,故又称笑气。其余氮的氧化物都有毒性。汽车尾气、石油工业废气主要是 NO 和 NO_2,常用 NO_x 表示。NO_x 是导致大气光化学烟雾的主要原因之一。为了消除 NO_x 对大气的污染,工厂(如石油、化工厂)至今仍采用和 NH_3 反应的方法:

$$NO_x+\frac{2}{3}xNH_3 \xrightarrow{Cr_2O_3} \frac{3+2x}{6}N_2+xH_2O$$

表 12-3 氮的氧化物的制备反应、性质及结构

化学式	制备反应	性质	结构
N_2O	$NH_4NO_3 \xrightarrow{463\sim573\ K} N_2O+2H_2O$	相对分子质量 44.01,熔点 182.34 K,沸点 184.69 K,无色气体,有甜味,能溶于水,但不与水作用,能助燃,是一种氧化剂,不助呼吸,曾作为牙科麻醉剂	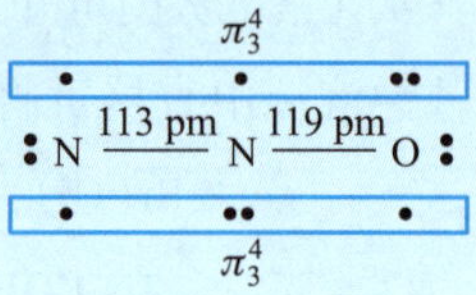
NO	$3Cu+8HNO_3(稀) \longrightarrow 3Cu(NO_3)_2+2NO+4H_2O$	相对分子质量 30.01,熔点 109.51 K,沸点 121.39 K,无色气体,不助燃,结构上不饱和,故有加合反应。例如:$2NO+Cl_2 \longrightarrow 2NOCl$,$2NO+O_2 \longrightarrow 2NO_2$,可作为配位剂	
N_2O_3	$NO+NO_2 \longrightarrow N_2O_3$	相对分子质量 76.01,熔点 172.45 K,沸点 275.15 K(分解),不稳定,常压下即分解为 NO 和 NO_2: $N_2O_3 \longrightarrow NO + NO_2$ (蓝色) (无色) (红棕色)	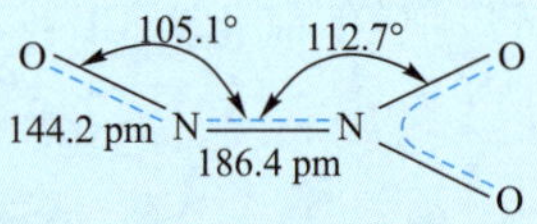
NO_2	$2NO+O_2 \longrightarrow 2NO_2$ $Cu+4HNO_3 \longrightarrow Cu(NO_3)_2+2NO_2+2H_2O$	相对分子质量 46.01,红棕色气体,熔点 261.95 K,沸点 294.25 K(分解),易压缩成无色液体,低温下聚合成 N_2O_4,溶于水时生成硝酸: $2NO_2+H_2O \longrightarrow HNO_3+HNO_2$	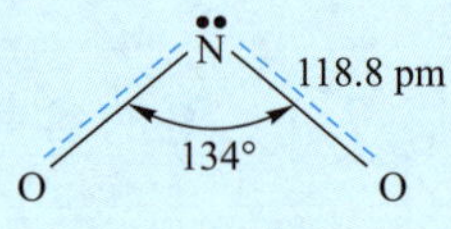

续表

化学式	制备反应	性质	结构
N_2O_5	$2NO_2+O_3 \longrightarrow N_2O_5+O_2$	相对分子质量 108.01，白色固体，熔点 303.15 K（分解），沸点 320.15 K（分解），易潮解，挥发时分解成 NO_2 和 O_2。极不稳定，能爆炸性分解，强氧化剂，溶于水生成硝酸：$N_2O_5+H_2O \longrightarrow 2HNO_3$	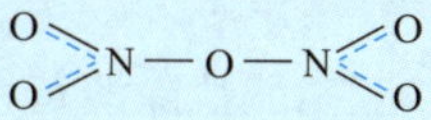

可采用下述方法消除汽车尾气中 NO（也含有 CO）：

$$NO+CO \longrightarrow \frac{1}{2}N_2+CO_2$$

利用标准热力学函数可求得标准状态下 298.15 K 时该反应的：

$$\Delta_r G_m^\ominus=-344.8\ \mathrm{kJ \cdot mol^{-1}} \quad K^\ominus=2.57\times10^{60}$$

这说明 298.15 K 时，该反应 $K^\ominus$ 很大、平衡转化率很高。

实际的反应是在 873 K 下进行，不难算出该温度下：

$$\Delta_r G_m^\ominus=-204.33\ \mathrm{kJ \cdot mol^{-1}} \quad K^\ominus=1.68\times10^{12}$$

反应的平衡转化率仍很高。但要实现这一反应必须寻找合适高效的催化剂。实践证明采用耐高温多孔陶瓷作载体，上涂细微分散的铂和钯所组成的催化剂可以达到上述目的。

2. 亚硝酸及其盐

亚硝酸（HNO_2）只存在于水溶液中，很容易由酸化亚硝酸盐冷溶液制得：

$$NaNO_2+H_2SO_4 \longrightarrow NaHSO_4+HNO_2$$

亚硝酸是较弱的酸，$K_a=4.6\times10^{-4}$，比醋酸略强。HNO_2 很不稳定，分解放出 N_2O_3 使溶液呈蓝色。N_2O_3 进一步歧化分解成 NO_2 和 NO，从而使气相出现红棕色：

$$2HNO_2 \underset{\text{冷却}}{\overset{\triangle}{\rightleftharpoons}} \underset{(\text{蓝色})}{N_2O_3}+H_2O \underset{\text{冷却}}{\overset{\triangle}{\rightleftharpoons}} \underset{(\text{红棕色})}{NO_2}\uparrow+NO\uparrow+H_2O$$

亚硝酸或在酸性溶液中的亚硝酸盐都有氧化性。例如：

$$2NO_2^-+2I^-+4H^+ \longrightarrow 2NO+I_2+2H_2O$$

此反应可用于定量测定亚硝酸盐。

遇到强氧化剂时，亚硝酸盐则起还原剂的作用。例如：

$$2MnO_4^-+5NO_2^-+6H^+ \longrightarrow 2Mn^{2+}+5NO_3^-+3H_2O$$

在实际应用中，亚硝酸盐多在酸性介质中用作氧化剂。

NO_2^-是两可配体，一般其亚硝酸根配合物的稳定性比硝基配合物的稳定性差，亚硝酸根配合物放置时，异构化为硝基配合物。例如：

$[Co(NH_3)_5(ONO)]Cl_2$ （红棕色）　　$[Co(NO_2)(NH_3)_5]Cl_2$ （黄色）

亚硝酸盐除淡黄色的难溶盐 $AgNO_2$ 外，多为无色，易溶于水。$NaNO_2$ 和 KNO_2 大量用于染料和有机合成工业中。亚硝酸盐都具有毒性并且是致癌物质。

通常用碱溶液吸收等物质的量的 NO_2 和 NO 制得亚硝酸盐：

$$NO_2+NO+2NaOH \longrightarrow 2NaNO_2+H_2O$$

硝酸工厂的尾气中含有 NO，可用空气部分氧化成 NO_2，再用 $NaCO_3$ 溶液吸收这种混合气体，以除去尾气中氮的氧化物，同时制得 $NaNO_2$（有时混有 $NaNO_3$）。

在弱酸介质中 NO_2^-与 Co^{2+}反应，NO_2^-先将 Co^{2+}氧化成 Co^{3+}，然后 Co^{3+}与 NO_2^-生成硝基配合物$[Co(NO_2)_6]^{3-}$：

$$3K^++Co^{2+}+7NO_2^-+2H^+ \longrightarrow \underset{\text{（黄色）}}{K_3[Co(NO_2)_6]}\downarrow+NO+H_2O$$

此反应可用来检验 K^+，Co^{2+}或 NO_2^-。

3. 硝酸及其盐

硝酸是重要的强酸之一，是制造氮肥、炸药、染料及其他工业产品的原料，在化学工业和国防工业上具有重要意义。

硝酸的工业制法目前普遍采用氨氧化法，即在 1 273 K，5×10^5 ~ 10×10^5 Pa 下，以 Pt-Rh 丝网作催化剂，用空气氧化氨：

$$4NH_3(g)+5O_2 \xrightarrow{Pt-Rh} 4NO(g)+6H_2O$$

生成的 NO 与空气中的氧进一步作用，生成 NO_2：

$$2NO+O_2 \longrightarrow 2NO_2$$

用水吸收便制成稀硝酸：

$$3NO_2+H_2O \longrightarrow 2HNO_3+NO$$

稀硝酸质量分数为 47%～50%，若欲制得浓硝酸可用浓硫酸或无水$Mg(NO_3)_2$作脱水剂脱水。

在硝酸分子中，三个氧原子围绕氮原子在同一平面上成三角形。其中氮原子采用 sp^2 杂化轨道与三个氧原子形成 σ 键，构成平面三角形，氮原子上孤电子对则与其中两个氧原子的另一个 2p 轨道上未成对电子形成三中心四电子大 π 键，以 Π_3^4表示。硝酸分子内还存在着氢键，用虚线表示，结构如图 12-4(a)所示。

当硝酸反应产生 NO_3^-时，氮原子仍然是 sp^2 杂化，除与三个氧原子形成三个 σ 键外，还与这些氧原子形成一个四中心六电子大 π 键 Π_4^6，见图 12-4(b)。形成大

π 键的电子是由氮的一对电子和三个氧原子中各一个单电子再加上 NO_3^- 中的一个电子所提供。

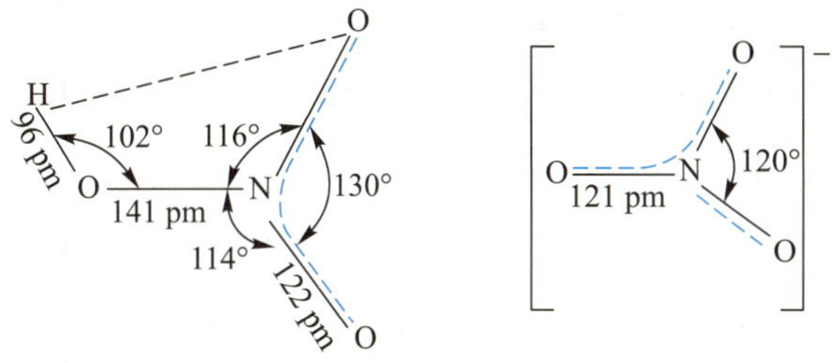

图 12-4　硝酸和硝酸根离子的结构

纯硝酸是无色液体，密度为 1.549 2 g·cm^{-3}，沸点为 356.15 K，易挥发，能与水以任意比例互溶。通常市售硝酸浓度为 68%～70%，密度为 1.41 g·cm^{-3}，相当于 15 mol·L^{-1}。浓度为 86%以上的浓硝酸，由于硝酸的挥发而产生白烟，故通常称为发烟硝酸。发烟硝酸可用作火箭燃料的氧化剂。

硝酸的化学性质主要是不稳定性、氧化性及在有机反应中的硝化作用，突出的是氧化性。

硝酸受热或光照会逐渐分解出 NO_2：

$$4HNO_3 \xrightarrow{h\nu} 4NO_2+O_2+2H_2O \quad \Delta_r H_m^\ominus = 345.6\ kJ\cdot mol^{-1}$$

NO_2 溶于 HNO_3，使 HNO_3 呈现由黄到棕的颜色。

硝酸中氮的氧化态为+5，是氮的最高氧化态。它不可能再失电子，只能得到电子，呈氧化性。

在酸性溶液中，氮的元素电势图（$E_A^\ominus$/V）如下：

$$NO_3^- \xrightarrow{0.803} N_2O_4 \xrightarrow{1.07} HNO_2 \xrightarrow{0.996} NO \xrightarrow{1.59} N_2O \xrightarrow{1.77} N_2 \xrightarrow{-1.87} NH_3OH^+ \xrightarrow{1.41} N_2H_5^+ \xrightarrow{1.275} NH_4^+$$

从元素电势图可看出，硝酸中的氮变成各种低氧化态时，其相应电对的电极电势值比较大，所以硝酸是强氧化剂。很多非金属元素如碳、磷、硫、碘、硼等，都能被硝酸氧化成相应的氧化物或含氧酸，而硝酸则被还原为 NO。

除金、铂、铝、钌、铱等金属外，硝酸几乎可以氧化所有金属。某些金属易溶于稀硝酸，但在冷浓硝酸中钝化，如 Fe，Al，Cr 等。钝化了的金属，甚至放入稀硝酸也不溶解。

硝酸与金属的反应比较复杂，有些金属与硝酸作用后生成氧化物，此种氧化物不溶于硝酸，如 MoO_3，WO_3，SnO_2，Sb_2O_5 等：

$$4HNO_3+Sn \longrightarrow SnO_2+4NO_2\uparrow+2H_2O$$

$$10HNO_3+2Sb \longrightarrow Sb_2O_5+10NO_2\uparrow+5H_2O$$

大多数金属被硝酸氧化成硝酸盐，而硝酸被还原的程度，主要取决于硝酸的浓度和金属的活泼性。通常浓硝酸主要被还原为 NO_2，稀硝酸与不活泼金属反应时，被还原为 NO，对同一种（活泼）金属来说，硝酸越稀被还原的程度越大，产物为 N_2O 或 NH_4^+ 等。例如：

$$4HNO_3(\text{浓})+Zn \longrightarrow Zn(NO_3)_2+2NO_2\uparrow+2H_2O$$

$$8HNO_3(\text{稀})+6Hg \longrightarrow 3Hg_2(NO_3)_2+2NO\uparrow+4H_2O$$

$$10HNO_3(\text{稀})+4Zn \longrightarrow 4Zn(NO_3)_2+N_2O\uparrow+5H_2O$$

$$10HNO_3(\text{很稀})+4Zn \longrightarrow 4Zn(NO_3)_2+NH_4NO_3+3H_2O$$

以硝酸作氧化剂时，有时需要加盐酸组成王水（1 体积浓硝酸与 3 体积浓盐酸的混合溶液）。王水具有很强的溶解能力，惰性金属 Au 和 Pt 也能被它氧化：

$$HNO_3+4HCl+Au \longrightarrow H[AuCl_4]+NO\uparrow+2H_2O$$

$$4HNO_3+18HCl+3Pt \longrightarrow 3H_2[PtCl_6]+4NO\uparrow+8H_2O$$

一般来说，浓酸比稀酸氧化性强。例如，在用硝酸作氧化剂时，浓硝酸与金属反应比稀硝酸强烈得多，稀硝酸有时需要加热才能反应；浓硝酸能氧化 HCl 溶液，而稀硝酸则不能氧化 HCl 溶液：

$$HNO_3+3HCl \longrightarrow NOCl+2H_2O+Cl_2$$

硝酸的强氧化性除了从它的标准电极电势得到解释外，还可以从反应机理上看。硝酸的氧化性与硝酸中经常存在由光化分解而来的 NO_2 的催化作用有关。NO_2 起着传递电子的作用：

$$NO_2+e^- \longrightarrow NO_2^-$$

$$NO_2^-+H^+ \longrightarrow HNO_2$$

$$HNO_3+HNO_2 \longrightarrow 2NO_2+H_2O$$

硝酸通过 NO_2 和还原剂交换电子，反应便被加速。发烟硝酸有很强的氧化性，这是因为在酸中溶解有很多的 NO_2 的缘故。

当浓硝酸与浓硫酸混合时，HNO_3 被质子化成 $H_2NO_3^+$，随即分解为 NO_2^+ 和 H_2O：

$$HNO_3+2H_2SO_4 \longrightarrow NO_2^++H_3O^++2HSO_4^-$$

硝酰离子（NO_2^+）进攻芳香环，可使芳环硝化。例如：

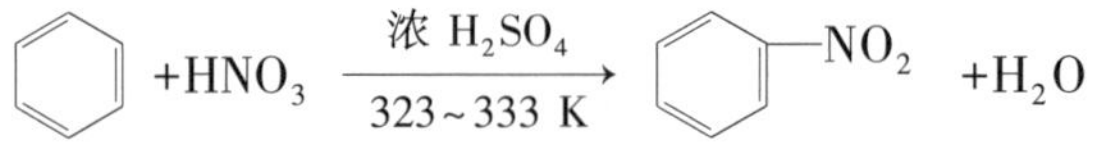

如用发烟硝酸和浓硫酸的混合酸使甲苯硝化，则得到三硝基甲苯，它是一种炸药（TNT）。

硝酸铵爆炸

将金属溶解于硝酸或金属氧化物与硝酸反应，即可制得相应的硝酸盐。硝酸盐比硝酸稳定得多，大多数是无色、易溶于水的晶体。硝酸盐的水溶液未酸化时没有氧化性，但固态硝酸盐在高温下是强氧化剂，因为它们受热分解并放出氧，分解产物因金属离子性质不同而分为三类。

最活泼金属（在金属活动顺序中比 Mg 活泼的金属）的硝酸盐受热分解时，生成相应的亚硝酸盐。例如：

$$2NaNO_3 \xrightarrow{\triangle} 2NaNO_2+O_2$$

活泼性较差的金属（活泼性介于 Mg 和 Cu 之间的金属）的硝酸盐热分解成相应的金属氧化物和 NO_2。例如：

$$2Pb(NO_3)_2 \xrightarrow{\triangle} 2PbO+4NO_2+O_2$$

不活泼金属（Cu 以后的金属）的硝酸盐受热分解成金属单质和 NO_2。例如：

$$2AgNO_3 \xrightarrow{\triangle} 2Ag+2NO_2+O_2$$

硝酸铵根据反应条件不同可以有不同的分解产物。例如，在 773 K 时：

$$2NH_4NO_3 \xrightarrow{\triangle} 2N_2+O_2+4H_2O$$

焰火和黑火药就是利用硝酸盐的氧化性制得的：

$$2KNO_3+S+3C \xrightarrow{\triangle} N_2+3CO_2+K_2S$$

12.7.2 磷的含氧化合物

1. 磷的氧化物

磷在充足的空气中燃烧生成 P_4O_{10}（即 P_2O_5），空气不足时则生成 P_4O_6（即 P_2O_3）。它们的结构都是以 P_4 分子四面体结构为基本骨架。

P_4O_6 可视为在磷燃烧时 P—P 键因氧原子进攻而断开形成 P—O—P 键，六个氧原子镶嵌到 P—P 原子之间，形成笼状分子，见图 12-5(a)。若在 P_4O_6 分子中四个磷原子各再结合一个氧原子形成端基 P→O 键即得 P_4O_{10} 分子，其结构如图 12-5(b) 所示。

P_4O_6 是吸湿性白色固体，是亚磷酸的酸酐，与冷水反应生成亚磷酸。它与热水反应则发生歧化：

$$P_4O_6+6H_2O(热) \longrightarrow 3H_3PO_4+PH_3$$

在有 O_2 时，P_4O_6 逐渐转化为 P_4O_{10}。

P_4O_{10} 是白色软质粉末，是磷酸的酸酐，有强烈的吸水性，可作高效干燥剂，甚至可使 H_2SO_4，HNO_3 脱水。

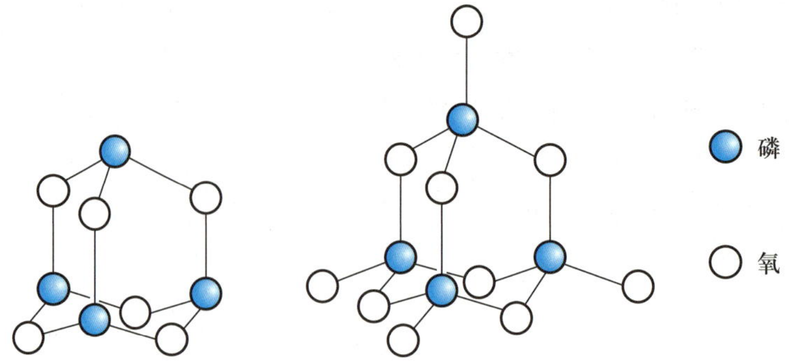

(a) P_4O_6 (b) P_4O_{10}

图 12-5 P_4O_6 和 P_4O_{10} 的结构

P_4O_{10} 与水反应，视反应温度和水量的不同而生成各种磷酸：

$$P_4O_{10} \xrightarrow[\text{冷}]{+2H_2O} \underset{\text{偏磷酸}}{(HPO_3)_4} \xrightarrow[\text{热}]{+2H_2O} \underset{\text{焦磷酸}}{2H_4P_2O_7} \xrightarrow[\text{沸}]{+2H_2O} \underset{\text{正磷酸}}{4H_3PO_4}$$

2. 磷的含氧酸及其盐

磷有多种含氧酸，见表 12-4。

表 12-4 磷的含氧酸

名称	（正）磷酸	焦磷酸	偏磷酸	三磷酸	亚磷酸	次磷酸
分子式	H_3PO_4	$H_4P_2O_7$	HPO_3	$H_5P_3O_{10}$	H_3PO_3	H_3PO_2
磷的氧化态	+5	+5	+5	+5	+3	+1

在这些含氧酸中，磷原子总是采取 sp^3 杂化。它们中以氧化态为+5 的含氧酸和含氧酸盐最重要。

（1）磷酸及其盐

① 磷酸 H_3PO_4 分子是由一个单一的磷氧四面体构成的，其结构如图 12-6(b) 所示。

经测定，H_3PO_4 分子中的中心原子磷与三个羟基氧原子间形成了三个键长均为 157 pm 的 σ 键，而磷原子与非羟基氧原子形成的共价键的键长（152 pm），比三个 σ

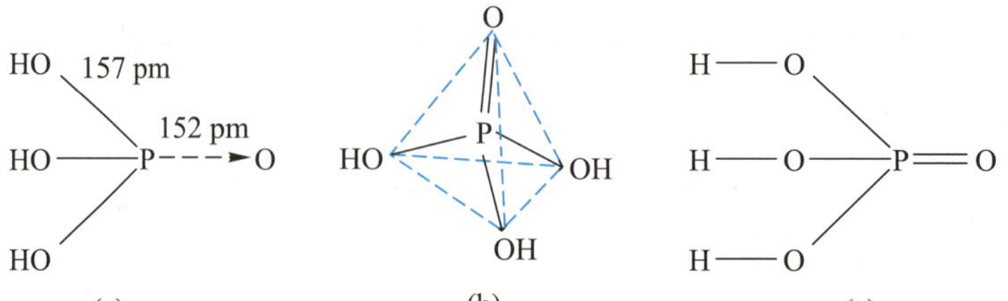

(a) (b) (c)

图 12-6 磷酸分子的结构

键的键长短[见图 12-6(a)]。有人认为,这是磷原子与非羟基氧原子在形成 σ 配位键的同时,其 3d 轨道与氧原子的 2p 轨道相互重叠,形成了附加的 $\pi_{p\text{-}d}$ 配位键所导致的,从而使这个 P—O 键具有某种程度的双键性质[见图 12-6(c)]。

成键过程中,磷原子采取 sp^3 不等性杂化,其中一个杂化轨道被孤电子对占据,其余杂化轨道分别与羟基氧原子形成三个 σ 键。而非羟基氧原子上的 2p 电子自旋归并后,形成两对孤电子对,同时空出一个 2p 轨道,可接受磷原子的孤电子对,形成 σ 配位键;而非羟基氧原子 2p 轨道上的两个电子对则分别进入磷原子的 3d 空轨道,形成两条附加的 $\pi_{p\text{-}d}$ 配位键,如图 12-7 所示。

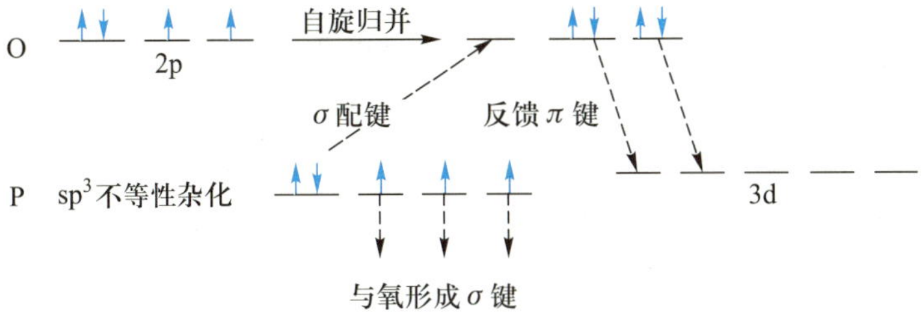

图 12-7 H_3PO_4 的成键过程

由于 3d 轨道和 2p 轨道形成的 $\pi_{p\text{-}d}$ 配位键很弱,所以 P—O 键虽然从键的数目看是三键,但仍把它看作双键。

纯净的磷酸为无色晶体,熔点为 315.5 K。由于磷酸加热时会逐渐脱水,因此它没有沸点。磷酸能与水以任何比例混溶。市售磷酸是一种黏稠的浓溶液,浓度为 83%(质量分数),密度为 1.685 $g\cdot cm^{-3}$,相当于 14 $mol\cdot L^{-1}$。磷酸是一种无氧化性、不挥发的三元中强酸。

磷酸还具有强的配位能力,能与许多金属离子形成可溶性配合物,如与 Fe^{3+} 生成无色配合物 $H_3[Fe(PO_4)_2]$,$H[Fe(HPO_4)_2]$,在分析化学中用于掩蔽 Fe^{3+}。

磷酸含水量多,它在强热时发生脱水作用,生成焦磷酸、三磷酸或四偏磷酸:

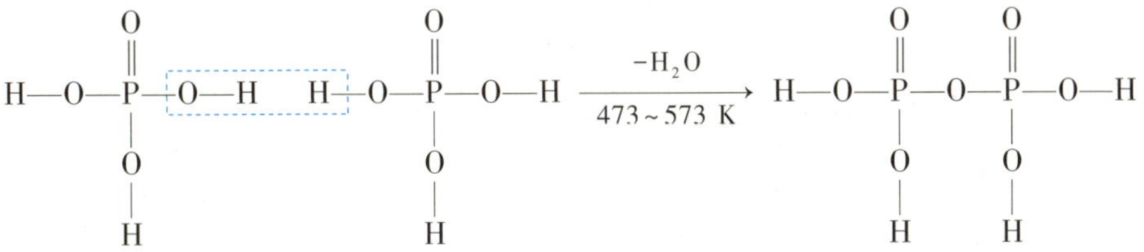

焦磷酸

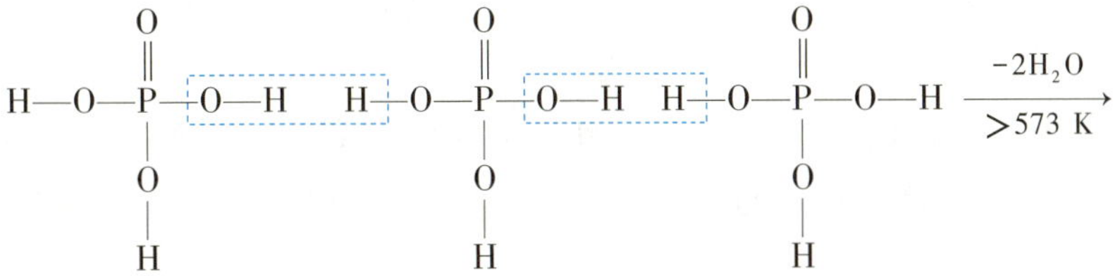

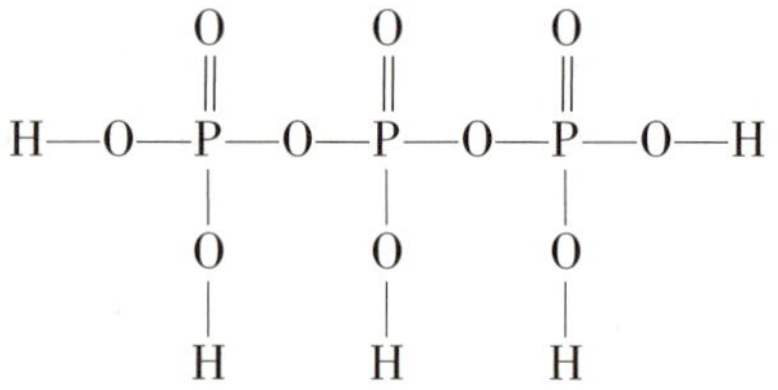

三磷酸

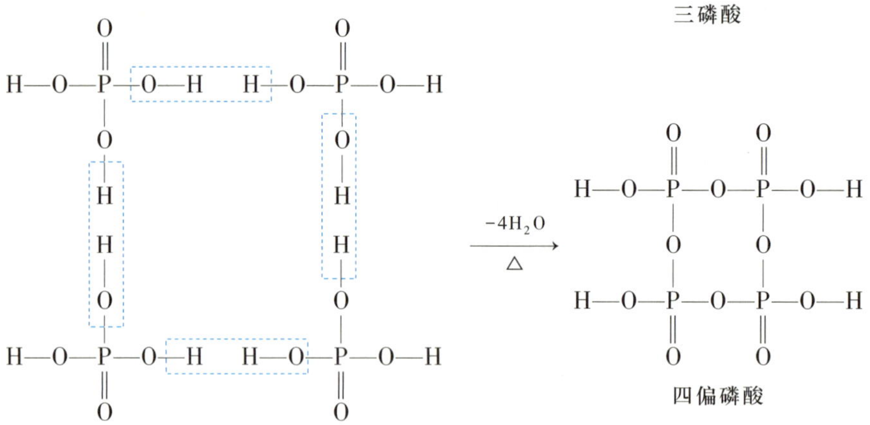

四偏磷酸

上述各式表明焦磷酸、三磷酸和四偏磷酸等都是由若干磷酸分子通过氧原子连接起来的多磷酸。几个简单的分子经过失去水分子而连接起来的作用称为缩合作用。多磷酸就是缩合酸。多磷酸有两种：一种分子是链状的，另一种分子是环状的。

工业上主要用浓硫酸分解磷灰石以制取磷酸：

$$Ca_5F(PO_4)_3+5H_2SO_4+5nH_2O \longrightarrow 3H_3PO_4+5CaSO_4\cdot nH_2O+HF$$

这样制得的磷酸不纯，混有 Ca^{2+}，Mg^{2+} 等杂质，适宜于制造化学肥料等。也可将磷氧化成 P_4O_{10} 后，溶于水，得到纯磷酸。

② 磷酸盐　磷酸盐有三种类型：磷酸正盐，如 Na_3PO_4，$Ca_3(PO_4)_2$ 等；磷酸一氢盐，如 Na_2HPO_4，$CaHPO_4$ 等；磷酸二氢盐，如 NaH_2PO_4，$Ca(H_2PO_4)_2$ 等。

磷酸二氢盐均易溶于水。其他两种类型除 Na^+，K^+，NH_4^+ 盐外，一般不溶于水。

钙的磷酸盐溶解度的大小顺序为

$$Ca(H_2PO_4)_2>CaHPO_4>Ca_3(PO_4)_2$$

用适量硫酸处理磷酸钙矿石，可制得"普钙"：

$$Ca_3(PO_4)_2+2H_2SO_4+4H_2O \longrightarrow 2(CaSO_4\cdot 2H_2O)+Ca(H_2PO_4)_2$$

普钙又称为过磷酸钙，是磷酸二氢钙及石膏的混合物，曾是重要的化肥品种。"重钙"的主要成分为 $Ca(H_2PO_4)_2$，是一种含磷量高的肥料。磷酸一铵（MAP）和磷酸二铵（DAP）是重要的二元复合肥料。

饲料级磷酸氢钙

磷酸盐除用作化肥及饲料添加剂外，还可用作洗涤剂。但由于含磷洗涤剂造成水体富营养化，导致水质下降，已逐步被无磷洗涤剂取代。磷酸盐还被用于电镀及有机合成中。

（2）焦磷酸及其盐　焦磷酸是无色玻璃状固体，易溶于水。在冷水中，焦磷酸缓慢地变为磷酸,在热水中,特别是有硝酸存在时,这种转变很快。焦磷酸是一种四元酸,酸性强于磷酸,其逐级解离常数为 $K_{a_1}=1.2\times10^{-1}$,$K_{a_2}=7.9\times10^{-3}$,$K_{a_3}=2.0\times10^{-7}$,$K_{a_4}=4.8\times10^{-10}$。根据一般规律,酸的缩合程度越大,酸性越强。焦磷酸与硝酸银溶液作用生成白色的焦磷酸银沉淀,而正磷酸与硝酸银溶液作用则产生黄色的磷酸银沉淀。常见的焦磷酸盐多数是 $M_2H_2P_2O_7$ 和 $M_4P_2O_7$,少数是 $M_3HP_2O_7$,但很少是 $MH_3P_2O_7$ 型的盐(M 的氧化态为+1)。

(3) 偏磷酸及其盐　偏磷酸的分子式写作 HPO_3,但实际上为多聚体$(HPO_3)_x$。常见的偏磷酸有三偏磷酸和四偏磷酸。偏磷酸是硬而透明的玻璃态物质,易溶于水,在溶液中逐渐变为磷酸,加热时,特别是在硝酸存在下,这种转变进行得更快。与焦磷酸相似,偏磷酸溶液与硝酸银溶液作用时,也会产生白色沉淀。但偏磷酸溶液能使蛋白质凝固,而焦磷酸却不能。根据各种磷酸与硝酸银或蛋白质作用的差异,可用来对焦磷酸、偏磷酸和正磷酸进行鉴别。

将磷酸二氢钠加热至 673~773 K 时,可得到三偏磷酸盐:

$$3H_2PO_4^- \xrightleftharpoons{673\sim773\ K} (PO_3)_3^{3-}+3H_2O$$

将磷酸二氢钠加热至 973 K,然后骤然冷却则得到直链多磷酸盐的玻璃体,即所谓的格氏(Graham)盐:

$$xNaH_2PO_4 \xrightarrow{973\ K} (NaPO_3)_x+xH_2O$$

它易溶于水,能与 Ca^{2+},Mg^{2+} 等形成配合物,故常用作软水剂和锅炉、管道的去垢剂。过去曾认为格氏盐是六偏磷酸钠$(NaPO_3)_6$,实际上格氏盐中并不存在$(PO_3)_6^{6-}$,而是一种含 20~100 个 PO_3^-的长链化合物:

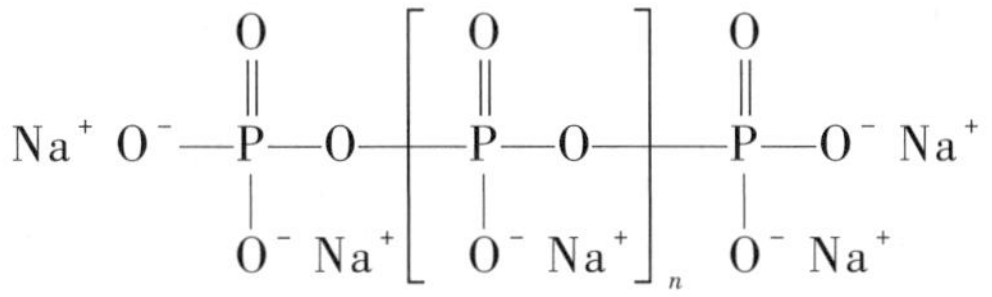

(4) 亚磷酸及其盐　纯的亚磷酸是无色晶体,熔点为 346 K。亚磷酸是二元中强酸,因分子中有一个氢原子和磷原子直接相连,它不能被取代。亚磷酸的解离常数 $K_{a_1}=5.0\times10^{-2}$,$K_{a_2}=2.0\times10^{-7}$。已制得 NaH_2PO_3 和 Na_2HPO_3,但未制得 Na_3PO_3。纯亚磷酸或它的浓溶液受强热时,发生歧化反应:

$$4H_3PO_3 \xrightarrow{\triangle} 3H_3PO_4+PH_3\uparrow$$

亚磷酸与亚磷酸盐在水溶液中都是强还原剂,能将浓硫酸还原成二氧化硫,将银、铜、汞等离子还原成金属。例如:

$$H_3PO_3+CuSO_4+H_2O \longrightarrow H_3PO_4+Cu\downarrow+H_2SO_4$$

(5) 次磷酸及其盐　在次磷酸钡溶液中,加硫酸使钡离子沉淀,便可得到次磷酸:

$$Ba(H_2PO_2)_2+H_2SO_4 \longrightarrow BaSO_4\downarrow+2H_3PO_2$$

次磷酸是一种晶状固体，熔点为 299.5 K，易潮解。它是中强一元酸，分子中有两个与磷原子直接连接的氢原子，结构式为

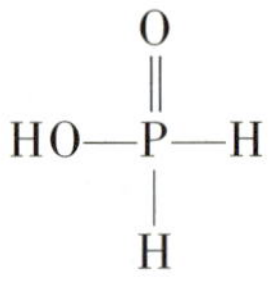

次磷酸及其盐都是强还原剂。铜、银、汞、镍等离子的盐溶液都能被次磷酸或其盐还原为相应的金属。例如：

$$H_2PO_2^-+4Ag^++2H_2O \longrightarrow H_3PO_4+4Ag\downarrow+3H^+$$

12.7.3 砷、锑、铋的含氧化合物

1. 砷、锑、铋的氧化物及其水合物

砷、锑、铋有+3，+5 两种氧化态的氧化物及其水合物。+3 氧化态的氧化物（As_2O_3，Sb_2O_3，Bi_2O_3）可由单质在空气中燃烧制得。这些氧化物的水合物都显两性，并按 $H_3AsO_3 \rightarrow Sb(OH)_3 \rightarrow Bi(OH)_3$ 的顺序，酸性依次减弱，碱性依次增强。亚砷酸是 As_2O_3（俗称砒霜）微溶于水的产物：

$$As_2O_3+3H_2O \longrightarrow 2H_3AsO_3$$

H_3AsO_3 仅存在于水溶液中，是很弱的酸（$K_{a_1}=5.1\times10^{-10}$）。$Sb_2O_3$ 具有明显的两性，Bi_2O_3 则为弱碱性，都难溶于水。$Sb(OH)_3$，$Bi(OH)_3$ 也是难溶于水的白色沉淀。$Bi(OH)_3$ 的碱性已大于酸性，只能微溶于浓的强碱溶液中。

H_3AsO_3 和 $Sb(OH)_3$ 在水溶液中有如下平衡：

$$\xleftarrow{\quad\quad+H^+\quad\quad}$$
$$M^{3+}+3OH^- \rightleftharpoons M(OH)_3 \equiv H_3MO_3 \rightleftharpoons 3H^++MO_3^{3-}$$
$$\xrightarrow[+OH^-]{\quad\quad\quad\quad}$$

当向溶液中加酸时，平衡向左移动，生成 M^{3+} 盐；当加强碱于溶液中，平衡向右移动，生成亚砷酸和亚锑酸盐。

+5 氧化态的氧化物（Bi_2O_5 除外）则是用硝酸氧化 As，Sb 单质，所得的相应含氧酸再脱水而制得的：

$$3As+5HNO_3+2H_2O \longrightarrow 3H_3AsO_4+5NO$$

$$6Sb+10HNO_3+(3x-5)H_2O \longrightarrow 3Sb_2O_5\cdot xH_2O+10NO$$

+5 氧化态的 H_3AsO_4，$Sb_2O_5\cdot xH_2O$ 的酸性比相应的+3 氧化态含氧酸强。

H_3AsO_4 是三元酸，其酸性近似于磷酸。锑酸 $H[Sb(OH)_6]$ 则为弱酸。相应的锑酸

盐中,$Na[Sb(OH)_6]$溶解度小。铋酸不存在,但可以制得相应的盐 $NaBiO_3$。

2. 砷、锑、铋的含氧酸及其盐的氧化还原性

亚砷酸及其盐在碱性溶液中具有较强的还原性:

$$AsO_4^{3-}+3H_2O+2e^- \rightleftharpoons H_2AsO_3^-+4OH^- \quad E_B^\ominus=-0.670\ V$$

能与较弱氧化剂(如 I_2)发生反应:

$$AsO_3^{3-}+I_2+2OH^- \longrightarrow AsO_4^{3-}+2I^-+H_2O$$

亚锑酸在碱性溶液中的还原性较差。$Bi(OH)_3$ 则只能在浓强碱溶液中被强氧化剂(如 Cl_2)氧化成铋酸盐:

$$Bi(OH)_3+Cl_2+3NaOH \longrightarrow NaBiO_3+2NaCl+3H_2O$$

因此,砷、锑、铋的+3 氧化态的氢氧化物的还原性依次减弱。

铋盐

砷酸盐、锑酸盐和铋酸盐都具有氧化性,且氧化性依次增强。砷酸盐、锑酸盐只有在酸性溶液中才显出氧化性。例如,在强酸性溶液中,H_3AsO_4 可以氧化 I^-:

$$H_3AsO_4+2H^++2I^- \longrightarrow H_3AsO_3+I_2+H_2O$$

当溶液的酸性较弱时,H_3AsO_3 又可以还原 I_2:

$$H_3AsO_3+I_2+H_2O \longrightarrow H_3AsO_4+2H^++2I^-$$

上述反应是由下列两个半反应组成:

$$H_3AsO_4+2H^++2e^- \rightleftharpoons H_3AsO_3+H_2O \quad E^\ominus=0.560\ V$$

$$I_2+2e^- \rightleftharpoons 2I^- \quad E^\ominus=0.535\ 5\ V$$

电对 I_2/I^-的电极反应没有 H^+或 OH^-参加,故在一定的 pH 范围内无变化。电对 H_3AsO_4/H_3AsO_3 的电极电势与氢离子浓度的关系如下:

$$E=E^\ominus+\frac{0.059\ 2\ V}{2}\lg\frac{[H_3AsO_4][H^+]^2}{[H_3AsO_3]}$$

所以,电对 H_3AsO_4/H_3AsO_3 的电极电势将随 pH 的变化而改变。这两个电对的电极电势与溶液 pH 的关系见图 12-8。

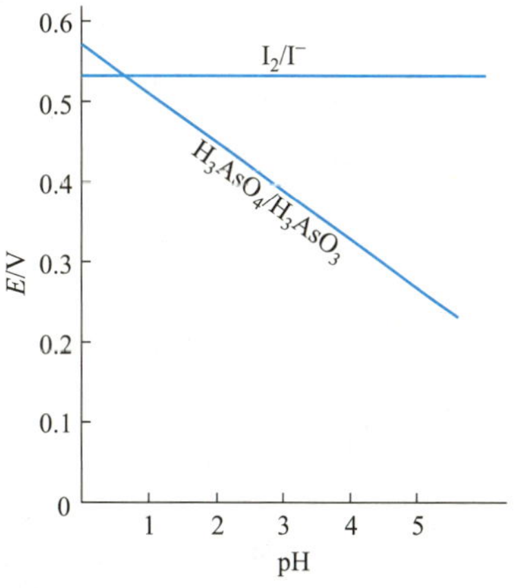

图 12-8 H_3AsO_4/H_3AsO_3 和 I_2/I^-系统的 E-pH 图

在一般酸度条件下(如 pH >1),$E_{H_3AsO_4/H_3AsO_3}<E^\ominus_{I_2/I^-}$,所以 H_3AsO_3 可以还原单质碘。在酸性较强的溶液(如 pH<0.4),$E_{H_3AsO_4/H_3AsO_3}>E^\ominus_{I_2/I^-}$,此时的 H_3AsO_4 又可氧化 I^-。此例说明,溶液的 pH 是影响含氧酸及其盐的氧化还原性的重要因素,酸度的改变有时可改变反应的方向。

锑酸和铋酸盐具有更强的氧化性,在酸性介质中能分别氧化 Cl^-和 Mn^{2+}:

$$H[Sb(OH)_6]+2HCl \longrightarrow H_3SbO_3+Cl_2+3H_2O$$

$$2Mn^{2+}+5NaBiO_3(s)+14H^+ \longrightarrow 2MnO_4^-+5Bi^{3+}+5Na^++7H_2O$$

后一反应是鉴定 Mn^{2+} 的特征反应。

砷、锑、铋化合物的酸碱性、氧化还原性规律概括如下。

酸性增强 →

碱性增强 / 还原性减弱 ↓			酸性增强 / 氧化性减弱 ↑
	As_2O_3, H_3AsO_3（两性偏酸）	As_2O_5, H_3AsO_4（中强酸）	
	Sb_2O_3, $Sb(OH)_3$（两性偏碱）	Sb_2O_5, $H[Sb(OH)_6]$（弱酸）	
	Bi_2O_3, $Bi(OH)_3$（弱碱）	Bi_2O_5（弱酸性）	

← 碱性增强

砷、锑、铋的硫代酸盐

上述事实表明，按 As→Sb→Bi 的顺序，随着原子序数的增大，形成+3 氧化态的倾向增强，形成+5 氧化态的倾向减弱，故 Bi(Ⅴ)极不稳定，是强氧化剂。与 As→Sb→Bi 递变顺序类似，ⅣA，ⅢA 族元素由上至下，形成比族数小 2 的低氧化态的稳定性依次增大，而与族数相同的高氧化态的稳定性则依次减小。锗、锡易呈现+4 氧化态，铅却容易呈现+2 氧化态，Pb(Ⅳ)化合物 PbO_2 是强氧化剂。这种规律在一定程度上体现了惰性电子对效应的作用。

12.8 硫的含氧化合物

硫的含氧化合物主要包括硫的氧化物、含氧酸及其盐。硫的氧化物中 SO_2 和 SO_3 分别是亚硫酸酐和硫酸酐。从结构的类似性可将硫的含氧酸分为四个系列：亚硫酸系列、硫酸系列、连硫酸系列和过硫酸系列，如表 12-5 所示。

表 12-5 硫的一些含氧酸

	名称	化学式	硫的氧化态	结构式	存在形式
亚硫酸系列	亚硫酸	H_2SO_3	+4	O ‖ HO—S—OH	盐
	连二亚硫酸	$H_2S_2O_4$	+3	O　O ‖　‖ HO—S—S—OH	盐

续表

	名称	化学式	硫的氧化态	结构式	存在形式
硫酸系列	硫酸	H_2SO_4	+6	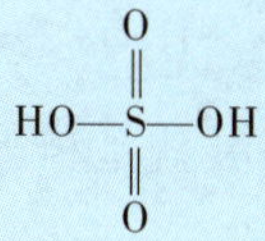	酸、盐
	硫代硫酸	$H_2S_2O_3$	+2	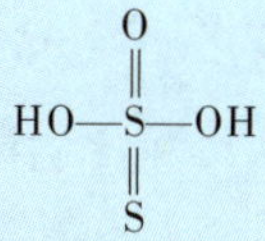	盐
	焦硫酸	$H_2S_2O_7$	+6	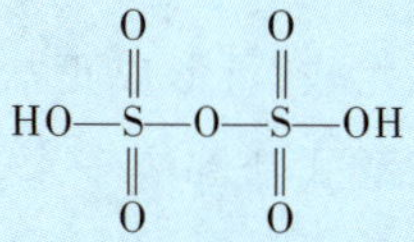	酸、盐
连硫酸系列	连四硫酸	$H_2S_4O_6$	+2.5	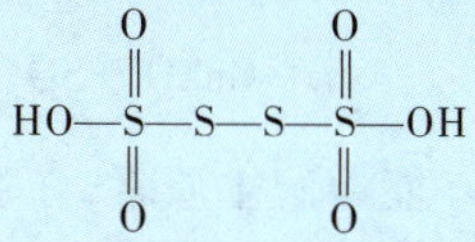	盐
	连多硫酸	$H_2S_nO_6$ $n=2\sim6$		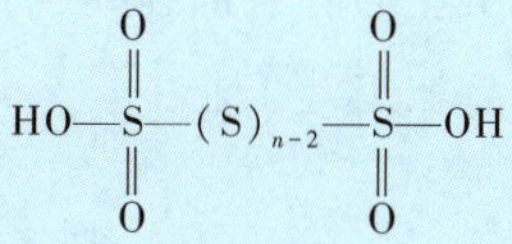	盐
过硫酸系列	过一硫酸	H_2SO_5	+6	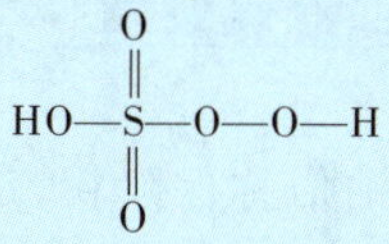	酸、盐
	过二硫酸	$H_2S_2O_8$	+6	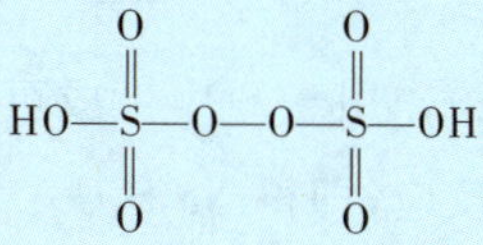	酸、盐

12.8.1 亚硫酸及其盐

二氧化硫溶于水得到的酸性溶液，称为亚硫酸，它只存在于水溶液中，从来没有得到过自由状态的纯亚硫酸。在亚硫酸的水溶液中存在下列平衡：

$$SO_2+H_2O \rightleftharpoons H^++HSO_3^- \rightleftharpoons 2H^++SO_3^{2-}$$

根据平衡移动原理可知，当酸与亚硫酸盐作用时，平衡向左移动产生 SO_2，这是实验室制取 SO_2 的方法，也是鉴定 SO_3^{2-} 的方法。

在亚硫酸及其盐中，硫的氧化态为+4，处于中间氧化态，所以亚硫酸及其盐既有氧化性，又有还原性。在不同介质溶液中的标准电极电势如下：

$$S_2O_6^{2-}+4H^++2e^- \rightleftharpoons 2H_2SO_3 \qquad E_A^\ominus=0.569\ V$$

$$H_2SO_3+4H^++4e^- \rightleftharpoons S+3H_2O \qquad E_A^\ominus=0.500\ V$$

$$S_2O_6^{2-}+2e^- \rightleftharpoons 2SO_3^{2-} \qquad E_A^\ominus=0.037\ V$$

$$SO_4^{2-}+H_2O+2e^- \rightleftharpoons SO_3^{2-}+2OH^- \qquad E_B^\ominus=-0.940\ V$$

因此，亚硫酸及其盐是相当强的还原剂，只有遇到更强的还原剂时才表现出氧化性。典型反应如下：

$$2SO_3^{2-}+4H^++O_2 \longrightarrow 2H_2SO_4$$

$$SO_3^{2-}+H_2O+Cl_2 \longrightarrow SO_4^{2-}+2Cl^-+2H^+$$

$$SO_3^{2-}+2H^++2H_2S \longrightarrow 3S\downarrow+3H_2O$$

亚硫酸是二元酸，可形成正盐和酸式盐。绝大多数的正盐（K^+，Na^+，NH_4^+盐除外）都不溶于水，酸式盐都溶于水。在含有不溶性钙盐的溶液中通入 SO_2，可使其转变为可溶性的酸式盐：

$$CaSO_3+SO_2+H_2O \longrightarrow Ca(HSO_3)_2$$

$Ca(HSO_3)_2$ 能溶解木质素，在造纸工业中用于制造纸浆。亚硫酸钠或亚硫酸氢钠用于印染工业的除氯剂，除去纺织品漂白后残留的氯，并作为还原剂广泛用于染料、皮革、食品加工等工业中。

12.8.2 连二亚硫酸钠

连二亚硫酸钠俗称保险粉，是一种白色粉末状的固体，以二水合物 $Na_2S_2O_4\cdot 2H_2O$ 存在。

通常用锌粉作用于 SO_2 生成可溶性 ZnS_2O_4，然后加入烧碱溶液，在冷却搅拌下发生复分解反应，即得 $Na_2S_2O_4$：

$$Zn+2SO_2 \longrightarrow ZnS_2O_4$$

$$ZnS_2O_4+2NaOH \longrightarrow Na_2S_2O_4+Zn(OH)_2\downarrow$$

连二亚硫酸钠溶液很不稳定，容易分解成 $S_2O_3^{2-}$ 和 HSO_3^-：

$$2S_2O_4^{2-}+H_2O \longrightarrow S_2O_3^{2-}+2HSO_3^-$$

连二亚硫酸钠在酸性溶液中会迅速分解成单质硫：

$$2Na_2S_2O_4+4HCl \longrightarrow 3SO_2+S\downarrow+2H_2O+4NaCl$$

加热无水 $Na_2S_2O_4$ 时也会发生分解：

$$2Na_2S_2O_4 \longrightarrow Na_2S_2O_3+Na_2SO_3+SO_2$$

$Na_2S_2O_4$ 为强还原剂：

$$2HSO_3^-+2H^++2e^- \rightleftharpoons S_2O_4^{2-}+2H_2O \qquad E_A^\ominus=-0.099\ V$$

$$2SO_3^{2-}+2H_2O+2e^- \rightleftharpoons S_2O_4^{2-}+4OH^- \qquad E_B^\ominus=-1.13\ V$$

它能还原碘、碘酸盐、过氧化氢，以及 Ag^+，Cu^+，Hg^{2+} 等。

$Na_2S_2O_4$ 用途广泛，如在印染工业中，许多重要染料（如靛蓝、阴丹士林等）在水中皆不溶解，但能被 $Na_2S_2O_4$ 还原为可溶物而用于染色及染料制造等。

连二亚硫酸钠的用途

12.8.3 硫酸及其盐

1. 硫酸的结构和性质

硫酸的分子构型是四面体形。硫酸分子中，既含有 σ 键，又含有 σ 配位键和 $\pi_{p\text{-}d}$ 配位键，如图 12-9 所示。

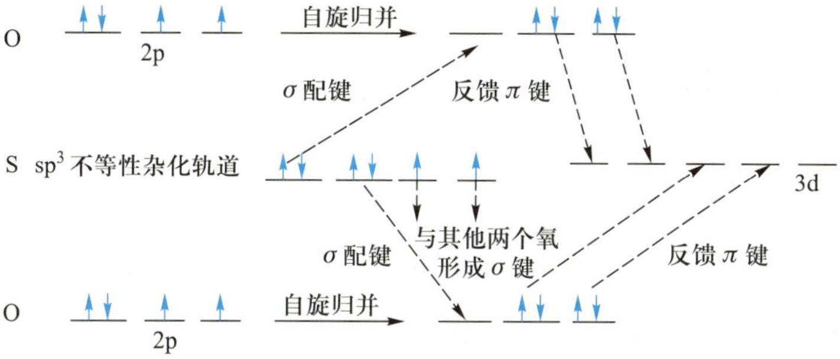

图 12-9 H_2SO_4 的成键过程

硫酸是最重要的强酸之一。工业上是在 V_2O_5 催化剂作用下将 SO_2 用空气氧化成 SO_3，SO_3 同水化合即生成硫酸：

$$SO_3+H_2O \longrightarrow H_2SO_4 \quad \Delta_r H_m^{\ominus}=-133\ kJ\cdot mol^{-1}$$

由于反应中放出大量的热，易形成酸雾，而这种酸雾难以被水吸收，因此，在硫酸工业中用 98.3% 的浓硫酸来吸收 SO_3，可得到浓硫酸或发烟硫酸。最后再用 92% 硫酸稀释发烟硫酸，得商品硫酸。

纯硫酸是一种无色油状液体，凝固点为 283.53 K，沸点为 608.65 K，密度为 1.831 8 $g\cdot cm^{-3}$，相当于 18 $mol\cdot L^{-1}$。浓硫酸溶于水会产生大量热，若不小心将水倾入浓硫酸中，将会产生剧热而引起爆炸。

由于硫酸的沸点高，挥发性小，用它与某些挥发性酸的盐共热，可以将挥发性酸置换出来。例如，浓硫酸与固体硝酸盐或氯化物反应，可以制备挥发性的硝酸和盐酸：

$$NaNO_3(s)+H_2SO_4 \longrightarrow NaHSO_4+HNO_3\uparrow$$

$$NaCl(s)+H_2SO_4 \longrightarrow NaHSO_4+HCl\uparrow$$

浓硫酸有强烈的吸水性，和水能形成一系列水合物，如 $H_2SO_4\cdot H_2O$，$H_2SO_4\cdot 2H_2O$ 和 $H_2SO_4\cdot 4H_2O$ 等，故常用作酸性气体的干燥剂。

浓硫酸不但能吸水，而且还能从一些有机化合物（如蔗糖、布、纸等）中夺取与水分子组成相当的氢和氧，使这些有机化合物炭化。例如：

$$C_{12}H_{22}O_{11} \xrightarrow{\text{浓 } H_2SO_4} 12C+11H_2O$$

硫酸有氧化性。但稀硫酸和浓硫酸的氧化性有本质的不同。对金属的反应来说，稀硫酸只能与较活泼的金属作用，放出氢气。例如：

$$Fe+H_2SO_4(\text{稀}) \longrightarrow FeSO_4+H_2\uparrow$$

氢离子氧化了金属单质，所以稀硫酸的氧化性是指氢离子的氧化性。

热浓硫酸不但能与较活泼的金属如 Zn 反应，也能与 Cu，Ag，Hg 等反应。硫酸一般被还原为二氧化硫。例如：

$$Zn+2H_2SO_4(\text{浓}) \longrightarrow ZnSO_4+SO_2+2H_2O$$

$$Cu+2H_2SO_4(\text{浓}) \longrightarrow CuSO_4+SO_2+2H_2O$$

由于锌的强还原性，同时还进行下列反应：

$$3Zn+4H_2SO_4(\text{浓}) \longrightarrow 3ZnSO_4+S+4H_2O$$

$$4Zn+5H_2SO_4(\text{浓}) \longrightarrow 4ZnSO_4+H_2S\uparrow+4H_2O$$

一般来说，浓硫酸具有氧化性，是指成酸元素中硫的氧化性。

冷的浓硫酸（93%以上）会使铁、铝、铬表面上生成致密的氧化物薄膜，保护金属不再继续和硫酸作用，因此可把浓硫酸装在铁罐中储存。

2. 硫酸盐

X 射线结构研究表明，在硫酸盐中，SO_4^{2-} 的构型为正四面体形。其中 4 个 S—O 键键长为 144 pm，具有很大程度的双键性质。

硫酸盐中除 $BaSO_4$，$PbSO_4$，$SrSO_4$ 等难溶，$CaSO_4$，Ag_2SO_4，Hg_2SO_4 等微溶外，其余都易溶于水。

由于白色 $BaSO_4$ 沉淀不溶于酸，而其他许多白色难溶钡盐（如 $BaSO_3$，$BaCO_3$ 等）均可溶于盐酸，故常用此法鉴定 Ba^{2+} 或 SO_4^{2-}。

活泼金属的硫酸盐对热稳定，如 Na_2SO_4，K_2SO_4，$BaSO_4$ 等在 1 273 K 时仍不分解。一些重金属硫酸盐在强热时分解为 SO_3 和相应氧化物或单质：

$$CuSO_4 \xrightarrow{923\text{ K}} CuO+SO_3\uparrow$$

$$2Ag_2SO_4 \xrightarrow{\triangle} 4Ag+2SO_3\uparrow+O_2\uparrow$$

酸式硫酸盐均易溶于水，但仅碱金属元素能形成固态的酸式硫酸盐：

$$Na_2SO_4+H_2SO_4 \xrightarrow{\triangle} 2NaHSO_4$$

酸式硫酸盐加热到熔点以上，首先转变为焦硫酸盐，进一步加热即分解为硫酸盐和 SO_3。例如：

$$2KHSO_4 \xrightarrow{\triangle} K_2S_2O_7+H_2O$$

$$K_2S_2O_7 \xrightarrow{\triangle} K_2SO_4+SO_3\uparrow$$

产生的 SO_3 是酸性氧化物，故常用 $KHSO_4$ 或 $K_2S_2O_7$ 与一些难熔的碱性或两性的金属氧化物（如 Fe_2O_3，Al_2O_3，Cr_2O_3，TiO_2 等）共熔生成可溶于水的硫酸盐。例如：

$$Al_2O_3+3K_2S_2O_7 \longrightarrow Al_2(SO_4)_3+3K_2SO_4$$

$$Fe_2O_3+3K_2S_2O_7 \longrightarrow Fe_2(SO_4)_3+3K_2SO_4$$

这是在分析化学中处理固体试料的一种重要方法。

许多硫酸盐有着重要用途。例如，$Al_2(SO_4)_3\cdot18H_2O$ 是净水剂、造纸充填剂和媒染剂，$CuSO_4\cdot5H_2O$ 是消毒剂和农药，$FeSO_4\cdot7H_2O$ 是农药、治疗贫血的药剂、制造蓝黑墨水的原料，$Na_2SO_4\cdot10H_2O$ 是重要的化工原料等。

12.8.4 硫代硫酸及其盐

硫代硫酸（$H_2S_2O_3$）可以看成 H_2SO_4 分子中一个氧原子被一个硫原子所取代的产物，结构见表 12-5。

$H_2S_2O_3$ 极不稳定，一旦析出，便随即分解。

硫代硫酸钠（$Na_2S_2O_3\cdot5H_2O$）商品名为海波，俗称大苏打。将硫粉溶于沸腾的亚硫酸钠溶液中便可制得 $Na_2S_2O_3$：

$$S+Na_2SO_3 \xrightarrow{\triangle} Na_2S_2O_3$$

硫代硫酸钠是无色透明的晶体，易溶于水，溶液呈弱碱性。它在中性、碱性溶液中稳定，在酸性溶液中由于生成不稳定的硫代硫酸而分解。

硫代硫酸钠具有显著的还原性，其氧化产物随反应条件而不同。例如，通氯气到 $Na_2S_2O_3$ 溶液中，最初析出硫，氯气过量，则最后生成硫酸：

$$Na_2S_2O_3+Cl_2+H_2O \longrightarrow Na_2SO_4+S+2HCl$$

$$Na_2S_2O_3+4Cl_2(\text{过量})+5H_2O \longrightarrow Na_2SO_4+H_2SO_4+8HCl$$

因而在纺织和造纸工业中 $Na_2S_2O_3$ 被用作除氯剂。

当 $Na_2S_2O_3$ 与较弱的氧化剂作用时，其氧化产物为连四硫酸盐：

$$2S_2O_3^{2-}+I_2 \longrightarrow S_4O_6^{2-}+2I^-$$

分析化学中利用这个反应来定量测定碘。

硫代硫酸钠有很强的配位能力，可与一些金属离子形成稳定的配离子，最重要的是硫代硫酸根合银配离子。例如，不溶于水的 AgBr，可以溶解在 $Na_2S_2O_3$ 溶液中：

$$AgBr+2Na_2S_2O_3 \longrightarrow Na_3[Ag(S_2O_3)_2]+NaBr$$

海波用作定影液，就是利用这个反应以溶去胶片上未起作用的溴化银的。

12.8.5 过硫酸及其盐

凡含氧酸的分子中含有过氧键者，称为过酸。过硫酸可以看成过氧化氢中氢原子被—SO_3H（磺酸基）取代的产物。单取代物 H—O—O—SO_3H（即 H_2SO_5）称为过一硫酸；双取代物 HO_3S —O—O—SO_3H（即 $H_2S_2O_8$）称为过二硫酸。

电解硫酸和硫酸铵的混合溶液，可制得过二硫酸盐：

$$\text{阳极（铂）} 2SO_4^{2-} \longrightarrow S_2O_8^{2-}+2e^-$$

$$\text{阴极（石墨）} 2H^++2e^- \longrightarrow H_2$$

过二硫酸是无色晶体，在 338 K 时熔化并分解。它和浓硫酸相似，吸水性很强，能使有机化合物炭化。$H_2S_2O_8$ 与水反应生成硫酸和 H_2O_2：

$$H_2S_2O_8+H_2O \longrightarrow H_2SO_4+H_2SO_5$$

$$H_2SO_5+H_2O \longrightarrow H_2SO_4+H_2O_2$$

过硫酸及其盐是强氧化剂。例如，过二硫酸盐在 Ag^+ 催化剂作用下，能将稳定性极好的 Cr^{3+} 和 Mn^{2+} 氧化：

$$2Cr^{3+}+3S_2O_8^{2-}+7H_2O \xrightarrow{Ag^+} Cr_2O_7^{2-}+6SO_4^{2-}+14H^+$$

$$2Mn^{2+}+5S_2O_8^{2-}+8H_2O \xrightarrow{Ag^+} 2MnO_4^-+10SO_4^{2-}+16H^+$$

钢铁中锰的含量常用 $(NH_4)_2S_2O_8$ 或 $K_2S_2O_8$ 来测定。

过硫酸及其盐都很不稳定，加热时容易分解。例如，加热 $K_2S_2O_8$ 会分解放出 SO_3 及 O_2：

$$2K_2S_2O_8 \xrightarrow{\triangle} 2K_2SO_4+2SO_3\uparrow+O_2\uparrow$$

从酸性条件下硫元素的电势图可总结硫的含氧酸及其盐性质间的相互关系：

$$E_A^\ominus/V \quad S_2O_8^{2-} \xrightarrow{1.96} SO_4^{2-} \xrightarrow{0.158} H_2SO_3 \xrightarrow{0.400} S_2O_3^{2-} \xrightarrow{0.500} S \xrightarrow{0.144} H_2S$$

$$H_2SO_3 \xrightarrow{0.507} S_4O_6^{2-} \xrightarrow{0.080} S_2O_3^{2-}$$

SO_4^{2-} 在 1 mol·L^{-1} H^+ 溶液中是很弱的氧化剂，H_2SO_3 是中等强度氧化剂，但比较容易被氧化为 SO_4^{2-}。$S_2O_3^{2-}$ 容易被氧化为 $S_4O_6^{2-}$，但要使 $S_2O_3^{2-}$ 转化为 SO_4^{2-} 则需要强的氧化剂。$H_2S_2O_3$ 不稳定，歧化成 SO_2 和 S。

$$E_B^\ominus/V \quad SO_4^{2-} \xrightarrow{-0.940} SO_3^{2-} \xrightarrow{-0.580} S_2O_3^{2-}$$

SO_3^{2-}，$S_2O_3^{2-}$ 在碱性溶液中容易被氧化。

12.9 卤素的含氧酸及含氧酸盐

在卤素中氯、溴、碘可形成氧化态为+1,+3,+5,+7的次卤酸(HXO)、亚卤酸(HXO_2)、卤酸(HXO_3)和高卤酸(HXO_4)四类含氧酸及其盐。它们的含氧酸根离子的空间结构如图12-10所示。

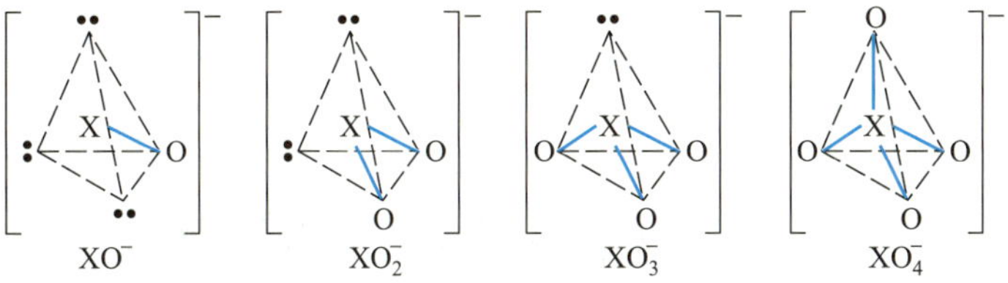

图12-10 卤素含氧酸根离子的空间结构

在各种卤酸根离子中,卤素原子皆采取 sp^3 杂化成键。其构型 XO^- 为直线形,XO_2^- 为V形,XO_3^- 为三角锥形,XO_4^- 为四面体形。各种卤素含氧酸的酸性差异较大,高氯酸是很强的酸,次氯酸却比碳酸还弱,次碘酸甚至有某种程度的两性。

碘钟反应

12.9.1 次卤酸及其盐

次卤酸可用 Cl_2,Br_2,I_2 歧化水解反应制得:

$$X_2+H_2O \longrightarrow HX+HXO \quad (X=Cl,Br,I)$$

次卤酸都不稳定,仅存于水溶液中,其稳定程度按 HClO→HBrO→HIO 的次序迅速递减。次卤酸的分解反应有两种基本形式:

$$2HXO \longrightarrow 2HX+O_2 \tag{1}$$

$$3HXO \longrightarrow 2HX+HXO_3 \tag{2}$$

在阳光直接作用下,次卤酸分解基本上按照(1)式进行;加热则促进(2)式进行,这是次卤酸的歧化反应,它是制备氯酸盐的基础。

次卤酸及其盐都具有强氧化性。其中有实用价值的是次氯酸钠和漂白粉。次氯酸钠在纺织漂染工业和造纸工业中用作漂白液。

漂白粉是用干燥的消石灰 $Ca(OH)_2$ 与 Cl_2 反应,生成混合物 $Ca(ClO)_2$ 与 $CaCl_2\cdot Ca(OH)_2\cdot H_2O$。另外,还可制得漂白精 $Ca(ClO)_2$。它们的漂白作用均是 H^+(或 CO_2)与 $Ca(ClO)_2$ 反应生成 HClO,然后氧化色素而漂白:

$$Ca(ClO)_2+2H^+ \longrightarrow Ca^{2+}+2HClO$$

$$HClO+H^++2e^- \rightleftharpoons H_2O+Cl^- \quad E_A^{\ominus}=1.513\ V$$

由 $E_A^\ominus$ 值可见，HClO 的氧化性是次氯酸盐漂白作用的决定性因素之一。

次卤酸盐可进一步歧化：

$$3XO^- \longrightarrow XO_3^- + 2X^-$$

此歧化反应的速率大小顺序是 $ClO^- < BrO^- < IO^-$。

故次氯酸盐能在室温下生成，在 348 K 时将会很快发生上述歧化反应。次溴酸盐仅能在 273 K 制备，室温下也很快歧化。次碘酸盐由于很快歧化，即使在室温下也得不到次碘酸盐。

12.9.2 亚卤酸及其盐

$HClO_2$ 是唯一的亚卤酸，其酸性强于 HClO，$K_a = 1.15 \times 10^{-2}$。亚氯酸是氯的含氧酸中最不稳定的物质，存在几分钟后就会发生分解，生成的绿色气体二氧化氯（ClO_2）在较高浓度时会发生爆炸：

$$8HClO_2 \longrightarrow 6ClO_2\uparrow + 4H_2O + Cl_2\uparrow$$

ClO_2 与 H_2O 反应可以生成 $HClO_2$：

$$2ClO_2 + H_2O \longrightarrow HClO_2 + HClO_3$$

纯净的 $HClO_2$ 溶液也可以由亚氯酸盐制得：

$$Ba(ClO_2)_2 + H_2SO_4 \longrightarrow 2HClO_2 + BaSO_4$$

二氧化氯与碱溶液或者过氧化物反应都可以制得亚氯酸盐：

$$2ClO_2 + 2NaOH \longrightarrow NaClO_2 + NaClO_3 + H_2O$$

$$2ClO_2 + Na_2O_2 \longrightarrow 2NaClO_2 + O_2$$

亚氯酸盐的水溶液较稳定，具有强氧化性，可以用作漂白剂。尽管亚氯酸盐比亚氯酸稳定，但在加热或者敲击固体亚氯酸盐条件下会立即发生爆炸，分解为氯酸盐和氧化物。

12.9.3 卤酸及其盐

卤酸中氯酸和溴酸可用下法制得：

$$Ba(XO_3)_2 + H_2SO_4 \longrightarrow BaSO_4\downarrow + 2HXO_3$$

$HClO_3$ 和 $HBrO_3$ 仅存在于水溶液中。将其水溶液在减压下浓缩时，$HClO_3$ 的浓度不能大于 40%，$HBrO_3$ 的浓度不能大于 50%，更浓的 $HClO_3$ 和 $HBrO_3$ 溶液不稳定，会发生爆炸性分解：

$$8HClO_3 \longrightarrow 4HClO_4 + 3O_2\uparrow + 2Cl_2\uparrow + 2H_2O$$

$$4HBrO_3 \longrightarrow 2Br_2+5O_2\uparrow+2H_2O$$

碘酸通常是用浓硝酸或 Cl_2 等氧化 I_2 而制得：

$$3I_2+10HNO_3(\text{浓}) \xrightarrow{\triangle} 6HIO_3+10NO\uparrow+2H_2O$$

$$I_2+5Cl_2+6H_2O \longrightarrow 2HIO_3+10HCl$$

碘酸可制成白色结晶，加热(>573 K)时可脱水生成 I_2O_5。因此，卤酸 $HClO_3$，$HBrO_3$，HIO_3 的稳定性依次增加，其浓溶液都是强氧化剂。

重要的卤酸盐有氯酸钾和氯酸钠。工业上采用无隔膜法电解热食盐溶液进行生产：

$$2NaCl+2H_2O \xrightarrow{\text{电解}} Cl_2+2NaOH+H_2\uparrow$$

$$3Cl_2+6NaOH \xrightarrow{343\ K} NaClO_3+5NaCl+3H_2O$$

将所得的 $NaClO_3$ 溶液与等物质的量的 KCl 进行复分解反应：

$$NaClO_3+KCl \longrightarrow KClO_3+NaCl$$

$KClO_3$ 的溶解度小，冷却便析出 $KClO_3$ 白色晶体。

溴酸盐和碘酸盐可用类似方法制得：

$$3X_2+6OH^- \xrightarrow{343\ K} 5X^-+XO_3^-+3H_2O \quad (X=Br, I)$$

如前所述，制取碘酸盐时不需加热。

碘酸盐还可用下法制得：

$$2ClO_3^-+I_2 \longrightarrow 2IO_3^-+Cl_2$$

$$2BrO_3^-+I_2 \longrightarrow 2IO_3^-+Br_2$$

从形式上看，以上反应是 I_2“置换”出 Cl_2，似乎与卤素互换反应相矛盾，称为倒置换反应。但比较卤酸根离子被还原为单质的标准电极电势值：

电对	ClO_3^-/Cl_2	BrO_3^-/Br_2	IO_3^-/I_2
$E_A^\ominus$/V	1.468	1.520	1.195

可知，IO_3^-的氧化性最弱，因而碘能从氯酸盐和溴酸盐中取代氯和溴。

卤酸盐的溶解度随卤素原子序数增大而减小，故碘酸盐多数为难溶，某些+4氧化态金属离子(如 Ce，Th，Zr，Hf)的碘酸盐在 6 $mol\cdot L^{-1}$ HNO_3 中仍能沉淀出来，这是分离这些离子的有效方法。

卤酸盐热分解反应比较复杂，分解产物要看卤化物及含氧化合物的相对稳定性而定。例如：

$$4KClO_3 \xrightarrow{>668\ K} 3KClO_4+KCl$$

当有 MnO_2 催化剂存在时，则按下式分解：

$$2KClO_3 \xrightarrow[>473\ K]{MnO_2} 2KCl+3O_2\uparrow$$

$KBrO_3$,KIO_3 加热时也按上式分解。但 $Zn(ClO_3)_2$ 的热分解却按下式进行：

$$2Zn(ClO_3)_2 \xrightarrow{\triangle} 2ZnO+2Cl_2\uparrow+5O_2\uparrow$$

氯酸盐在加热或与易氧化物质(如 S,P,C 及有机化合物)混合受撞击时即发生爆炸。氯酸钾通常用于制火柴、烟火等;氯酸钠用作除草剂;溴酸盐和碘酸盐用作分析试剂。

12.9.4 高卤酸及其盐

高卤酸是最强酸之一。工业上先用光亮铂电极电解 $NaClO_3$ 溶液制得 $NaClO_4$,然后将 $NaClO_4$ 与浓硫酸作用并减压蒸馏,制得无色油状的 $HClO_4$:

$$NaClO_3+H_2O \xrightarrow{电解} NaClO_4+H_2\uparrow$$

$$NaClO_4+H_2SO_4(浓) \longrightarrow HClO_4+NaHSO_4$$

无水高氯酸的熔点为 161 K,沸点为 363 K,受热即猛烈爆炸分解:

$$4HClO_4 \xrightarrow{>363\ K} 2Cl_2+7O_2+2H_2O$$

浓的 $HClO_4$ 溶液是强氧化剂,与有机化合物接触会引起爆炸。$HClO_4$ 冷溶液较稳定,氧化性不及 $HClO_3$ 强。

$HBrO_4$ 呈艳黄色,水溶液较稳定,可以浓缩到 55%(约 6 $mol\cdot L^{-1}$),目前能制得纯 $HBrO_4\cdot 2H_2O$ 的无色晶体。在高卤酸中,$HBrO_4$ 的氧化性最强,有关的电极反应及 $E_A^\ominus$ 值如下:

$$ClO_4^-+2H^++2e^- \rightleftharpoons ClO_3^-+H_2O \quad E_A^\ominus=1.201\ V$$

$$BrO_4^-+2H^++2e^- \rightleftharpoons BrO_3^-+H_2O \quad E_A^\ominus=1.853\ V$$

$$H_5IO_6+H^++2e^- \rightleftharpoons IO_3^-+3H_2O \quad E_A^\ominus=1.603\ V$$

高碘酸(H_5IO_6)是五元弱酸,与其他高卤酸不同。这是由于碘原子半径大,可容纳较多的配位原子,又有可利用的 5d 轨道,采用 sp^3d^2 杂化轨道成键,形成八面体形的分子,如图 12-11 所示。

高碘酸在真空下加热时,可缩合成焦高碘酸,进一步脱水成偏高碘酸,最后失氧成碘酸:

$$2H_5IO_6 \xrightarrow[-3H_2O]{353\ K} H_4I_2O_9 \xrightarrow[-H_2O]{373\ K} 2HIO_4 \xrightarrow[-O_2]{413\ K} 2HIO_3$$

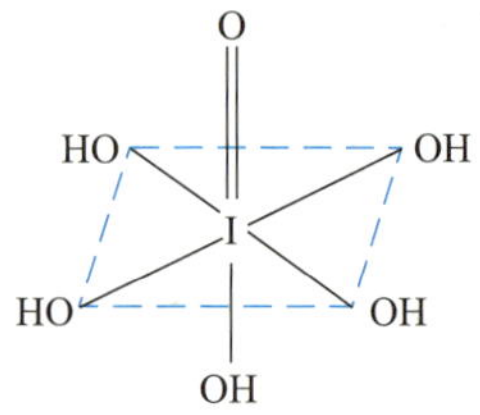

图 12-11 H_5IO_6 分子的构型

HIO_4 分子是四面体构型,是强酸,但具有较强的氧化性,能氧化 Mn^{2+}:

$$10\ IO_4^- + 14\ Mn^{2+} + 16\ H_2O \longrightarrow 5\ I_2 + 14\ MnO_4^- + 32\ H^+$$

它常用作分析试剂。

高卤酸盐中以高氯酸盐使用最为广泛。大多数高氯酸盐易溶于水；K^+，Rb^+，Cs^+，NH_4^+的高氯酸盐难溶。因此，$KClO_4$ 沉淀的生成可检出 K^+。高温下固体高氯酸盐是强氧化剂。$KClO_4$ 常用于制造炸药，用 $KClO_4$ 制炸药比用 $KClO_3$ 更稳定。NH_4ClO_4 是现代火箭推进剂的主要成分。$Mg(ClO_4)_2$ 能吸收相当于自重 60%的水，加热至 473 K 时可再生，是高效干燥剂。可溶性的高氯酸盐的一个特点是不易和金属离子配位，故可用来调节电解质溶液中的离子强度。

12.9.5 氯、溴、碘的吉布斯函变-氧化态图

氯、溴、碘在酸性溶液（pH＝0）和碱性溶液（pH＝14）的吉布斯函变-氧化态图，如图 12-12 所示。

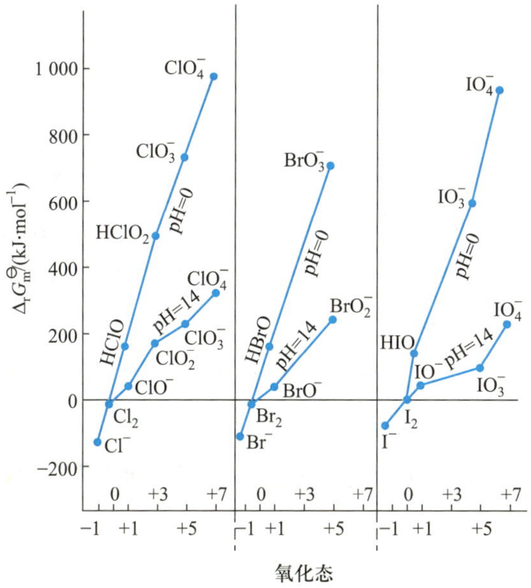

图 12-12 氯、溴、碘的吉布斯函变-氧化态图

从图 12-12 可以看出，不论在酸性或碱性溶液中，Cl^-，Br^-，I^-是卤素的稳定态，其他各氧化态都可以自发地反应形成卤离子。

如果某一个质点（如 Cl_2）位于相邻两个质点（如 Cl^-和 ClO^-）的连线上方，它必然是热力学的不稳定态，易歧化而变成两个相邻的质点（如 Cl^-和 ClO^-）。不难看出，类似实例还比较多。例如：

$$2HClO_2(aq) \longrightarrow ClO_3^-(aq) + HClO(aq) + H^+(aq)$$

如果某一个质点（如 I_2），位于连接它的相邻质点（I^-和 HIO）的连线的下方，它比

相邻两个质点(I^-和 HIO)共存体系更稳定,反应则向着逆歧化反应进行。图 12-12 中任何两个相邻质点之间的连线越陡,电对中氧化型的氧化能力越强。图 12-12 中所有 3 个图上的斜率都很陡,表明除最低氧化态(Cl^-,Br^-,I^-)之外的其他所有氧化态都是氧化剂。氧化性在酸性溶液(pH=0)中更为突出。

图 12-12 表示卤素在碱性溶液(pH=14)中斜线陡度减少,相应氧化态的质点的电极电势值下降。现以 $c=1\ mol\cdot L^{-1}$的酸和碱中 ClO_4^-的电极电势值为例进行比较:

pH=0 时,有

$$ClO_4^-(aq)+2H^+(aq)+2e^- \longrightarrow ClO_3^-(aq)+H_2O(l) \qquad E_A^\ominus=1.201\ V$$

pH=14 时,有

$$ClO_4^-(aq)+H_2O(l)+2e^- \longrightarrow ClO_3^-(aq)+2OH^-(aq) \qquad E_B^\ominus=0.374\ V$$

数据表明,ClO_4^-在酸性溶液中的氧化性大于它在碱性溶液中的氧化性。

本章小结

本章介绍了氧化物的酸碱性、氧化还原性、稳定性的递变规律。运用 R—O—H 规则可以判断氧化物水合物的酸碱性,运用鲍林规则可以判断含氧酸的强度。描述了碱金属和碱土金属的氧化物、过氧化物和超氧化物的性质及应用,硼、铝、硅、锡、铅的含氧化合物的性质及应用,氮族元素及硫的含氧化合物的结构、制备、性质和应用,卤素的含氧化合物的结构、性质及其递变规律和应用。

本书第十章至第十二章着重对主族元素及其化合物的组成及性质进行了概括,有的规律性较强,但有些物质的化学性质,比如含氧酸及其盐的氧化还原性等则比较复杂,影响其性质的因素比较多,还有待进行更加深入的研究和探讨。

思考题

1. 碱金属氧化物中氧化钠、过氧化钠、超氧化钾分别是什么颜色?它们与水作用各有什么特点?

2. 试述碱金属、碱土金属氢氧化物的碱性递变规律。

3. B_2O_3 有哪些主要的性质?Al_2O_3 有几种主要的变体?它们各有哪些不同的性质和用途?

4. 说明硼砂用作焊药焊接某些金属时的化学原理。

5. 在铝酸钠溶液中加入氯化铵,会产生什么现象?

6. 加氯化铵溶液于硅酸钠溶液中，有刺激性臭味的气体和凝胶状物质析出。用水解及平衡移动原理来解释这种现象。

7. 硅胶和分子筛的化学组成有什么不同？它们在吸附性质上有何差异？

8. 设计一个实验，证明 Pb_3O_4 中含有不同氧化态的铅。

9. 稀硝酸与浓硝酸比较哪种氧化性强些？为什么在一般情况下，浓硝酸被还原成 NO_2，而稀硝酸被还原成 NO，N_2O 等？这与它们氧化能力的强弱是否有矛盾？

10. Na_3PO_4，Na_2HPO_4，NaH_2PO_4 等盐溶液的酸碱性如何？分析其原因。

11. 试从磷酸的缩水过程说明焦磷酸、三磷酸和环状四偏磷酸的结构式。多磷酸盐有何用途？

12. 如何证明 H_3AsO_4，H_3SbO_4，$NaBiO_3$ 的氧化性依次增强？

13. 试比较硫酸、磷酸的结构，其共同的特征是什么？

思考题 13 解析

14. 过二硫酸盐和硫化物在溶液中发生反应时，都形成硫酸盐，写出此反应的离子方程式。

15. 用元素电势图解释氯气通入消石灰中可制得漂白粉，而漂白粉在酸性介质中可产生氯气，达到漂白的目的。

习　题

1. 写出下列含氧酸分子的结构式。

HNO_3　H_3AsO_4　HBrO　H_2CO_3

2. 排出下列各组酸的强弱次序。

(1) H_3AsO_3　$HClO_4$　H_2SO_4　H_3PO_4

(2) H_3AsO_4　H_2SeO_4　$HBrO_4$

3. 估计下列各酸 K_{a_1} 值的范围。

$HBrO_4$　HBrO　H_2SO_3　H_2SO_4

4. 硼酸在加热过程中发生哪些变化？写出有关方程式。

5. 完成并配平下列反应方程式。

(1) $B(OH)_3+H_2O \longrightarrow$

(2) $BF_3+H_2O \longrightarrow$

(3) $[BF_4]^-+H_2O \longrightarrow$

(4) $B_2O_3+C+Cl_2 \longrightarrow$

(5) $SiO_2+Na_2CO_3 \longrightarrow$

(6) $PbO_2+MnSO_4+HNO_3 \longrightarrow$

(7) $K_2Cr_2O_7+H_2O_2+H_2SO_4 \longrightarrow$

(8) $Na_2O_2+CO_2 \longrightarrow$

(9) $KO_2+H_2O \longrightarrow$

6. 硼砂的水溶液是很好的缓冲溶液，说明其原因，推测它的 pH 大致是多少。

7. 用化学反应方程式表示下列物质间的转变。

$Al_2O_3 \longrightarrow Al \longrightarrow NaAlO_2 \longrightarrow Al(OH)_3 \longrightarrow NaAl(OH)_4 \longrightarrow Al(OH)_3 \longrightarrow Al_2(SO_4)_3$

8. 写出下列物质之间发生的化学反应的方程式。

(1) SnO_2 与 NaOH 共熔

(2) 氢氧化锡(Ⅱ)与氢氧化钾溶液作用

(3) $SnCl_4$ 与 NaOH 作用

(4) α-锡酸与过量的 KOH 作用

(5) PbO_2 同浓盐酸作用

9. 有一红色固体粉末 A,加入 HNO_3 后得棕色沉淀物 B,把此沉淀分离后,在溶液中加入 K_2CrO_4 溶液得黄色沉淀 C,向 B 中加入浓盐酸则有气体 D 发生,且此气体有氧化性。问 A,B,C,D 各为何物?

10. 在下列括号处填写相应的主要产物。

(1) $SnCl_2 \xrightarrow{\text{NaOH 适量}} (\qquad) \xrightarrow{\text{NaOH 适量}} (\qquad) \xrightarrow{Bi(OH)_3} (\qquad)$

(2) $Pb(NO_3)_2 \xrightarrow{H_2S} (\qquad) \xrightarrow{H_2O_2} (\qquad) \xrightarrow{NH_4Ac\ \text{饱和溶液}} (\qquad)$

11. 已知酸性溶液中:

$HNO_2+H^++e^- \rightleftharpoons NO+H_2O \quad E^\ominus=0.99\ V$

$NO_3^-+3H^++2e^- \rightleftharpoons HNO_2+H_2O \quad E^\ominus=0.94\ V$

试根据 $E^\ominus$ 判断 HNO_2(或 NO_2^- 在酸性溶液中)能否与 Fe^{2+},SO_3^{2-},I^-,MnO_4^- 等发生氧化还原反应。若能反应,写出离子反应式,并指出 HNO_2 或 NO_2^- 是氧化剂还是还原剂。

12. 试写出下列物质之间的反应方程式。

(1) 浓硝酸和锡

(2) 稀硝酸和汞

(3) 浓硝酸和银

(4) 极稀硝酸和镁

(5) 浓硝酸和硫

(6) 稀硝酸和锌

13. 某白色固体 A 溶于冷水,得无色透明液体 B。将 B 分成两份,一份加 $AgNO_3$ 溶液,生成白色沉淀 C;另一份加 1 mL 浓硝酸并加热 15 min,得无色透明液体 D。将 D 分成两份,一份加 $AgNO_3$ 溶液,生成黄色沉淀 E;另一份加钼酸氨溶液,用 HNO_3 酸化并微热,得黄色结晶状沉淀 F。问 A,B,C,D,E,F 各为何物?

14. 完成并配平下列反应方程式。

(1) $H_3PO_3+AgNO_3+H_2O \longrightarrow$　　(2) $H_2PO_2^-+Cu^{2+}+H_2O \longrightarrow$

(3) $H_3AsO_4+I^-+H^+ \longrightarrow$　　(4) $Mn^{2+}+NaBiO_3+H^+ \longrightarrow$

(5) $Bi(OH)_3+NaOH+Cl_2 \longrightarrow$　　(6) $As_2O_3+Zn+H_2SO_4 \longrightarrow$

15. 如何鉴别以下各组化合物。

(1) H_3PO_3,H_3PO_4

(2) H_3AsO_3,H_3AsO_4

(3) As^{3+},Sb^{3+},Bi^{3+}

16. 有五种固体试剂:Na_2S,Na_2S_2,Na_2SO_3,$Na_2S_2O_3$ 和 Na_2SO_4。试设计一简便方法鉴别它们。

17. 完成并配平下列反应方程式。

(1) $NaClO+HCl \longrightarrow$　　(2) $KBrO_3+H_2SO_4$(稀) $\longrightarrow$

(3) $KClO_3+FeSO_4+H_2SO_4$(稀) $\longrightarrow$

18. 写出下列物质热分解的反应方程式。

$HClO$　$HBrO_3$　$HClO_3$　$KClO_3$　$Zn(ClO_3)_2$

19. 解释以下事实,并写出有关反应方程式。

(1) B_2O_3 的熔体可溶解 CuO 并鉴定 Cu^{2+};

(2) P_2O_5 可以干燥 CO_2 和 H_2S,却不能干燥 NH_3。

第十三章

过渡元素（一）

过渡元素包括 d 区、ds 区和 f 区元素，它们位于长式周期表中第四、五、六、七周期中部，包括ⅢB～ⅦB 族、Ⅷ族、ⅠB 族及ⅡB 族，共十个纵行的元素（见表 13-1），依次称为钪分族、钛分族、钒分族、铬分族、锰分族，Ⅷ族的元素因横向性质更相似而按横向分为铁系元素（Fe，Co，Ni）和铂系元素（Ru，Rh，Pd，Os，Ir，Pt），接着是铜分族和锌分族。这些元素的性质是从高度活泼的 s 区金属元素到 p 区元素之间过渡，故通常称为过渡元素。

表 13-1　过 渡 元 素

周期	ⅢB	ⅣB	ⅤB	ⅥB	ⅦB		Ⅷ		ⅠB	ⅡB
四	Sc	Ti	V	Cr	Mn	Fe	Co	Ni	Cu	Zn
五	Y	Zr	Nb	Mo	Tc	Ru	Rh	Pd	Ag	Cd
六	La*	Hf	Ta	W	Re	Os	Ir	Pt	Au	Hg
七	Ac**	Rf	Db	Sg	Bh	Hs	Mt	Ds	Rg	Cn

* 镧系元素；* * 锕系元素。

另外，和 La 处于同一位置的镧系元素，以及和 Ac 处于同一位置的锕系元素也属于过渡元素。它们的最外层和次外层电子数基本相同，只有倒数第三层即（n-2）层中 f 亚层电子数不同，因此称它们为内过渡元素。

按过渡元素所处的周期，常将四、五、六周期的过渡元素分为三个过渡系列。第一过渡系从 Sc(21) 到 Zn(30)，第二过渡系从 Y(39) 到 Cd(48)，第三过渡系从 La(57) 到 Hg(80)。第一过渡系元素、ds 区元素及其化合物较为常见，工业上应用广泛。

13.1　过渡元素通性

过渡元素的价电子层结构特点是最外层仅有 1～2 个电子，（n-1）层多具有未充满电子的 d 轨道，因此，在性质上具有一些共同的特点。例如，它们的单质都是金属，是热和电的良导体，一般具有较小的原子半径和较大的密度。密度最大的单质是Ⅷ族的锇（22.61 $g\cdot cm^{-3}$）。过渡元素中，除 s 电子外，还有 d 电子参加金属键的形成，所以，过渡元素的单质一般具有较高的熔点和沸点及较大的硬度，其中熔点最高的是ⅥB 族的钨（3 660 K），硬度最大的是ⅥB 族的铬（莫氏硬度为 9）。过渡金属相互之间或与其他金属元素易生成合金，如铬镍钢、钒钢、锰钢等合金钢。很多过渡元素的电极电势较小，并且都存在多种氧化态，水合离子和酸根离子常呈现一定颜色。许多过渡元素及其化合物都具有未成对的 d 电子，因而具有顺磁性。Fe，Co，Ni 在固态时为铁磁性物质。

过渡元素的原子或离子具有能级相近的 $(n-1)$d，ns，np 共 9 个价电子轨道。对离子而言，其中 ns，np 轨道是空的，而 $(n-1)$d 轨道一般未填满电子，对原子核的屏蔽作用较小，因而有较大的有效核电荷数。且过渡元素的原子或离子的半径较小，极化能力较强。它们的电子构型使它们都具有接受配体孤电子对和吸引配体的能力，因此都有形成配合物的倾向，能形成多种配合物。

13.1.1 原子半径和离子半径

过渡元素的原子半径随原子序数增加而变化的情况示于图 13-1 中。由图可见，同周期过渡元素从左到右随着原子序数的增加，原子半径缓慢地减小，直到ⅠB 族前后又略为增大。这是因为同周期从左到右所增加的电子是填充在次外层的 d 轨道上，对原子核的屏蔽作用较大，致使有效核电荷增加缓慢，所以原子半径缓慢地减小。到了ⅠB 族，$(n-1)$d 轨道已全充满，对原子核的屏蔽作用较 d 轨道未充满时更大，使有效核电荷略有减小，原子核对外层电子的引力减小，所以原子半径又略为增大。

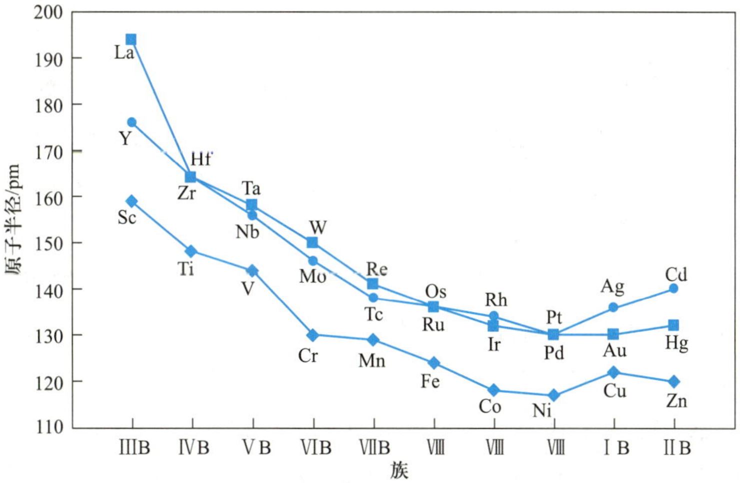

图 13-1 过渡元素的原子半径

过渡元素的各族中，从上到下原子半径一般是增大的。ⅢB 族从 Sc 到 La 原子半径增大显著，但以后各族中，由于镧系收缩，第五、六周期同族元素的原子半径十分接近，甚至有的第六周期元素的原子半径更小，如ⅣB 族的 Zr 和 Hf，ⅤB 族的 Nb 和 Ta，Ⅷ族的 Rh 和 Ir。

过渡元素离子半径的变化规律和原子半径的变化相似，即同周期中氧化态相同的离子半径从左到右随核电荷的增加而逐渐变小。同族元素的最高氧化态的离子半径从上到下随电子层数增加而增大。由于镧系收缩，第五、六周期同族元素的离子半径很相近，甚至 Hf^{4+} 的半径略小于 Zr^{4+}，Ta^{5+} 的半径略小于 Nb^{5+}（见表 13-2）。同一元素的离子半径随电荷的增加而减小，如 $r(Ti^{2+})>r(Ti^{3+})>r(Ti^{4+})$。

表 13-2 部分过渡元素的离子半径

离子	Sc^{3+}	Ti^{3+}	V^{5+}	Cr^{6+}	Mn^{7+}
半径/pm	73.2	68	59	52	46
离子	Y^{3+}	Zr^{4+}	Nb^{5+}	Mo^{6+}	Tc^{7+}
半径/pm	89.3	79	69	62	—
离子	La^{3+}	Hf^{4+}	Ta^{5+}	W^{6+}	Re^{7+}
半径/pm	101.6	78	68	62	56

第五、六周期同族元素的最高氧化态离子半径相近，造成了各相应元素同类化合物的显著类似性，如 Zr 和 Hf，Nb 和 Ta 等的各类化合物的性质极其相似，而且这些成对元素在天然矿物中共生，它们的分离问题是近代化学中的重要研究课题。

13.1.2 氧化态

过渡元素的价电子构型决定了它们几乎都有多种氧化态。由于处于最外层的 s 电子比次外层的 d 电子容易受外界的影响，因此在化合时总是首先失去外层的 s 电子，然后是填充到次外层 d 轨道上的电子全部或部分依次参与成键。因此，过渡元素几乎都有可变的氧化态，而且大多是连续变化的，一般由+2 依次变到和元素所在族数相同的最高氧化态。到了Ⅷ族，未成对的 d 电子数逐渐减少，同时由于核电荷的增加和原子半径的减小，电离能逐渐增大，d 电子参与成键的倾向减小，最高氧化态又逐渐降低，见表 13-3。这种氧化态表现以第一过渡系最为典型，第四周期过渡元素最高氧化态，从左到右先是逐渐升高，当超过 $3d^5$ 结构后，最高氧化态又逐渐降低。例如，Mn 的最高氧化态可达+7，而 Fe 的最高氧化态降为+6，Co，Ni 的最高氧化态则依次为+5，+4。

如表 13-3 所示，同族元素从上到下高氧化态趋于比较稳定，即第一过渡系元素一般易表现低氧化态，第二、三过渡系趋向形成高氧化态。这是因为 4d，5d 系列过渡元素的 d 电子云分散，受有效核电荷的作用较小，d 电子更易失去，所以易电离为高氧化态。这与元素周期表中 p 区的ⅢA 族，ⅣA 族，ⅤA 族刚好相反。因为主族元素价电子层的 *n*s 电子从上到下不易参加成键的趋势增强，所以表现为从上到下低氧化态趋于稳定。

表 13-3　过渡元素的价电子构型及常见氧化态

元素	Sc	Ti	V	Cr	Mn	Fe	Co	Ni	Cu	Zn
价电子构型	$3d^14s^2$	$3d^24s^2$	$3d^34s^2$	$3d^54s^1$	$3d^54s^2$	$3d^64s^2$	$3d^74s^2$	$3d^84s^2$	$3d^{10}4s^1$	$3d^{10}4s^2$
氧化态	(+2) $\underline{+3}$	+2 +3 $\underline{+4}$	+2 +3 +4 $\underline{+5}$	(+1) +2 $\underline{+3}$ (+4) +5 $\underline{+6}$	$\underline{+2}$ +3 $\underline{+4}$ (+5) +6 $\underline{+7}$	+2 $\underline{+3}$ (+4) (+5) (+6)	$\underline{+2}$ +3 (+4) (+5)	$\underline{+2}$ +3 (+4)	$\underline{+1}$ $\underline{+2}$ (+3)	+2
元素	Y	Zr	Nb	Mo	Tc	Ru	Rh	Pd	Ag	Cd
价电子构型	$4d^15s^2$	$4d^25s^2$	$4d^45s^1$	$4d^55s^1$	$4d^55s^2$	$4d^75s^1$	$4d^85s^1$	$4d^{10}5s^0$	$4d^{10}5s^1$	$4d^{10}5s^2$
氧化态	$\underline{+3}$	$\underline{+4}$	$\underline{+5}$	+4 +5 $\underline{+6}$	+4 $\underline{+7}$	+3 $\underline{+4}$ +6	$\underline{+3}$ +5	$\underline{+2}$ +4	$\underline{+1}$ +2	$\underline{+2}$
元素	La	Hf	Ta	W	Re	Os	Ir	Pt	Au	Hg
价电子构型	$5d^16s^2$	$5d^26s^2$	$5d^36s^2$	$5d^46s^2$	$5d^56s^2$	$5d^66s^2$	$5d^76s^2$	$5d^96s^1$	$5d^{10}6s^1$	$5d^{10}6s^2$
氧化态	$\underline{+3}$	$\underline{+4}$	$\underline{+5}$	+4 +5 $\underline{+6}$	+4 +5 +6 $\underline{+7}$	+4 +6 $\underline{+8}$	$\underline{+3}$ $\underline{+4}$	+2 $\underline{+4}$	$\underline{+1}$ $\underline{+3}$	$\underline{+1}$ $\underline{+2}$

注：有__的表示稳定的氧化态；有(　)的表示不稳定的氧化态。

铼的高氧化态

13.1.3 金属的化学活泼性

金属的化学活泼性与金属原子失电子的倾向有关。在水溶液中，金属的化学活泼性可由其在酸性溶液中的 $E^\ominus$ 和吉布斯函变-氧化态图来判断。第一过渡系金属在酸性溶液中的 $E^\ominus$ 列于表 13-4 中，吉布斯函变-氧化态图见图 13-2。

表 13-4 第一过渡系金属在酸性溶液中的标准电极电势

元素	Sc	Ti	V	Cr	Mn	Fe	Co	Ni	Cu	Zn
$E^{\ominus}_{M^{2+}/M}$/V		-1.63	-1.13	-0.90	-1.18	-0.44	-0.277	-0.257	+0.34	-0.763
$E^{\ominus}_{M^{3+}/M}$/V	-2.03	-1.21		-0.74						

由图 13-2 可见，第一过渡系金属，除 Cu 外，金属形成 M^{2+} 或 M^{3+} 的 $\Delta_r G_m^{\ominus}$ 都小于零（Co^{3+} 例外），都有形成+2，+3 氧化态的倾向，各元素最稳定的氧化态为+2 或+3（图中各曲线的最低点）。从表 13-4 所列数据看，第一过渡系金属，除 Cu 外，标准电极电势 $E^{\ominus}_{M^{2+}/M}$ 或 $E^{\ominus}_{M^{3+}/M}$ 均为负值，一般都能从非氧化性酸中置换出氢，这显示它们有较强的金属活泼性。同一周期从左到右，元素的 $\Delta_r G_m^{\ominus}$ 和 $E^{\ominus}$ 基本上是逐渐增大的，其金属活泼性逐渐减弱。Mn^{2+} 的 $\Delta_r G_m^{\ominus}$ 和 $E^{\ominus}$ 比 Cr^{2+} 低，这与 Mn 失去两个 4s 电子以后形成稳定的 $3d^5$ 构型有关。$E^{\ominus}_{Cu^{2+}/Cu}$ 为正值是因为在第一过渡系金属中，Cu（$3d^{10}4s^1$）的第二电离能是最大的，要使 $3d^{10}$ 构型成为 $3d^9$，需要较高能量，虽然 Cu^{2+} 的半径小，水合能较大但不能完全抵消第二电离能的影响，所以总能量较高，故相应的 $\Delta_r G_m^{\ominus}$ 和 $E^{\ominus}$ 的值也变大。

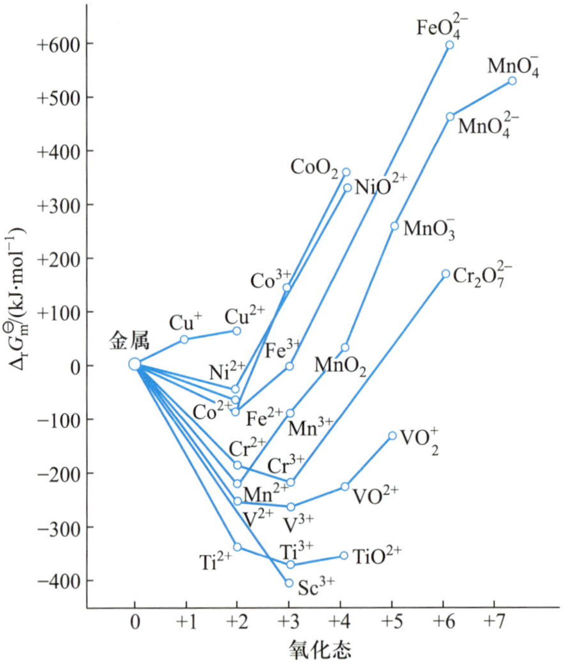

图 13-2 第一过渡系金属在酸性溶液中的标准吉布斯函变-氧化态图

同族过渡元素除ⅢB 族外，其他各族从上到下，特别是第五、六周期元素，原子半径增加不大，而核电荷却增加较多，对外层电子的吸引力增强，电离能增大，电子不易失去，金属的活泼性减弱。例如，ⅥB 族的铬、钼、钨和Ⅷ族的镍、钯、铂，从上到下金属的活泼性减弱。

13.1.4 氧化物及其水合物的酸碱性

过渡元素的氧化物及其水合物酸碱性递变规律和主族元素相似。

(1) 同周期过渡元素最高氧化态氧化物及其水合物，从左至右酸性增强，碱性减弱。例如，d 区过渡元素的氧化物及其水合物的酸碱性递变规律：

碱性增强 ←

Sc_2O_3 TiO_2 V_2O_5 CrO_3 Mn_2O_7

→ 酸性增强

	ⅢB	ⅣB	ⅤB	ⅥB	ⅦB
碱性增强 ↓	$Sc(OH)_3$	H_4TiO_4, H_2TiO_3	HVO_3	H_2CrO_4	$HMnO_4$
	弱碱	两性	弱酸	强酸	强酸
	$Y(OH)_3$	$Zr(OH)_4$	$Nb(OH)_5$	H_2MoO_4	$HTcO_4$
	中强碱	两性偏碱	两性	弱酸	酸性
	$La(OH)_3$	$Hf(OH)_4$	$Ta(OH)_5$	H_2WO_4	$HReO_4$
	强碱	两性偏碱	两性	弱酸	弱酸

酸性增强（自下而上，↑）

→ 酸性增强（自左至右）

(2) 同族过渡元素相同氧化态的氧化物水合物从上至下的酸性减弱，碱性增强，如上所示。

(3) 中心原子相同而氧化态不同的氧化物及其水合物，一般氧化态较高者的酸性较强或碱性较弱。例如，铬的不同氧化态氧化物及其水合物的酸碱性：

CrO	Cr_2O_3	CrO_3
$Cr(OH)_2$	$Cr(OH)_3$ 或 $HCrO_2$	H_2CrO_4, $H_2Cr_2O_7$
碱性	两性	酸性

又如，锰的氧化物及其水合物的性质见表 13-5。

表 13-5 锰的氧化物及其水合物的性质

氧化态	+2	+3	+4	+6	+7
半径/pm	80	66	54	—	46
氧化物	MnO 氧化锰 （绿色粉末）	Mn_2O_3 三氧化二锰 （黑色粉末）	MnO_2 二氧化锰 （黑色粉末）	—	Mn_2O_7 高锰酸酐 （黑绿油状液体）

续表

水合物及其性质	$Mn(OH)_2$ 氢氧化锰(Ⅱ) 碱性	$Mn(OH)_3$ 氢氧化锰(Ⅲ) 弱碱	$MnO(OH)_2$ 氢氧化锰(Ⅳ) 两性	H_2MnO_4 锰酸 弱酸	$HMnO_4$ 高锰酸 强酸
氧化物及其水合物性质递变	酸性增强,氧化性增强 → ← 碱性增强,还原性增强				

13.1.5 离子的颜色

过渡元素的水合离子和其他配离子常呈现出颜色,它们的颜色与 d,f 电子的数目有关。表 13-6 列出了部分过渡元素低氧化态水合离子的颜色及与 d,f 电子数的关系。

表 13-6 部分过渡元素低氧化态水合离子的颜色及与 d,f 电子数的关系

d 电子数	0	1	2	3	4	5	6	7	8	9	10
水合离子	Sc^{3+}	Ti^{3+}	Ti^{2+}	V^{2+}	Cr^{2+}	Mn^{2+}	Fe^{2+}	Co^{2+}	Ni^{2+}	Cu^{2+}	Zn^{2+}
颜色	无色	紫	褐	紫	天蓝	浅红	浅绿	粉红	绿	浅蓝	无色
水合离子			V^{3+}	Cr^{3+}	Mn^{3+}	Fe^{3+}	Co^{3+}	Ni^{3+}			Ag^{+}
颜色			绿	蓝紫	红	浅紫	绿	粉红			无色

不成对 f 电子数	0	1	2	3	4	5	6	7
水合离子	$La^{3+}(4f^0)$	$Ce^{3+}(4f^1)$	$Pr^{3+}(4f^2)$	$Nd^{3+}(4f^3)$	$Pm^{3+}(4f^4)$	$Sm^{3+}(4f^5)$	$Eu^{3+}(4f^6)$	$Gd^{3+}(4f^7)$
颜色	无色	无色	黄绿	红紫	粉红	浅黄	粉红	无色
水合离子	$Lu^{3+}(4f^{14})$	$Yb^{3+}(4f^{13})$	$Tm^{3+}(4f^{12})$	$Er^{3+}(4f^{11})$	$Ho^{3+}(4f^{10})$	$Dy^{3+}(4f^9)$	$Tb^{3+}(4f^8)$	
颜色	无色	无色	浅绿	桃红	浅黄	浅黄	粉红	

水合离子的颜色

由表 13-6 可以发现,d,f 轨道上全空、全满、半充满(或接近这类结构)时,如 d^0,d^{10},f^0 或 f^{14},f^1 或 f^{13},f^7 等构型的中心离子 Sc^{3+},Zn^{2+},Ag^+,La^{3+},Lu^{3+},Ce^{3+},Yb^{3+},Gd^{3+} 等形成的水合离子均为无色。

具有 d^0,d^{10} 构型的水合离子,在可见光照射下不发生 d-d 跃迁,所以无色。而 d^5 结构的水合离子 d-d 跃迁是自旋禁阻的(即跃迁要改变电子的自旋态,跃迁概率低),故颜色较浅。

由表 13-6 还可见到,镧系元素水合离子的不成对 f 电子数如果相等,则它们的颜色相同或相近。例如,Pr^{3+} 和 Tm^{3+} 的水合物,前者为黄绿色,后者为浅绿色;Sm^{3+} 和 Dy^{3+} 的水合物均为浅黄色。

过渡元素的某些含氧酸也具有颜色,如 CrO_4^{2-} 为黄色,MnO_4^- 为紫红色等。这些离子和化合物的颜色不是由 d-d 跃迁引起的,而是由"电荷迁移"引起的,电荷

迁移对光有很强的吸收。CrO_4^{2-} 和 MnO_4^- 中的 Cr^{6+} 和 Mn^{7+} 都具有 d^0 电子构型，应该是没有颜色的，但是这类离子的电荷高、半径小，对 O^{2-} 的极化作用较强，致使能够吸收可见光使电子从氧向金属迁移，故这些含氧酸根离子呈现不同的颜色。

13.2 钛

钛是ⅣB 族的第一个元素。它在地壳中的丰度约为 0.61%，比镍、铜、锌、锡、铅等一般有色金属的总含量还多十几倍。钛的主要矿物有钛铁矿（$FeTiO_3$）、金红石（TiO_2）及组成复杂的钒钛铁矿。我国钛铁矿储量排名全球第一，主要以钒钛磁铁矿为主。

13.2.1 单质的性质及制备

钛铁矿和
金红石

钛是银白色（粉末为深灰色）金属，外观似钢。它熔点高（1 941 K）、强度大、密度小，钛的密度为 4.5 g·cm^{-3}，约为钢的一半，是轻金属，在所有金属材料中，若强度相等则钛制品质量最轻。

钛是非常活泼的金属，还原性很强。但常温下块状钛的化学活性很低，对空气和水都十分稳定，具有很好的抗腐蚀性，因为它的表面容易形成致密的、有附着力的、能自行修补裂缝的氧化物薄膜，可防止钛进一步被氧化。但在加热时，它能与空气中的氧、氮反应，生成二氧化钛和氮化钛：

$$Ti+O_2(\text{空气}) \xrightarrow{1\ 473\ K} TiO_2$$

$$2Ti+N_2(\text{空气}) \xrightarrow{1\ 473\ K} 2TiN$$

而海绵钛和粉末钛的活性表面较大，在空气中常温下摩擦或撞击即可燃烧。

常温下，钛与卤素（氟除外）不反应，加热时，钛与卤素反应生成四卤化钛。例如：

$$Ti+2F_2 \xrightarrow{423\ K} TiF_4$$

$$Ti+2Cl_2 \xrightarrow{>623\ K} TiCl_4$$

在高温下，钛还能与硼、碳、硅、硫等生成稳定且硬而难熔的间充型化合物。例如：

$$Ti+C \xrightarrow{2\ 073\sim2\ 273\ K} TiC$$

TiC 硬度很大，熔点为 3 423 K，可用于生产硬质合金。

在室温时钛与稀盐酸、稀硫酸和硝酸都不作用，但能缓慢地溶解在浓盐酸或热的稀盐酸中，生成 $TiCl_3$：

$$2Ti+6HCl \longrightarrow 2TiCl_3+3H_2\uparrow$$

热的浓硝酸与钛作用也很缓慢，最终生成不溶性的二氧化钛的水合物 $TiO_2 \cdot nH_2O$。钛易溶于氢氟酸或氢氟酸和盐酸的混合酸中，这时除酸与金属的作用外，还生成配合物，促进了钛的溶解。例如：

$$Ti+6HF \longrightarrow [TiF_6]^{2-}+2H^++2H_2\uparrow$$

工业上用钛铁矿或金红石同氯气和碳在 1 073～1 173 K 的沸腾氯化炉内反应生成四氯化钛。主要反应为

$$2FeTiO_3+7Cl_2+6C \longrightarrow 2TiCl_4+2FeCl_3+6CO$$

$$2FeTiO_3+7Cl_2+3C \longrightarrow 2TiCl_4+2FeCl_3+3CO_2$$

或

$$TiO_2+2Cl_2+2C \longrightarrow TiCl_4+2CO$$

$$TiO_2+2Cl_2+C \longrightarrow TiCl_4+CO_2$$

含有多种杂质的四氯化钛经过精馏和化学处理纯化后，在氩气保护下用熔融镁或钠还原得到粗制海绵钛。主要反应为

$$TiCl_4+2Mg \xrightarrow{1\ 073\sim1\ 237\ K} Ti+2MgCl_2$$

或

$$TiCl_4+4Na \xrightarrow{973\sim1\ 073\ K} Ti+4NaCl$$

通过真空蒸馏或用盐酸浸取处理将氯化镁或氯化钠及剩余的镁或钠除去，便得到多孔性海绵钛产品。海绵钛在氩气保护下或在真空中熔化可铸成钛锭，也可熔炼加工成工业纯钛和钛合金。

13.2.2 钛的重要化合物

钛原子的价电子构型为 $3d^24s^2$。由于在 d 轨道全空的情况下，原子的结构是比较稳定的，因此在形成化合物时主要显+4 氧化态，但有时也形成+3，+2，0，-1 甚至-2 氧化态。由于 Ti(Ⅳ)极化力强，所以 Ti(Ⅳ)化合物主要以共价键相结合，在水溶液中常以 TiO^{2+} 形式存在。Ti(Ⅳ)形成配离子的倾向大，如 $[TiF_6]^{2-}$，$[TiCl_6]^{2-}$，$[Ti(SO_4)_3]^{2-}$ 等。+4 氧化态的化合物应用较广。+2 氧化态的化合物不稳定，并且没有实用价值。钛的元素电势图见图 13-3。

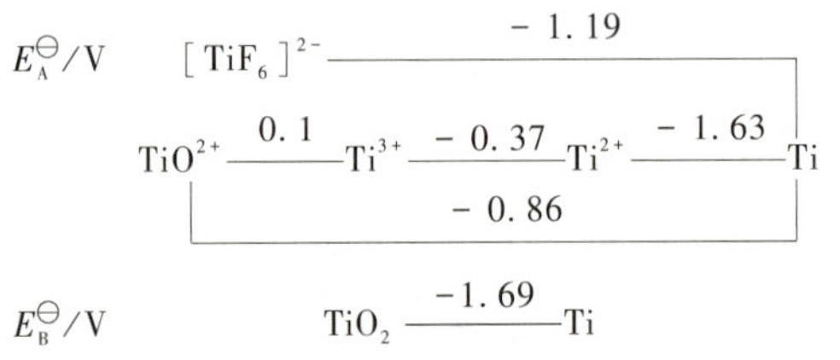

图 13-3 钛的元素电势图

1. 氧化态为+4 的钛化合物

（1）二氧化钛　二氧化钛在自然界中有三种晶型，分别以三种矿物形式存在：金红石、锐钛矿、板钛矿。金红石是最常见的晶型，其他晶型受热也转变成金红石，它往往由于含有少量铁、铌、铬、钒等而呈红色或黄色晶体。用硫酸法制得的纯二氧化钛呈白色粉末状，俗称钛白，是很好的白色颜料，因为它兼有锌白（ZnO）的持久性和铅白（$[Pb(OH)]_2CO_3$）的遮盖性，并且无毒。此外二氧化钛在造纸工业中用作增白剂，人造纤维中用作消光剂，还用于制造油漆涂料及橡胶和塑料的填充剂。它是重要的化工原料，也是制备金属钛的一种中间体。

制取钛白的方法主要有两种，一种是用干燥的氧气对四氯化钛进行气相氧化：

$$TiCl_4+O_2 \xrightarrow{923\sim1\,023\ K} TiO_2+2Cl_2$$

另一种方法是硫酸法，即用浓硫酸（浓度 80%以上）分解钛铁矿制取硫酸钛酰，溶液需净化除铁，一般冷却到 288 K 使 $FeSO_4$ 的溶解度降低，大部分以 $FeSO_4\cdot7H_2O$ 结晶析出。余下的溶液经蒸发浓缩后，促使由硫酸钛酰水解出偏钛酸，偏钛酸煅烧制得 TiO_2 白色粉末。主要反应如下：

酸分解　$FeTiO_3+2H_2SO_4 \xrightarrow{343\sim353\ K} TiOSO_4+FeSO_4+2H_2O$

水解沉淀　$TiOSO_4+2H_2O \longrightarrow H_2TiO_3\downarrow+H_2SO_4$

煅烧　$H_2TiO_3 \xrightarrow{1\,173\sim1\,223\ K} TiO_2+H_2O$

二氧化钛的稳定性

TiO_2 为两性氧化物，但酸碱性都很弱，碱性相对较强一些。它不溶于水，也不溶于稀酸，能溶于热的浓硫酸及浓盐酸，表现出 TiO_2 的弱碱性：

$$TiO_2+H_2SO_4(浓) \xrightarrow{\triangle} TiOSO_4+H_2O$$

$$TiO_2+2HCl(浓) \xrightarrow{\triangle} TiOCl_2+H_2O$$

从浓酸溶液中不能析出 $Ti(SO_4)_2$ 和 $TiCl_4$，而是生成钛酰盐。钛酰盐中最重要的是硫酸钛酰 $TiOSO_4$（或称硫酸氧钛），它是白色粉末。在水溶液中不存在 Ti^{4+} 的水合离子，因为它的电荷半径比（即 z/r）大，极易与水作用。Ti（Ⅳ）盐溶于水发生水解，生成碱式盐或钛酸，在强酸介质中，则以钛酰离子（或称钛氧基）TiO^{2+} 存在。

TiO_2 与强碱一起熔融可得到偏钛酸盐，如 Na_2TiO_3 等，表现出 TiO_2 的弱酸性：

$$TiO_2+2NaOH \xrightarrow{共熔} Na_2TiO_3+H_2O$$

（2）偏钛酸及其盐　偏钛酸是白色固体，不溶于水，具有两性。

偏钛酸盐大多难溶于水，如 $FeTiO_3$ 和 $CaTiO_3$，它们是提取钛的重要矿物。而可溶的偏钛酸盐如 Na_2TiO_3 易水解，水解产物中有偏钛酸沉淀：

$$Na_2TiO_3+2H_2O \longrightarrow H_2TiO_3\downarrow+2NaOH$$

若将 TiO_2 溶于浓 H_2SO_4 并蒸至将干，把得到的 $TiOSO_4$ 溶于冷水中，在加热煮沸的情况下，虽然溶液是弱酸性也能发生水解，得到偏钛酸 H_2TiO_3（或 $TiO(OH)_2$）沉淀。

钛酸与强碱作用得到碱金属的偏钛酸盐 M_2TiO_3 的水合物。无水偏钛酸盐可由 TiO_2 与碳酸盐熔融而制得，如 TiO_2 与 $BaCO_3$ 一起熔融（加入 $BaCl_2$ 或 Na_2CO_3 作助熔剂）便得到偏钛酸钡：

$$TiO_2+BaCO_3 \longrightarrow BaTiO_3+CO_2\uparrow$$

人工制得的 $BaTiO_3$ 有特殊的"压电性能"，它具有高的介电常数，用于制造电容器。

(3) 四氯化钛 $TiCl_4$ 常温下为无色液体，熔点 250 K，沸点 409 K，它在水中或潮湿空气中都极易水解，因此将 $TiCl_4$ 暴露在空气中会发烟，部分水解生成氯化钛酰，完全水解时生成偏钛酸。反应如下：

$$TiCl_4+H_2O \longrightarrow TiOCl_2+2HCl$$

$$TiCl_4+3H_2O \longrightarrow H_2TiO_3\downarrow+4HCl$$

$TiCl_4$ 可作为原料制备金属钛及一系列钛的化合物。例如，利用氮等离子体技术，可由 $TiCl_4$ 获得 TiN 的仿金镀层：

$$2TiCl_4+N_2 \xrightarrow{\text{等离子体技术}} 2TiN+4Cl_2$$

干燥的 $TiCl_4$ 在加热的情况下可被 H_2 还原为紫色粉末状 $TiCl_3$：

$$2TiCl_4+H_2 \xrightarrow{773\sim973\ K} 2TiCl_3+2HCl$$

$TiCl_4$ 和 $TiCl_3$ 在聚乙烯和聚丙烯的合成中作催化剂。

$TiCl_4$ 在醇的溶剂分解作用下生成二醇盐：

$$TiCl_4+2ROH \longrightarrow TiCl_2(OR)_2+2HCl$$

若加入干燥的氨气除掉 HCl，就能生成四醇盐：

$$TiCl_4+4ROH+4NH_3 \longrightarrow Ti(OR)_4+4NH_4Cl$$

钛的醇盐是液体或易升华的固体，可将其涂在各种材料的表面，暴露在大气中时能产生一层薄而透明的 TiO_2 附着层，这种性能使它们可用于做防水织物和隔热涂料。

(4) 配合物 Ti(Ⅳ)为 d^0 结构，结合孤电子对的能力很强，形成的配合物总是反磁性的。钛(Ⅳ)配合物最常见的配位数是 6，空间构型为八面体形。已经制得的钛(Ⅳ)配合物有许多种，如 $[TiF_6]^{2-}$，$[TiCl_6]^{2-}$，$[TiBr_2Cl_4]^{2-}$，$[TiBr_4Cl_2]^{2-}$，$[TiO(H_2O_2)]^{2+}$，$[Ti(O_2)(SO_4)_2]^{2-}$ 等。钛(Ⅳ)盐溶液与 H_2O_2 在酸性溶液中生成比较稳定的橘黄色 $[TiO(H_2O_2)]^{2+}$，其反应方程式为

$$TiO^{2+}+H_2O_2 \longrightarrow [TiO(H_2O_2)]^{2+}$$

利用这一特征反应可以进行钛的比色分析。在此配合物中加入氨水，则生成黄色过氧钛酸沉淀：

$$[TiO(H_2O_2)]^{2+}+2NH_3\cdot H_2O \longrightarrow H_2Ti(O_2)O_2\downarrow+2NH_4^++H_2O$$

这是检验钛的灵敏方法。

TiF_4 和 $TiCl_4$ 还能与以氧、氮为配位原子的中性有机配体如酮、醇、胺、四氢呋喃（C_4H_8O）、乙腈（CH_3CN）、邻苯二甲胺、2,2′-联吡啶等形成 1∶1,1∶2 或 2∶1 的混配型配合物。例如，TiF_4 和 $TiCl_4$ 与 2,2′-联吡啶二齿配体形成 1∶1 混配型配合物[$TiF_4\cdot C_{10}H_8N$]和[$TiCl_4\cdot C_{10}H_8N$]。

$TiCl_4$ 和 $TiBr_4$ 也容易与以硫、磷、砷为配位原子的配体形成稳定的混配型配合物，如[$TiCl_4\cdot 2S(CH_3)_2$]，[$TiCl_4\cdot 2P(C_6H_5)_3$]等。

刚沉淀下来的钛酸能溶于许多有机酸如草酸、酒石酸等，这也是由于形成了相应的配合物：

$$H_4TiO_4+2H_2C_2O_4 \longrightarrow H_2[TiO(C_2O_4)_2]+3H_2O$$

2. 氧化态为+3 的钛化合物

低氧化态的钛化合物中，最常见的是 $TiCl_3$ 和 $Ti_2(SO_4)_3$。由于 Ti^{3+} 具有 d^1 构型，能够发生 d-d 跃迁，因此 Ti(Ⅲ)化合物一般都显紫色并呈顺磁性。

用 Zn 处理 Ti(Ⅳ)盐的盐酸溶液或将钛溶于热的浓盐酸中，从得到的 $TiCl_3$ 水溶液中可以析出六水合三氯化钛（$TiCl_3\cdot 6H_2O$）的紫色晶体，其化学式为[$Ti(H_2O)_6$]Cl_3。

如果在 $TiCl_3$ 浓溶液中加入乙醚，并通入 HCl 至饱和，可以由绿色的乙醚溶液中得到绿色的六水合三氯化钛晶体。紫色的和绿色的 $TiCl_3\cdot 6H_2O$ 是异构体，绿色的组成为[$TiCl(H_2O)_5$]$Cl_2\cdot H_2O$。这两种异构体中 Ti(Ⅲ)周围的不同配体引起了不同程度的 d 轨道能级晶体场分裂，因而两种情况中 d 电子的跃迁能量不同，吸收光谱不同，显色亦不同。

紫色粉末状 $TiCl_3$ 在高于 723 K 时，在真空中歧化：

$$2TiCl_3(s) \xrightarrow{723\ K} TiCl_4(g)+TiCl_2(s)$$

用 Zn 还原钛酰离子，也可以制得 Ti^{3+}：

$$2TiO^{2+}+Zn+4H^+ \longrightarrow 2Ti^{3+}+Zn^{2+}+2H_2O$$

Ti^{3+} 是一种强还原剂，还原性比 Sn^{2+} 还强，可以从其电极电势看出：

$$TiO^{2+}+2H^++e^- \rightleftharpoons Ti^{3+}+H_2O \qquad E_A^{\ominus}=0.1\ V$$

因此，Cu^{2+}，Fe^{3+} 等能与 Ti^{3+} 发生反应，使紫色消失：

$$Ti^{3+}+Cu^{2+}+Cl^-+H_2O \longrightarrow CuCl\downarrow+TiO^{2+}+2H^+$$

若 Cl^- 过量较多，反应为

$$Ti^{3+}+Cu^{2+}+2Cl^{-}+H_2O \longrightarrow [CuCl_2]^{-}+TiO^{2+}+2H^{+}$$

Ti^{3+}容易被空气中的氧所氧化：

$$2Ti^{3+}+H_2O+\frac{1}{2}O_2 \longrightarrow 2TiO^{2+}+2H^{+}$$

利用Ti^{3+}的还原性，可以用滴定法测定溶液中钛的含量。例如，在 Ti(Ⅳ)的硫酸溶液中，在隔绝空气的情况下，加铝片使溶液中的 Ti(Ⅳ)还原为Ti^{3+}，然后用标准Fe^{3+}溶液为氧化剂滴定Ti^{3+}，以 KSCN 为指示剂，当加入稍过量的Fe^{3+}时，即生成血红色的$[Fe(NCS)_x]^{3-x}$，表示反应已达到终点。

13.2.3 钛合金

钛能与许多金属形成合金。钛合金种类很多，若按性能和用途可分为高温钛合金、低温钛合金、高强度钛合金、耐蚀钛合金、超导功能钛合金、记忆功能钛合金、储氢钛合金等。钛及钛合金的熔点高、强度大、密度小、比强度（强度/密度）高。钛合金的比强度比铝合金强 2～3 倍，比镁合金约强 5 倍，比许多合金钢强。例如，Ti-Al-V 合金的比强度为 21.7，而 Cr-Mn-Si 钢的比强度只有 14.1～14.7。有些钛合金耐高温，其表面温度升高至 673 K 左右时，对其强度和原有的机械性能也几乎无影响，而在相同情况下其他合金钢的强度则大大降低，原有的机械性能也受到很大影响。钛及钛合金在国防、航空、航天工业中占有重要地位，可用于制造飞机发动机和机架、火箭、导弹、人造卫星、坦克、军舰等。有些钛合金还耐低温，可在液氢、液氦、液氮温度下使用。在超低温下，合金钢变得很脆，而钛合金却仍能保持良好的可塑性和耐压、抗冲击、抗震等性能。耐低温钛合金可作液氢、液氦和液氮的储运器具材料。

钛及钛合金的表面容易形成致密的氧化膜，使得抗腐蚀性能很强，特别是对潮湿的氯气和海水有良好的抗蚀性。我国科学家从钛材料在海水中的耐蚀性研究中发现，钛合金在温度高达 393 K 的海水环境中都不会出现孔蚀和缝隙腐蚀，即使在流速为 13 $m\cdot s^{-1}$的海水作用下也无明显的腐蚀痕迹。Ti-Ni-Mo 合金能很好地抵抗缝隙腐蚀，Ti-Pd 合金最能耐盐酸和硫酸的腐蚀。在常温下钛及钛合金不与碳氢化合物反应，对许多有机酸也有良好的抗蚀性。在化工工业、石油工业和冶炼工业上，钛及钛合金可用于制造同各种强腐蚀介质接触的反应器、换热器、过滤器、浓缩机、通风机、管道、阀门及耐腐泵等。实践证明，钛及钛合金设备的耐蚀性大大强于铸铁和不锈钢。例如，碳酸氢铵生产中使用钛泵的寿命是不锈钢泵的 5 倍，是铸铁泵的 12 倍。再如，聚氯乙烯生产中用 Ti-Pd 合金作热聚合塔、废水处理塔塔板支承架等，使用 10 年之久未发现任何腐蚀。氯碱生产中使用钛阳极电解槽，钛阳极的寿命可达 7 年以上，同时可节电 10%～15%，产量增加一倍。

钛在 0.4 K 下呈超导状态。Nb-Ti 合金是新型的超导材料，4.2 K 以下电流密度为 $4\times10^4\sim8\times10^4 A\cdot cm^{-2}$，最高使用温度为 10 K。超导性能较好的钛合金还有 Nb-Ti-Zr 系合金和 Ti-Nb-Ta 系合金等。

Ti-Ni 合金是最早研究成功的形状记忆合金。在形状记忆合金中，金属原子按一定的方式排列起来，这些金属原子受到一定的外力时，可以离开自己原来的位置而到另一个位置去，把这种合金做成金属丝或所需要的形状，在低温下将金属揉成团或改变其形状，然后只要加热到某一定温度，由于获得了一定的能量，这些金属中的原子又会回到原来的位置，恢复原来的形状，其形状恢复温度为 223～353 K。目前形状记忆功能合金主要是镍钛基、铜基和铁基三类，相比之下，Ti-Ni 合金尽管价格高，但它记忆功能好，可靠性强，所以目前工业中应用的主要是 Ti-Ni 合金，它广泛应用于航天、电子、机械、生物工程、医疗卫生、自动控制及机器人制造等领域。

有些钛合金具有良好的储氢性能，它们很容易吸氢形成氢化物，在一定条件下又容易分解放出氢。目前研制出的钛系储氢合金主要有 Ti-Fe 系和 Ti-Mn 系两类。Ti-Fe 系合金储氢量大，价格便宜，缺点是抵抗杂质能力差，容易中毒，可以用 V，Cr，Mn，Co 等代替部分 Fe 组成多元合金改善性能。Ti-Mn 系合金中，以 $TiMn_{1.5}$ 的储氢性能最好，反应速率快，反复吸氢、放氢的能力强，而且价格便宜。储氢合金除了用于氢的储存和运输，在氢的回收、分离和净化等方面也有实用意义。

由于钛储量丰富，有许多与众不同的优良特性及广泛的用途，钛被誉为“现代金属”“崛起的第三金属”“未来的金属”等。随着高科技的发展和对钛研究的深入，必将研究开发出更多更新的用途，使钛更加广泛地造福于人类。

13.3 钒

钒钛磁铁矿

钒是 VB 族的第一个元素。它在地壳中的丰度为 0.014%，其分布稀少而广泛，很少见到钒的富矿。重要的钒矿有钒铅矿 $Pb_5(VO_4)_3Cl$，钒酸钾铀矿 $K_2(UO_2)_2(VO_4)_2\cdot3H_2O$ 和钒钛磁铁矿。

13.3.1 单质的性质和用途

钒是银灰色金属，很纯时较软而且具有延展性，但当含有杂质时经常会变硬、变脆。由于钒的金属键比钛强，因此它的熔点（2 190 K）比钛高。金属钒容易呈钝态，因此在常温下活泼性较低，在潮湿的空气中仍保持金属光泽。常温下钒不与碱及非氧化性的酸作用，但能溶于氢氟酸和氧化性酸，如浓硫酸、硝酸和王水。在熔融的强碱中，有氧存在时钒也能逐渐溶解形成钒酸盐。在高温下，钒能与大多数非金属反应，如与氧、氟可直接生成 V_2O_5，VF_5；与氯仅能生成 VCl_4；与溴、碘则生成 VBr_3，VI_3；与碳、氮、硅生成硬度和熔点都很高的间充型化合物。

钒的主要用途在于冶炼特种钢。钒可以和钢中的碳结合成 V_4C_3，它在钢中呈小颗粒分散，从而使钒钢具有强度大、弹性好、耐磨损、抗冲击等优点，故广泛用于制造弹簧和高速刀具，也是汽车和飞机制造业中特别重要的材料。

13.3.2 钒的重要化合物

钒原子的价电子构型为 $3d^34s^2$，5 个价电子均可参与成键，能形成氧化态为+5，+4，+3，+2 的化合物，个别配合物中还有+1，0，-1 等低氧化态存在。+5 是钒最稳定的氧化态。

+5 氧化态的钒在水溶液中以钒氧基（VO_2^+，VO^{3+}）和含氧酸根（VO_3^-，VO_4^{3-}）等形式存在。而钒酸根离子在不同酸度下还生成不同聚合状态的多钒酸根离子，并且因电荷迁移而显示颜色。低氧化态的化合物 $VOSO_4$，$V_2(SO_4)_3$，VSO_4，除 VO^{2+} 在溶液中稳定外，V^{3+}，V^{2+} 均为较强的还原剂。钒的元素电势图见图 13-4。

$$E_A^\ominus/V \quad VO_2^+ \xrightarrow{+1.000} VO^{2+} \xrightarrow{+0.337} V^{3+} \xrightarrow{-0.255} V^{2+} \xrightarrow{-1.13} V$$

$$E_B^\ominus/V \quad HV_6O_{17}^{3-} \xrightarrow{-1.15} V$$

图 13-4 钒的元素电势图

1. 氧化态为+5 的钒化合物

钒（Ⅴ）最重要的化合物是 V_2O_5 和钒酸盐。

（1）五氧化二钒 V_2O_5 是橙黄色至砖红色晶体，无臭、无味、有毒，微溶于水[溶解度为 0.07 g/(100 g H_2O)]，呈淡黄色带酸性的溶液。它是两性氧化物，以酸性为主，易溶于强碱生成钒酸盐，在冷溶液中生成正钒酸盐，在热溶液中生成偏钒酸盐：

$$V_2O_5+6OH^- \xrightarrow{冷} 2VO_4^{3-}+3H_2O$$

$$V_2O_5+2OH^- \xrightarrow{\triangle} 2VO_3^-+H_2O$$

另一方面它具有微弱的碱性，能微溶于强酸。在 $pH<1$ 的酸性溶液中，与硫酸反应生成硫酸氧钒，钒二氧基离子 VO_2^+ 显淡黄色：

$$V_2O_5+H_2SO_4 \longrightarrow (VO_2)_2SO_4+H_2O$$

V_2O_5 是一种强氧化剂，它溶于盐酸能将氯离子氧化成氯气：

$$V_2O_5+6HCl \longrightarrow 2VOCl_2+Cl_2\uparrow+3H_2O$$

而其本身被还原为二氯氧钒，VO^{2+} 显蓝色。当干燥的 HCl 气体与热的 V_2O_5 反应，同时用五氧化二磷吸收生成的水，则可以制得三氯氧钒：

$$V_2O_5(热)+6HCl \rightleftharpoons 2VOCl_3+3H_2O$$

$VOCl_3$ 为黄色液体，遇水即分解，使上述平衡左移。在有 SO_3^{2-} 存在的稀硫酸溶液中，V_2O_5 也能溶解并被还原为 VO^{2+}：

$$V_2O_5+4H^++SO_3^{2-} \longrightarrow 2VO^{2+}+SO_4^{2-}+2H_2O$$

可见 V_2O_5 具有比 TiO_2 强的酸性和弱的碱性，以及较强的氧化性。

V_2O_5 可由加热分解偏钒酸铵制得：

$$2NH_4VO_3 \longrightarrow V_2O_5+2NH_3+H_2O$$

化学工业中五氧化二钒是重要的催化剂，用于接触法合成 SO_3；冶金工业上作为冶金产品的中间产物大量用于制取钒铁合金。

工业制取五氧化二钒

(2) 钒酸盐　从钒的聚合状态分类，钒酸盐通常可分为正钒酸盐 $M(Ⅰ)_3VO_4$；偏钒酸盐 $M(Ⅰ)VO_3$[或 $M(Ⅰ)_4V_4O_{12}$]；多钒酸盐如 $M(Ⅰ)_4V_2O_7$，$M(Ⅰ)_3V_3O_9$，$M(Ⅰ)_2V_6O_{16}$ 等。在钒酸盐中只有钠、钾等少数金属的钒酸盐是易溶于水的。正钒酸钠为无色，偏钒酸盐为黄色。钒酸盐的形式是多种多样的，因为钒的聚合状态主要由这种盐的生成条件决定，在溶液中则主要取决于钒在溶液中的浓度和溶液的酸度。在溶液中随 pH 和钒的总浓度而变化的各钒酸盐和多钒酸盐的存在范围列于图 13-5 中。

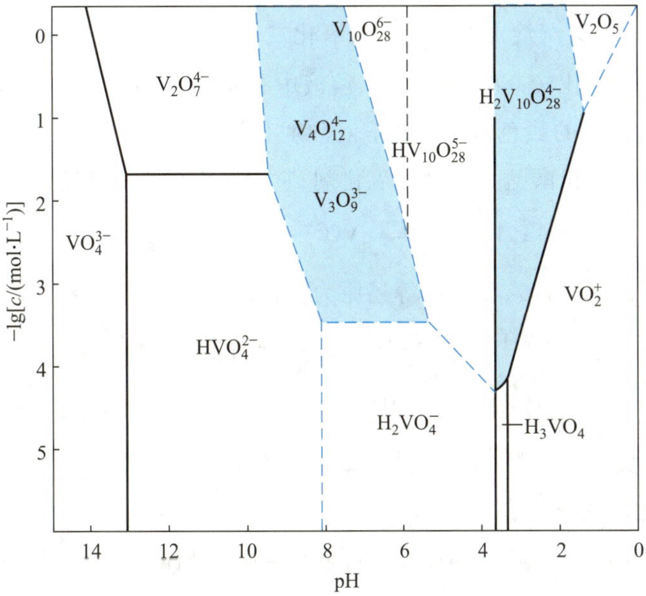

图 13-5　随 pH 和钒的总浓度而变化的各种钒酸盐和多钒酸盐的存在范围

简单正钒酸根离子 VO_4^{3-} 只存在于强碱性溶液中（$pH>13$），其结构与 SO_4^{2-}、PO_4^{3-} 等类似，都是单核四面体结构，在所有钒酸根中总是维持这种基本结构单元。但钒氧之间结合不十分牢固，其中 O^{2-} 可能同 H^+ 结合成水，当溶液的 pH 改变，单钒酸根逐渐脱水缩合，生成不同聚合度的多钒酸根。pH越低，多钒酸根中含钒原子越多，即聚合度越大，颜色越深，从淡黄色变到深红色，因此钒酸盐在溶液中的聚集状态比较复杂，其主要聚合平衡如下：

$$VO_4^{3-}+H^+ \rightleftharpoons HVO_4^{2-} \qquad pH=14\sim13$$

$$2HVO_4^{2-} \rightleftharpoons V_2O_7^{4-}+H_2O$$

$$3V_2O_7^{4-}+6H^+ \rightleftharpoons 2V_3O_9^{3-}+3H_2O \qquad pH\approx9$$

$$10V_3O_9^{3-}+12H^+ \rightleftharpoons 3V_{10}O_{28}^{6-}+6H_2O \qquad pH=4\sim6$$

$$V_{10}O_{28}^{6-}+H^+ \rightleftharpoons HV_{10}O_{28}^{5-}$$

$$HV_{10}O_{28}^{5-}+H^+ \rightleftharpoons H_2V_{10}O_{28}^{4-} \qquad pH>3$$

$$2H_2V_{10}O_{28}^{4-}+8H^+ \rightleftharpoons 10V_2O_5+6H_2O \qquad pH\approx2$$

$$H_2V_{10}O_{28}^{4-}+14H^+ \rightleftharpoons 10VO_2^++8H_2O \qquad pH\approx1$$

当溶液转变为酸性后，聚合度不再改变，而是发生获得质子的反应。在pH≈1时溶液中存在稳定的 VO_2^+，这是由于强酸介质中缩合的多聚钒酸根离子遭到破坏，而以 VO_2^+ 存在于溶液中。生成 VO_2^+ 后，钒的聚合度降低，溶液颜色变浅。单、二钒酸根为无色或浅黄色（光的吸收在紫外区），三钒酸根则为浅棕红，十钒酸根为橙红色。

在溶液中出现的不同聚合度的钒酸根离子，统称为钒酸根，聚合情况除了同pH有密切关系外，钒酸根浓度也是一个重要因素。例如，向浓的钒酸盐溶液中加酸至pH≈2时，则会沉淀出红棕色的五氧化二钒水合物，溶液中只有少量的 VO_2^+。

当溶液的酸度比较高时（pH≈1），溶液中有相当一部分钒转变为黄色的 VO_2^+，所以钒（V）化合物的颜色与浓度和溶液酸度有关。

在酸性溶液中钒酸盐是一种强氧化剂，它的标准电极电势为

$$VO_2^++2H^++e^- \rightleftharpoons VO^{2+}+H_2O \qquad E^{\ominus}=1.000\ V$$

VO_2^+ 可被 Fe^{2+}，SO_2，草酸，酒石酸等还原为蓝色的 VO^{2+}：

$$VO_2^++Fe^{2+}+2H^+ \longrightarrow VO^{2+}+Fe^{3+}+H_2O$$

$$2VO_2^++H_2C_2O_4+2H^+ \xrightarrow{\triangle} 2VO^{2+}+2CO_2+2H_2O$$

上述反应颜色变化较明显，用于氧化还原滴定法测定钒。

2. 低氧化态的钒化合物

将钒酸盐的硫酸溶液用 SO_2 还原可制得蓝色的晶体 $VOSO_4\cdot5H_2O$：

$$2VO_2^++2H^++SO_3^{2-} \longrightarrow 2VO^{2+}+SO_4^{2-}+H_2O$$

在酸性条件下，将钒酸盐用Zn还原时，会依次看到生成蓝色的 VO^{2+}、绿色的 V^{3+}，最后生成紫色的 V^{2+}，如氯化氧钒与Zn反应：

$$2VO_2^++Zn+4H^+ \longrightarrow 2VO^{2+}+Zn^{2+}+2H_2O$$

$$2VO^{2+}+Zn+4H^+ \longrightarrow 2V^{3+}+Zn^{2+}+2H_2O$$

$$2V^{3+}+Zn \longrightarrow 2V^{2+}+Zn^{2+}$$

可见低氧化态的钒离子都是有颜色的，这是因为它们的 d 轨道都未充满电子。

V^{3+}和 V^{2+}是较强的还原剂，在空气中易被氧化为 VO^{2+}。

13.4 铬、钼、钨

铬铁矿

铬是ⅥB 族的第一个元素。它在地壳中的丰度为 $1.0\times10^{-2}\%$。在自然界中主要的铬矿是铬铁矿，它是唯一有价值的铬矿石，主要组成是$Fe(CrO_2)_2$。品位较高的铬铁矿含 Cr_2O_3 42%~56%，FeO 10%~26%及少量的 MgO，Al_2O_3，SiO_2 等。

我国是铬铁矿资源严重短缺的国家。同时是最大的铬矿消耗和铬铁生产国，也是最大的不锈钢生产国，主要依靠进口解决国内铬供应问题。

钼和钨在地壳中的丰度较低。但我国储量丰富，居世界前列。钼矿主要是辉钼矿 MoS_2；钨矿则主要是黑钨矿和白钨矿。

◆ 13.4.1 单质的性质和用途

铬、钼、钨是银白色有光泽的金属，它们可提供 6 个电子形成较强的金属键，因此单质的熔点、沸点较高，硬度很大。铬的熔点为 2 180 K，沸点为 2 952 K。由于镧系收缩的影响，钼和钨性质彼此相似。

在通常条件下，铬在空气或水中都相当稳定，因为它的表面会慢慢形成一层氧化膜而钝化，降低了活泼性。室温下，无保护膜的纯铬能缓慢地溶于稀盐酸和硫酸溶液，放出 H_2 及生成蓝色的 Cr^{2+}，它与空气接触很快被氧化为蓝紫色的 Cr^{3+}：

$$Cr+2HCl \longrightarrow CrCl_2+H_2\uparrow$$

$$4CrCl_2+4HCl+O_2 \longrightarrow 4CrCl_3+2H_2O$$

铬与热浓硫酸反应，生成二氧化硫和硫酸铬(Ⅲ)：

$$2Cr+6H_2SO_4 \longrightarrow Cr_2(SO_4)_3+3SO_2+6H_2O$$

在硝酸和王水中铬由于钝化而不溶。

铬在加热时能与氯、溴和碘反应，生成相应的 $CrCl_3$，$CrBr_3$ 和 CrI_3。

铬、钼、钨都能与单质氟反应：

$$M+3F_2 \longrightarrow MF_6 \quad (M=Cr,Mo,W)$$

在高温下，铬还能与氢、硼、碳、氮等反应生成相应的二元化合物。这些二元化合物的性质与金属互化物(即金属合金)相似，它们几乎都具有导电性和耐高温的特性。

铬在常温下的延展性较差，纯铬的用途有限，主要用于制造各种合金，以提高钢的硬度、耐热性和抗腐蚀性，而不减钢的韧性与延展性。例如，铬与铁、镍、锰、钒等合金元素一起炼制成的合金钢，可用于生产高强度材料，如弹簧、轴承、轨道等。

另一方面，由于铬有良好的光泽，抗腐蚀性强，且其质硬耐磨，常用于镀在其他活泼金属制件的表面上，如自行车、汽车、精密仪器中的镀铬制件，起保护和装饰作用。

钼、钨的最大用途是制造特种钢、武器钢、硬质合金等。钨具有高熔点和不易挥发的特性，同时具有可塑性，易拉成丝，所以钨广泛用在普通灯泡中作灯丝，以及电子管中的电极等。

13.4.2 铬的重要化合物

铬的价电子构型决定了它可以形成从+1 到+6 连续变化的氧化态，最高氧化态为+6，常见氧化态为+2，+3，+6。铬在亚硝基配合物及金属有机化合物中表现出低氧化态-2，-1，0 和+1。铬的元素电势图见图 13-6。

$$E_A^{\ominus}/V \quad Cr_2O_7^{2-} \xrightarrow{1.36} Cr^{3+} \xrightarrow{-0.424} Cr^{2+} \xrightarrow{-0.90} Cr \qquad (Cr^{3+} \xrightarrow{-0.74} Cr)$$

$$E_B^{\ominus}/V \quad CrO_4^{2-} \xrightarrow{-0.13} Cr(OH)_3 \xrightarrow{-1.1} Cr(OH)_2 \xrightarrow{-1.4} Cr \qquad (CrO_4^{2-} \xrightarrow{-0.13} [Cr(OH)_4]^- \xrightarrow{-1.27} Cr)$$

图 13-6 铬的元素电势图

从图 13-6 可以看出，在酸性溶液中，$E^{\ominus}_{Cr_2O_7^{2-}/Cr^{3+}}$的值大，$Cr_2O_7^{2-}$ 不稳定，具有强的氧化性，可被还原为 Cr^{3+}；而 Cr^{2+} 有较强的还原性，可被氧化为 Cr^{3+}，因此 Cr^{3+}最稳定。在碱性条件下，Cr(Ⅵ)无氧化性，而 Cr(Ⅲ)有较强的还原性，易被氧化为 Cr(Ⅵ)。

1. 氧化态为+3 的铬化合物

（1）氧化铬(Ⅲ)及其水合物　将重铬酸铵加热分解或金属铬在氧气中燃烧都可以得到绿色的三氧化二铬：

$$(NH_4)_2Cr_2O_7 \xrightarrow{\triangle} Cr_2O_3+N_2\uparrow+4H_2O\uparrow$$

$$4Cr+3O_2 \longrightarrow 2Cr_2O_3$$

Cr_2O_3 微溶于水，熔点为 2 603 K，受热时不分解。它具有两性，不但溶于酸，而且溶于强碱。Cr_2O_3 溶于硫酸生成硫酸铬，溶于氢氧化钠生成亚铬酸钠：

$$Cr_2O_3+3H_2SO_4 \longrightarrow Cr_2(SO_4)_3+3H_2O$$

$$Cr_2O_3+2NaOH+3H_2O \longrightarrow 2Na[Cr(OH)_4]\text{（或 }NaCrO_2\text{）}$$

经过灼烧的 Cr_2O_3 不溶于酸、碱，但可与 $K_2S_2O_7$ 共熔，转变为可溶性的盐：

$$Cr_2O_3+3K_2S_2O_7 \xrightarrow{\triangle} 3K_2SO_4+Cr_2(SO_4)_3$$

Cr_2O_3 是冶炼铬的原料，也可用作油漆的颜料“铬绿”，近年来也用它作有机合成催化剂。

向 Cr(Ⅲ)盐溶液中加碱，将产生灰蓝色的水合氧化铬 $Cr_2O_3\cdot xH_2O$ 胶状沉淀，习惯上称之为氢氧化铬 $Cr(OH)_3$，它具有明显的两性。当碱过量时，因生成亮绿色的$[Cr(OH)_4]^-$(简化表示为 CrO_2^-，称为亚铬酸根离子)而使 $Cr(OH)_3$ 沉淀溶解：

$$Cr_2(SO_4)_3+6NaOH \longrightarrow 2Cr(OH)_3\downarrow+3Na_2SO_4$$

$$Cr(OH)_3+OH^- \rightleftharpoons [Cr(OH)_4]^-$$

$Cr(OH)_3$ 在溶液中的酸碱平衡可表示如下：

$$\underset{(紫色)}{Cr^{3+}}+3OH^- \rightleftharpoons \underset{(灰蓝色)}{Cr(OH)_3} \rightleftharpoons H_2O+HCrO_2 \rightleftharpoons H^++\underset{(亮绿色)}{CrO_2^-}+H_2O$$

根据平衡移动原理，加酸时平衡向生成 Cr^{3+} 方向移动，加碱时平衡向生成 CrO_2^- 方向移动：

$$Cr(OH)_3+3HCl \longrightarrow CrCl_3+3H_2O$$

(2) 铬(Ⅲ)盐和亚铬酸盐　最重要的铬(Ⅲ)盐是硫酸铬和铬钾矾。将 Cr_2O_3 溶于冷浓硫酸中，得到紫色的 $Cr_2(SO_4)_3\cdot 18H_2O$，此外还有绿色的$Cr_2(SO_4)_3\cdot 6H_2O$ 和桃红色的无水 $Cr_2(SO_4)_3$。硫酸铬与碱金属的硫酸盐可以形成铬矾，如铬钾矾 $K_2SO_4\cdot Cr_2(SO_4)_3\cdot 24H_2O$。用 SO_2 还原重铬酸钾的酸性溶液可制得铬钾矾：

$$K_2Cr_2O_7+H_2SO_4+3SO_2 \longrightarrow \underset{(紫色)}{2KCr(SO_4)_2}+H_2O$$

铬矾在鞣革、纺织等工业上有广泛的用途。

在酸性溶液中，Cr^{3+} 稳定，还原性弱，要使它氧化为 $Cr_2O_7^{2-}$ 比较困难。通常采用氧化性很强的过二硫酸铵$(NH_4)_2S_2O_8$ 或高锰酸钾等作氧化剂才能将 Cr^{3+} 氧化：

$$S_2O_8^{2-}+2e^- \rightleftharpoons 2SO_4^{2-} \qquad E_A^\ominus=1.96\ V$$

$$Cr_2O_7^{2-}+14H^++6e^- \rightleftharpoons 2Cr^{3+}+7H_2O \qquad E_A^\ominus=1.36\ V$$

反应如下：

$$2Cr^{3+}+3S_2O_8^{2-}+7H_2O \xrightarrow[\triangle]{Ag^+催化} Cr_2O_7^{2-}+6SO_4^{2-}+14H^+$$

$$10Cr^{3+}+6MnO_4^-+11H_2O \xrightarrow[\triangle]{} 5Cr_2O_7^{2-}+6Mn^{2+}+22H^+$$

在碱性溶液中，CrO_2^- 有较强的还原性，比较容易被氧化，可被 NaClO，H_2O_2，Na_2O_2 等氧化成铬(Ⅵ)酸盐：

$$CrO_4^{2-}+2H_2O+3e^- \rightleftharpoons CrO_2^-+4OH^- \qquad E_B^\ominus=-0.13\ V$$

反应如下：

$$\underset{(绿色)}{2CrO_2^-}+2OH^-+3H_2O_2(稀) \longrightarrow \underset{(黄色)}{2CrO_4^{2-}}+4H_2O$$

$$2CrO_2^-+3Na_2O_2(s)+2H_2O \longrightarrow 2CrO_4^{2-}+6Na^++4OH^-$$

前一反应可以用于 Cr^{3+} 的鉴定。

亚铬酸盐在碱性介质中转化成铬(Ⅵ)酸盐的性质很重要，工业上从铬铁矿生产铬酸盐的主要反应，就是利用此性质。

由于 $Cr(OH)_3$ 的酸性和碱性都较弱，因此铬(Ⅲ)盐和亚铬酸盐在水中容易水解：

$$[Cr(H_2O)_6]^{3+}+H_2O \rightleftharpoons [Cr(OH)(H_2O)_5]^{2+}+H_3O^+$$

降低酸度，$[Cr(OH)(H_2O)_5]^{2+}$ 可进一步聚合成多核配合物：

$$[Cr(OH)(H_2O)_5]^{2+}+[Cr(H_2O)_6]^{3+} \rightleftharpoons [(H_2O)_5Cr\overset{OH}{\diagup\diagdown}Cr(H_2O)_5]^{5+}+H_2O$$

$$2[Cr(OH)(H_2O)_5]^{2+} \rightleftharpoons [(H_2O)_4Cr\underset{OH}{\overset{OH}{\lozenge}}Cr(H_2O)_4]^{4+}+2H_2O$$

继续加碱，开始析出灰蓝色胶状沉淀 $Cr(OH)_3 \cdot nH_2O$。在 $pH<4$ 的溶液中才有 $[Cr(H_2O)_6]^{3+}$ 存在。将含有 $[Cr(OH)_4]^-$ 的水溶液加热煮沸，它可完全水解生成水合氧化铬沉淀：

$$2[Cr(OH)_4]^-+(x-3)H_2O \longrightarrow Cr_2O_3 \cdot xH_2O\downarrow+2OH^-$$

Cr^{3+} 与弱酸 H_2S 生成的盐 Cr_2S_3，可发生完全水解：

$$Cr_2S_3+6H_2O \longrightarrow 2Cr(OH)_3\downarrow+3H_2S\uparrow$$

(3) 配合物

铬的配合物中以 Cr^{3+} 为中心离子形成的配合物最多、最稳定，其特征配位数为 6，为八面体构型。

最常见 Cr(Ⅲ)的配合物为 $[Cr(H_2O)_6]^{3+}$，它存在于水溶液中，也存在于许多盐的水合晶体中，如 $CrCl_3 \cdot 6H_2O$，$Cr_2(SO_4)_3 \cdot 18H_2O$ 等。$[Cr(H_2O)_6]^{3+}$ 内界的水分子被其他配体取代便可形成多种配合物。由于八面体 d^3 构型的配合物属惰性配合物，其配体的取代和重排反应是缓慢的，常常可能通过某一配合物的制备得到多种稳定的异构体。例如，组成为 $CrCl_3 \cdot 6H_2O$ 的配合物，由于内界水分子的多少不同而有三种水合异构体。

$$\underset{(紫色)}{[Cr(H_2O)_6]Cl_3} \quad \underset{(蓝绿色)}{[CrCl(H_2O)_5]Cl_2 \cdot H_2O} \quad \underset{(暗绿色)}{[CrCl_2(H_2O)_4]Cl \cdot 2H_2O}$$

$[Cr(H_2O)_6]^{3+}$内界的水分子被氨分子取代后可形成一系列氨-水混配型配合物及氨合物，配离子的电荷数不变，但颜色发生改变。

$[Cr(H_2O)_6]^{3+}$	$[Cr(NH_3)_2(H_2O)_4]^{3+}$	$[Cr(NH_3)_3(H_2O)_3]^{3+}$
(紫色)	(紫红色)	(浅红色)
$[Cr(NH_3)_4(H_2O)_2]^{3+}$	$[Cr(NH_3)_5(H_2O)]^{3+}$	$[Cr(NH_3)_6]^{3+}$
(橙红色)	(橙黄色)	(黄色)

对比发现，随着内界 Cl^-或 NH_3 的增多，配合物的颜色发生有规律的变化。这是因为配体场强：$NH_3>H_2O>Cl^-$，所以分裂能 Δ_o：$[Cr(NH_3)_6]^{3+}>[Cr(H_2O)_6]^{3+}>[CrCl_6]^{3-}$。不同的 Cr(Ⅲ)配合物 dε 轨道上的电子要实现d-d跃迁，所需吸收光的波长或能量也有所不同。Δ_o 较大的$[Cr(NH_3)_6]^{3+}$吸收的是能量较大、波长较短的蓝光，所以呈现其互补色黄色；Δ_o 稍小的$[Cr(H_2O)_6]^{3+}$吸收的是波长较长的黄绿光而呈紫色；Δ_o 更小的 Cr(Ⅲ)的氯-水混配型配合物，随着 Cl^-的增多，其吸收光的波长越来越长，颜色也由紫色、蓝绿至暗绿逐渐加深。而 Cr(Ⅲ)的氨-水配合物中，随着氨分子数的增多，其颜色也逐渐向长波长方向变化。

Cr(Ⅲ)的混配型配合物中普遍存在几何异构现象及旋光异构现象。例如，$[CrCl_2(NH_3)_4]^+$和$[CrCl_2(en)_2]^+$都有顺式和反式两种几何异构体，它们的顺式异构体还有旋光活性。$[CrBr_2(NH_3)_2(H_2O)_2]^+$存在多种异构体，不仅有几何异构体，也有旋光异构体(见图 13-7)。

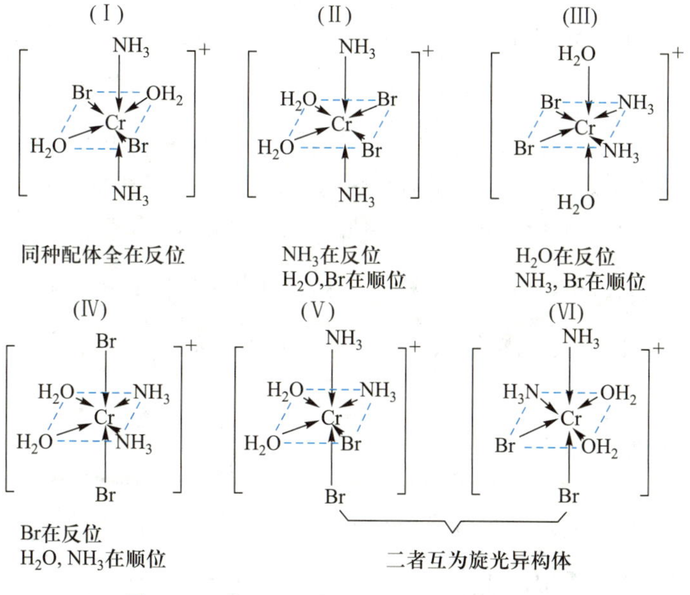

图 13-7 $[CrBr_2(NH_3)_2(H_2O)_2]^+$的异构体

只有混配型配合物才存在立体异构现象，而且配体种类越多，其立体异构体的数目也越多。但应该指出的是，旋光异构体之间除了生物活性外，化学性质一般是相同的。例如，烟草中天然存在的左旋尼古丁比人工合成的右旋尼古丁的毒性要大得多，但化学性质区别不大。

必须指出，由于Cr(Ⅲ)配合物的动力学惰性，Cr(Ⅲ)盐如水合硫酸铬或卤化铬等，本身含有的配位水分子或阴离子取代不容易；同时Cr(Ⅲ)盐又容易水解，所以并不是简单地把配体加到Cr(Ⅲ)盐的水溶液中就能得到相应的Cr(Ⅲ)配合物，而是要事先避免生成Cr(Ⅲ)的水合物，采取干法或氧化还原法制备。例如，Cr(Ⅲ)的氨配合物可由无水CrX_3与液氨反应而制得，或者由$[Cr(H_2O)_6]^{2+}$水溶液与NH_3的混合物通过空气氧化而制得。

2. 氧化态为+6的铬化合物

铬(Ⅵ)的化合物通常是由自然界存在的铬铁矿$Fe(CrO_2)_2$借助于碱熔法制得的，即把铬铁矿与碳酸钠混合，并在空气中煅烧：

$$4Fe(CrO_2)_2+8Na_2CO_3+7O_2 \xrightarrow{\sim 1\,273\ K} 8Na_2CrO_4+2Fe_2O_3+8CO_2\uparrow$$

由于Na_2CrO_4易溶于水，而Fe_2O_3难溶，用水浸取煅烧后的熔体，铬酸盐进入溶液，再经浓缩，可得到黄色的Na_2CrO_4晶体。加碱有两个作用：一是创造碱性条件使CrO_2^-易被氧化；另一作用是提供Na^+，生成能溶于水的铬酸盐。

在Na_2CrO_4溶液中加入适量H_2SO_4，Na_2CrO_4可转化为$Na_2Cr_2O_7$：

$$2Na_2CrO_4+H_2SO_4 \longrightarrow Na_2Cr_2O_7+Na_2SO_4+H_2O$$

将$Na_2Cr_2O_7$与KCl(或K_2SO_4)进行复分解反应可得橙红色$K_2Cr_2O_7$和NaCl(或Na_2SO_4)。利用重铬酸钾在低温时溶解度较小[273 K，4.6 g/(100 gH_2O)]，在高温时溶解度较大[373 K，94.1 g/(100 gH_2O)]，而温度对NaCl的溶解度影响不大的性质，可将$K_2Cr_2O_7$与NaCl分离。以$K_2Cr_2O_7$为原料可制取其他的铬化合物，如三氧化铬CrO_3，氯化铬酰CrO_2Cl_2，铬钾矾$KCr(SO_4)_2\cdot 12H_2O$等。

(1) 三氧化铬　加浓硫酸于饱和的$K_2Cr_2O_7$溶液可得CrO_3：

$$K_2Cr_2O_7+2H_2SO_4(浓) \longrightarrow 2CrO_3\downarrow+2KHSO_4+H_2O$$

CrO_3是暗红色针状晶体，熔点为471 K，遇热不稳定，超过熔点便分解为Cr_2O_3，并放出氧气：

$$4CrO_3 \xrightarrow{\triangle} 2Cr_2O_3+3O_2\uparrow$$

CrO_3是强氧化剂，遇酒精等易燃有机化合物立即燃烧：

$$2CrO_3+2C_2H_5OH \longrightarrow CH_3CHO+Cr_2O_3+CH_3COOH+2H_2O$$

$$4CrO_3+C_2H_5OH \longrightarrow 2Cr_2O_3+2CO_2\uparrow+3H_2O$$

在酸性条件下，它能氧化过氧化氢放出氧气：

$$2CrO_3+3H_2O_2+6H^+ \longrightarrow 2Cr^{3+}+3O_2\uparrow+6H_2O$$

CrO_3 溶于水生成铬酸,所以称它为铬酸酐,溶于碱生成铬酸盐:

$$CrO_3+H_2O \longrightarrow H_2CrO_4$$

$$CrO_3+2NaOH \longrightarrow Na_2CrO_4+H_2O$$

CrO_3 在纺织、皮革及电镀工业中有广泛的用途。CrO_3 有毒,皮肤常与它接触,组织会被破坏。

铬酸洗液

(2) 铬酸和铬酸盐　CrO_3 的水溶液是黄色的,其中含有铬酸(H_2CrO_4)。H_2CrO_4 是一种较强的酸,仅存在于稀溶液中。H_2CrO_4 分两步解离,第二步解离比较弱:

$$H_2CrO_4 \rightleftharpoons HCrO_4^-+H^+ \qquad K_{a_1}=1.8\times10^{-1}$$

$$HCrO_4^- \rightleftharpoons CrO_4^{2-}+H^+ \qquad K_{a_2}=3.2\times10^{-7}$$

CrO_4^{2-} 中铬氧键较强,但在酸性溶液中,pH 在 2~6 能发生缩合反应,形成多酸,其中最重要的是重铬酸($H_2Cr_2O_7$)。生成 $H_2Cr_2O_7$ 时溶液的颜色由黄色变为橙红色,其平衡反应式如下:

$$\underset{(黄色)}{2CrO_4^{2-}}+2H^+ \rightleftharpoons 2HCrO_4^- \rightleftharpoons \underset{(橙红色)}{Cr_2O_7^{2-}}+H_2O$$

显然,在酸性溶液中,$Cr_2O_7^{2-}$ 占优势;向 $Cr_2O_7^{2-}$ 的溶液中加入碱,平衡左移,则 CrO_4^{2-} 占优势。

重铬酸和铬酸的颜色

除了 K^+,Na^+,NH_4^+ 的铬酸盐外,其余铬酸盐均难溶于水。与之相反,重铬酸盐中除 $Ag_2Cr_2O_7$ 外多数易溶于水。由于 CrO_4^{2-} 与 $Cr_2O_7^{2-}$ 之间存在着平衡关系,而有些铬酸盐又比对应的重铬酸盐难溶于水,所以不论是向铬酸盐溶液中还是向重铬酸盐溶液中加入某些金属离子(如 Ag^+,Ba^{2+},Pb^{2+})时,生成的难溶物都是溶解度较小的铬酸盐而不是重铬酸盐:

$$Cr_2O_7^{2-}+4Ag^++H_2O \longrightarrow \underset{(砖红)}{2Ag_2CrO_4\downarrow}+2H^+$$

$$Cr_2O_7^{2-}+2Pb^{2+}+H_2O \longrightarrow \underset{(黄色)}{2PbCrO_4\downarrow}+2H^+$$

$$Cr_2O_7^{2-}+2Ba^{2+}+H_2O \longrightarrow \underset{(柠檬黄)}{2BaCrO_4\downarrow}+2H^+$$

$$CrO_4^{2-}+Ba^{2+} \longrightarrow BaCrO_4\downarrow$$

上述前两个反应常用来鉴定溶液中是否有 Ag^+,Pb^{2+}存在。

在酸性溶液中,重铬酸盐有很强的氧化性。例如,$K_2Cr_2O_7$ 在冷溶液中可以氧化 H_2S,H_2SO_3 和 HI;在加热时,可以氧化 HBr 和 HCl。这些反应中,$Cr_2O_7^{2-}$ 的还原产物都是 Cr^{3+}:

$$Cr_2O_7^{2-}+3H_2S+8H^+ \longrightarrow 2Cr^{3+}+3S\downarrow+7H_2O$$

$$Cr_2O_7^{2-}+6I^-+14H^+ \longrightarrow 2Cr^{3+}+3I_2\downarrow+7H_2O$$

$$Cr_2O_7^{2-}+14HCl(浓) \xrightarrow{\triangle} 2CrCl_3+3Cl_2\uparrow+2Cl^-+7H_2O$$

$K_2Cr_2O_7$ 在酸性介质中氧化硫酸亚铁铵$(NH_4)_2SO_4\cdot FeSO_4\cdot 6H_2O$ 的反应被用于分析测定铁的含量：

$$Cr_2O_7^{2-}+6Fe^{2+}+14H^+ \longrightarrow 2Cr^{3+}+6Fe^{3+}+7H_2O$$

通过上述的讨论，现将 Cr(Ⅲ)与 Cr(Ⅵ)在酸碱介质中的相互转化小结如下：

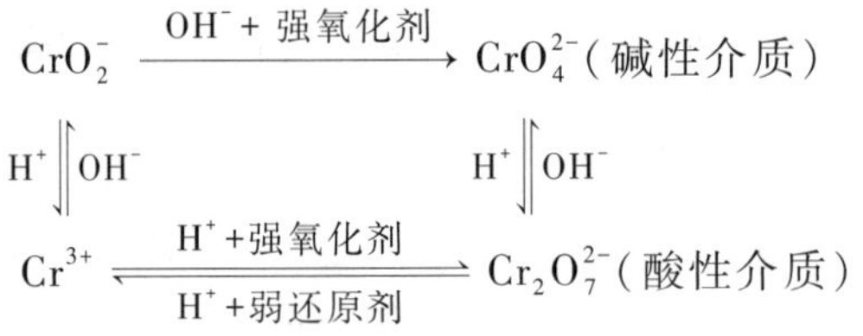

重铬酸盐和过氧化氢在酸性条件下发生氧化还原反应，最终形成 Cr(Ⅲ)盐并放出氧气。在反应的过程中，Cr(Ⅵ)形成深蓝色的过氧化铬。$CrO(O_2)_2$ 中有两个过氧基，在水中不稳定，逐渐分解放出氧气后，深蓝色消失，Cr(Ⅵ)转化成 Cr(Ⅲ)：

$$Cr_2O_7^{2-}+4H_2O_2+2H^+ \longrightarrow 2CrO(O_2)_2+5H_2O$$

$$4CrO_5+12H^+ \longrightarrow 4Cr^{3+}+7O_2\uparrow+6H_2O$$

如果加入乙醚，则因过氧化铬在有机相中较在水中更稳定，乙醚层呈现蓝色。利用这个反应可检验溶液中的 Cr(Ⅵ)及过氧化氢，灵敏度很高。$CrO(O_2)_2$ 和 $[(C_2H_5)_2OCrO(O_2)_2]$的结构可简单表示为

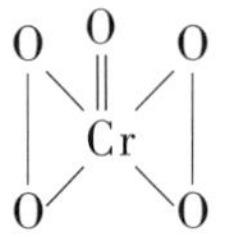

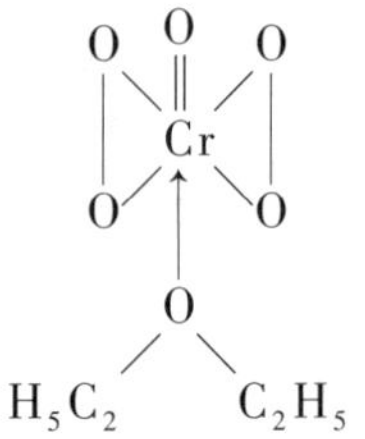

(3) 氯化铬酰　氯化铬酰(CrO_2Cl_2)又称二氯二氧化铬，是深红色易挥发液体，沸点为 390 K。

将 $K_2Cr_2O_7$ 与 KCl 共熔，冷后压碎，加入浓硫酸，生成的 CrO_2Cl_2 可被蒸出：

$$K_2Cr_2O_7+4KCl+3H_2SO_4 \longrightarrow 3K_2SO_4+2CrO_2Cl_2+3H_2O$$

CrO_3 与 HCl 反应也可得到 CrO_2Cl_2：

$$CrO_3+2HCl \longrightarrow CrO_2Cl_2+H_2O$$

CrO_2Cl_2 具有较强的氧化性，一般用作有机合成的氯化剂和氧化剂，能与硫、磷、酒精等发生激烈的氧化还原反应。CrO_2Cl_2 能与 CCl_4, CS_2, $CHCl_3$ 互溶。CrO_2Cl_2 不见光时较稳定，遇水分解为 HCl 和 H_2CrO_4，遇碱生成铬酸盐：

$$CrO_2Cl_2+2H_2O \longrightarrow H_2CrO_4+2HCl$$

$$CrO_2Cl_2+4NaOH \longrightarrow Na_2CrO_4+2NaCl+2H_2O$$

钢铁分析中为了消除铬的干扰，常利用生成 CrO_2Cl_2 的反应加热使其挥发。

13.4.3 钼、钨的重要化合物

图 13-8 为酸性介质中铬、钼、钨的标准吉布斯函变-氧化态图。由图可见，在酸性介质中，铬以+3 氧化态最稳定，而钨则以+6 氧化态最稳定。

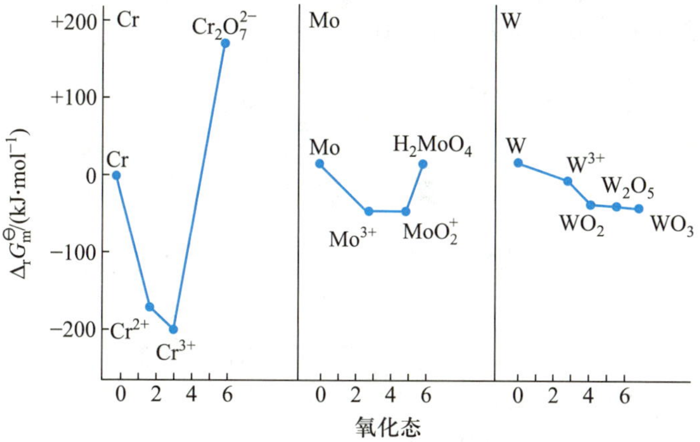

图 13-8 酸性介质中铬、钼、钨的标准吉布斯函变-氧化态图

高氧化态的 MoO_3 和 WO_3 均可稳定存在，而 Mo(Ⅲ)，W(Ⅲ)的化合物却很少见。最高氧化态氧化物(或其水合物)的氧化性从上到下是下降的，如 $H_2Cr_2O_7>H_2MoO_4>WO_3$。

Mo 和 W 的含氧酸可用其含氧酸盐酸化来制取：

$$Na_2WO_4+2HCl \longrightarrow H_2WO_4+2NaCl$$

钨酸(H_2WO_4)，钼酸(H_2MoO_4)加热脱水可制得 WO_3，MoO_3。例如：

$$H_2WO_4 \xrightarrow{\triangle} WO_3+H_2O\uparrow$$

还原剂 H_2 与氧化钨在加热情况下反应，可制取单质钨：

$$WO_3+3H_2 \xrightarrow{\triangle} W+3H_2O\uparrow$$

钼和钨容易形成多酸和多酸盐。铬分族元素最高氧化态的含氧酸从上到下脱水缩聚成多酸的趋势增强，钼、钨的同多酸和杂多酸及其盐多，相关研究也多。

当 MoO_3 和 WO_3 溶解于碱的水溶液中时，生成的溶液中含有 MO_4^{2-}，而且 Na_2MO_4 这一类简单钼酸盐和钨酸盐可由此结晶出来。但如果使这些溶液变为强酸性，则可析出黄色的水合钼酸(即 $MoO_3\cdot 2H_2O$)沉淀或白色的水合钨酸(即 $WO_3\cdot 2H_2O$)沉淀。钼酸、钨酸及其水合物在水溶液中的溶解度很小，如 291 K 时，

钼酸在水中溶解度约为 1 g/L。钼酸盐、钨酸盐在酸性溶液中均有很强的缩合倾向，pH 越小，缩合程度越大，可生成一系列的复杂聚合阴离子。例如：

$$\underset{\text{钼酸根}}{MoO_4^{2-}} \xrightarrow{pH=6} \underset{\text{七钼酸根}}{Mo_7O_{24}^{6-}} \xrightarrow{pH=1.5\sim2.9} \underset{\text{八钼酸根}}{Mo_8O_{26}^{4-}} \xrightarrow{pH<1} \underset{\text{水合三氧化钼}}{MoO_3 \cdot 2H_2O}$$

$$7MoO_4^{2-} + 8H^+ \rightleftharpoons Mo_7O_{24}^{6-} + 4H_2O$$

七钼酸也称仲钼酸[$H_6Mo_7O_{24}(7MoO_3 \cdot 3H_2O)$]。仲钼酸铵[$(NH_4)_6Mo_7O_{24} \cdot 4H_2O$]是实验室常用的试剂，也是一种微量元素肥料。

酸性水溶液中钨酸根离子的缩合反应如下：

$$WO_4^{2-}$$

$$\downarrow pH \approx 6$$

$$\underset{\text{仲钨酸根(A)}}{HW_6O_{21}^{5-}} \underset{}{\overset{\text{数月/数周}}{\rightleftharpoons}} \underset{\text{仲钨酸根(B)}}{H_2W_{12}O_{42}^{10-}}$$

$$\downarrow pH \approx 4$$

$$[HW_6O_{20}^{3-}]_n \overset{\text{数周/数月}}{\rightleftharpoons} H_2W_{12}O_{40}^{6-}$$

$$\downarrow pH \approx 1$$

$$WO_3 \cdot 2H_2O \downarrow$$

其中最重要的是仲钨酸根离子。它可以以盐的形式结晶出来，如 $(NH_4)_{10}[H_2W_{12}O_{42}] \cdot 10H_2O$。这种由两个或两个以上相同含氧酸分子脱水缩合而成的酸称为同多酸，它们的盐叫同多酸盐。

而由不同的酸酐组成的多酸，称为杂多酸，相应的盐称为杂多酸盐。例如，磷钼酸 $H_3[P(Mo_{12}O_{40})]$ 即为杂多酸，它只能存在于酸性或中性溶液中，在碱性溶液中即分解为 PO_4^{3-} 和 MoO_4^{2-}。已发现的杂多酸盐以钼和钨的最多，钒的次之。同多酸及杂多酸的酸性都比原来的简单酸酸性强，在碱性或强碱性溶液中，它们都分解为相应的简单酸根离子。向磷酸钠的热溶液中加入 WO_3 达到饱和，就析出 12-磷钨酸钠，它的化学式为 $Na_3[P(W_{12}O_{40})]$ 或 $3Na_2O \cdot P_2O_5 \cdot 24WO_3$，其中 P : W 为 1 : 12。最常见的杂多酸盐是由多个（多数是 12 个）Mo，W，V 的酸酐分子和一个中心原子（或离子）组成的，作为中心原子的元素通常是 p 区的 P，As，B，Si 等。同一般含氧酸盐相反，杂多酸的碱金属（尤其是铵）盐在水中的溶解度特别小，可用于离子的定性鉴定，如在含有硝酸的水溶液中，将过量的钼酸铵 $(NH_4)_2MoO_4$ 与 PO_4^{3-} 混合后加热，可析出磷钼酸铵的黄色晶状沉淀，由此鉴定 PO_4^{3-} 或 MoO_4^{2-}：

$$PO_4^{3-} + 12MoO_4^{2-} + 24H^+ + 3NH_4^+ \longrightarrow \underset{\text{磷钼酸铵}}{(NH_4)_3PO_4 \cdot 12MoO_3 \cdot 6H_2O} \downarrow + 6H_2O$$

磷钼酸铵即为磷钼酸的对应杂多酸盐。

多酸及其盐在现代科技中有重要的应用前景。例如,磷钼酸可用于分析测定钢铁、土壤、农作物中 Si,Ge,P 和 As 的含量;十聚钨酸盐可用作酸性催化剂、氧化剂;钼的杂多酸盐可用作火焰阻燃剂及锅炉用水的缓蚀剂;12-钼杂多酸或12-钨杂多酸的难溶盐是很好的阳离子交换剂。另据报道,某些杂多酸盐,如 $[Eu(H_2O)_3Sb(W_9O_{33})(W_6O_{18})_3]^{18-}$,$(NH_4)_{17}Na[NaSb_9W_{21}O_{86}]$ 等具有抗癌或抗艾滋病毒的作用;某些杂多酸还用作超强酸催化剂;由于具有较强的配位能力,一些多酸及其盐被用于离子分离及冶金工业中分离金属。

13.5 锰

软锰矿

锰是ⅦB 族的第一个元素。它在地壳中的丰度为 0.085%,其储量在过渡元素中占第三位,仅次于铁和钛。在自然界中锰主要以软锰矿($MnO_2 \cdot xH_2O$)存在,其他还有黑锰矿(Mn_3O_4)和菱锰矿($MnCO_3$)等。深海中有大量的锰矿,其储量为陆地储量的几百倍。

13.5.1 单质的性质和用途

锰单质的外观似铁,块状锰为白色金属,质硬而脆。纯锰用途不大,常以锰铁的形式用于制造合金钢。在钢铁工业中它是去氧剂和去硫剂。锰可以代替镍制造不锈钢。普通钢中都含有锰,锰作为合金金属可以增加钢的硬度。约含 13% Mn 和 1.25% C 的锰钢坚硬而富于韧性,能抗御激烈的机械撞击和磨损,被用于制造挖土机、粉碎机和钢轨等。含 12% Mn,84% Cu,4% Ni 的合金,因电阻系数很小,常用于制造精密电学仪器。含 30% Mn 的铜锰合金机械强度很大。在镁和铝的合金中加入锰,可以提高它的强度,并使其抗腐蚀性和机械性能有所改进。

金属锰很活泼。加热时,它能与卤素、氧、硫、碳、氮、硅、磷、硼等直接化合,生成相应的化合物,如 MnX_2,Mn_3O_4,MnS,Mn_3C,Mn_3N_2 等。锰易溶于稀酸形成 Mn^{2+};溶于热水形成 $Mn(OH)_2$ 并放出氢气,反应如下:

$$Mn+2H_2O(热) \longrightarrow Mn(OH)_2+H_2\uparrow$$

锰也能在氧化剂存在下,与熔融的碱作用生成锰酸盐:

$$2Mn+4KOH+3O_2 \longrightarrow 2K_2MnO_4+2H_2O$$

13.5.2 锰的重要化合物

锰原子的价电子构型为 $3d^54s^2$,7 个价电子都可以参与成键,所以它的常见氧化态可以从+2 到+7，在某些配合物中，还可以呈现低氧化态如+1，0，-1，-2 和-3。比较重要的氧化态是+2，+4 和+7。锰的元素电势图见图 13-9，标准吉布斯函变-氧化态图见图 13-10。

从图 13-10a 可以看出，Mn^{2+}处于图中曲线的最低点，说明在酸性溶液中 Mn^{2+}是锰的最稳定状态，这与 Mn^{2+}的 d^5 半充满稳定结构有关。其他氧化态的化合物都具有氧化性，在反应中都可以转化为 Mn^{2+}。Mn^{3+}和 MnO_4^{2-} 均处于各自相邻两种氧化态物质连线的上方；从图 13-9 可知，它们和各自相邻两种氧化态物质电对的电极电势均为 $E^{\ominus}_{右}>E^{\ominus}_{左}$，因此，都可以发生歧化反应：

$$2Mn^{3+}+2H_2O \rightleftharpoons Mn^{2+}+MnO_2+4H^+$$

$$3MnO_4^{2-}+4H^+ \rightleftharpoons 2MnO_4^-+MnO_2+2H_2O$$

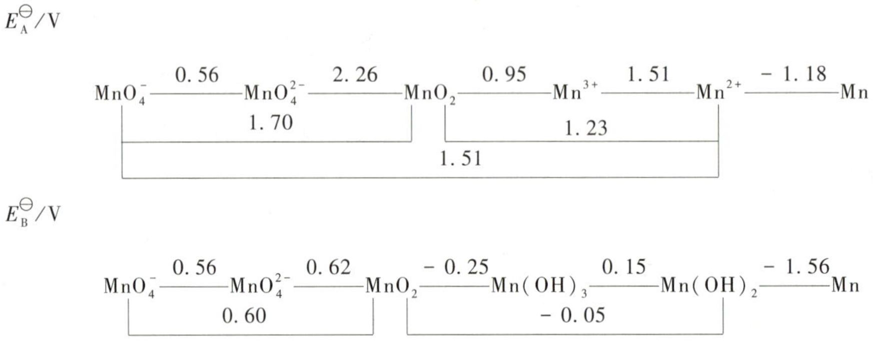

图 13-9 锰的元素电势图

从图 13-10b 可以看出，在碱性溶液中，$Mn(OH)_3$ 可以歧化为 $Mn(OH)_2$ 和 MnO_2，MnO_2 最稳定。而 MnO_4^{2-} 和 MnO_4^-，MnO_2 几乎处于同一直线上，发生歧化反应的倾向非常小，其稳定性增强。

锰的各种氧化态的氧化还原能力均受介质的影响。例如，低氧化态锰（Ⅱ）的还原性在碱性溶液中比在酸性溶液中强。

1. 氧化物和氢氧化物

锰的各种氧化态的氧化物和氢氧化物或水合物的性质列在表 13-5 中。

锰的氧化物（除 Mn_2O_7 外）为固态且难溶于水。当这些难溶于水的氧化物与酸反应时，只有 MnO 可生成相应的锰（Ⅱ）盐。Mn_2O_3 和 MnO_2 溶于酸后由于对应氧化态的盐不稳定，总是转变为锰（Ⅱ）盐。Mn_2O_7 由于其强氧化性，是很不稳定的化合物。在锰的氢氧化物或水合物中，除 $HMnO_4$ 外，其余都难溶。

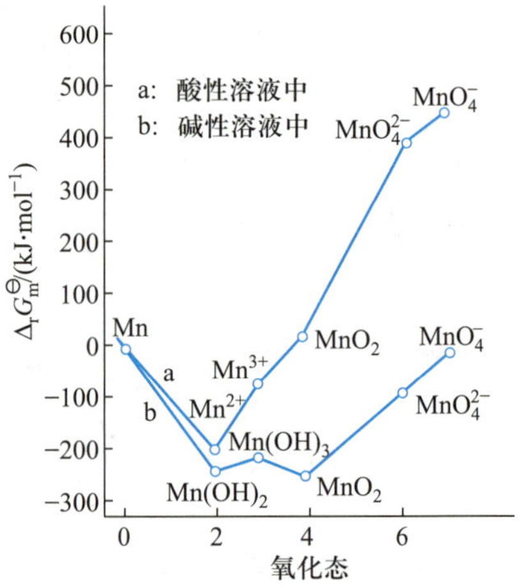

图 13-10 锰的标准吉布斯函变-氧化态图

与氧化物对应的氢氧化物或水合物，随锰的氧化态的增高和离子半径的减小，碱性、还原性减弱，酸性、氧化性增强。例如，$Mn(OH)_2$ 有还原性，它在碱性介质中很不稳定，与空气接触即被氧化成 $MnO(OH)_2$ 或 $MnO_2 \cdot H_2O$。

MnO_2 是最重要的锰氧化物，以软锰矿存在于自然界。在常温下它很稳定，加热分解成 Mn_2O_3 而放出 O_2：

$$4MnO_2 \xrightarrow{803\ K} 2Mn_2O_3 + O_2\uparrow$$

在氢气流中加热 MnO_2 可生成绿色粉末状 MnO：

$$MnO_2 + H_2 \xrightarrow{720\sim780\ K} MnO + H_2O$$

MnO_2 中 Mn 处于中间氧化态，因此既具有氧化性，又具有还原性，但以氧化性为主。在酸性溶液中它是相当强的氧化剂，能将 Fe^{2+}，SO_3^{2-} 氧化为 Fe^{3+}，SO_4^{2-}。可以以 MnO_2 为原料制备锰的低氧化态和高氧化态的化合物。

MnO_2 是两性氧化物，但对稀酸、稀碱呈惰性。与浓硫酸作用，生成的 $Mn(SO_4)_2$ 极不稳定，可以分解水放出氧气，总反应为

$$2MnO_2 + 2H_2SO_4(\text{浓}) \xrightarrow{\triangle} 2MnSO_4 + O_2\uparrow + 2H_2O$$

与浓盐酸反应放出氯气：

$$MnO_2 + 4HCl(\text{浓}) \xrightarrow{\triangle} MnCl_2 + Cl_2\uparrow + 2H_2O$$

该反应常用于实验室中制备氯气。

MnO_2 的氧化性在工业中有重要用途。如制干电池，用 MnO_2 为去极化剂以氧化在电极上产生的氢气。在油漆工业中用 MnO_2 为催干剂，将它加入熬制的半干性油中，作为氧化触媒，促进油在空气中的氧化作用。玻璃工业上将它加入熔态玻璃中以除去带色杂质（硫化物和亚铁盐）。

MnO_2 在碱性介质中，有氧化剂存在时，还能被氧化而转变成锰（Ⅵ）的化合物。例如，MnO_2 和 KOH 的混合物于空气中，或者与 $KClO_3$，KNO_3 等氧化剂一起加热熔融，可以制得绿色的锰酸钾（K_2MnO_4）：

$$2MnO_2 + 4KOH + O_2 \xrightarrow{\text{熔融}} 2K_2MnO_4 + 2H_2O$$

$$3MnO_2 + 6KOH + KClO_3 \xrightarrow{\text{熔融}} 3K_2MnO_4 + KCl + 3H_2O$$

Mn_2O_7 是黑绿色油状液体，将 $KMnO_4$ 粉末在低温下与浓硫酸作用，即有油珠状的 Mn_2O_7 析出。它在 273 K 以下稳定，在常温下会爆炸分解为 MnO_2 和 O_2，它有强氧化性，与有机化合物（酒精、醚类、木材等）接触即能着火燃烧，与 S，P 混合可导致爆炸。将 Mn_2O_7 溶于水就生成紫色的 $HMnO_4$，故它是高锰酸酐。

2. 氧化态为+2的锰盐

锰（Ⅱ）的强酸盐如卤化锰、硝酸锰、硫酸锰等易溶于水，只有少数弱酸盐如碳酸锰、硫化锰等不溶于水。在水溶液中，Mn^{2+} 常以淡红色的 $[Mn(H_2O)_6]^{2+}$ 存在。从溶液中结晶出来的锰（Ⅱ）盐是带有结晶水的粉红色晶体，如 $MnCl_2 \cdot 4H_2O$，$Mn(NO_3)_2 \cdot 6H_2O$ 和 $Mn(ClO_4)_2 \cdot 6H_2O$ 等。

在酸性溶液中，Mn^{2+} 是锰的最稳定状态，不易被氧化，只有在高酸度的热溶液中与强氧化剂如 $(NH_4)_2S_2O_8$，PbO_2，$NaBiO_3$（棕黄色粉末）等作用，才被氧化成 MnO_4^-：

$$2Mn^{2+}+5S_2O_8^{2-}+8H_2O \xrightarrow[\triangle]{Ag^+催化} 2MnO_4^-+10SO_4^{2-}+16H^+$$

$$2Mn^{2+}+5PbO_2+4H^+ \xrightarrow[\triangle]{} 2MnO_4^-+5Pb^{2+}+2H_2O$$

$$2Mn^{2+}+5NaBiO_3+14H^+ \xrightarrow[\triangle]{} 2MnO_4^-+5Bi^{3+}+5Na^++7H_2O$$

上述反应中，最后一个反应是 Mn^{2+} 的特征反应，在硝酸中 Mn^{2+} 被 $NaBiO_3$ 氧化生成了 MnO_4^- 而使溶液呈紫红色，常用这一反应来检验微量 Mn^{2+}。但当溶液中有 Cl^- 存在时，出现紫红色后又立即褪去，这是由于 MnO_4^- 又被 Cl^- 还原的缘故。当 Mn^{2+} 过多时，紫红色出现后也会立即消失，出现棕褐色，甚至有沉淀析出，这是因为生成的 MnO_4^- 又被过量的 Mn^{2+} 还原而析出 MnO_2。反应式如下：

$$2MnO_4^-+10Cl^-+16H^+ \longrightarrow 2Mn^{2+}+5Cl_2\uparrow+8H_2O$$

$$3Mn^{2+}+2MnO_4^-+2H_2O \longrightarrow 5MnO_2\downarrow+4H^+$$

在碱性溶液中，锰（Ⅱ）的稳定性比在酸性溶液中差，很容易被氧化。例如，在锰（Ⅱ）盐溶液中加入强碱，生成的白色氢氧化锰沉淀与空气接触，会立即被氧化成棕褐色的水合二氧化锰：

$$Mn^{2+}+2OH^- \longrightarrow Mn(OH)_2\downarrow$$

$$2Mn(OH)_2+O_2 \longrightarrow 2MnO(OH)_2\downarrow$$

锰（Ⅱ）盐具有一定毒性，吸入含锰粉尘会引起神经系统的慢性中毒。不溶性的锰盐中，碳酸锰是白色粉末，可用作颜料（锰白）。$(NH_4)_2S$ 溶液与 Mn^{2+} 溶液反应时，可生成肉色硫化锰沉淀，其 $K_{sp}(MnS)=2.5\times10^{-10}$，像醋酸这样的弱酸也可以使它溶解，因此 MnS 难以从酸性溶液中沉淀出来。

3. 氧化态为+6，+7的锰酸盐

锰（Ⅵ）酸盐中比较稳定的是锰酸钠和锰酸钾。它们是由 MnO_2 在空气中或其他氧化剂存在下，同碱金属氢氧化物或碳酸盐共熔而制得的绿色固体。它们只有在碱性溶液中（pH>13.5）才是稳定的，在酸性溶液中易发生歧化反应：

$$3MnO_4^{2-}+4H^+ \rightleftharpoons 2MnO_4^-+MnO_2\downarrow+2H_2O$$

在中性或弱碱性溶液中,歧化反应趋势小(见图13-9,图13-10):

$$3MnO_4^{2-}+2H_2O \rightleftharpoons 2MnO_4^-+MnO_2\downarrow+4OH^-$$

根据上述平衡,向溶液中通入 CO_2 或加入酸,平衡就向右移动,使 MnO_4^{2-} 的歧化反应进行得快而完全:

$$3K_2MnO_4+4CO_2+2H_2O \longrightarrow 2KMnO_4+4KHCO_3+MnO_2\downarrow$$

工业上就是应用这一反应,将滤液浓缩到有黑紫色菱形的 $KMnO_4$ 结晶,因此锰酸盐是制备高锰酸盐的中间产品。此法虽然可制得高锰酸钾,但产率不高,因为有1/3的锰(Ⅵ)被还原成 MnO_2,所以最好的制备方法是电解法或以氯气、次氯酸盐为氧化剂,把全部的 MnO_4^{2-} 氧化为 MnO_4^-:

$$2MnO_4^{2-}+2H_2O \xrightarrow{\text{电解}} \underset{(\text{阳极})}{2MnO_4^-}+\underset{(\text{阴极})}{H_2\uparrow}+2OH^-$$

$$2MnO_4^{2-}+Cl_2 \longrightarrow 2MnO_4^-+2Cl^-$$

高锰酸钾是较稳定的化合物,480 K左右分解放出氧气,这是实验室制备氧气的方法之一:

$$2KMnO_4 \xrightarrow{\triangle} K_2MnO_4+MnO_2+O_2\uparrow$$

MnO_4^- 在酸性、中性或碱性溶液中不稳定,会自行分解。比较 $E^{\ominus}_{A,MnO_4^-/MnO_2}=1.70\ V$, $E^{\ominus}_{A,O_2/H_2O}=1.229\ V$ 和 $E^{\ominus}_{B,MnO_4^-/MnO_4^{2-}}=0.56\ V$, $E^{\ominus}_{B,O_2/OH^-}=0.401\ V$ 可知,在溶液中,MnO_4^- 可能把 H_2O 氧化为 O_2,但是这一反应的反应速率非常慢,$KMnO_4$的水溶液放置时会缓慢地按下式反应:

$$4MnO_4^-+4H^+ \longrightarrow 4MnO_2\downarrow+3O_2\uparrow+2H_2O$$

$$4MnO_4^-+2H_2O \longrightarrow 4MnO_2\downarrow+3O_2\uparrow+4OH^-$$

在中性溶液中这种反应的分解速率比在酸性溶液中更缓慢,但光照及 MnO_2 的存在对高锰酸盐的分解起催化作用,因此 $KMnO_4$ 溶液必须保存在棕色瓶中,并要适时过滤除去溶液中的 MnO_2 沉淀。$KMnO_4$ 溶液中加入浓碱也会放出氧气,溶液由紫红色变为绿色:

$$4MnO_4^-+4OH^- \longrightarrow 4MnO_4^{2-}+O_2\uparrow+2H_2O$$

前述用碱熔法制得锰酸盐,不能直接把 MnO_2 氧化为 MnO_4^-,其原因就是 MnO_4^- 在强碱溶液中不稳定。

$KMnO_4$ 是一种很有价值的实验室试剂,它作为氧化剂而被还原的产物因介质的酸碱性不同而不同。

使用 $KMnO_4$ 作氧化剂,大多是在酸性溶液中,$E^{\ominus}_{MnO_4^-/Mn^{2+}}=1.51\ V$,它可以氧化 Fe^{2+},I^-,Cl^-,H_2S,Sn^{2+},SO_3^{2-} 等,还原产物为 Mn^{2+}。例如:

$$MnO_4^- + 5Fe^{2+} + 8H^+ \longrightarrow Mn^{2+} + 5Fe^{3+} + 4H_2O$$

分析化学中，用 $KMnO_4$ 的酸性溶液测定铁含量，就是利用此反应。使用 $KMnO_4$ 可以测定 $H_2C_2O_4$，SO_3^{2-}，NO_2^-，H_2O_2 等。此方法简便，因为所生成的 Mn^{2+} 几乎无色（浅粉红色），滴定至还原剂已作用完时再加半滴 $KMnO_4$ 溶液，立即成浅紫红色，因此不必加指示剂即知终点。例如，在酸性介质中 H_2O_2 可被 $KMnO_4$ 氧化：

$$5H_2O_2 + 2MnO_4^- + 6H^+ \longrightarrow 2Mn^{2+} + 5O_2\uparrow + 8H_2O$$

此反应用于测定 H_2O_2 的含量。

$$5H_2C_2O_4 + 2MnO_4^- + 6H^+ \longrightarrow 2Mn^{2+} + 10CO_2\uparrow + 8H_2O$$

此反应用于标定 $KMnO_4$ 溶液的浓度。

酸性介质中 $KMnO_4$ 与 K_2SO_3 反应：

$$2MnO_4^- + 5SO_3^{2-} + 6H^+ \longrightarrow 2Mn^{2+} + 5SO_4^{2-} + 3H_2O$$

反应之初 MnO_4^- 与还原剂反应慢，但 Mn^{2+} 的存在可以催化该反应，因此随着 Mn^{2+} 的生成，反应速率迅速加快。如果 MnO_4^- 过量，它可能和 Mn^{2+} 发生反应而析出 MnO_2。

在弱酸性、中性、弱碱性溶液中，MnO_4^- 被还原为 MnO_2。例如，在中性或弱碱性介质中 $KMnO_4$ 与 K_2SO_3，H_2O_2 反应：

$$2MnO_4^- + 3SO_3^{2-} + H_2O \longrightarrow 2MnO_2\downarrow + 3SO_4^{2-} + 2OH^-$$

$$2MnO_4^- + 3H_2O_2 \longrightarrow 2MnO_2\downarrow + 3O_2\uparrow + 2H_2O + 2OH^-$$

在强碱性介质中，MnO_4^- 则被还原成 MnO_4^{2-}：

$$2MnO_4^- + SO_3^{2-} + 2OH^- \longrightarrow 2MnO_4^{2-} + SO_4^{2-} + H_2O$$

$KMnO_4$ 主要作为氧化剂广泛用于滴定分析中测定许多物质的含量。它的稀溶液（0.1%）可用于浸洗水果及碗、杯等用具的消毒和杀菌。5%的 $KMnO_4$ 溶液可治疗烫伤。在工业上 $KMnO_4$ 用于纤维漂白和油脂脱色。

13.6 铁、钴、镍

铁、钴、镍是Ⅷ族的第一横排元素，称为铁系元素。

铁系元素中，铁约占地壳质量的 5.1%，仅次于氧、硅、铝，列为第四位。铁的主要矿石有磁铁矿（Fe_3O_4），赤铁矿（Fe_2O_3），菱铁矿（$FeCO_3$）和黄铁矿（FeS_2）。钴和镍在地壳中的丰度分别为 0.001% 和 0.018%，它们的重要矿石有辉钴矿（CoAsS）和镍黄铁矿（NiS·FeS）。

13.6.1 单质的性质和用途

铁、钴、镍都是具有光泽的银白色金属，铁、钴略带灰色。铁和镍有很好的延展性，钴比较硬而脆。它们都表现出铁磁性，所以铁、钴、镍合金是很好的磁性材料。

钴、镍和块状的纯铁对空气和水都是稳定的，但是一般的铁含有杂质，在潮湿空气中慢慢形成棕色的铁锈。铁锈的成分比较复杂，简略用 $Fe_2O_3 \cdot xH_2O$ 表示，它是一种松脆多孔的物质，不能保护里层的铁不腐蚀。镍常被镀在金属制品表面上保护金属不生锈。

铁、钴、镍属于中等活泼的金属，都能溶于稀酸，通常形成水合离子 $[M(H_2O)_6]^{2+}$，但钴、镍比铁溶得慢些。硫酸对铁的作用因浓度不同而不同。浓度低于 70% 的硫酸与铁作用时，随浓度增加反应速率加快；当硫酸浓度超过 70% 时，铁的表面形成钝态，反应速率迅速下降，故可用铁桶储运浓硫酸。硝酸对铁的作用因浓度、温度不同而不同。铁与冷的稀硝酸作用时，生成 Fe^{2+} 和 NH_4^+；与热的稀硝酸作用时，生成 Fe^{2+} 和 N_2O；当硝酸较浓（>22%）时，则生成 Fe^{3+} 和 NO 或 NO_2。钴和镍同硝酸作用，生成+2 氧化态的硝酸盐和 NO。冷的浓硝酸可使铁、钴、镍变成钝态，因此储运浓硝酸的容器和管道也可用铁制品。

金属铁能被浓碱溶液所侵蚀，钴和镍在碱溶液中的稳定性比铁高，故实验室中可以用镍坩埚熔融碱性物质。

在加热的条件下，铁、钴、镍能与许多非金属如氧、硫、氯等剧烈反应。

铁是最重要的金属材料，铁合金用途更广。钴、镍主要用于制造合金。钴、铬、钨、钼的合金具有很高的硬度且耐腐蚀，是制刀具和钻头的好材料。镍合金耐腐蚀，如含 60%Ni，36%Cu，3.5%Fe 和 0.5%Al 的合金可用作化工机械材料。含 78.5%Fe 和 21.5%Ni 的合金磁性很好，可用作电极和用于电信工程中。含 9% Ni 和 18%Cr 的不锈钢在工业及民用方面都有非常广泛的用途。

13.6.2 铁、钴、镍的重要化合物

铁、钴、镍的原子半径相近，最外层 4s 轨道都有两个电子，次外层 3d 电子数分别为 6，7，8，因而它们的性质很相似。第一过渡系元素到Ⅷ族时，3d 电子已超过 5 个，使得 3d 轨道上成对电子数增多，导致铁系元素的价电子全部参加成键的可能性减少，不再出现最高氧化态与族数相当的情况。铁的最高氧化态为+6，常见氧化态为 +2，+3。钴和镍的最高氧化态分别为+5，+4，常见氧化态为+2。铁、钴、镍在某些配合物中也呈现低氧化态+1，0，-1 或-2，如在羰基配合物中，呈氧化态 0。铁、钴、镍的元素电势图和标准吉布斯函变-氧化态图见图 13-11和图 13-12。

$E_A^\ominus/V \quad FeO_4^{2-} \xrightarrow{+2.20} Fe^{3+} \xrightarrow{+0.771} Fe^{2+} \xrightarrow{-0.440} Fe$

$E_B^\ominus/V \quad FeO_4^{2-} \xrightarrow{+0.720} Fe(OH)_3 \xrightarrow{-0.560} Fe(OH)_2 \xrightarrow{-0.877} Fe$

$E_A^\ominus/V \quad Co^{3+} \xrightarrow{+1.92} Co^{2+} \xrightarrow{-0.277} Co$

$E_B^\ominus/V \quad Co(OH)_3 \xrightarrow{+0.17} Co(OH)_2 \xrightarrow{-0.733} Co$

$E_A^\ominus/V \quad NiO_2 \xrightarrow{+1.593} Ni^{2+} \xrightarrow{-0.257} Ni$

$E_B^\ominus/V \quad Ni(OH)_3 \xrightarrow{+0.480} Ni(OH)_2 \xrightarrow{-0.720} Ni$

图 13-11 铁、钴、镍的元素电势图

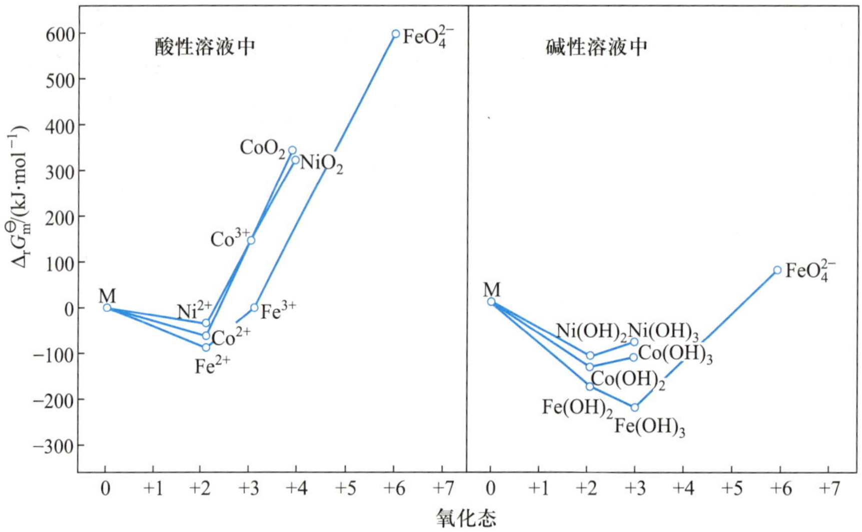

图 13-12 铁、钴、镍的标准吉布斯函变-氧化态图

由图 13-11 和图 13-12 可知，在酸性介质中，Fe^{2+}，Co^{2+}，Ni^{2+} 是最稳定状态，高氧化态是强的氧化剂。在碱性介质中，铁的最稳定氧化态是+3，钴和镍仍为+2。在碱性条件下将低氧化态的铁、钴、镍氧化为高氧化态比在酸性条件下容易。

1. 氧化物和氢氧化物

铁能形成+2，+3 氧化态的氧化物，钴和镍在常温下生成+2 氧化态的氧化物，热分解它们的硝酸盐可以得到+3 氧化态的氧化物。

FeO	CoO	NiO
（黑色）	（灰绿色）	（暗绿色）
Fe_2O_3	Co_2O_3	Ni_2O_3
（砖红色）	（褐色）	（黑色）

FeO，CoO，NiO 易溶于酸而难溶于水或碱性溶液，属于碱性氧化物：

$$FeO + 2H^+ \longrightarrow Fe^{2+} + H_2O$$

Fe_2O_3 为难溶于水的两性氧化物，但以碱性为主，易溶于酸中得铁（Ⅲ）盐，与

碱金属氧化物或氢氧化物或碳酸盐共熔,即可生成铁(Ⅲ)酸盐。反应如下:

$$Fe_2O_3+6HCl \longrightarrow 2FeCl_3+3H_2O$$

$$Fe_2O_3+Na_2CO_3 \xrightarrow{\text{熔融}} 2NaFeO_2+CO_2\uparrow$$

Fe_2O_3 可用作红色颜料(俗称铁红)、磨光剂和磁性材料的原料。

Fe_2O_3,Co_2O_3,Ni_2O_3 都是具有较强氧化性的氧化物,它们按 Fe → Co → Ni 顺序氧化能力增强。例如,Co_2O_3,Ni_2O_3 与盐酸反应得不到相应的钴(Ⅲ)和镍(Ⅲ)盐,而是将盐酸氧化为氯气,本身被还原成钴(Ⅱ)和镍(Ⅱ)盐:

$$M_2O_3+6HCl \longrightarrow 2MCl_2+Cl_2\uparrow+3H_2O \quad (M=Co,Ni)$$

铁和钴还可形成 Fe_3O_4 和 Co_3O_4。Fe_3O_4 是自然界中磁铁矿的主要成分,又称磁性氧化铁。将铁或氧化亚铁在空气或氧气中加热,或水蒸气通过赤热的铁都可得到 Fe_3O_4。可以认为它是一种复合氧化物 $FeO\cdot Fe_2O_3$ 或铁酸铁 $Fe(FeO_2)_2$。Fe_3O_4 具有反式尖晶石[具有通式为 M(Ⅱ)Fe_2(Ⅲ)O_4 的铁酸盐]结构。反式尖晶石铁酸盐的重要用途是作为高频变压器里的芯子及作为电子计算机存储系统中的磁芯。将钴(Ⅱ)的碳酸盐或硝酸盐在空气或氧气中加热可生成 Co_3O_4。Co_3O_4 是 CoO 和 Co_2O_3 的复合氧化物。

在铁(Ⅱ)、钴(Ⅱ)、镍(Ⅱ)的盐溶液中加入强碱,均能得到相应的氢氧化物沉淀:

$$M^{2+}+2OH^- \longrightarrow M(OH)_2\downarrow \qquad (M=Fe,Co,Ni)$$

$Fe(OH)_2$ 从溶液中析出时,往往得不到纯的 $Fe(OH)_2$,只有在完全清除溶液中的氧时,才有可能得到白色的 $Fe(OH)_2$。因为它易被空气中的氧所氧化,变成灰绿色最后成为红棕色的水合氧化铁 $Fe_2O_3\cdot nH_2O$,一般仍将其写作 $Fe(OH)_3$:

$$4Fe(OH)_2+O_2+2H_2O \longrightarrow 4Fe(OH)_3\downarrow$$

$Co(OH)_2$ 在空气中也能缓慢地被氧化为 $Co(OH)_3$,其反应速率不如 $Fe(OH)_2$ 快。$Ni(OH)_2$ 不能和空气中的氧作用,它只能在强碱性溶液中被强氧化剂(如 NaClO,Cl_2,Br_2 等)氧化为 $Ni(OH)_3$:

$$2Co(OH)_2+NaClO+H_2O \longrightarrow 2Co(OH)_3\downarrow+NaCl$$

$$2Ni(OH)_2+Br_2+2NaOH \longrightarrow 2Ni(OH)_3\downarrow+2NaBr$$

由此可见,$M(OH)_2$ 的还原能力按 Fe → Co → Ni 顺序依次减弱。$Fe(OH)_2$ 和 $Co(OH)_2$ 略显两性,以碱性为主,在浓强碱溶液中可分别形成 $[Fe(OH)_4]^{2-}$ 和 $[Co(OH)_4]^{2-}$。新沉淀出来的 $Fe(OH)_3$ 也具有两性,但碱性强于酸性,能溶于浓的强碱溶液中生成 $[Fe(OH)_6]^{3-}$:

$$Fe(OH)_3+3KOH \xrightarrow{\triangle} K_3[Fe(OH)_6] (\text{或 } KFeO_2)$$

$Fe(OH)_3$ 与酸反应生成相应的铁（Ⅲ）盐：

$$Fe(OH)_3+3H^+ \longrightarrow Fe^{3+}+3H_2O$$

$Co(OH)_3$ 与 $Ni(OH)_3$ 在酸性条件下都是强氧化剂，与酸反应时不能得到相应的钴（Ⅲ）盐、镍（Ⅲ）盐，而是发生氧化还原反应，即

$$4Co(OH)_3+4H_2SO_4 \longrightarrow 4CoSO_4+O_2\uparrow+10H_2O$$

$$2Co(OH)_3+6HCl(浓) \longrightarrow 2CoCl_2+Cl_2\uparrow+6H_2O$$

$Ni(OH)_3$ 也有类似的反应。

铁系元素的氢氧化物都难溶于水，其性质变化规律如下：

稳定性升高，还原性减弱 →

$Fe(OH)_2$ （白色） 碱性	$Co(OH)_2$ （粉红色） 碱性	$Ni(OH)_2$ （苹果绿） 碱性
$Fe(OH)_3$ （红棕色） 两性偏碱	$Co(OH)_3$ （棕色） 两性偏碱	$Ni(OH)_3$ （黑色） 两性偏碱

稳定性降低，氧化性增强 →

2. 盐类

（1）氧化态为+2 的盐　氧化态为+2 的铁、钴、镍的盐，在性质上有许多相似之处。它们的强酸盐如硝酸盐、硫酸盐、氯化物等易溶于水，从溶液中结晶出来时还带有相同数目的结晶水。硫酸盐都含有 7 个结晶水，为 $M(Ⅱ)SO_4\cdot7H_2O$，硝酸盐、氯化物常含 6 个结晶水，为 $M(Ⅱ)(NO_3)_2\cdot6H_2O$，$M(Ⅱ)Cl_2\cdot6H_2O$。它们的碳酸盐、磷酸盐、硫化物等弱酸盐都难溶于水。

氧化态为+2 的铁、钴、镍的水合离子都显一定颜色，这和 M^{2+} 具有未充满的 d 轨道有关。$[Fe(H_2O)_6]^{2+}$ 为浅绿色，$[Co(H_2O)_6]^{2+}$ 为粉红色，$[Ni(H_2O)_6]^{2+}$ 为苹果绿。这些水分子成结晶水共同析出，所以它们的盐也有颜色。

硫酸亚铁、硫酸镍和莫尔盐

铁系元素的硫酸盐都能和碱金属或铵的硫酸盐形成复盐，如硫酸亚铁铵 $(NH_4)_2SO_4\cdot FeSO_4\cdot6H_2O$，俗称莫尔盐，它是分析化学中常用的还原剂。从铁、钴、镍的元素电势图可知，铁（Ⅱ）盐具有还原性，而钴（Ⅱ）、镍（Ⅱ）的盐比较稳定。氧化态为+2 的铁系元素的盐中，比较重要的有以下几种。

① 硫酸亚铁　将铁屑与硫酸作用，然后将溶液浓缩，冷却后就有绿色的 $FeSO_4\cdot7H_2O$ 晶体析出，俗称绿矾。它不稳定，在空气中可逐渐风化而失去一部分水，并且表面容易氧化生成黄褐色碱式硫酸铁（Ⅲ）：

$$4FeSO_4+2H_2O+O_2 \longrightarrow 4Fe(OH)SO_4$$

$FeSO_4\cdot7H_2O$ 加热失水可得无水 $FeSO_4$，强热分解为 Fe_2O_3：

$$2FeSO_4 \xrightarrow{\triangle} Fe_2O_3+SO_2+SO_3$$

在溶液中，铁(Ⅱ)盐的氧化还原稳定性随介质不同而异。由下列 $E^\ominus$ 值可看出：

$$Fe^{3+}+e^- \rightleftharpoons Fe^{2+} \qquad E_A^\ominus=0.771\ V$$

$$O_2+4H^++4e^- \rightleftharpoons 2H_2O \qquad E_A^\ominus=1.229\ V$$

$$Fe(OH)_3+e^- \rightleftharpoons Fe(OH)_2+OH^- \qquad E_B^\ominus=-0.560\ V$$

$$O_2+2H_2O+4e^- \rightleftharpoons 4OH^- \qquad E_B^\ominus=0.401\ V$$

在酸性或碱性溶液中，铁(Ⅱ)可被空气中的氧所氧化，在碱性溶液中更易被氧化。因此，保存铁(Ⅱ)盐溶液时，应加足够的酸，同时加入几颗铁钉，因为根据图 13-11 可知，单质铁能与 Fe^{3+} 发生逆歧化反应，因而有利于防止 Fe^{2+} 的氧化。

在酸性条件下，亚铁的复盐如莫尔盐比硫酸亚铁更稳定，故在定量分析中，它常被用作还原剂，用来标定重铬酸钾和高锰酸钾溶液：

$$10FeSO_4+2KMnO_4+8H_2SO_4 \longrightarrow 5Fe_2(SO_4)_3+K_2SO_4+2MnSO_4+8H_2O$$

硫酸亚铁与鞣酸反应可生成易溶的鞣酸亚铁，由于它在空气中易被氧化为黑色的鞣酸铁，所以可用来制蓝黑墨水。硫酸亚铁在农业上用作农药，主治小麦黑穗病。在工业上硫酸亚铁应用于染色和木材防腐等。

② 二氯化钴　由于盐中所含结晶水数目不同而呈现不同的颜色，它们的相互转变温度及特征颜色如下：

$$\underset{(粉红色)}{CoCl_2\cdot 6H_2O} \xrightleftharpoons{325\ K} \underset{(紫红色)}{CoCl_2\cdot 2H_2O} \xrightleftharpoons{363\ K} \underset{(蓝紫色)}{CoCl_2\cdot H_2O} \xrightleftharpoons{393\ K} \underset{(蓝色)}{CoCl_2}$$

蓝色的 $CoCl_2$ 在潮湿空气中由于水合作用转变为粉红色，因此，常用它来显示某种物质的含水情况。用 $CoCl_2$ 作硅胶干燥剂的指示剂就是利用上述特性，将硅胶放在 $CoCl_2$ 溶液中浸泡，然后烘干成蓝色使用。当干燥硅胶吸水后，逐渐由蓝色变为粉红色，指示硅胶吸水已达饱和，可重新烘干至蓝色再用。

③ 硫酸镍　用金属镍与硫酸和硝酸反应可制得硫酸镍：

$$2Ni+2HNO_3+2H_2SO_4 \longrightarrow 2NiSO_4+NO_2+NO+3H_2O$$

也可以将氧化镍或碳酸镍溶于稀硫酸中制得绿色晶体 $NiSO_4\cdot 7H_2O$，它大量用于电镀，制取镍催化剂、媒染剂等。

(2) 氧化态为+3 的盐　铁系元素中只有铁和钴才有氧化态为+3 的简单盐，其中钴(Ⅲ)盐由于具有强氧化性而只能以固态形式存在，溶于水迅速分解为钴(Ⅱ)盐。高氧化态镍的氧化性更强，类似的镍盐至今尚未见到。

铁(Ⅲ)的强酸盐如 $Fe(NO_3)_3\cdot 6H_2O$，$FeCl_3\cdot 6H_2O$，$Fe_2(SO_4)_3\cdot 12H_2O$ 等都易溶于水，这些盐的晶体中都含有 $[Fe(H_2O)_6]^{3+}$，它也存在于强酸性(pH = 0 左右)

溶液中。$[Fe(H_2O)_6]^{3+}$显极浅紫色，它在溶液中最显著的性质是水解、沉淀、氧化还原和转化为其他配位化合物。

Fe^{3+}的电荷高、半径小，对水分子的极化作用较强，所以它的强酸盐易水解，水解通常是分级进行的，其水解一般不完全，而且可逆，以一级水解为主。水解后的溶液呈酸性，溶液显黄色或红棕色：

$$[Fe(H_2O)_6]^{3+}+H_2O \rightleftharpoons \underset{\text{（黄色）}}{[Fe(OH)(H_2O)_5]^{2+}}+H_3O^+$$

$$[Fe(OH)(H_2O)_5]^{2+}+H_2O \rightleftharpoons \underset{\text{（红棕色）}}{[Fe(OH)_2(H_2O)_4]^{+}}+H_3O^+$$

所形成的碱式离子可缩聚为二聚离子，即二羟基八水合二铁（Ⅲ）离子：

$$2[Fe(OH)(H_2O)_5]^{2+} \longrightarrow [(H_2O)_4Fe(OH)_2Fe(H_2O)_4]^{4+}+2H_2O$$

在Fe^{3+}的稀溶液中（10^{-4} mol·L^{-1}左右），其水解产物主要是$[Fe(OH)(H_2O)_5]^{2+}$和$[Fe(OH)_2(H_2O)_4]^{+}$，在较浓的溶液中（1 mol·L^{-1}左右），其水解产物主要是二聚离子。

由上述平衡可知，在铁（Ⅲ）盐溶液中加酸时，可以防止或减弱水解；当 pH 增大到 2～3 时，水解趋势就很明显，聚合倾向增大，溶液颜色由黄棕色逐渐变为深棕色；pH 继续升高至 4～5 时，可析出红棕色胶状水合三氧化二铁沉淀，通常近似地写作$Fe(OH)_3$。$FeCl_3$的净水作用就是由于Fe^{3+}水解产生$Fe(OH)_3$后，与水中悬浮的泥土杂质一起聚沉下来，使混浊的水变清澈。

在酸性介质中，Fe^{3+}是中强氧化剂，可氧化$SnCl_2$，H_2S，I^-，SO_3^{2-}，$S_2O_3^{2-}$，Cu 等。例如：

$$2Fe^{3+}+2I^- \longrightarrow 2Fe^{2+}+I_2$$

$$2Fe^{3+}+Cu \longrightarrow 2Fe^{2+}+Cu^{2+}$$

后一反应用于制造印刷电路，在$FeCl_3$溶液的作用下，铜板上需要去掉的部分变成Cu^{2+}而溶解。

$FeCl_3$是最重要的铁（Ⅲ）盐。无水$FeCl_3$是由氯气和热的铁屑反应而制得的棕褐色固体，它明显具有共价性，可以升华，673 K 时在蒸气状态有双聚分子Fe_2Cl_6存在：

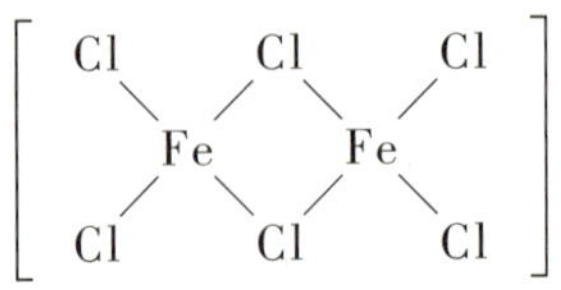

实际上属于多核配合物。

无水$FeCl_3$易溶于水及有机溶剂。从溶液中制得的$FeCl_3$为六水合物，容易潮解。$FeCl_3$ 固体和其水溶液中由于含有$[FeCl_2(H_2O)_4]^+$而显黄棕色。

$FeCl_3$ 主要用作净水剂、止血剂、有机合成催化剂等。

3. 配合物

铁、钴、镍可以和 CN^-,SCN^-,F^-,Cl^-等离子形成配合物,还能与 H_2O,NH_3,CO,NO 等分子及许多有机试剂形成配合物。Fe^{2+}和 Fe^{3+}易形成配位数为 6 的八面体构型配合物。Co^{2+}的大多数配合物具有八面体或四面体构型,Co^{2+}比任何其他过渡金属的离子所形成的四面体配合物都要多,因为 $Co^{2+}(d^7)$的八面体和四面体构型配合物,其晶体场稳定化能之间的差值比其他 d^n结构的离子相对较小,所以其八面体构型配合物易与四面体构型配合物相互转化。例如:

$$[Co(H_2O)_6]^{2+}+4Cl^- \rightleftharpoons [CoCl_4]^{2-}+6H_2O$$

(粉红色) (蓝色)

八面体构型 四面体构型

Ni^{2+}可形成八面体、平面四边形、四面体、三角双锥形等构型的配合物。

(1) 氨合物 Fe^{2+},Co^{2+},Ni^{2+}与 NH_3 都能形成氨合配离子,其化学稳定性按 $Fe^{2+}\rightarrow Co^{2+}\rightarrow Ni^{2+}$顺序增强。$Fe^{2+}$难以形成稳定的氨合物。例如,在无水状态下,$FeCl_2$ 虽然可与 NH_3 形成$[Fe(NH_3)_6]Cl_2$:

$$FeCl_2(\text{无水})+6NH_3(g) \longrightarrow [Fe(NH_3)_6]Cl_2$$

但遇水分解:

$$[Fe(NH_3)_6]Cl_2+6H_2O \longrightarrow Fe(OH)_2\downarrow+4NH_3\cdot H_2O+2NH_4Cl$$

由于 Fe^{3+}发生强烈的水解,所以在其水溶液中加入氨时,不是形成氨合物,而是形成 $Fe(OH)_3$ 沉淀。

Co^{2+}与氨水反应,首先生成蓝色碱式盐 Co(OH)Cl 沉淀,氨水过量时沉淀溶解,生成土黄色的$[Co(NH_3)_6]^{2+}$。在空气中$[Co(NH_3)_6]^{2+}$可慢慢被氧化成更稳定的红褐色的$[Co(NH_3)_6]^{3+}$,反应方程式如下:

$$Co(OH)Cl+7NH_3\cdot H_2O \longrightarrow [Co(NH_3)_6](OH)_2+NH_4Cl+6H_2O$$

$$4[Co(NH_3)_6]^{2+}+O_2+2H_2O \longrightarrow 4[Co(NH_3)_6]^{3+}+4OH^-$$

由图 13-11,图 13-12 可知,Co^{3+}的氧化性很强,很不稳定,所以一般钴盐都是以 Co^{2+}存在于水溶液中,但是形成氨合物后,电极电势大大降低,氧化还原稳定性发生变化。

$$Co^{3+}+e^- \rightleftharpoons Co^{2+} \qquad E_A^{\ominus}=1.92\ V$$

$$[Co(NH_3)_6]^{3+}+e^- \rightleftharpoons [Co(NH_3)_6]^{2+} \qquad E_B^{\ominus}=0.058\ V$$

可见形成氨合物后,高氧化态的氧化性大大降低,在溶液中能稳定存在;而低氧化态的$[Co(NH_3)_6]^{2+}$还原性变得远比 Co^{2+}强,空气中的氧可将$[Co(NH_3)_6]^{2+}$氧化为

$[Co(NH_3)_6]^{3+}$。低自旋（$d_\varepsilon^6 d_\gamma^0$）的$[Co(NH_3)_6]^{3+}$（$\beta=1.58\times10^{35}$）比高自旋（$d_\varepsilon^5 d_\gamma^2$）的$[Co(NH_3)_6]^{2+}$（$\beta=1.29\times10^5$）更稳定。

Ni^{2+}在过量氨水中生成蓝色的$[Ni(NH_3)_6]^{2+}$，比较稳定，不易被氧化。

（2）氰合物　Fe^{3+}，Co^{3+}，Fe^{2+}，Co^{2+}，Ni^{2+}都能与CN^-形成配合物。Fe（Ⅱ）盐与KCN溶液作用得白色的$Fe(CN)_2$沉淀，KCN过量时沉淀溶解，形成低自旋配离子$[Fe(CN)_6]^{4-}$：

$$Fe^{2+}+2CN^- \longrightarrow Fe(CN)_2\downarrow$$

$$Fe(CN)_2+4CN^- \longrightarrow [Fe(CN)_6]^{4-}$$

从溶液中析出来的黄色晶体是$K_4[Fe(CN)_6]\cdot3H_2O$，俗称黄血盐。$[Fe(CN)_6]^{4-}$在溶液中很稳定，几乎检验不出有游离Fe^{2+}存在。

在黄血盐溶液中通入氯气（或用其他氧化剂）可将$[Fe(CN)_6]^{4-}$氧化为$[Fe(CN)_6]^{3-}$：

$$2[Fe(CN)_6]^{4-}+Cl_2 \longrightarrow 2[Fe(CN)_6]^{3-}+2Cl^-$$

从溶液中可析出$K_3[Fe(CN)_6]$深红色晶体，俗称赤血盐。

在含有Fe^{2+}的溶液中加入赤血盐溶液，得到滕氏蓝沉淀；在含有Fe^{3+}的溶液中加入黄血盐溶液，得到普鲁士蓝沉淀：

$$K^++Fe^{2+}+[Fe(CN)_6]^{3-}\longrightarrow[KFe(CN)_6Fe]\downarrow$$

（滕氏蓝）

$$K^++Fe^{3+}+[Fe(CN)_6]^{4-}\longrightarrow[KFe(CN)_6Fe]\downarrow$$

（普鲁士蓝）

这两个反应常分别用来鉴定Fe^{2+}和Fe^{3+}。经结构研究证明这两种蓝色沉淀的组成相同，两种氧化态的铁都在配合物内界。此蓝色配合物广泛用于油漆和油墨工业及图画颜料的制造。

Co^{2+}与KCN反应，先生成红棕色的$Co(CN)_2$沉淀，将它溶于过量的KCN溶液后，可析出紫色的六氰合钴（Ⅱ）酸钾$K_4[Co(CN)_6]$晶体。由于CN^-是强场配体，分裂能较高，此时$Co^{2+}(d^7)$中只有1个电子处于能级较高的d_γ轨道，易失去，所以$[Co(CN)_6]^{4-}$很不稳定，将溶液稍稍加热，$[Co(CN)_6]^{4-}$就能把水解离出的H^+还原为H_2：

$$2[Co(CN)_6]^{4-}+2H_2O \xrightarrow{\triangle} 2[Co(CN)_6]^{3-}+2OH^-+H_2\uparrow$$

其配离子电对的$E^\ominus_{[Co(CN)_6]^{3-}/[Co(CN)_6]^{4-}}$值为$-0.81$ V，可见，$[Co(CN)_6]^{4-}$是一种相当强的还原剂，而$[Co(CN)_6]^{3-}$则很稳定。

Ni^{2+}与过量CN^-溶液反应形成橙黄色的$[Ni(CN)_4]^{2-}$。$[Ni(CN)_4]^{2-}$具有平面

正方形结构，稳定性强。

（3）硫氰合物　在含有 Fe^{3+} 或 Co^{2+} 的溶液中各加入 SCN^-，如溶液分别变为血红色及亮蓝色，即可鉴定 Fe^{3+} 和 Co^{2+}：

$$Fe^{3+}+xSCN^- \longrightarrow [Fe(NCS)_x]^{3-x} \quad (x=1\sim6)$$

（血红色）

$$Co^{2+}+4SCN^- \longrightarrow [Co(NCS)_4]^{2-}$$

（亮蓝色）

前一反应的 x 数目与溶液酸度及 SCN^- 的浓度有关，这是检验 Fe^{3+} 的灵敏反应，也被用于比色法测定 Fe^{3+} 含量。后一反应中生成的 $[Co(NCS)_4]^{2-}$ 为正四面体构型，在水溶液中不稳定，要用浓 NH_4SCN 溶液与 Co^{2+} 作用，并用丙酮抑制其解离，或用戊醇萃取。

在分析化学中，加入 KSCN 鉴定 Co^{2+} 时，若溶液中存在 Fe^{3+} 则会干扰 Co^{2+} 的鉴定，为了排除 Fe^{3+} 的干扰，必须加掩蔽剂（如 NaF 或 NH_4F）将 Fe^{3+}“掩蔽”起来：

$$Fe^{3+}+6F^- \longrightarrow [FeF_6]^{3-}$$

根据硬软酸碱原则：Fe^{3+} 是硬酸，F^- 是硬碱，所以无色 $[FeF_6]^{3-}$ 的稳定性比 $[Fe(NCS)_x]^{3-x}$ 更大。

（4）螯合物　大多数螯合物具有特征的颜色，难溶于水而易溶于有机溶剂。螯合物广泛用于检验金属离子的存在及比色分析等。

例如，Ni^{2+} 与丁二肟在氨水中生成玫瑰红色的二丁二肟合镍（Ⅱ）沉淀：

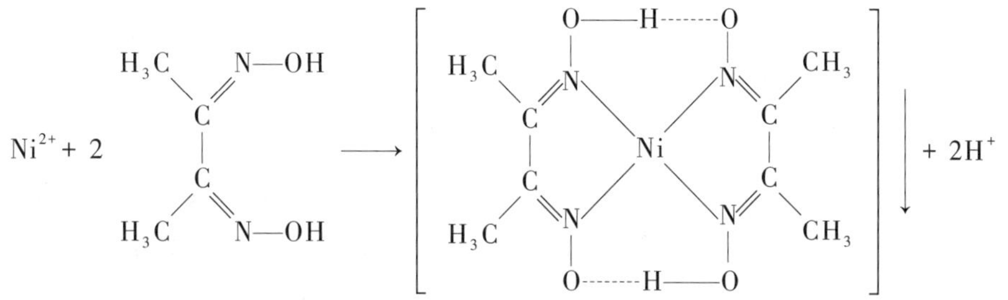

此反应被用于鉴定和测定 Ni^{2+}。

Fe^{2+} 与邻二氮菲水溶液（0.1%）在弱酸性溶液中，可生成稳定的红色的可溶性螯合物。Fe^{3+}，Co^{2+}，Ni^{2+}，Zn^{2+}，Cu^{2+} 等虽也可形成相应螯合物，但均无色，不影响对 Fe^{2+} 的鉴定。

铁系元素为人体必需元素，在人体中的必需量铁为 50 $\mu g\cdot kg^{-1}$，钴与镍为 0.04 $\mu g\cdot kg^{-1}$。它们均以螯合物的形式存在于生物体内，起到一定的生物作用。例如，血液中输送氧气的血红蛋白就是 Fe^{2+} 的螯合物，其结构如图 7-5 所示。

维生素 B_{12} 是 Co（Ⅲ）的螯合物，是治疗恶性贫血及肝炎的药物，其配位情况与血红蛋白类似。

13.7 铂

铂在自然界通常以单质的形式存在，高度分散于其他矿石中，与其他元素共生。

13.7.1 单质的性质和用途

金属铂是一种浅银白色金属，有很好的延展性，将铂冷轧可以制得厚度为 0.002 5 mm 的箔。

铂的化学性质稳定，是一种惰性金属。其优良的化学稳定性、非常好的可加工性，使得铂成为首饰加工的良好材料。铂耐化学侵蚀的能力很强，可用于制造特殊化学器皿、化工仪器的各种零件；在电工艺中用于制造各种电接触点、电阻丝；以及用于制造测温仪器等。铂还有很好的催化性能，在多种化学反应中用作催化剂。

13.7.2 铂的配合物

铂可以与许多配体如 H_2O，NH_3，X^-，CN^-，SCN^-，$SC(NH_2)_2$，en，$C_6H_5^-$，CO，烷烃及烯烃等广泛形成配合物。Pt(Ⅱ)和 Pt(Ⅳ)配合物数量最多，也最稳定。

以$[PtX_4]^{2-}$($X=Cl^-$，Br^-，I^-)形式存在的卤合物比较普遍，铂的氟合物却稀少且不稳定。在铂的卤合物中，Pt(Ⅱ)采取 dsp^2 杂化成键，它们的空间构型均为平面正方形，属内轨型配合物，反磁性，比较稳定。其中$[PtCl_4]^{2-}$比较重要，它是制备许多 Pt(Ⅱ)和 Pt(Ⅳ)其他配体配合物的原料。

Pt(Ⅱ)配合物的制备常用还原法。用二氧化硫、亚硫酸盐、盐酸肼或草酸钾等还原 Pt(Ⅳ)的氯铂酸或氯铂酸盐溶液，可生成 Pt(Ⅱ)的氯铂酸或氯铂酸盐。

$$H_2[PtCl_6]+SO_2+2H_2O \longrightarrow H_2[PtCl_4]+H_2SO_4+2HCl$$

$$K_2[PtCl_6]+K_2C_2O_4 \longrightarrow K_2[PtCl_4]+2KCl+2CO_2$$

铂的元素电势图见图 13-13。

$$E_A^\ominus/V \qquad [PtCl_6]^{2-} \xrightarrow{0.726} [PtCl_4]^{2-} \xrightarrow{0.758} Pt$$

图 13-13 铂的元素电势图

$[PtCl_4]^{2-}$的氯离子配体被其他配体逐个取代可衍生制备出许多其他Pt(Ⅱ)配合物。Pt(Ⅱ)的平面四边形配合物存在不同的组成和几何异构体。例如，组成为$[PtCl_2(NH_3)_2]$的配合物有两种几何异构体。在$[PtCl_4]^{2-}$溶液中加入氨水可得到$[PtCl_2(NH_3)_2]$的顺式异构体：

$$H_2[PtCl_4]+2NH_3 \longrightarrow [PtCl_2(NH_3)_2]+2HCl$$

顺式$[PtCl_2(NH_3)_2]$简称顺铂,较不稳定,与过量氨水作用可生成$[Pt(NH_3)_4]Cl_2$;顺铂可与乙二胺反应:

$$[PtCl_2(NH_3)_2]+en \longrightarrow [Pt(NH_3)_2en]Cl_2$$

顺铂有良好的抗癌活性,现已证实,顺铂及类似顺铂的多种混配型配合物如$[PtCl_2(en)]$等,对子宫癌、肺癌、睾丸癌等有明显疗效。反式$[PtCl_2(NH_3)_2]$与乙二胺不反应,且无抗癌活性。它是用Cl^-处理$[Pt(NH_3)_4]^{2+}$得到的,如在250℃热处理氯化四氨合铂(Ⅱ):

$$[Pt(NH_3)_4]Cl_2 \rightleftharpoons \textit{trans}\text{-}[PtCl_2(NH_3)_2]+2NH_3$$

Pt(Ⅱ)与胺(氨)形成的配合物中比较重要的有$[Pt(NH_3)_4]^{2+}$,$[Pt(en)_2]^{2+}$等。这类配合物很容易用$[PtCl_4]^{2-}$和胺类配体直接作用制得。例如,将$H_2[PtCl_4]$水溶液与浓氨水混合加热,可生成无色的$[Pt(NH_3)_4]Cl_2$溶液,再加入等物质的量的$H_2[PtCl_4]$水溶液,就有绿色沉淀[马格鲁斯(Magnus)盐]析出;用过量氨水处理马格鲁斯盐,沉淀溶解又变成无色的$[Pt(NH_3)_4]Cl_2$溶液:

$$H_2[PtCl_4]+6NH_3 \longrightarrow [Pt(NH_3)_4]Cl_2+2NH_4Cl$$

$$[PtCl_4]^{2-}+[Pt(NH_3)_4]^{2+} \longrightarrow [Pt(NH_3)_4][PtCl_4]$$

四氯合铂(Ⅱ)酸四氨合铂(Ⅱ)

(绿色)

$$[Pt(NH_3)_4][PtCl_4]+4NH_3 \longrightarrow 2[Pt(NH_3)_4]Cl_2$$

在$[Pt(NH_3)_4][PtCl_4]$的晶体中,平面正方形的配阴离子和配阳离子平行交替层叠堆积,Pt原子之间相距仅325 pm。

Pt(Ⅳ)配合物中最重要的是$H_2[PtCl_6]$及其盐。用王水溶解铂时可生成红色的$H_2[PtCl_6]$,从天然铂矿中提取铂单质,就是利用此性质:

$$3Pt+4HNO_3+18HCl \longrightarrow 3H_2[PtCl_6]+4NO\uparrow+8H_2O$$

$H_2[PtCl_6]$溶液可用作镀铂时的电镀液。$[PtCl_6]^{2-}$的空间构型为八面体,Pt(Ⅳ)采取d^2sp^3杂化成键,形成稳定的内轨型配合物。

$H_2[PtCl_6]$与碱金属氯化物及NH_4Cl作用,可生成相应的氯铂酸盐$M_2[PtCl_6]$。其中$Na_2[PtCl_6]$易溶于水和乙醇,而$K_2[PtCl_6]$,$Rb_2[PtCl_6]$,$Cs_2[PtCl_6]$及$(NH_4)_2[PtCl_6]$均难溶于水,且均为黄色。利用难溶氯铂酸盐的生成,可以检验K^+,Rb^+,Cs^+和NH_4^+。

$$2NH_4^{+}+[PtCl_6]^{2-} \longrightarrow (NH_4)_2[PtCl_6]\downarrow$$

$$(NH_4)_2[PtCl_6] \xrightarrow[>723\ K]{\triangle} Pt+2NH_3\uparrow+2HCl\uparrow+2Cl_2\uparrow$$

氯铂酸和氯铂酸钾的颜色

将干燥后的$(NH_4)_2[PtCl_6]$灼烧，可以得到海绵状金属铂，这一方法可用于铂的提纯。

本章小结

本章从原子半径和离子半径、氧化态、金属的化学活泼性、氧化物及其水合物的酸碱性、离子的颜色等方面简述了过渡元素的通性及相关变化规律。介绍了钛、钒、铬、钼、钨、锰、铁、钴、镍和铂元素单质的性质和用途，以及它们重要化合物的性质、制备及应用。运用标准吉布斯函变-氧化态图和元素电势图可以分析物质的稳定性、氧化还原性和性质递变规律。

思考题

1. 从原子的电子层结构说明过渡元素的水合离子常具有颜色的原因。过渡元素中哪些电子构型的水合离子是无色的，为什么？为什么水合Fe^{3+}和水合Mn^{2+}的颜色比较浅？

2. 在敞开容器中，被盐酸酸化了的三氯化钛紫色溶液会逐渐地褪色，为什么？怎样才能避免这一现象发生？

3. 钒酸根离子在水溶液中的组成取决于哪些因素？这些因素怎样影响平衡

$$VO_4^{3-} \rightleftharpoons V_2O_7^{4-}(V_3O_9^{3-})?$$

4. 以铬铁矿为原料，经过哪些反应才能制得铬钾矾？写出有关反应方程式。

5. 什么是同多酸？什么是杂多酸？举例说明同多酸和杂多酸的不同。在d区元素中，哪些元素容易形成同多酸？

6. 在酸性溶液中用足量的Na_2SO_3与$KMnO_4$作用时，为什么MnO_4^-总是被还原为Mn^{2+}而得不到MnO_4^{2-}，MnO_2或Mn^{3+}？

思考题6解析

7. 分别在Fe^{2+}，Co^{2+}，Ni^{2+}溶液中加入足量的NaOH，在无CO_2的空气中放置后有什么变化？对有变化的，写出有关反应方程式。

8. 用盐酸处理$Fe(OH)_3$，$Co(OH)_3$和$Ni(OH)_3$，各发生什么反应？为什么？

9. 下列各对离子能否共存于同一溶液中？

(1) Fe^{3+}和I^-　　(2) Sn^{2+}和Fe^{3+}　　(3) Fe^{3+}和CO_3^{2-}

(4) MnO_4^{2-}和H^+　　(5) $Cr_2O_7^{2-}$和CrO_4^{2-}　　(6) Fe^{3+}和Fe^{2+}

10. 选择合适的方法将溶液中的Fe^{3+}转化为Fe^{2+}，以及将Fe^{2+}转化为Fe^{3+}，而又尽量不引进其他杂质。

11. 写出用硫酸亚铁铵标定 $K_2Cr_2O_7$ 和 $KMnO_4$ 溶液的反应方程式。

12. 解释下列实验事实。

思考题 12 解析

(1) H_2S 气体通入 $MnSO_4$ 溶液中不产生 MnS 沉淀,但在该溶液中先加入一定量的氨水,再通入 H_2S,即可产生 MnS 沉淀。

(2) 将 H_2S 通入 $FeCl_3$ 溶液中,得不到 Fe_2S_3 沉淀。

13. 下列氢氧化物:$Cr(OH)_3$,$Mn(OH)_2$,$Fe(OH)_2$,$Co(OH)_2$,$Ni(OH)_2$,$Fe(OH)_3$ 中哪些呈明显的两性? 哪些易被空气中的氧氧化?

14. 比较 $Al(OH)_3$,$Cr(OH)_3$,$Fe(OH)_3$ 的性质,怎样利用这些性质来区分它们,并将一种包括 Al^{3+},Cr^{3+},Fe^{3+} 的混合溶液加以分离。

15. 根据下列各组配离子化学式后面括号内所给出的自旋状态,确定它们各自的中心离子的价层电子排布和配合物的磁性,推断其为内轨型配合物还是外轨型配合物,比较每组内两种配合物的相对稳定性。

(1) $[Co(NH_3)_6]^{2+}$(高自旋),$[Co(NH_3)_6]^{3+}$(低自旋)。

(2) $[Fe(en)_3]^{3+}$(高自旋),$[Fe(CN)_6]^{3-}$(低自旋)。

(3) $[CoF_6]^{3-}$(高自旋),$[Co(en)_3]^{3+}$(低自旋)。

习　题

1. 解释下列现象,写出有关的反应方程式。

(1) 将一装有 $TiCl_4$ 的试剂瓶打开时,立即冒白烟;向瓶中加入浓盐酸和金属锌时,生成紫色溶液;在此溶液中加入 $CuCl_2$ 溶液,则紫色消失,同时可能有白色沉淀产生。

(2) 在酸性 Ti(Ⅳ) 盐溶液中加入过氧化氢(H_2O_2)生成橘黄色 $[TiO(H_2O_2)]^{2+}$,再加入氨水,则有黄色沉淀析出。

(3) 在 $K_2Cr_2O_7$ 溶液中加入 $AgNO_3$ 得到的是砖红色的 Ag_2CrO_4 沉淀。

(4) 砖红色的 Ag_2CrO_4 与浓 HCl 溶液反应,得到白色沉淀和绿色溶液。

(5) 把 H_2S 通入已用 H_2SO_4 酸化的 $K_2Cr_2O_7$ 溶液中时,溶液颜色由橙变绿,同时析出乳白色沉淀。

2. 完成并配平下列反应方程式。

(1) $TiO_2+H_2SO_4(浓) \xrightarrow{\triangle}$　　(2) $TiO^{2+}+Zn+H^+ \longrightarrow$

(3) $V_2O_5+HCl \longrightarrow$　　(4) $VO_2^++Fe^{2+}+H^+ \longrightarrow$

(5) $K_2Cr_2O_7+HCl(浓) \xrightarrow{\triangle}$　　(6) $Fe(CrO_2)_2+O_2+Na_2CO_3 \longrightarrow$

(7) $(NH_4)_2Cr_2O_7 \xrightarrow{\triangle}$　　(8) $Cr_2O_7^{2-}+Pb^{2+}+H_2O \longrightarrow$

(9) $Cr_2O_7^{2-}+H^++Fe^{2+} \longrightarrow$　　(10) $[Cr(OH)_4]^-+OH^-+Br_2 \longrightarrow$

(11) $K_2Cr_2O_7+H_2O_2+H_2SO_4 \longrightarrow$　　(12) $WO_3+H_2 \xrightarrow{\triangle}$

3. 如何鉴定溶液中的 MoO_4^{2-}，写出反应方程式和实验现象。

4. 计算溶液中 0.010 $mol\cdot L^{-1}$ Cr^{3+} 不发生水解的最高 pH。已知$[Cr(H_2O)_6]^{3+}$的水解常数 $K_{h1}=10^{-3.8}$。（提示：设 Cr^{3+} 水解出的$[Cr(OH)(H_2O)_5]^{2+}$浓度小于 1.0×10^{-5} $mol\cdot L^{-1}$时，可认为不水解。）

5. 根据下列元素电势图写出当溶液的 pH = 0 时，分别在下列两种情况下将高锰酸钾加入碘化钾溶液会发生哪些反应（用反应方程式表示），为什么？

(1) 高锰酸钾过量；(2) 碘化钾过量。

$E_A^{\ominus}/V$　$MnO_4^- \xrightarrow{1.70} MnO_2 \xrightarrow{1.23} Mn^{2+}$；$MnO_4^- \xrightarrow{1.510} Mn^{2+}$

$IO_3^- \xrightarrow{1.19} I_2 \xrightarrow{0.5355} I^-$

6. 有一硫酸盐 A，在其溶液中加入 NaOH 后，先生成灰蓝色沉淀 B；NaOH 过量时 B 溶解，得到一亮绿色溶液 C；C 与过氧化氢作用，得到一黄色溶液 D；D 中加入稀盐酸，得到橙色溶液 E；E 与 Na_2SO_3 作用后，又得到 A。试推测 A，B，C，D，E 各为何物，并写出有关反应方程式。

7. 某棕黑色粉末，加热情况下和浓硫酸作用会放出助燃性气体，所得溶液与 PbO_2 作用并微热时出现紫红色。若再加入 H_2O_2 时紫红色褪去，判断此棕色粉末为何物，并写出有关的反应方程式。

8. 解释下列现象，写出有关反应方程式。

(1) 新沉淀的 $Mn(OH)_2$ 是白色的，但在空气中变成棕色。

(2) 用 $NaBiO_3$ 来鉴定 Mn^{2+} 时，若 Mn^{2+} 加多了，得到的溶液不是紫红色的而是红棕色浑浊的溶液。

(3) 当 $FeCl_3$ 溶液与 Na_2CO_3 溶液混合时，有 $Fe(OH)_3$ 沉淀生成，并有 CO_2 放出。

9. 说明下列现象的原因，写出有关反应方程式。

(1) Co^{2+}在空气中稳定，而$[Co(NH_3)_6]^{2+}$在空气中可被缓慢氧化成$[Co(NH_3)_6]^{3+}$。

(2) $[Co(NH_3)_6]^{3+}$和 Cl^- 能共存于同一溶液中，而 Co^{3+} 和 Cl^- 却不能共存于同一溶液中。

10. 现有淡绿色晶体 A，加水溶解。所得溶液可使蓝色石蕊试纸变红，并能与 $BaCl_2$ 溶液生成不溶于酸的白色沉淀 B。将所得溶液进一步用硫酸酸化后，加入少量 $KMnO_4$ 溶液中，$KMnO_4$ 溶液的紫红色褪去，再滴入淀粉-KI 溶液，发现溶液呈现蓝色。另取此晶体配成的溶液少许加盐酸酸化后，加入少量$K_3[Fe(CN)_6]$试剂，则有深蓝色沉淀 C 生成。问 A,B,C 各是什么物质，并写出有关的反应方程式。

11. 完成并配平下列反应方程式。

(1) $MnO_4^- + SO_3^{2-} + H_2O \longrightarrow$

(2) $MnO_4^- + SO_3^{2-} + OH^- \longrightarrow$

(3) Mn^{2+}(少量)$+ NaBiO_3(s) + H^+ \longrightarrow$

(4) $MnO_2 + KOH + KClO_3 \xrightarrow{熔融}$

(5) $Co_2O_3 + HCl \longrightarrow$

(6) $H_2O_2 + KMnO_4 + H_2SO_4 \longrightarrow$

(7) $Fe^{2+} + MnO_4^- + H^+ \longrightarrow$

(8) $Ni(OH)_2 + Br_2 + OH^- \longrightarrow$

(9) $S_2O_8^{2-} + Mn^{2+} + H_2O \xrightarrow[\triangle]{Ag^+}$

(10) $KMnO_4 \xrightarrow{\triangle}$

(11) $Fe^{3+} + Cu \longrightarrow$

(12) $Ni^{2+} + NH_3$(过量)$\longrightarrow$

12. 金属 M 溶于稀盐酸时生成 MCl_2，其磁矩为 5.0 B.M.。在无氧操作条件下，MCl_2 溶液遇 NaOH 溶液，生成一白色沉淀 A。A 接触空气就逐渐变绿，最后变成棕色沉淀 B。灼烧时 B 生成了红棕色粉末 C。B 溶于稀盐酸生成溶液 D，它使 KI 溶液氧化成 I_2，但在加入 KI 前先加入 NaF，则 KI 将不被 D 所氧化，判断 M,A,B,C,D 各为何物，并写出有关的反应方程式。

13. 某粉红色晶体溶于水，其水溶液 A 也呈粉红色。向 A 中加入氢氧化钠溶液，得到粉红色沉淀 B。再加入过氧化氢溶液，得到棕色沉淀 C，C 与过量浓盐酸反应生成蓝色溶液 D 和黄绿色气体 E，用水稀释又变为溶液 A。A 中加入硫氰化钾晶体和丙酮后得到天蓝色溶液 F。试确定 A,B,C,D,E,F 各为何物，并写出有关的反应方程式。

14. 少量 Fe^{3+} 和 NH_4SCN 共存于同一溶液中达到平衡时，加入 NH_4F 使 $[F^-] = [SCN^-] = 1\ mol \cdot L^{-1}$，此时溶液中 $[FeF_6]^{3-}$ 与 $Fe(SCN)_3$ 的浓度比为多少？已知 $\beta(FeF_6^{3-}) = 1.0\times10^{16}$，$\beta[Fe(SCN)_3] = 2.0\times10^3$。

15. 溶液中含有 Fe^{3+}，Co^{2+} 和 Ni^{2+}，如何把它们分别鉴定出来？写出有关反应方程式。(提示：Fe^{3+} 干扰 Co^{2+} 鉴定，应将 Fe^{3+} 掩蔽起来。

16. 某废水中含有 Fe^{3+}，Cr^{3+}，Mn^{2+} 和 Ni^{2+}，自拟方案将它们分离并鉴定出来。

第十四章

过渡元素（二）

铜分族和锌分族元素位于元素周期表 ds 区。镧系元素与同族的钪和钇因性质的相似常共生于自然界，且其氧化物及氢氧化物均为难溶于水的碱性物质，因而将这 17 种元素合称为稀土元素。本章将介绍这些元素的典型性质。

随着配位化学的发展，配合物概念不断扩展，前面章节出现的简单配合物、螯合物、多核配合物等属于经典的维尔纳型配合物。本章以金属原子簇这种较复杂的配合物为例，简单介绍非经典配合物。

14.1 铜、银、金

铜是ⅠB 族的第一个元素。它在地壳中的含量居第 22 位，在自然界分布极广，主要以硫化物、氧化物和碳酸盐存在，它的主要矿石是黄铜矿（$CuFeS_2$），辉铜矿（Cu_2S），赤铜矿（Cu_2O）和孔雀石[$Cu_2(OH)_2CO_3$]。在北美和南美的许多地方及非洲和俄罗斯都发现有大铜矿。同族的 Ag，Au 化学性质稳定，在地壳中含量稀少，具有独特的使用性能，价格昂贵，它们与铂系元素一起称为贵金属。

银主要以辉银矿（Ag_2S）或游离银等存在于自然界。银在地壳中的丰度为 $1\times10^{-5}\%$，在地壳中的含量居第 63 位。以银为主要元素的矿较少见，银常伴生在铅、锌、铜、镍和金等矿石中，银的含量较低，没有单独开采价值，多是作为副产品回收。世界上银矿资源丰富的国家有墨西哥、俄罗斯、秘鲁、加拿大、美国和澳大利亚。

金在地壳中的丰度为 $5\times10^{-7}\%$，在自然界主要以游离状态存在，少数以碲化物的形式广泛分布。金大多与石英或黄铁矿共生。含金岩石风化后便沉积在矿脉及冲积砂矿中。世界上南非金矿资源最丰富，其次是俄罗斯和美国。

14.1.1 单质的性质和用途

铜的单质呈紫红色。纯银和纯金呈银白色和黄色，粉状银呈暗灰色，海绵状金呈土黄色。铜和金是金属元素中呈特殊光泽的两种金属。铜、银、金的价电子构型为$(n-1)d^{10}ns^1$，由于 d 电子部分参与形成金属键，因此，它们的密度（铜 8.96 $g\cdot cm^{-3}$，银 10.5 $g\cdot cm^{-3}$，金 19.3 $g\cdot cm^{-3}$）较大，熔点（铜1 358 K，银1 235 K，金 1 337 K）、沸点（铜 2 835 K，银 2 437 K，金 3 129 K）较高，导电传热性好。银的导电性在所有金属中名列第一。铜常用作导电材料，但是，极微量杂质（如 As，Sb 等）的存在也会大大降低铜的导电性，所以制造电线时必须用高纯度的电解铜。它们的金属结构中有较多的滑移面，单质有很好的延展性和可塑性，可制成锭、条、薄片，甚至拉成很细的丝。例如，纯银可拉成头发丝般的银丝，碾成 0.025 mm 厚的银箔。金的延展性在所有金属中是最好的，能碾成仅有 0.000 1 mm 厚的金箔，1 g 金能抽成 3.4 km 长的金丝。

金沙太阳神鸟

铜分族元素原子的$(n-1)d$ 轨道和 ns 轨道能级相近。铜的第一电离能为 745.48 $kJ\cdot mol^{-1}$，第二电离能为 1 970 $kJ\cdot mol^{-1}$。当铜与其他元素反应时，不仅 4s 电子能参与反应，3d 电子在一定条件下也可以部分失去，所以呈现可变氧化数。而 IA 族的碱金属，如钠的第一电离能为 495.85 $kJ\cdot mol^{-1}$，第二电离能为 4 591 $kJ\cdot mol^{-1}$，3s 轨道与 2p 轨道能量相差很大，在一般条件下很难失去次外层电子，在形成化合物时通常只能呈现+1 氧化数。

铜、银、金均属不活泼金属。

铜在室温下不与干燥空气中的氧化合，单质很稳定，这便是早期用铜作货币的原因。但在加热时，铜在空气或氧气中能生成黑色的氧化铜（CuO）及黄色或红色的氧化亚铜（Cu_2O），不过高温更有利于生成 Cu_2O。在含有 CO_2 的潮湿空气中，铜表面会慢慢生成一层绿色的铜锈——碱式碳酸铜 $Cu_2(OH)_2CO_3$：

$$2Cu+O_2+H_2O+CO_2 \longrightarrow Cu_2(OH)_2CO_3$$

铜加热时与硫直接化合生成 CuS。

银在室温下不与氧或水作用，但银与硫的亲和作用较强，空气中若含有 H_2S 气体，它与银接触后，银的表面上会生成一层黑色 Ag_2S 薄膜而使银失去光泽：

$$4Ag+2H_2S+O_2 \longrightarrow 2Ag_2S+2H_2O$$

金在空气中极为稳定，就是在 1 273 K 下将金置于氧气氛中 40 h 也觉察不到变化。金是唯一在高温下不与氧发生反应的金属。

铜、银、金均能与卤素作用。铜在常温下能与卤素作用。银在室温下反应较慢，若升高温度反应加快。金则需在加热时才同干燥的卤素起作用。

铜和银不能与稀盐酸或稀硫酸作用放出氢气,但能溶于硝酸或热的浓硫酸:

$$3Cu+8HNO_3(稀) \longrightarrow 3Cu(NO_3)_2+2NO\uparrow+4H_2O$$

$$Cu+4HNO_3(浓) \longrightarrow Cu(NO_3)_2+2NO_2\uparrow+2H_2O$$

$$Cu+2H_2SO_4(浓) \xrightarrow{\triangle} CuSO_4+SO_2\uparrow+2H_2O$$

$$2Ag+2H_2SO_4(浓) \xrightarrow{\triangle} Ag_2SO_4+SO_2\uparrow+2H_2O$$

在非氧化性酸中有适当的配位剂存在时,铜能从此溶液中置换出氢气。例如,铜能在溶有硫脲[$CS(NH_2)_2$]的盐酸中置换出氢气:

$$2Cu+2HCl+4CS(NH_2)_2 \longrightarrow 2[Cu(CS(NH_2)_2)_2]^++H_2\uparrow+2Cl^-$$

也能溶于 NaCN 溶液中而放出氢气:

$$2Cu+4CN^-+2H_2O \longrightarrow 2[Cu(CN)_2]^-+2OH^-+H_2\uparrow$$

金与单一的盐酸、硫酸和硝酸都不能发生作用,碱对金也无显著侵蚀,但金可溶于王水。

在空气存在下,银和金都能溶于碱金属氰化物溶液中:

$$4M+O_2+8CN^-+2H_2O \longrightarrow 4[M(CN)_2]^-+4OH^-$$

此反应常用于从矿石中提取银和金。

难溶的铜、银、金之所以能发生上述配位溶解反应,是因为它们的离子形成了配合物而使单质的还原性增强所致。

金的电子亲和能(222.748 2 $kJ\cdot mol^{-1}$)和电负性(2.4)都是所有金属中最大的,其价电子层构型为 $5d^{10}6s^1$,仅缺一个电子就达到封闭的 $5d^{10}6s^2$ 结构,所以它还显示出类卤素性质。已有的证据是化合物 CsAu 具有类盐的特性,在液氨中能形成溶剂化的 Au^-。

铜、银、金能广泛形成合金。铜容易与许多金属形成多种合金,从而改善铜的性质,使之易于加工,并增强其抗疲劳、抗磨损、抗腐蚀能力等,在工业上应用较广。例如,黄铜(含锌 5%~40%)加工性能好;白铜(含镍 13%~15%、锌 13%~27%)具有较强的抗磨损与抗腐蚀能力,还可压、可锻、可抽线,用作镀银基体制造服饰和餐具;青铜(含锡 5%~10%、磷 0.35%)弹性大、耐疲劳、抗腐蚀能力强,可用于制造弹簧和膜片。银能以任何比例与金或铜形成合金,而且随金或铜的比例增加,合金颜色变黄。铜、银、金均属货币金属,我国早期用的银圆币中主要掺入了铜。

14.1.2 铜、银、金的重要化合物

1. 氧化物和氢氧化物

铜能形成氧化亚铜(Cu_2O)和氢氧化亚铜(CuOH)。Cu_2O 为自然界中赤铜矿

的主要成分,可由 CuO 热分解而形成:

$$2CuO(s) \xrightarrow{1\ 273\ K} Cu_2O(s) + \frac{1}{2}O_2(g) \quad \Delta_r G_m^{\ominus}(1\ 273\ K) = -7.79\ kJ \cdot mol^{-1}$$

说明在高温时 Cu_2O 比 CuO 稳定。此外,Cu(Ⅱ)盐的碱性溶液如 $Na_2[Cu(OH)_4]$溶液用还原剂(如葡萄糖、联氨)还原也可制得 Cu_2O:

$$2[Cu(OH)_4]^{2-} + \underset{\text{葡萄糖}}{C_6H_{12}O_6} \longrightarrow Cu_2O\downarrow + \underset{\text{葡萄糖酸}}{C_6H_{12}O_7} + 4OH^- + 2H_2O$$

分析化学上利用这个反应测定醛,医学上用这个反应来检查糖尿病。由于制备方法和条件不同,Cu_2O 晶粒大小各异,而呈现多种颜色,如黄色、橘黄色、红色或深棕色。

Cu_2O 是共价型化合物,难溶于水。它对热稳定,在 1 508 K 熔化而不分解。Cu_2O 呈弱碱性,溶于稀硫酸立即发生歧化反应:

$$Cu_2O + H_2SO_4 \longrightarrow CuSO_4 + Cu + H_2O$$

Cu_2O 与盐酸反应生成难溶的白色氯化亚铜,与氨水反应形成无色的配离子:

$$Cu_2O + 2HCl \longrightarrow \underset{(\text{白})}{2CuCl\downarrow} + H_2O$$

$$Cu_2O + 4NH_3 \cdot H_2O \longrightarrow 2[Cu(NH_3)_2]^+ + 2OH^- + 3H_2O$$

Cu_2O 主要用作玻璃、搪瓷工业的红色颜料及船底漆。

CuOH 为黄色固体,不稳定,常温下即分解为相应的氧化物。在 Cu(Ⅰ)盐溶液中加入氢氧化钠,先生成相应的氢氧化亚铜,随后立即脱水变成相应的氧化亚铜。

铜还能形成氧化铜 CuO 和氢氧化铜 $Cu(OH)_2$。CuO 由硝酸铜或碳酸铜加热分解或在氧气中加热铜粉制得:

$$2Cu(NO_3)_2 \xrightarrow{\triangle} 2CuO + 4NO_2 + O_2\uparrow$$

$$2Cu + O_2 \xrightarrow{\triangle} \underset{(\text{黑色})}{2CuO}$$

CuO 难溶于水而溶于酸,是碱性氧化物;具有氧化性,在高温时是氧化剂,易被 H_2,C,CO,NH_3 等还原为 Cu:

$$3CuO + 2NH_3 \xrightarrow{\triangle} 3Cu + N_2\uparrow + 3H_2O$$

在有机分析中,常使有机物的气体从热的 CuO 上通过,将气体氧化为 CO_2 和 H_2O。CuO 是无机黏结剂的原料,将磷酸和氢氧化铝混合加热成黏稠液体,然后加入 CuO 调成“黑色糨糊”,黏结牢靠。

于冷的可溶性铜(Ⅱ)盐中加入强碱,即得絮状的浅蓝色 $Cu(OH)_2$ 沉淀:

$$Cu^{2+}+2OH^- \longrightarrow Cu(OH)_2\downarrow$$

氢氧化铜的热稳定性差,受热易脱水变成 CuO:

$$Cu(OH)_2 \xrightarrow{353\sim363\ K} CuO+H_2O$$

CuO 对热却很稳定,只有在超过 1 273 K 时,才会分解生成 Cu_2O。

$Cu(OH)_2$ 微显两性,易溶于酸;又溶于过量的浓碱溶液中,生成亮蓝色的四羟基合铜(Ⅱ)离子:

$$Cu(OH)_2+2OH^- \longrightarrow [Cu(OH)_4]^{2-}$$

Ag_2O 是一种暗棕色沉淀,它是由可溶性银盐与强碱反应而制得的,因为形成的 AgOH 白色沉淀在常温下也极不稳定,立即脱水生成 Ag_2O 沉淀:

$$2Ag^++2OH^- \longrightarrow Ag_2O\downarrow+H_2O$$

只有将 $AgNO_3$ 和 KOH 分别溶于 90%的酒精溶液后,在 228 K 以下的低温反应,才能得到稳定的 AgOH 沉淀。

在可溶性银盐溶液中加入氨水,先生成 Ag_2O 沉淀,但当氨水过量时,Ag_2O 溶解生成无色的二氨合银(Ⅰ)离子:

$$2Ag^++2NH_3+H_2O \longrightarrow Ag_2O\downarrow+2NH_4^+$$

$$Ag_2O+4NH_3+H_2O \longrightarrow 2[Ag(NH_3)_2]^++2OH^-$$

Ag_2O 也是共价型化合物,难溶于水,可溶于酸形成相应的盐。例如,它与硝酸反应形成 $AgNO_3$,与盐酸反应形成 AgCl 沉淀:

$$Ag_2O+2HNO_3 \longrightarrow 2AgNO_3+H_2O$$

$$Ag_2O+2HCl \longrightarrow 2AgCl\downarrow+H_2O$$

Ag_2O 在强碱性溶液中,因形成不稳定的配离子$[Ag(OH)_2]^-$而比在水中更易溶解。

Ag_2O 的热稳定性较差,在 573 K 即分解:

$$2Ag_2O \longrightarrow 4Ag+O_2\uparrow$$

Ag_2O 还是一种中强氧化剂,容易被 CO 等还原,所以可用在防毒面具中。

在$[AuCl_4]^-$溶液中加入碱可以得到棕色 $Au(OH)_3$ 沉淀,这种沉淀脱水后便可得到棕色的 Au_2O_3。Au_2O_3 的水合物呈弱酸性,可溶于强碱生成配离子$[Au(OH)_4]^-$:

$$Au(OH)_3+NaOH \longrightarrow Na[Au(OH)_4]$$

用浓碱处理 $Au(OH)_3$ 时,有 $H_2AuO_3^-$,$HAuO_3^{2-}$ 和 AuO_3^{3-} 生成。

在 523 K 温度条件下加热 Au_2O_3,它可分解为 Au 和 O_2。

Au_2O_3 具有较强的氧化性,能氧化 H_2O_2,HI,$Na_2S_2O_3$ 等物质:

$$Au_2O_3+3H_2O_2 \longrightarrow 2Au+3O_2\uparrow+3H_2O$$

$$Au_2O_3+6HI \longrightarrow 2AuI+2I_2+3H_2O$$

$$Au_2O_3+4Na_2S_2O_3+2H_2O \longrightarrow Au_2O+2Na_2S_4O_6+4NaOH$$

2. 盐类

(1) 氯化亚铜　CuCl 是白色不溶于水的固体,它的制备方法巧妙地运用了平衡移动原理。用 Cu 与 $CuCl_2$ 溶液煮沸,即有下列反应:

$$Cu+Cu^{2+}+2Cl^- \longrightarrow 2CuCl\downarrow$$

因为 CuCl 不溶解而附着在 Cu 的表面上,反应不久就停止了。因此,欲使反应继续进行,必须使 CuCl 溶解,然后又设法使它再出现。利用 CuCl 能溶于浓盐酸中形成配离子$[CuCl_2]^-$,$[CuCl_3]^{2-}$,Cu 就可以不断地与 $CuCl_2$ 接触而发生反应:

$$CuCl+HCl(浓) \rightleftharpoons H[CuCl_2]$$

$[CuCl_2]^-$的稳定性较差,待反应结束后,将所得溶液倾入大量水中,HCl 的浓度降低,反应即自右向左进行。由于 CuCl 的溶解度极小,故沉淀又复出现。用其他还原剂如 SO_2,$SnCl_2$,Al 粉,Zn 粉等还原 $CuCl_2$ 水溶液均可得到 CuCl。

CuCl 的盐酸溶液能吸收 CO 形成配位化合物,若有过量的 CuCl 存在,该溶液对 CO 的吸收几乎是定量的:

$$[CuCl_2]^-+CO \rightleftharpoons [CuCl_2(CO)]^-$$

这个反应是可逆的,将溶液加热时又放出 CO。所以利用该反应可以测定气体混合物中 CO 的含量。除此之外,CuCl 还能吸收 PH_3 得到 $CuCl\cdot PH_3$沉淀;与 C_2H_2 反应生成爆炸性的棕色乙炔铜(Cu_2C_2)沉淀;吸收氧则生成 Cu_2OCl_2。

(2) 氯化铜　无水 $CuCl_2$ 为棕黄色固体,可由氯气通过热铜直接化合而成。将 CuO 溶于浓 HCl 溶液,浓缩则得蓝绿色的 $CuCl_2\cdot 2H_2O$ 晶体。

$CuCl_2$ 不但易溶于水,而且易溶于一些有机溶剂(如乙醇、丙酮等)。$CuCl_2$ 在很浓的溶液中显黄色,是由于形成$[CuCl_4]^{2-}$:

$$Cu^{2+}+4Cl^- \rightleftharpoons [CuCl_4]^{2-}$$

在稀溶液中显浅蓝色,是由于形成$[Cu(H_2O)_4]^{2+}$:

$$\underset{(黄色)}{[CuCl_4]^{2-}}+4H_2O \rightleftharpoons \underset{(蓝色)}{[Cu(H_2O)_4]^{2+}}+4Cl^-$$

一般 $CuCl_2$ 的浓溶液呈黄绿色,是因为同时含有这两种离子。

X 射线研究证明,$CuCl_2$ 是共价化合物,结构为链状,其结构示意图为

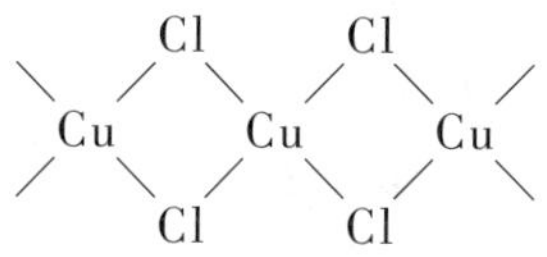

$CuCl_2$ 与碱金属氯化物反应,生成 $M_2[CuCl_4]$ 型盐;与 HCl 溶液反应生成 $H_2[CuCl_4]$。由于 Cu^{2+}与 Cl^-形成的配离子不稳定,只能在存在过量 Cl^-时形成。

$CuCl_2$ 受热分解为 CuCl，这说明 CuCl 比 $CuCl_2$ 的热稳定性高：

$$2CuCl_2 \xrightarrow{773\ K} 2CuCl + Cl_2 \uparrow$$

硫酸铜晶体

（3）硫酸铜和硫化铜　用热浓硫酸溶解铜屑或用氧化铜与稀硫酸反应，经蒸发浓缩可得到蓝色五水合硫酸铜 $CuSO_4 \cdot 5H_2O$ 晶体，俗称胆矾，其化学式为 $[Cu(H_2O)_4]SO_4 \cdot H_2O$。

硫酸铜在不同温度下可以发生下列变化：

$$CuSO_4 \cdot 5H_2O \xrightarrow{375\ K} CuSO_4 \cdot 3H_2O \xrightarrow{386\ K} CuSO_4 \cdot H_2O \xrightarrow{531\ K} CuSO_4 \xrightarrow{923\ K} CuO$$

无水 $CuSO_4$ 为白色粉末，易溶于水，吸水性强，吸水后即显示出特征的蓝色。但它不溶于乙醇和乙醚，常被用来鉴定这些液态有机化合物中的微量水，也可用作干燥剂，从这些有机物中除去水分。

向硫酸铜溶液中加入少量氨水，得到浅蓝色的碱式硫酸铜沉淀：

$$2CuSO_4 + 2NH_3 \cdot H_2O \longrightarrow Cu_2(OH)_2SO_4 \downarrow + (NH_4)_2SO_4$$

若继续加入氨水，沉淀溶解，得到深蓝色的四氨合铜（Ⅱ）离子：

$$Cu_2(OH)_2SO_4 + 8NH_3 \longrightarrow 2[Cu(NH_3)_4]^{2+} + SO_4^{2-} + 2OH^-$$

硫酸铜是制备其他铜化合物的重要原料，在工业上用作电镀、电解铜的原料，制造颜料、纺织工业的媒染剂，在农业上用它与石灰乳混合得波尔多液，用于消灭果树虫害。

在硫酸铜溶液中通入 H_2S，即得到黑色硫化铜沉淀：

$$CuSO_4 + H_2S \longrightarrow CuS \downarrow + H_2SO_4$$

CuS 不溶于水也不溶于稀酸，但溶于热的稀 HNO_3 中，也溶于 KCN 溶液中：

$$3CuS + 8HNO_3 \longrightarrow 3Cu(NO_3)_2 + 3S \downarrow + 2NO \uparrow + 4H_2O$$

$$2CuS + 10CN^- \longrightarrow 2[Cu(CN)_4]^{3-} + (CN)_2 \uparrow + 2S^{2-}$$

在后一个反应中 CN^- 既是配位剂，又是还原剂，将 Cu（Ⅱ）还原成 Cu（Ⅰ）且配位形成配离子。

（4）硝酸银　将 Ag 溶于热的稀硝酸，所得溶液蒸发结晶，可得无色菱片状晶体硝酸银；

$$3Ag + 4HNO_3 \longrightarrow 3AgNO_3 + NO \uparrow + 2H_2O$$

$AgNO_3$ 是常用的重要试剂，是唯一有用的可溶性银盐。$AgNO_3$ 易溶于水，对热不稳定，加热到 713 K 分解，Ag（Ⅰ）表现出氧化性，其具体氧化对象是酸根中的氧元素：

$$2AgNO_3 \xrightarrow{\triangle} 2Ag + 2NO_2 \uparrow + O_2 \uparrow$$

在光照射下，$AgNO_3$ 也会按上式缓慢分解，因此应将其保存在棕色瓶内。10% 的

$AgNO_3$ 溶液在医药上作消毒剂。大量的 $AgNO_3$ 用于制造照相底片用的AgBr,也是制造银镜的原料和重要的分析试剂。$AgNO_3$ 为中强氧化剂($E^{\ominus}_{Ag^+/Ag}=0.799\ V$),在溶液中可被 Cu,Zn 等还原为单质,许多有机化合物也能将它还原成单质。例如,皮肤或布与它接触会形成黑斑。

3. 配合物

(1) 铜的配合物　Cu^+能和 Cl^-,NH_3,SCN^-,$S_2O_3^{2-}$,CN^-等配体形成配位数为 2 的直线形配离子,它们的稳定程度各不相同。

	$[CuCl_2]^-$	$[Cu(NH_3)_2]^+$	$[Cu(SCN)_2]^-$	$[Cu(S_2O_3)_2]^{3-}$	$[Cu(CN)_2]^-$
β	3.2×10^5	7.2×10^{10}	1.3×10^{12}	1.7×10^{12}	1.0×10^{24}

根据硬软酸碱原则,Cu^+属软酸,Cl^-,NH_3 属硬碱,软酸与硬碱结合形成的配合物稳定性较差。而 SCN^-,$S_2O_3^{2-}$,CN^-均属软碱,它们与 Cu^+结合形成的配合物稳定性更好。

$[Cu(NH_3)_2]^+$及多数 Cu(Ⅰ)的配合物溶液具有吸收 CO 和不饱和烃的能力。例如,含有$[Cu(NH_3)_2]^+$的醋酸盐溶液吸收 CO 能力较强:

$$[Cu(NH_3)_2]^+ + CO \underset{\text{加热、减压}}{\overset{\text{常温、加压}}{\rightleftharpoons}} [Cu(NH_3)_2CO]^+$$

此反应放热且体积减小,降温和加压时有利于吸收 CO,加热和减压时反应逆向进行放出 CO,故可循环使用,合成氨厂常利用此反应来吸收原料中残存的会使催化剂中毒的 CO 气体。又如:

$$[Cu(NH_2CH_2CH_2OH)_2]^+ + C_2H_4 \rightleftharpoons [Cu(NH_2CH_2CH_2OH)_2(C_2H_4)]^+$$

此反应也是放热反应,被用于分离石油气中的乙烯。

$[Cu(NH_3)_2]^+$在空气中易被氧化成深蓝色的$[Cu(NH_3)_4]^{2+}$:

$$4[Cu(NH_3)_2]^+ + O_2 + 8NH_3 + 2H_2O \longrightarrow 4[Cu(NH_3)_4]^{2+} + 4OH^-$$

Cu(I)还可以通过与具有 π 受体性质的配体配位,形成配位数高于 2 的配合物,如$[Cu(CN)_4]^{3-}$,$[Cu(Py)_4]^+$,$[Cu(CS(NH_2)_2)_4]^+$等是配位数为 4 的四面体构型配合物。

Cu^{2+}为 $3d^9$ 型离子,比 Cu^+更易形成配位数为 4 的近似平面正方形构型的配合物,如$[Cu(NH_3)_4]^{2+}$,$[CuCl_4]^{2-}$,$[Cu(OH)_4]^{2-}$等。

在含 Cu^{2+}的水溶液中加入过量氨水发生下列反应:

$$\underset{\text{(浅蓝色)}}{[Cu(H_2O)_4]^{2+}} + 4NH_3 \longrightarrow \underset{\text{(深蓝色)}}{[Cu(NH_3)_4]^{2+}} + 4H_2O$$

溶液中 Cu^{2+}浓度越大,所形成的蓝色越深,据此原理,可在比色分析中测定铜的含量。此外,$[Cu(NH_3)_4]^{2+}$溶液具有溶解纤维的能力,在所得纤维素溶液中加酸或水时,纤维又重新析出,工业上利用这种性质合成人造丝。

Cu^{2+}在酸性或中性溶液中与$[Fe(CN)_6]^{4-}$反应，可得红棕色的$Cu_2[Fe(CN)_6]$沉淀，利用此特征反应可检验Cu^{2+}的存在：

$$2Cu^{2+}+[Fe(CN)_6]^{4-} \longrightarrow Cu_2[Fe(CN)_6]\downarrow$$

（2）银的配合物　Ag（Ⅰ）具有空的 5s，5p 价电子轨道，能和Cl^-，NH_3，SCN^-，$S_2O_3^{2-}$，CN^-，硫脲$[SC(NH_2)_2]$，双硫腙$(H_5C_6\text{—}N_2H_2\underset{\underset{S}{\|}}{C}N\text{=}N\text{—}C_6H_5)$等形成配合物，常见的多为配位数为 2 的直线形配合物，重要的有$[Ag(NH_3)_2]^+$，$[Ag(CN)_2]^-$，$[Ag(SC(NH_2)_2)_2]^+$等。在水溶液中的稳定性与配体的性质有关，可用稳定常数衡量。

	$[AgCl_2]^-$	$[Ag(NH_3)_2]^+$	$[Ag(SCN)_2]^-$	$[Ag(S_2O_3)_2]^{3-}$	$[Ag(CN)_2]^-$	$[Ag(SC(NH_2)_2)_2]^+$
$\lg\beta$	5.04	7.05	7.57	13.46	21.1	13.1

因为Ag^+是软酸，根据硬软酸碱原则，配离子的稳定性是按$[AgCl_2]^-$，$[Ag(NH_3)_2]^+$，$[Ag(SCN)_2]^-$，$[Ag(S_2O_3)_2]^{3-}$，$[Ag(CN)_2]^-$的顺序而增高的，因此卤化银的溶解度会受到生成配合物反应的影响。例如，采用不同的配位剂使卤化银溶解，从配离子的稳定常数与 AgX 的溶度积，得到反应的平衡常数：

$$AgCl(s)+2NH_3 \rightleftharpoons [Ag(NH_3)_2]^+ + Cl^- \qquad K^{\ominus}=2.0\times10^{-3}$$

而下述反应的$K^{\ominus}$很小：

$$AgBr(s)+2NH_3 \rightleftharpoons [Ag(NH_3)_2]^+ + Br^- \qquad K^{\ominus}=6.0\times10^{-6}$$

$$AgI(s)+2NH_3 \rightleftharpoons [Ag(NH_3)_2]^+ + I^- \qquad K^{\ominus}=9.5\times10^{-10}$$

AgCl，AgBr，AgI 的溶度积常数依次减小，氨溶反应的平衡常数也相应地依次减小，所以 AgCl 能溶于氨水，而 AgBr，AgI 均不能溶于氨水。AgBr 需用$S_2O_3^{2-}$溶解，溶解度更小的 AgI 则需用CN^-才能溶解。

$$AgBr(s)+2S_2O_3^{2-} \longrightarrow [Ag(S_2O_3)_2]^{3-}+Br^-$$

$$AgI(s)+2CN^- \longrightarrow [Ag(CN)_2]^-+I^-$$

分析化学中，鉴定Cl^-的过程是这样的：在含Cl^-的溶液中先加入Ag^+生成 AgCl 白色沉淀，然后将沉淀在浓氨水中溶解生成$[Ag(NH_3)_2]^+$，最后在溶液中加入HNO_3，又有白色沉淀析出：

$$[Ag(NH_3)_2]^+ + Cl^- + 2H^+ \longrightarrow AgCl\downarrow + 2NH_4^+$$

$[Ag(NH_3)_2]^+$不稳定，在放置过程中会逐渐生成具有爆炸性的Ag_2NH及$AgNH_2$。所以$[Ag(NH_3)_2]^+$用完后应及时处理，不宜长期放置。

$[Ag(NH_3)_2]^+$的溶液，能把醛类和某些糖类（如甲醛、葡萄糖）氧化，本身被还原为银：

$$2[Ag(NH_3)_2]^+ + RCHO + 3OH^- \longrightarrow 2Ag\downarrow + 4NH_3 + RCOO^- + 2H_2O$$

这就是银镜反应的原理。工业上利用这类反应把一薄层银沉积在玻璃上而成银镜或在保温瓶内夹壁镀银。在金属上镀银时常用含$[Ag(CN)_2]^-$的溶液为电镀液。

$$[Ag(CN)_2]^- + e^- \longrightarrow Ag + 2CN^- \qquad E^\ominus = -0.310\ V$$

银镀层致密、牢固，但是因为氰化物有毒，近年来被无毒镀银液 $K[Ag(SCN)_2]+KSCN$ 所代替。

（3）金的配合物　金多形成配位数为 4 的+3 氧化态配合物，如$[AuX_4]^-$($X = F^-, Cl^-, Br^-, I^-, CN^-, SCN^-, NO_3^-$)，$[Au(CN)_2(SCN)_2]^-$，$[Au(CN)_2Cl_2]^-$，$[Au(en)_2]^{3+}$，它们为平面四方形构型。

金溶于王水形成 $H[AuCl_4]$，是因为 Au(Ⅲ)形成了配合物，降低了 Au(Ⅲ)/Au 电对的电极电势($E^\ominus_{Au^{3+}/Au} = 1.52\ V$，$E^\ominus_{[AuCl_4]^-/Au} = 1.002\ V$，$E^\ominus_{[AuBr_4]^-/Au} = 0.854\ V$)，金的还原性增强。同样的原因，金也可以和 Cl_2，Br_2 反应：

$$2Au + 3Cl_2 + 2HCl \longrightarrow 2H[AuCl_4]$$

$$2Au + 3Br_2 + 2HBr \longrightarrow 2H[AuBr_4]$$

这两个反应可用于矿石中金的回收，称为水氯化法和溴化法。水氯化法提金回收率高、浸出快、成本低，但氯气有毒且消耗太大；溴化法虽浸出速率快，但溴易挥发且有毒，对设备也有腐蚀。

$H[AuCl_4]$与 KCN 溶液作用生成无色的四氰合金(Ⅲ)酸钾：

$$H[AuCl_4] + 4KCN \longrightarrow K[Au(CN)_4] + 3KCl + HCl$$

$[Au(CN)_4]^-$很稳定，与 Cl^-，Br^-，I^-作用可形成混配型配离子$[Au(CN)_2X_2]^-$，其稳定性按 Cl—Br—I 的顺序增强。

$K[Au(CN)_2I_2]$固体溶于水时发生如下反应：

$$[Au(CN)_2I_2]^- \longrightarrow [Au(CN)_2]^- + I_2$$

此反应可用于金的碘量法测定。

由于 Au(Ⅲ)的强氧化性，$H[AuCl_4]$可被许多还原剂如亚硫酸钠、硫代硫酸钠、硫脲等还原成 Au(Ⅰ)或单质金。若适当控制还原剂用量，Au(Ⅰ)则形成配合物。

$$H[AuCl_4] + 3Na_2SO_3(\text{适量}) + H_2O \longrightarrow Na_3[Au(SO_3)_2] + NaCl + Na_2SO_4 + 3HCl$$

$$Na[AuCl_4] + 4Na_2S_2O_3(\text{过量}) \longrightarrow Na_3[Au(S_2O_3)_2] + Na_2S_4O_6 + 4NaCl$$

$$H[AuCl_4] + 3SC(NH_2)_2(\text{过量}) + H_2O \longrightarrow [Au(SC(NH_2)_2)_2]Cl + S + 3HCl + OC(NH_2)_2$$

Au(Ⅰ)容易形成配位数为 2 的直线形配合物，其中$[Au(CN)_2]^-$比较重要。

氰化法提金浸出率高(含砷、铅的矿石除外)，是传统的提金方法，其原理是利用生成$[Au(CN)_2]^-$($\lg\beta = 38.3$)后将金从矿中分离出来。具体做法是在稀 NaCN

溶液中通入空气处理金矿石,将金溶解后去掉矿渣:

$$4Au+8CN^-+O_2+2H_2O \longrightarrow 4[Au(CN)_2]^-+4OH^-$$

$$[Au(CN)_2]^-+e^- \rightleftharpoons Au+2CN^- \qquad E^\ominus=-0.596\ V$$

$$O_2+2H_2O+4e^- \rightleftharpoons 4OH^- \qquad E^\ominus=0.401\ V$$

$$K^\ominus=2.79\times10^{67}$$

该反应正向进行的趋势很大。再用还原剂如 Zn 与含有$[Au(CN)_2]^-$的滤液作用,即可制得粗金:

$$2[Au(CN)_2]^-+Zn \longrightarrow 2Au\downarrow+[Zn(CN)_4]^{2-}$$

经电解精炼后,可制取纯度高达 99.95%的纯金。溶金原理与卤化法提金类似($E^\ominus_{Au^+/Au}=1.83\ V$)。氰化法提金速率较慢,由于 NaCN 有剧毒,严重污染环境,氰化法提金正被其他提金工艺逐步取代。目前比较成熟的有硫脲法、水氯化法、溴化法等。例如硫脲法:

$$Au+2SC(NH_2)_2+Fe^{3+} \longrightarrow [Au(SC(NH_2)_2)_2]^++Fe^{2+}$$

$$4Au+8SC(NH_2)_2+O_2+4H^+ \longrightarrow 4[Au(SC(NH_2)_2)_2]^++2H_2O$$

$$2[Au(SC(NH_2)_2)_2]^++Zn \longrightarrow 2Au\downarrow+[Zn(SC(NH_2)_2)_4]^{2+}$$

硫脲法溶金速率比氰化法快 12 倍,毒性也比氰化钠小得多,但硫脲耗量大,生产成本高,而且还存在设备腐蚀的问题。

金的硫脲配合物在盐酸溶液中可被烷基膦酸酯、烷基二硫代膦酸及其酯、磷酸三丁酯萃取,此法已被广泛应用于金的分离和分析。

4. Cu(Ⅰ)和 Cu(Ⅱ)的相互转化

前面阐明了 Cu(Ⅰ)化合物处于固体状态时能稳定存在,而在水溶液中Cu^+由于水合热小,不能稳定存在,并从酸性条件下铜的元素电势图(图 14-1)和标准吉布斯函变-氧化态图(图 13-2)可知 Cu^+容易发生歧化反应:

$$2Cu^+ \rightleftharpoons Cu^{2+}+Cu$$

该歧化反应在 298 K 时标准平衡常数值很大:

$$K^\ominus=\frac{[Cu^{2+}]}{[Cu^+]^2}=1.3\times10^6$$

Cu^+的平衡浓度仅约为 Cu^{2+}浓度的千分之一,反应进行得较彻底。在水溶液中由 Cu(Ⅰ)制备 Cu(Ⅱ)的反应是自发的。

$$E^\ominus_A/V \qquad Cu^{2+}\xrightarrow{0.16}Cu^+\xrightarrow{0.518}Cu$$

$$Cu^{2+}\xrightarrow{0.559}CuCl\xrightarrow{0.121}Cu$$

$$Cu^{2+}\xrightarrow{0.44}[CuCl_2]^-\xrightarrow{-0.24}Cu$$

图 14-1 铜的元素电势图

相反要使 Cu(Ⅱ)转化为 Cu(Ⅰ),即发生逆歧化反应需要满足:① 有还原剂存在(如单质铜);② 利用平衡移动原理降低溶液中 Cu^+ 的浓度,如使 Cu^+ 以难溶物或难解离的配合物存在。例如,由 $CuSO_4$ 溶液与 KI 反应生成白色 CuI 即可说明由 Cu(Ⅱ)到 Cu(Ⅰ)的转化:

$$2Cu^{2+}+4I^- \longrightarrow 2CuI\downarrow +I_2$$

当 I^- 存在时,Cu^{2+}/Cu^+ 电对的电极电势将增大,Cu^{2+} 的氧化性会大大增强。由于 $E^\ominus_{Cu^{2+}/CuI}=0.86\ V$,比 $E^\ominus_{I_2/I^-}=0.54\ V$ 大,所以 Cu^{2+} 与 I^- 反应并不生成 CuI_2 而是生成 CuI 沉淀。在这个反应中,I^- 既是还原剂,又是 Cu(Ⅰ)的沉淀剂,反应迅速而定量地析出碘,在分析化学上可用来测定 Cu^{2+} 的含量。

又如,前面提到在热的盐酸溶液中用 Cu 粉还原 $CuCl_2$ 制备 CuCl,也是利用同样的道理。从图 14-1 可知,$E^\ominus_{Cu^{2+}/CuCl}>E^\ominus_{CuCl/Cu}$,逆歧化反应可以发生,即 Cu^{2+} 在含有 Cl^- 的酸性溶液中可将 Cu 氧化为 CuCl。而 $E^\ominus_{Cu^{2+}/CuCl_2^-}>E^\ominus_{CuCl_2^-/Cu}$,说明 $CuCl_2^-$ 不易歧化,相反在溶液中较稳定。再加水稀释,平衡移动从而最终获得产物 CuCl。

14.2 锌、镉、汞

锌、镉、汞是ⅡB 族元素,也称为锌族元素。锌主要以氧化物或硫化物存在于自然界,重要的有红锌矿(ZnO)、闪锌矿(ZnS)、菱锌矿($ZnCO_3$)等。ZnS 常和 PbS 共存于矿石中,称为铅锌矿,铅锌矿在我国西南各省及湖南储量较多。一般锌矿中均含有少量(≤0.5%)镉,铅矿及铜矿中也含有微量的镉。汞除以游离态存在外,其他主要以朱砂矿(HgS)形式存在,朱砂矿在我国贵州储量较多。

14.2.1 单质的性质和用途

锌、镉、汞物理性质最显著的特点是它们的熔点和沸点都比较低,不仅低于碱土金属,而且比邻近的铜族金属低。这与它们的价电子构型 $(n-1)d^{10}ns^2$ $(n=4,5,6)$有关。因 d 轨道和 s 轨道均已全满,满层中的电子比较稳定,能脱离的自由电子数量不多,形成的金属键较弱,所以熔点、沸点及升华热、汽化热都较低,并且随锌→镉→汞的顺序下降,汞是金属中熔点最低的,它是常温、常压下唯一的液态金属。

磨光的锌光泽如银,但通常的锌是灰中带微蓝色,有延展性,室温下有韧性而且相当硬。1 273 K 时,锌在空气中能燃烧生成纤维状的 ZnO。在潮湿空气中锌渐渐与 CO_2 化合成碱式碳酸锌,将锌表面紧密地覆盖住,从而阻止反应继续发生:

$$4Zn+2O_2+3H_2O+CO_2 \longrightarrow ZnCO_3 \cdot 3Zn(OH)_2$$

所以常在铁或钢表面上附一层锌以抗腐蚀。在电势序中锌的位置相当低，但它在水中能长期存在，因为有一层 $Zn(OH)_2$ 保护住下面的锌。氢在锌上的超电势很高，所以纯锌在硫酸中的反应极慢，但是锌中只要有微量超电势较低的金属如 Cu，Ag，Au 等，则溶解过程极快，氢气自杂质处放出来：

$$Zn+H_2SO_4 \longrightarrow ZnSO_4+H_2\uparrow$$

锌溶于稀盐酸生成 $ZnCl_2$ 而放出 H_2，溶于极稀硝酸生成 NH_4^+。锌能溶于 KOH，NaOH 溶液生成锌酸盐，所以锌是两性金属：

$$Zn+2KOH+2H_2O \longrightarrow K_2[Zn(OH)_4]+H_2\uparrow$$

锌与氨水能形成配离子而溶解（与两性金属铝不同之处）：

$$Zn+4NH_3+2H_2O \longrightarrow [Zn(NH_3)_4](OH)_2+H_2\uparrow$$

大量的锌用于制造合金、干电池及电镀。锌在生命过程中占有重要地位，无论动物或植物体内都不能缺锌。若儿童体内缺锌，则会出现厌食、性情忧郁、反应迟钝、智力低下及发育不良等情况。

镉是白中微带蓝色的金属，它比锌软及富于延展性。与锌相似，在空气中高温下镉燃烧生成 CdO，在潮湿空气中缓慢氧化成一层致密薄膜以保护下面金属，因此镀镉可以防腐蚀。镉化学性质和锌相似，但活性稍差。

镉用于制镉-镍蓄电池、颜料、电镀及制反应堆的控制棒。

汞退出医药领域

汞在室温下有流动性，且在 273～573 K 体积膨胀系数很均匀，不润湿玻璃，可用来制作温度计。

汞能溶解一些金属而形成汞齐。例如，钠溶解于汞形成钠汞齐，钠汞齐在同水接触时其中的汞仍保持其惰性，而钠则同水反应得比较平稳：

$$2(NaHg_x)+2H_2O \longrightarrow 2NaOH+H_2+2xHg$$

根据此性质钠汞齐在有机合成中常用作还原剂。利用汞能溶解金和银的性质，冶金工业中用汞齐法提炼这些贵金属。

汞是一种累积性的毒物，使用时务必小心，避免吸入汞蒸气（剧毒）或皮肤接触液态汞。万一不慎撒落，必须谨慎地收集起来，然后用硫黄粉撒在残留的汞上（转化为 HgS）。

室温下，干燥的空气与汞几乎不反应，但在潮湿空气中金属汞表面会生成一层暗灰色的氧化亚汞薄膜。在空气中将汞加热至沸腾，汞会缓慢与氧作用生成氧化汞：

$$2Hg+O_2 \longrightarrow \underset{\text{（红色）}}{2HgO}$$

汞能直接和氯、溴、碘、硒等化合，而与碳、氮、磷、砷等却不反应。水蒸气、碱及无氧化性的稀盐酸和稀硫酸对汞无作用，汞只能在热浓硫酸或硝酸中溶解：

$$Hg+2H_2SO_4(浓) \xrightarrow{\triangle} HgSO_4+SO_2\uparrow+2H_2O$$

$$3Hg+8HNO_3 \xrightarrow{\triangle} 3Hg(NO_3)_2+2NO\uparrow+4H_2O$$

与浓硫酸反应，汞过量时生成 Hg_2SO_4。与冷稀硝酸反应，汞过量时生成$Hg_2(NO_3)_2$。

从锌、镉、汞的价电子构型可知，它们的最外层都有两个 s 电子，次外层 d 轨道全充满，从全充满 d 轨道中失去电子更加困难，第三电离能远远大于第一、二电离能，所以通常只失去两个 s 电子而显+2 氧化态。汞有+1 氧化态的化合物，以双聚离子 Hg_2^{2+} 出现（$Hg^+ : Hg^+$），这是汞的特点。汞原子的最外三层电子结构分别是 32，18，2，这是一种封闭的饱和结构。6s 电子对最稳定，所以金属键最弱，这是单质汞以液态出现的结构原因，也是汞有一定化学惰性的原因。双聚离子 $Hg^+ : Hg^+$之所以稳定存在也是由于每个汞原子都维持了最外三层为 32，18，2 的电子结构。锌、镉的 s 电子对也有一定稳定性，所以金属间的结合力较弱，熔点、沸点和汽化热较低及导电性较差。锌、镉、汞的元素电势图如图 14-2 所示。

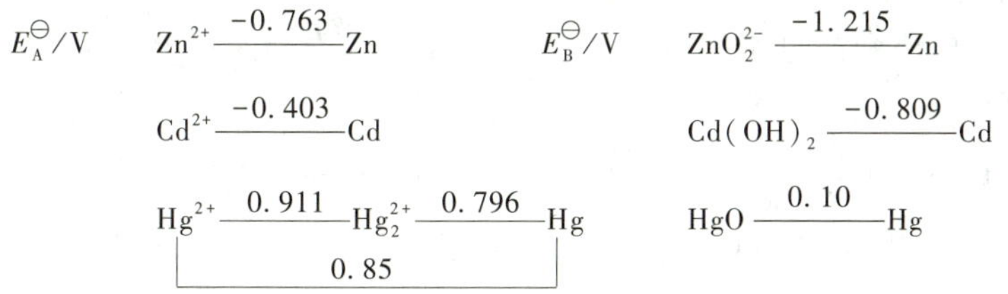

图 14-2 锌、镉、汞的元素电势图

由图 14-2 可知，锌与镉的 $E_A^\ominus$，$E_B^\ominus$ 均为负值，都能从稀酸中置换出氢。汞的标准电极电势为正值则说明汞远不如锌、镉活泼。在酸性介质中锌族元素的标准电极电势比同周期的铜族元素更小，所以锌族元素比铜族元素活泼。同族中锌、镉、汞的化学活泼性随原子序数的增大而递减，这种变化规律和它们的 $E^\ominus$ 及它们从金属原子转化为水合 M^{2+} 所需总能量的大小是一致的，见表 14-1。

表 14-1 锌族元素原子转化为水合 M^{2+} 时的能量变化

能量变化	锌	镉	汞
升华热/($kJ\cdot mol^{-1}$)	131	112	61.9
第一、二电离能之和/($kJ\cdot mol^{-1}$)	2 639	2 499	2 817
$M^{2+}(g)$水合热/($kJ\cdot mol^{-1}$)	−2 060.6	−1 824.2	−1 849.7
总热效应/($kJ\cdot mol^{-1}$)	709.4	786.8	1 031.2

14.2.2 锌、镉、汞的重要化合物

锌族元素失去2个s电子后变为18电子构型的离子M^{2+}。18电子构型的离子具有较强的极化力和较大的变形性，因此其二元化合物有相当程度的共价性。变形性依$Zn^{2+} \rightarrow Cd^{2+} \rightarrow Hg^{2+}$顺序加强。

1. 氧化物和氢氧化物

锌、镉、汞的氧化物和氢氧化物都是共价型化合物，共价性以汞的化合物更为显著。锌、镉、汞能形成难溶于水的MO型氧化物：ZnO（白色粉末），CdO（棕黄色粉末），HgO（红色或黄色晶体）。ZnO和CdO可由金属在空气中燃烧制得，也可由相应的碳酸盐加热分解而制得：

$$ZnCO_3 \xrightarrow{568\ K} ZnO+CO_2$$

$$CdCO_3 \xrightarrow{600\ K} CdO+CO_2$$

白色ZnO受热时因为离子极化作用加强而变黄，冷却又变白。CdO受热后由棕色变为近乎黑色。ZnO俗名锌白，大量用作橡胶填料及油漆颜料。ZnO对气体具有高度吸附性，在石油化工中用作脱氧、苯酚和甲醛缩合等反应的催化剂。ZnO还具有承受大电流和高电压的能力，因此可用于雷电引起的过电压保护，也可作稳压或变频元件。

ZnO显两性，CdO，HgO，Hg_2O显碱性。它们的热稳定性按$ZnO \rightarrow CdO \rightarrow HgO \rightarrow Hg_2O$顺序减小。ZnO和CdO在高温下升华而不分解，而HgO在763 K分解为汞和氧气，Hg_2O则受热或见光分解。

在锌盐、镉盐溶液中加入适量强碱，可以制得相应的$M(OH)_2$：

$$\underset{}{Zn^{2+}+2OH^-} \longrightarrow \underset{（白色）}{Zn(OH)_2\downarrow}$$

$$Cd^{2+}+2OH^- \longrightarrow \underset{（白色）}{Cd(OH)_2\downarrow}$$

Hg(Ⅰ)，Hg(Ⅱ)的氢氧化物在室温下均不存在。在$Hg(NO_3)_2$及$Hg_2(NO_3)_2$溶液中加入强碱，可分别得到黄色HgO和棕褐色Hg_2O沉淀，因为$Hg(OH)_2$和$Hg_2(OH)_2$都不稳定，生成后立即脱水为氧化物：

$$Hg^{2+}+2OH^- \longrightarrow HgO\downarrow +H_2O$$

$$Hg_2^{2+}+2OH^- \longrightarrow Hg_2O\downarrow +H_2O$$

Hg_2O不稳定，见光或受热逐渐分解为HgO和Hg：

$$\underset{（棕褐色）}{Hg_2O} \longrightarrow \underset{（黄色）}{HgO}+\underset{（黑）}{Hg}$$

若将 $Hg(NO_3)_2$ 晶体加热分解，则得到红色 HgO。经 X 射线研究表明，颜色不同是由于晶粒大小不同而引起的，颗粒小时 HgO 为黄色，颗粒大时为红色，它们的晶体结构相同。

ⅠB，ⅡB 族金属氢氧化物的热稳定性较差，很大程度上与这些金属离子的极化力及变形性有关。这些金属离子多属 18 电子构型，极化力强，变形性也大，与 OH^- 间的离子极化作用大，易于夺取 O^{2-} 形成相应的氧化物，从而使氢氧化物分解。

$Zn(OH)_2$ 显两性，溶于强酸生成锌盐，溶于强碱生成锌酸盐：

$$Zn(OH)_2+2OH^- \longrightarrow [Zn(OH)_4]^{2-}（或 ZnO_2^{2-}）$$

因为 $Zn(OH)_2$ 的饱和溶液中存在如下平衡：

$$Zn^{2+}+2OH^- \rightleftharpoons Zn(OH)_2 \xrightleftharpoons{+2H_2O} 2H^++[Zn(OH)_4]^{2-}$$

加酸，平衡向左移动；加碱，平衡向右移动。$Cd(OH)_2$ 的碱性比 $Zn(OH)_2$ 强，只能缓慢地溶于热、浓强碱中，可结晶出 $Na_2[Cd(OH)_4]$。

$Zn(OH)_2$ 和 $Cd(OH)_2$ 都能溶于氨水，形成配位数为 4 的配合物。氢氧化物加热时都易脱水，转变为氧化物。

2. 盐类

（1）氯化锌　用锌、氧化锌或碳酸锌与盐酸反应，经过浓缩冷却得 $ZnCl_2 \cdot H_2O$ 的晶体。若将氯化锌溶液蒸干，由于氯化锌水解，因而只能得到碱式氯化锌而得不到无水氯化锌：

$$ZnCl_2+H_2O \longrightarrow Zn(OH)Cl\downarrow +HCl\uparrow$$

要制备无水 $ZnCl_2$，一般要在干燥 HCl 气氛中加热脱水。无水 $ZnCl_2$ 是白色易潮解的固体，它的溶解度很大，吸水性很强。

氯化锌的浓溶液中，由于生成配位酸[二氯·羟基合锌（Ⅱ）酸]而有显著酸性（$6\ mol \cdot L^{-1}$ 时，pH＝1），它能溶解金属氧化物：

$$ZnCl_2+H_2O \xrightarrow{浓溶液} H[ZnCl_2(OH)]$$

$$Fe_2O_3+6H[ZnCl_2(OH)] \longrightarrow 2Fe[ZnCl_2(OH)]_3+3H_2O$$

焊接金属用的“熟镪水”就是氯化锌的浓溶液，焊接前用其清除金属表面的氧化物时不损害金属表面，由于水分蒸发后，熔盐会紧紧覆盖在金属表面使之与外界隔绝，所以能保证金属焊接处比较牢固。

氯化锌也能溶于多种有机溶剂，如乙醇、丙酮、甘油、醚和乙酸，但难溶于液氨。

（2）氯化汞　在过量的氯气中加热金属汞或将 HgO 溶于盐酸可制得 $HgCl_2$。

$HgCl_2$ 为白色针状晶体，有剧毒，内服 0.2～0.4 g 可致死。汞中毒是Hg(Ⅱ)同肾中的蛋白组织结合，从而破坏肾排出废物的功能。

$HgCl_2$ 熔融时不导电，为共价型化合物，氯原子以共价键与汞原子结合成直线形分子 Cl—Hg—Cl，熔点较低（550 K），易升华，俗称升汞。它微溶于水，在水中解

离度很小,主要以分子形式存在:

$$HgCl_2 \rightleftharpoons HgCl^+ + Cl^- \qquad K_1 = 3.2\times10^{-7}$$

$$HgCl^+ \rightleftharpoons Hg^{2+} + Cl^- \qquad K_2 = 1.8\times10^{-7}$$

所以 $HgCl_2$ 有假盐之称。$HgCl_2$ 在水中微量水解,在氨水中氨解,二者反应类似:

$$HgCl_2 + H_2O \longrightarrow Hg(OH)Cl + HCl$$

$$HgCl_2 + 2NH_3 \longrightarrow Hg(NH_2)Cl\downarrow + NH_4Cl$$

$HgCl_2$ 在含有过量 NH_4Cl 的氨水中,与氨形成配合物:

$$HgCl_2 + 2NH_3 \xrightarrow{NH_4Cl} [Hg(NH_3)_2Cl_2]$$

$HgCl_2$ 在酸性溶液中有氧化性,如适量的 $SnCl_2$ 在盐酸中可把它还原为 Hg_2Cl_2 白色沉淀。如果 $SnCl_2$ 过量,生成的 Hg_2Cl_2 进一步被还原为金属 Hg,使沉淀变黑:

$$2HgCl_2 + SnCl_2 \longrightarrow \underset{(白色)}{Hg_2Cl_2\downarrow} + SnCl_4$$

$$Hg_2Cl_2 + SnCl_2 \longrightarrow \underset{(黑色)}{2Hg\downarrow} + SnCl_4$$

可利用上述反应鉴定 Hg^{2+},也可借以检验 Sn^{2+}。

$HgCl_2$ 还可与碱金属氯化物形成 $[HgCl_4]^{2-}$ 而使 $HgCl_2$ 的溶解度增大:

$$HgCl_2 + 2Cl^- \longrightarrow [HgCl_4]^{2-}$$

(3) 氯化亚汞 将金属 Hg 与 $HgCl_2$ 固体一起研磨即可制得 Hg_2Cl_2:

$$HgCl_2 + Hg \longrightarrow Hg_2Cl_2$$

Hg_2Cl_2 为难溶于水的白色粉末,其中汞是以双聚体 Hg_2^{2+} 的形式出现,其分子结构也是直线形(Cl—Hg—Hg—Cl)。Hg_2Cl_2 无毒,因味略甜,故俗称甘汞,化学上用以制造甘汞电极。在光照射下,Hg_2Cl_2 易分解成氯化汞和汞:

$$Hg_2Cl_2 \xrightarrow{光} HgCl_2 + Hg$$

所以 Hg_2Cl_2 通常保存于棕色瓶中。

Hg_2Cl_2 与氨水反应可生成氯化氨基汞和金属汞:

$$Hg_2Cl_2 + 2NH_3 \longrightarrow \underset{(白色)}{Hg(NH_2)Cl\downarrow} + \underset{(黑色)}{Hg\downarrow} + NH_4Cl$$

氯化氨基汞是白色沉淀,金属汞为黑色分散的细珠,因此沉淀是灰色的,这个反应可用于检验 Hg_2^{2+}。

(4) 硝酸汞和硝酸亚汞 $Hg(NO_3)_2$ 可由 HgO 溶于硝酸或汞溶于过量的硝酸而制得:

$$HgO + 2HNO_3 \longrightarrow Hg(NO_3)_2 + H_2O$$

硝酸汞是离子型化合物，易溶于水，从溶液中结晶时得到 $Hg(NO_3)_2\cdot H_2O$，常用作化学试剂。它在水中强烈水解生成碱式盐，加入稀硝酸可以抑制水解：

$$Hg(NO_3)_2+H_2O \longrightarrow Hg(OH)NO_3+HNO_3$$

在 $Hg(NO_3)_2$ 溶液中加入适量 KI，可产生橘红色 HgI_2 沉淀：

$$Hg^{2+}+2I^- \longrightarrow HgI_2\downarrow$$

生成的 HgI_2 可溶于过量的 KI 中，形成无色 $[HgI_4]^{2-}$ 配离子：

$$HgI_2+2I^- \longrightarrow [HgI_4]^{2-}$$

$Hg_2(NO_3)_2$ 也是离子型化合物，易溶于水，并水解形成碱式硝酸亚汞：

$$Hg_2(NO_3)_2+H_2O \longrightarrow Hg_2(OH)NO_3+HNO_3$$

$Hg_2(NO_3)_2$ 受热易分解为 HgO：

$$Hg_2(NO_3)_2(s) \xrightarrow{\triangle} 2HgO(s)+2NO_2(g)$$

$Hg_2(NO_3)_2$ 溶液与空气接触时易被氧化为 $Hg(NO_3)_2$：

$$2Hg_2(NO_3)_2+4HNO_3+O_2 \longrightarrow 4Hg(NO_3)_2+2H_2O$$

因此储存 $Hg_2(NO_3)_2$ 溶液时要加 Hg，防止 Hg^{2+} 生成。

在 $Hg_2(NO_3)_2$ 溶液中加入 KI 溶液，先生成淡绿色 Hg_2I_2 沉淀，继续加入 KI 溶液，则形成 $[HgI_4]^{2-}$ 配离子，同时有黑色汞析出：

$$Hg_2^{2+}+2I^- \longrightarrow Hg_2I_2\downarrow$$

$$Hg_2I_2+2I^- \longrightarrow [HgI_4]^{2-}+Hg\downarrow$$

在 $Hg(NO_3)_2$ 溶液中加入氨水，可得白色碱式氨基硝酸汞沉淀：

$$2Hg(NO_3)_2+4NH_3+H_2O \longrightarrow$$
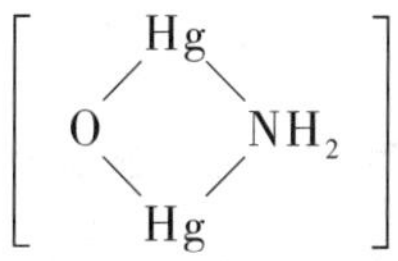
$$NO_3\downarrow+3NH_4NO_3$$

而在 $Hg_2(NO_3)_2$ 溶液中加入氨水，产生上述白色沉淀的同时有黑色汞析出：

$$2Hg_2(NO_3)_2+4NH_3+H_2O \longrightarrow$$
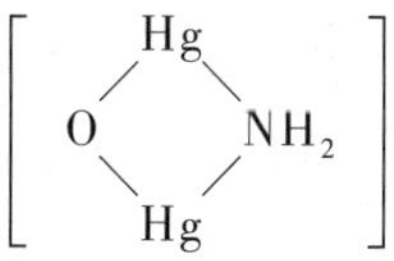
$$NO_3\downarrow+2Hg\downarrow+3NH_4NO_3$$

（5）奈斯勒试剂　$[HgI_4]^{2-}$ 的碱性溶液称为奈斯勒试剂，是鉴定 NH_4^+ 的特效试剂。如果溶液中有微量的 NH_4^+ 存在时滴入该试剂，则立刻生成特殊的红棕色的碱式氨基碘化汞沉淀：

$$2[HgI_4]^{2-}+4OH^-+NH_4^+ \longrightarrow$$
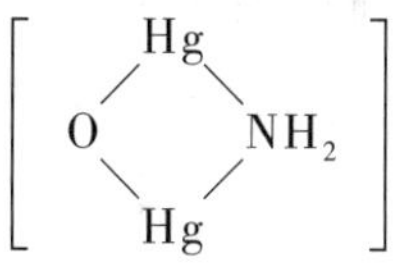
$$I\downarrow+7I^-+3H_2O$$

（红棕色）

(6) 硫化物 锌和镉在加热时才与硫作用生成硫化物，而汞却表现了反常的活泼性，在室温下汞与硫黄粉研磨即能形成 HgS，这是汞呈液态的特点所导致的。往 Zn^{2+}，Cd^{2+}，Hg^{2+} 的溶液中通入 H_2S 时，都会生成相应的硫化物沉淀：

$$M^{2+}+H_2S \longrightarrow MS\downarrow +2H^+$$

硫化物的溶度积从 Zn^{2+} 到 Hg^{2+} 依次减小，颜色由白→黄→黑依次加深。HgS 的溶度积极小，在强酸或氧化性酸中均不溶解，但是可溶于王水和 Na_2S 溶液中。

ZnS 可作白色颜料，它同 $BaSO_4$ 共沉淀所形成的混合晶体叫锌钡白，没有毒性，是一种优良的白色颜料。晶体 ZnS 如含有微量的铜、银或锰的化合物，则在黑暗处能发出不同颜色的荧光，可用于涂布荧光屏幕和制备荧光粉。CdS 也是一种颜料，俗称镉黄，被用于研究太阳能电池。HgS 有两种变体：黑色 HgS，β 型，立方晶系；红色 HgS，α 型，六方晶系。α 型比 β 型更稳定。黑色 β 型 HgS 加热转变为红色 α 型 HgS，汞与硫直接反应也生成 α 型 HgS。在室温下，β 型 HgS 仍可长期保持不变。红色硫化汞是一种高级颜料，广泛用于绘画、印刷和化妆品中。

3. 配合物

锌族元素的 M^{2+} 能与许多配体如卤素离子 X^-（F^-除外），NH_3，CN^-，SCN^- 等形成配合物。配位数为 4 的四面体配合物较为常见。由于 M^{2+} 的 d 轨道已填满，电子不能发生 d-d 跃迁，因而它们的配合物一般无色，具有反磁性。

(1) 氨合物 Zn^{2+}，Cd^{2+} 与氨水反应能生成稳定的无色配合物。

$$Zn^{2+}+4NH_3 \longrightarrow [Zn(NH_3)_4]^{2+} \qquad \beta=2.9\times10^9$$

$$Cd^{2+}+4NH_3 \longrightarrow [Cd(NH_3)_4]^{2+} \qquad \beta=1.3\times10^7$$

Hg^{2+} 只有在过量铵盐存在时才生成氨配合物，铵盐不存在时，则生成氨基化物，如氯化氨基汞等。

(2) 氰合物 Zn^{2+}，Cd^{2+}，Hg^{2+} 均能与 KCN 生成稳定的氰合物。

$$Zn^{2+}+4CN^- \longrightarrow [Zn(CN)_4]^{2-} \qquad \beta=5.0\times10^{16}$$

$$Cd^{2+}+4CN^- \longrightarrow [Cd(CN)_4]^{2-} \qquad \beta=6.0\times10^{18}$$

$$Hg^{2+}+4CN^- \longrightarrow [Hg(CN)_4]^{2-} \qquad \beta=3.2\times10^{41}$$

含有 $[Zn(CN)_4]^{2-}$，$[Cd(CN)_4]^{2-}$ 的溶液，曾分别用作锌和镉的电镀液。$[Zn(CN)_4]^{2-}$ 和 $[Cu(CN)_4]^{3-}$ 的混合液被用于在工件表面镀覆黄铜（Cu-Zn 合金）。铜、锌氰合物相关电对的电极电势相近（$E^{\ominus}_{[Cu(CN)_4]^{3-}/Cu}=-1.27\ V$，$E^{\ominus}_{[Zn(CN)_4]^{2-}/Zn}=-1.34\ V$），所以电解时，Zn，Cu 可在阴极同时析出，形成黄铜。由于 CN^- 有剧毒，近年来镀锌已改用 Zn^{2+} 与氨三乙酸或三乙醇胺形成的配合物作电镀液。

(3) 其他配合物 Hg^{2+} 能与卤素离子，SCN^- 形成配离子。例如：

$$Hg^{2+}+4Cl^- \longrightarrow [HgCl_4]^{2-} \qquad \beta=1.2\times10^{15}$$

$$Hg^{2+}+4I^- \longrightarrow [HgI_4]^{2-} \qquad \beta=6.8\times10^{29}$$

$$Hg^{2+}+4SCN^- \longrightarrow [Hg(SCN)_4]^{2-} \quad \beta=1.7\times10^{21}$$

Hg^{2+}卤合物的累积稳定常数按氯→溴→碘的顺序增加，这是因为 Hg^{2+}是软酸，根据硬软酸碱原则，Hg^{2+}卤合物稳定性的顺序为$[HgI_4]^{2-}>[HgBr_4]^{2-}>[HgCl_4]^{2-}$。

4. Hg(Ⅰ)和 Hg(Ⅱ)的相互转化

由汞的元素电势图(图 14-2)可知存在如下反应：

$$Hg^{2+}+Hg \rightleftharpoons Hg_2^{2+}$$

此反应在 298 K 时平衡常数为

$$K^{\ominus}=\frac{[Hg_2^{2+}]}{[Hg^{2+}]}=88.2$$

说明达平衡时 Hg^{2+}与 Hg 作用已基本转变为 Hg_2^{2+}，而 Hg_2^{2+} 在溶液中不像 Cu^+那样容易歧化。

Hg(Ⅱ)化合物用单质汞还原，可以方便地得到 Hg_2^{2+} 化合物。

由 Hg(Ⅱ)制取 Hg(Ⅰ)化合物时，除单质汞作还原剂外，也可用其他还原剂，但要注意所使用还原剂的 $E^{\ominus}$值应为 0.85~0.91 V，才能保证无单质汞产生。使用更强的还原剂时 Hg(Ⅱ)应过量，为的是避免单质汞的生成。

相反，要使 Hg(Ⅰ)转化为 Hg(Ⅱ)，使 Hg_2^{2+} 的歧化反应能够进行，仍然利用平衡移动原理，降低 Hg^{2+}在溶液中的浓度，使之生成某些难溶物或难解离的配合物。在 Hg_2^{2+} 的溶液中加入强碱、硫化钠、碘化钾、氰化钾时发生反应，生成对应的 Hg(Ⅱ)化合物：

$$Hg_2^{2+}+2OH^- \longrightarrow HgO\downarrow+Hg\downarrow+H_2O$$

$$Hg_2^{2+}+S^{2-} \longrightarrow HgS\downarrow+Hg\downarrow$$

$$Hg_2^{2+}+4I^- \longrightarrow [HgI_4]^{2-}+Hg\downarrow$$

$$Hg_2^{2+}+2CN^- \longrightarrow [Hg(CN)_2]+Hg\downarrow$$

Hg_2^{2+} 与强碱和硫化物反应，生成的是 Hg(Ⅱ)的难溶氧化物和硫化物沉淀，促使平衡向 Hg_2^{2+} 歧化反应的方向移动；存在 Hg(Ⅱ)的配位剂时，Hg_2^{2+} 也易于发生歧化反应。

14.3 稀土元素

镧系元素与钪和钇合称为稀土元素。镧系元素常用 Ln 表示，稀土元素常用 RE 表示。我国是稀土元素丰产国。稀土元素有许多独特而优良的性能，它们的应用领域正在不断扩大。

14.3.1 稀土元素在自然界中的分布和存在状态

稀土元素在自然界中广泛存在，虽然稀土元素在矿物中含量并不高，但在地壳中的储藏量约占地壳的 0.016%，它们的丰度和许多常见元素差不多，其中丰度最大的是铈，在地壳中占 0.004 6%，比锡的丰度（0.004%）还高，在所有元素中排第二十六位。其次是钇、钕、镧，钇的丰度（0.002 8%），比铅（0.001 6%）高。就是比较少见的铥（Tm），其总丰度也比人们熟悉的汞多。所以稀土元素并不稀少。

稀土元素在地壳中的含量不均匀，一般原子序数为偶数的元素丰度较邻近的奇数元素的丰度大。表 14-2 列出了镧系元素（镧除外）在地壳中的天然丰度。

表 14-2 镧系元素（镧除外）在地壳中的天然丰度

名称	丰度/%	名称	丰度/%
铈（Ce）	4.6×10^{-3}	铽（Tb）	9.1×10^{-5}
镨（Pr）	5.5×10^{-4}	镝（Dy）	4.5×10^{-4}
钕（Nd）	2.4×10^{-3}	钬（Ho）	1.2×10^{-4}
钷（Pm）	4.5×10^{-21}	铒（Er）	2.5×10^{-4}
钐（Sm）	6.5×10^{-4}	铥（Tm）	2.0×10^{-5}
铕（Eu）	1.1×10^{-4}	镱（Yb）	2.7×10^{-4}
钆（Gd）	6.4×10^{-4}	镥（Lu）	7.5×10^{-5}

根据稀土元素在物理化学性质上的某些差异和分离工艺的要求，常将其分成两组，即以钆为界，前面的镧、铈、镨、钕、钷、钐、铕、钆八种元素称为铈组（轻稀土）；后面的铽、镝、钬、铒、铥、镱、镥及钪、钇共九种元素称为钇组（重稀土）。钇之所以列在该组，是因为它的离子半径在重稀土之间，化学性质和重稀土相似，在自然界和重稀土共存。

稀土矿如独居石、氟碳铈矿是稀土的重要来源。独居石是三价稀土元素磷酸盐的混合物并含有高达 30% 的磷酸钍。其余稀土元素则是以分散状态存在于磷灰石、钛铀矿、黏土矿及云母等矿物中。

独居石

在稀土矿物中稀土元素以化合物状态存在，主要有氟化物、磷酸盐、碳酸盐、硅酸盐及氧化物等。从经济角度看，稀土矿物中最主要的是碳酸盐和磷酸盐矿物。

我国的稀土资源丰富，稀土矿分布广、类型多、矿种全，综合利用价值高。内蒙古的白云鄂博矿是世界上罕见的铁与稀土元素的大型矿床，我国南方有特有的离子吸附型的稀土矿和独居石。我国的稀土矿物，除含有稀土元素外，还含有 Nb，Ta，Ti，Th，U 等稀有元素，具有较高的综合利用价值。

14.3.2 镧系元素的电子层结构和性质

镧系元素的价电子构型为 $4f^{0\sim14}5d^{0\sim1}6s^2$。由通式可知，4f 和 5d 电子数有变化。这是由于$(n-2)$f 与$(n-1)$d 轨道的能量很接近，个别元素的 f 电子进入 d 轨道，或 d 电子进入 f 轨道。从铈到镥仅铈、钆和镥有一个 5d 电子（见表 14-3）。紧接镧以后，铈的 4f 轨道突然收缩、能量降低，但还不足以避免电子占用 5d 轨道。钆和镥各有一个 5d 电子，这与 4f 轨道半充满或全充满有关。

表 14-3 镧系元素的性质

原子序数	元素	符号	价电子构型		主要氧化态	原子半径（金属半径）/pm	Ln^{3+}离子半径/pm	Ln^{3+} 4f 电子层构型	$E^\ominus_{Ln^{3+}/Ln}$/V
57	镧	La	$5d^1$	$6s^2$	+3	187.9	106.1	$4f^0$	-2.38
58	铈	Ce	$4f^15d^1$	$6s^2$	+3+4	182.4	103.4	$4f^1$	-2.34
59	镨	Pr	$4f^3$	$6s^2$	+3+4	182.8	101.3	$4f^2$	-2.35
60	钕	Nd	$4f^4$	$6s^2$	+3	182.1	99.5	$4f^3$	-2.32
61	钷	Pm	$4f^5$	$6s^2$	+3	(181.0)	97.9	$4f^4$	-2.42
62	钐	Sm	$4f^6$	$6s^2$	+2+3	180.2	96.4	$4f^5$	-2.30
63	铕	Eu	$4f^7$	$6s^2$	+2+3	204.2	95.0	$4f^6$	-1.99
64	钆	Gd	$4f^75d^1$	$6s^2$	+3	180.2	93.8	$4f^7$	-2.28
65	铽	Tb	$4f^9$	$6s^2$	+3+4	178.2	92.3	$4f^8$	-2.31
66	镝	Dy	$4f^{10}$	$6s^2$	+3+4	177.3	90.8	$4f^9$	-2.29
67	钬	Ho	$4f^{11}$	$6s^2$	+3	176.6	89.4	$4f^{10}$	-2.23
68	铒	Er	$4f^{12}$	$6s^2$	+3	175.7	88.1	$4f^{11}$	-2.32
69	铥	Tm	$4f^{13}$	$6s^2$	+2+3	174.6	86.9	$4f^{12}$	-2.32
70	镱	Yb	$4f^{14}$	$6s^2$	+2+3	194.0	85.8	$4f^{13}$	-2.22
71	镥	Lu	$4f^{14}5d^1$	$6s^2$	+3	173.4	84.8	$4f^{14}$	-2.30

除镧外，其余镧系元素原子的基态电子层结构中都有 f 电子，这些 f 电子处于能级较低的内层。当镧系元素形成化合物时，先失去最外层的两个 s 电子，然后失去次外层的一个 d 电子，若无 d 电子，则失去倒数第三层中一个 4f 电子，一般都能形成稳定的+3 氧化态，所以+3 氧化态是所有镧系元素在固体化合物中和在水溶液中的特性。此外，某些镧系元素还能形成其他氧化态的化合物。例如，铈、镨、铽和镝可以形成氧化态为+4 的化合物，钐、铕、铥和镱可以形成氧化态为+2 的化合物，但没有+3 氧化态稳定，如铈(Ⅳ)能存在于溶液中，是很强的氧化剂，Sm^{2+}，Eu^{2+}，Yb^{2+}能存在于溶液中，是强还原剂。

La，Gd，Lu 具有 $5d^16s^2$ 电子层结构，失去三个电子后，各电子层都成为较稳定的结构（4f 全空或半充满或全充满），所以它们只能生成氧化态为+3 的稳定化合物。在化学变化中，镧系元素的原子都有达到 La^{3+}，Gd^{3+}，Lu^{3+} 稳定构型的趋向，也就是说，比这些稳定构型的电子数稍多的电子容易失去。因此，比 La 多一个电子的 Ce 能给出 4 个电子而呈+4 氧化态。但是随着核电荷数的增加，核对电子的吸引力加强，不容易进一步失去电子，故 $Pr^{4+}(4f^1)$ 不稳定。63 号元素 Eu 的 4f 亚层为半充满稳定结构，所以呈现较稳定的+2 氧化态。62 号元素 Sm 的+2 氧化态则不稳定。其余如 65 号元素 Tb 呈现+4 氧化态和 70 号元素 Yb 呈现+2 氧化态的原因亦可同样解释。但是，氧化态的问题不能只从电子层结构来考虑，其他如热力学因素（电离能、升华能、水合能）、动力学因素也在起作用。

由于从 Ce 到 Lu 的这些镧系元素的 4f 电子层被最外两个电子层很好地屏蔽了，所以虽然 4f 电子数不同，但其化学性质受 4f 电子数的影响都很小，因而性质十分相似。La 虽然没有 4f 电子，但形成化合物时，失去电子的情况和其余镧系元素相似，所以性质也相似。

从表 14-3 中所列的原子半径和离子半径数据可知，随着原子序数的增加，镧系元素的原子半径、离子半径都逐渐减小，即产生镧系收缩。镧系元素的原子半径随原子序数的变化如图 14-3 所示。图中原子半径不是单调地减少，而是出现两峰一谷的曲线。这可以认为是在 $Eu(f^7)$ 和 $Yb(f^{14})$ 处只有 6s 的两个电子形成金属键，键较弱而核间距较大，故在 Eu 和 Yb 处出现两个峰值。Ce 的半径略小于 Pr，故在 Ce 处微凹成一小谷，可认为是 Ce 以 $f^1d^1s^2$ 四个电子成键，金属键较强而半径较小。其余元素均以三个电子成键，故原子半径随原子序数的增加而均匀地减小。

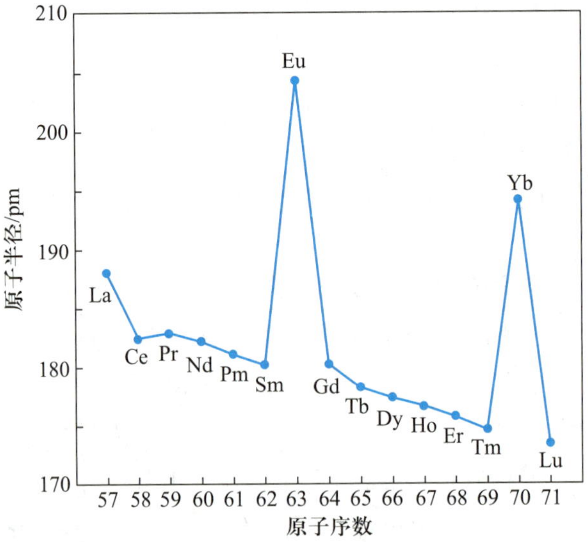

图 14-3 镧系元素原子半径

从 $La^{3+}(f^0)$ 到 $Lu^{3+}(f^{14})$ 离子的电子组态与原子不同，是依次增加 4f 电子的。随原子序数的增加，有效核电荷数增加，Ln^{3+} 半径减小，无峰谷现象，且收缩的程度比原子半径大。由于 Ln^{3+} 的电子构型十分相似，离子所带电荷相同，而离子半径相差不大，致使 Ln^{3+} 在水溶液中的性质极为相似，其离子型化合物的性质也很接近，所以造成分离上的困难。稀土元素在矿物中一般以离子型化合物形式存在，而且是共生的。

14.3.3 单质的性质和用途

稀土元素单质都是典型的金属，具有银白带灰的光泽，一般比较软，随原子序数增大而变得比较硬。例如，镧、铈同锡一样柔软，而钆后面的金属其硬度与铁相近。所有稀土金属都有延展性，但氧、硫、氮、碳等杂质会大大减小其延展性。纯稀土金属具有良好的导电性，但随纯度降低，导电性下降甚至成为不良导体。它们的熔点随原子序数增加而升高，但铕、镱的熔点反常地低。铕、镱的金属键强度小而原子半径较大，导致其性质如密度、熔点、沸点和升华热较低。

稀土金属的化学性质比较活泼，金属的还原能力仅次于碱金属和碱土金属。因此稀土金属需要保存在煤油中，若与潮湿空气接触，则易被氧化而变色。轻稀土金属的燃点很低，在燃烧时放出大量的热。当以铈为主的混合稀土金属在不平整的表面上摩擦时，其细末就会自燃，因此可用以制造打火石及子弹和炮弹的引信和点火装置。

稀土金属与水作用可放出氢气，与酸作用更剧烈，但与碱不作用。

稀土元素具有对氧、硫及其他非金属元素的强亲和力，很容易反应生成相应的化合物，因此，可用于炼钢中脱氧、脱硫、除去气体净化钢液、细化晶粒，从而改善钢的性能。将少量混合稀土加到铸铁中，可制得延展性、耐磨性、抗腐蚀性、抗疲劳能力、抗氧化能力更好的球墨铸铁。例如，加入铈的球墨铸铁改变了铸铁脆性，提高了抗疲劳、抗氧化能力。用加稀土的镁球墨铸铁代替铸钢作柴油机曲轴，耐磨性能比铸钢还好。用稀土高硅耐酸球墨铸铁制造耐酸泵及其他耐腐蚀设备，其使用寿命大大延长。

稀土金属及其合金具有吸收大量气体的非凡能力，尤其对氢的吸收能力大。例如，1 kg 镧镍合金 $LaNi_5$ 在室温、253 kPa 压力下，可吸收 15 g 氢，相当于标准状态下的 170 L 氢气。稀土合金吸收和放出氢的反应是可逆的，而且反应速率很快，所以它们的合金如镧镍合金 $LaNi_5$，镧镁合金 La_2Mg_{17}，镧镍镁合金 $La_2Ni_5Mg_{15}$ 等是良好的储氢材料。

稀土元素广泛用作优良的荧光、激光和电光源材料等。这些应用与稀土元素具有未充满的 4f 电子层结构并由此而产生多种多样的电子能级分不开。镨、钕、钐、铕、铽、镝、钬、铒、铥、镱等都可以作为激光材料。稀土元素有将波长比 400 nm 短的 X 射线、紫外线和波长比 800 nm 长的红外线转变为可见光的特性，所以含稀土激光材料和荧光材料可以提高发光效率，增强亮度。例如，通常使用的钨丝灯泡，它的发光效率很低，大部分电能被转变为红外线的热能消失了。如果在灯泡的玻璃上涂上稀土材料如掺镱、铒的氟化钡钇等，就可以将这部分热能转变为可见光使发光效率提高很多倍，亮度也会增强。钬镝灯、钠钪灯是新型高效电光源，它们体积小、质量轻、亮度高。

镧系稀土元素有较高的磁矩和良好的磁学性质，它们和 Fe，Co，Cu 等的合金是优良的磁性材料。目前实用的稀土磁性材料主要有 LnM_5，Ln_2M_7 和 Ln_2M_{17}（M 表示 Fe，Co，Cu 等）。永磁材料主要有 $SmCo_5$，$PrCo_5$，$PrSmCo_5$，钐钴铜铁 $Sm(Co,Fe,Cu)_5$ 及混合稀土钴 $LnCo_5$ 等。这类优良的磁性材料已用于雷达和行波管、微波器件和一些精密仪器中。稀土石榴石型的铁氧体 $Y_3Fe_5O_{12}$ 可用于制作磁泡记忆元素。

稀土元素还具有不同的核性能，它们中有中子俘获截面很小的钇，也有中子俘获截面很大的钆、铕和钐，所以它们可用作反应堆的结构材料和控制材料。

14.3.4 稀土元素的重要化合物

稀土元素的化合物中，氧化态为+3 的化合物最重要。

1. 氧化物和氢氧化物

稀土元素的氢氧化物、碳酸盐、硝酸盐等在空气中灼烧，即可得到 RE_2O_3 型氧化物，但是 Ce 形成 CeO_2，Pr 形成 Pr_6O_{11}（相当于 $Pr_2O_3·4PrO_2$），Tb 形成 Tb_4O_7（相当于 $Tb_2O_3·2TbO_2$）。由于 RE_2O_3 型氧化物熔点相当高，都在 2 273 K 以上，因此它们都是很好的耐火材料。

RE_2O_3 都具有碱性，其碱性随原子序数的增加由 La 到 Lu 而递减，难溶于水，易溶于酸，并能从空气中吸收 CO_2 和水蒸气而形成碱式碳酸盐。RE_2O_3 的生成都是强放热反应，具有很高的化学稳定性。由于 RE_2O_3 的 $\Delta_f H_m^\ominus$ 代数值很小，故稀土金属是比铝更好的活泼金属还原剂。

在玻璃中分别加入氧化镨、氧化钕、氧化铒、氧化铕，玻璃就会分别呈现鲜艳美观的黄绿、紫红、粉红、橙红色。在漂染毛线时，加入适量的氧化钕，可得到光泽和鲜艳度好、牢度强、手感柔软的毛线。

二氧化铈（CeO_2）为白色固体，可由 $Ce(OH)_3$，$Ce(NO_3)_3$，$Ce_2(CO_3)_3$ 或 $Ce_2(C_2O_4)_3$ 在空气中加热而制得。CeO_2 是惰性物质，不与强酸或强碱作用，当有还原剂存在时，可溶于酸并得到 Ce(Ⅲ)溶液。在 Ce(Ⅳ)盐溶液中加入 NaOH，可析出黄色凝胶状水合二氧化铈（$CeO_2·xH_2O$）沉淀。$Ce(OH)_3$ 在空气中也可被氧化为 $CeO_2·xH_2O$。$CeO_2·xH_2O$ 溶于盐酸得到的是 $CeCl_3$ 和氯气；溶于硫酸得到

Ce(Ⅳ) 和 Ce(Ⅲ)硫酸盐的混合物和氧气。

在 RE(Ⅲ)盐溶液中加入 NaOH,都可以得到 $RE(OH)_3$ 沉淀。它们都是离子型碱性氢氧化物,其碱性由 $La(OH)_3$ 到 $Lu(OH)_3$ 递减,总体来说,碱性比 $Ca(OH)_2$ 弱,但比 $Al(OH)_3$ 强。它们容易与酸反应生成相应的盐。绝大多数不溶于过量的 NaOH 中,但 $Yb(OH)_3$ 和 $Lu(OH)_3$ 在高压釜中同浓 NaOH 一起加热可转变为 $Na_3[Yb(OH)_6]$ 和 $Na_3[Lu(OH)_6]$。$RE(OH)_3$ 的溶度积很小,以致在 NH_4Cl 存在的情况下向 RE(Ⅲ)盐溶液中加氨水可沉淀出 $RE(OH)_3$,$RE(OH)_3$ 的溶度积也是从 $La(OH)_3$ 到 $Lu(OH)_3$ 逐渐减小。并且溶解度随温度的升高而降低。298 K 时,$La(OH)_3$ 的溶度积为 2.0×10^{-19},$Lu(OH)_3$ 的溶度积为 1.9×10^{-24}。

2. 盐类

重要的 RE(Ⅲ)盐有卤化物、硫酸盐、硝酸盐和草酸盐。

(1) 卤化物 REF_3:RE(Ⅲ)盐溶液与 F^-或 HF 反应即可沉淀出 REF_3。REF_3 极难溶于水,其难溶性可以应用于定性分析中。

$RECl_3$:无水 $RECl_3$ 可由金属与氯气一起受热或加热氧化物和 NH_4Cl 固体的混合物而得:

$$RE_2O_3+6NH_4Cl \xrightarrow{573\ K} 2RECl_3+3H_2O+6NH_3\uparrow$$

无水 $RECl_3$ 是石油工业常用的催化剂,也是制取稀土金属的主要原料。例如,以无水混合稀土氯化物 $RECl_3$ 与精制 KCl 为原料,经熔化后电解可制得混合稀土金属:

$$2RECl_3(\text{熔体}) \xrightarrow[1\ 153\sim1\ 193\ K]{\text{电解},KCl} 2RE+3Cl_2\uparrow$$

电解法适用于铈组稀土及混合稀土,主要是生产粗金属和合金。钇组金属由于熔点高,其氯化物易升华,造成电解困难,因此钇组金属通常不用电解法制备。

对钇组金属,常用金属钾还原氟化物的方法来制备。还原作用在加热至 773~973 K 时开始,用碘作催化剂,在氩气氛中进行。以钙为还原剂还原卤化物也有较好的效果。

无水 $RECl_3$ 易潮解并易溶于水,从水溶液结晶时可得水合氯化物,除 La,Ce,Pr 为七水合物外,其余都为六水合物。水合氯化物在高温下脱水,得到的最后产物是碱式盐,因为在脱水过程中发生水解作用:

$$RECl_3\cdot6H_2O \xrightarrow{\triangle} REOCl+5H_2O+2HCl\uparrow$$

水合氯化物是冶炼稀土的中间产物。

稀土元素溴化物和碘化物的性质类似于氯化物。

(2) 硫酸盐 将稀土元素的氧化物、氢氧化物或碳酸盐溶于硫酸,从溶液中可结晶出八水合物 $RE_2(SO_4)_3\cdot8H_2O$(Ce 还有九水合物)。无水硫酸盐的溶解度比水合硫酸盐小，由于溶解是放热过程，所以溶解度随温度升高而降低。利用此性质可分离 RE 和其他金属元素。

稀土元素可形成硫酸复盐 $M_2SO_4 \cdot RE_2(SO_4)_3 \cdot xH_2O(M=K^+, Na^+, NH_4^+)$。它们的溶解度由 La 到 Lu 依次增大，且硫酸复盐的溶解度按 $NH_4^+ \rightarrow Na^+ \rightarrow K^+$ 的顺序降低。硫酸复盐的溶解度还随温度的升高而降低。

按照硫酸复盐的溶解度大小不同可将其分为三组：

铈组：$La^{3+}, Ce^{3+}, Pr^{3+}, Nd^{3+}, Pm^{3+}, Sm^{3+}$

铽组：$Eu^{3+}, Gd^{3+}, Tb^{3+}, Dy^{3+}$

钇组：$Y^{3+}, Ho^{3+}, Er^{3+}, Tm^{3+}, Yb^{3+}, Lu^{3+}, Sc^{3+}$

铈组硫酸复盐的溶解度很小，在过量（约 5%）的碱金属或铵的硫酸盐存在下加热近沸，几乎完全沉淀。钇组硫酸复盐溶解度较大，甚至在饱和碱金属或铵的硫酸盐中仍有较大的溶解度。硫酸复盐这种溶解度的差别，常用于稀土元素的粗分离（分组分离）。铈组在冷溶液中先析出，滤液加热后，铽组析出，而钇组仍留在溶液中。

$Ce(SO_4)_2$ 是常见的最稳定的 Ce(Ⅳ)盐，它在酸性溶液中是强氧化剂，常用于滴定分析中。

（3）硝酸盐　将稀土元素的氧化物溶于硝酸蒸发浓缩，可析出水合硝酸盐，一般都带有六个结晶水（Yb 和 Lu 为五个结晶水）。它们极易溶于水，也能溶于乙醚、乙醇、丙酮等许多有机溶剂中。在稀土元素的溶剂萃取分离过程中，通常用稀土的硝酸盐。硝酸盐加热时先生成碱式盐，进一步加热时则分解为氧化物，分解温度由 La 至 Lu 依次降低。

稀土元素的硝酸盐可与 $K^+, Na^+, NH_4^+, Mg^{2+}$ 等的硝酸盐形成复盐（钇组几乎不形成硝酸复盐），如 $RE(NO_3)_3 \cdot 2NH_4NO_3 \cdot 4H_2O$ 和 $3Mg(NO_3)_2 \cdot 2RE(NO_3)_3 \cdot 24H_2O$。硝酸复盐的溶解度随原子序数的增大而增大，并随温度的升高而急剧增大。根据铈组硝酸复盐溶解度小，钇组几乎不形成硝酸复盐，可在硝酸介质中用分步结晶法来分离铈组元素。

（4）草酸盐　在 RE(Ⅲ)盐溶液中加入草酸即可析出草酸盐沉淀，反应如下：

$$2RE(NO_3)_3 + 3H_2C_2O_4 + nH_2O \longrightarrow RE_2(C_2O_4)_3 \cdot nH_2O + 6HNO_3$$

一般 $n=10$，但也有 $n=6,7,9,11$ 的盐。由于草酸盐在酸性溶液中难溶，利用这种性质可把稀土元素离子以草酸盐形式析出而与其他许多金属离子分离开来。RE(Ⅲ)草酸盐不溶于过量的草酸中，但是钇组草酸盐能溶于 $(NH_4)_2C_2O_4$ 和 $K_2C_2O_4$，形成 $[RE(C_2O_4)_3]^{3-}$ 配离子，而铈组则不能。因此在进行草酸盐沉淀时，多在中性或微酸性溶液中用草酸来进行，而不在草酸盐溶液或碱性溶液中进行。

3. 配合物

RE^{3+} 形成配合物的倾向不大，配合物的数目不多，但与某些螯合配体（如 EDTA）

可形成稳定的螯合物,稳定性按从 La 到 Lu 的顺序增强,且随溶液的酸度增大而减弱,此特性已用于单一稀土的分离技术。而用冠醚充当螯合剂,可将轻稀土离子从稀土离子中萃取出来。

RE^{3+}电荷数高,属于硬酸,易于和 F,O,N 等配位原子配位,而与 Cl,S,P 等配位原子的配位能力较差。由于离子半径较大,RE^{3+}所形成的配合物通常有较大的配位数。

14.4 金属原子簇

簇状配合物,简称原子簇或簇合物,主要包括金属原子簇和非金属原子簇硼烷及其衍生物。过渡金属原子簇是金属原子簇领域的主体,是化学学科内一个十分活跃的前沿。

1963 年美国化学家科顿(Cotton F A)和洛宾孙(Robinson W T)测定了 $Cs_3[Re_3Cl_{12}]$的晶体结构。1964 年科顿提出在$[Re_2Cl_8]^{2-}$中存在四键,成功阐述了$[Re_2Cl_8]^{2-}$的结构。1966 年科顿将原子簇定义为“含有直接而明显键合的两个或两个以上金属原子的化合物”。直接键合的 M—M 键是原子簇化合物与普通多核配合物的主要区别。普通多核配合物属于维尔纳型配合物,金属原子的连接完全是通过桥联基团实现的,故也称为桥联配合物。“明显键合”则要求 M—M 键的键长要足够短,键能足够大,这样 M—M 键才能对分子的化学性质施加明显或主要影响。按照美国化学文摘(CA)索引中的说明,原子簇是“含有三个或三个以上互相键合或极大部分互相键合的金属原子的配合物”。它们分子中的骨架原子间以离域的多中心键(原子簇键)相互直接键合,立体构型大多是三角多面体或缺顶三角多面体。

周期表中能形成原子簇的金属元素见表 14-4。

表 14-4 能形成原子簇的金属元素

ⅣB	ⅤB	ⅥB	ⅦB	Ⅷ	ⅠB	ⅡB
Ti	V	Cr	Mn	Fe Co Ni	Cu	
Zr	Nb	Mo	Tc	Ru Rh Pd	Ag	Cd
Hf	Ta	W	Re	Os Ir Pt	Au	Hg

14.4.1 金属原子簇中的 M—M 键

骨架金属原子间直接键合形成离域的多中心多电子键是金属原子簇的本质特

征。这种键只有在三个或三个以上核的金属原子簇中才可能存在，因此，严格地说由直接键合的 M—M 键形成的金属双核配合物不属于金属原子簇。但在此我们将其作为金属原子簇的原型一起讨论。

1. 金属原子簇中的成键方式

金属原子簇中，金属原子直接以 M—M 键键合成簇，成簇的金属原子可通过多种形式的化学键与配体成键，一般有三种成键方式：① 一个配体与一个成簇原子以端基结合；② 一个配体与两个成簇原子以边桥基结合；③ 一个配体与三个或三个以上成簇原子以面桥基结合。如图 14-4 所示。

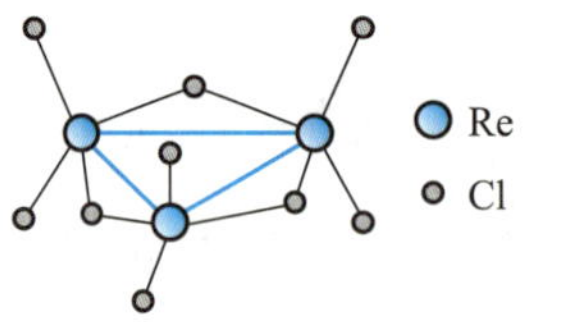

(a) Re_3Cl_9含端基和边桥基成键方式

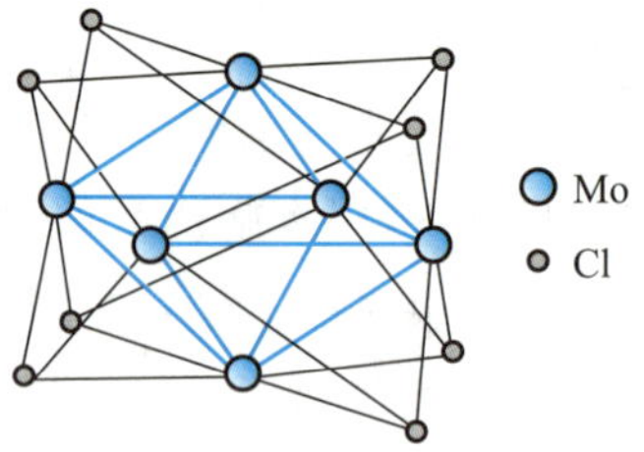

(b) $[Mo_6Cl_8]^{4+}$含面桥基成键方式

图 14-4 金属原子簇中的成键方式

2. 影响 M—M 键形成的因素

金属是否容易形成 M—M 键与金属在周期表中的位置、氧化态高低及配体的性质等因素有关。

（1）金属原子要有适宜的价轨道　对于任何一族过渡金属，第二、三过渡系比第一过渡系更容易形成 M—M 键。例如，V，Nb，Ta 中，只有 Nb 和 Ta 能形成原子簇$[M_6X_{12}]^{n+}$，而 V 却无类似的原子簇；Mn，Tc，Re 中，Tc 和 Re 可形成原子簇$[M_2Cl_8]^{2-}$，而 Mn 却无类似的原子簇。

这是因为 M—M 键的形成主要靠 d 轨道的重叠，第二、三过渡系金属的 4d，5d 价轨道电子云在空间的伸展范围比第一过渡系金属的 3d 更大，更有利于 d 轨道重叠成键，所以形成 M—M 键的能力更强。因而只有第二、第三过渡系的金属才能形成低氧化态卤素原子簇。

（2）金属原子要有较低的氧化态　这是因为当金属处于较高氧化态时，d 电子云密度减小，d 轨道收缩，不利于 d 轨道的重叠成键。因此，M—M 键通常出现在金属原子处于低氧化态的配合物中，至今未发现氧化态为+5 或更高的金属原子簇。

（3）要有适宜的配体　经典配体（又称饱和配体）如卤素、氧、硫等阴离子和基团，主要和周期表左下部的过渡金属形成原子簇。而 π 配体（又称不饱和配体）如 CO，NO，PPh_3，$C_5H_5^-$，C_6H_6 等，由于本身有空的 π 分子轨道，能从金属的 d 轨道中夺得电子而形成反馈 π 键，稳定了金属的低氧化态，所以能更广泛地和过渡金属形成稳定的原子簇。

总之，当金属原子具有较低的氧化态和适宜的价轨道，并存在适宜的配体时，才有可能形成含 M—M 键的原子簇。

3. 存在 M—M 键的特征

根据分子中有无桥基、键长、磁矩变化和键能等特征可以判断 M—M 键的存在。

(1) 分子中有无桥基　对于双核金属配合物，若能通过实验证明分子中确实无桥基连接，就可判断它一定存在 M—M 键，如甘汞(Hg_2Cl_2)和$[Tc_2Cl_8]^{2-}$等。

(2) 键长的变化　如果金属原子间的距离比在金属晶体中金属原子间的距离小得多，则说明可能形成了 M—M 键。例如，$[Mo_2Cl_8]^{4-}$中 Mo 与 Mo 之间的距离为 214 pm，而金属晶体中 Mo 原子间的距离为 273 pm，故可初步判断在$[Mo_2Cl_8]^{4-}$中存在 Mo—Mo 键。

(3) 磁矩的减小　如果多核金属配合物分子的磁矩比单核分子的小，那就可能是因为形成 M—M 键后，电子自旋配对，引起配合物的磁矩减小。由于金属原子与桥基配位原子作用也可使电子配对，所以通常要结合键长、桥基等的测定才能作出判断。

(4) 键能　通常认为 M—M 键的键能在 80 $kJ\cdot mol^{-1}$以上的化合物才能称为金属原子簇。M—M 键的键能可以由热化学或光谱数据求得。

另外，确定是否存在 M—M 键还不能完全地说明其结构问题，还要确定 M—M 键的键级，即确定 M—M 键是单键、双键、三键或四键。这需要将键长、键能的实验测定结合理论分析来确定。

14.4.2 金属原子簇的分类

金属原子簇有多种分类方法。根据分子中成簇金属原子数目，可分为双核(M_2)簇、三核(M_3)簇、四核(M_4)簇、五核(M_5)簇、六核(M_6)簇等。根据成簇金属原子的异同分类，可分为同核簇和异核簇。也可根据金属原子簇配体的不同分类，常见的有羰基原子簇、低氧化态金属卤素原子簇和有机配体原子簇等。

1. 羰基原子簇

由于羰基(CO)与金属原子以 σ-π 配键结合，反馈 π 键的形成可稳定金属的低氧化态(通常为+1,0,-1)，低氧化态的金属原子轨道较为扩展，相互间可有较大重叠而有利于生成 M—M 键，因此几乎所有过渡金属都能形成羰基原子簇。其中有中性分子，如 $Mn_2(CO)_{10}$，$Re_2(CO)_{10}$，$(CO)_5Mn—Re(CO)_5$，$Fe_2(CO)_9$，$Co_4(CO)_{12}$，$Ir_4(CO)_{12}$，$Rh_6(CO)_{16}$等；也有许多羰基簇阴离子，如$[Fe_2(CO)_8]^{2-}$，$[Pt_6(CO)_{12}]^{2-}$，$[Cr_2Ni_3(CO)_{16}]^{2-}$等。

2. 低氧化态金属卤素原子簇

由于卤离子不能与过渡金属原子形成反馈 π 键，不是一个很适宜的配体，因此主要是第二、第三过渡系较前面的金属铌、钽、钼、钨、铼等能形成卤素原子簇。其中$[W_2Cl_9]^{3-}$，$[Mo_2Cl_8]^{4-}$，$[Re_2Cl_8]^{2-}$，$[Re_3Cl_6]^{3-}$，$[Mo_6Cl_8]^{4+}$，$[Nb_6Cl_{12}]^{2+}$等原子簇的结构和成键情况已有充分实验测定和理论探讨。至今还未发现 V，Cr 能形成类似的卤素原子簇。

在卤素原子簇中，金属一般为正氧化态，且通常不超过+3。

3. 有机配体原子簇

大部分有机配体原子簇是由羰基原子簇与有机 π 配体相互作用衍生出来的，如$[Ni_3(CO)_3(C_5H_5)_3]$。这类原子簇的结构和成键情况与羰基原子簇很相似。

常见的金属原子簇还包括：硫化物如 Fe-S，Mo-S 原子簇；金属-异腈原子簇；金属-氧原子簇；纯金属原子簇等。

14.4.3 金属原子簇的结构

金属原子簇的结构随骨架金属原子数目的不同而变化。对于金属原子数目相同的原子簇，即使配体不同，也常具有相同的空间构型。

1. 双核原子簇

双核原子簇中的 M—M 键有单键和多重键；多重键中，有双键、三键、四键。

双核羰基原子簇中的 M—M 键大多是单键，如 $Co_2(CO)_8$，$Fe_2(CO)_9$，$Re_2(CO)_{10}$等。另外，甘汞(Hg_2Cl_2)分子中，Hg—Hg 直接成键，键长为 253 pm，分子呈直线形。

双核卤素原子簇中，M—M 键常具有多重键的特征。经 X 射线晶体衍射测定$[Re_2Cl_8]^{2-}$为两个 $ReCl_4$ 直接结合而成，其结构和成键特点如图 14-5 所示。

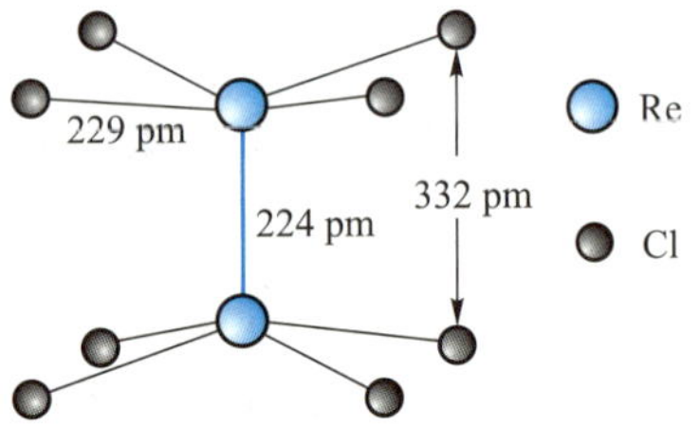

图 14-5 $[Re_2Cl_8]^{2-}$的结构和成键特点

① Re—Re 键键长为 224 pm，Re—Cl 键键长为 229 pm；而在金属晶体中，Re—Re 键键长为 270 pm。② 每个 Re 原子与四个 Cl 原子键合，且四个 Cl 原子大致处于一个正方形平面上；Re 原子离开该平面约 50 pm。③ Cl原子上下对齐，处于重叠式构象的位置，形成四方柱形结构；这种结构使得上下 Cl 原子的距离最近，排斥作用最大。而不是采取互相回避的交叉式，使上下 Cl 原子的距离最远，排斥作用最小。同时，上下 Cl 原子的距离为 332 pm，小于其范德华半径（一般为 340~360 pm）。

为此，科顿认为，在$[Re_2Cl_8]^{2-}$中存在四键。$[Re_2Cl_8]^{2-}$的成键方式可定性描述为：取 Re—Re 键键轴方向为 z 轴方向；Re(Ⅲ)具有 d^4 电子结构，每个 Re 原子采用 $5d_{x^2-y^2}$轨道与 6s，$6p_x$和 $6p_y$轨道杂化，形成四个 dsp^2 杂化轨道与四个 Cl^-配体成键，就形成四个正常的 σ 配键；故四个 Cl 原子近似于平面正方形，Re 原子在 Cl 原子组成的平面外约 50 pm；剩下的 $5d_{z^2}$，$5d_{xy}$，$5d_{yz}$，$5d_{xz}$轨道和另一个 Re 原子的相同轨道成键。两个 Re 原子之间形成 σ，π 和 δ 键三种键：① 当两个 Re 原子沿 z 轴相互接近时，则一个 Re 原子的 $5d_{z^2}$轨道与另一个 Re 原子的 $5d_{z^2}$轨道相互重叠，电子自旋配对形成 σ 键，如图 14-6(a)所示；② 两个 Re 原子的 $5d_{xz}$轨道和 $5d_{yz}$轨道分别在 xz 和 yz 平面内重叠，形成两个 d-dπ 键，一个在 xz 平面，一个在 yz 平面，如图 14-6(b)所示；③ 最后，由于在空间伸展方向是与键轴垂直，两个 Re 原子的 $5d_{xy}$轨道只能“面对面”重叠形成一个 δ 键，如图 14-6(c)所示。d_{xy}轨道的重叠程度取决于转动角，重叠式构象时重叠最大，交叉式构象时重叠趋近于零，这样必然要求 Cl 原子采取重叠式构象。

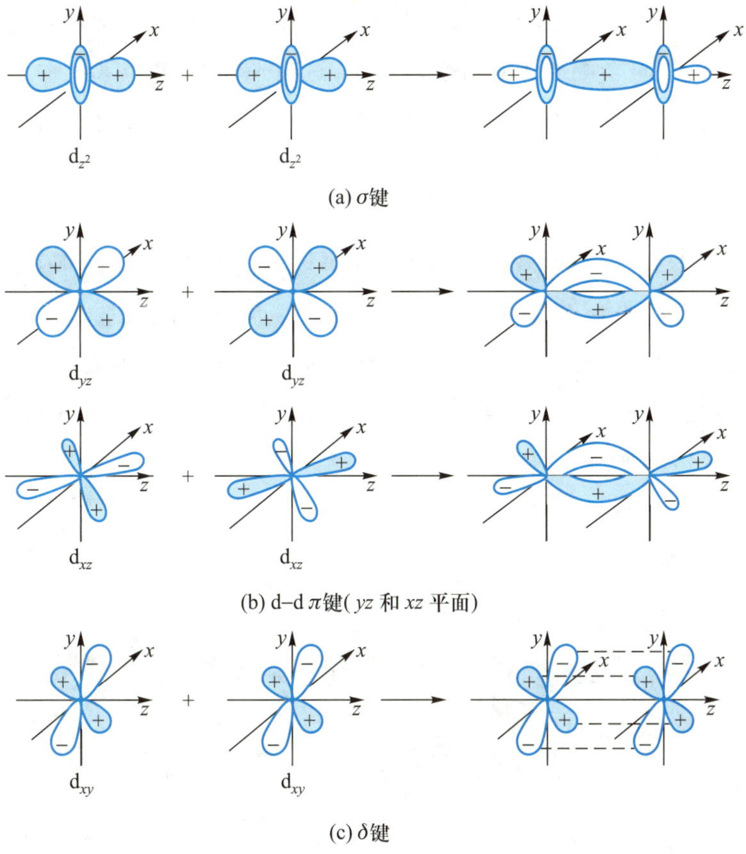

图 14-6 $[Re_2Cl_8]^{2-}$的四键成键图

结果是 Re 原子之间形成了四键($\sigma+2\pi+\delta$)，键长为 224 pm，键能为 480～546 $kJ\cdot mol^{-1}$。三种键型的重叠，以 σ 键的轨道重叠程度最大，π 键次之，δ 键最小。

2. 三核原子簇

三核原子簇的例子有 Re_3Cl_9，$[Re_3Cl_{12}]^{3-}$，$Fe_3(CO)_{12}$，$[Pt_3(CO)_6]^{2-}$等，这类配合物中三个金属原子通常构成三角形骨架。Re_3Cl_9 结构如图 14-4 所示；图 14-7 给出了 $Fe_3(CO)_{12}$和$[Pt_3(CO)_6]^{2-}$的结构。

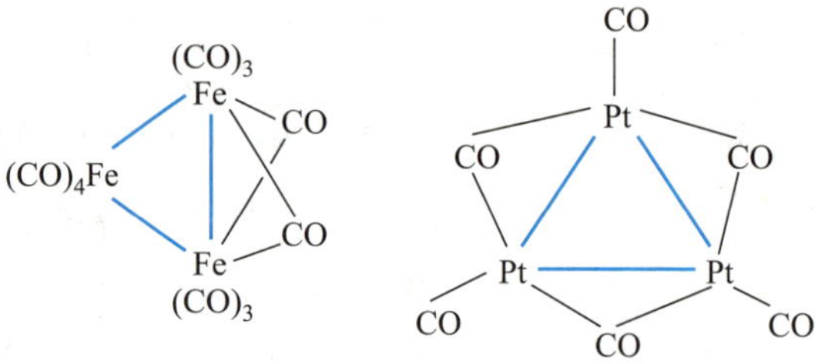

图 14-7 $Fe_3(CO)_{12}$和$[Pt_3(CO)_6]^{2-}$的结构

$Fe_3(CO)_{12}$中含有 Fe_3 三角形骨架，有两个 CO 在骨架的一个边上形成桥键，其他 CO 均与 Fe 原子端基键合。$[Pt_3(CO)_6]^{2-}$的 Pt_3 三角形骨架中，Pt—Pt 键键长为 266 pm，六个 CO 中，三个作为端基与 Pt 原子键合，三个以边桥基方式分别与两个 Pt 原子键合。整个配离子具有平面结构，这些平面的$[Pt_3(CO)_6]^{2-}$单元，还可进一步面对面重叠堆积，组成通式为$[Pt_3(CO)_6]_n^{2-}$($n=2,3,4,5$)的配合物，平面间的距离约为 311 pm。

3. 四核原子簇

四核原子簇较为常见。例如，Co，Rh，Ir 等可形成 $M_4(CO)_{12}$型原子簇；Fe，Ru，Os 等可形成$[M_4(CO)_{13}]^{2-}$型原子簇。在这些四核原子簇中，成簇金属原子常组成四面体或变形的四面体结构。在 Co，Rh 形成的 $M_4(CO)_{12}$型原子簇中，含有九个端基键合的 CO 和三个边桥基键合的 CO；而在 $Ir_4(CO)_{12}$中所有的 CO 都与 Ir 原子端基键合，如图 14-8 所示。

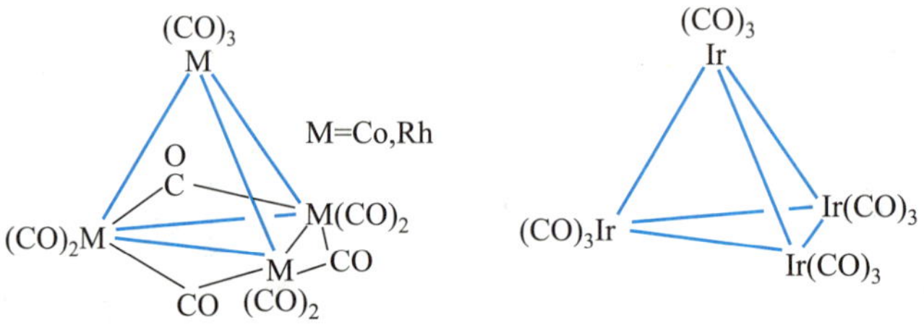

图 14-8 $M_4(CO)_{12}$($M=Co, Rh, Ir$)型原子簇的结构

又如，$H_2FeRu_3(CO)_{13}$是一个异核四核原子簇，其簇骨架为一个 Fe 原子和三个 Ru 原子组成的稍有畸变的四面体。每个 Ru 原子端接三个 CO，Fe 原子端接两个 CO。两条 Fe—Ru 棱边上各连一个边桥 CO，两条 Ru—Ru 棱边上各连一个边桥 H 原子，如图 14-9 所示。

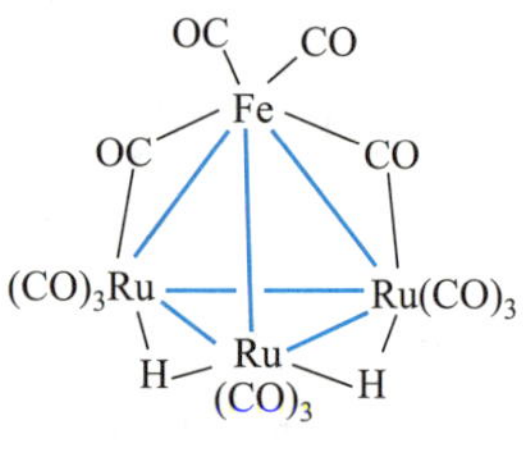

图 14-9 $H_2FeRu_3(CO)_{13}$的结构

4. 五核原子簇

五核原子簇中的成簇金属原子主要形成三角双锥形和四方锥形两种骨架结构。例如，$[Ni_5(CO)_{12}]^{2-}$中 Ni_5

骨架为三角双锥形；$Fe_5(CO)_{15}C$ 中 Fe_5 骨架为四方锥形，它们的结构见图 14-10。另外 $[Mo_2Ni_3(CO)_{16}]^{2-}$ 为异核原子簇，其中三个 Ni 原子位于三角双锥的三角形平面上。

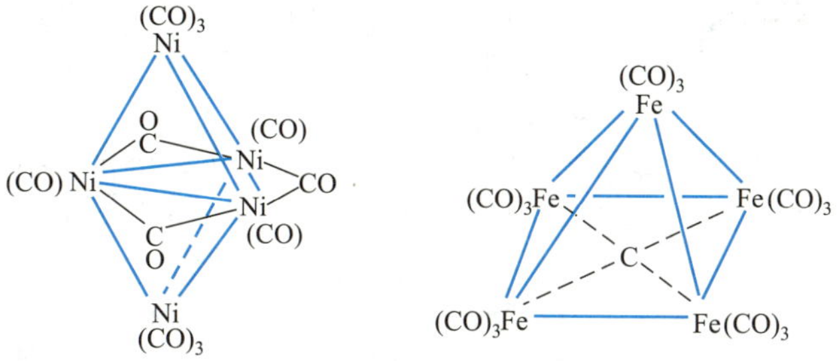

图 14-10 $[Ni_5(CO)_{12}]^{2-}$ 和 $Fe_5(CO)_{15}C$ 的结构

5. 六核及六核以上原子簇

许多金属原子可形成六核原子簇，典型的例子有 $[Mo_6Cl_8]^{4+}$，$[Mo_6Cl_{14}]^{2-}$，$[Nb_6Cl_{12}]^{2+}$，Ta_6Cl_{14}，$Rh_6(CO)_{16}$，$[Co_6(CO)_{14}]^{4-}$ 等。六核原子簇骨架可形成规则八面体和变形八面体及五角锥结构。$[Mo_6Cl_8]^{4+}$ 的结构见图 14-4，Mo_6 骨架为正八面体，Mo—Mo 键键长为 261 pm。沿着每个三角形面的中心法线上各有 1 个 Cl 原子，每个 Cl 原子作为面桥基和 3 个 Mo 原子形成多中心桥键。$[Mo_6Cl_8]^{4+}$ 中共有 12 个 Mo—Mo 键（八面体的 12 条棱），Mo(Ⅱ)的电子组态为 $4d^4$，每个 Mo(Ⅱ)提供 4 个电子，共 $6\times4=24$ 个电子，每个 Mo—Mo 键可分摊 2 个电子，键级为 1。即每个 Mo 原子与相邻的 Mo 原子组成 4 个 σ 单键。$[W_6Cl_8]^{4+}$ 具有类似结构。

$[Nb_6Cl_{12}]^{2+}$ 的结构如图 14-11 所示。6 个 Nb 原子组成正八面体骨架，12 个 Cl^- 分别在八面体的 12 条棱边的垂直平分线上作为桥基与两个 Nb 原子键合。$[Ta_6Cl_{12}]^{2+}$ 具有类似结构。

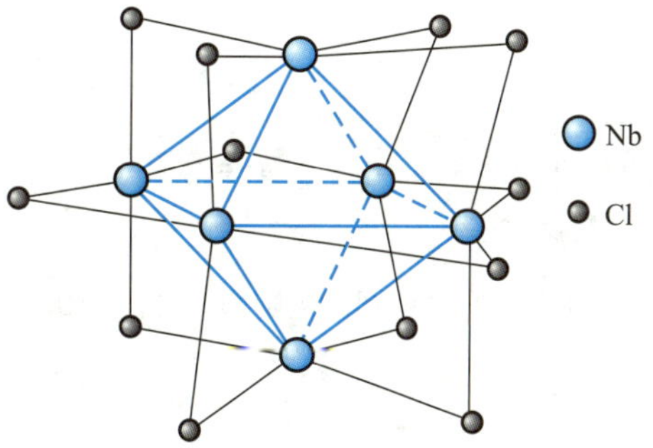

图 14-11 $[Nb_6Cl_{12}]^{2+}$ 的结构

六核以上的金属原子簇结构较为复杂，有的以八面体结构为基础，如 $[Rh_7(CO)_{16}]^{3-}$ 中的 Rh_7 骨架，相当于一个 Rh 原子加在 Rh_6 八面体结构的三角形面正上方，形成单冠八面体结构，如图 14-12(a)所示。有的形成立方体和三棱柱等非三角形面多面体，如二十核金属原子簇 $[Mo_8Cu_{12}S_{32}]^{4-}$ 中，20 个金属原子有序排列成立方体结构的金属笼，8 个 Mo 原子分别位于立方体的 8 个顶点，12 个 Cu 原子位于 12 条棱边的中点，如图 14-12(b)所示。如 $[Pt_3(CO)_6]_3^{2-}$ 九核原子簇的结构，可看作是由平面的 $[Pt_3(CO)_6]^{2-}$ 结构单元重叠堆砌而成稍微扭曲的三棱柱结构，如图 14-12(c)所示。

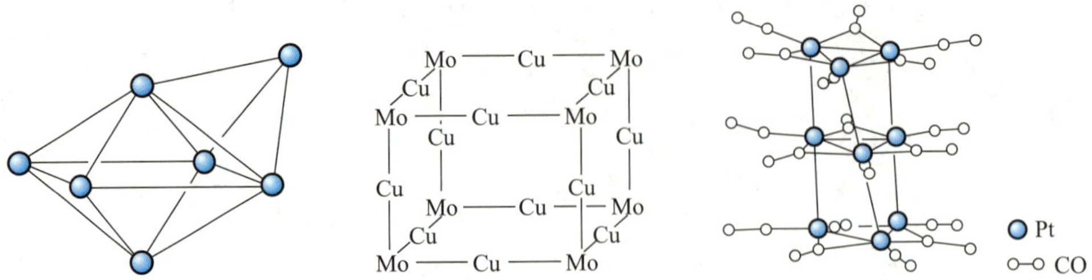

(a) $[Rh_7(CO)_{16}]^{3-}$的单冠八面体结构　(b) $[Mo_8Cu_{12}S_{32}]^{4-}$的立方体结构　(c) $[Pt_3(CO)_6]_3^{2-}$ 的三棱柱结构

图 14-12　六核以上的原子簇结构

需要强调的一点是多面体金属骨架结构中的"棱边"不代表经典价键理论的双中心电子对构成的定域键；骨架金属原子间的成键作用是以离域的多中心键为本质特征。随着原子簇中骨架原子数目的增加，成键电子的离域化程度也随之增大。占据多面体骨架顶点的不仅可以是同种和异种过渡金属原子，也可含主族金属原子和非金属原子（C，B，P）等杂原子。与经典的单核配合物相比，金属原子簇的骨架大多数是空心结构，无中心金属原子存在；只有少数含 Rh 和 Au 的原子簇具有中心金属原子。

6. Wade 规则在金属原子簇中的应用

金属原子簇的分子构型多数是以三角形面多面体为基础，与硼烷类似，也可用 Wade 规则预测其空间构型。但金属原子簇比硼烷复杂，骨架原子可能是不同的金属原子，因此计算骨架电子对数时不能用硼烷那样简单的计算式。过渡金属有九个价电子轨道，提供三个轨道成簇后，应有六个轨道不参与成簇，计算骨架电子时应减去 2×6=12 个电子。故金属原子簇的骨架成键电子对数的计算式应为

$$b=\frac{1}{2}(\text{金属原子簇的价电子总数}-12n)$$

其中，原子簇的价电子总数=金属的价电子数+配体提供的电子数+原子簇负电荷数；n 为骨架金属原子数。

例如，利用 Wade 规则，可预言$[Ru_6(CO)_{18}]^{2-}$的结构类型：

$$b=\frac{1}{2}\times(8\times6+2\times18+2-12\times6)=7=n+1$$

为闭型八面体结构，这与实验测定 Ru_6 金属簇为八面体结构的事实相符。

又如，$Fe_5(CO)_{15}C$，计算价电子总数时还要加上碳原子的价电子数，故骨架成键电子对数为

$$b=\frac{1}{2}\times(8\times5+2\times15+4-12\times5)=7=n+2$$

根据 Wade 规则，$Fe_5(CO)_{15}C$ 中 Fe_5 金属簇为巢型（鸟窝型）结构，即六顶点八面体缺一个顶点的结构。这与图 14-10 所示 $Fe_5(CO)_{15}C$ 中 Fe_5 的四方锥体结构相符。

需要注意的是 Wade 规则只能预测结构类型，而不能预测具体结构；也不能用于非三角多面体（三棱柱、立方体等）原子簇。

14.4.4 金属原子簇的应用

金属原子簇中存在着不同程度的金属-金属相互作用，金属原子与配体的多种键合方式，原子簇骨架氧化态的多变性，电子结构、电荷的不同离域程度等特点，必然使金属原子簇具有某些潜在的应用价值，如特殊的氧化还原性能、电子迁移性能、导电性能、催化性能和磁学性能等。

1. 可作为活性高、选择性好的新型催化剂

金属原子簇中的大部分原子都位于表面。另外，原子簇外围原子的电子壳层是未填满的，因而有很强的键合能力，亦即有极强的反应活性。因此，金属原子簇（特别是异核原子簇）可作为研究金属多相催化剂表面的模型，促进对金属催化剂的深入研究；也可制备出具有明确组成和高分散度的金属催化剂。用金属原子簇作催化剂兼有配位催化和金属催化的双重作用。

金属原子簇作为高活性和高选择性的新型催化剂，在有机合成反应中得到了重要的应用。

钌金属原子簇可催化水煤气变换反应，在碱性、温和条件下催化活性比氧化铁混合催化剂高得多。

$$CO+H_2O \xrightarrow[373\ K,100\ kPa]{Ru_3(CO)_{12}} CO_2+H_2$$

Mo-Co-S 原子簇组成的催化剂在加氢脱硫反应中的催化活性比 MoS_2 催化剂高出一个数量级；$[Fe(MoS_4)_2]^{2-}$ 之类化合物具有催化光水解的性能。

2. 对生命科学的发展有重要意义

生物无机化学一系列的研究表明，许多生物蛋白和酶的活性中心与过渡金属（如 Mo，Fe，Cu，Mn，Co，Ni 等）原子簇和 S，O，N 等非金属元素组成的簇状配合物有关。研究这些原了簇有助丁理解生物蛋白和酶的中心结构与功能，并进而合成模拟化合物，实现仿生化学。

例如，生物固氮酶活性中心是 Mo-Co-S 类原子簇，研究这类原子簇模拟生物固氮，在生命科学和化学催化领域具有重要意义，而且对农业可持续发展和环境保护将会产生深远影响。化学固氮需要在高温高压下进行，消耗大量能源并污染环境。而生物固氮是由固氮微生物体内的固氮酶在常温常压下将 N_2 还原为 NH_3。生物固氮在自然界氮素循环中起着重要作用，据估计全球每年生物固氮达 2 亿吨，为生物的生长繁殖提供了大量的氮素。固氮酶是由钼铁蛋白和铁蛋白组成的复合体，固氮作用是通过分子中的活化中心 Mo-Co-S 类原子簇进行的。关于 Mo-Co-S

类原子簇的结构,国内外科学家提出了多种模型,如卢嘉锡的厦门模型和蔡启瑞的福州模型,都引起国际重视。

金属原子簇还可用作抗癌药物。例如,嘧啶铂蓝是含 Pt—Pt 键、嘧啶为配体的铂金属原子簇,是一种比顺铂水溶性高、毒副作用小的第二代铂抗癌药物。其他过渡金属如 Ru,Rh,Pd,Cu 等的原子簇也发现有抗癌活性。

3. 新型的无机固体材料

金属原子簇的一个潜在应用领域是它有望成为新型材料。例如,$PbMo_6S_8$,$CuMo_6S_8$,$Ag_2Mo_6S_8$ 等在强磁场中具有高温超导性能,对磁场的衰减电流作用具有很强的抵抗力,可用于制造特强磁场的电磁铁中的超导线圈;$Cu_xMo_6S_{8-y}$($x\leqslant 8,y\leqslant 0.5$)类原子簇可作为新型电池材料;Rh 原子簇是新型的磁性材料等。而 Mo(W,V)-Cu(Ag,Au)-S 类原子簇展示出卓越的光限制效应和三阶非线性光学性质,使其在光子通信、光信号处理、光子计算机的开发应用及光敏性光学仪器的保护等方面显示出无可替代的重要作用。

本章小结

本章介绍了铜、银、金、锌、镉、汞和稀土元素单质的性质和用途,描述了它们的重要化合物的制备、性质及应用。运用吉布斯函变-氧化态图和元素电势图可以分析物质的稳定性、氧化还原性和性质递变规律。以金属原子簇为例介绍了非经典维尔纳型配合物的形成和结构,运用 Wade 规则说明了金属原子簇的结构。

思考题

1. Fe 能还原 Cu^{2+},Cu 又能还原 Fe^{3+},试分析原因。

2. 为什么$[Cu(NH_3)_4]^{2+}$是深蓝色的,而$[Cu(NH_3)_2]^+$却是无色的?将 Cu_2O 溶于氨水得到蓝色溶液,说明其原因。

3. 比较 Cu(Ⅰ)化合物和 Cu(Ⅱ)化合物的热稳定性。

4. 在 Ag^+溶液中,先加入少量的 $Cr_2O_7^{2-}$,再加入适量的 Cl^-,最后加入足量的 $S_2O_3^{2-}$,预测每一步会有什么现象出现,写出有关反应的离子方程式。

5. 试从铜分族和锌分族元素的化学性质出发,解释其在自然界的存在状态。

6. 分别在 Cu^{2+},Ag^+,Zn^{2+},Cd^{2+},Hg^{2+},Hg_2^{2+} 溶液中加入适量的 NaOH 溶液,问各有什么物质生成?写出有关反应的离子方程式。

7. 解释下列实验事实。

(1) $CuCl_2$ 浓溶液加水稀释时，溶液颜色由黄色经绿色而变成蓝色；

(2) 焊接金属时，常先用浓 $ZnCl_2$ 溶液处理金属表面；

(3) HgS 不溶于盐酸、硝酸和 $(NH_4)_2S$ 溶液中，而能溶于王水或 Na_2S 溶液中。

8. 稀土元素有哪些主要性质和用途。

9. 镧系元素单质的熔点除 Ce，Eu，Yb 外，从 La 到 Lu 依次递增，Ce，Eu，Yb 三种元素的熔点比它们前后的元素低，这种情况对 Eu 和 Yb 特别显著。试从这两种元素（Eu 和 Yb）的价电子排布解释以上事实。

10. 在镧系元素中哪几种元素最容易出现非常见氧化态？说明出现非常见氧化态与原子的价电子构型之间的关系。

11. 在过量氨水中可生成稳定氨合物的主要有哪些离子？

12. 金属原子簇与普通多核配合物有何本质区别？其结构有何特点？试举例说明。

思考题 12 解析

13. 为什么金属 Tc，Re，Ru，Ir 易形成羰基原子簇？

14. 分别举出三核、四核、五核、六核金属原子簇各两例，并说明其金属原子骨架结构特点及骨架原子与配体的结合方式。

习　题

1. 解释下列现象，并写出有关反应方程式。

(1) 往 $AgNO_3$ 溶液中滴加 KCN 溶液时，先生成白色沉淀，而后溶解；再加入 NaCl 时无沉淀生成，但加入少量 Na_2S 溶液时则析出黑色沉淀。

(2) 金、铂溶于王水。

(3) 照相底片浸入硫代硫酸钠溶液中定影。

(4) AgI 沉淀不溶于氨水，但可溶于 KCN 溶液中。

(5) $CuSO_4$ 溶液中加入氨水时，颜色由浅蓝变深蓝，当用大量水稀释时，则析出蓝色絮状沉淀。

2. 如何鉴定溶液中的 NH_4^+，Cu^{2+}，Fe^{2+}，写出反应方程式和实验现象。

3. 完成并配平下列反应方程式。

(1) $Cu_2O+HCl \longrightarrow$

(2) $Cu_2O+H_2SO_4$（稀）$\longrightarrow$

(3) $CuSO_4+KI \longrightarrow$

(4) $Ag+H_2SO_4$（浓）$\xrightarrow{\triangle}$

(5) $Cu^{2+}+Cu+Cl^- \xrightarrow{\triangle}$

(6) $[Cu(NH_3)_2]^++O_2+NH_3 \longrightarrow$

4. 某化合物溶于水得一浅蓝色溶液 A。在 A 溶液中加入 NaOH 可得蓝色沉淀 B，B 能溶于 HCl 溶液，也能溶于氨水。A 溶液中通入 H_2S，有黑色沉淀 C 生成，C

难溶于盐酸而易溶于热的 HNO_3 中。在 A 溶液中加入 $Ba(NO_3)_2$ 溶液,无沉淀产生,而加入 $AgNO_3$ 溶液时有白色沉淀 D 生成,D 溶于氨水。试判断 A,B,C,D 各为何物,写出有关的反应方程式。

5. 写出下列有关的反应方程式,并说明反应现象。

(1) $ZnCl_2$ 溶液中加入 NaOH 溶液至过量;

(2) $CuSO_4$ 溶液中加氨水至过量;

(3) $HgCl_2$ 溶液中加适量的 $SnCl_2$ 溶液至过量;

(4) $Hg(NO_3)_2$ 溶液中加适量的 KI 至过量;

(5) $Hg_2(NO_3)_2$ 溶液中加适量的 KI 至过量。

6. 完成并配平下列反应方程式。

(1) $Zn+HNO_3$(极稀) $\longrightarrow$

(2) $Zn+NH_3\cdot H_2O$(过量) $\longrightarrow$

(3) $Hg+HNO_3$(稀) $\xrightarrow{\triangle}$

(4) $Hg_2Cl_2+NH_3 \longrightarrow$

(5) $HgCl_2+Hg \longrightarrow$

(6) $Hg_2^{2+}+S^{2-} \longrightarrow$

(7) $K_2[HgI_4]+NH_4Cl+KOH \longrightarrow$

(8) $CeO_2+HCl \longrightarrow$

7. 一无色溶液,① 加入氨水时有白色沉淀生成;② 若加入稀碱则有黄色沉淀生成;③ 若滴加 KI 溶液,则先析出橘红色沉淀,当 KI 过量时,橘红色沉淀消失;④ 若在此无色溶液中加入数滴汞并振荡,则汞逐渐消失,此时再加入氨水得灰黑色沉淀。问此无色溶液中含有哪种化合物?写出有关反应方程式。

8. 在 300 K 与 101.325 kPa 下,用盐酸处理 0.136 g Al-Zn 合金试样,测得放出干燥氢气的体积为 129 mL,试计算该合金中 Zn 的质量分数。

习题 9 解析

9. 分离下列各组离子,并写出有关反应方程式:

(1) $Mg^{2+}, Cr^{3+}, Zn^{2+}$

(2) $Al^{3+}, Fe^{3+}, Co^{2+}$

(3) Sn^{2+}, Ag^{+}, Bi^{3+}

10. 选用适当的配位剂分别将下列各种沉淀物溶解,并写出有关反应方程式。

$CuCl, Cu(OH)_2, Zn(OH)_2, HgI_2, HgS$

11. 在含有大量 NaF 的 1 $mol\cdot L^{-1}$ $CuSO_4$ 和 1 $mol\cdot L^{-1}$ $Fe_2(SO_4)_3$ 的混合溶液中,先加入 1 $mol\cdot L^{-1}$ KI 溶液,然后再加入适量硫代硫酸钠溶液,问有何现象发生?为什么?写出有关反应方程式。

12. 应用 Wade 规则预测下列化合物的结构类型。

$[Co_6(CO)_{14}]^{4-}, [(\eta^5-C_5H_5)Fe(CO)]_4, [Rh_7(CO)_{16}]^{3-}$

13. 经 IR 光谱分析,$Rh_6(CO)_{16}$ 分子中有 12 个端基 CO 配体和 4 个面桥基 CO 配体,试根据 Wade 规则说明 $Rh_6(CO)_{16}$ 的立体结构。

附录

附录Ⅰ 国际单位制（SI）

国际单位制是我国法定计量单位的基础，一切属于国际单位制的单位都是我国的法定计量单位。国际单位制的国际简称为SI。下面列出与本学科有关的部分。

表1 SI基本单位

量的名称	长度	质量	时间	电流	热力学温度	物质的量	发光强度
单位名称	米	千克	秒	安[培]	开[尔文]	摩[尔]	坎[德拉]
单位符号	m	kg	s	A	K	mol	cd
量纲符号	L	M	T	Q或I	Ⓗ	N	J

表2 具有专门名称的SI导出单位

量的名称	SI导出单位		
	单位名称	单位符号	用SI基本单位和SI导出单位表示
[平面]角	弧度	rad	1 rad = 1 m/m = 1
立体角	球面度	sr	$1\ sr = 1\ m^2/m^2 = 1$
频率	赫[兹]	Hz	$1\ Hz = 1\ s^{-1}$
力	牛[顿]	N	$1\ N = 1\ kg \cdot m \cdot s^{-2}$
压力，压强，应力	帕[斯卡]	Pa	$1\ Pa = 1\ N \cdot m^{-2}$
能[量]，功，热量	焦[耳]	J	$1\ J = 1\ N \cdot m$
功率，辐[射能]通量	瓦[特]	W	$1\ W = 1\ J \cdot s^{-1}$
电荷[量]	库[仑]	C	$1\ C = 1\ A \cdot s$

续表

量的名称	SI 导出单位		
	单位名称	单位符号	用 SI 基本单位和 SI 导出单位表示
电压,电动势,电位,(电势)	伏[特]	V	$1\ V=1\ W\cdot A^{-1}$
电容	法[拉]	F	$1\ F=1\ C\cdot V^{-1}$
电阻	欧[姆]	Ω	$1\ \Omega=1\ V\cdot A^{-1}$
电导	西[门子]	S	$1\ S=1\ \Omega^{-1}$
磁通[量]	韦[伯]	Wb	$1\ Wb=1\ V\cdot s$
磁通[量]密度,磁感应强度	特[斯拉]	T	$1\ T=1\ Wb\cdot m^{-2}$
电感	亨[利]	H	$1\ H=1\ Wb\cdot A^{-1}$
摄氏温度	摄氏度	℃	1℃=1 K
光通量	流[明]	lm	$1\ lm=1\ cd\cdot sr$
[光]照度	勒[克斯]	lx	$1\ lx=1\ lm\cdot m^{-2}$

表 3 SI 词头(部分)

因数		10^{12}	10^{9}	10^{6}	10^{3}	10^{-1}	10^{-2}	10^{-3}	10^{-6}	10^{-9}	10^{-12}
词头名称	原文	tera	giga	mega	kilo	deci	centi	milli	micro	nano	pico
	中文	太[拉]	吉[咖]	兆	千	分	厘	毫	微	纳[诺]	皮[可]
符号		T	G	M	k	d	c	m	μ/u*	n	p

注:方括号中的字,在不引起混淆、误解的情况下可以省略,去掉方括号中的字即为简称。

* 在 ISO 2 955 的国际标准中,"u"已被接纳为代替"μ"来表示 10^{-6} 的符号。

附录Ⅱ 一些物理和化学的基本常数(2012 年国际推荐值)

量	符号	数值	单位	相对不确定度
光速	c	299 792 458	$m\cdot s^{-1}$	定义值
真空磁导率	μ_0	$4\pi\times10^{-7}$	$10^{-7}\ N\cdot A^{-2}$	定义值
		12.566 370 614…	$10^{-7}\ N\cdot A^{-2}$	
真空介电常数	ε_0	8.854 187 817…	$10^{-12}\ F\cdot m^{-1}$	定义值

续表

量	符号	数值	单位	相对不确定度
牛顿引力常数	G	6.673 84(80)	$10^{-11}\ m^3\cdot kg^{-1}\cdot s^{-2}$	1.20×10^{-10}
普朗克常量	h	6.626 069 57(29)	10^{-34} J·s	4.4×10^{-14}
$h/2\pi$	h	1.054 571 726(47)	10^{-34} J·s	4.4×10^{-14}
基本电荷	e	1.602 656 5(35)	10^{-19} C	2.2×10^{-14}
电子质量	m_e	9.109 382 91(40)	10^{-31} kg	4.4×10^{-14}
质子质量	m_p	1.672 621 777(74)	10^{-27} kg	4.4×10^{-14}
质子-电子质量比	m_A/m_c	1 836.152 677 45(75)		4.1×10^{-16}
精细结构常数	α	7.297 352 569 8(24)	10^{-3}	3.2×10^{-15}
精细结构常数的倒数	α^{-1}	137.035 999 674(44)		3.2×10^{-15}
里德伯常量	R_∞	10 973 731 568 539(55)	m^{-1}	5.0×10^{-18}
阿伏加德罗常数	L, N_A	6.022 141 29(27)	$10^{23}\ mol^{-1}$	4.4×10^{-14}
法拉第常数	F	96 485.336 5(21)	$C\cdot mol^{-1}$	2.2×10^{-14}
摩尔气体常数*	R	8.314 462 1(75)	$J\cdot mol^{-1}\cdot K^{-1}$	9.1×10^{-13}
玻耳兹曼常数，R/N_A	k	1.380 648 4(13)	$10^{-23}\ J\cdot K^{-1}$	9.1×10^{-13}
斯忒藩-玻耳兹曼常数，$(\pi^2/60)k^4/h^3c^2$	σ	5.670 373(21)	$10^{-8}\ W\cdot m^{-2}\cdot K^{-4}$	7.0×10^{-14}
电子伏，$(e/C)J=\{e\}J$ （统一）原子质量单位	eV	1.602 176 565(35)	10^{-19} J	4.4×10^{-14}
原子质量常数，$\frac{1}{12}m(^{12}C)$	u	1.660 389 21(73)	10^{-27} kg	4.4×10^{-14}

注：这是根据17个自由度的最小二乘平差得出的一个简表，表中只列出一些最有用的数值，其不确定度用一个标准差表示。圆括号中的数字是前面给定值的一个标准差的不确定度。由于许多项的不确定度是相关的，在估计由这些数算出之量的不确定度时，必须应用整个误差矩阵。

* 摩尔气体常数 R 值的量纲换算（供参阅以前的文献书籍时参考）：

$$
\begin{aligned}
R &= 8.314\ J\cdot mol^{-1}\cdot K^{-1} = 8.314\times10^{7}\ erg\cdot mol^{-1}\cdot K^{-1}\\
&= 1.987\ 2\ cal\cdot mol^{-1}\cdot K^{-1}\\
&= 0.082\ 06\ dm^{3}\cdot atm\cdot mol^{-1}\cdot K^{-1}\\
&= 62.364\ dm^{3}\cdot mmHg\cdot mol^{-1}\cdot K^{-1}
\end{aligned}
$$

附录Ⅲ　国际相对原子质量表（2009，IUPAC）

元素		相对原子质量	元素		相对原子质量	元素		相对原子质量
符号	名称		符号	名称		符号	名称	
Ac	锕	[227]	Ds	𫟼	[281]	Mg	镁	24.305 0(6)
Ag	银	107.868 2(2)	Dy	镝	162.500(1)	Mn	锰	54.938 045(5)
Al	铝	26.981 538 6(8)	Er	铒	167.259(3)	Mo	钼	95.96(2)
Am	镅	[243]	Es	锿	[252]	Mt	鿏	[276]
Ar	氩	39.948(1)	Eu	铕	151.964(1)	N	氮	* 14.007
As	砷	74.921 60(2)	F	氟	18.998 403 2(5)	Na	钠	22.989 692 8(2)
At	砹	[210]	Fe	铁	55.845(2)	Nb	铌	92.906 38(2)
Au	金	196.966 569(4)	Fm	镄	[257]	Nd	钕	144.242(3)
B	硼	* 10.81	Fr	钫	[223]	Ne	氖	20.179 7(6)
Ba	钡	137.327(7)	Ga	镓	69.723(1)	Ni	镍	58.693 4(4)
Be	铍	9.012 182(3)	Gd	钆	157.25(3)	No	锘	[259]
Bh	𬭛	[272]	Ge	锗	72.613(1)	Np	镎	[237]
Bi	铋	208.980 340(1)	H	氢	* 1.008	O	氧	* 15.999
Bk	锫	[247]	He	氦	4.002 602(2)	Os	锇	190.23(3)
Br	溴	79.904(2)	Hf	铪	178.49(2)	P	磷	30.973 761(2)
C	碳	* 12.011	Hg	汞	200.59(2)	Pa	镤	231.035 88(2)
Ca	钙	40.078(4)	Ho	钬	164.930 32(2)	Pb	铅	207.2(1)
Cd	镉	112.411(8)	Hs	𬭶	[270]	Pd	钯	106.42(1)
Ce	铈	140.116(1)	I	碘	126.904 47(3)	Pm	钷	[145]
Cf	锎	[251]	In	铟	114.818(3)	Po	钋	[209]
Cl	氯	* 35.45	Ir	铱	192.217(3)	Pr	镨	140.907 65(2)
Cm	锔	[247]	K	钾	39.098 3(1)	Pt	铂	195.084(9)
Cn	鿔	[285]	Kr	氪	83.798(2)	Pu	钚	[244]
Co	钴	58.933 195(5)	La	镧	138.905 47(7)	Ra	镭	[226]
Cr	铬	51.996 1(6)	Li	锂	* 6.94	Ra	铷	85.467 8(3)
Cs	铯	132.905 451 9(2)	Lr	铹	[262]	Re	铼	186.207(1)
Cu	铜	63.546(3)	Lu	镥	174.966 8(1)	Rf	𬬻	[265]
Db	𬭊	[268]	Md	钔	[258]	Rg	𬬭	[28]

续表

元素		相对原子质量	元素		相对原子质量	元素		相对原子质量
符号	名称		符号	名称		符号	名称	
Rh	铑	102.905 50(2)	Sn	锡	118.710(7)	U	铀	238.028 91(3)
Rn	氡	[222]	Sr	锶	87.62(1)	V	钒	50.941 5(1)
Ru	钌	101.07(2)	Ta	钽	180.947 88(2)	W	钨	183.84(1)
S	硫	* 32.06	Tb	铽	158.925 35(2)	Xe	氙	131.293(6)
Sb	锑	121.760(1)	Tc	锝	[98]	Y	钇	88.905 85(2)
Sc	钪	44.955 912(6)	Te	碲	127.60(3)	Yb	镱	173.054(5)
Se	硒	78.96(3)	Th	钍	232.038 06(2)	Zn	锌	65.38(2)
Sg	𬭳	[271]	Ti	钛	47.867(1)	Zr	锆	91.224(2)
Si	硅	* 28.085	Tl	铊	* 204.38			
Sm	钐	150.36(2)	Tm	铥	168.934 21(2)			

* 由于精确测量值尚存在争议而取用的近似值。

数据来源：Atomic weight of the elements 2009(IUPAC Technical Report).Pure Appl. Chem.,2010,83(2):359-396.

附录Ⅳ 一些化合物的相对分子质量

化合物	相对分子质量	化合物	相对分子质量
AgBr	187.77	BaC_2O_4	225.35
AgCl	143.32	$BaCl_2$	208.23
AgCN	133.89	$BaCl_2 \cdot 2H_2O$	244.26
Ag_2CrO_4	331.73	$BaCrO_4$	253.37
AgI	234.77	BaO	153.33
$AgNO_3$	169.87	$Ba(OH)_2$	171.34
AgSCN	165.95	$BaSO_4$	233.43
Al_2O_3	101.96	$CaCO_3$	100.09
$Al_2(SO_4)_3$	342.15	CaC_2O_4	128.10
As_2O_3	197.84	$CaCl_2$	110.98
As_2O_5	229.84	$CaCl_2 \cdot H_2O$	129.00
$BaCO_3$	197.34	CaF_2	78.07

续表

化合物	相对分子质量	化合物	相对分子质量
$Ca(NO_3)_2$	164.09	Fe_3O_4	231.53
CaO	56.08	$FeSO_4 \cdot H_2O$	169.92
$Ca(OH)_2$	74.09	$FeSO_4 \cdot 7H_2O$	278.05
$CaSO_4$	136.14	$Fe_2(SO_4)_3$	399.88
$Ca_3(PO_4)_2$	310.18	$FeSO_4 \cdot (NH_4)_2SO_4 \cdot 6H_2O$	392.14
$Ce(SO_4)_2$	332.24	HBr	80.91
$Ce(SO_4)_2 \cdot 2(NH_4)_2SO_4 \cdot 2H_2O$	632.55	$H_2C_4H_4O_6$（酒石酸）	150.09
CH_3OH	32.04	HCN	27.03
CH_3COCH_3	58.08	H_2CO_3	62.03
C_6H_5COOH	122.12	$H_2C_2O_4$	90.03
C_6H_5COONa	144.11	$H_2C_2O_4 \cdot 2H_2O$	126.07
$C_6H_4COOHCOOK$（苯二甲酸氢钾）	204.22	$HCOOH$	46.03
CH_3COONa	82.03	HCl	36.46
C_6H_5OH	94.11	$HClO_4$	100.46
$(C_9H_7N)_3H_3(PO_4 \cdot 12MoO_3)$	2 212.74	HF	20.01
（磷钼酸喹啉）		HI	127.90
$COOHCH_2COOH$	104.06	HNO_2	47.01
$COOHCH_2CONa$	126.04	HNO_3	63.01
CCl_4	153.82	H_2O	18.01
CO_2	44.01	H_2O_2	34.01
Cr_2O_3	151.99	H_3PO_4	98.00
$Cu(C_2H_3O_2)_2 \cdot 3Cu(AsO_2)_2$	1 013.80	H_2S	34.08
CuO	79.54	H_2SO_3	82.08
Cu_2O	143.09	H_2SO_4	98.08
$CuSCN$	121.63	$HgCl_2$	271.52
$CuSO_4$	159.62	Hg_2Cl_2	472.09
$CuSO_4 \cdot 5H_2O$	249.70	$KAl(SO_4)_2 \cdot 12H_2O$	474.39
$FeCl_3$	162.21	$KB(C_6H_5)_4$	358.33
$FeCl_3 \cdot 6H_2O$	270.30	KBr	119.00
FeO	71.84	$KBrO_3$	167.00
Fe_2O_3	159.69	KCN	65.12

续表

化合物	相对分子质量	化合物	相对分子质量
K_2CO_3	138.20	NaCl	58.44
KCl	74.55	NaF	41.99
$KClO_3$	122.55	$NaHCO_3$	84.01
$KClO_4$	138.55	NaH_2PO_4	119.98
K_2CrO_4	194.19	Na_2HPO_4	141.96
$K_2Cr_2O_7$	294.18	H_3BO_3	61.83
$KHC_2O_4 \cdot H_2C_2O_4 \cdot 2H_2O$	254.19	$Na_2H_2Y \cdot 2H_2O$	372.24
CH_3COOH	60.05	(EDTA 二钠盐)	
KI	166.00	NaI	149.89
KIO_3	214.00	$NaNO_2$	69.00
$KIO_3 \cdot HIO_3$	389.92	Na_2O	61.98
$KMnO_4$	158.03	NaOH	40.00
KNO_2	85.10	Na_3PO_4	163.94
K_2O	94.20	Na_2S	78.04
KOH	56.11	$Na_2S \cdot 9H_2O$	240.18
KSCN	97.18	Na_2SO_3	126.04
K_2SO_4	174.26	Na_2SO_4	142.04
$MgCO_3$	84.31	$Na_2SO_4 \cdot 10H_2O$	322.20
$MgCl_2$	95.21	$Na_2S_2O_3$	158.11
$MgNH_4PO_4$	137.33	$Na_2S_2O_3 \cdot 5H_2O$	248.18
MgO	40.30	Na_2SiF_6	188.06
$Mg_2P_2O_7$	222.60	$NH_2OH \cdot HCl$	69.49
MnO	70.94	NH_3	17.03
MnO_2	86.94	NH_4Cl	53.49
$Na_2B_4O_7$	201.22	$(NH_4)_2C_2O_4 \cdot H_2O$	142.11
$Na_2B_4O_7 \cdot 10H_2O$	381.37	$NH_3 \cdot H_2O$	35.04
$NaBiO_3$	279.97	$NH_4Fe(SO_4)_2 \cdot 12H_2O$	482.20
NaBr	102.89	$(NH_4)_2HPO_4$	132.06
NaCN	49.01	$(NH_4)_3PO_4 \cdot 12MoO_3$	1 876.34
Na_2CO_3	105.99	NH_4SCN	76.12
$Na_2C_2O_4$	134.00	$(NH_4)_2SO_4$	132.14

续表

化合物	相对分子质量	化合物	相对分子质量
$NiC_8H_{14}O_4N_4$(丁二酮肟镍)	288.91	SiF_4	104.08
P_2O_5	141.95	SiO_2	60.08
$PbCrO_4$	323.18	$SnCO_3$	178.72
PbO	223.19	$SnCl_2$	189.60
$KHC_2O_4\cdot H_2O$	146.14	SnO_2	150.71
PbO_2	239.20	TiO_2	79.87
Pb_3O_4	685.57	WO_3	231.84
$PbSO_4$	303.26	$ZnCl_2$	136.32
SO_2	64.07	ZnO	81.41
SO_3	80.07	$Zn_2P_2O_7$	304.72
Sb_2O_3	291.52	$ZnSO_4$	161.47
Sb_2S_3	339.68		

数据来源:英文维基百科。

附录Ⅴ 某些物质的标准生成焓，标准生成吉布斯函数，标准熵及热容（298.15 K）

（标准态压力 $p^\ominus=100$ kPa）

物质	$\frac{\Delta_f H_m^\ominus}{kJ\cdot mol^{-1}}$	$\frac{\Delta_f G_m^\ominus}{kJ\cdot mol^{-1}}$	$\frac{S_m^\ominus}{J\cdot mol^{-1}\cdot K^{-1}}$	$\frac{C_{p,m}^\ominus}{J\cdot mol^{-1}\cdot K^{-1}}$
Ag(s)	0	0	42.6	25.4
AgCl(s)	-127.0	-109.8	96.3	50.8
Ag_2O(s)	-31.1	-11.2	121.3	65.9
Al(s)	0	0	28.3	24.2
Al_2O_3(α,刚玉)	-1 675.7	-1 582.3	50.9	79.0
Br_2(l)	0	0	152.2	75.7
Br_2(g)	30.9	3.1	245.5	36.0
HBr(g)	-36.4	-53.4	198.7	29.1
Ca(s)	0	0	41.6	25.9
CaC_2(s)	-59.8	-64.9	70.0	62.7
$CaCO_3$(方解石)	-1 207.6	-1 129.1	91.7	83.5
CaO(s)	-634.9	-603.3	38.1	42.0

续表

物质	$\frac{\Delta_f H_m^\ominus}{kJ\cdot mol^{-1}}$	$\frac{\Delta_f G_m^\ominus}{kJ\cdot mol^{-1}}$	$\frac{S_m^\ominus}{J\cdot mol^{-1}\cdot K^{-1}}$	$\frac{C_{p,m}^\ominus}{J\cdot mol^{-1}\cdot K^{-1}}$
$Ca(OH)_2(s)$	-985.2	-897.5	83.4	87.5
C(石墨)	0	0	5.7	8.5
C(金刚石)	1.9	2.9	2.4	6.1
$CO(g)$	-110.5	-137.2	197.7	29.1
$CO_2(g)$	-393.5	-394.4	213.8	37.1
$CS_2(l)$	89.0	64.6	151.3	76.4
$CS_2(g)$	116.7	67.1	237.8	45.4
$CCl_4(l)$	-132.8	-62.5	216.2	133.9
$CCl_4(g)$	-100.4	-58.2	310.2	83.4
$HCN(l)$	108.9	125.0	112.8	70.6
$HCN(g)$	135.1	124.7	201.8	35.9
$Cl_2(g)$	0	0	223.1	33.9
$Cl(g)$	121.3	105.3	165.2	21.8
$HCl(g)$	-92.3	-95.3	186.9	29.1
$Cu(s)$	0	0	33.2	24.4
$CuO(s)$	-157.3	-129.7	42.6	42.3
$Cu_2O(s)$	-168.6	-146.0	93.1	63.6
$F_2(g)$	0	0	202.8	31.3
$HF(g)$	-273.3	-275.4	173.8	29.1
$Fe(s)$	0	0	27.3	25.1
$FeCl_2(s)$	-341.8	-302.3	118.0	76.7
$FeCl_3(s)$	-399.5	-334.0	142.3	96.7
$FeO(s)$	-272.0	-251.4	60.8	49.9
Fe_2O_3(赤铁矿)	-824.2	-742.2	87.4	103.9
Fe_3O_4(磁铁矿)	-1 118.4	-1 015.4	146.4	143.4
$FeSO_4(s)$	-928.4	-820.8	107.5	100.6
$H_2(g)$	0	0	130.7	28.8
$H(g)$	218.0	203.3	114.7	20.8
$H_2O(l)$	-285.8	-237.1	70.0	75.3
$H_2O(g)$	-241.8	-228.0	188.8	33.6
$I_2(s)$	0	0	116.1	54.4

续表

物质	$\Delta_f H_m^\ominus$ / $kJ \cdot mol^{-1}$	$\Delta_f G_m^\ominus$ / $kJ \cdot mol^{-1}$	$S_m^\ominus$ / $J \cdot mol^{-1} \cdot K^{-1}$	$C_{p,m}^\ominus$ / $J \cdot mol^{-1} \cdot K^{-1}$
$I_2(g)$	62.4	19.3	260.7	36.9
$I(g)$	106.8	70.2	180.8	20.8
$HI(g)$	26.5	1.7	206.6	29.2
$Mg(s)$	0	0	32.7	24.9
$MgCO_3(s)$	−1 095.8	−1 012.1	65.7	75.5
$MgCl_2(s)$	−641.3	−591.8	89.6	71.4
$MgO(s)$	−601.6	−569.3	27.0	37.2
$Mg(OH)_2(s)$	−924.5	−833.5	63.2	77.0
$Na(s)$	0	0	51.3	28.2
$Na_2CO_3(s)$	−1 130.7	−1 044.4	135.0	112.3
$NaHCO_3(s)$	−950.8	−851.0	101.7	87.6
$NaCl(s)$	−411.2	−384.1	72.1	50.5
$NaNO_3(s)$	−467.9	−367.0	116.5	92.9
$Na_2O(s)$	−414.2	−375.5	75.1	69.1
$NaOH(s)$	−425.8	−379.7	64.4	59.5
$Na_2SO_4(s)$	−1 387.1	−1 270.2	149.6	128.2
$N_2(g)$	0	0	191.6	29.1
$N(g)$	472.7	455.5	153.3	20.8
$NH_3(g)$	−45.9	−16.4	192.8	35.1
$N_2H_4(l)$	50.6	149.3	121.2	98.9
$NO(g)$	91.3	87.6	210.8	29.9
$NO_2(g)$	33.2	51.3	240.1	37.2
$N_2O(g)$	81.6	103.7	220.0	38.6
$N_2O_3(g)$	86.6	142.4	314.7	72.7
$N_2O_4(g)$	11.1	99.8	304.4	79.2
$N_2O_5(g)$	13.3	117.1	355.7	95.3
$HNO_3(l)$	−174.1	−80.7	155.6	109.9
$HNO_3(g)$	−133.9	−73.5	266.9	54.1
$NH_4HCO_3(s)$	−950.8	−851.0	101.7	109.9
$O_2(g)$	0	0	205.2	29.4
$O(g)$	249.2	231.7	161.1	21.9

续表

物质	$\Delta_f H_m^\ominus$/kJ·mol⁻¹	$\Delta_f G_m^\ominus$/kJ·mol⁻¹	$S_m^\ominus$/J·mol⁻¹·K⁻¹	$C_{p,m}^\ominus$/J·mol⁻¹·K⁻¹
O_3(g)	142.7	163.2	238.9	39.2
P(α,白磷)	0	0	41.1	23.8
P(红磷,三斜)	-17.5	-12.0	22.9	21.2
P_4(g)	58.9	24.4	280.0	67.2
PCl_3(g)	-287.0	-267.8	311.8	71.8
PCl_5(g)	-374.9	-305.0	364.6	112.8
$POCl_3$(g)	-558.5	-512.9	325.5	84.9
H_3PO_4(s)	-1 284.4	-1 124.3	110.5	106.1
S(正交)	0	0	32.1	22.6
S(g)	277.2	236.7	167.8	23.7
S_8(g)	101.3	49.2	430.2	156.1
H_2S(g)	-20.6	-33.4	205.8	34.2
SO_2(g)	-296.8	-300.1	248.2	39.9
SO_3(g)	-395.7	-371.1	256.8	50.7
H_2SO_4(l)	-814.0	-690.0	156.9	138.9
Si(s)	0	0	18.8	20.0
$SiCl_4$(l)	-687.0	-619.8	239.7	145.3
$SiCl_4$(g)	-657.0	-617.0	330.7	90.3
SiH_4(g)	34.3	56.9	204.6	42.8
SiO_2(s)	-910.7	-856.3	41.5	44.4
Ti(s)	0	0	30.7	25.0
TiO_2(金红石)	-944.0	-888.8	50.6	55.0
TiO_2(锐钛矿)	-936.7	-883.3	49.9	55.3
Zn(s)	0	0	41.6	25.4
$ZnCO_3$(s)	-812.8	-731.5	82.4	79.7
$ZnCl_2$(s)	-415.1	-369.4	111.5	71.3
ZnO(s)	-350.5	-320.5	43.7	40.3
CH_4(g)甲烷	-74.6	-50.5	186.3	35.7
C_2H_6(g)乙烷	-84.0	-32.0	229.2	52.5
C_3H_8(g)丙烷	-103.8	-23.4	270.3	73.6
C_4H_{10}(g)正丁烷	-126.1	-17.0	310.2	98.3
C_2H_4(g)乙烯	52.4	68.4	219.6	42.9

续表

物质	$\frac{\Delta_f H_m^\ominus}{kJ\cdot mol^{-1}}$	$\frac{\Delta_f G_m^\ominus}{kJ\cdot mol^{-1}}$	$\frac{S_m^\ominus}{J\cdot mol^{-1}\cdot K^{-1}}$	$\frac{C_{p,m}^\ominus}{J\cdot mol^{-1}\cdot K^{-1}}$
C_3H_6(g)丙烯	20.4	62.8	267.0	83.9
C_2H_2(g)乙炔	227.4	209.9	200.9	44.0
C_6H_6(l)苯	49.1	124.5	173.4	136.0
C_6H_6(g)苯	82.9	129.7	269.2	82.4
$C_6H_5CH_3$(g)甲苯	50.0	122.1	320.8	105.1
CH_3OH(l)甲醇	-239.2	-166.3	126.8	81.1
CH_3OH(g)甲醇	-201.0	-162.3	239.9	44.1
C_2H_5OH(l)乙醇	-277.6	-174.8	160.7	112.3
C_2H_5OH(g)乙醇	-234.8	-167.9	281.6	65.6
$(CH_3)_2O$(g)二甲醚	-184.1	-112.6	266.4	64.4
HCHO(g)甲醛	-108.6	-102.5	218.8	35.4
CH_3CHO(l)乙醛	-192.2	-127.6	160.2	89.0
CH_3CHO(g)乙醛	-166.2	-133.0	263.8	55.3
$(CH_3)CO$(l)丙酮	-248.4	-155.3	199.8	126.3
$(CH_3)CO$(g)丙酮	-217.1	-152.7	295.3	74.5
HCOOH(l)甲酸	-425.0	-361.4	129.0	99.0
CH_3COOH(l)乙酸	-484.3	-389.9	159.8	123.3
CH_3COOH(g)乙酸	-432.2	-374.2	283.5	63.4
$(CH_2)_2O$(l)环氧乙烷	-78.0	-11.8	153.9	88.0
$(CH_2)_2O$(g)环氧乙烷	-52.6	-13.0	242.5	47.9
CH_2ClCH_3(l)一氯乙烷	-136.8	-59.3	190.8	104.3
CH_2ClCH_3(g)一氯乙烷	-112.1	-60.4	276.0	62.8
$CHCl_2CH_3$(l)1,1-二氯乙烷	-158.4	-73.8	211.8	126.3
$CHCl_2CH_3$(g)1,1-二氯乙烷	-127.7	-70.8	305.1	76.2
$CCl_2{=}CH_2$(l)1,1-二氯乙烯	-23.9	24.1	201.5	111.3
$CCl_2{=}CH_2$(g)1,1-二氯乙烯	2.8	25.4	289.0	67.1
CHCl=CHCl(l)反式1,2-二氯乙烯	-24.3	27.3	195.9	116.8
CHCl=CHCl(g)反式1,2-二氯乙烯	5.0	28.6	290.0	66.7
CH_3NH_2(l)甲胺	-47.3	35.7	150.2	102.1
CH_3NH_2(g)甲胺	-22.5	32.7	242.9	50.1

数据来源:(1) CRC Handbook of Chemistry and Physics.94th ed.Internet Version 2014.

(2) 伊赫桑·巴伦. 纯物质热化学手册. 北京:科学出版社,2003.

附录Ⅵ　弱酸和弱碱的解离常数

弱酸

名称	温度/℃	解离常数 K_a	pK_a
砷酸 H_3AsO_4	18	$K_{a_1}=5.5\times10^{-3}$	2.26
		$K_{a_2}=1.7\times10^{-7}$	6.76
		$K_{a_3}=5.1\times10^{-12}$	11.29
硼酸 H_3BO_3	20	$K_a=5.4\times10^{-10}$	9.27
氢氰酸 HCN	25	$K_a=6.2\times10^{-10}$	9.21
碳酸 H_2CO_3	25	$K_{a_1}=4.5\times10^{-7}$	6.35
		$K_{a2}=4.7\times10^{-11}$	10.33
铬酸 H_2CrO_4	25	$K_{a_1}=1.8\times10^{-1}$	0.74
		$K_{a_2}=3.2\times10^{-7}$	6.49
氢氟酸 HF	25	$K_a=6.3\times10^{-4}$	3.20
亚硝酸 HNO_2	25	$K_a=4.6\times10^{-4}$	3.37
磷酸 H_3PO_4	25	$K_{a_1}=6.9\times10^{-3}$	2.16
		$K_{a_2}=6.2\times10^{-8}$	7.21
		$K_{a_3}=4.8\times10^{-13}$	12.32
硫化氢 H_2S	25	$K_{a_1}=8.9\times10^{-8}$	7.05
		$K_{a_2}=1\times10^{-19}$	19
亚硫酸 H_2SO_3	18	$K_{a_1}=1.4\times10^{-2}$	1.85
		$K_{a_2}=6.3\times10^{-8}$	7.20
硫酸 H_2SO_4	25	$K_{a_2}=1.0\times10^{-2}$	1.99
甲酸 HCOOH	20	$K_a=1.8\times10^{-4}$	3.75
乙酸 CH_3COOH	20	$K_a=1.75\times10^{-5}$	4.756
一氯乙酸 $CH_2ClCOOH$	25	$K_a=1.4\times10^{-3}$	2.87
二氯乙酸 $CHCl_2COOH$	25	$K_a=4.5\times10^{-2}$	1.35
三氯乙酸 CCl_3COOH	25	$K_a=0.22$	0.66
草酸 $H_2C_2O_4$	25	$K_{a_1}=5.6\times10^{-2}$	1.25
		$K_{a_2}=1.6\times10^{-4}$	3.81
琥珀酸 $(CH_2COOH)_2$	25	$K_{a_1}=6.2\times10^{-5}$	4.21
		$K_{a_2}=2.3\times10^{-6}$	5.64
酒石酸 $(CH(OH)COOH)_2$	25	$K_{a_1}=6.8\times10^{-4}$	3.17

续表

名称	温度/℃	解离常数 K_a	pK_a
柠檬酸		$K_{a_2}=1.2\times10^{-5}$	4.91
$C(OH)COOH(CH_2COOH)_2$	18	$K_{a_1}=7.4\times10^{-4}$	3.13
		$K_{a_2}=1.7\times10^{-5}$	4.76
		$K_{a_3}=4.0\times10^{-7}$	6.40
苯酚 C_6H_5OH	20	$K_a=1.0\times10^{-10}$	9.99
苯甲酸 C_6H_5COOH	25	$K_a=6.25\times10^{-5}$	4.204
水杨酸 $C_6H_4(OH)COOH$	18	$K_{a_1}=1.0\times10^{-3}$	2.98
		$K_{a_2}=3\times10^{-14}$	13.6
邻苯二甲酸 $C_6H_4(COOH)_2$	25	$K_{a_1}=1.14\times10^{-3}$	2.943
		$K_{a_2}=3.70\times10^{-6}$	5.432

弱碱

名称	温度/℃	离解常数 K_b	pK_b
氨水 $NH_3\cdot H_2O$	25	$K_b=1.8\times10^{-5}$	4.75
羟胺 NH_2OH	20	$K_b=9.1\times10^{-9}$	8.04
苯胺 $C_6H_5NH_2$	25	$K_b=7.4\times10^{-10}$	9.13
乙二胺 $H_2NCH_2CH_2NH_2$	25	$K_{b_1}=8.3\times10^{-5}$	4.08
		$K_{b_2}=7.2\times10^{-8}$	7.14
六次甲基四胺 $(CH_2)_6N_4$	25	$K_b=1.4\times10^{-9}$	8.85
吡啶 C_5H_5N	25	$K_b=1.7\times10^{-9}$	8.77

数据来源：CRC Handbook of Chemistry and Physics.94th ed.Internet Version 2014.

附录Ⅶ 难溶化合物溶度积常数

化合物	K_{sp}	pK_{sp}	化合物	K_{sp}	pK_{sp}
Ag_3AsO_4	1.03×10^{-22}	21.99	AgCN	5.97×10^{-17}	16.22
AgBr	5.35×10^{-13}	12.27	AgOH	2.0×10^{-8}	7.71
Ag_2CO_3	8.46×10^{-12}	11.07	AgI	8.52×10^{-17}	16.07
AgCl	1.77×10^{-10}	9.75	$Ag_2C_2O_4$	5.40×10^{-12}	11.27
Ag_2CrO_4	1.12×10^{-12}	11.95	Ag_3PO_4	8.89×10^{-17}	16.05

续表

化合物	K_{sp}	pK_{sp}	化合物	K_{sp}	pK_{sp}
Ag_2SO_4	1.20×10^{-5}	4.92	$Cr(OH)_3$	6.3×10^{-31}	30.20
Ag_2S	6.3×10^{-50}	49.20	$Cu(OH)_2$	2.2×10^{-20}	19.66
AgSCN	1.03×10^{-12}	11.99	$CuCO_3$	1.4×10^{-10}	9.86
$Al(OH)_3$	1.3×10^{-33}	32.89	CuS	6.3×10^{-36}	35.20
$BaCO_3$	2.58×10^{-9}	8.59	CuBr	6.27×10^{-9}	8.20
$BaCrO_4$	1.17×10^{-10}	9.93	CuCl	1.72×10^{-7}	6.76
BaF_2	1.84×10^{-7}	6.74	CuCN	3.47×10^{-20}	19.46
$BaC_2O_4\cdot H_2O$	2.3×10^{-8}	7.64	CuI	1.27×10^{-12}	11.90
$BaSO_4$	1.08×10^{-10}	9.97	$FeCO_3$	3.13×10^{-11}	10.50
$Bi(OH)_3$	6.0×10^{-31}	30.4	$Fe(OH)_2$	4.87×10^{-17}	16.31
BiI_3	7.71×10^{-19}	18.11	FeS	6.3×10^{-18}	17.20
BiOCl	1.8×10^{-31}	30.75	$Fe(OH)_3$	2.79×10^{-39}	38.55
$BiPO_4$	1.3×10^{-23}	22.89	$FePO_4\cdot 2H_2O$	9.91×10^{-16}	15.00
CuOH	1×10^{-14}	14	Hg_2CO_3	3.6×10^{-17}	16.44
Cu_2S	2.5×10^{-48}	47.60	Hg_2Cl_2	1.43×10^{-18}	17.84
CuSCN	1.77×10^{-13}	12.75	$Hg_2(OH)_2$	2.0×10^{-24}	23.70
$CaCO_3$	2.8×10^{-9}	8.54	Hg_2I_2	5.2×10^{-29}	28.72
CaF_2	5.3×10^{-9}	8.28	Hg_2SO_4	6.5×10^{-7}	6.19
$CaC_2O_4\cdot H_2O$	2.32×10^{-9}	8.63	Hg_2S	1.0×10^{-47}	47.0
$Ca_3(PO_4)_2$	2.07×10^{-29}	28.68	$Hg(OH)_2$	3.2×10^{-26}	25.52
$CaSO_4$	4.93×10^{-5}	4.31	HgS(红)	4×10^{-53}	52.4
$CaWO_4$	8.7×10^{-9}	8.06	HgS(黑)	1.6×10^{-52}	51.80
$Ca(OH)_2$	5.5×10^{-6}	5.26	$MgCO_3$	6.82×10^{-6}	5.17
$CdCO_3$	1.0×10^{-12}	12.0	MgF_2	5.16×10^{-11}	10.29
$Cd(OH)_2$新析出	7.2×10^{-15}	14.14	$Mg(OH)_2$	5.61×10^{-12}	11.25
CdS	8.0×10^{-27}	26.10	$MgNH_4PO_4$	2.5×10^{-13}	12.60
$CoCO_3$	1.4×10^{-13}	12.84	$MnCO_3$	2.34×10^{-11}	10.63
$Co_2[Fe(CN)_6]$	1.8×10^{-15}	14.74	$Mn(OH)_2$	1.9×10^{-13}	12.72
$Co(OH)_2$新析出	5.92×10^{-15}	14.23	MnS(无定形)	2.5×10^{-10}	9.60
α-CoS	4.0×10^{-21}	20.40	MnS(晶形)	2.5×10^{-13}	12.60
β-CoS	2.0×10^{-25}	24.70	$NiCO_3$	1.42×10^{-7}	6.85
$Co_3(PO_4)_2$	2.05×10^{-35}	34.69	$Ni(OH)_2$新析出	5.48×10^{-16}	15.26

续表

化合物	K_{sp}	pK_{sp}	化合物	K_{sp}	pK_{sp}
$Ni_3(PO_4)_2$	4.74×10^{-32}	31.32	$Sn(OH)_2$	5.45×10^{-28}	27.26
α-NiS	3.2×10^{-19}	18.50	SnS	1.0×10^{-25}	25.00
β-NiS	1.0×10^{-24}	24.00	$Sn(OH)_4$	1×10^{-56}	56
γ-NiS	2.0×10^{-26}	25.70	SnS_2	2.0×10^{-27}	26.70
$PbCO_3$	7.4×10^{-14}	13.13	$SrCO_3$	5.60×10^{-10}	9.25
$PbCl_2$	1.70×10^{-5}	4.77	$SrSO_4$	3.44×10^{-7}	6.46
$PbCrO_4$	2.8×10^{-13}	12.55	$SrCrO_4$	2.2×10^{-5}	4.65
PbF_2	3.3×10^{-8}	7.48	SrF_2	4.33×10^{-9}	8.36
$Pb(OH)_2$	1.43×10^{-15}	14.84	$SrC_2O_4\cdot H_2O$	1.6×10^{-7}	6.80
PbI_2	9.8×10^{-9}	8.01	$Sr_3(PO_4)_2$	4.0×10^{-28}	27.39
$PbMoO_4$	1.0×10^{-13}	13.00	$ZnCO_3$	1.46×10^{-10}	9.94
PbS	8.0×10^{-28}	27.10	$Zn(OH)_2$	3×10^{-17}	16.5
$Pb_3(PO_4)_2$	8.0×10^{-43}	42.10	$Zn_3(PO_4)_2$	9.0×10^{-33}	32.04
$PbSO_4$	2.53×10^{-8}	7.60	α-ZnS	1.6×10^{-24}	23.80
$Sb(OH)_3$	4.0×10^{-42}	41.40	β-ZnS	2.5×10^{-22}	21.60

数据来源：James G. Speight. LANGE'S HAND BOOK OF CHEMISTRY.16th ed.New York：The McGraw Hill Companies, Inc. ,2005.

附录Ⅷ 金属离子氢氧化物开始沉淀和沉淀完全时的 pH

氢氧化物	溶度积 K_{sp}	开始沉淀时的 pH 假定[M]=0.01 mol·L^{-1}	沉淀完全时的 pH 假定[M]=10^{-6} mol·L^{-1}
$Sn(OH)_4$	1×10^{-56}	0.5	1.5
$TiO(OH)_2$	1×10^{-29}	0.5	2.5
$Sn(OH)_2$	5.45×10^{-28}	1.4	3.4
$Fe(OH)_3$	2.79×10^{-39}	1.8	3.1
$Al(OH)_3$(无定形)	1.3×10^{-33}	3.7	5.0
$Cr(OH)_3$	6.3×10^{-31}	4.6	5.9
$Zn(OH)_2$	3×10^{-17}	6.7	8.7
$Fe(OH)_2$	4.87×10^{-17}	6.8	8.4
$Ni(OH)_2$(新鲜)	5.48×10^{-16}	7.4	9.4
$Mn(OH)_2$	1.9×10^{-13}	8.6	10.6
$Mg(OH)_2$	5.61×10^{-12}	9.4	11.4

附录Ⅸ　金属配合物的稳定常数（20～25℃）

金属离子	离子强度/mol·kg⁻¹	n	$\lg\beta_n$
氨配合物			
Ag^+	0	1,2	3.24,7.05
Cd^{2+}	0	1,…,6	2.65,4.75,6.19,7.12,6.80,5.14
Co^{2+}	0	1,…,6	2.11,3.74,4.79,5.55,5.73,5.11
Cu^{2+}	0	1,…,5	4.31,7.98,11.02,13.32,12.86
Ni^{2+}	0	1,…,6	2.80,5.04,6.77,7.96,8.71,8.74
Zn^{2+}	0	1,…,4	2.37,4.81,7.31,9.46
氟配合物			
Al^{3+}	0	1,…,6	6.10,11.15,15.0,17.75,19.37,19.84
Fe^{3+}	0	1,2,3	5.28,9.30,12.06
Th^{4+}	0	1,2,3	7.65,13.46,17.97
TiO^{2+}	0	1,…,4	5.4,9.8,13.7,18.0
Zr^{4+}	0	1,2,3	8.80,16.12,21.94
氯配合物			
Ag^+	0	1,…,4	3.04,5.04,—,5.30
Hg^{2+}	0	1,…,4	6.74,13.22,14.07,15.07
碘配合物			
Cd^{2+}	0	1,…,4	2.10,3.43,4.49,5.41
Hg^{2+}	0	1,…,4	12.87,23.82,27.60,29.83
氰配合物			
Ag^+	0	1,…,4	—,21.1,21.7,20.6
Cd^{2+}	0	1,…,4	5.5,10.6,15.3,18.78
Cu^+	0	1,…,4	—,24.0,28.59,30.30
Fe^{2+}	0	6	35
Fe^{3+}	0	6	42
Hg^{2+}	0	1,…,4	18.0,34.7,38.5,41.5
Ni^{2+}	0	4	31.3
Zn^{2+}	0	4	16.7

续表

金属离子	离子强度/mol·kg⁻¹	n	$\lg\beta_n$
硫氰酸配合物			
Fe^{3+}	0	1,2	2.95,3.36
Hg^{2+}	0	1,…,4	—,17.47,—,21.23
硫代硫酸配合物			
Ag^{+}	0	1,2	8.82,13.46
Hg^{2+}	0	1,…,4	—,29.44,31.90,33.24
柠檬酸配合物			
Al^{3+}	0.5	1	20.0
Cu^{2+}	0.5	1	14.2
Fe^{3+}	0.5	1	25.0
Ni^{2+}	0.5	1	14.3
Pb^{2+}	0.5	1	12.30
Zn^{2+}	0.5	1	11.4
磺基水杨酸配合物			
Al^{3+}	0.1	1,2,3	13.20,22.83,28.89
Fe^{3+}	3	1,2,3	14.64,25.18,32.12
乙酰丙酮配合物			
Al^{3+}	0.1	1,2	8.6,15.5
Cu^{2+}	0.1	1,2	8.27,16.34
Fe^{3+}	0.1	1,2,3	11.4,22.1,26.7
邻二氮菲配合物			
Ag^{+}	0.1	1,2	5.02,12.07
Cd^{2+}	0.1	1,2,3	6.4,11.6,15.8
Co^{2+}	0.1	1,2,3	7.0,13.7,20.1
Cu^{2+}	0.1	1,2,3	9.1,15.8,21.0
Fe^{2+}	0.1	1,2,3	5.9,11.1,21.3
Hg^{2+}	0.1	1,2,3	—,19.65,23.35
Ni^{2+}	0.1	1,2,3	8.8,17.1,24.8
Zn^{2+}	0.1	1,2,3	6.4,12.15,17.0

续表

金属离子	离子强度 / $mol \cdot kg^{-1}$	n	$\lg\beta_n$
乙二胺配合物			
Ag^{+}	0.1	1,2	4.70,7.70
Cd^{2+}	0.1	1,2,3	5.47,10.09,12.09
Cu^{2+}	0.1	1,2,3	10.67,20.00,21.00
Co^{2+}	0.1	1,2,3	5.91,10.64,13.94
Hg^{2+}	0.1	1,2	14.3,23.3
Ni^{2+}	0.1	1,2,3	7.52,13.80,18.33
Zn^{2+}	0.1	1,2,3	5.77,10.83,14.11

数据来源:James G. Speight . LANGE'S HAND BOOK OF CHEMISTRY.16th ed.New York:The McGraw Hill Companies,Inc. ,2005.

附录X　一些金属离子的 lg $\alpha_{M(OH)}$ 值

金属离子	离子强度 / $mol \cdot kg^{-1}$	pH													
		1	2	3	4	5	6	7	8	9	10	11	12	13	14
Ag^{+}	2					0.4	1.3	5.3	9.3	13.3	17.3	21.3	25.3	29.3	33.3
Bi^{3+}	3	0.1	0.5	1.4	2.4	3.4	4.4	5.4							
Ca^{2+}	0.1													0.3	1.0
Cd^{2+}	3									0.1	0.5	2.0	4.5	8.1	12.0
Co^{2+}	0.1								0.1	0.4	1.1	2.2	4.2	7.2	10.2
Cu^{2+}	0.1								0.2	0.8	1.7	2.7	3.7	4.7	5.7
Fe^{2+}	1									0.1	0.6	1.5	2.5	3.5	4.5
Fe^{3+}	3			0.4	1.8	3.7	5.7	7.7	9.7	11.7	13.7	15.5	17.7	19.7	21.7
Hg^{2+}	0.1			0.5	1.9	3.9	5.9	7.9	9.9	11.9	13.9	15.9	17.9	19.9	21.9
La^{3+}	3										0.3	1.0	1.9	2.9	3.9
Mg^{2+}	0.1											0.1	0.5	1.3	2.3
Mn^{2+}	0.1										0.1	0.5	1.4	2.4	3.4
Ni^{2+}	0.1									0.1	0.7	1.6			
Pb^{2+}	0.1							0.1	0.5	1.4	2.7	4.7	7.4	10.4	13.4
Th^{4+}	1				0.2	0.8	1.7	2.7	3.7	4.7	5.7	6.7	7.7	8.7	9.7
Zn^{2+}	0.1									0.2	2.4	5.4	8.5	11.8	15.5

附录Ⅺ 金属离子氨羧配位剂形成的配合物的稳定常数（$\lg K_{MY}$）

$I=0.1\ mol\cdot kg^{-1}$， $t=20\sim25$ ℃

金属离子	EDTA	EGTA	DCTA
Ag^{+}	7.32	6.88	
Al^{3+}	16.3	13.90	19.5
Ba^{2+}	7.86	8.41	8.69
Be^{2+}	9.20		
Bi^{3+}	27.8		32.3
Ca^{2+}	10.69	10.97	13.20
Ce^{3+}	15.98	16.06	17.46
Cd^{2+}	16.46	16.7	19.93
Co^{2+}	16.31	12.39	19.2
Co^{3+}	40.7		
Cr^{3+}	23.4		
Cu^{2+}	18.80	17.71	22.0
Fe^{2+}	14.32	11.87	19.0
Fe^{3+}	25.1	20.5	30.1
Hg^{2+}	21.7	23.2	25.00
La^{3+}	15.50	15.84	
Mg^{2+}	8.79	5.21	11.02
Mn^{2+}	13.87	12.28	17.48
Na^{+}	1.66		
Ni^{2+}	18.62	13.55	20.3
Pb^{2+}	18.04	14.71	20.38
Pt^{3+}	16.31		
Sn^{2+}	18.3		
Sr^{2+}	8.73	8.5	10.59
Th^{4+}	23.2		25.6
Ti^{3+}	21.3		
TiO^{2+}	17.3		

续表

金属离子	EDTA	EGTA	DCTA
UO_2^{2+}	7.36		
U^{4+}	25.8		
VO_2^{+}	15.55		
VO^{2+}	18.8		
Y^{3+}	18.09		
Zn^{2+}	16.50	12.7	19.37

数据来源：James G. Speight. LANGE'S HAND BOOK OF CHEMISTRY. 16th ed. New York: The McGraw Hill Companies, Inc., 2005.

附录Ⅻ　标准电极电势（298.15 K）

（一）酸性溶液中		
电对	电极反应	$E^{\ominus}$/V
Li^+/Li	$Li^+ + e^- \rightleftharpoons Li$	-3.045
K^+/K	$K^+ + e^- \rightleftharpoons K$	-2.925
Rb^+/Rb	$Rb^+ + e^- \rightleftharpoons Rb$	-2.924
Cs^+/Cs	$Cs^+ + e^- \rightleftharpoons Cs$	-2.923
Ba^{2+}/Ba	$Ba^{2+} + 2e^- \rightleftharpoons Ba$	-2.92
Ra^{2+}/Ra	$Ra^{2+} + 2e^- \rightleftharpoons Ra$	-2.916
Sr^{2+}/Sr	$Sr^{2+} + 2e^- \rightleftharpoons Sr$	-2.89
Ca^{2+}/Ca	$Ca^{2+} + 2e^- \rightleftharpoons Ca$	-2.84
Na^+/Na	$Na^+ + e^- \rightleftharpoons Na$	-2.714
La^{3+}/La	$La^{3+} + 3e^- \rightleftharpoons La$	-2.38
Y^{3+}/Y	$Y^{3+} + 3e^- \rightleftharpoons Y$	-2.37
Mg^{2+}/Mg	$Mg^{2+} + 2e^- \rightleftharpoons Mg$	-2.356
Nd^{3+}/Nd	$Nd^{3+} + 3e^- \rightleftharpoons Nd$	-2.32
Tb^{3+}/Tb	$Tb^{3+} + 3e^- \rightleftharpoons Tb$	-2.31
Lu^{3+}/Lu	$Lu^{3+} + 3e^- \rightleftharpoons Lu$	-2.30
Sc^{3+}/Sc	$Sc^{3+} + 3e^- \rightleftharpoons Sc$	-2.03
Be^{2+}/Be	$Be^{2+} + 2e^- \rightleftharpoons Be$	-1.97
Zr^{4+}/Zr	$Zr^{4+} + 4e^- \rightleftharpoons Zr$	-1.70

续表

电对	电极反应	$E^{\ominus}$/V
Al^{3+}/Al	$Al^{3+}+3e^- \rightleftharpoons Al$	-1.67
U^{3+}/U	$U^{3+}+3e^- \rightleftharpoons U$	-1.66
Ti^{2+}/Ti	$Ti^{2+}+2e^- \rightleftharpoons Ti$	-1.63
Mn^{2+}/Mn	$Mn^{2+}+2e^- \rightleftharpoons Mn$	-1.18
V^{2+}/V	$V^{2+}+2e^- \rightleftharpoons V$	-1.13
H_3BO_3/B	$H_3BO_3(aq)+3H^++3e^- \rightleftharpoons B+3H_2O$	-0.89
TiO^{2+}/Ti	$TiO^{2+}+2H^++4e^- \rightleftharpoons Ti+H_2O$	-0.86
Zn^{2+}/Zn	$Zn^{2+}+2e^- \rightleftharpoons Zn$	-0.763
TlI/Tl	$TlI+e^- \rightleftharpoons Tl+I^-$	-0.752
Cr^{3+}/Cr	$Cr^{3+}+3e^- \rightleftharpoons Cr$	-0.74
Ga^{3+}/Ga	$Ga^{3+}+3e^- \rightleftharpoons Ga$	-0.529
H_3PO_3/H_3PO_2	$H_3PO_3(aq)+2H^++2e^- \rightleftharpoons H_3PO_2(aq)+H_2O$	-0.499
Fe^{2+}/Fe	$Fe^{2+}+2e^- \rightleftharpoons Fe$	-0.440
Cr^{3+}/Cr^{2+}	$Cr^{3+}+e^- \rightleftharpoons Cr^{2+}$	-0.424
Hg_2I_2/Hg	$Hg_2I_2+2e^- \rightleftharpoons Hg+2I^-$	-0.405
Cd^{2+}/Cd	$Cd^{2+}+2e^- \rightleftharpoons Cd$	-0.403
Ti^{3+}/Ti^{2+}	$Ti^{3+}+e^- \rightleftharpoons Ti^{2+}$	-0.37
PbI_2/Pb	$PbI_2+2e^- \rightleftharpoons Pb+2I^-$	-0.365
$PbSO_4/Pb$	$PbSO_4+2e^- \rightleftharpoons Pb+SO_4^{2-}$	-0.351
Tl^+/Tl	$Tl^++e^- \rightleftharpoons Tl$	-0.336
Co^{2+}/Co	$Co^{2+}+2e^- \rightleftharpoons Co$	-0.277
H_3PO_4/H_3PO_3	$H_3PO_4(aq)+2H^++2e^- \rightleftharpoons H_3PO_3(aq)+H_2O$	-0.276
$PbCl_2/Pb$	$PbCl_2+2e^- \rightleftharpoons Pb+2Cl^-$	-0.268
Ni^{2+}/Ni	$Ni^{2+}+2e^- \rightleftharpoons Ni$	-0.257
$SO_4^{2-}/S_2O_6^{2-}$	$2SO_4^{2-}+4H^++2e^- \rightleftharpoons S_2O_6^{2-}+2H_2O$	-0.253
As/AsH_3	$As+3H^++3e^- \rightleftharpoons AsH_3(g)$	-0.225
Mo^{3+}/Mo	$Mo^{3+}+3e^- \rightleftharpoons Mo$	-0.200
CuI/Cu	$CuI+e^- \rightleftharpoons Cu+I^-$	-0.185
AgI/Ag	$AgI+e^- \rightleftharpoons Ag+I^-$	-0.152
Si/SiH_4	$Si+4H^++4e^- \rightleftharpoons SiH_4(g)$	-0.143

续表

电对	电极反应	$E^{\ominus}$/V
Sn^{2+}/Sn	$Sn^{2+}+2e^- \rightleftharpoons Sn$(白)	-0.136
O_2/HO_2	$O_2+H^++e^- \rightleftharpoons HO_2$	-0.130
Pb^{2+}/Pb	$Pb^{2+}+2e^- \rightleftharpoons Pb$	-0.125
$[HgI_4]^{2-}/Hg$	$[HgI_4]^{2-}+2e^- \rightleftharpoons Hg+4I^-$	-0.038
H^+/H_2	$2H^++2e^- \rightleftharpoons H_2$	0.000
HCOOH/HCHO	$HCOOH(aq)+2H^++2e^- \rightleftharpoons HCHO(aq)+H_2$	+0.056
AgBr/Ag	$AgBr+e^- \rightleftharpoons Ag+Br^-$	+0.071
TiO^{2+}/Ti^{3+}	$TiO^{2+}+2H^++e^- \rightleftharpoons Ti^{3+}+H_2O$	+0.099
CuCl/Cu	$CuCl+e^- \rightleftharpoons Cu+Cl^-$	+0.121
S/H_2S	$S+2H^++2e^- \rightleftharpoons H_2S(aq)$	+0.144
Sn^{4+}/Sn^{2+}	$Sn^{4+}+2e^- \rightleftharpoons Sn^{2+}$	+0.150
SO_4^{2-}/H_2SO_3	$SO_4^{2-}+4H^++2e^- \rightleftharpoons H_2SO_3+H_2O$	+0.158
Cu^{2+}/Cu^+	$Cu^{2+}+e^- \rightleftharpoons Cu^+$	+0.159
BiOCl/Bi	$BiOCl+2H^++3e^- \rightleftharpoons Bi+H_2O+Cl^-$	+0.170
AgCl/Ag	$AgCl+e^- \rightleftharpoons Ag+Cl^-$	+0.222
$HAsO_2/As$	$HAsO_2(aq)+3H^++3e^- \rightleftharpoons As+2H_2O$	+0.240
Hg_2Cl_2/Hg	$Hg_2Cl_2+2e^- \rightleftharpoons 2Hg+2Cl^-$	+0.268
BiO^+/Bi	$BiO^++2H^++3e^- \rightleftharpoons Bi+H_2O$	+0.320
Cu^{2+}/Cu	$Cu^{2+}+2e^- \rightleftharpoons Cu$	+0.340
SO_4^{2-}/S	$SO_4^{2-}+8H^++6e^- \rightleftharpoons S+4H_2O$	+0.357
$[Fe(CN)_6]^{3-}/[Fe(CN)_6]^{4-}$	$[Fe(CN)_6]^{3-}+e^- \rightleftharpoons [Fe(CN)_6]^{4-}$	+0.361
$H_2SO_3/S_2O_3^{2-}$	$2H_2SO_3+2H^++4e^- \rightleftharpoons S_2O_3^{2-}+3H_2O$	+0.400
H_2SO_3/S	$H_2SO_3+4H^++4e^- \rightleftharpoons S+3H_2O$	+0.500
$H_2SO_3/S_4O_6^{2-}$	$4H_2SO_3+4H^++6e^- \rightleftharpoons S_4O_6^{2-}+6H_2O$	+0.507
Cu^+/Cu	$Cu^++e^- \rightleftharpoons Cu$	+0.52
I_2/I^-	$I_2+2e^- \rightleftharpoons 2I^-$	+0.535 5
I_3^-/I^-	$I_3^-+2e^- \rightleftharpoons 3I^-$	+0.536
$Cu^{2+}/CuCl$	$Cu^{2+}+Cl^-+e^- \rightleftharpoons CuCl$	+0.559
$H_3AsO_4/HAsO_2$	$H_3AsO_4(aq)+2H^++2e^- \rightleftharpoons HAsO_2+2H_2O$	+0.560
MnO_4^-/MnO_4^{2-}	$MnO_4^-+e^- \rightleftharpoons MnO_4^{2-}$	+0.56

续表

电对	电极反应	$E^{\ominus}$/V
$AgNO_2/Ag$	$AgNO_2+e^- \rightleftharpoons Ag+NO_2^-$	+0.564
$S_2O_6^{2-}/H_2SO_3$	$S_2O_6^{2-}+4H^++2e^- \rightleftharpoons 2H_2SO_3$	+0.569
$PdCl_4^{2-}/Pd$	$PdCl_4^{2-}+2e^- \rightleftharpoons Pd+4Cl^-$	+0.620
$C_6H_4O_2/C_6H_4(OH)_2$	$C_6H_4O_2+2H^++2e^- \rightleftharpoons C_6H_4(OH)_2$	+0.694
O_2/H_2O_2	$O_2(g)+2H^++2e^- \rightleftharpoons H_2O_2(aq)$	+0.695
C_2H_2/C_2H_4	$C_2H_2(g)+2H^++2e^- \rightleftharpoons C_2H_4(g)$	+0.731
$PtCl_4^{2-}/Pt$	$PtCl_4^{2-}+2e^- \rightleftharpoons Pt+4Cl^-$	+0.758
$(CNS)_2/CNS^-$	$(CNS)_2+2e^- \rightleftharpoons 2CNS^-$	+0.770
Fe^{3+}/Fe^{2+}	$Fe^{3+}+e^- \rightleftharpoons Fe^{2+}$	+0.771
Hg_2^{2+}/Hg	$Hg_2^{2+}+2e^- \rightleftharpoons 2Hg$	+0.796
Ag^+/Ag	$Ag^++e^- \rightleftharpoons Ag$	+0.799
NO_3^-/N_2O_4	$2NO_3^-+4H^++2e^- \rightleftharpoons N_2O_4(g)+2H_2O$	+0.803
Cu^{2+}/CuI	$Cu^{2+}+I^-+e^- \rightleftharpoons CuI$	+0.860
Hg^{2+}/Hg_2^{2+}	$2Hg^{2+}+2e^- \rightleftharpoons Hg_2^{2+}$	+0.911
NO_3^-/HNO_2	$NO_3^-+3H^++2e^- \rightleftharpoons HNO_2+H_2O$	+0.940
NO_3^-/NO	$NO_3^-+4H^++3e^- \rightleftharpoons NO+2H_2O$	+0.957
HNO_2/NO	$HNO_2+H^++e^- \rightleftharpoons NO+H_2O$	+0.996
$AuCl_4^-/Au$	$AuCl_4^-+3e^- \rightleftharpoons Au+4Cl^-$	+1.002
N_2O_4/NO	$N_2O_4+4H^++4e^- \rightleftharpoons 2NO+2H_2O$	+1.030
Br_2/Br^-	$Br_2(aq)+2e^- \rightleftharpoons 2Br^-$	+1.087
N_2O_4/HNO_2	$N_2O_4+2H^++2e^- \rightleftharpoons 2HNO_2$	+1.07
Br_2/Br^-	$Br_2(l)+2e^- \rightleftharpoons 2Br^-$	+1.065
$ClO_3^-/HClO_2$	$ClO_3^-+3H^++2e^- \rightleftharpoons HClO_2+H_2O$	+1.181
Pt^{2+}/Pt	$Pt^{2+}+2e^- \rightleftharpoons Pt$	+1.188
$ClO_2/HClO_2$	$ClO_2+H^++e^- \rightleftharpoons HClO_2$	+1.188
ClO_4^-/ClO_3^-	$ClO_4^-+2H^++2e^- \rightleftharpoons ClO_3^-+H_2O$	+1.201
O_2/H_2O	$O_2+4H^++4e^- \rightleftharpoons 2H_2O(l)$	+1.229
O_2/H_2O	$O_2+4H^++4e^- \rightleftharpoons 2H_2O(aq)$	+1.229
MnO_2/Mn^{2+}	$MnO_2+4H^++2e^- \rightleftharpoons Mn^{2+}+2H_2O$	+1.230
Tl^{3+}/Tl^+	$Tl^{3+}+2e^- \rightleftharpoons Tl^+$	+1.250
HNO_2/N_2O	$2HNO_2(aq)+4H^++4e^- \rightleftharpoons N_2O(g)+3H_2O$	+1.297

续表

电对	电极反应	$E^{\ominus}$/V
Cl_2/Cl^-	$Cl_2+2e^- \rightleftharpoons 2Cl^-$	+1.358
$Cr_2O_7^{2-}/Cr^{3+}$	$Cr_2O_7^{2-}+14H^++6e^- \rightleftharpoons 2Cr^{3+}+7H_2O$	+1.36
HIO/I_2	$HIO+H^++e^- \rightleftharpoons 1/2I_2+H_2O$	+1.450
PbO_2/Pb^{2+}	$PbO_2+4H^++2e^- \rightleftharpoons Pb^{2+}+2H_2O$	+1.468
HO_2/H_2O_2	$HO_2(aq)+H^++e^- \rightleftharpoons H_2O_2(aq)$	+1.495
Mn^{3+}/Mn^{2+}	$Mn^{3+}+e^- \rightleftharpoons Mn^{2+}$	+1.510
MnO_4^-/Mn^{2+}	$MnO_4^-+8H^++5e^- \rightleftharpoons Mn^{2+}+4H_2O$	+1.510
BrO_3^-/Br_2	$BrO_3^-+6H^++5e^- \rightleftharpoons 1/2Br_2(l)+3H_2O$	+1.520
$HBrO/Br_2$	$HBrO+H^++e^- \rightleftharpoons 1/2Br_2(l)+H_2O$	+1.595
$HClO/Cl_2$	$HClO+H^++e^- \rightleftharpoons 1/2Cl_2+H_2O$	+1.630
$HClO_2/HClO$	$HClO_2+2H^++2e^- \rightleftharpoons HClO+H_2O$	+1.64
$PbO_2/PbSO_4$	$PbO_2+SO_4^{2-}+4H^++2e^- \rightleftharpoons PbSO_4+2H_2O$	+1.698
MnO_4^-/MnO_2	$MnO_4^-+4H^++3e^- \rightleftharpoons MnO_2+2H_2O$	+1.70
H_2O_2/H_2O	$H_2O_2+2H^++2e^- \rightleftharpoons 2H_2O$	+1.763
BrO_4^-/BrO_3^-	$BrO_4^-+2H^++2e^- \rightleftharpoons BrO_3^-+H_2O$	+1.853
Co^{3+}/Co^{2+}	$Co^{3+}+e^- \rightleftharpoons Co^{2+}$	+1.92
$S_2O_8^{2-}/SO_4^{2-}$	$S_2O_8^{2-}+2e^- \rightleftharpoons 2SO_4^{2-}$	+1.96
$HN_3/NH_4^++N_2$	$HN_3+3H^++2e^- \rightleftharpoons NH_4^++N_2$	+1.960
Ag^{2+}/Ag^+	$Ag^{2+}+e^- \rightleftharpoons Ag^+$	+1.980
O_3/H_2O	$O_3+2H^++2e^- \rightleftharpoons O_2+H_2O$	+2.075
O/H_2O	$O(g)+2H^++2e^- \rightleftharpoons H_2O$	+2.300
OH/H_2O	$OH+H^++e^- \rightleftharpoons H_2O$	+2.38
F_2/F^-	$F_2(g)+2e^- \rightleftharpoons 2F^-$	+2.870
F_2/HF	$F_2(g)+2H^++2e^- \rightleftharpoons HF(aq)$	+3.053

（二）碱性溶液中

电对	电极反应	$E^{\ominus}$/V
$Ca(OH)_2/Ca$	$Ca(OH)_2+2e^- \rightleftharpoons Ca+2OH^-$	−3.026
H_2O/OH^-	$H_2O+e^- \rightleftharpoons H(g)+OH^-$	−2.935
$La(OH)_3/La$	$La(OH)_3+3e^- \rightleftharpoons La+3OH^-$	−2.900
$Sr(OH)_2/Sr$	$Sr(OH)_2+2e^- \rightleftharpoons Sr+2OH^-$	−2.880

续表

电对	电极反应	$E^{\ominus}/V$
$Ce(OH)_3/Ce$	$Ce(OH)_3+3e^- \rightleftharpoons Ce+3OH^-$	-2.870
$Nd(OH)_3/Nd$	$Nd(OH)_3+3e^- \rightleftharpoons Nd+3OH^-$	-2.840
$Ba(OH)_2/Ba$	$Ba(OH)_2+2e^- \rightleftharpoons Ba+2OH^-$	-2.810
$Mg(OH)_2/Mg$	$Mg(OH)_2+2e^- \rightleftharpoons Mg+2OH^-$	-2.687
BeO/Be	$BeO+H_2O+2e^- \rightleftharpoons Be+2OH^-$	-2.613
$Sc(OH)_3/Sc$	$Sc(OH)_3+3e^- \rightleftharpoons Sc+3OH^-$	-2.610
$H_2AlO_3^-/Al$	$H_2AlO_3^-+H_2O+3e^- \rightleftharpoons Al+4OH^-$	-2.330
$Al(OH)_3/Al$	$Al(OH)_3+3e^- \rightleftharpoons Al+3OH^-$	-2.300
$H_2PO_2^-/P$	$H_2PO_2^-+e^- \rightleftharpoons P+2OH^-$	-2.05
$H_2BO_3^-/B$	$H_2BO_3^-+H_2O+3e^- \rightleftharpoons B+4OH^-$	-1.79
$HPO_3^{2-}/H_2PO_2^-$	$HPO_3^{2-}+2H_2O+2e^- \rightleftharpoons H_2PO_2^-+3OH^-$	-1.565
$Mn(OH)_2/Mn$	$Mn(OH)_2+2e^- \rightleftharpoons Mn+2OH^-$	-1.560
$[Zn(CN)_4]^{2-}/Zn$	$[Zn(CN)_4]^{2-}+2e^- \rightleftharpoons Zn+4CN^-$	-1.34
$Cr(OH)_3/Cr$	$Cr(OH)_3+3e^- \rightleftharpoons Cr+3OH^-$	-1.33
CrO_2^-/Cr	$CrO_2^-+2H_2O+3e^- \rightleftharpoons Cr+4OH^-$	-1.270
$Zn(OH)_2/Zn$	$Zn(OH)_2+2e^- \rightleftharpoons Zn+2OH^-$	-1.245
ZnO_2^{2-}/Zn	$ZnO_2^{2-}+2H_2O+2e^- \rightleftharpoons Zn+4OH^-$	-1.215
CdS/Cd	$CdS+2e^- \rightleftharpoons Cd+S^{2-}$	-1.21
$SO_3^{2-}/S_2O_4^{2-}$	$2SO_3^{2-}+2H_2O+2e^- \rightleftharpoons S_2O_4^{2-}+4OH^-$	-1.13
PO_4^{3-}/HPO_3^{2-}	$PO_4^{3-}+2H_2O+2e^- \rightleftharpoons HPO_3^{2-}+3OH^-$	-1.120
WO_4^{2-}/W	$WO_4^{2-}+4H_2O+6e^- \rightleftharpoons W+8OH^-$	-1.074
$[Zn(NH_3)_4]^{2+}/Zn$	$[Zn(NH_3)_4]^{2+}+2e^- \rightleftharpoons Zn+4NH_3(aq)$	-1.040
SO_4^{2-}/SO_3^{2-}	$SO_4^{2-}+H_2O+2e^- \rightleftharpoons SO_3^{2-}+2OH^-$	-0.940
PbS/Pb	$PbS+2e^- \rightleftharpoons Pb+S^{2-}$	-0.930
$Sn(OH)_5^-/HSnO_2^-$	$Sn(OH)_5^-+2e^- \rightleftharpoons HSnO_2^-+H_2O+2OH^-$	-0.930
MoO_4^{2-}/Mo	$MoO_4^{2-}+4H_2O+6e^- \rightleftharpoons Mo+8OH^-$	-0.913
$HSnO_2^-/Sn$	$HSnO_2^-+H_2O+2e^- \rightleftharpoons Sn+3OH^-$	-0.910
Cu_2S/Cu	$Cu_2S+2e^- \rightleftharpoons 2Cu+S^{2-}$	-0.890
$Fe(OH)_2/Fe$	$Fe(OH)_2+2e^- \rightleftharpoons Fe+2OH^-$	-0.877
SnS/Sn	$SnS+2e^- \rightleftharpoons Sn+S^{2-}$	-0.870

续表

电对	电极反应	$E^{\ominus}/V$
H_2O/H_2	$2H_2O+2e^- \rightleftharpoons H_2+2OH^-$	−0.828
$Cd(OH)_2/Cd$	$Cd(OH)_2+2e^- \rightleftharpoons Cd+2OH^-$	−0.809
$Co(OH)_2/Co$	$Co(OH)_2+2e^- \rightleftharpoons Co+2OH^-$	−0.733
$Ni(OH)_2/Ni$	$Ni(OH)_2+2e^- \rightleftharpoons Ni+2OH^-$	−0.720
$Fe_2S_3/FeS(\alpha)$	$Fe_2S_3+2e^- \rightleftharpoons 2FeS(\alpha)+S^{2-}$	−0.715
Ag_2S/Ag	$Ag_2S(\alpha)+2e^- \rightleftharpoons 2Ag+S^{2-}$	−0.710
HgS/Hg	$HgS+2e^- \rightleftharpoons Hg+S^{2-}$	−0.690
AsO_2^-/As	$AsO_2^-+2H_2O+3e^- \rightleftharpoons As+4OH^-$	−0.680
AsO_4^{3-}/AsO_2^-	$AsO_4^{3-}+2H_2O+2e^- \rightleftharpoons AsO_2^-+4OH^-$	−0.670
SbO_2^-/Sb	$SbO_2^-+2H_2O+3e^- \rightleftharpoons Sb+4OH^-$	−0.639
$SO_3^{2-}/S_2O_3^{2-}$	$2SO_3^{2-}+3H_2O+4e^- \rightleftharpoons S_2O_3^{2-}+6OH^-$	−0.580
$Fe(OH)_3/Fe(OH)_2$	$Fe(OH)_3+e^- \rightleftharpoons Fe(OH)_2+OH^-$	−0.560
O_2/O_2^-	$O_2+e^- \rightleftharpoons O_2^-$	−0.33
$HPbO_2^-/Pb$	$HPbO_2^-+H_2O+2e^- \rightleftharpoons Pb+3OH^-$	−0.540
$[Ni(NH_3)_6]^{2+}/Ni$	$[Ni(NH_3)_6]^{2+}+2e^- \rightleftharpoons Ni+6NH_3(aq)$	−0.476
S/S^{2-}	$S+2e^- \rightleftharpoons S^{2-}$	−0.450
$[Cu(CN)_2]^-/Cu$	$[Cu(CN)_2]^-+e^- \rightleftharpoons Cu+2CN^-$	−0.44
Cu_2O/Cu	$Cu_2O+H_2O+2e^- \rightleftharpoons 2Cu+2OH^-$	−0.358
$[Ag(CN)_2]^-/Ag$	$[Ag(CN)_2]^-+e^- \rightleftharpoons Ag+2CN^-$	−0.310
$CrO_4^{2-}/Cr(OH)_3$	$CrO_4^{2-}+4H_2O+3e^- \rightleftharpoons Cr(OH)_3+5OH^-$	−0.130
$Cu(OH)_2/Cu_2O$	$2Cu(OH)_2+2e^- \rightleftharpoons Cu_2O+2OH^-+H_2O$	−0.080
$MnO_2/Mn(OH)_2$	$MnO_2+2H_2O+2e^- \rightleftharpoons Mn(OH)_2+2OH^-$	−0.050
NO_3^-/NO_2^-	$NO_3^-+H_2O+2e^- \rightleftharpoons NO_2^-+2OH^-$	+0.01
$S_4O_6^{2-}/S_2O_3^{2-}$	$S_4O_6^{2-}+2e^- \rightleftharpoons 2S_2O_3^{2-}$	+0.08
$Mn(OH)_3/Mn(OH)_2$	$Mn(OH)_3+e^- \rightleftharpoons Mn(OH)_2+OH^-$	+0.150
$Co(OH)_3/Co(OH)_2$	$Co(OH)_3+e^- \rightleftharpoons Co(OH)_2+OH^-$	+0.170
IO_3^-/I^-	$IO_3^-+3H_2O+6e^- \rightleftharpoons I^-+6OH^-$	+0.257
ClO_3^-/ClO_2^-	$ClO_3^-+H_2O+2e^- \rightleftharpoons ClO_2^-+2OH^-$	+0.295
$[Ag(NH_3)_2]^+/Ag$	$[Ag(NH_3)_2]^++e^- \rightleftharpoons Ag+2NH_3$	+0.373
ClO_4^-/ClO_3^-	$ClO_4^-+H_2O+e^- \rightleftharpoons ClO_3^-+2OH^-$	+0.374

续表

电对	电极反应	$E^{\ominus}$/V
O_2/OH^-	$O_2+2H_2O+4e^- \rightleftharpoons 4OH^-$	+0.401
IO^-/I	$IO^-+H_2O+2e^- \rightleftharpoons I^-+2OH^-$	+0.485
BrO_3^-/Br^-	$BrO_3^-+3H_2O+6e^- \rightleftharpoons Br^-+6OH^-$	+0.584
MnO_4^-/MnO_2	$MnO_4^-+2H_2O+3e^- \rightleftharpoons MnO_2+4OH^-$	+0.600
MnO_4^{2-}/MnO_2	$MnO_4^{2-}+2H_2O+2e^- \rightleftharpoons MnO_2+4OH^-$	+0.620
ClO_2^-/ClO^-	$ClO_2^-+H_2O+2e^- \rightleftharpoons ClO^-+2OH^-$	+0.681
$H_3IO_6^{2-}/IO_3^-$	$H_3IO_6^{2-}+2e^- \rightleftharpoons IO_3^-+3OH^-$	+0.700
$FeO_4^{2-}/Fe(OH)_3$	$FeO_4^{2-}+4H_2O+3e^- \rightleftharpoons Fe(OH)_3+5OH^-$	+0.720
NH_2OH/N_2H_4	$2NH_2OH+2e^- \rightleftharpoons N_2H_4+2OH^-$	+0.730
BrO^-/Br^-	$BrO^-+H_2O+2e^- \rightleftharpoons Br^-+2OH^-$	+0.766
ClO^-/Cl^-	$ClO^-+H_2O+2e^- \rightleftharpoons Cl^-+2OH^-$	+0.890
ClO_2/ClO_2^-	$ClO_2(g)+e^- \rightleftharpoons ClO_2^-$	+1.041
$Cu^{2+}/[Cu(CN)_2]^-$	$Cu^{2+}+2CN^-+e^- \rightleftharpoons [Cu(CN)_2]^-$	+1.12
OH/OH^-	$OH(g)+e^- \rightleftharpoons OH^-$	+1.985

附录XIII 条件电极电势 $E^{\ominus\prime}$

半反应	$E^{\ominus\prime}$/V	介质
$Ag(\text{II})+e^- \rightleftharpoons Ag^+$	1.927	4 mol·L^{-1} HNO_3
$Ce(\text{IV})+e^- \rightleftharpoons Ce(\text{III})$	1.70	1 mol·L^{-1} $HClO_4$
	1.61	1 mol·L^{-1} HNO_3
	1.44	0.5 mol·L^{-1} H_2SO_4
	1.28	1 mol·L^{-1} HCl
$Co^{3+}+e^- \rightleftharpoons Co^{2+}$	1.85	4 mol·L^{-1} HNO_3
$Coen_3^{3+}+e^- \rightleftharpoons Coen_3^{2+}$	−0.2	0.1 mol·L^{-1} KNO_3+0.1 mol·L^{-1} 乙二胺
$Cr(\text{III})+e^- \rightleftharpoons Cr(\text{II})$	−0.40	5 mol·L^{-1} HCl
$Cr_2O_7^{2-}+14H^++6e^- \rightleftharpoons 2Cr^{3+}+7H_2O$	1.00	1 mol·L^{-1} HCl
	1.025	1 mol·L^{-1} $HClO_4$

续表

半反应	$E^{\ominus\prime}$/V	介质
$Cr_2O_7^{2-}+14H^++6e^- \rightleftharpoons 2Cr^{3+}+7H_2O$	1.08	3 mol·L^{-1} HCl
	1.05	2 mol·L^{-1} HCl
	1.15	4 mol·L^{-1} H_2SO_4
$CrO_4^{2-}+2H_2O+3e^- \rightleftharpoons CrO_2^-+4OH^-$	-0.12	1 mol·L^{-1} NaOH
Fe(Ⅲ)$+e^- \rightleftharpoons$ Fe(Ⅱ)	0.73	1 mol·L^{-1} $HClO_4$
	0.71	0.5 mol·L^{-1} HCl
	0.68	1 mol·L^{-1} H_2SO_4
	0.68	1 mol·L^{-1} HCl
	0.46	2 mol·L^{-1} H_3PO_4
	0.51	1 mol·L^{-1} HCl
		0.25 mol·L^{-1} H_3PO_4
$H_3AsO_4+2H^++2e^- \rightleftharpoons H_3AsO_3+H_2O$	0.557	1 mol·L^{-1} HCl
	0.557	1 mol·L^{-1} $HClO_4$
$Fe(EDTA)^-+e^- \rightleftharpoons Fe(EDTA)^{2-}$	0.12	0.1 mol·L^{-1} EDTA
		pH=4~6
$Fe(CN)_6^{3-}+e^- \rightleftharpoons Fe(CN)_6^{4-}$	0.48	0.01 mol·L^{-1} HCl
	0.56	0.1 mol·L^{-1} HCl
	0.71	1 mol·L^{-1} HCl
	0.72	1 mol·L^{-1} $HClO_4$
I_2(水)$+2e^- \rightleftharpoons 2I^-$	0.628	1 mol·L^{-1} H^+
$I_3^-+2e^- \rightleftharpoons 3I^-$	0.545	1 mol·L^{-1} H^+
$MnO_4^-+8H^++5e^- \rightleftharpoons Mn^{2+}+4H_2O$	1.45	1 mol·L^{-1} $HClO_4$
	1.27	8 mol·L^{-1} H_3PO_4
Os(Ⅷ)$+4e^- \rightleftharpoons$ Os(Ⅳ)	0.79	5 mol·L^{-1} HCl
$SnCl_6^{2-}+2e^- \rightleftharpoons SnCl_4^{2-}+2Cl^-$	0.14	1 mol·L^{-1} HCl
$Sn^{2+}+2e^- \rightleftharpoons Sn$	-0.16	1 mol·L^{-1} $HClO_4$
Sb(Ⅴ)$+2e^- \rightleftharpoons$ Sb(Ⅲ)	0.75	3.5 mol·L^{-1} HCl
$Sb(OH)_6^-+2e^- \rightleftharpoons SbO_2^-+2OH^-+2H_2O$	-0.428	3 mol·L^{-1} NaOH
$SbO_2^-+2H_2O+3e^- \rightleftharpoons Sb+4OH^-$	-0.675	10 mol·L^{-1} KOH

附录XIV 预处理时常用的试剂

氧化剂			
氧化剂	反应条件	主要应用	除去方法
$NaBiO_3$ $NaBiO_3$(固)$+6H^++2e^- = Bi^{3+}+Na^++3H_2O$ $E^{\ominus\prime}=1.80$ V	室温,HNO_3 介质 H_2SO_4 介质	$Mn^{2+} \longrightarrow MnO_4^-$ Ce(Ⅲ) ⟶ Ce(Ⅳ)	过滤
PbO_2	pH = 2～6 焦磷酸盐缓冲溶液	Mn(Ⅱ) ⟶ Mn(Ⅲ) Ce(Ⅲ) ⟶ Ce(Ⅳ) Cr(Ⅲ) ⟶ Cr(Ⅵ)	过滤
$S_2O_8^{2-}+2e^- = 2SO_4^{2-}$ $E^{\ominus\prime}=2.01$ V	HNO_3 介质 Ag^+作催化剂	Ce(Ⅲ) ⟶ Ce(Ⅳ) $Mn^{2+} \longrightarrow MnO_4^-$ $Cr^{3+} \longrightarrow Cr_2O_7^{2-}$ $VO^{2+} \longrightarrow VO^{3+}$	煮沸分解
H_2O_2 $HO_2^-+H_2O+2e^- = 3OH^-$ $E^{\ominus\prime}=0.88$ V	NaOH 介质 HCO_3^- 介质 碱性介质	$Cr^{3+} \longrightarrow CrO_4^{2-}$ Co(Ⅱ) ⟶ Co(Ⅲ) Mn(Ⅱ) ⟶ Mn(Ⅳ)	煮沸分解,加少量 Ni^{2+} 或 I^- 作催化剂,加速 H_2O_2 分解
高锰酸钾	焦磷酸盐和氟化物 Cr(Ⅲ)存在时	Ce(Ⅲ) ⟶ Ce(Ⅳ) V(Ⅳ) ⟶ V(Ⅴ)	叠氮酸钠或亚硝酸钠
高氯酸	热、浓 $HClO_4$	V(Ⅳ) ⟶ V(Ⅴ) Cr(Ⅲ) ⟶ Cr(Ⅵ)	迅速冷却至室温,用水稀释

续表

还原剂			
还原剂	反应条件	主要应用	除去方法
SO_2 $SO_4^{2-}+4H^++2e^- \rightleftharpoons SO_2(aq)+2H_2O$ $E^{\ominus\prime}=0.20\ V$	$1\ mol\cdot L^{-1}\ H_2SO_4$(有$SCN^-$共存,加速反应)	Fe(Ⅲ) ⟶ Fe(Ⅱ) As(Ⅴ) ⟶ As(Ⅲ) Sb(Ⅴ) ⟶ Sb(Ⅲ) Cu(Ⅱ) ⟶ Cu(Ⅰ)	煮沸,通 CO_2
$SnCl_2$ $Sn^{4+}+2e^- \rightleftharpoons Sn^{2+}$ $E^{\ominus\prime}=0.15\ V$	酸性,加热	Fe(Ⅲ) ⟶ Fe(Ⅱ) Mo(Ⅵ) ⟶ Mo(Ⅴ) As(Ⅴ) ⟶ As(Ⅲ)	快速加入过量的 $HgCl_2$ $Sn^{2+}+2HgCl_2 \rightleftharpoons Sn^{4+}+Hg_2Cl_2+2Cl^-$
锌汞齐还原剂	H_2SO_4 介质	Cr(Ⅲ) ⟶ Cr(Ⅱ) Fe(Ⅲ) ⟶ Fe(Ⅱ) Ti(Ⅳ) ⟶ Ti(Ⅲ) V(Ⅴ) ⟶ V(Ⅱ)	
盐酸肼、硫酸肼或肼	酸性	As(Ⅴ) ⟶ As(Ⅲ)	浓 H_2SO_4 加热
汞阴极	恒定电势下	Fe(Ⅲ) ⟶ Fe(Ⅱ) Cr(Ⅲ) ⟶ Cr(Ⅱ)	

数据来源:杭州大学分析化学教研室.分析化学手册.2 版.北京:化学工业出版社,1997.

附录XV 配位滴定中常用的掩蔽剂

配位掩蔽剂			
名称	pH 范围	被掩蔽的离子	备注
KCN	pH>8	Co^{2+},Ni^{2+},Cu^{2+},Zn^{2+},Hg^{2+},Cd^{2+},Ag^+,Tl^+及铂族元素	
NH_4F	pH=4~6 pH=10	Al^{3+},$Ti^{Ⅳ}$,Sn^{4+},Zr^{4+},$W^{Ⅳ}$等 Al^{3+},Mg^{2+},Ca^{2+},Sr^{2+},Ba^{2+}及稀土元素	用 NH_4F 比 NaF 好,优点是加入后溶液 pH 变化不大
三乙醇胺(TEA)	pH=10 pH=11~12	Al^{3+},$Ti^{Ⅳ}$,Sn^{4+},Fe^{3+} Al^{3+},Fe^{3+}及少量 Mn^{2+}	与 KCN 并用,可提高掩蔽效果
二巯基丙醇	pH=10	Hg^{2+},Cd^{2+},Zn^{2+},Bi^{3+},Pb^{2+},Ag^+,As^{3+},Sn^{4+}及少量 Cu^{2+},Co^{2+},Ni^{2+},Fe^{3+}	

续表

名称	pH 范围	被掩蔽的离子	备注
铜试剂(DDTC)	pH = 10	能与 Cu^{2+}, Hg^{2+}, Pb^{2+}, Cd^{2+}, Bi^{3+} 生成沉淀，其中 Cu - DDTC 为褐色，Bi-DDTC为黄色，故其存在量应分别小于 2 mg 和 10 mg	
酒石酸	pH = 1.2 pH = 2 pH = 5.5 pH = 6~7.5 pH = 10	Sb^{3+}, Sn^{4+}, Fe^{3+} 及 5 mg 以下的 Cu^{2+} Fe^{3+}, Sn^{4+}, Mn^{2+} Fe^{3+}, Al^{3+}, Sn^{4+}, Ca^{2+}, W^{IV} Mg^{2+}, Cu^{2+}, Fe^{3+}, Al^{3+}, Mo^{4+}, Sb^{3+} Al^{3+}, Sn^{4+}	在抗坏血酸存在下

沉淀掩蔽剂

名称	被掩蔽的离子	待测定的离子	pH 范围	指示剂
NH_4F	Ca^{2+}, Sr^{2+}, Ba^{2+}, Mg^{2+}, Ti^{4+}, Al^{3+}, 稀土	Zn^{2+}, Cd^{2+}, Mn^{2+}（有还原剂存在下）	10	铬黑 T
NH_4F	同上	Cu^{2+}, Co^{2+}, Ni^{2+}	10	紫脲酸铵
K_2CrO_4	Ba^{2+}	Sr^{2+}	10	Mg-EDTA 铬黑 T
Na_2S 或 铜试剂	微量重金属	Ca^{2+}, Mg^{2+}	10	铬黑 T
H_2SO_4	Pb^{2+}	Bi^{3+}	1	二甲酚橙
$K_4[Fe(CN)_6]$	微量 Zn^{2+}	Pb^{2+}	5~6	二甲酚橙

数据来源：杭州大学分析化学教研室.分析化学手册.2 版.北京：化学工业出版社，1997.

附录XVI 常用的指示剂

酸碱指示剂

指示剂	变色 pH 范围	颜色变化	pK_{HIn}	浓度	用量 滴·(10 mL 试液)$^{-1}$
百里酚蓝	1.2~2.8	红—黄	1.7	0.1%的 20%乙醇溶液	1~2
甲基黄	2.9~4.0	红—黄	3.3	0.1%的 90%乙醇溶液	1
甲基橙	3.1~4.4	红—黄	3.4	0.05%的水溶液	1

续表

指示剂	变色 pH 范围	颜色变化	pK_{HIn}	浓度	用量 滴·$(10\ mL\ 试液)^{-1}$
溴酚蓝	3.0~4.6	黄—紫	4.1	0.1%的20%乙醇溶液或其钠盐水溶液	1
溴甲酚绿	3.8~5.4	黄—蓝	4.9	0.1%的20%乙醇溶液或其钠盐水溶液	1~3
甲基红	4.4~6.2	红—黄	5.0	0.1%的60%乙醇溶液或其钠盐水溶液	1
溴百里酚蓝	6.0~7.6	黄—蓝	7.3	0.1%的20%乙醇溶液或其钠盐水溶液	1
中性红	6.8~8.0	红—黄	7.4	0.1%的60%乙醇溶液	1
苯酚红	6.8~8.4	黄—红	8.0	0.1%的60%乙醇溶液或其钠盐水溶液	1
酚酞	8.2~10.0	无—红	9.1	0.1%的60%乙醇溶液	1~3
百里酚蓝	8.0~9.6	黄—蓝	8.9	0.1%的20%乙醇溶液	1~4
百里酚酞	9.4~10.6	无—蓝	10.0	0.1%的90%乙醇溶液	1~2

混合指示剂

指示剂溶液组成	变色时 pH	颜色		备注
		酸色	碱色	
一份0.1%甲基黄乙醇溶液 一份0.1%次甲基蓝乙醇溶液	3.28	蓝紫	绿	pH = 3.2 蓝紫色，pH = 3.4 绿色
一份0.1%甲基橙水溶液 一份0.25%靛蓝二磺酸水溶液	4.1	紫	黄绿	
一份0.1%溴甲酚绿钠盐水溶液 一份0.2%甲基橙水溶液	4.3	橙	蓝紫	pH=3.5 黄色，pH=4.05 绿色，pH=4.3 浅绿色
三份0.1%溴甲酚绿乙醇溶液 一份0.2%甲基红乙醇溶液	5.1	酒红	绿	
一份0.1%溴甲酚绿乙醇溶液 一份0.1%绿酚红钠盐水溶液	6.1	黄绿	蓝紫	pH = 5.4 蓝绿色，pH = 5.8 蓝色，pH = 6.0 蓝带紫色，pH=6.2 蓝紫色
一份0.1%中性红乙醇溶液 一份0.1%次甲基蓝乙醇溶液	7.0	紫蓝	绿	pH=7.0 紫蓝色
一份0.1%甲酚红钠盐水溶液 三份0.1%百里酚蓝钠盐水溶液	8.3	黄	紫	pH=8.2 玫瑰红色，pH=8.4 清晰的紫色
一份0.1%百里酚蓝50%乙醇溶液 三份0.1%酚酞乙醇溶液	9.0	黄	紫	从黄色到绿色，再到紫色
一份0.1%酚酞乙醇溶液 一份0.1%百里酚酞乙醇溶液	9.9	无	紫	pH=9.6 玫瑰红色，pH=10 紫色
二份0.1%百里酚酞乙醇溶液 一份0.1%茜素黄R乙醇溶液	10.2	黄	紫	

常用金属指示剂

指示剂	突跃的适宜pH 范围	颜色变化 In	颜色变化 MIn	直接滴定的离子	指示剂配制	注意事项
铬黑 T(eriochrome black T),简称 BT 或 EBT	8~10	蓝	红	pH = 10, Mg^{2+}, Zn^{2+}, Cd^{2+}, Pb^{2+}, Mn^{2+}, 稀土元素离子	1∶100 NaCl(固体)	Fe^{3+},Al^{3+},Cu^{2+},Ni^{2+} 等封闭 EBT
酸性铬蓝 K(acid chrome blue K)	8~13	蓝	红	pH = 10, Mg^{2+}, Zn^{2+},Mn^{2+} pH=13,Ca^{2+}	1∶100 NaCl(固体)	
二甲酚橙(xylenol orange),简称 XO	<6	亮黄	红	pH<1,ZrO^{2+} pH=1~3.5, Bi^{3+},Th^{4+} pH = 5 ~ 6, Tl^{3+}, Zn^{2+}, Pb^{2+}, Cd^{2+}, Hg^{2+}, 稀土元素离子	0.5% 水溶液	Fe^{3+},Al^{3+},Ni^{2+},Ti^{4+}等封闭 XO
磺基水杨酸(sulfo-salicylic acid),简称 ssal	1.5~2.5	无色	紫红	pH=1.5~2.5, Fe^{3+}	0.5% 水溶液	ssal 本身无色,FeY^-呈黄色
钙指示剂(calon-carboxylic acid),简称 NN	12~13	蓝	红	pH=12~13, Ca^{2+}	1∶100 NaCl(固体)	Ti^{4+},Fe^{3+},Al^{3+},Ni^{2+}等离子封闭 NN
PAN[1-(2-piridylazo-2-naphthol)]	2~12	黄	紫红	pH=2~3, Th^{4+},Bi^{3+} pH = 4 ~ 5, Cu^{2+}, Ni^{2+}, Pb^{2+}, Cd^{2+}, Zn^{2+},Mn^{2+},Fe^{2+}	0.1%乙醇溶液	MIn 在水中溶解度小,为防止 PAN 僵化,滴定时须加热

一些氧化还原指示剂的条件电极电势及颜色变化

指示剂	$E^{\ominus\prime}_{In}/V$ $[H^+]=1\ mol\cdot L^{-1}$	颜色变化	
		氧化态	还原态
次甲基蓝	0.36	蓝	无色
二苯胺	0.76	紫	无色
二苯胺磺酸钠	0.85	红紫	无色
邻苯氨基苯甲酸	0.89	红紫	无色
邻二氮杂菲-亚铁	1.06	浅蓝	红
硝基邻二氮杂菲-亚铁	1.25	浅蓝	紫红

数据来源：杭州大学分析化学教研室.分析化学手册.2版.北京：化学工业出版社，1997.